“十二五”普通高等教育本科国家级规划教材
普通高等教育“十一五”国家级规划教材

食品加工机械与设备

第2版

主　编　陈　斌
副主编　刘成梅　顾　林
参　编　李保国　杨　进　王善荣
　　　　房少新　杨芙莲　朱恩俊
　　　　吴其飞　黄勇强　邓开野
主　审　赵杰文　金振宇

机械工业出版社

本书为“十二五”普通高等教育本科国家级规划教材。

全书共分12章，讲述了物料输送机械与设备，清理、清洗机械与设备，分选、分级机械与设备，分离机械与设备，粉碎机械与设备，混合机械与设备，浓缩和干燥机械与设备，杀菌机械与设备，冷冻机械与设备，包装机械与设备，其他机械与设备。本书着重于食品加工机械与设备的原理和选型。

本书可供本科食品科学与工程专业的学生使用，其他工程技术人员也可使用。

图书在版编目（CIP）数据

食品加工机械与设备/陈斌主编．—2版．—北京：机械工业出版社，2008.7（2023.7重印）
“十二五”普通高等教育本科国家级规划教材
普通高等教育“十一五”国家级规划教材
ISBN 978-7-111-12521-1

Ⅰ．食…　Ⅱ．陈…　Ⅲ．食品加工设备-高等学校-教材
Ⅳ．TS203

中国版本图书馆CIP数据核字（2008）第102022号

机械工业出版社（北京市百万庄大街22号　邮政编码100037）
策划编辑：倪少秋　责任编辑：倪少秋　王勇哲　责任校对：陈延翔
封面设计：陈　沛　责任印制：单爱军
北京虎彩文化传播有限公司印刷
2023年7月第2版·第12次印刷
184mm×260mm·23.25印张·563千字
标准书号：ISBN 978-7-111-12521-1
定价：49.80元

凡购本书，如有缺页、倒页、脱页，由本社发行部调换

电话服务	网络服务
服务咨询热线：010-88379833	机 工 官 网：www.cmpbook.com
读者购书热线：010-88379649	机 工 官 博：weibo.com/cmp1952
	教育服务网：www.cmpedu.com
封底无防伪标均为盗版	金 书 网：www.golden-book.com

序

20世纪的后50年，我国科学技术突飞猛进，人民的生活发生了翻天覆地的变化，食品、食品科技及食品文化也同样有了巨大的变化，到1995年食品工业产值就已上升为全国各行业之首。作为装备食品工业的食品机械及设备业，其发展虽然也很迅速，但和国外发达国家相比，在产品品种、水平、产值、配套性等方面尚存在较大差距，特别是设计开发能力、制造工艺及制造手段的落后，更是制约了食品工业的发展。

大学的相关教材问题也很突出，内容陈旧，最新的科技成果和先进的工艺方法基本上未能反映，远远不能适应时代的需要。没有强大的装备制造业，就不可能实现国民经济的工业化、现代化和信息化。同样，没有先进的食品机械工业也不会有现代化的食品工业。一批院校的食品科学专业的教师深深地感到忧虑，因为人才的培养总是第一位的，一种责任感发自内心而出，无论从完善学生的知识结构来看，还是从学生毕业后在实际工作岗位上的反馈信息来看，都需要有一本既能适应实际需要，又能反映我国和国际先进水平、最新研究成果和工艺方法等内容的新教材。经多方联系和协商，作者决定重新编写一本专业教材。

本书十几位编者年龄都在40岁左右，他们都是教授或副教授，都有博士或硕士学位，正是年富力强的时候，现在都活跃在教学、科研的第一线。坚实的基础理论、系统的专门知识加上多年的实践积累又进一步加深了他们对本教材的认识和理解。为了适应专业课时的削减，本书在内容上做了精选和提炼，删除了烦琐和次要的内容，着重阐明每种机械的工作原理和使用、选型中的注意事项。重点的章节也并不在于追求内容的艰深，而着眼于培养学生运用基础知识、分析实际问题的能力。同时，本书增加了有关新工艺、新技术、新产品、新动态的内容，具有明显的时代特点。

写书是一种艰苦的工作，感谢这批中青年学者，正是他们的纵横驰骋，上下求索，给食品行业奉献了一本本科生的好教材，一本研究生和相关专业人员的好参考书，谢谢他们。

赵杰文

前　言

食品加工机械与设备是食品工业的基础。食品加工机械与设备的发展为食品工业的发展提供了有力的保证，同时食品工业的发展也给食品加工机械与设备提出了新的要求。随着我国国民经济的快速发展，人民生活水平的不断提高，尤其是加入WTO后，我国食品工业得到了飞跃发展，已成为我国国民经济的支柱产业，食品工业已成为我国的第一基础工业，为装备食品工业的食品机械发展尤为迅速。近30年来，我国食品加工机械行业取得了举世瞩目的成就，食品加工机械与设备的品种成倍地增加，质量有了明显的提高，高新技术的应用研究取得了较大的进展，这些成绩的取得为食品工业的腾飞，带动机械加工业的发展，带动食品加工机械与设备的更新换代创造了有利条件。

但是我们也应该清楚地看到，与先进国家的食品加工机械与设备相比，我国的食品加工机械与设备仍存在着许多不足之处。为了尽快缩小与发达国家的差距，使我国的食品加工机械与设备走上快速发展的道路，尽快改变我国高等院校食品科学与工程等相关专业教材相对陈旧的现状，由江苏大学牵头，联合了九所院校的食品科学与工程专业的部分在教学第一线的教师编写了本书。本书针对食品科学与工程专业的本科学生，在介绍有关食品加工机械与设备原理的基础上，着重于食品加工机械与设备的使用和选型。

本书由江苏大学陈斌任主编，南昌大学刘成梅和扬州大学顾林任副主编，赵杰文、金振宇主审。参加编写的有陈斌（第一章、第四章第三、四、五节），朱恩俊（第二章），杨芙莲（第三章），刘成梅（第五、八章），杨进（第六章），顾林（第七章、第十二章第二节），房少新（第九章），李保国（第十章），王善荣（第十一章），吴其飞（第十二章第一节），黄勇强（第十二章第三节）和邓开野（第四章第一、二节）。陈斌负责全书的统稿工作。

由于参加编写的人员较多，难免在风格和章节安排上存在差异，同时由于作者的水平有限，本书可能存在着不足之处，敬请广大读者批评指正。

编者

目 录

第一章

绪论

1

一、食品加工工业、食品机械工业的发展现状

食品工业是以农产品为主要原料，通过各种手段及技术措施将植物业、养殖业、采集业所得到的原料如粮、油、果、蔬、肉、蛋、奶、水产品等加工成人们生活中所必需的成品。实际上，食品工业是农业生产的继续、深化和发展。随着我国国民经济的迅速发展和人民生活水平的不断提高，我国食品工业得到了飞跃发展，已成为我国国民经济的支柱产业，作为装备食品工业的食品机械发展尤为迅速。

1952 年我国食品工业的总产值仅为 82.80 亿元，1980 年的食品工业总产值为 568.00 亿元，到 1990 年食品工业总产值达到 1359.99 亿元，1995 年食品工业总产值已上升为全国各行业之首，占全国工业总产值的 10.1%，高出排名第二的冶金行业 1.5%。而到 2000 年食品工业总产值已达到 6734.47 亿元。“十五”时期，在市场需求和政策导向的双驱动下，我国食品工业进入新一轮快速增长期。2005 年，全国国有及规模以上非国有食品工业企业实现总产值 20344.8 亿元，比 2000 年增长 202%，年均增长 24.7%；工业增加值 6300.0 亿元，比 2000 年增长 87.8%，年均增长 17.6%；销售收入 19900.0 亿元，比 2000 年增长了 101.3%，年均增长 20.3%；利税总额 3365 亿元，比 2000 年增长 91.9%，年均增长 11.4%。其中，粮油加工、肉类加工、乳制品加工等行业的工业增加值和利润年均增长率均超过 20%。成为名副其实的国民经济的支柱产业。表 1-1 中列出了历年来食品工业总产值；表 1-2 列出了各年代食品工业平均增长率。

表 1-1 中国历年食品工业总产值 （单位：亿元）

年 份	1952	1957	1962	1965	1970	1976	1980	1985
总产值	82.80	153.60	126.90	175.50	197.90	388.60	568.00	940.60
年 份	1990	1992	1995	1996	1997	1998	1999	2000
总产值	1359.99	2979.95	4496.13	5146.51	5842.08	5517.33	6020.30	6734.47
年 份	2001	2002	2003	2004	2005			
总产值	7043	10778.02	12911.42	15508.25	20344.80			

表 1-2 中国 20 世纪各年代食品工业平均增长率

年 代	50	60	70	80	90	21 世纪前 5 年
增长率（%）	17.0	12.8	12.7	10.12	12.6	17.6

2005 年，我国食品工业主要产品的产量分别达到：小麦粉 3.922×10^7t、食用植物油 1.612×10^7t、肉类总产量 7.743×10^7t（其中肉类制品 8.500×10^6t）、乳制品 1.146×10^7t、啤酒 3.062×10^7t、软饮料 3.380×10^7t，分别比 2000 年增长了 42.2%、92.6%、26.4%、530%、37.2% 和 126.7%。

2005 年我国粮食加工业中特等米和标一米占大米总产量的 92% 以上，比 2000 年提高了 7%；特制二等以上精制小麦粉占面粉总产量的 75%，比 2000 年提高了 5%；全精炼食用植物油占食用植物油总量的比重由 2000 年的 30% 提高到 60% 以上；精深加工肉制品占肉类总产量的比重上升到 11%，比 2000 年提高了 5%；液体乳产量占乳制品的产量由 2000 年的 60% 提高到 91% 以上；软饮料制造业打破过去一直以碳酸饮料为主的局面，形成了包装饮

用水、碳酸饮料、果蔬饮料、茶饮料等多元化发展的态势。

随着国家卫生部制定的《食品安全行动计划》、国家食品药品监督管理局会同有关部门制定的《食品药品放心工程实施方案》和《食品企业HACCP实施指南》等规章，以及一系列以食品安全标准为重点的食品标准的颁布实施，食品企业的主体资格和生产经营行为得到有效规范，生产条件和经营环境更加符合食品安全和卫生要求，产品质量稳中有升，各类产品抽检合格率均呈上升趋势，食品安全水平不断提高。如肉类行业100强企业中通过ISO9000认证的企业达到77家，通过HACCP认证的企业有61家。

我国食品工业兼并、重组步伐加快，一批具有市场竞争优势的骨干食品企业发展壮大，成长起一批知名企业和名牌产品，名优产品的市场份额明显提高。2005年，食品工业百强企业完成销售收入4987.9亿元，占全行业的25.6%；总资产4586.3亿元，占全国食品工业的28.9%；实现利税总额1920.0亿元，占全国食品行业的57.1%。部分食品行业的生产集中度达到较高水平，其中：乳制品行业10强企业销售收入占全行业的54.7%，饮料行业10强企业产量占全行业的39.5%，制糖行业10强企业产量占全行业的43.6%，啤酒行业3大企业集团的产量合计占全行业的31.6%。

虽然我国食品工业在“十一五”期间取得长足进步，但与世界先进水平相比仍存在较大差距，与全面建设小康社会的新要求相比，还有不小差距，主要表现在以下几个方面：

（1）食品工业转化增值能力较低，整体水平亟待进一步提高　我国食物资源丰富，粮食、油料、蔬菜、水果、肉类和水产品等农产品产量均居世界首位，但是以这些农产品为原料的食品加工、转化增值程度偏低。在加工量方面，目前我国加工食品占消费食品的比重仅为30%，远低于发达国家60%～80%的水平。其中，我国经过商品化处理的蔬菜仅占30%，而欧盟、美国、日本等发达国家占90%以上；我国柑橘加工量仅为10%左右，而美国、巴西达到70%以上；我国肉类工厂化屠宰率仅占上市成交量的25%左右，肉制品产量占肉类总产量的比重只有11%，而欧盟、美国、日本等发达国家已全部实现工厂化屠宰，肉制品产量占肉类总产量的比重达到50%。在产值方面，2005年我国食品工业总产值与农业总产量的比值仅为0.5，而发达国家约为2.0～3.7。

（2）高附加值产品比例偏低，品种结构不够合理　目前，我国食品工业仍以初加工产品居多，精深加工产品较少。例如，玉米加工产品主要以生产普通淀粉、酒精、白酒和饲料为主，新开发的综合利用产品不多，多元醇、变性淀粉等深加工产品少，市场需求看好的乳酸、聚乳酸产品还处于开发阶段。大豆加工基本上以油脂和饼粕等初级加工产品为主，高附加值的卵磷脂、异黄酮等深加工品种少。肉产品结构“四多四少”的现状依然存在，即：白条肉、冷冻肉多，分割肉、冷却肉、小包装肉品种少；生肉制品多，熟肉制品少；高温制品多，低温制品少；粗加工产品多，精深加工产品少。

（3）企业规模偏小，组织结构有待进一步优化　企业规模小，严重制约了食品行业生产集中度的提高。如我国稻谷加工达到日生产能力400t及以上合理规模的企业不足1%；猪肉加工4强企业的加工能力占规模以上企业加工能力不足10%，而美国猪肉加工4强企业占全国加工能力的50%以上，丹麦最大猪肉加工企业的加工能力高达全国的80%；在饮料制造方面，美国10大饮料公司占全美饮料总产量的96.9%，远高于我国39.5%的水平。

（4）食品工业布局尚不尽合理，区域优势没有充分发挥　一是区域发展不平衡。我国食品工业主要分布在东部发达地区的格局20年来没有发生大的变化。中西部地区由于食品工业发展滞后，丰富的原料资源优势没有转化为产业优势。二是食品工业布局与农业生产布局衔接不够紧密。食品生产、加工和销售脱节的问题仍然普遍存在，造成原料供应与食品工业发展的要求不相适应。如我国虽然有300多个小麦品种，但适合加工优质面包和饼干的专用品种缺乏，每年不得不从国外进口1000多万t加工专用小麦，另外加工啤酒的大麦大量依靠进口。

（5）食品工业关键技术与装备水平不高，自主创新能力亟待加强 我国食品工业整体技术和装备水平比发达国家落后20年左右。食品加工装备制造业产品稳定性、可靠性和安全性较低，能耗高，成套性差；整体研发能力不高，关键技术自主创新率低；一些关键领域对外技术依赖度高，不少高技术含量和高附加值产品主要依赖进口，部分重大产业核心技术与装备基本依赖进口；定向分离与物性修饰、非热杀菌、多级浓缩干燥等食品工业技术，以及连续冻干设备、超低温单体冷冻设备等一批共性关键重大技术与大型成套装备亟待突破。

（6）食品安全保障水平仍然较低，总体形势不容乐观 我国的食品安全水平与消费者的期望相比，仍然有较大差距，安全事故时有发生，社会公众对食品卫生仍缺乏安全感，食品安全形势依然严峻。

食品工业的发展离不开食品机械工业的进步，我国食品机械的发展起步于20世纪70年代，到80年代末和90年代初实现了高速发展，形成了一批具有一定技术水平、装备条件、自主开发能力和一定规模经济的骨干企业，形成了以国家部委科研所为龙头、地方科研所为骨干、企业科技力量为基础的科研队伍和科技开发能力以及相当数量的设有食品工程专业的大专院校，培养了大批专业技术人员，初步形成了独立的工业体系。据不完全统计。1998年全国从事食品机械生产的企业约6600家，从事食品机械科研和教学的科研院所和大专院校超过500个。目前我国设有食品科学与工程专业的高校为156个，其中的68个设有硕士点、18个设有博士点。这些院校在食品科学研究特别是在人才培养方面发挥着主体作用。2004年食品专业的高校毕业生约1万多人，约占全国毕业生280万人中的0.4%。据对40所院校调查统计，平均本科生3065人，硕士研究生803人，博士生197人，三者比例1:0.26:0.06。这说明我国食品工业的迅速发展引起全社会的关注，更多的企业和科研单位投入这个产业。行业发展的市场广阔，潜力巨大，成为国民经济发展的一个热点领域。

由于食品工业的发展，对食品机械的品种和数量的需求不断增长，促进了食品机械品种和产值稳步上升。“十五”期间广大科技人员重点对稻米、小麦、玉米、大豆、马铃薯、苹果、肉制品、奶制品等的重大关键技术与加工设备进行研发，攻克了膜分离、物性修饰、无菌冷灌装、浓缩、冷加工等加工关键技术难题，开发了冷却肉、大豆分离蛋白、浓缩苹果汁、玉米变性淀粉等市场潜力大的新产品，研制出一批包括48000瓶/h的啤酒灌装生产线、36000瓶/h不含气饮料塑料灌装生产线、180000包/班的方便面生产线、4200袋/h的牛奶无菌包装生产线、工业机器人、高速6色凹印机、双瓶吹瓶机、多层共挤设备、冷冻干燥设备及纸浆模塑机械等技术含量高的食品加工装备，缩短了我国食品加工技术和装备与国际先进水平的差距，部分领域接近国际先进水平，个别领域达到国际领先水平。

食品机械的总产值由1986年的12.1亿元增加到2005年的440亿元。从表1-3中可以看出1986年全国食品机械产值约为12.1亿元，是1981年的4.3倍，1982年、1983年和1985年食品机械工业的产值分别比上一年增长了48%、42%和47%，20世纪90年代后，食品机械工业继续保持了较高的发展速度，食品工业的机械化程度在不断提高。

表 1-3 中国历年食品机械工业总产值 （单位：亿元）

年 份	1981	1986	1988	1990	1992	1994	1995	1996	1997	2000	2002	2005
产值	2.8	12.1	17.0	20.0	65.0	90.7	117.0	200	225	300	394	440

食品工业的发展不仅促进了食品机械品种和数量的增长，而且也使食品机械产品技术水平有了一定程度的提高，一些新技术被逐步运用到食品机械中，例如微波技术、速冻技术、真空压力技术、膜分离技术、挤压膨化技术、超微粉碎技术、微胶囊技术以及电子技术等等。

从食品工业对农产品加工程度看，可分为对农产品的粗加工、深加工以及食品工业的社会化三个阶段。工业发达国家大部分已进入第二阶段，少数国家已进入第三阶段。我国基本上处于第一阶段。从工业投资构成看，美国、日本及欧洲的发达国家对食品工业的投资占比重很大，居第二或第三位，占工业投资的6% ~9%（我国不到3%），因此食品工业的产值在国民经济总产值中所占地位也是很显赫的。例如美、日、法等国食品工业产值均居各制造业之首。从食品工业产值和农业产值的比例看，美国为160%，日本为232%，中国为20.7%。中国食品机械全员劳动生产率仅是美国的1/20和日本的1/30。

发达国家食品工业的高度发展是因为具有了高度发展的食品机械工业，其特点是：高度机械化、自动化，食品加工机械单机高度的机电光液一体化，加工生产线高度的自动化；高新技术（超临界气体提取技术、膜分离技术、食品辐射技术、挤压膨化技术、微胶囊技术、速冻加工技术、超声波技术、光电检测技术以及电子技术等）广泛运用；高效节能产品（干燥、蒸煮、蒸发、油炸、杀菌以及烘烤等）多；高保鲜贮藏技术（气调保鲜技术、辐射保鲜技术、涂膜保鲜技术、预冷保鲜技术、化学保鲜技术、速冻保鲜技术和无菌包装技术等）日趋成熟；高度重视食品资源综合利用和环境保护；食品种类发展趋于更营养、卫生、方便，保鲜食品、微波食品、速冻食品、功能食品、方便食品、儿童食品、休闲食品和微生物食品等应运而生。

近30年来，我国食品机械行业取得了举世瞩目的成就，具体表现在以下几个方面：

（1）食品机械的品种成倍增加　20世纪80年代前，我国食品机械的品种不足500种，主要用于粮油、饮料、酿造、糖果、乳品等加工，产品的空白点多，设备不成套，装备食品工业的能力极差。进入20世纪80年代后，中国食品协会包装机械委员会和中国食品协会机械专业委员会的成立，加强了对各部门食品机械生产、科研的经济协调，促进了新产品的大量涌现。经过“九五”期间的发展，我国食品机械产品达到2000多种，已能不同程度地装备食品工业的23个行业，再经过“十五”期间的高速发展，到2005年我国食品和包装机械装备产品达到了近4000种，装备食品工业的能力大大提高。

（2）食品机械的质量有明显的提高　现在生产的食品机械，凡与食品接触部位或易腐蚀部位，都采用不锈钢或无毒材料，或在碳钢表面喷涂耐腐蚀涂料，从而有效防止了腐蚀以及对食品的污染，保证了食品卫生，延长了使用寿命。食品机械的加工工艺日趋精细，零件的合格率高达95%。产品的三漏（漏汽、漏水、漏油）得到了较好的解决，产品工作时的噪声明显降低，可靠性有所提高，产品的外观质量也有较大的提高。

（3）高新技术的应用研究取得了较大的进展　我国对辐射技术的应用进行了广泛的试验，并已进入实用化阶段，真空技术、超临界萃取技术、膜分离及微波技术、机器人技术等高新技术，在食品机械应用中得到了广泛的试验研究和部分实用化推广。

(4) 食品机械行业的各种机制已逐步建立　目前我国食品机械行业拥有40万从业人员，从事食品机械开发与研究的科研机构有70余所，科技人员近5000人，有20多所高等院校设立了食品机械专业。各级食品机械产品质量监控体系都已建立，国家有关部委设立了办公室，统筹规划食品机械行业的发展，一个门类齐全、体系基本完善、独立的新兴产业已经形成。

(5) 初步形成了一个与之配套的食品工程专业教育体系，造就了大批专业技术人员　按照"科教兴国"战略和"以人为本"的思想，积极探索一条适应我国国情的教育、科技与生产密切结合的办学道路，为食品机械行业定向培养人才，实行以中央为主、地方和社会参与办学，充分利用大专院校在人才、知识密集等综合优势为行业发展服务。

(6) 初步形成了科技队伍和科研开发能力　以部属科研所为龙头、地方科研所为骨干、企业科技力量为基础的科研队伍及科研开发能力的初步形成，为行业科技发展发挥了重要作用。到目前为止，科工贸一体化和技术较强的科研单位被列入行业重点科研所，完成了一大批科研项目，填补了许多国内空白，技术水平在国内居领先水平。

从2004年以来，食品机械的进口额增长放慢，国产设备2005年的市场占有率不断上升。预计到2010年国内行业总销售额可以达到1300亿元，市场需求可以达到2000亿元。近年来，我国每年引进食品和包装机械近20亿美元，跃升为世界第二大包装机械进口国。我国目前食品和包装机械的技术水平已接近国际水平，这就更增加了我国的食品和包装机械行业的竞争力，可以从容面对我国加入WTO后国外食品和包装机械对我国的冲击。

我国食品机械工业是改革开放以后发展起来的新兴产业，大部分设备都是通过引进设备消化吸收研制出来的，可以说是价廉物美，售价只是国外的1/5~1/3，当前的技术水平适应国内市场，也非常适合发展中国家和地区的经济条件，这是我们的优势。但我们的设备与工业发达国家相比，还有很大差距，主要表现在以下几个方面。

一是产品品种和配套数量少。我国目前食品机械（包括包装机械）品种大约有4000种（其中包装机械1700多种，食品机械2300多种），而工业发达国家的食品和包装机械已经达到5300种以上，而且成套数量大。

二是技术水平低。目前我国食品与包装机械的技术差距主要表现在控制技术和产品可靠性方面，技术更新速度慢，新技术、新材料、新工艺推广应用的范围太窄。从整体水平上讲，要比发达国家落后15~20年。

三是产品质量差。主要表现在生产率低、能耗高、稳定性和可靠性差，产品造型落后、外观粗糙、基础件和配套性的寿命低等，这种状况远远满足不了当前食品与包装机械工业的需要，挡不住进口的冲击。

四是我国食品与包装机械工业企业规模小、技术装备差、管理水平比较落后、自我开发能力弱，与国外市场竞争能力低。发达国家食品机械企业把科技开发投入、科技队伍、实验基地的建设放在重要的位置，科技开发的费用占销售额的8%~10%。我国食品机械多为中小型企业，几乎没有自己的科研开发机构，企业对科技开发的投入，平均不到销售额的1%，大专院校与科研单位的科研项目与市场需求脱节，至今尚未形成带动科研与生产的紧密结合的运行机制，企业试验与检测手段和仪器陈旧，企业科技人员少。我国食品机械行业历史短，企业大多数技术水平不高，缺乏生产经营经验，企业过多地关注扩大产量，对通过内涵发展生产力来提高技术水平始终重视不够，管理不力、生产效率低、效益差、人均劳动生产率低、出口产品的产值仅占总产值的10%。国外的食品机械企业信息的收集，一般公司都有专门收集、整理、分析市场的信息机构，并及时为公司决策提供可靠有据的市场分析。而我国食品机械企业信息相对闭塞，尚未建成必要的信息系统，缺乏对国外同类产品的了解。

五是我国食品机械行业是个部门的产业，各自为政，形成条块分割局面，不利于发挥团队的协作力量，人力分散，难以形成合力进行重点技术攻关。

六是企业劳动生产率低。据不完全统计，我国企业的劳动生产率仅为发达国家食品机械行业全员劳动生产率的1/10~1/15。

当前我国已经加入了WTO，食品机械行业受到国际市场的冲击已经不可避免，要经受加入世贸组织后的考验，使我国食品机械行业上一个新台阶，这不仅对科研机构和高等院校食品科技工作提出了新的要求，也为食品机械行业带来了空前的机遇，我们必须加快科学研究的步伐。一方面主攻配套，狠抓关键产品的开发，尽快改变食品机械单机多，成套设备相对较少的格局，做到主机、辅机、配件协调发展；另一方面，要加快高新技术应用研究，尽快把科研成果转化为机械设备，开发新产品，实现产业化。以市场为导向，积极调整产品结构，既要有出口和供应大城市为主的高档产品，也要有在广大城乡进行农产品初加工的食品机械。食品生产既有大型现代化水平较高的工厂，又有大量分散、小型、以手工为主的食品工厂，因此食品机械要考虑多层次的需要，既有20世纪90年代末水平的高技术水平的设备，又有以实用技术为主的中等技术水平的设备。同时要把目标转向国际市场，发展一批适合国际市场需要，技术先进、质量好的产品，投入国际竞争，扩大出口。我国食品机械进口额很大，据海关统计，20世纪90年代中期进口食品机械与国内食品机械总产值基本持平。在目前所引进的设备中，约40%属国内不能供应的，但40%是国内已批量生产而不该进口的，20%是国内有能力制造的，在全部的进口贸易中，包装机械占80%以上。到“十五”结束，我国的食品机械的进出口已经出现贸易顺差，要改变我国目前的食品机械工业的现状我们必须要做到如下几点：

一是通过消化吸收加快引进技术为我所有、为我所用的进程，支持重点产品的开发研制。

二是要求消化吸收和自主开发都应该注重技术创新，形成国内自己的独有技术。

三是要采取有效措施，鼓励制造、使用单位与科研院所联合开发。

四是要按市场竞争要求，选择急需发展的项目给予重点支持，重点突破，充分发挥食品机械行业重点科研院所的作用，将开发能力提高到一个新的水平。

五是要优化组织结构，成立跨部门食品机械企业集团，走规模效益之路。我国食品机械行业具有多品种、小批量、中小企业多的特点，同时企业又分属机械、轻工、商业等部门，重复生产多，重复研究多，很多企业在低水平上研究，低水平上生产，低水平上竞争。要组织推进以产品为纽带，以技术为纽带和以资产为纽带的联合，成立跨部门、跨区域、跨所有制的不同层次的企业集团，形成优势互补、分工合作的格局，共同促进行业的发展。

六是要面向用户，按用户要求确定产品的质量目标，真正做到为用户服务，对用户负责，让用户满意；要严格设计、制造的质量控制，要求从设计、制造、装配到调试技术、管理和服务措施全到位；要建立起适应市场经济的质量保证体系，按照“质量第一，用户第一，服务第一”的方针，树立质量是企业生命的意识，加强质量管理，重视售后服务，努力创造出名牌产品。加强科学研究工作，提高行业整体水平，在研究中既要重视重大成龙配套，又要重视基本理论和基础元件的研究。

食品装备制造业是为食品工业提供技术装备的重要产业，对提高我国食品工业装备国产化率和整体发展水平起着举足轻重的作用。“十一五”时期，食品装备制造业要改变自主创新能力弱、技术装备水平低、成套性和稳定性差等的现状，重点加强分离设备、冷冻设备、干燥设备、杀菌设备、罐装设备、包装设备等现代食品加工装备的研发制造，重点开发远洋捕捞船用超低温急冻冷藏设备和冷链设备。

今后食品工业重点行业装备制造业发展方向：

（1）粮食加工　围绕米面制品，重点发展主食加工设备和副产品综合利用设备；围绕玉米的工业化应用，发展深加工设备。

（2）油脂加工　重点发展大型制油高效、节能设备，油脂精炼装备，专用油脂和以及大豆蛋白分离和提取设备。

（3）畜禽屠宰加工　重点开发牲畜真空采血、电刺激、畜禽热汽隧道式湿烫及连续自动去毛（羽）、多工位扒皮设备，胴体劈半和在线检测设备，高湿雾化冷却排酸设备，大型真空斩拌机、滚揉机和高速灌肠机等肉类深加工设备，以及冷却肉、清真肉制品、低温肉制品、功能性肉制品和发酵肉制品加工设备，实现我国畜禽屠宰加工装备的成套化、国产化。

（4）水产品加工　重点发展去鳞、剖腹、去内脏、分级设备，鱼糜、鱼浆加工设备，贝类净化设备和壳肉分离设备，水产品微冻保鲜设备，鱼虾无水保活运输设备，海洋药物及天然化合物提取设备。

（5）乳制品加工　重点发展液体乳加工和无菌包装设备、干酪加工设备、乳清分离设备、超高温灭菌设备。

（6）果蔬加工　重点开发果蔬预冷和配送设备、果蔬分级包装设备、净菜加工与储运设备、冷打浆设备、大型果汁浓缩设备、柑橘半果榨汁设备。

（7）饮料制造　重点发展无菌冷灌装设备、大型饮料在线检测及自动剔除设备、全自动饮料混合设备、加工前处理装备、高分子材料自动“制瓶—灌装—封口”一体化设备。

（8）包装设备　大力发展纸包装设备、液体包装设备和包装材料制造设备，重点发展50000 瓶/h 以上的吹瓶机、15000 万瓶/h 的 PET 瓶结晶瓶设备、注拉吹制瓶设备、50000 瓶/h 以上的饮料冷灌装设备、UHT 奶的杀菌灌装设备和 ESL（延长鲜奶储存寿命）设备。

此外，在“十一五”期间还将重点发展方便食品加工技术装备、啤酒饮料加工技术装备、超微粉碎加工技术装备、挤压成形技术装备、杀菌熟化技术装备、微胶囊化技术装备、真空冷冻技术装备、农产品深加工成套技术设备，如大豆、稻谷、玉米、土豆等深加工及综合利用设备等。

总之，近 30 年来，我国食品机械工业虽然取得了突飞猛进的发展，成为我国民族食品工业的重要基石，在取得胜利的同时，也应该放开眼界注重发达国家的发展动态，同时也应该清醒地认识自己的不足，从而奋起直追。21 世纪大型化、高速化和提高稳定性是食品机械行业发展的主要目标。生产多样化成品包装设备是市场经济发展的需要，运用高新控制技术、机器人技术、机电一体化技术、智能化计算机技术是我们今后努力的方向。

二、食品机械与设备的特点和分类

食品机械与其他机械相比，食品机械加工对象（食品物料）的种类繁多，各种物料的性质差别很大，每种食品都各有不同的特殊要求。所以，食品机械的形式多种多样，结构简繁不一。由于我国幅员广阔，各地气候、风俗差异较大，使某些食品带有地区性特色及特殊风味，所以又形成一些各具特色的食品加工特点。另外，由于食品机械是把食品原料加工成食品（或半成品）的机械，被食品机械加工的对象物是人们获取营养的主要来源，食品质量的好坏直接关系到人们的身体健康，关系到全民身体素质的提高，所以食品是一种特殊的商品，因此对食品机械有其特殊的要求。

1）食品物料的成分、性质、形态等差别较大，决定食品机械的单机性强，这些设备一般外形尺寸较大，重量较轻，移动方便。

2）由于食品机械在工作时常常伴随着水及酸、碱等强腐蚀物质，因此，要求食品机械使用的材料应能防腐、防锈，与食品直接接触的部分，应采用不锈钢材料或经防腐、防锈处理过的材料，选择防潮、防爆炸的电动机作为动力，控制装置应具有良好的防潮性能，符合国家《食品机械卫生和安全》标准中规定的需要强制执行的内容。故食品机械的造价一般高于其他机械设备。

3）为了保证食品生产的卫生条件，防止遭受由于机械设备本身造成的食品污染，凡与食品接触的零部件，要保证无毒、无味、无污染、耐磨、耐腐蚀性能，有些机械的工作部件应在密封的环境中工作，与食品直接接触的工作部件应便于拆卸和清洗。

4）食品工厂生产的食品花色品种较多，且食品加工有季节性很强的特点（特别是以水果和蔬菜等农产品为原料的食品加工），同时加工的物料具有多品种、多种类和多特性等因素，因此食品机械要具有很强的适应性，具有调节容易、调整模具方便和一机多用的特点。

5）食品机械与设备的运行，应安全可靠、操作简便，具有造价低、性能优、工效高、能耗低、噪声小等特点。

由于食品工业原料和产品的品种繁多，加工工艺各异，因此食品加工机械品种十分繁杂，我国目前尚未制订食品机械分类标准，各部门根据工作方便常有不同的分类方法。

1. 按原料或生产产品分类

制米机械、制粉机械、油脂加工机械、制糖机械、制盐机械、淀粉机械、豆制品加工机械、面制品机械、乳制品机械、蛋品加工机械、肉类制品（包括屠宰）机械、水产品加工机械、果蔬加工和保鲜机械、罐头制品机械、酿造机械、饮料机械、方便食品机械、调味品和添加剂制品机械、饮事机械等等。以上的分类并不科学，有的重复，有的不全。

2. 按机械设备的功能分类

1）原料处理机械。包括去杂、清洗、选别、分选分级等各种机械与设备。

2）粉碎和分切、分割机械。包括破碎、研磨、分割、分切等机械与设备。

3）混合机械。包括粉料混合和捏和机械与设备。

4）成型机械。如饼干、糕点、糖果的成型机械与设备。

5）分离提取机械。如过滤、离心机械与设备，各种提取和提纯机械与设备。

6）搅拌与均质机械。包括液状物料的混合处理机械与设备。

7）蒸煮机械。包括蒸煮、杀青、熬糖、煎炸等机械与设备。

8）蒸发浓缩机械与设备。

9）干燥机械。包括各种常压和真空干燥机械与设备；有箱式、隧道式、回转式、链带式、喷雾式、流化式等等。

10）杀菌机械与设备。

11）烘烤机械。包括固定式、回转式、链带式等烘烤机械与设备。

12）冷冻和冻结机械。包括各种速冻机和冷饮冻结机械与设备，也包括制冷机械与设备。

13）挤压膨化机械。

14）定量包装机械。包括各种固体和液体的定量、计数和包装机械与设备，如容积式、重量式的装罐、装瓶、装袋机械。

15）其他机械。包括各种难以归类的机械与设备。

另外还有一些通用设备，如输送机械，包括带式输送机、斗式提升机、气力输送机、各种泵类、生物反应机械与设备以及换热设备和容器等等，也都是食品加工中常用的机械设备。

综上所述，从使用和选型的角度看，以上两种分类方法对生产都有一定的指导意义，但我们在学习的过程中不能拘泥于分类形式，要更好地研究各种食品生产工艺中各种机械与设备的内部联系，分析其工作原理和使用中需要注意的问题。

在本书中，不可能对每一种食品机械都作详细的介绍，只能在各类食品机械中选择少数的典型的机械或设备，从工作原理和使用方法上进行必要的分析讲解，作为举一反三的基础。

三、学习“食品加工机械与设备”课程必须具备的条件

食品加工机械是实现机械化食品加工工艺的必要设备，是通过机械的工作完成食品的中间体和成品的工具，它是通过机械的动作和传动完成所需要的工作，因此，“食品加工机械和设备”是一门食品科学与工程专业的骨干专业课程之一。通过本课程的学习，对帮助我们实现食品的机械化、现代化生产过程，提高食品的质量和食品生产的效益，提高劳动生产率都有不可替代的作用。

“食品加工机械与设备”课程是以理论力学、材料力学、金属材料、机械基础、机械制造基础和工程控制为依托的实践性很强的一门工程类课程。因此，在学习本课程之前，必须首先学习“工程图学”、“食品机械基础”、“电子基础”等基础课程。在本课程的学习过程中应采用理论联系实践的学习方法，做到既要学习好教材中出现过的机械与设备，也要联系在认识实习和生产实习中接触过的相关机械与设备的工作原理和工作过程；既要掌握食品加工各个操作单元中带有普遍性质的内容，也要注意具有民族食品加工工艺特点的具有特殊性质的东西。由于食品加工机械的种类很多，不可能在有限的课堂教学中详细分析各种机械和设备，因此在学习过程中要十分注意学习方法的掌握，掌握正确的分析问题的方法后，对教材中出现的具体机械与设备的例子就能做到举一反三、融会贯通，今后在工作中即使碰到新的机械与设备，你也能正确分析它的工作原理和使用中应该注意的事项，从而真正掌握食品加工机械与设备的精髓。

第二章

物料输送机械与设备

2

在食品工厂中，存在着大量的物料，如食品原料、辅料或废料以及成品或半成品的供排送问题。在生产过程中，从原料进厂到成品出厂，以及在生产单元各工序间，均有大量的物料需要输送，必须采用各种输送机械与设备来完成物料的输送任务，将物料按生产工艺的要求从一个工作地点传送到另一个工作地点，有时在传送过程中也会对物料进行工艺操作。所以，合理地选择和使用物料输送机械与设备，对保证生产连续性、提高劳动生产率和产品质量、减轻工人劳动强度、改善劳动条件、减少输送中的污染以及缩短生产周期等都有着重要意义。在采用了先进的技术设备和实现单机自动化后，更需要将单机之间有机地衔接起来，使某一单机加工出半成品后，用输送机械与设备将该半成品输送到另一单机逐步完成以后的加工，形成自动生产流水线，尤其是在大工业规模化生产情况下，输送机械与设备就更显得必不可少了。

在食品加工过程中，需要输送的物料种类繁多，而且各种物料的性质差异也很大，因此，输送机械与设备的选用必须根据物料来确定。按工作原理，输送机械与设备可分为连续式和间歇式；按输送时的运动方式，可分为直线式和回转式；按驱动方式，可分为机械驱动、液压驱动、气压驱动和电磁驱动等形式；按所输送物料的状态，可分为固体物料输送机械与设备和流体物料输送机械与设备。输送固体物料时，可选用各种形式的带式输送机、斗式提升机、螺旋输送机、振动输送机或气力输送装置等输送机械与设备；输送流体物料时，可选用各种类型的泵（如离心泵、螺杆泵、齿轮泵、滑片泵等）、流送槽以及真空吸料装置等输送机械与设备。

第一节 带式输送机

带式输送机是食品工厂中使用最广泛的一种固体物料连续输送机械。它常用于在水平方向或倾斜度不大（$<25°$）的方向上对物料进行传送，也可兼作选择检查、清洗或预处理、装填、成品包装入库等工段的操作台。它适合于输送密度为 $0.5\times10^3\sim2.5\times10^3 kg/m^3$ 的块状、颗粒状、粉状物料，也可输送成件物品。

带式输送机具有工作速度范围广（输送速度为 0.02 ~ 4.00m/s）、输送距离长、运输量大、生产效率高、输送中不损伤物料、所需动力不大、工作连续平稳、结构简单可靠、使用方便、维护检修容易、无噪声、能够在全机身中任何地方进行装料和卸料等特点。主要缺点是倾斜角度不宜太大，不密闭，轻质粉状物料在输送过程中易飞扬等。

带式输送机的带速视其用途和工艺要求而定，用作输送时一般取 0.8 ~ 2.5m/s，用作检查性运送时取 0.05 ~ 0.1m/s。在特殊情况按特定要求选用，如在饼干烘炉中使用的输送带，其带速应根据饼干的品种、厚薄及炉长等情况具体决定。通常饼干烘炉的输送带都配有无级变速传动装置，以适应不同饼干所需的不同输送速度。

一、带式输送机的结构和工作原理

带式输送机如图 2-1 所示，是由挠性输送带作为物料承载件和牵引件来输送物料的运输机构的一种型式，主要组成部件有：张紧滚筒 1、张紧装置 2、装料漏斗 3、改向滚筒 4、支撑托辊 5、封闭环形带 6、卸载装置 7、驱动滚筒 8 及驱动装置 9 等。

工作时，在传动机构的作用下，驱动滚筒 8 作顺时针方向旋转，借助驱动滚筒 8 的外表面和环形带 6 的内表面之间的摩擦力的作用使环形输送带 6 向前运动，当启动正常后，将待输送物料从装料漏斗3加载至环行带6上，并随带向前运送至工作位置。当需要改变输送方向时，卸载装置7即将物料卸至另一方向的输送带上继续输送，如不需要改变输送方向，则无须使用卸载装置7，物料直接从环形输送带6右端卸出。

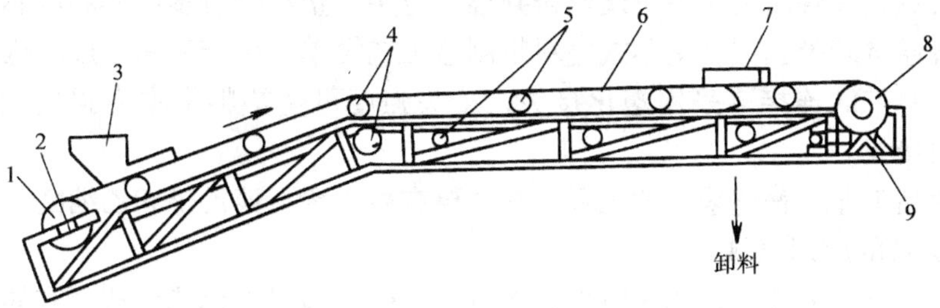

图2-1 带式输送机

1—张紧滚筒 2—张紧装置 3—装料漏斗 4—改向滚筒 5—支撑托辊
6—环形输送带 7—卸载装置 8—驱动滚筒 9—驱动装置

二、带式输送机的主要构件

1. 输送带

在带式输送机中，输送带既是承载件又是牵引件，它主要用来承放物料和传递牵引力。它是带式输送机中成本最高，又最易磨损的部件。因此，对所选输送带要求强度高、延伸率小、挠性好、本身重量轻、吸水性小、耐磨、耐腐蚀，同时还必须满足食品卫生要求。

常用的输送带有：橡胶带、各种纤维编织带、塑料带、锦纶带、强力锦纶带、板式带、钢带和钢丝网带等，其中用得最多的是普通型橡胶带。

（1）橡胶带 橡胶带是用2~10层棉织物、麻织品或化纤织物作为带芯（常称衬布），挂胶后叠成胶布层再经加热、加压、硫化粘合而成。带芯主要承受纵向拉力，使带具有足够的机械强度以传递动力。带外上下两面附有覆盖胶作为保护层称为覆盖层，其作用是连接带芯、防止带受到冲击、防止物料对带芯的摩擦、保护带芯免受潮湿而腐烂、避免外部介质的侵蚀等。橡胶带工作面的覆盖层厚度为3~6mm，非工作面的覆盖层厚度为1.5~3mm。因此，橡胶带的特点是坚固耐用、抗湿、耐磨、弹性好，缺点是价格较高。

橡胶带按其用途不同可分为强力型、普通型和耐热型三种。相对于普通型橡胶带而言，强力型能承受更大的载重，而耐热型能用于比室温高的温度环境。国产橡胶带的品种及规格可查阅机械设计手册。

（2）钢带 钢带的厚度一般为0.6~1.5mm，宽度在650mm以下。钢带的机械强度大，不易伸长，不易损伤，耐高温，因而常用于烘烤设备中。食品生坯可直接放置在钢带之上，节省了烤盘，简化了操作，且因钢带较薄，在炉内吸热量较小，节约了能源，而且便于清洗。但由于钢带的刚度大，故与橡胶带相比，需要采用直径较大的滚筒。钢带容易跑偏，其调偏装置结构复杂，且由于其对冲击负荷很敏感，故要求所有的支撑及导向装置安装准确。钢带采用强度和挠性较好的冷轧低碳钢制成，造价较高，粘着性较大，灼热的物料不能用橡胶带时才考虑使用。另一种钢丝网带用于一边输送物料，一边实行固液分离的场合。油炸食品炉中的物料输送、水果洗涤设备中的水果输送等常采用钢丝网带，如水果碱液去皮机上的输送带就采用不锈钢丝网带。钢丝网带也常用于食品烘烤设备中，由于网带的网孔能透气，故烘烤时食品生坯底部的水分容易蒸发，其外形不会因胀发而变得不规则或发生油滩、洼底、粘带及打滑等现象。但因长期烘烤，网带上积累的面屑碳黑不易清洗，致使制品底部粘上黑斑而影响食品质量。此时，可对网带涂镀防粘材料来解决。

（3）塑料带 塑料带具有耐磨、耐酸碱、耐油、耐腐蚀、易冲洗以及适用于温度变化大的场合等特点，在食品工厂中也逐步得到推广应用。塑料带有多层芯和整芯之分，多层芯式塑料带与普通橡胶带相似，整芯式塑料带制造工艺简单，生产率高，成本低，质量好，但挠性较差。塑料带的连接多采用塑化接头，接头强度可达塑料带本身强度的75%～80%，很少采用机械接头。

目前在食品工业中普遍采用的工程塑料主要有聚丙烯、聚乙烯和乙缩醛，它们基本上覆盖了90%输送带的应用领域。

聚丙烯具有良好的综合抗化学特性，在有酸、碱的情况下仍能保持原有的结构性质，抗拉、抗疲劳强度良好，且重量轻，适用于一般的产品输送。使用温度范围为1～104°C，在需高温消毒处理的场合尤为合适，但低温下显出易碎的特性。

聚乙烯同样具有良好的综合抗化学特性，耐酸、碱，还具有抗冲击和韧性高的特点。材料表面光滑，不易粘住食品，使输送过程顺利。其使用温度范围为－44～66°C，高温下抗拉强度很低。

乙缩醛是三种工程塑料中抗拉强度最大的材料，具有优良的综合抗化学特性，表面坚硬，不易刮伤，耐用度高，表面摩擦系数低，使用温度范围为－46～93°C。

另外，适合于极高温度场合的高温锦纶，其工作温度范围为－46～150°C。但易吸水膨胀，不宜用于湿沥生产环境。

（4）帆布带 帆布带主要用于饼干成型前的面片和饼坯的输送，如面片叠层、加酥辊压、饼干成型过程中均采用帆布作为输送带材料。帆布带除抗拉强度大之外，主要特点是柔性好，能经受多次反复折叠而不疲劳。目前配套国产饼干机的帆布带宽度有500mm、600mm、800mm、1000mm和1200mm等几种。帆布的缝接通常采用棉线和人造纤维缝合，少数情况下用皮带扣连接。

（5）板式带 板式带即链板式输送带，它与带式传动装置的不同之处是：在带式传送装置中，用来传送物料的牵引件为各式输送带，输送带同时又作为被传送物料的承载构件；而在链板式传送装置中，用来传送物料的牵引件为板式关节链，而被传送物料的承载构件则为托板下固定的导板，也就是说，链板是在导板上滑行的。在食品工业中，这种输送带常用来输送装料前后的包装容器，如玻璃瓶、金属罐等。

链板式传送装置与带式传送装置相比较，其结构紧凑，作用在轴上的载荷较小，承载能力大，效率高，并能在高温、潮湿等条件差的场合下工作。链板与驱动链轮间没有打滑，因而能保证链板具有稳定的平均速度。但链板的自重较大，制造成本较高，对安装精度的要求亦较高。由于链板之间有铰链关节，需仔细地保养和及时调整、润滑。

2. 机架和托辊

带式输送机的机架多用槽钢、角钢和钢板焊接而成。可移式输送机的机架装在滚轮上以便移动。

托辊在输送机中对输送带及其上物料起承托的作用，使输送带平稳运行。板式带不用托辊，因它靠板下的导板承托滑行。托辊分上托辊（运载托辊）和下托辊（空载托辊）两种。上托辊又有平直托辊和槽形托辊之分，图2-2所示为上托辊的几种常见形式。槽形托辊是在输送带的同一横截面方向上接连安装数条平直辊，一般中间一条水平，旁边的几条倾斜而形成一个槽形，主要用于输送量较大的散状物料。

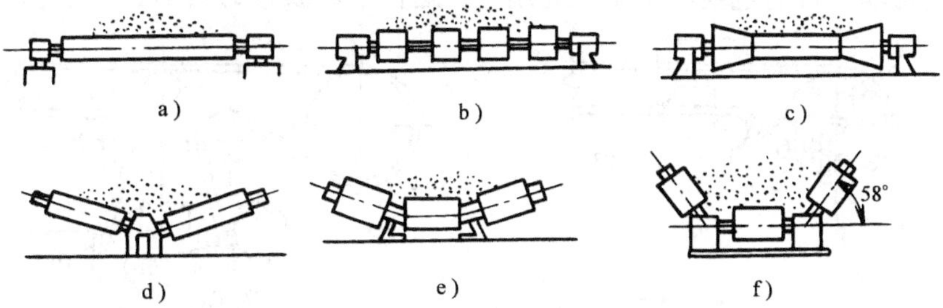

图 2-2　上托辊的形式

a）平直单辊式　b）平直多节单辊式　c）单辊槽式

d）双辊"V"式　e）三辊槽式　f）三辊"V"式

托辊的间距和直径，与带的种类、带宽及被输送物料的性质和重量等有关。一般上托辊间距可取 250mm 或 500mm，下托辊间距可取为上托辊间距的 2 倍。物料重时，间距应小，当物料为大于 20kg 的成件物品时，间距应小于物品在输送方向上长度的一半，以保证物品同时有两个以上的托辊支承。物料比较轻时，间距可取 1 ~ 2m。对于较长的胶带输送机，为有效防止胶带跑偏脱出，每隔若干组托辊须安装一个两边有挡板的调整托辊，这种托辊在横向能摆动，如图 2-3 所示。定型的托辊总长度应比带宽大 100 ~ 200mm，直径采用 ϕ89mm、ϕ108mm、ϕ159mm 几种。

3. 驱动装置

带式输送机的驱动装置主要由电动机、减速装置和驱动滚筒等组成，在倾斜式输送机上还有制动装置或停止装置。常见的驱动装置有两种形式，一种是闭式的：由电动机经封闭的减速装置如齿轮减速箱或蜗杆蜗轮减速箱等将运动和动力传至主动轮上（又称驱动轮或驱动滚筒），这种减速装置通常体积较小，若采用摆线针轮减速器则可使结构更为紧凑；另一种是开式的：由电动机经敞开的齿轮或链轮减速后将运动和动力传至主动轮上，该种形式目前已很少采用。

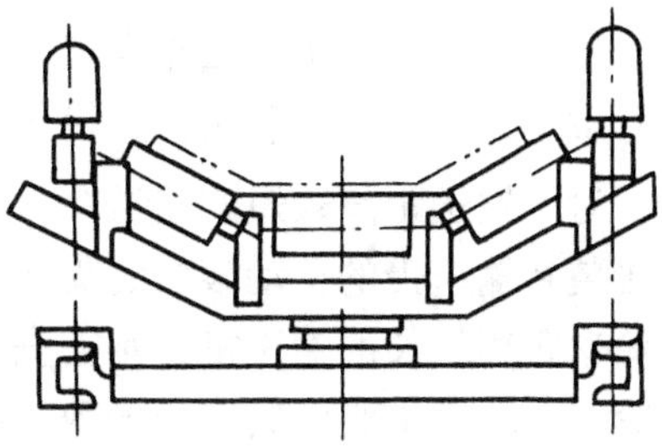

图 2-3　调整托辊

驱动滚筒的牵引力，应根据输送带在滚筒表面不打滑为条件来确定。可以通过加大包角 α 和摩擦系数 f 的办法来增加滚筒的牵引力。图 2-4 中方案 a 和 b 就是通过增加包角的办法来提高滚筒的牵引力的，采用图中方案 c 的布置形式亦可增大滚筒的牵引力。

4. 滚筒

滚筒有驱动滚筒、改向滚筒和张紧滚筒三种（图 2-1），一般由钢板焊接或铸铁制成。驱动滚筒是驱动装置的一部分，是传递动力的主要部件。除板式带的驱动滚筒为表面有齿的滚轮外，其他带式输送机的驱动滚筒通常为直径较大、表面光滑的空心滚筒。滚筒的宽度比带宽大 100 ~ 200mm。驱动滚筒应有一定的中高度，即常做成鼓形，中间部分的直径比两端直径稍大，这样在运行中能自动纠正胶带的跑偏。为了增加驱动滚筒与输送带之间的摩擦力，有时在驱动滚筒表面包上木条、皮革或橡胶，并可采用不同的输送带围绕形式以增大带在滚筒上的包角 α，如图 2-4 中方案 a 和 b 所示。改向滚筒可改变输送带的走向，并可用来增大驱动滚筒与输送带的包角。张紧滚筒用于输送机端部胶带的支承和张紧。

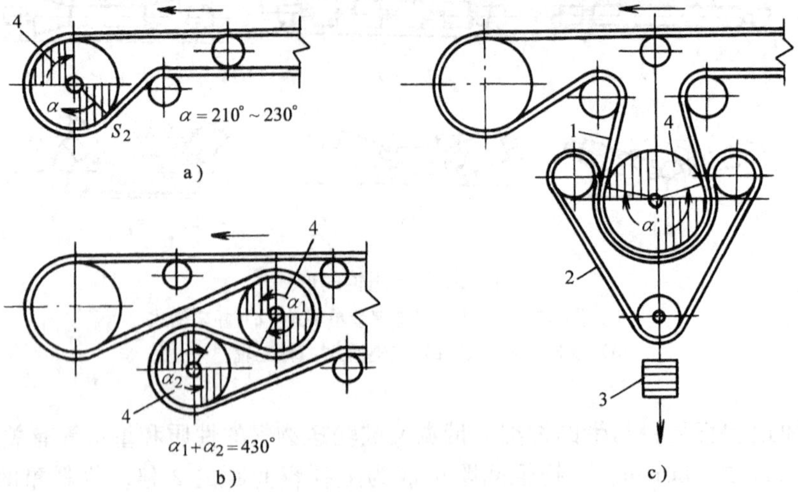

图 2-4　驱动滚筒布置方案

a）利用导向轮增大包角　b）利用两个驱动轮增大包角　c）利用压紧带增大牵引力

1—传送带　2—压紧带　3—重锤　4—驱动轮

5. 张紧装置

在带式输送机中，由于输送带具有一定的延伸率，因此在工作拉力作用下，输送带本身会伸长。这个增加的长度需要得到补偿，否则输送带与驱动滚筒间不能紧密接触从而导致打滑，致使带式输送机无法正常工作。补偿输送带伸长量的装置称为张紧装置，常用的张紧装置有重锤式、螺杆式和压力弹簧式等，如图 2-5 所示。

对于输送距离较短的输送机，张紧装置可直接装在输送带的从动滚筒的支撑轴上，而对于输送距离较长的输送机，则需安设专用的张紧滚筒。输送带张不紧时会导致带的紧边不平坦，不仅承载能力下降，且使物料运行不平稳。

螺杆式张紧装置常用于较短的输送带，利用拉力螺杆或压力螺杆来调整从动滚筒的前后位置，使输送带张紧，如图 2-5a 和 b 所示。其主要优点为外形尺寸小，结构紧凑，缺点是必须经常观察和调整，使输送带达到一定的张紧力。如张力调整得不够大就会出现打滑，但若张力调得过大又造成胶带易损坏。

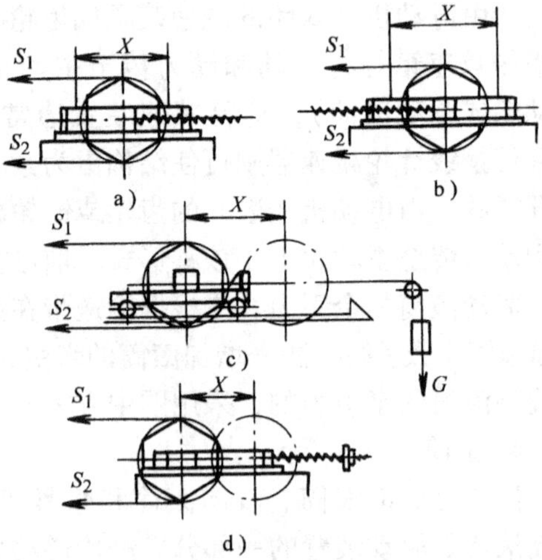

图 2-5　张紧装置形式

a）拉力螺杆式　b）压力螺杆式

c）重锤式　d）弹簧和调节螺钉式

重锤式张紧装置常用于输送带较长和运输能力较大的场合，如图 2-5c 所示，它是在自由悬垂的重物作用下产生拉紧作用的，可通过增减重锤的数量，以便得到所需的张紧力。其优点是能够保证张紧力恒定，缺点是外形尺寸较大。

压力弹簧式张紧装置如图2-5d所示，是在张紧滚筒两端的轴承座上连接一弹簧和调节螺钉。其优点是外形尺寸小，有缓冲作用，但结构较复杂。

三、带式输送机输送能力的计算

带式输送机的输送能力可按下式计算（凡是用带式输送机原理设计的其他设备，如预煮、干燥等设备，均可用此公式计算）：

$$Q = 3600Bhv\rho\varphi C$$

式中　Q——带式输送机的输送能力（t/h）；

B——输送带带宽（m）；

h——堆放一层物料的平均高度（m）；

v——输送带带速，用作检查性工作时取0.05～0.1，用作输送时取0.8～2.5（m/s）；

ρ——装载密度（t/m^3）；

φ——装填系数，一般取0.75；

C——输送机倾角系数，其值取决于倾角β的大小；

当倾角$\beta = 0° \sim 7°$时，$C = 1$；

当倾角$\beta = 8° \sim 15°$时，$C = 0.95 \sim 0.90$；

当倾角$\beta = 16° \sim 20°$时，$C = 0.90 \sim 0.80$；

当倾角$\beta = 21° \sim 25°$时，$C = 0.80 \sim 0.75$。

第二节　斗式提升机

在食品连续化生产中，有时需要在不同的高度装运物料，如将物料由一个工序提升到在不同高度上的下一工序，也就是说需将物料沿垂直方向或接近于垂直方向进行输送，此时常采用斗式提升机。如酿造食品厂输送豆粕和散装粉料，罐头食品厂把蘑菇从料槽升送到预煮机，在番茄、柑橙制品生产线上也常采用。

斗式提升机主要用于在不同高度间升运物料，适合将松散的粉粒状物料由较低位置提升到较高位置上。斗式提升机的主要优点是占地面积小，提升高度大（一般为7～10m，最大可达30～50m），生产率范围较大（3～160m^3/h），有良好的密封性能，但过载较敏感，必须连续均匀地进料。

斗式提升机的分类方法很多，按输送物料的方向不同可分为倾斜式和垂直式；按牵引机构的形式不同，可分为带式和链式（单链式和双链式）；按输送速度不同可分为高速和低速；按卸料方式不同，可分为离心式和重力式等。

一、斗式提升机的结构和工作原理

斗式提升机主要由牵引件、滚筒（或链轮）、张紧装置、加料和卸料装置、驱动装置和料斗等组成。在牵引件上装置着一连串的小斗（称料斗），随牵引件向上移动，达到顶端后翻转，将物料卸出。料斗常以背部（后壁）固接在牵引带或链条上，双链式斗式提升机有时也以料斗的侧壁固接在链条上。

图2-6所示为倾斜斗式提升机的结构示意图。为了改变物料升送的高度，适应不同生产

情况的需要，料斗槽中部有一可拆段,使提升机可以伸长也可以缩短。支架也是可以伸缩的，用螺钉固定。支架有垂直的（如图中支架1）和倾斜的（如图中支架2），倾斜支架固定在槽体中部。有时为了移动方便，机架装在活动轮子上。

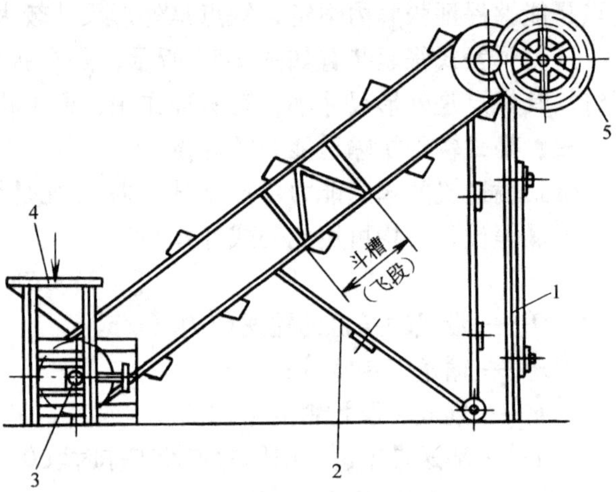

图2-6 倾斜斗式提升机
1、2—支架 3—张紧装置 4—装料口 5—驱动装置

图2-7所示为垂直斗式提升机的结构示意图，它主要由料斗、牵引带（或链）、驱动装置、机壳和进、卸料口组成。工作时被输送物料由进料口1均匀喂入，在驱动滚筒9的带动下，固定在输送带4上的料斗3刮起物料后随输送带4一起上升，当上升至顶部驱动滚筒的上方时，料斗3开始翻转，在离心力或重力的作用下，物料从卸料口10卸出，送入下道工序。

图2-8所示为料斗在牵引带上的布置形式，它取决于被输送物料的特性、使用场合和料斗装、卸料方式。如果是安置在打浆机、预煮机、分级机等前面的斗式提升机，在生产率相同的条件下，适合采用料斗密集型布置形式，这样可以使进料连续均匀，有利于各种机械的控制和使用。

斗式提升机的装料方式分为挖取式和撒入式，如图2-9所示。挖取法是指料斗被牵引件带动经过底部物料堆时，挖取物料。这种方法在食品工厂中采用较多，主要用于输送粉状、粒状、小块状等散状物料。料斗上移速度较快，一般为0.8～2m/s之间，料斗布置疏散。撒入法是指物料从加料口均匀加入，直接流入到料斗里。这种方法主要用于大块和磨损性大的物料的提升场合，输送速度较低，一般不超过1m/s，料斗布置密集。

物料装入料斗后，提升到上部进行卸料。卸料方式可分为离心式、重力式和离心重力式三种形式，如图2-10所示。

离心卸料方式是指当料斗上升至滚筒处时，由直线运动变为旋转运动，料斗内的物料因受到离心力的作用而被甩出，从而达到卸料的目的。适用于粒度小、磨损性小的干燥松散物料，且要求提升速度较快的场合，一般在1～2m/s左右。料斗与料斗之间要保持一定的距离，一般应超过料斗高度的一倍以上，否则甩出的物料会落在前一个料斗的背部，而不能顺利进入卸料口。

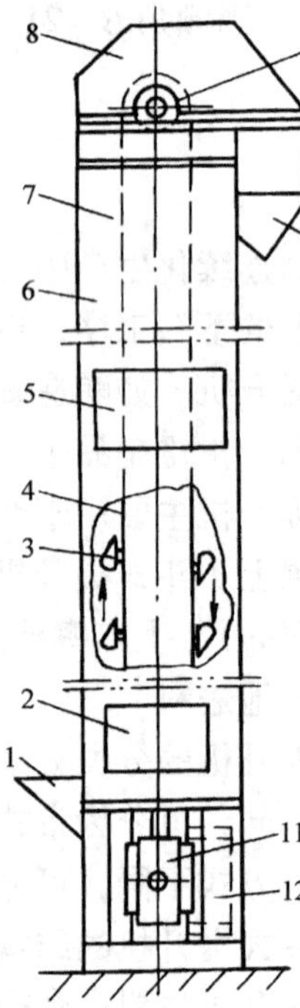

图2-7 垂直斗式提升机
1—进料口 2、5、12—孔口 3—料斗 4、7—输送带 6—外壳 8—驱动滚筒外壳 9—驱动滚筒 10—卸料口 11—张紧装置

重力卸料方式靠物料的重力使物料落下而达到卸料的目的，适用于提升大块状、密度大、磨损性大和易碎的物

料，适用于低速运送物料的场合，速度一般为0.5～0.8m/s。这种卸料方式又称无定向自流式。当提升粘性较大或较重的物料时，出料滚筒下面常装有导向轮，使胶带略弯曲，料斗运行到此处能完全翻转，因而物料借自重能顺利卸出。

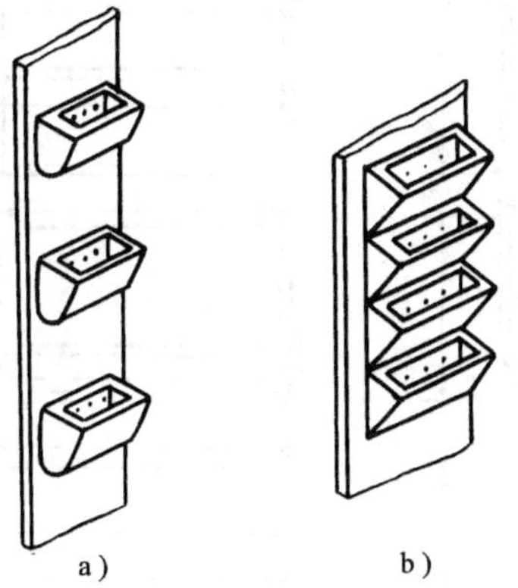

图2-8 料斗布置形式

a）料斗疏散型 b）料斗密集型

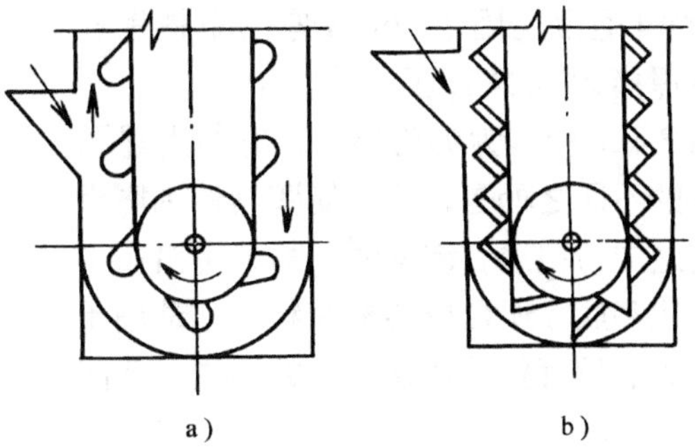

图2-9 斗式提升机装料方式

a）挖取式 b）撒入式

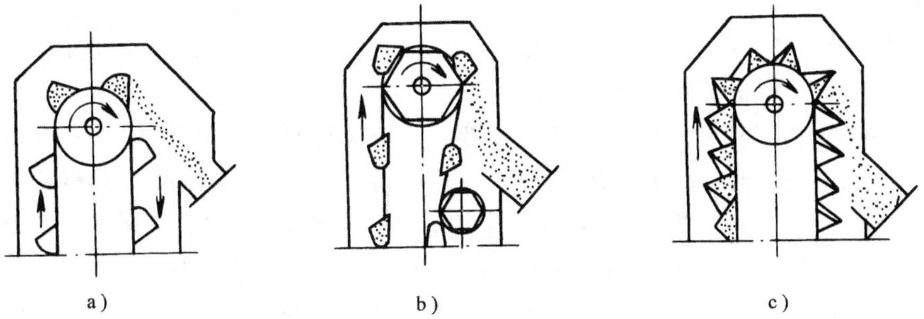

图2-10 斗式提升机卸料方式

a）离心式 b）重力式 c）离心重力式

离心重力卸料方式靠重力和离心力的同时作用而达到卸料的目的，也适用于提升速度较低的场合，一般为0.6～0.8m/s，适用于流动性不良的散状、纤维状物料或潮湿物料。料斗与料斗之间紧密相连，物料沿前一个料斗的背部落下。这种卸料方式又称定向自流式。

罐头食品厂、果汁饮料厂用斗式提升机运送果蔬物料时，为了尽可能减少对果蔬物料的机械损伤，一般不采用离心卸料方式，因其转速高、离心力大，会将物料抛得很远。或者，当物料还没有从料斗中卸出时，料斗就已转过了驱动滚筒而将物料抛到机架下面，此时也应采用较低的转速，采用自流式卸料方式。

二、斗式提升机的主要构件

1. 料斗

料斗是提升机的盛料构件，根据运送物料的性质和提升机的结构特点，料斗有三种不同的形式，即圆柱形底的深斗和浅斗以及尖角形斗，如图2-11所示。

图2-11a所示为深斗，斗口呈65°倾斜角，斗的深度较大，适用于输送干燥、流动性好、

能很好撒落的粒状物料。

图2-11b所示为浅斗，斗口呈45°倾斜角，斗的深度较小，适用于输送潮湿或流动性差的粉状、粒状物料。由于斗口倾斜角较小和深度较小，物料容易从斗中倒出。

深斗和浅斗在牵引件上的排列要有一定的间距，斗距通常取为(2.3～3.0)h(h为斗深)。料斗通常是用2～6mm厚的不锈钢板或铝板焊接、铆接或冲压而成。

图2-11c所示为尖角形斗，它与上述两种料斗的不同之处是，斗的侧壁延伸到底板外，使之成为挡边，卸料时，物料可沿一个斗的挡边和底板所形成的槽卸料。它适用于粘稠性大、较沉重的块状物料的输送，斗间一般不留间隔。

料斗的主要参数是斗宽、伸距、容积和斗深以及斗的形式，这些参数可从有关产品目录中查取。

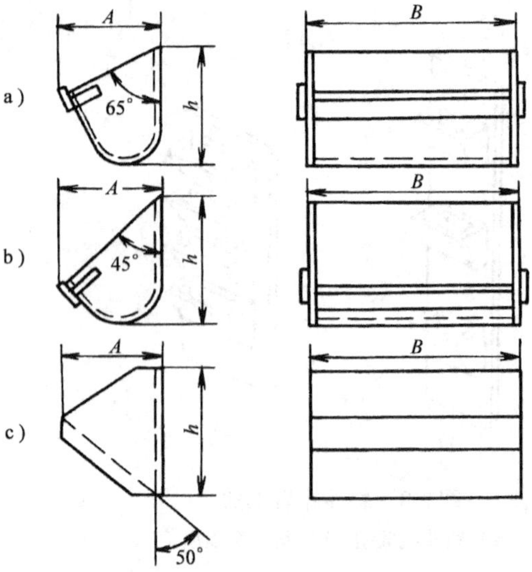

图2-11 料斗的形式

a) 深斗 b) 浅斗 c) 尖角形斗

2. 牵引件

斗式提升机的牵引件，可用胶带和链条两种。胶带和带式输送机的输送带相同，将料斗用头部特殊的螺钉和弹性垫片固接在胶带上，带宽比料斗的宽度大30～40mm。链条常用套筒链或套筒滚子链，其节距有150mm、200mm、250mm等数种。当料斗的宽度较小(160～250mm)时，用一根链条固接在料斗的后壁上；当料斗的宽度较大时，用两根链条固接在料斗两边的侧板上，即借助于角钢把料斗的侧边和外链板相连。

牵引件的选择，取决于提升机的生产率、升送高度和物料的特性。用胶带作牵引件时，主要用于中小生产能力的工厂及中等提升高度，适合于体积和比重较小的粉状、粒状物料的输送；用链条作牵引件时，适合于大生产率及升送高度大和较重物料的输送。

三、斗式提升机生产能力的计算

斗式提升机的生产能力可按下式计算：

$$Q = 3600\frac{i}{a}v\rho\varphi$$

式中 Q——斗式提升机的生产能力(t/h)；

i——料斗容积(m^3)；

a——相邻两料斗中心距，一般可取$a=2.3\sim3.0h$，连续布置的料斗取$a=h$(h为料斗的深度)(m)；

v——牵引件(带子或链条)的线速度(m/s)；

ρ——物料的堆积密度(t/m^3)；

φ——料斗的充填系数，决定于物料种类、性状及充填方法，可解释为料斗的实际平均装填容积与料斗理论容积的比值。对于粉状、细粒状干燥物料，$\varphi=0.75\sim0.95$；对于谷类物料，$\varphi=0.70\sim0.90$；对于水果类物料，$\varphi=0.50\sim0.70$。

第三节　螺旋输送机

螺旋输送机俗称“搅龙”，是一种不带挠性牵引件的连续输送机械，它利用螺旋的转动将物料向前推移而完成物料的输送，主要适用于各种需密闭输送的松散的粉状、粒状、小块状物料，多用于短距离的水平输送，例如对面粉、谷物、水泥、砂、煤粉、小块煤、卵石等物料的输送。在输送过程中，还可对物料进行搅拌、混合、加热和冷却等操作。但不宜输送易变质的、粘性大的、易结块的及大块的物料。

一、螺旋输送机的结构和工作原理

图 2-12 所示为螺旋输送机的结构示意图。从图中可看出，螺旋输送机的核心部分是由一根装有螺旋叶片的转轴（常称输送螺旋）和料槽（壳体）组成的。输送螺旋通过轴承安装在料槽两端的轴承座上，其一端的轴头与传动装置相连，当机身较长时常在输送螺旋中间加装吊架（又称中间轴承）。料槽的顶面和底部分别开设进、出料口。

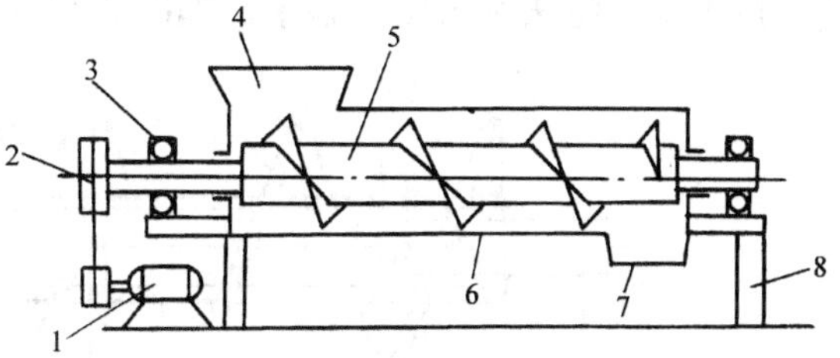

图 2-12　螺旋输送机结构示意图

1—电动机　2—传动装置　3—轴承　4—进料口　5—输送螺旋　6—料槽　7—出料口　8—机架

工作时动力由传动装置 2 传入，使输送螺旋 5 旋转，启动正常后，将物料由进料口 4 加入，利用输送螺旋 5 上的螺旋叶片旋转时所产生的轴向推力，将被输送的物料沿料槽 6 向前推移（物料就像是不旋转的螺母沿螺杆平移）。由于物料和料槽壁之间存在足够大的摩擦阻力，因而物料在输送过程中不随螺旋叶片一起旋转，而是在螺旋叶片间以滑动形式沿料槽轴线方向向出料口 7 移动，完成输送任务。

螺旋输送机结构简单，横截面尺寸小，密封性能好，便于中间装料和卸料，操作安全方便，制造成本低。但输送过程中物料易破碎，零件磨损较大，消耗功率较大。螺旋输送机使用的环境温度为 -20 ~ 50°C，物料温度小于 200°C，一般输送倾角不大于 20°。

螺旋输送机的输送能力一般在 $40m^3/h$ 以下，高的可达 $150m^3/h$。输送长度一般在 40m 以下，最长不超过 70m。

二、螺旋输送机的主要构件

1. 螺旋叶片

输送螺旋上焊有螺旋叶片，螺旋叶片的面型根据输送物料的不同有实体面型、带式面型和叶片面型等几种形式，如图 2-13 所示。螺旋有左旋和右旋之分，又有单线、双线和三线之分，一般多为单线右旋。

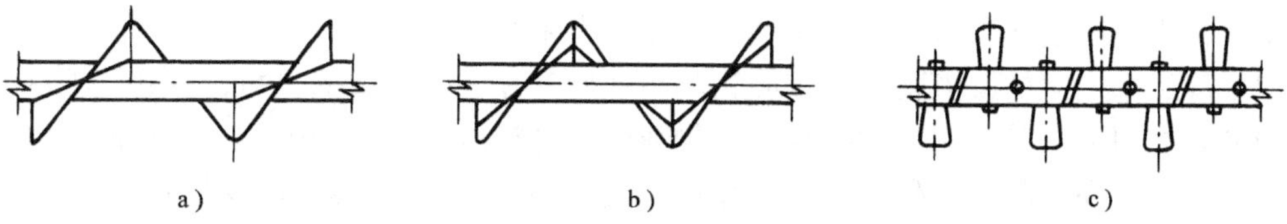

图 2-13　螺旋叶片的面型

a）实体面型　b）带式面型　c）叶片面型

实体面型的螺旋叶片主要用于输送干燥、粘度小的小颗粒或粉状物料，其螺距为螺旋直径的 0.8 倍；带式面型的螺旋叶片主要用于输送块状或粘度中等的物料，其螺距等于螺旋直径；叶片面型的螺旋叶片主要用于输送韧性或可压缩性的物料，其螺距为螺旋直径的 1.2 倍，该种面型的螺旋叶片在输送物料的过程中还伴随有对物料的混合、搅拌作用。螺旋叶片是由厚 4 ~ 10mm 的薄钢板冲压而成的，然后焊接或铆接到螺旋轴上。

2. 螺旋轴

将螺旋叶片按一定螺距焊在螺旋轴上就形成了能完成物料输送任务的输送螺旋。螺旋轴有空心和实心之分，为减轻轴的重量，常采用空心轴。螺旋轴一般是由 2 ~ 4m 长的空心轴通过轴节段装配而成，连接时将轴节段插入空心轴的衬套内，用螺钉固定连接起来，如图 2-14 所示。在大型螺旋输送机上，常采用法兰连接方法，在螺旋轴端和连接轴端均焊有法兰盘，再用螺钉将法兰盘固定起来，如图 2-15 所示。

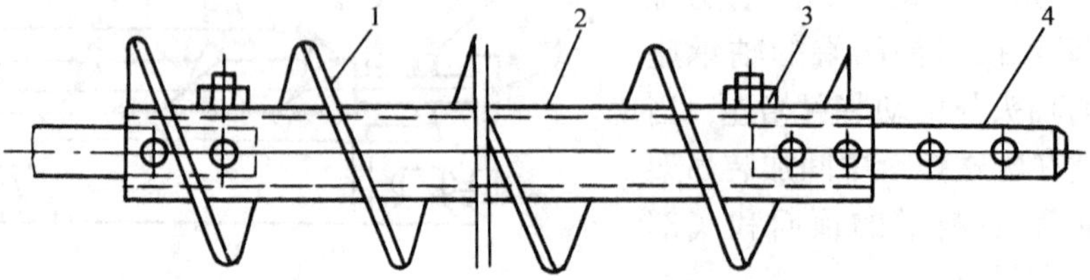

图 2-14 螺旋轴的节段连接方法

1—螺旋叶片 2—螺旋轴 3—螺钉 4—轴节段

螺旋轴一般用无缝钢管制成，其尺寸由结构及焊接工艺决定，通常不进行强度计算。

3. 轴承

螺旋轴的两端装有轴承，有时中部还装有中间轴承。轴承的作用是支撑螺旋轴，减少工作阻力，保证螺旋轴灵活旋转。

在物料输送方向的终端应安置推力轴承，以承受物料被输送时给螺旋轴带来的轴向反力（螺旋轴应布置为受拉构件，即出料口布置在有推力轴承处）。中间轴承的设计应保证物料输送的有效断面，不使物料堵塞。中间轴承宽度要窄，尽量减小螺旋中断的距离，并应特别注意密封。对磨琢性小的物料，采用滑动轴承可简化密封；对磨琢性大的物料，则应采用滚动轴承，并采用较完善的密封。

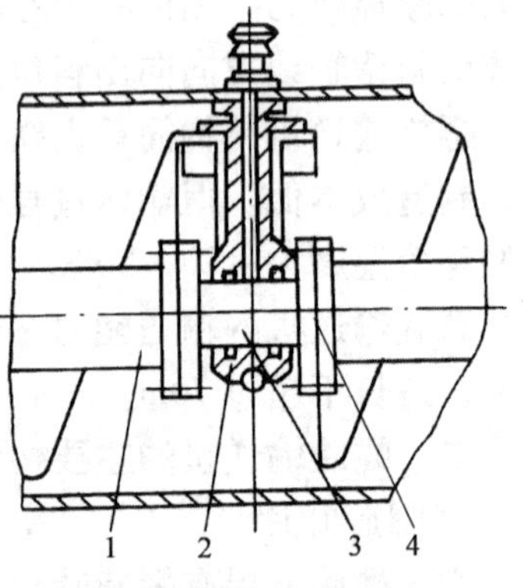

图 2-15 螺旋轴的法兰连接方法

1—螺旋轴 2—对开式滑动轴承

3—连接轴 4—法兰盘

螺旋输送机在输送物料时，其功率消耗在于克服物料与料槽底和壁之间的摩擦阻力，克服物料与螺旋叶片之间的摩擦阻力，克服端轴承、中间轴承内的摩擦阻力，克服用于搅拌与破碎物料以及物料被输送过程中的一些附加阻力。产生的附加阻力有：在中间轴承处，不可避免地会发生物料的堆积；某些物料的颗粒常常会被卡在螺旋叶片的边缘与料槽壁之间的缝隙内，其中一些被卡的颗粒还会因受到挤压作用而结成硬壳等等，这些都能形成附加阻力。

4. 料槽

料槽多用3～8mm厚的不锈钢板制成，槽口周边各段接口处均焊有角钢，以增加刚性。料槽内装有输送螺旋，料槽底为半圆形，料槽顶为平面且有上盖。料槽与螺旋叶片外圆的间隙一般为6～10mm。

在进行螺旋输送机的设计或选型时，必须首先确定其原始条件，如输送能力、物料的性质（如容重、温度、湿度、粘度、磨琢性等）、工作环境（如露天或室内、干燥或潮湿、灰尘多少、环境温度等）以及输送机布置形式等。

三、螺旋输送机生产能力的计算

螺旋输送机的生产能力可按下式计算：

$$Q = 3600Fv\rho = 60\frac{\pi}{4}D^2 Sn\varphi\rho C$$

式中 Q——螺旋输送机的生产能力（t/h）；

D——螺旋直径（m）；

F——料槽内物料的断面积（m^2）；

v——物料输送速度（m/s）；

ρ——物料堆积密度（t/m^3）；

φ——物料的充填系数，一般为12.5%～40%；

C——输送机倾角系数，水平输送时，$C=1.0$；倾角为5°时，$C=0.9$；倾角为10°时，$C=0.8$；倾角为15°时，$C=0.77$；倾角为20°时，$C=0.65$；

n——螺旋轴转速（r/min）；

S——螺距（m）。

第四节 振动输送机

振动输送机是一种利用振动技术使输送机中的输送构件达到接近共振或扩大共振状态，从而对松散态颗粒物料进行中、短距离输送的输送机械。

振动输送机的优点是其结构较前面介绍的几种输送机简单，制造方便，价格便宜，占地小，维护管理方便。但也存在一些不足，如输送能力低（特别是按一定角度向上输送物料时，输送能力更是急剧降低），有振动产生的噪声，不宜用于潮湿、粘性大或粒度小的粉末物料的输送。

振动输送机的分类，按激振驱动方式可分为曲柄激振驱动式、偏心激振驱动式和电磁激振驱动式；按工作体的结构形式可分为斜槽式、管式和料斗式等。

一、振动输送机的结构和工作原理

振动输送机由激振器、工作体、弹性支撑件（包括主振弹簧和隔振弹簧）及座体等主要部件组成，如图2-16所示。振动输送机工作时，由激振器驱动支撑在主振弹簧的工作体。主振弹簧通常倾斜安

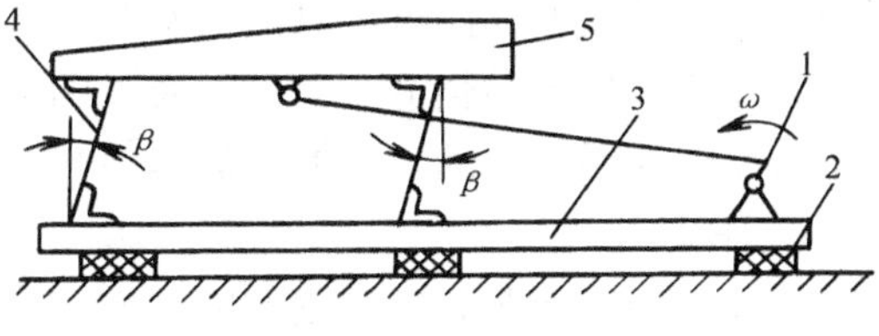

图2-16 振动输送机结构

1—激振器 2—隔振弹簧 3—座体

4—主振弹簧 5—工作体

装，斜置倾角为β，称为振动角。当由激振器产生的激振力作用于工作体上时，工作体就在主振弹簧的约束下作定向强迫振动。处在工作体上的物料，由于受工作体振动的作用而被断续地向前输送。

当工作体向前振动时，依靠物料与工作体间的摩擦力，工作体把运动能量传递给物料，使物料得到加速运动，此时物料的运动方向与工作体的振动方向相同。此后，当工作体按激振运动规律向后振动时，物料受惯性作用仍继续向前运动，工作体则从物料下面往后运动。由于运动中阻力的作用，物料越过一段距离后又落回到工作体上，当工作体再次向前振动时，物料又因受到加速而被输送向前，如此重复循环，实现物料的输送。

二、振动输送机的主要构件

1. 激振器

激振器是振动输送机的动力源装置，用以产生使输送机的工作体实现振动的激振力，常用的激振器有曲柄连杆激振器、偏心惯性激振器和电磁激振器三种类型。

（1）曲柄连杆激振器　图2-16所示振动输送机中的激振器就是曲柄连杆激振器。电动机经皮带或齿轮等传动装置驱动曲柄连杆机构运转，使其产主激振力。连杆把运动和动力传给工作体，使工作体以固定的频率和振幅作定向强迫振动，进行物料输送。整个装置安装在一个质量较大的底座上，以承受振动过程中的惯性力。底座的质量一般为振动构件质量的3～4倍。

（2）偏心惯性激振器　图2-17a所示为采用偏心惯性激振器的振动输送机。偏心惯性激振器是利用偏心块在旋转时所产生的离心惯性力作为激振力，激振力的幅值可通过调整偏心块的质量m_j、偏心距e和旋转角速度ω_j等参数进行调节（ω_j受工艺因素的限制）。这种类型的激振器能产生较大的激振力，本身尺寸又不很大，结构简单便于制造，但装配偏心块的轴和轴承在工作时会承受较大的动载荷。

（3）电磁激振器　图2-17b所示为采用电磁激振器的振动输送机。电磁激振动器主要由电磁铁和衔铁等组成。电磁铁（带铁心的电磁线圈）通过支座安装在座体上，衔铁固定在工作体下面，工作体由主振弹簧支承于座体上。衔铁与电磁铁铁心柱表面间保持平行，即保持等距的工作间隙δ。当电磁线圈中通入正弦交变电流时，电磁铁所产生的按正弦平方规律变化的脉动吸力作用于衔铁，从而使工作体产生定向强迫振动。当通入的电流是50Hz交流电时，电磁铁将以100Hz的激振频率迫使振动系统振动。激振力的幅值与供电方式、线圈匝数、电压等参数有关。

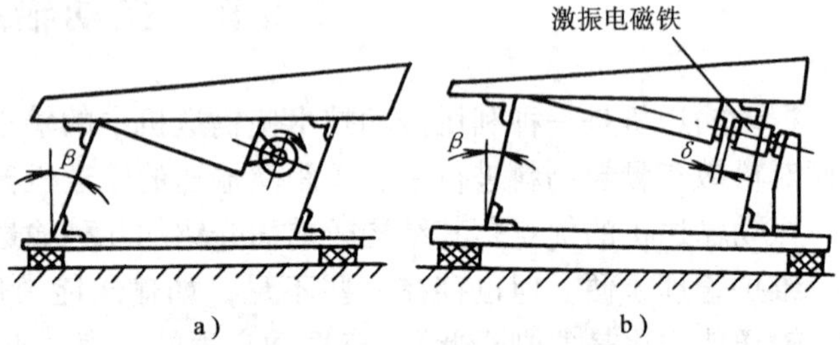

图2-17　偏心惯性和电磁激振振动输送机

a）偏心惯性激振振动输送机　b）电磁激振振动输送机

2. 工作体

工作体是用于承载和输送物料的构件，在激振器的作用下作定向强迫振动。工作体有斜槽形、管形和料斗形等结构型式。

3. 弹性支撑件

弹性支撑件包括主振弹簧和隔振弹簧。主振弹簧用于支撑工作体，使其在激振力的作用下产生定向强迫振动，主振弹簧常采用板弹簧或螺旋弹簧。隔振弹簧装于座体与机架或基础间，用以缓冲传递到机架或基础上的动载荷，隔振弹簧常采用橡胶弹簧，也有采用螺旋弹簧的。

4. 座体

座体上固定安装着激振器、主振弹簧等构件。座体通常用铸铁制造，其质量大小有一定要求，须根据振动系统设计计算决定。

第五节　气力输送装置

采用风机（或其他气源）使管道内形成具有一定速度的气流，从而达到将散粒物料沿管路从一处输送到另一处的物料输送方法，称为气力输送。人们在长期的生产实践中，逐渐认识了空气流动的客观规律，根据生产上输送散粒物料的要求，创造和发展了气力输送装置。

19 世纪末期国外已开始在港口应用气力输送装置来卸散粮。我国从 1958 年起，也开始了对气力输送技术的研究和试验，最先在港口开始采用吸粮机从船舱卸散粮，后来其他行业也创造出多种形式的气力输送装置。气力输送近二十年来发展很快，目前气力输送已发展成为散粒物料装卸和输送的现代化方法之一。

一、气力输送装置的特点及其应用

与其他输送机相比，气力输送装置具有下列优点：

1）输送过程密封（特别是吸送式气力输送装置），因此物料损失很少，且能保证物料不致吸湿、污损或混入其他杂质，同时输送场所灰尘大大减少，从而改善了劳动条件。

2）结构简单，装卸、管理方便。

3）可同时配合进行各种工艺过程（如混合、分选、烘干、冷却等），工艺过程的连续化程度高，便于实现自动化操作。

4）输送生产率较高，尤其有利于实现散装物料的运输机械化，降低装卸成本。

气力输送也存在以下不足之处：动力消耗较大；管道及其他与被输送物料接触的构件易磨损，尤其是在输送磨琢性较大的物料时；对输送物料的品种有一定的限制，不宜输送易成团、易粘结和怕碎的物料。

在气力输送装置中，动力消耗大以及工作构件磨损较快的主要原因在于单位空气流中所含的物料量很少，而输送气流的速度却很高。为了克服上述缺点，又发展了一种新型的气力输送方法，它是直接利用空气的压力能进行输送的，故称为推动输送，又称静压输送。其输送原理不是依靠管内速度为 10～30m/s 左右的高速空气流使物料呈悬浮状态来输送物料，而是依靠速度不大（通常只有 4～6m/s）但压力较高的空气流来推动输送物料的。因此，在同样的生产率下，推动输送所需空气消耗量大大降低，并且输送速度小，因而使整个系统能量消耗降低，管壁磨损减少。

值得指出的是，气力输送装置的应用范围与被输送物料的物理性质有着十分密切的关系。物料特性对气力输送装置应用范围的影响主要表现在以下几个方面：

（1）颗粒尺寸的影响　过大的颗粒尺寸将可能卡塞在供料装置中，从而妨碍物料自动地供入输料管。故气力输送物料的颗粒尺寸一般要求 $d \leqslant 50$mm，或规定为最大的物料颗粒尺寸不超过输料管直径的 0.3~0.4 倍（即 $d_{max} \leqslant (0.3 \sim 0.4) D$）。物料颗粒的最小尺寸是不受限制的，但设计分离和除尘装置时必须考虑到它所带来的影响。

（2）物料重度的影响　物料的重度是气力输送装置设计的重要原始资料之一，它将影响气力输送装置的结构尺寸和能量消耗的大小。物料重度增加，就必须提高管中气流的速度，从而使动力消耗增加和管壁磨损加快。故气力输送不适宜输送重度太大的物料。

（3）物料湿度的影响　物料的湿度与气力输送装置的工作可靠性有着很大的关系。过高的湿度将破坏物料的松散性，并使物料粘附在装置构件的内壁上，从而引起供料不均匀、能量消耗增加和生产率降低，甚至引起整个系统堵塞。

（4）物料温度的影响　在一定浓度和温度下，被输送物料的粉尘会产生粉尘爆炸，造成严重事故。故在输送粉尘物料时，物料温度应低于该物料的发火点（一般都小于400°C），否则应改用惰性气体输送。

（5）物料磨琢性的影响　物料磨琢性的大小与物料颗粒的硬度、表面特征、形状尺寸有关，它将影响气力输送装置的动力消耗和使用寿命。

总之，在生产中采用气力输送装置输送各种物料时，应注意分析被输送物料的物理性质。

二、气力输送的类型

气力输送的形式较多，根据物料流动状态，气力输送可分为悬浮输送和推动输送两大类，目前采用较多的是前者，即使散粒物料呈悬浮状态的输送形式。悬浮输送又可分为吸送式、压送式和吸、压送相组合的综合式三种。

1. 吸送式气力输送装置

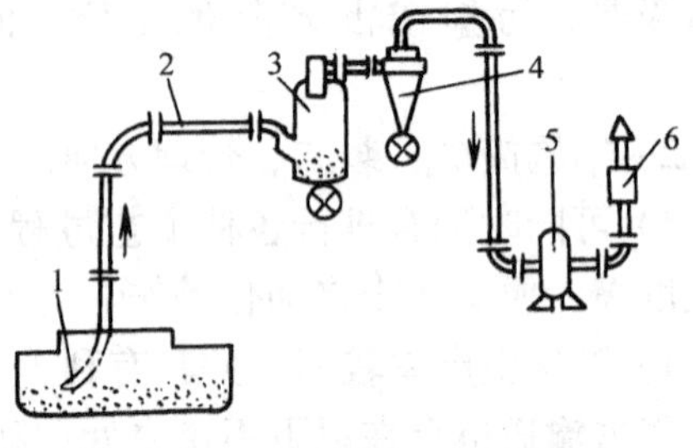

图 2-18　吸送式气力输送装置
1—吸嘴　2—输料管　3—分离器　4—除尘器　5—风机　6—消声器

吸送式气力输送装置如图 2-18 所示，它是借助压力低于 0.1MPa 的空气流来进行工作的，因此又常被称为真空物料输送设备，其优点是它的易操作性，可靠性和清洁性。它的工作原理是通过风机（或真空泵）产生压差，形成一个高速空气流，使得散粒物料悬浮于一个密闭的管道中，从而完成物料的输送。当风机（或真空泵）5 启动后，整个系统内便被抽至一定的真空度；在压力差的影响下，大气中的空气流从物料堆间隙透过，并把物料携带入吸嘴 1，进而沿输料管 2 移动至物料分离器 3 中，空气与物料在此被分离；物料由分离器 3 的底部卸出，而含尘空气流继续被送到除尘器 4，灰尘由除尘器 4 底部卸出；经过除尘的空气流通过风机 5 和消声器 6 被排入大气中。

由于此种装置系统的压力差不大，故输送物料的距离和生产率受到限制。其真空度一般不超过 0.05~0.06MPa，如果真空度太低，又将急剧地降低其携带能力。这种装置对密封性要求也很高，而且为了保证风机可靠工作及减少零件磨损，进入风机的空气必须预先除尘。该装置中的关键部件需要采用无缝焊接技术以保证弯头部位平滑且没有缝隙，这将有利于清洗，在食品（和制药等）行业中尤为重要。

2. 压送式气力输送装置

压送式气力输送装置如图 2-19 所示，它是在高于0. 1MPa 的条件下进行工作的。鼓风机 1 把具有一定表压力的空气压入导管，被输送物料由供料器 2 供入输料管 3 中；空气和物料的混合物沿着输料管运动；物料通过分离器 4 卸出，空气则经除尘器 5 净化后排入大气。

此装置的特点与吸送式气力输送装置恰恰相反。由于它便于装设分岔管道，故可同时把物料输送至几处，且输送距离较长，生产率较高。此外，容易发现漏气位置，且对空气的除尘要求不高。它的主要缺点是由于必须从低压往高压输料管中供料，故供料器结构较复杂，并且较难从几处同时吸取物料。

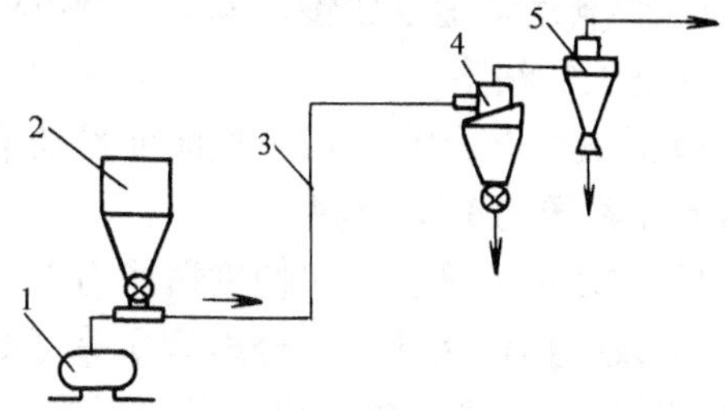

图 2-19　压送式气力输送装置
1—鼓风机　2—供料器　3—输料管
4—分离器　5—除尘器

3. 综合式气力输送装置

综合式气力输送装置如图 2-20 所示，它由吸送和压送两部分组成。首先通过吸嘴 1 将物料由料堆吸入输料管 2 中，然后送到分离器 3 中，而从分离器 3 中分离出来的物料又被送入压送系统的输料管 6 中继续进行输送。

此种形式的气力输送装置综合了吸送式和压送式的优点，既可以从几处吸取物料，又可以把物料同时输送到几处，且输送的距离可较长。其主要缺点是含尘的空气要通过鼓风机，使它的工作条件变差，同时整个装置的结构也较复杂。

综上所述，气力输送装置不管采用何种形式，也不管风机以何种方式供应能量，它们总是由能量供应、物料输送和空气净化等几部分组成，只不过是不同场合采用不同形式的装置罢了。

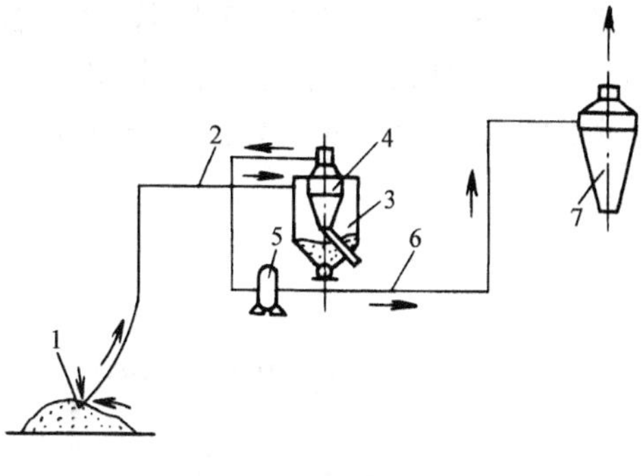

图 2-20　综合式气力输送装置
1—吸嘴　2、6—输料管　3、7—分离器
4—除尘器　5—鼓风机

4. 推动输送

通常使用的气力输送装置的主要缺点是动力消耗大，工作构件磨损较快，干燥易充气的粉状、粒状物料尤甚。目前正在研究一种依靠空气压力来推动物料的新型气力输送形式——推动输送。物料在气力输送过程中的运动状态，不仅与物料和空气的混合比有很大关系，而且根据气流速度的不同呈现不同的运动状态。当气流速度减慢时，物料会逐渐沉积在输料管的管底；当气流速度进一步减慢时，物料甚至会全部沉积，在输料管道中形成料柱。推动输送的原理就是利用较高压力的脉冲气流或其他形式，将料柱分割成料栓，使料栓和气栓一段一段相间地向前运动。这种气力输送形式与悬浮输送不同，它是依靠静压，即依靠料栓两端的压力差（$p_1—p_2$）来推动料栓向前运动的，故又称柱塞流静压输送，输送原理如图 2-21 所示。

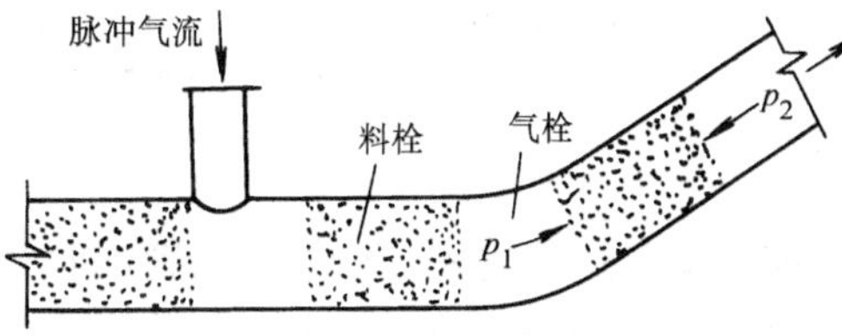

图 2-21　推动输送原理示意图

料栓的形成和稳定是推动输送的关键。料

栓的形成与物料的粒度、性质及输料管管径有很大关系。在保证物料输送量的前提下，由于管径小易形成料栓，故要尽量减小管径；内摩擦小、松散且无粘性、极易透气的物料，会导致料栓两端压力差小，影响输送甚至不能形成料栓。推动输送的特点如下：

1）物料运动速度较慢，减少了物料的破碎及设备的磨损，也防止了粉状物料因静电效应在管壁上的粘附。

2）因是一段物料一段空气向前推动输送，因而需用空气量较少，可以降低能耗（能耗约为悬浮输送的1/3～1/4）。

3）输送浓度高，不仅使输送能力大幅度提高，还可减小输料管的管径，节约了管材。

4）设备构件尺寸小，分离除尘等可简化，一般情况下甚至不采用卸料、除尘设备而将物料直接输送至料仓内，也丝毫不影响卫生。

主要缺点表现在：需要较高的输送压力，设备要求耐高压，输送距离太短时显得不经济；供料结构较复杂，一方面要保证达到高的混合比，另一方面又要使物料很好地充气和输送；对于粒径大、流动性好的颗粒状物料输送比较困难。

目前国内外已研制并建成了多种形式的推动输送装置，按料栓的形成方式，可分成脉冲气刀式、脉冲成柱器式、套管式、脉冲挤压式、旁通管式、球体分隔式等多种类型。

下面以脉冲气刀式推动输送装置（图2-22）为例介绍其工作原理。它由空气压缩机1、贮气罐2（包括油水分离装置）、料罐5、输料管12和脉冲控制系统等组成。工作时，由空气压缩机1送出的高压空气经空气净化设备清除掉其中的油水后进入贮气罐2，然后通过管道、阀门分别进入料罐5、输料管12和控制部件等；当料罐5装满物料后就完全密闭，依靠罐内充入的压缩空气加压使物料进入输料管12；输料管12一端与电磁阀3连接，压缩空气在脉冲阀（气刀）4的作用下脉冲进入输料管12，从而把物料分隔成一段一段的料栓进行输送。

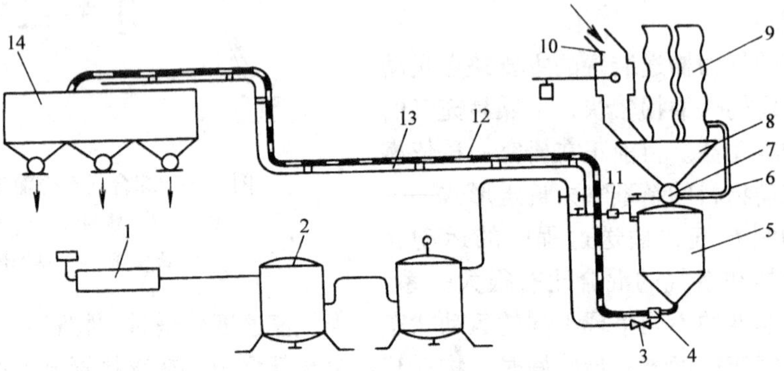

图2-22 脉冲气刀式推动输送装置

1—空气压缩机 2—贮气罐 3—电磁阀 4—脉冲阀（气刀） 5—料罐 6—放气阀 7—闭风器 8—贮料斗 9—滤袋 10—来粉管 11—安全阀 12—输料管 13—事故管 14—粉仓

在推动输送装置中，空气与物料的容积比一般为(4～5)∶1；输送空气的压力为0.15～0.3MPa；输送气流的速度为4～8m/s；常用混合比为20～100。在考虑选用推动输送时，必须重视下列因素对推动输送装置形式和结构的影响：

1）物料的透气性。物料的透气性不仅决定物料的充气程度，也影响料栓的稳定性。对于透气性差的物料，只需供给少量空气，便可使物料由发送器流入输料管，并被切割成料、气相间的柱塞进行输送。为了保持料栓的稳定性，在保证物料输送量的前提下要注意选用内径较小的管道，并把料栓加长，以减少透气。

2）物料对管壁的摩擦阻力。物料对管壁的摩擦阻力随料栓的个数与栓长的增加而增加。摩擦阻力越大，所需的输送压力也越高。当输送压力一定时，如需增大输送距离，可通过调整气刀的定时，增加加气时间以增大两料栓的间距来实现。

3）物料的内摩擦角。在柱塞流中，当物料的内摩擦角小于外摩擦角时，输送困难，物料会粘附在输料管内壁，使成柱性变差。

4）物料的堆密度。物料堆密度的大小将直接影响输送压力。堆密度很小且松散的物料，难以保持料栓的稳定性，会产生并栓现象。而堆密度大的物料，又易产生管底流，使输送过程不稳定。在垂直输料管中，堆密度影响尤甚。

5）输送压力。脉冲输送所需的压力，一部分用于克服物料与管壁摩擦和局部阻力，另一部分用于克服气体与物料间的滑动摩擦。对于垂直提升则还应考虑提升作功所需的能量。

6）输送距离。在推动输送装置中，应保持该系统的压力损失小、可靠性高，因此在管路布置上应尽量少用弯头，非采用不可时，应使其曲率半径 $R>40d$。实践证明，采用斜管比由水平再转垂直输送有利。另外，管道连接应严格对中，防止错位，否则，阻力骤增，以致堵死。如输送距离过长，又要保证一定的输料量，就需加大输送压力。但压力过高，会导致输送浓度下降且物料破碎率增加。实验表明，脉冲输送的输送距离以小于100m为宜。

5. 空气输送槽

空气输送槽的结构如图2-23所示。输送槽系由上、下两个用薄钢板制成的Π型槽通过螺栓联接而成，在两个Π型槽之间装一多孔隔板。安置输送槽时有一定的向下斜度，向下斜度为4%～6%，物料由高端加入，而压缩空气由下壳体吹入，通过均匀的多孔隔板时，便将处于多孔隔板上的一层粉状物料充气，使之“液态化”，物料在重力作用下沿斜槽“流动”而达到输送的目的。透过上槽物料层的空气，通过布置在槽盖全长各孔口内的布料过滤器后，逸入大气中。

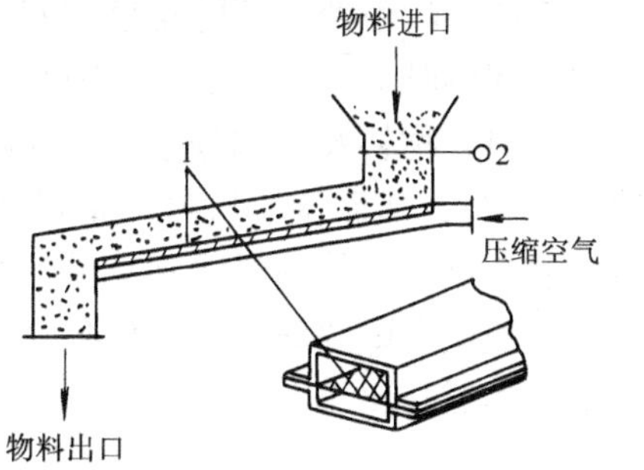

图2-23　空气输送槽

1—多孔隔板　2—闸板

空气输送槽与某些机械输送形式相比较，具有无运动部件、无噪声、操作管理方便、设备简单、重量轻、耗能少、输送能力大、容易改变输送方向等优点。其缺点是输送物料受限制（主要适用于输送流动性好的干燥粉状物料），只能在一定的斜度下才能输送，输送距离不能太长，且不宜向上输送。

三、气力输送装置的主要部件

气力输送装置主要由供料器、输料管系统、分离器、除尘器、卸料（灰）器、风管及其附件和气源设备等部件组成。

1. 供料器

供料器的作用是把物料供入气力输送装置的输料管中，形成合适的物料和空气的混合比。它是气力输送装置的“咽喉”，其性能的好坏将直接影响气力输送装置的生产率和工作稳定性。其结构特点和工作原理取决于被输送物料的物理性质以及气力输送装置的形式。供料器可分为吸送式气力输送供料器和压送式气力输送供料器两大类。

（1）吸送式气力输送供料器　吸送式气力输送供料器的工作原理是利用输料管内的真空度，通过供料器使物料随空气一起被吸进输料管。吸嘴与喉管是最常用的吸送式气力输送供料器。

1）吸嘴：吸嘴主要适用于车船、仓库或场地装卸粉状、粒状及小块状物料。对吸嘴的要求主要是：在进风量一定的情况下，吸料量多且均匀，以提高气力输送装置的输送能力；具有较小的压力损失；轻便、牢固可靠、易于操作；具有补充风量装置及调节机构，以获得物料与空气的最佳混合比；便于插入料堆又易从料堆中拔出。吸嘴的结构形式很多，可分成单筒吸嘴和双筒吸嘴两类。

单筒吸嘴结构简单，它是一段圆管，下端做成直口、喇叭口、斜口或扁口，如图2-24所示。直口吸嘴结构最简单，但压力损失大，补充空气无保证（因吸嘴插入料堆后，补充空气口易被物料埋住堵死），有时会因物料与空气的混合比过大而造成输料管堵塞；喇叭口吸嘴的阻力和压力损失较直口吸嘴小，也可在A处用一个可转动的调节环来调节补充空气量，但从A处补充的空气只能使已进入吸嘴的物料获得加速度，而不能像从吸嘴口物料空隙进入的空气那样起到携带物料进入吸嘴的作用；斜口吸嘴对焦炭、煤块等物料的插入性能好，但吸嘴未埋入料堆前，补充空气量太大，而埋入物料堆后又无补充空气；扁口吸嘴适于吸取粉状物料，吸嘴口角上的四个支点使吸嘴与物料间保持一定间隙，以便于补充空气进入。

双筒吸嘴由两个不同直径的同心圆筒组成，如图2-25所示。内筒的上端与输料管相连，下端做成喇叭形，目的是为了减小空气及物料流入时的阻力；外筒可上下移动。双筒吸嘴吸取物料时，物料及大部分空气经吸嘴底部进入内筒。通过调节外筒的上下位置，可改变吸嘴端面间隙 s，从而调节从内外筒间的环形间隙进入吸嘴的补充空气量，以获得物料与空气的最佳混合比，并使物料得到有效的加速，提高输送能力。吸嘴端面间隙 s 在吸送不同物料时的最佳值应由试验确定，例如吸送稻谷时 s 的最佳值为 2～4mm。一般情况下，s 大则物料与空气的混合比小。

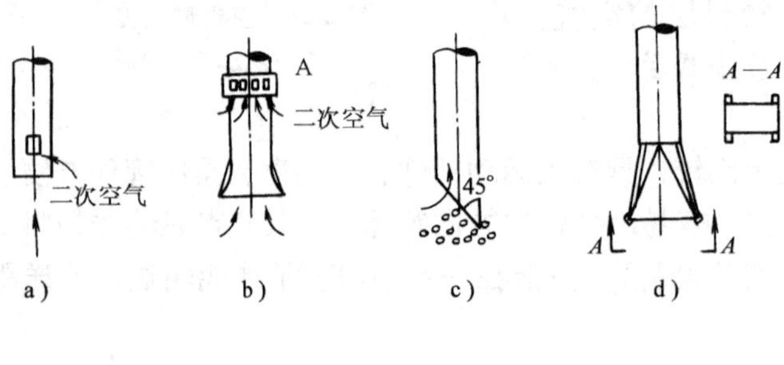

图 2-24　单筒吸嘴的形式

a）直口吸嘴　b）喇叭口吸嘴　c）斜口吸嘴　d）扁口吸嘴

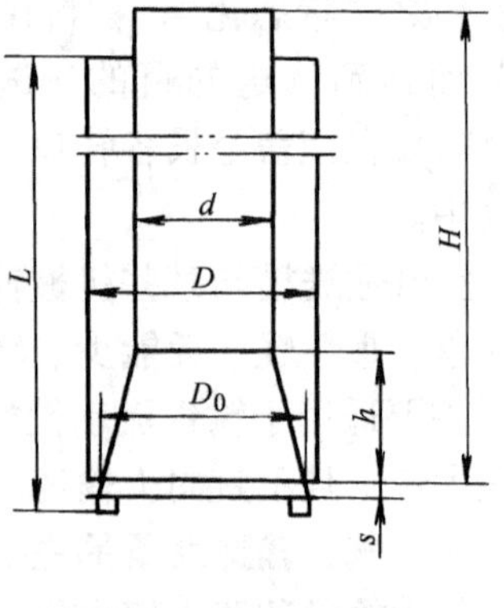

图 2-25　双筒吸嘴

2）固定式受料嘴（又称喉管）：固定式受料嘴主要用于车间固定地点的取料，如物料直接从料斗或容器下落到输料管的场合。物料的下料量可以通过改变挡板的开度进行调节，调节挡板的开度可采用手动、电动或气动操作。固定式受料嘴的主要形式如图 2-26 所示，分为 Y 形、L 形和 γ 形（又称动力型），这些形式的固定受料嘴多用于气流烘砂系统。当输送粉状物料时（如面粉厂制粉和清理车间），常采用诱导式固定受料嘴，如图 2-27 所示。

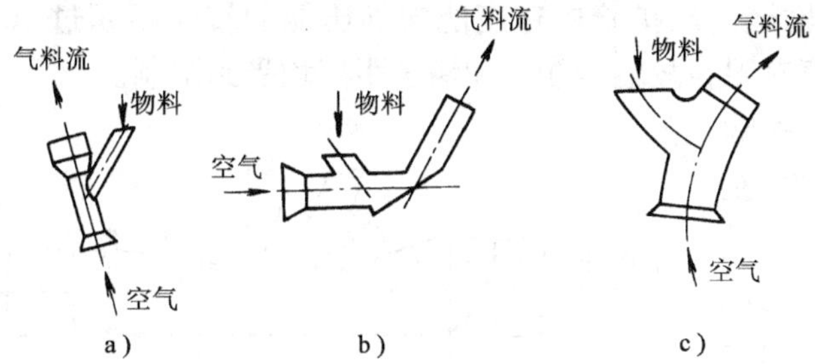

图 2-26　固定式受料嘴形式

a）Y 形　b）L 形　c）γ 形

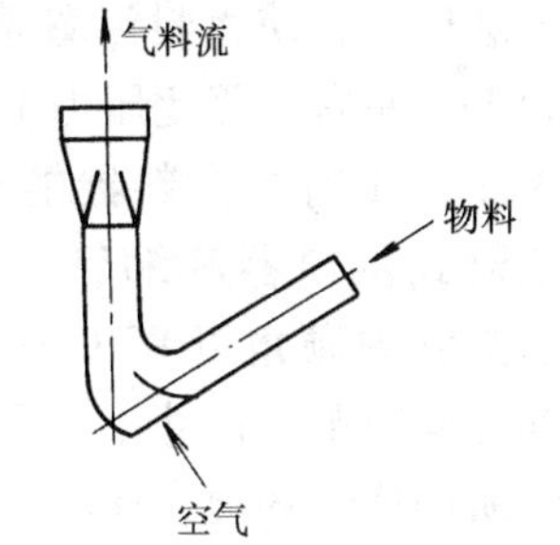

图 2-27　诱导式固定受料嘴

（2）压送式气力输送供料器　在压送式气力输送装置中，供料是在管路中的气体压力高于外界大气压的条件下进行的，为了按所要求的生产率使物料进入输料管，同时又尽量不使管路中的空气漏出，所以对压送式气力输送供料器的密封性要求较高，因而其结构较复杂。根据作用原理的不同压送式气力输送供料器可分为旋转式、喷射式、螺旋式和容积式等几种形式：

1）旋转式供料器：旋转式供料器广泛运用于中、低压的压送式气力输送装置中，一般适用于流动性较好、磨琢性较小的粉状、粒状或小块状物料。普遍使用的为绕水平轴旋转的圆柱形叶轮供料器，其结构如图 2-28 所示。它主要由均压管 1、防卡挡板 2、叶轮 4 和壳体 5 所组成，壳体两端用端盖密封，壳体上部与加料斗相连，壳体下部与输料管相通。在电机和减速传动机构的带动下，叶轮 4 在壳体 5 内旋转，物料从加料斗进入旋转叶轮的格室 3 中，然后随着叶轮的旋转从下部流进输料管中。

为了提高格室中物料的装满程度，设有均压管 1，其作用是当叶轮的格室 3 旋转到装料口之前，格室 3 中的高压气体可从均压管 1 中排出，从而使其中的压力降低，便于物料填装。为防止叶轮 4 的叶片被异物卡死，在进料口还须装设具有弹性的防卡挡板 2。

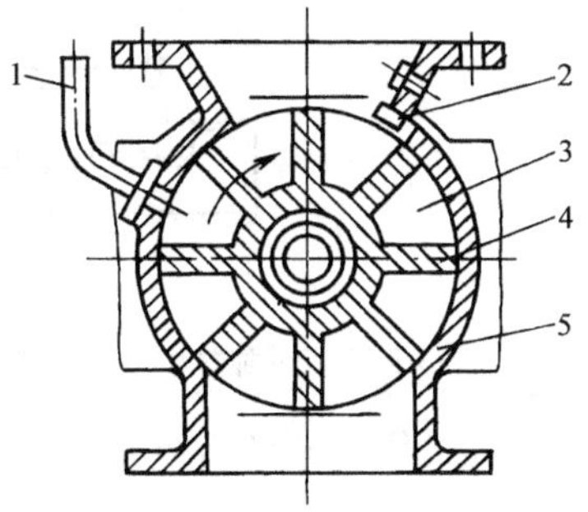

图 2-28　旋转式供料器

1—均压管　2—防卡挡板　3—格室　4—叶轮　5—壳体

旋转式供料器的漏气量为叶轮转动时格室容积所引起的漏气量以及叶轮和壳体之间的间隙所引起的漏气量之和。为减少漏气量，每侧应有两片以上的叶片与壳体内壁接触，以形成迷宫式密封腔。同时，叶轮与壳体之间的间隙要尽量小，但若间隙太小又会引起安装困难，一般间隙取 0.2～0.5mm。

旋转式供料器结构紧凑，体积小，运行维修方便，能连续定量供料，有一定程度的气密性。但对加工要求较高，叶轮与壳体磨损后易漏气。

2）喷射式供料器：喷射式供料器主要应用于低压、短距离的压送式气力输送装置中，其结构如图 2-29 所示。喷射式供料器的工作原理为，由于供料口处管道喷嘴收缩使气流速度增大，从而将部分静压转变为动压，造成供料口处的静压等于或低于大气压力，于是管内空气不仅不会向供料口喷吹，相反会有少量空气随物料一起从料斗进入喷射式供料器。在供料口后有一段渐扩管，渐扩管中气流的速度逐渐减小，静压逐渐增高，达到所需的输送气流速度与静压力，使物料沿着管道正常输送。渐扩管中速度能向静压能的转换不超过50%，通常为1/3左右，因此压力上升的数值有限，故输送能力和输送距离均受到限制。

为保证喷射式供料器能正常供料和输料，喷射式供料器渐缩管的倾角为20°左右，渐扩管的倾角以8°左右为宜。喷射式供料器结构简单，尺寸小，不需任何传动机构。但所能达到的混合比小，压缩空气消耗量较大，效率较低。

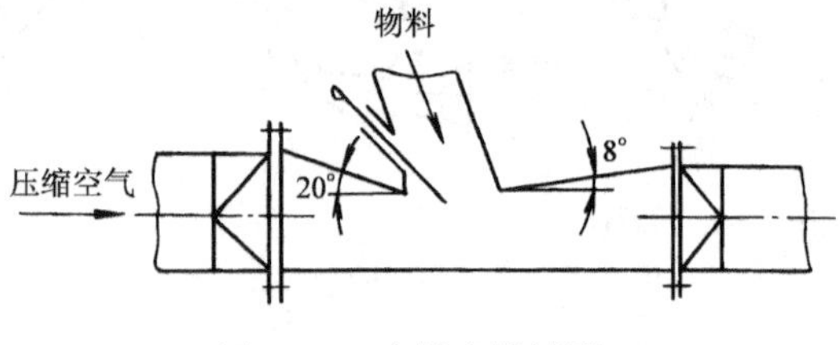

图2-29 喷射式供料器

3）螺旋式供料器：螺旋式供料器多用于输送粉状物料、工作压力低于0.25MPa的压送式气力输送装置中，结构如图2-30所示。在带有衬套的铸铁壳体内安置一根变螺距悬臂螺旋3，其左端通过弹性联轴器与电动机相连。当螺旋3在壳体内快速旋转时，物料从加料斗2通过闸门1经螺旋3而被压入混合室5，由于螺旋3的螺距从左至右逐渐减小，因此进入螺旋的物料被越压越紧，这样可防止混合室5内的压缩空气通过螺旋漏出，而且移动杠杆7上的配重6还可调节阀门4对物料的压紧程度。当供料器空载时，阀门4在配重的作用下也能防止输送气体漏出。在混合室5的下部设有压缩空气喷嘴9，当物料进入混合室时，压缩空气便将其吹散并使其加速，形成压缩空气与物料的混合物，然后均匀地进入输料管8中。

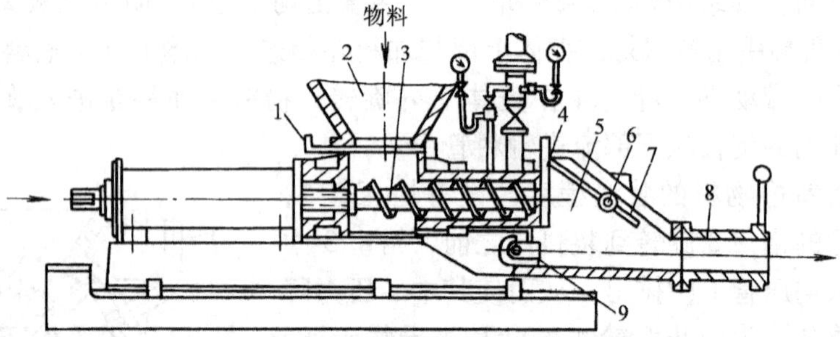

图2-30 螺旋式供料器

1—闸门 2—加料斗 3—螺旋 4—阀门 5—混合室 6—配重 7—杠杆 8—输料管 9—喷嘴

螺旋式供料器的特点是高度方向尺寸小，能够连续供料。但动力消耗较大，工作部件磨损较快。

4）容积式供料器：容积式供料器又称仓式泵，有单仓和双仓之分，单仓如图2-31所示。它主要用于输送粉状、细粒状物料的高压压送式气力输送装置中。无论是顶部排料还是底部排料，其工作原理均是利用压缩空气使料仓内的粉状物料流态化后压送入输料管。

容积式供料器是周期性工作的，有装料、充气、排料、放气四个过程。首先将放气阀2打开，使料仓内空气排出，供入粉状物料，使物料装到规定高度，此为装料过程；装料结束后，立即打开压缩空气阀3，使压缩空气吹到料仓内，此为充气过程；压缩空气吹到料仓内后，物料受到搅动而流态化，从排料口5随空气一同排至输料管4中，此为排料过程；物料排尽后，将压缩空气阀关闭，再打开放气阀2放出料仓内的空气，此为放气过程。至此完成一个周期，接着进行第二个周期。单仓容积式供料器只能间歇供料，周期性工作。双仓容积式供料器系由两个单仓组合在一起，交替工作，达到近似的连续供料。

容积式供料器在工作过程中，料仓内的物料逐渐减少，仓内压力和混合比是变化的。为保证可靠输料，必须选择合适的耗气量与容器的容积比，物料的充填率一般取为75%～80%。

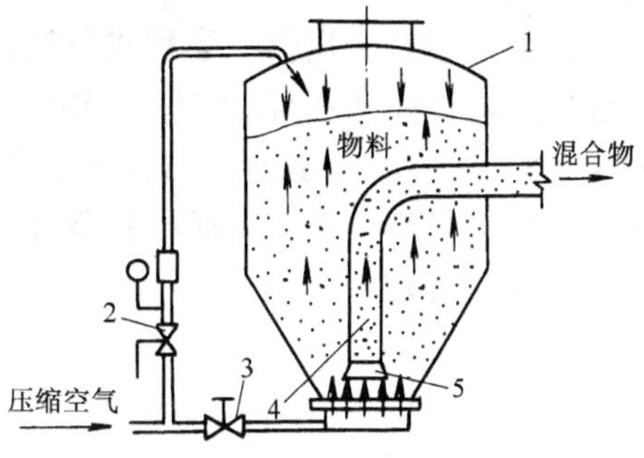

图2-31　单仓容积式供料器
1—料仓　2—放气阀　3—压缩空气阀
4—输料管　5—排料口

2. 输料管系统

合理地布置和选择输料管系统及其结构尺寸，可有效避免管道系统堵塞和减少磨损、降低压力损失，对提高输送装置的生产率、降低能量消耗和提高装置的使用可靠性等都有很大好处。所以，在设计输料管及其元件时，必须满足接头和焊缝的密封性好、运动阻力小、装卸方便、具有一定的灵活性以及尽量缩短管道的总长度等要求。输料管系统由直管、弯管、挠性管、增压器、回转接头和管道连接部件等根据工艺要求配置连接而成。

（1）直管及弯管　直管及弯管一般采用无缝钢管或焊接钢管。对高压压送式或高真空吸送式气力输送装置，因混合比大，多采用表面光滑的无缝钢管；对低压压送式或低真空吸送式气力输送装置，可采用焊接钢管；如物料磨琢性很小，也可用白铁皮或薄钢板制作。通常管内径取50～300mm（按空气流量和选取的气流速度进行计算，然后按国家标准选定）。对固定式气力输送装置，当输送磨琢性小的粉状物料时，管壁厚取为3～4mm；当输送细粒状物料时，取4～8mm；当输送块状物料时，取6～8mm。采用薄壁钢管时（如壁厚1～3mm），必须按管道最大空气压力进行强度校核。

输料管为易磨损构件，特别是弯管磨损较快，必须采取提高耐磨性的措施。例如，可以采用可锻铸铁、稀土球墨铸铁、陶瓷等耐磨材料制造弯管；也可以采用如图2-32所示的各种弯管结构形式来加强或便于更换易磨损的弯管外侧。对于弯管应注意曲率半径的选取，当输送粉状物料时，弯管曲率半径取$R=6D$（D为弯管管径）；当输送粒状物料时，取$R\geqslant 6D$；当输送小块状物料时，取$R\geqslant 10D$。

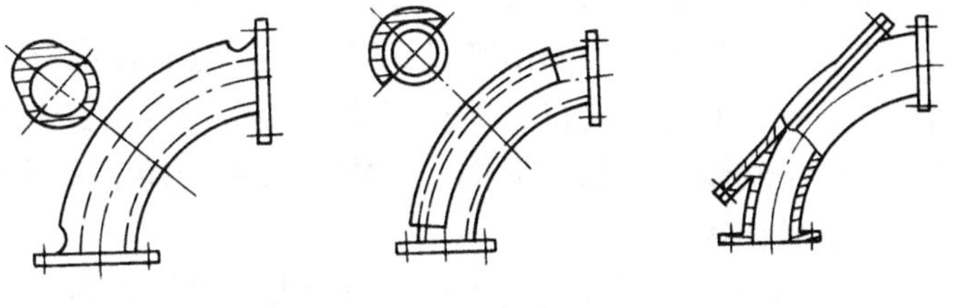

图2-32　弯管结构形式

（2）挠性管　在气力输送装置中，为了使输料管和吸嘴有一定的灵活性，可在吸嘴与垂直管连接处或垂直管与弯管连接处安装一段挠性管（如套筒式软管、金属软管、耐磨橡胶软管和聚氯乙烯管等），但由于挠性管阻力较硬管大（一般为硬管阻力的两倍或更大），故尽可能少用。

（3）增压器　由于气流在输送过程中要受到摩擦和转弯等阻力，还可能有接头漏气等压力损失，因此在阻力大、易堵塞处或弯管的前方以及长距离水平输料管上，可安装增压器来补气增压。图2-33所示为涡流式增压器的结构，压缩空气从供风管进入通气环道后，经喷嘴沿切线方向吹入输料管，在输料管中压缩空气呈螺旋态前进，并推动物料向前运动。

3. 分离器

气力输送装置中物料的分离，通常是借助重力、惯性力和离心力使悬浮在气体中的物料沉降分离出来，常用的物料分离器有容积式和离心式两种形式。

（1）容积式分离器　容积式分离器的结构如图 2-34 所示。其作用原理是空气和物料的混合物由输料管进入面积突然扩大的容器中，使空气流速降低到远低于悬浮速度 v_f（通常仅为$(0.03\sim0.1)v_f$）。这样，气流失去了对物料颗粒的携带能力，物料颗粒便在重力的作用下从混合物中分离开来，经容器下部的卸料口卸出。容积式分离器结构简单，易制造，工作可靠，但尺寸较大。

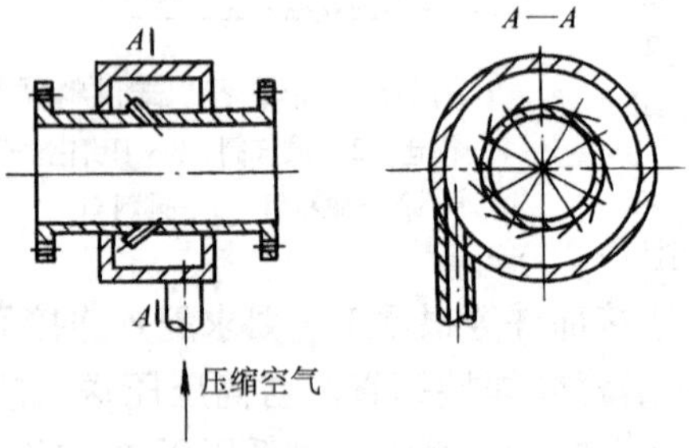

图 2-33　涡流式增压器

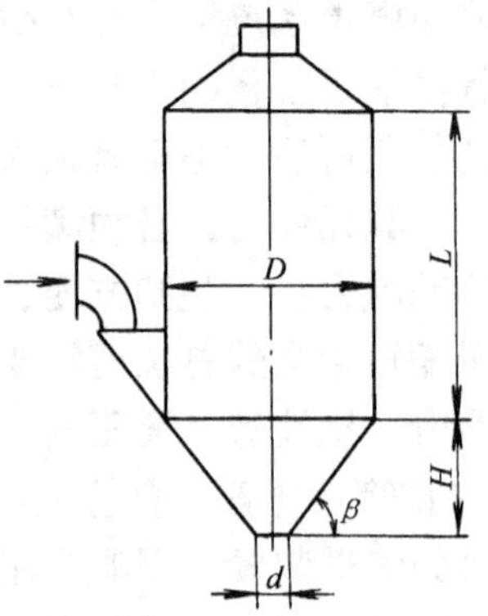

图 2-34　容积式分离器

（2）离心式分离器　离心式分离器的结构如图 2-35 所示，它是由切向进风口、内筒、外筒和锥筒体等几部分组成。气料流由切向进风口进入筒体上部，一面作螺旋形旋转运动，一面下降；由于到达圆锥部时，旋转半径减小，旋转速度逐渐增加，气流中的粒子受到更大的离心力，便从气流中分离出来甩到筒壁上，然后在重力及气流的带动下落入底部卸料口排出；气流（其中尚含有少量粉尘）到达锥体下端附近开始转而向上，在中心部作螺旋上升运动，从分离器的内筒排出。

对离心分离器的分离效率和压力损失影响最大的因素是气流进口流速和分离器的尺寸。同样，这种分离器结构很简单，制作方便。如设计制作得当，可获得很高的分离效率。例如，对小麦、大豆等颗粒物料，分离效率可达 100%，对粉状物料也可达到 98% ~99%。而且压力损失小，没有运动部件，经久耐用，除了由于磨琢性强的物料对壁面产生磨损和粘附性的细粉会产生粘附外，几乎没有其他缺点，所以获得了广泛的应用。

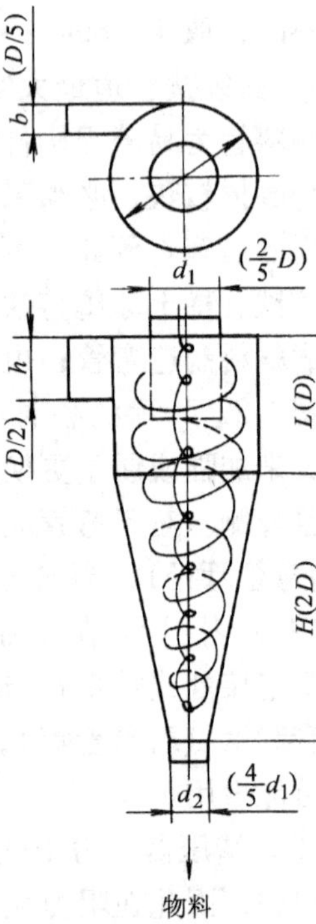

图 2-35　离心式分离器

4. 除尘器

从分离器排出的气流中尚含有较多 5 ~40μm 粒径的较难分离的粉尘，为防止污染大气和磨损风机，在引入风机前须经各种除尘器进行净化处理，收集粉尘后再引入风机或排至大气。除尘器的形式很多，目前应用较多的是离心式除尘器和袋式过滤器。

（1）离心式除尘器　离心式除尘器又称旋风除尘器，其结构和工作原理与离心式分离器相同（图 2-35），所不同的是离心式除尘器的筒径较小，圆锥部分较长。这样，一方面使得在与分离器同样的气流速度下，物料所受到的离心力增大，另一方面延长了气流在除尘器内的停留时间，有利于除尘效率的提高。

（2）袋式过滤器　袋式过滤器是一种利用有机纤维或无机纤维的过滤布将气体中的粉尘过滤出来的净化设备，因过滤布多做成袋形，故称袋式过滤器。其结构如图 2-36 所示。

含有粉尘的空气沿进气管 1 进入过滤器中，首先到达下方的锥形体 2，在这里有一部分颗粒较大的粉尘被沉降分离出来，而含有细小粉尘的空气则旋向上方进入袋子 3 中，粉尘被阻挡和吸附在袋子的内表面，除尘后的空气从布袋内逸出，最后经排气管 5 排出。经过一定的工作时间后，必须将滤袋上的积灰及时清除（一般采用机械振打、气流反向吹洗等方法），否则将增大压力损失并降低除尘效率。

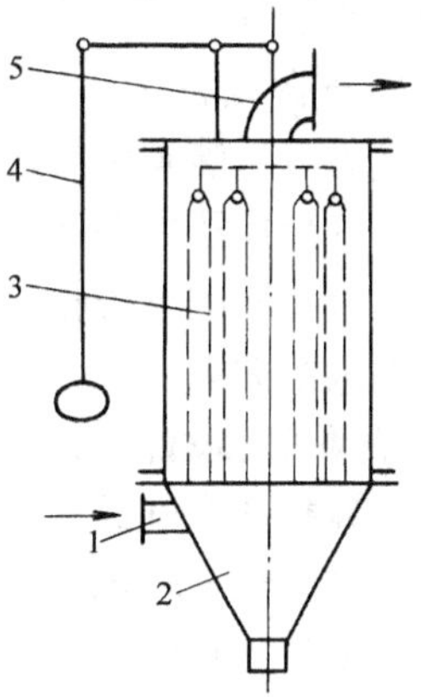

图 2-36　袋式过滤器
1—进气管　2—锥形体　3—袋子
4—振打机构　5—排气管

袋式过滤器的最大优点是除尘效率高。但不适用于过滤含有油雾、凝结水及粘性的粉尘，同时它的体积较大，设备投资、维修费用较高，控制系统较复杂。所以，一般用于除尘要求较高的场合。袋式过滤器的除尘效率与很多因素有关，其中滤布材料、过滤风速、工作条件、清灰方法等影响较大，在设计或选择袋式过滤器时应予考虑。

离心式除尘器和袋式过滤器均属干式除尘器。除此之外，还有利用灰尘与水的粘附作用来进行除尘的湿式除尘器，以及利用高压电场将气体电离，使气体中的粉尘带电，然后在电场内静电引力的作用下，使粉尘与气体分离开来而达到除尘目的的电除尘器等。

5. 卸料（灰）器

在气力输送装置中，为了把物料从分离器中卸出以及把灰尘从除尘器中排出，并防止大气中的空气跑入气力输送装置内部而造成输送能力降低，必须在分离器和除尘器的下部分别装设卸料器和卸灰器。目前应用最广的是旋转叶轮式卸料（灰）器，有时也采用阀门式卸料（灰）器。

（1）旋转式卸料器　旋转式卸料器的结构与旋转式供料器（图 2-28）完全相同，所不同的是其上部不是与加料斗相连，而是与分离器相通；其下部不是连着输料管，而是和外界相通；其均压管不再是把格室内的高压气体引出，而是当格室在转到接近分离器卸料口时使格室内的压力与分离器中的压力相等，便于分离器中的物料进入格室中。旋转式卸灰器的结构和工作原理与此完全相同。

（2）阀门式卸料器　图 2-37 所示为双阀门卸料器的结构，它由上下箱两部分组成。工作时上阀门常开，下阀门紧闭，使物料落入卸料器上箱中；出料时关闭上阀门，打开下阀门，使物料落入卸料器下箱中，从而达到不停车出料的目的。这种卸料器气密性好，结构较简单，但高度尺寸较大。阀门式卸灰器的结构和工作原理与此完全相同。

6. 风管及其附件

风管是用来连接分离器、除尘器、鼓风机并与大气相通的排气管。对于压送式气力输送装置，从鼓风机至供料器之间也需用风管连接。风管直径按通风量和气流速度计算，通常分离器至除尘器之间的风管风速取 14 ~ 18m/s，除尘器以后可取 10 ~ 14m/s。

在风管上还应装设必要的附件。在吸送式气力输送装置的风管上，有时还需装设止回阀、节流阀、转向阀、贮气罐、油水分离器、气体冷却器和消声器等；在压送式气力输送装置的风管上，有时需装设安全阀、止回阀、转向阀和消声器等。

7. 气源设备

气力输送装置多用风机作气源设备，风机是把机械能传给空气形成压力差而产生气流的机械。风机的风量和风压大小直接影响气力输送装置的工作性能，风机运行所需的动力大小关系着气力输送装置的生产成本。因此，正确地选择风机对设计气力输送装置来说是十分重要的。各种形式的风机各有优缺点，排风量和排气压力有一定范围。所以，必须综合考虑各种形式风机的特性、使用场合和维护检修条件，从经济观点出发选择最合适的形式。对风机的要求是：效率高；风量、风压满足输送物料要求且风量随风压的变化要小；有一些灰尘通过也不会发生故障；经久耐用便于维修；用于压送式气力输送装置中的风机，其排气中尽可能不含油分和水分。目前，气力输送装置所采用的气源设备主要有离心式通风机、空气压缩机、罗茨鼓风机和水环式真空泵等。

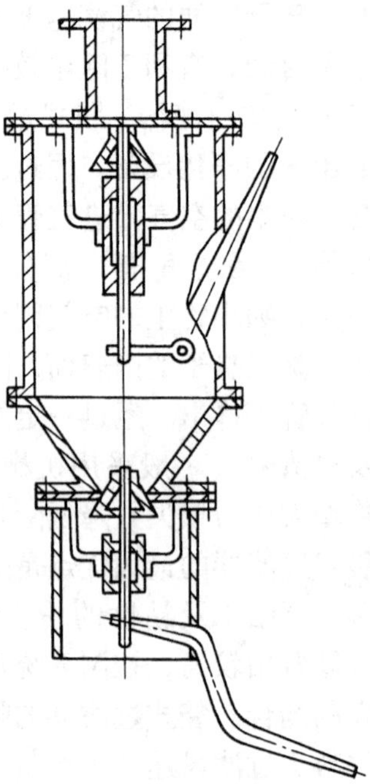

图 2-37　双阀门卸料器

(1) 离心式通风机　低真空吸送式气力输送装置中常采用离心式通风机作为气源设备。其构造如图 2-38 所示，由进风口 7、叶轮 3、机壳 4、风舌 6、出风口 5、轴和轴承 2，机架 1 等部分组成，按其风压大小，可分为低压（小于 9.8×10^2Pa）、中压（$9.8\times10^2\sim2.94\times10^3$Pa）和高压（$2.94\times10^3\sim5.47\times10^4$Pa）三种。

离心式通风机的工作原理是利用离心力的作用，使空气通过风机时的压力和速度都得以增大再被送出去。当风机工作时，叶轮在蜗壳形机壳内高速旋转，充满在叶片之间的空气便在离心力的作用下沿着叶片之间的流道被推向叶轮的外缘，使空气受到压缩，压力逐渐增加，并集中到蜗壳形机壳中。这是一个将原动机的机械能传递给叶轮内的空气使空气静压力（势能）和动压力（动能）增高的过程。这些高速流动的空气，在经过断面逐渐扩大的蜗壳形机壳时，速度逐渐降低，又有一部分动能转变为静压能，进一步提高了空气的静压力，最后由机壳出口压出。与此同时，叶轮中心部分由于空气变得稀薄而形成了比大气压力小的负压，外界空气在内外压差的作用下被吸入进

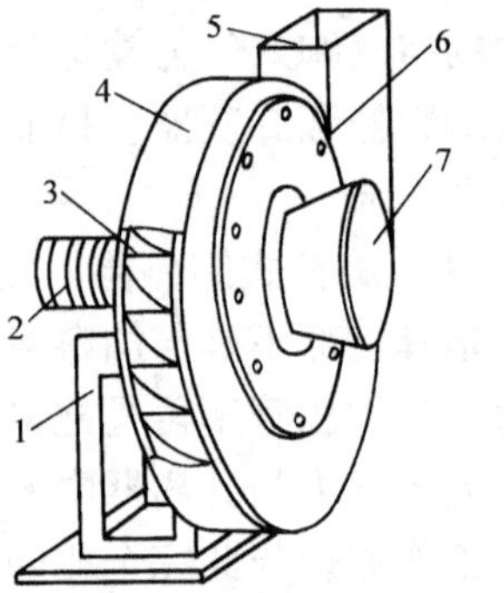

图 2-38　离心式通风机的构造
1—机架　2—轴和轴承　3—叶轮
4—机壳　5—出风口　6—风舌
7—进风口

风口，经叶轮中心而去填补叶片流道内被排出的空气。由于叶轮旋转是连续的，空气也被不断地吸入和压出，这就完成了输送气体的任务。

（2）空气压缩机 常用空气压缩机有活塞式压缩机和离心式压缩机两种：

1）活塞式压缩机：活塞式压缩机的构造如图2-39所示，它主要由机身、气缸、活塞、曲柄连杆机构及气阀机构（进、排气阀）等组成。当活塞4离开上止点向下移动时，活塞上部气缸的容积增大，产生真空度；在气缸内真空度的作用下（或在气阀机构的作用下），进气阀3打开，外界空气经进气管充满气缸的容积；当活塞4向上移动时，进气阀3关闭，空气被压缩直至排气阀2打开；经压缩后的空气从气缸经排气管送入贮气罐。进、排气阀一般是由气缸与进、排气管间空气压力差的作用而自动地开闭的。

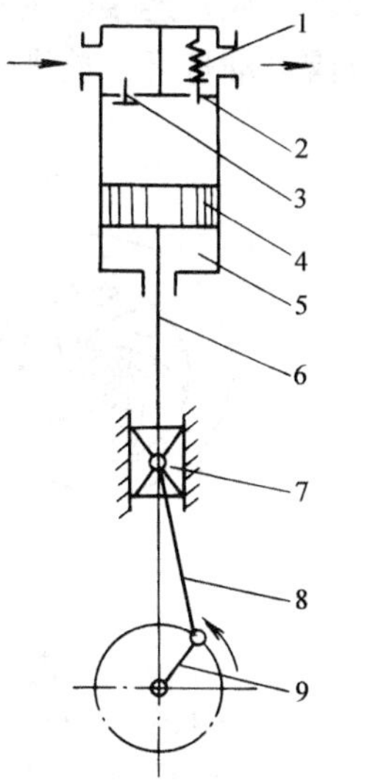

图2-39 活塞式压缩机
1—弹簧 2—排气阀 3—进气阀
4—活塞 5—气缸 6—活塞杆
7—十字头 8—连杆 9—曲柄

活塞式压缩机多用于高压压送式气力输送装置中，通常采用压力为7.8×10^5Pa以下的活塞式压缩机，国产的3～9m^3/min低压固定式和低压移动式活塞压缩机可以满足使用要求。这种空压机的气缸有第一级的低压缸和第二级的高压缸，为了增加输气量和减少功率消耗，在两级气缸之间采用风冷装置（风扇、散热片）或水冷却器。空气从滤清器进入第一级气缸，经压缩后排至冷却器进行冷却，然后再进入第二级气缸，经第二级压缩后排至贮气罐。气缸的布置形式可为立式、V形和W形。压缩机多由电动机或柴油机带动。

活塞式压缩机结构较简单，操作容易，压力变化范围大，特别适用于压力高的场合；同时它的效率也高，适应性强，压力变化时风量变化不大，高压性能好；材料要求低，因其为低速机械，普通钢材即可制造。它的缺点是：由于排气量较小，具有脉动流现象，需设缓冲装置（如贮气罐）；机身有些过重，尺寸过大，加上贮气罐，占地面积就更大；压缩空气由于绝热膨胀要出现冷凝水，因此，在送入输料管之前还需加回水弯管把水分除掉。

2）离心式压缩机：离心式压缩机的结构示意图如图2-40所示，主要由机壳、叶轮、主轴和轴承等组成。作用原理与离心式通风机相似，只是出口风压较强，如3～5级叶轮产生的压力可达（2.94×10^4～4.9×10^4Pa）左右。离心式压缩机可作为大风量低压压送式及吸送式气力输送装置的气源设备。

离心式压缩机结构简单，尺寸小，重量轻，易损件少，运转率高。气流运动是连续的，输气均匀无脉动，不需贮气罐。没有往复运动，无不平衡的惯性力及力矩，故不需要笨重牢固的基础。主机内不必加润滑剂，所以空气中无油分。其缺点是不适用于高压范围，效率较低，适应性差，材料要求高。同时，由于它的圆周线速度高，有灰尘时易产生磨损，并且灰尘附着在叶片或轴承部分时，会引起效率降低和不平衡，所以在前面应尽可能安装高效率的除尘器。

（3）罗茨鼓风机 罗茨鼓风机的构造如图2-41所示，在一个椭圆形机壳3内有一对铸铁制成的“8”字形转子1和2，它们分别装在两根平行轴6和7上，在机壳外的两根轴端装有相同的一对啮合齿轮4和5，在电动机的带动下，两个“8”字形转子等速相对旋转，使进气侧工作室容积增大形成负压而进行吸气，使出口侧工作室容积减小来压缩并输送气体。罗茨鼓风机出口与入口处之静压差谓之风压。工作状态时，它所产生的压力不决定于它本身，而取决于管道中的阻力。为防止管道堵塞或工作超负荷时管内真空度过大造成电机过载损坏，应在连接鼓风机进口的风管上装设安全阀，当真空度超过正常生产的允许数值时，安全阀自动打开，放进外界大气。

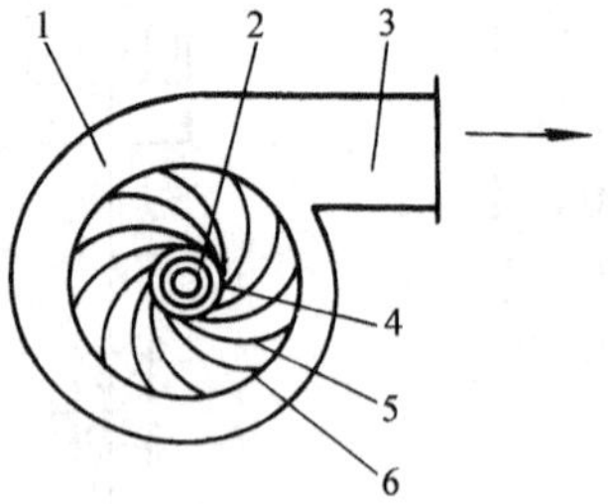

图 2-40 离心式压缩机

1—机壳 2—进风口 3—出风口

4—主轴 5—叶轮 6—叶片

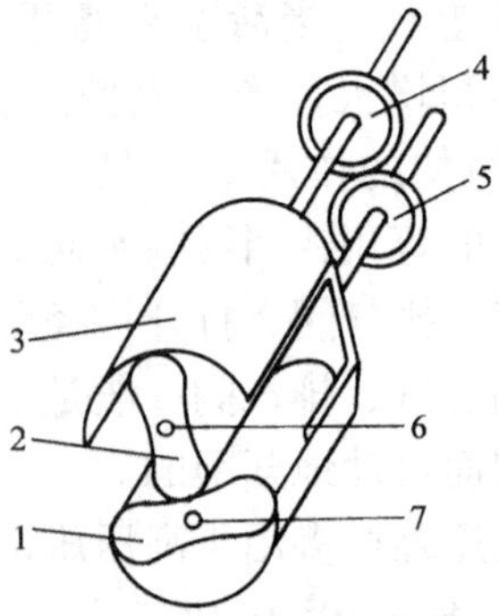

图 2-41 罗茨鼓风机的构造

1、2—转子 3—机壳

4、5—齿轮 6、7—轴

罗茨鼓风机的风量随压力变化的数值不大，适应气力输送装置工作时压力损失变化很大而风量变化很小的特点。当压力损失增大时，因风量大幅度减少而使风速降低，会造成管道堵塞。因此，一些为了提高输送浓度、增大输料量的气力输送装置，较多地采用罗茨鼓风机。根据罗茨鼓风机的特性，不能用阀门来调节风量。其轴功率是随静压力的增加而增大的。因此，罗茨鼓风机应空载启动，以防发生事故。启动以后，逐渐增压。禁止完全关闭进、出空气管道的闸阀，以免造成爆裂。

罗茨鼓风机结构紧凑，管理方便，风压和效率较高。不足之处是气体易从转子与机壳之间的间隙及两转子之间的间隙泄漏；脉冲输气，使得运转时有强烈的噪声，而且噪声随转速增加而增大；要求进入的空气净化程度高，否则易造成转子与机壳很快磨损而降低使用寿命，影响使用效率。

（4）水环式真空泵 水环式真空泵的构造如图 2-42 所示，它主要由叶轮（又称转子）1 和圆柱形泵缸 2 所组成。叶轮 1 偏心安装在泵缸 2 中，启动真空泵前泵缸 2 内应灌满水，当叶轮 1 旋转时，水被甩向四周，形成相对于叶轮为偏心的水环，于是在叶轮和水环表面之间构成一个月牙形空间，叶轮的叶片把月牙形空间分成若干个容积不同的格腔。当叶轮按图中箭头方向旋转时，气体由吸气管 7 进入吸气口 3，然后被吸入水环与叶轮之间的月牙形空间（图中叶轮的右侧）。由于旋转，月牙形空

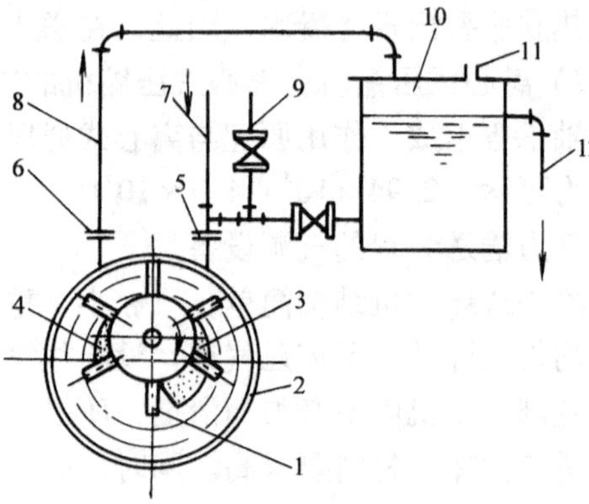

图 2-42 水环式真空泵

1—叶轮 2—泵缸 3—吸气口 4—排气口

5、6—接头 7—吸气管 8—排气管

9—注水管 10—水箱 11—放气管 12—溢流管

间的容积由小变大，因而产生真空；当叶轮继续转动，月牙形空间运行到叶轮左侧时，其容积又逐渐缩小，使气体受到压缩，因而气体被压至排气口 4，经排气管 8 进入水箱 10（废弃的水与空气一起进入水箱），再由放气管 11 排出。叶轮每转一周，进行一次吸气、一次排气。叶轮不断旋转，泵就可以源源不断地吸气和排气。

水环式真空泵可作为高真空吸送式气力输送装置的气源设备，可用来抽吸空气和其他无腐蚀性、不溶于水的气体。水环式真空泵构造简单、结构紧凑、使用方便、操作可靠，内部不需润滑，但高速旋转的叶片及密封填料磨损严重时，会使真空度下降，故需经常检查和更换。轴承需定期加足润滑脂，以延长使用寿命。

水环式真空泵抽气量不大，但排气较均匀，且能获得高真空度，且压力变化较大时，风量变化较小，因此使用调节性能较好，能获得较高的输送浓度。同时由于泵内有水，允许被吸入的气体中含有液体和微尘，不要求严格除尘。但由于水环式真空泵造成的真空度随泵中的水温而变，因此泵中的水应不断更换，要求工作地点必须有水源，需耗费一定水量。此外，由于叶轮叶片的末端在水中划水，则叶片与水、水与机壳间便产生摩擦，引起能量损失，因此，水环式真空泵的效率较低，一般为 0.3，最高只达 0.52。

水环式真空泵的抽气量与真空度有关。实践证明，水环式真空泵在真空度 60% 工作时，效率最高，因此，在设计与使用中应尽量使气力输送装置的压力损失值控制在真空度 60% 的附近。对已建成的系统，可以通过调整输料量来实现水环式真空泵在高效率下工作。

第六节　泵

泵是输送流体的主要设备，在食品生产中起着重要的作用。在食品工厂中输送液体物料也是用各种泵来完成的，常用于输送牛奶、果汁、糖浆和水等物料。作为食品加工中使用的液体输送泵，为保证食品卫生和防止或减少酸性物料对泵的腐蚀，凡与物料接触的零件多采用不锈钢材料，且要求有较完善的密封性。

泵的种类很多，按输送物料的不同可分为清水泵、污水泵、耐腐蚀浓浆泵、油泵和奶泵等，按工作原理的不同可分为离心式、旋转式和往复式三种类型。

一、离心泵

离心泵是目前使用最广泛的流体输送设备，具有结构简单、性能稳定及维护方便等优点。它既能输送低、中粘度的流体，也能输送含悬浮物的流体。

1. 离心泵的结构和工作原理

离心泵的结构如图 2-43 所示，主要由泵前体 1 和泵后体 3、叶轮 2、轴封装置 4 和电动机 5 等部分组成。泵体由活动部分（泵前体 1）和固定部分（泵后体 3）组成，两者通过一个不锈钢快拆箍连接在一起，以方便拆卸和清洗。在泵体内的主轴 10 上装有若干弯曲的叶片，形成叶轮 2，叶轮有多种形式，按其结构可分为封闭式、半封闭式和开启式。食品工厂中常采用封闭式叶轮，因其扬程和流量较大，功率较高，但小型泵较多采用开启式叶轮。

离心泵的主轴与泵体之间的密封非常重要。一个好的轴封，不仅能防止所输送液体的泄漏和外界空气的渗入，还具有适宜的润滑性、耐磨性且符合卫生要求，目前多采用不透性石墨作为密封填料。图 2-44 所示为轴封装置的结构，该结构利用弹簧 4 的压力压紧橡胶垫圈 6 和石墨垫圈 7，使料液不致沿轴渗出泵体外。轴封出现渗漏是常见故障之一，由于泵的长期使用导致石墨垫圈7端面损坏，或是橡胶垫圈6咬死在主轴上，均会造成弹簧4不能将挡圈5的端面压紧石墨垫圈7的端面，故需经常检查密封件并加强对泵的清洗。

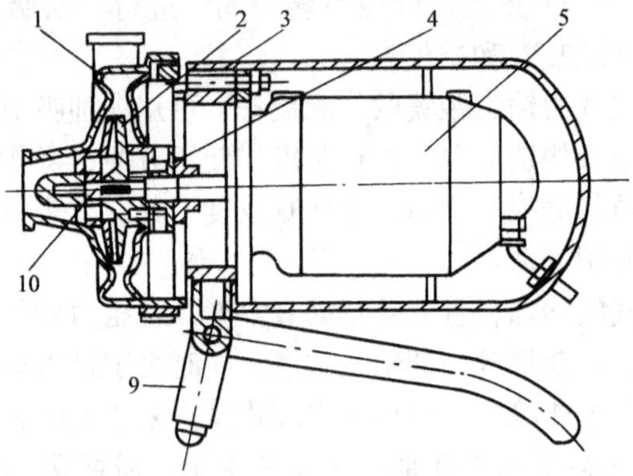

图2-43 离心泵结构

1—泵前体 2—叶轮 3—泵后体 4—轴封装置 5—电动机 6—出料口 7—吸料口 8—泵体锁紧装置 9—支承架 10—主轴

泵体内叶轮叶片之间的间隙即为液体的流动空间。离心泵在启动前应先向泵体内注满被输送料液。启动泵后，主轴带动叶轮以及叶轮叶片间的料液一同高速旋转，在离心力的作用下，料液从叶片间沿半径方向被甩向叶轮外缘，进入泵体的泵腔内；由于泵腔中料液流道逐渐加宽，使进入其中的料液流速逐渐降低，动能转变为静压能使压强提高后从出料口排出；与此同时，由于料液被甩向叶轮外缘，且主轴转速较高，于是在泵的叶轮中心形成一定的真空，与吸料口处产生压力差，在压力差的作用下，料液就不断地被吸入泵体内；由于叶轮不停的转动，液体会不断地被吸入和排出，保证料液排出的连续性。

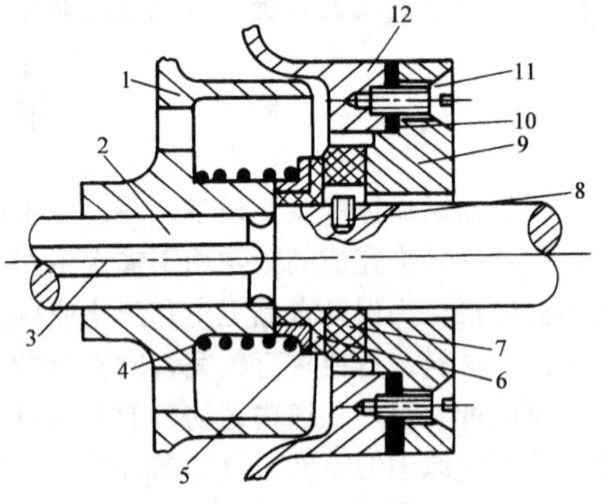

图2-44 轴封装置结构

1—叶轮 2—主轴 3—键 4—弹簧 5—挡圈 6—橡胶垫圈 7—石墨垫圈 8—柱头螺丝 9—压紧盖 10—橡胶垫 11—螺钉 12—泵体

2. 离心泵的选型

离心泵的选型很重要，应根据所输送物料的性质和工艺要求，选择泵的形式及有关技术参数。安装离心泵时，管道不宜过长，尽量减少弯头，连接处要紧密，以防空气进入。此外，泵在工作前必须保证吸料口、吸料管以及泵体内充满料液。在生产线上安装离心泵时，应使泵的吸液口低于贮液槽的最低位置100～200mm（视泵体高度而定），以便工作时泵内能充满料液，排除空气。在工作过程中有时会出现吸不上料的现象，主要原因为：料液温度过高、安装位置不当（如吸料口高于贮液槽的最低位置，使吸料管内含有空气）或料液过于粘稠等。

二、螺杆泵

螺杆泵是一种旋转式容积泵，它利用一根或数根螺杆与螺腔的相互啮合使啮合空间容积发生变化来输送液体。螺杆泵有单螺杆、双螺杆和多螺杆之分，按安装位置的不同又可分卧式和立式两种。在食品工厂中多使用单螺杆卧式泵，用于输送高粘度的粘稠液体或带有固体物料的各种浆液，如番茄酱生产线和果汁榨汁线上常采用这种泵。

螺杆泵的构造如图2-45所示。工作时电动机将动力传给连杆轴2，螺杆5在连杆轴2的带动下旋转；螺杆5与橡胶衬套6（又称为定子）相啮合并形成数个互不相通的封闭的啮合空间；当螺杆5转动时，封闭啮合空间内的料液便由吸料口向出料口方向运动；当封闭腔运动至出料口末端时，封闭腔自行消失，料液便由出料口排出；与此同时在吸料口又形成新的封闭腔将料液吸入并向前推进，从而实现连续抽送料液的作用，完成料液的输送。

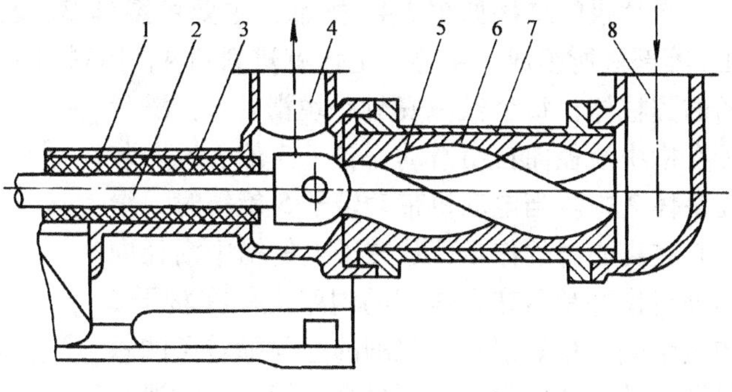

图2-45 螺杆泵
1—泵体 2—连杆轴 3—填料函 4—出料口 5—螺杆
6—橡胶衬套 7—螺腔体 8—吸料口

根据需要改变螺杆的转速，就能改变流量，通常转速为750～1500r/min；螺杆泵的排出压力与螺杆长度有关，一般螺杆的每个螺距可产生2个大气压的压力，显然料液被推进的螺距愈多，排出压力（或扬程）愈大。

螺杆泵能连续均匀地输送液体，脉动小，效率比叶轮式离心泵高，且运转平稳、无振动和噪声，排出压力高，自吸性能和排出性能好，结构简单；但衬套由橡胶制成，不能断液空转，否则易发热损坏。

三、齿轮泵

齿轮泵也是一种旋转式容积泵。其分类方法较多，按齿轮的啮合方式可分为外啮合式和内啮合式；按齿轮形状可分为正齿轮泵、斜齿轮泵和人字齿轮泵等。在食品工厂中，多采用外啮合（正）齿轮泵，主要用来输送粘稠的液体，如油类、糖浆等。

齿轮泵结构如图2-46所示，主要由泵体2、泵盖（图中未画出）、主动齿轮3和从动齿轮5等部件所组成，主动齿轮3和从动齿轮5均由两端轴承支承。泵体2、泵盖和齿轮3或5的各个齿槽间形成密闭的工作空间，齿轮的两端面与泵盖以及齿轮的齿顶圆与泵体的内圆表面依靠配合间隙形成密封。

工作时电动机带动主动齿轮3旋转；当主动齿轮3顺时针高速转动时，带动从动齿轮5逆时针旋转；此时，吸入腔1端两齿轮的啮合轮齿逐渐分开，吸入腔工作空间的容积逐渐增大，形成一定的真空度；于是被输送料液在大气压作用下经吸入管进入吸入腔1，并在两齿轮的齿槽间沿泵体2的内壁被连续挤压推向排出腔4，并进入排出管。由于主、从动齿轮连续旋转，齿轮泵便不断吸入和排出料液。

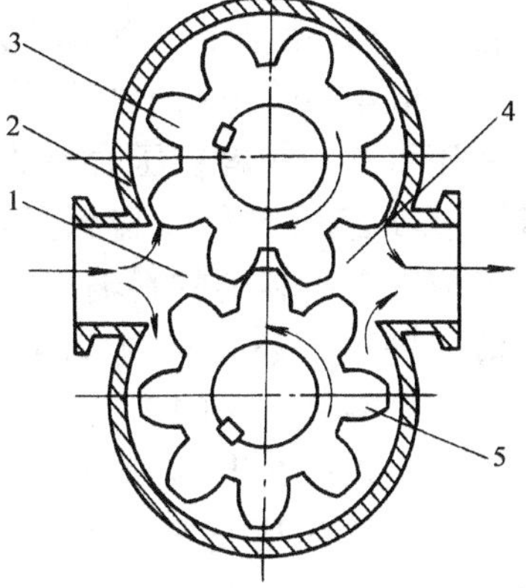

图2-46 齿轮泵
1—吸入腔 2—泵体 3—主动齿轮
4—排出腔 5—从动齿轮

齿轮泵结构简单、工作可靠、应用范围较广，虽流量较小，但扬程较高。所输送的料液必须具有润滑性，否则齿面极易磨损，甚至发生咬合现象。

四、滑片泵

滑片泵的结构如图2-47所示，主要由泵体2、转子5、滑片6及两侧盖板（图中未示出）等部件所组成。泵体2上设有进料口4，出料口1和真空管口3。转子5是开有8个径向槽的圆柱体，每个槽中安放一块滑片6，滑片可在槽中沿径向自由滑动，转子5偏心地安装在泵体2内。当电动机带动转子5旋转时，滑片6在离心力的作用下从转子上的槽中沿径向向外滑出并紧压在泵体2的内壁上。在转子5的上半圈，相邻滑片所包围的空间随转子的顺时针旋转逐渐增大，在经过真空管口3时滑片间形成真空，在进料口4处物料被吸入转子滑片间；在转子5的下半圈，已吸入物料的两滑片在泵体内壁圆面的限制下在转子的槽中沿径向向中心滑动，使两滑片间的空间逐渐减小，对物料产生压力，于是物料便从出料口1经排料管排出。转子连续旋转时便可完成对物料的连续输送任务。

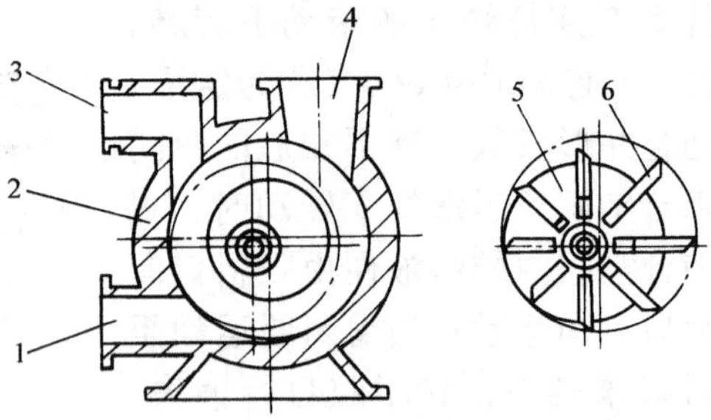

图2-47 滑片泵结构

1—出料口 2—泵体 3—真空管口 4—进料口 5—转子 6—滑片

滑片泵适宜输送粘稠的物料，如肉制品生产中的肉糜等。

第七节 真空吸料装置

真空吸料是一种简易的流体输送方法，只要厂内有真空设备，都可以借助真空吸料装置来实现液体物料的输送或提升。输送酱类或带有固体块类料液时，尤其适宜采用真空吸料方法，若采用泵输送，普通离心泵是不能使用的，必须选用耐腐蚀的浓浆泵。真空吸料常用于短距离和高度不大的场合，如罐头食品厂的加汁工序及其他流体物料的灌装等。

1. 真空吸料装置的组成和工作原理

图2-48所示为真空吸料装置的组成示意图，主要由输出槽1、贮料罐3、分离器5和真空设备7等部件所组成。用真空设备7对贮料罐3抽真空，造成一定的真空度，这样贮料罐3和与其相连的输出槽1之间就产生了一定的压力差，物料在压力差的作用下由输出槽1经吸料管2流入贮料罐3，从而完成真空吸料的物料输送工作。在贮料罐3的顶部还装有调节阀4，可以随时调节贮料罐3中的真空度从而调节贮料罐3内液位的高度；在真空设备7与贮料罐3之间还设有分离器5，因对贮料罐3抽真空时常会带出液体，故须经分离器5分离掉液体后再抽真空，若选用湿式真空设备可省去分离装置。

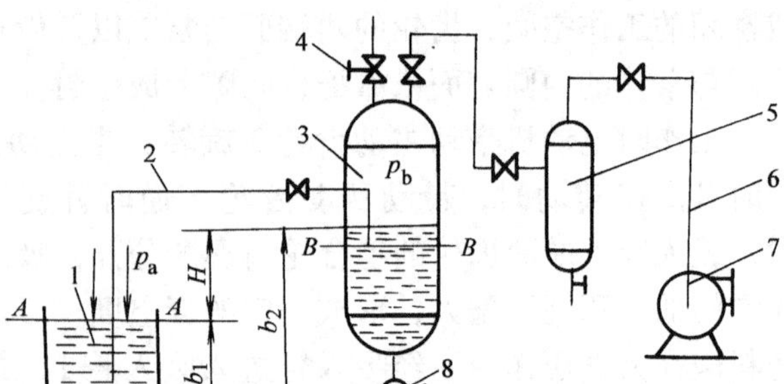

图2-48 真空吸料装置

1—输出槽 2—吸料管 3—贮料罐 4—调节阀 5—分离器 6—真空管 7—真空设备 8—阀门

真空吸料的方式有两种，即间歇法和连续法。间歇法是破坏贮料罐 3 的真空度，便可从贮料罐 3 中通过其下面的阀门 8 放出物料；连续法排出物料是采用旋转式叶片阀门来实现的，要求旋转式叶片阀门的排料量与从吸料管 2 吸进贮料罐 3 的物料量相等。

以输送浸在水中的蘑菇为例，真空吸料装置的技术特性如下：真空度范围为 560 ~ 580mmHg（1mmHg = 133.322Pa）提升高度为 7.7 ~ 8.3m，真空泵功率为 10kW（型号 SZ－2），提升能力为 2.5 ~ 3.0t/h，输料管直径为 110mm（硬聚乙烯管），旋转式叶片阀门的转速为 18r/min，贮料罐尺寸为 ϕ800mm × 900mm。

2. 真空设备

在真空吸料装置中，产生真空的动力源为各类真空设备，常用的真空设备有水环式真空泵和旋片式真空泵等。水环式真空泵的结构和工作原理参见本章第五节气力输送装置中图 2-42。

图 2-49 所示为旋片式真空泵的结构示意图，其主要部分是圆筒形定子 8 和圆柱形转子 5。转子 5 在电动机及传动系统的带动下，绕自身中心轴作逆时针旋转；转子 5 装配在定子 8 腔壁的正上方，与定子 8 紧密接触；转子 5 上的两个旋片 7 横嵌在转子圆柱体的直径上，它们中间有一根弹簧 6，使旋片 7 紧贴在定子 8 的腔壁上；旋片 7 把定子 8 和转子 5 之间的空间分隔成两个腔室；当旋片 7 随着转子 5 一起旋转时，靠近进气口 1 一侧的腔室容积逐渐增大，从被抽容器中吸入气体，而在另一腔室中，旋片 7 对已吸入的气体进行压缩，使气体推开排气阀 4，然后气体从排气口 2 排出；转子 5 不断转动，过程重复进行，就达到了抽气的目的。为避免漏气，排气阀 4 以下部分全浸没在真空油内。

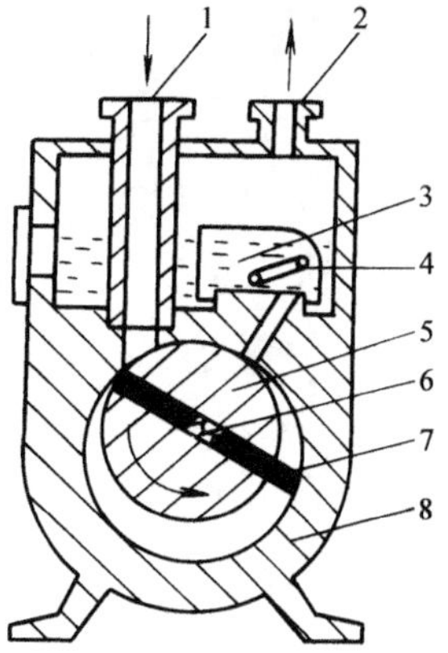

图 2-49　旋片式真空泵结构
1—进气口　2—排气口　3—真空油
4—排气阀　5—转子　6—弹簧
7—旋片　8—定子

第三章

清理、清洗机械与设备

3

第一节 清理机械与设备

一、清理机械的作用、原理及分类

许多食品原料在收集、运输和贮藏过程中混入了泥砂石草等杂物。食品厂在进行产品加工之前，必须对这些杂物进行清理，否则将会影响成品质量，损害人体健康，并且对后序加工设备造成不利影响。

食品原料的清理机械是根据原料中杂物的不同而设计的。食品原料中的杂物多种多样例如各种谷物、大米、豆类、咖啡等粉粒料中可能含有泥土、砂石、金属等杂物；甜菜糖厂的加工原料甜菜中不仅含有泥土、砂石、金属等，还有杂草、茎叶、麦杆等杂物；乳品厂的原料牛乳中可能含有毛、毛屑等。根据食品原料中杂物性质的不同，清理机械可进行如下的分类。

1. 除石机

除石机用于除去原料中的砂石。常用的方法有筛选法或密度法。筛选法除石机是利用砂石的形状和体积大小与加工原料的不同，利用筛孔形状和大小的不同除去砂石。密度除石机是利用砂石与食品原料密度的不同，在不断振动或外力（如风力、水力、离心力等）作用下，出现自动分层现象而除去砂石。

2. 除草机

除草机用于除去原料中的杂草、茎叶等。常用的方法是风选法和浮选法。风选法是利用杂物与食品原料在空气中的悬浮速度不同，通过风力进行除杂的方法。浮选法是利用杂草、茎叶在水中与食品原料所受的浮力不同，把漂浮在水中的轻浮杂物除去。

3. 除铁机

除铁机用于除去原料中的铁质磁性杂物，如铁片、铁钉、螺钉等。常用的方法是磁选法。利用磁力作用除去夹杂在食品原料中的铁质杂物。磁力除铁机有电磁式和永磁式两种形式。

4. 过滤器

过滤器用于除去液体食品原料中的杂物，如原料乳中的牛毛、毛屑等。常用方法是过滤法，可在容器的入口或出口装上滤网或滤布过滤，也可安装过滤器过滤。

二、清理机械与设备

1. 筛选法清理机

筛选法清理机广泛应用于食品加工企业，多用于清理含有大杂、小杂及轻杂的颗粒状食品原料。

筛选法的操作原理是当原料从筛子的一端移动到另一端的过程中，尺寸小于筛孔的物料穿过筛孔落下，成为筛下物；而尺寸大于筛孔的物料经筛面从筛的另一端排出。

图 3-1 为小麦清杂机，是一种典型的振动筛清理机。主要装置有：进料装置、筛体、吸风除尘装置、振动装置和机架等。

被清理物料由进料斗 1 进入，通过控料闸依次到达三级振动筛的三层筛面上。三层筛面倾斜安装在一个整体筛架上，由振动机构带动作往复振动。当物料到达第一层筛面，由于筛孔较大，物料及粗杂通过筛孔落到第二层筛面上，第一层筛面上为大杂。物料到达第二层筛

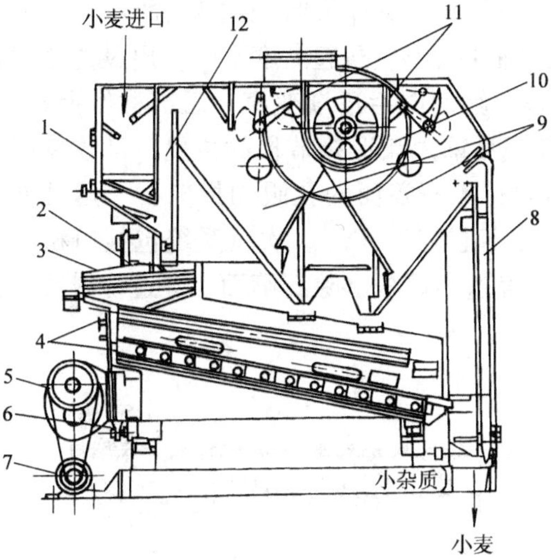

图 3-1 筛选法清理机

1—进料斗 2—吊杆 3—第一层筛面 4—第二三层筛面 5—自平衡振动器 6—弹簧限振器 7—电动机 8—后吸风道 9—沉降室 10—风机 11—风门 12—前吸风道

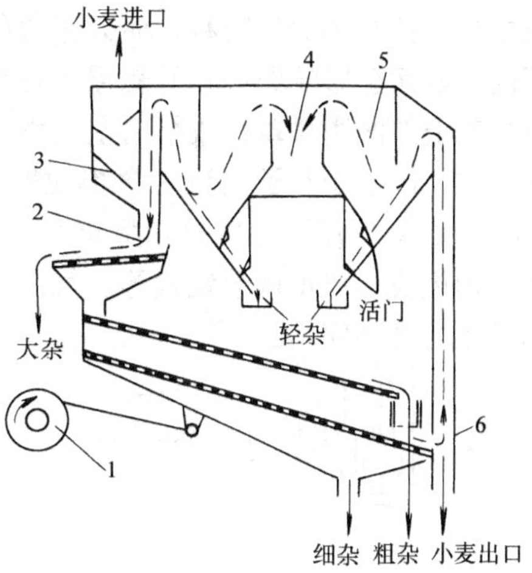

图 3-2 筛选法清理机工作状况图

1—往复振动机构 2、6—风选 3—控料闸 4—吸风口 5—沉降室

面并通过筛孔，把粗杂清理出来。物料到达第三层筛面，由于第三层筛孔小，细杂通过筛孔被分离出来，而小麦则留在筛面上由小麦出口排出。可见三层筛的筛孔依次减小，在吸风除尘装置的配合下，把物料中质轻的杂质也能清理出来，该机的清理状态如图 3-2 所示。

筛选法清理机的筛面常用的有编织筛面和板筛面。编织筛面多用金属丝编织成，也有用绢丝编织成的（相关内容将在第四章第二节中予以介绍）。

2. 除石机

(1) 粒状原料密度除石机 如图 3-3 所示为豆制品厂常用的 QSC 型密度除石机，用来对豆类等物料清除密度比原料大的并肩石（石子大小类似豆粒等）等重杂质的一种先进装备。该机主要由进料、筛体排石装置、吹风装置，偏心振动机构等部分组成。

密度除石机由进料装置、筛体、风机、传动机构等部分组成。传动机构常采用曲柄连杆机构或振动电动机两种。进料装置包括进料斗、缓冲匀流板、流量调节装置等组成。筛体与风机外壳固定连接，风机外壳又与偏心传动机构相连，因此，它们是同一振动体。筛体通过吊杆支撑在机

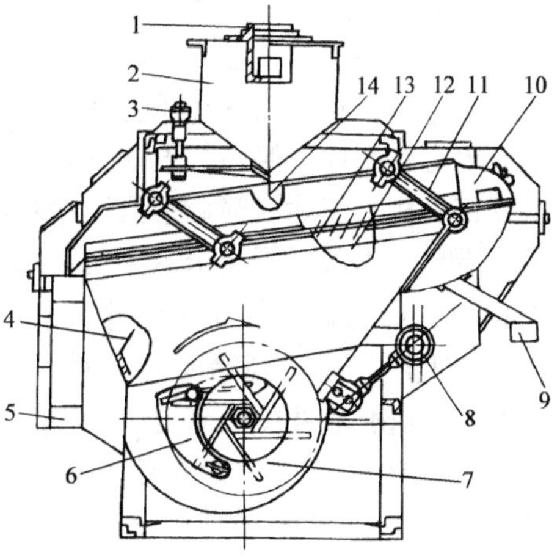

图 3-3 QSC 型密度除石机

1—进料口 2—进料斗 3—进风调节手轮 4—导风板 5—出料口 6—进风调节装置 7—风机 8—偏心传动 9—出石口 10—精选室 11—吊杆 12—匀风板 13—除石筛面 14—缓冲匀流板

架上，除石筛面一般用薄钢板冲压成双面突起鱼鳞形筛孔，具体形状如图 3-4 所示。密度除石机中的筛孔并不通过物料，而只作通风用，所以筛孔大小、凸起高度不同，出风的角度就会不同，从而会影响到物料的悬浮状态和除石效率。筛面向后逐渐变窄，后部称作聚石区，筛面与其上部的圆弧罩构成精选室（图 3-5）改变圆弧罩内弧形调节板的位置，可改变反向气流方向，以控制石子出口区含粮粒数。鱼鳞形冲孔除石筛面的孔眼均指向石子运动方向（后上方），对气流进行导向和阻止石子下滑，它并不起筛选作用。吹风系统包括风机，导风板、匀风板、风量调节装置等。气流进入风机，经过匀风板、除石筛面、穿过物料后，排放到机箱内循环使用。

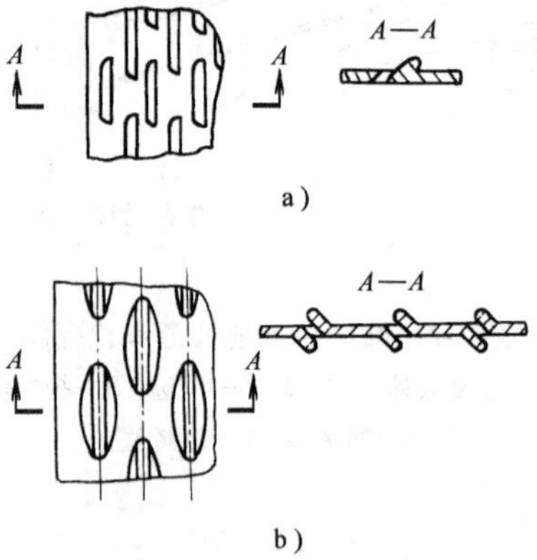

图 3-4 鱼鳞筛孔的形状

a）单面凸起 b）双面凸起

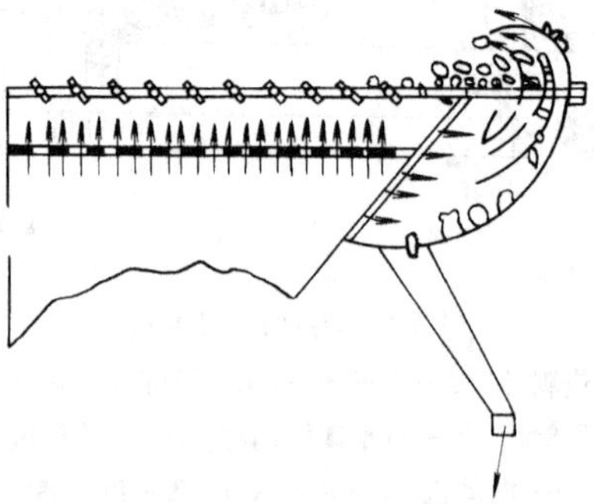

图 3-5 密度除石机的精选装置

密度除石机工作时，物料不断地进入除石筛面的中部，由于物料各成分的密度及空气动力特性不同，在适当的振动和气流作用下，密度较小的物料颗粒浮在上层，密度较大的石子沉入底层与筛面接触，形成自动分层。由于自下而上穿过物料的气流作用，使物料之间孔隙度增大，降低了料层间的正压力和摩擦力，物料处于流化状态，促进了物料自动分层。因除石筛面前方略微向下倾斜，上层物料在重力、惯性力和连续进料的推力作用下，以下层物料为滑动面，相对于除石筛面下滑至净料粒出口。与此同时，石子等杂物逐渐从物料颗粒中分出进入下层。下层石子及未悬浮的重颗粒在振动及气流作用下沿筛面向后上滑，上层物料也越来越薄，压力减小，下层颗粒又不断进入上层，在达到筛面末端时，下层物料中物料颗粒已经很少了。在反吹气流的作用下，少量物料颗粒又被吹回，石子等重物则从排石口排出。密度除石机工作时，要求下层物料能沿倾斜筛面向后上滑而又不在筛面上跳动。

（2）块根类原料除石机 块根类原料除石机是用来除去块根类食品加工原料中的石块泥砂。如图 3-6

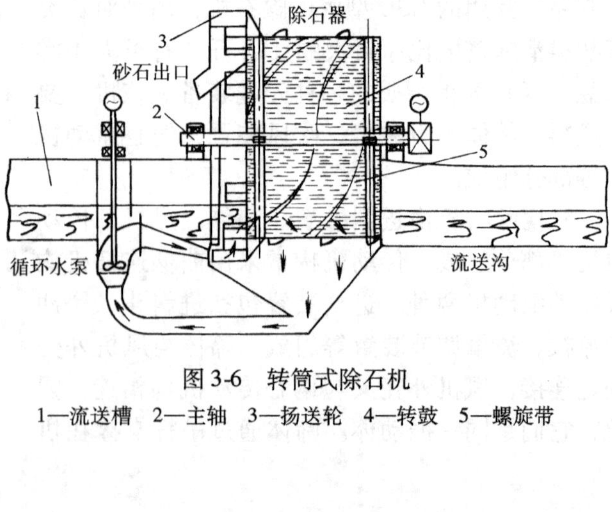

图 3-6 转筒式除石机

1—流送槽 2—主轴 3—扬送轮 4—转鼓 5—螺旋带

所示为某甜菜糖厂用来除去夹杂在甜菜中砂石的转筒式除石机。其工作原理是砂石与甜菜的密度差较大，从而利用它们在水中不同的沉降速度进行分离。

该除石机由两段组成，前段为扬送轮3，后段为转鼓4。扬送轮外安装有小斗，作除砂用。扬送轮内有大斗，作去石用。转鼓上有筛孔，转鼓的内外壁上都有螺旋带，分别用来输送石块和泥砂。当甜菜水混合物由流送槽1进入转鼓4后，甜菜继续向前流送，而夹杂在甜菜中的砂石因密度较大而沉降到转鼓内的螺旋带上，随着螺旋带旋转向甜菜水混合物相反的方向移动，落入扬送轮的大斗内，被提升后由砂石出口排出。通过筛孔的泥砂由转鼓外壁的螺旋带推至前段，经扬送轮外小斗撮起，在转动中滑入轮内大斗与石块一起排除。

为了防止甜菜下沉到转鼓壁上，该机还安装有水泵，使流送水循环，加大水流速度。生产中为了加强除石效果，转筒式除石机可串联两台或两台以上，除石效率可达92%以上，且对甜菜流送过程影响较小，所以得到广泛运用。

转筒式除石机的型号与主要技术参数如表3-1所示。

表3-1 转筒式除石机的型号与主要技术参数

型　号	筒体直径/mm	最大生产能力/(t/天)	型　号	筒体直径/mm	最大生产能力/(t/天)
RT1920	1920	850	SZ2000	2000	1000～2000
SZ1600	1600	750	SZ2200	2200	3000

3. 除草机

除草机是用来除去食品加工原料中的杂草、茎叶、麦杆等杂物的专用设备。除草机的形式多种多样，如图3-7所示为块根类食品原料在清洗过程中除去杂草的典型设备：胶带式除草机。

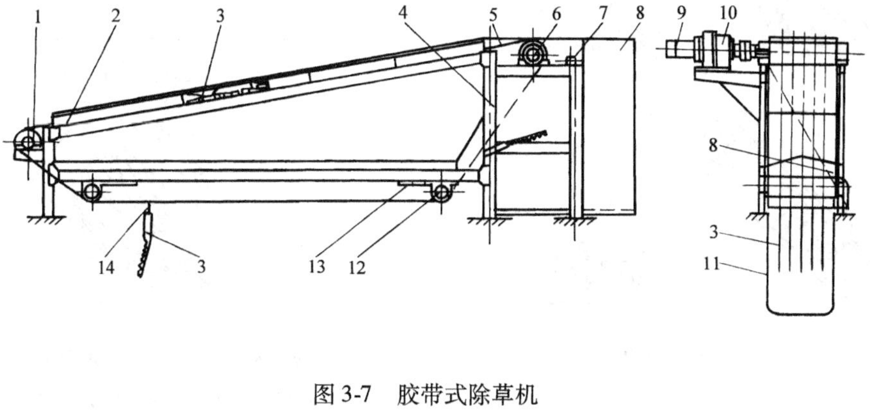

图3-7 胶带式除草机

1—从动滚筒 2—挡板 3—耙齿 4—机架 5—胶带 6—主动滚筒 7—胶辊 8—杂草溜槽 9—电动机 10—减速器 11—流送槽 12—改向滚筒 13—张紧装置 14—耙齿托架

块根类食品原料在流送槽11中由左向右运动时，夹杂在食品原料中的杂草、茎叶、麦杆等杂物向上浮起，漂浮在流送槽的上部。除草机安装在位于流送槽上的机架上。耙齿3的托架14是用胶带制成的，耙齿托架14用螺栓固定在胶带5上。胶带由主动滚筒6驱动，经改向滚筒12、从动滚筒1将迎着水流方向运动的耙齿带动至高处，耙齿上挂有轻浮杂物。

当耙齿运动到胶辊7处，翻落碰撞胶辊，轻浮杂物被震落经溜槽8除去。

除草机下的流送槽宜宽一些，以降低水的流速，有利于杂草浮起。耙齿浸入深度应不小于200mm，齿排间距约300～400mm，以有效除去轻浮杂物。

4. 除铁机

食品原料在加工前必须经过严格的磁选，除去夹在原料中的铁性杂质，食品原料中混入的磁性金属杂质，因其危害较大，为了保护加工机械和人身安全，保证消费者身体健康，所以必须用除铁机去除。除铁机又称磁力除铁机，它的主要工作部件是磁体。每个磁体都有两个磁极，其周围存在磁场，磁体分为电磁式和永磁式两种形式。电磁式除铁机磁力稳定，性能可靠，但必须保证一定的电流强度。永磁式除铁机结构简单，使用维护方便，不耗电能，但使用方法不当或时间过长磁性会退化。

磁选设备有永磁溜管、胶带式除铁机和永磁滚筒等。

（1）永磁溜管　如图3-8所示的永磁溜管的永久磁铁装在溜管上边的盖板上。一般在溜管上设置2～3个盖板，每个盖板上装有两组前后错开的磁铁。工作时，原料从溜管上端流下，磁性物体被磁铁吸住。工作一段时间后进行清理，可依次交替地取下盖板，除去磁性杂质。溜管可连续地进行磁选。永磁溜管结构简单，不占地方。为了提高分离效率，应使流过溜管的物料层薄而均匀。

图3-9是使用平板式除铁机的永磁安装的结构示意图。磁铁可安装一排或多排。食品原料通过倾角为30°～40°的倾斜面时，铁性杂质被磁极吸住。当设备停止使用时，人工取下被吸住的铁性杂质，再用铁板将两个磁极盖住，以保存磁性。

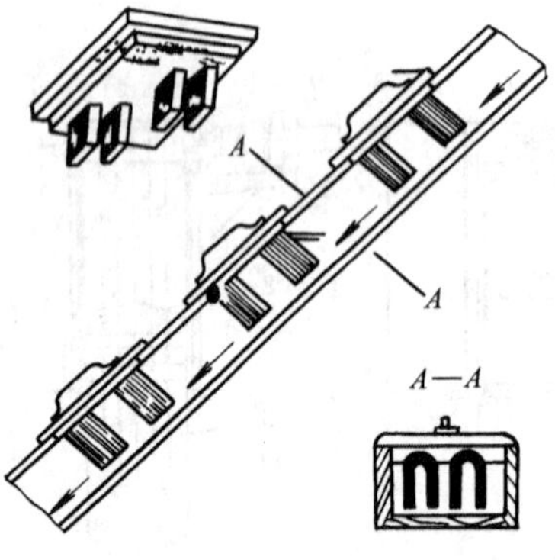

图3-8　永磁溜管

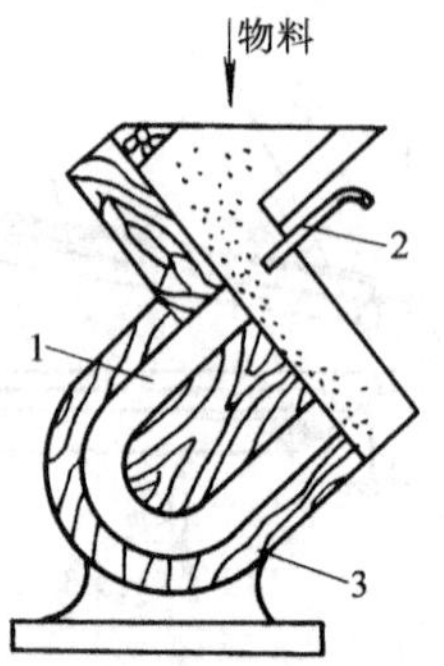

图3-9　平板式除铁机的永磁安装示意图
1—马蹄形磁铁　2—控料闸　3—木槽

图3-10为旋转式永磁除铁机，主要是由半圆形磁铁与旋转滚筒组成，磁铁与滚筒的间隙小于2mm。当物料落在由非磁性材料（1Cr18Ni9Ti）制成的滚筒上时，物料随滚筒一起转动，而后自由排出，而夹杂在食品原料中的铁性杂质被吸附在滚筒表面，当滚筒转至磁场作用之外时，自动落入盛铁盒。

（2）永磁滚筒　如图3-11所示的CXY型永磁滚筒除铁机主要由进料装置、滚筒、磁心、机壳和传动装置等部分组成。磁心由锶钙铁氧体永久磁铁和铁隔板按一定顺序排列成170°的圆弧形，安装在固定的轴上，形成多极头开放磁路。磁心圆弧表面与滚筒内表面间隙小而均匀（一般小于2mm），滚筒由非磁性材料制成，外表面敷有无毒而耐磨的聚氨酯涂料作保护层，以延长使用寿命。滚筒通过蜗轮蜗杆机构由电动机带动旋转。磁心固定不动。滚筒重量轻，转动惯量小。永磁滚筒能自动地排除磁性杂质，除杂效率高（98%以上），特别适合于除去粒状物料中的磁性杂质。

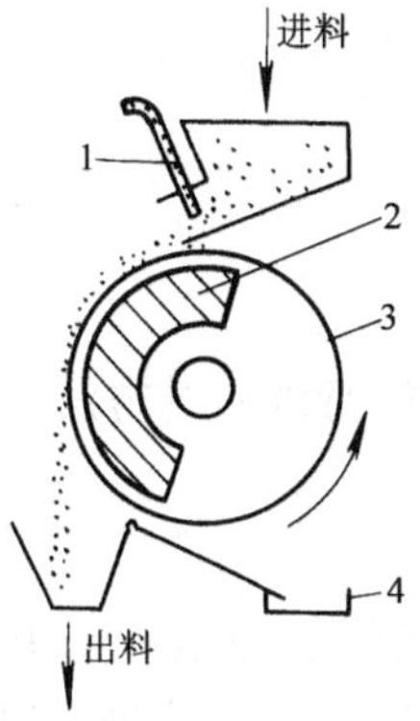

图3-10　旋转式永磁除铁机

1—控料闸　2—磁铁　3—滚筒　4—盛铁盒

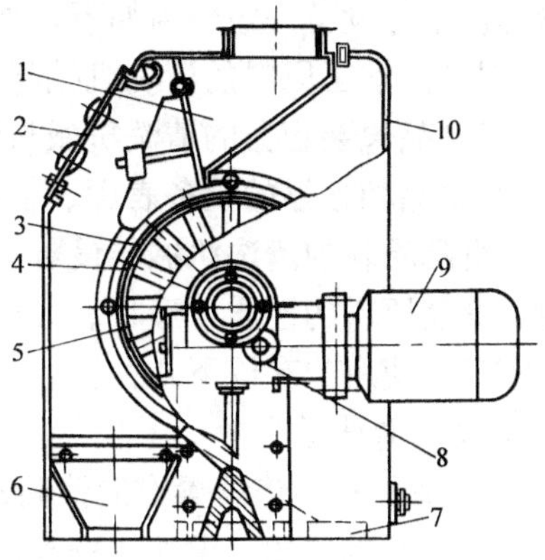

图3-11　CXY型永磁滚筒的结构

1—进料斗　2—观察窗　3—滚筒　4—磁心　5—隔板　6—小麦出口　7—铁杂质收集箱　8—变速机构　9—电动机　10—机壳

为了有效地保障安全生产和产品质量，在食品原料的粮食等物料加工的全过程中，凡是高速运转的机器的前部应装有磁选设备。为了保证磁选效果。物料通过磁极面的速度不宜过快，永磁溜管的物料速度一般为0.15～0.25m/s，永磁滚筒的圆周速度一般为0.6m/s左右。表3-2中给出了CXY-25型永磁滚筒除铁机的主要技术特性参数。

表3-2　CXY-25型永磁滚筒除铁机的主要技术特性参数

名　　称	技术特性	名　　称	技术特性
产量/(t/h)	4～4.5	动力/kW	0.55
滚筒直径/mm	300	磁铁规格/mm×mm×mm	68×38×20
滚筒长度/mm	250	外形尺寸(长×宽×高)/mm×mm×mm	730×650×650
滚筒转速/(r/min)	38	重量/kg	130
单位电耗/(kW/t)	0.045		

第二节　清洗机械与设备

一、清洗机械的作用、原理及分类

食品原料表面的杂质和污物在产品加工前必须用清洗的方法去除。同时，为了保证食品卫生，包装食品的容器、和食品相接触的设备表面、管道也必须进行清洗。为了减轻工人的劳动强度，提高生产效率，实现自动化生产，必须要有相应的清洗机械与设备来满足食品原料和包装容器及有关生产设备的清洗要求。

由于加工产品及产品原料的多样性决定了清洗机械的多样化和复杂性。其清洗原理是把被清洗物放入水、汽或其他液体中用浸泡、喷洗、刷洗、振动清洗等方法把杂质、污物除去；或者是利用水、汽及洗液通过被清洗物表面来达到清洗的目的。

清洗机械与设备一般分为如下几类：

1）对食品加工原料的清洗机械与设备。

2）对食品包装容器的清洗机械与设备。

3）与食品相接触的设备表面、管道的清洗机械与设备。

二、食品原料的清洗机械与设备

由于食品原料的性质、形状、大小等不同，决定了对其进行洗涤的方法和机械设备也不同，目前广泛使用的有以下几种。

1. 滚筒式清洗机

如图3-12所示为连续操作的滚筒式清洗机。滚筒3由角钢、扁钢和钢板焊接而成。滚筒轴线有3°~5°的倾角，滚筒内壁有螺线导板，以便物料排出。原料从进料口6进入，随着滚筒的转动，物料便在筒内翻滚，物料与物料间，物料与筒壁间互相摩擦而将物料表面污物剥离。同时喷头4连续地向滚筒内喷水使污物浸润而迅速剥离和排走。清洗干净的物料从物料出口1排出。

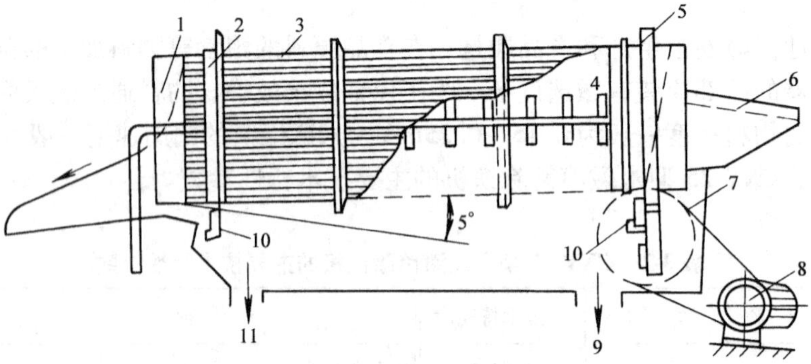

图3-12 滚筒式清洗机

1—物料出口 2—滚筒支架 3—滚筒 4—喷头 5—滚筒托轮 6—进料口
7—传动装置 8—电动机 9、11—洗液出口 10—滚筒支撑

滚筒式清洗机主要用于甘薯、马铃薯、生姜、马蹄等块根类食品原料和质地轻硬的水果类原料的清洗。为了提高清洗效果，有的连续式滚筒机内还安装有可上下、左右调节的毛刷。在毛刷的刷洗作用下，食品原料表面的污物更易于脱落，洗净率可达99%，生产能力达1000kg/h。

滚筒式清洗机的滚筒驱动方式一般为托轮—滚圈式。即在滚筒外面装有3~4个滚圈，两边装有小托轮。电动机8经传动装置7带动托轮转动，托轮靠摩擦力带动滚圈，从而使滚筒转动。这种驱动方式不仅结构简单可靠，而且传动平稳，故被广泛采用。

2. 鼓风式清洗机

滚筒式清洗机，由于物料在其中翻滚碰撞激烈，除了能使表面污物脱离外，很可能损伤皮肉。故滚筒式清洗机不适合于软质果蔬的清洗。对软质果蔬，宜采用鼓风式清洗机。图3-13所示为鼓风式清洗机。利用鼓风机4将空气送入洗槽1，使洗涤液产生剧烈的翻动，从而增加洗涤强度，能加速食品原料除去污物而又不损伤原料。原料在洗槽1的水面之下浸洗后，由链条6带动其间的输送装置把原料运送到倾斜段，由喷水装置2除去原料表面所沾的污水，然后到达水平输送段，对原料进行检验和修整。

鼓风式清洗机两链条之间的输送装置可采用滚筒（如输送番茄），或金属丝网（如输送块茎类原料），或用平板上装刮板（如水果类原料）等。输送带11由链轮20、压轮3和传动装置驱动。输送机和鼓风机由同一电动机驱动，其传动路线如图3-13所示。

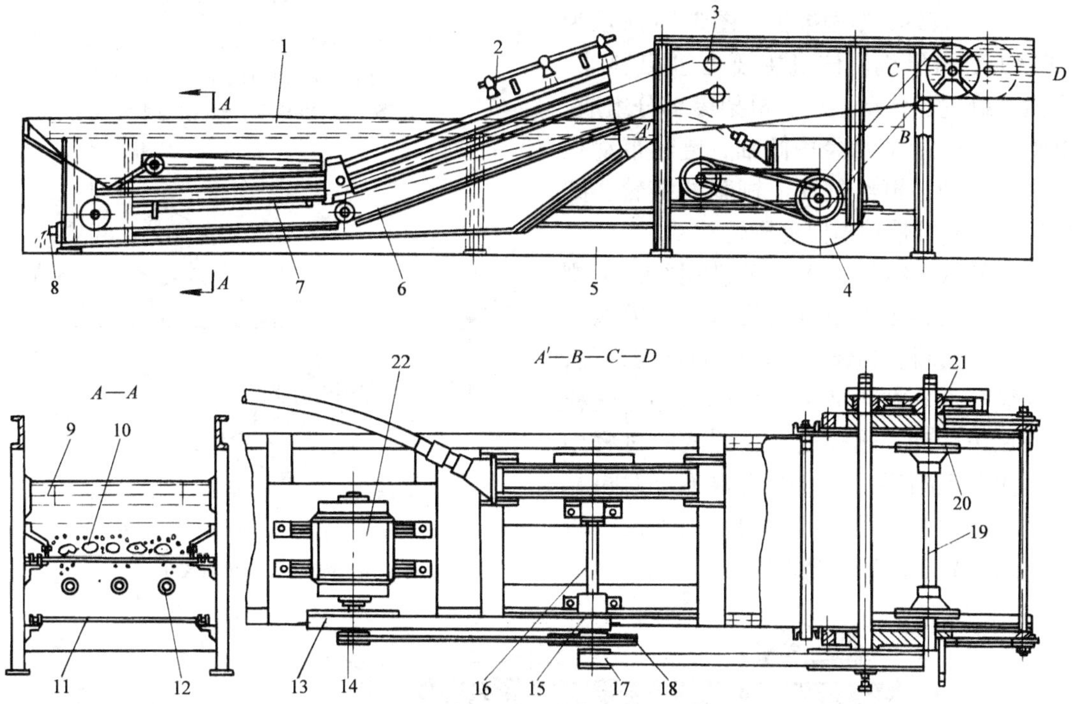

图3-13　鼓风式清洗机

1—洗槽　2—喷水装置　3—压轮　4—鼓风机　5—支架　6—链条　7、12—吹泡管　8—排水管　9—斜槽　10—原料　11—输送带　13、14、15、17、18—带轮　16、19—轴　20—链轮　21—齿轮　22—电动机

3. 刷洗设备

上面介绍的二种清洗设备，不是以刷洗为主。对于制作果酱及果汁的水果，要求彻底清洗，用以上介绍的两种清洗设备是很难满足工艺要求的，而用刷子刷洗设备就比较有效。下面介绍两种刷洗设备。

（1）XG-2型洗果机　如图3-14所示为XG-2型洗果机。该机由清洗槽、刷辊、喷水装置、出料翻斗、机架等构成。果品由进料口落入清洗槽 3，由于两个刷辊的转动使洗槽中的水形成涡流，首先果品在涡流中得到清洗。由于涡流的作用使果品从两个刷辊间隙通过得到全面刷洗。刷洗后的果品由出料翻斗翻上去，再经高压喷水喷洗，从出料口 8 出来。其工作原理如图 3-15 所示。

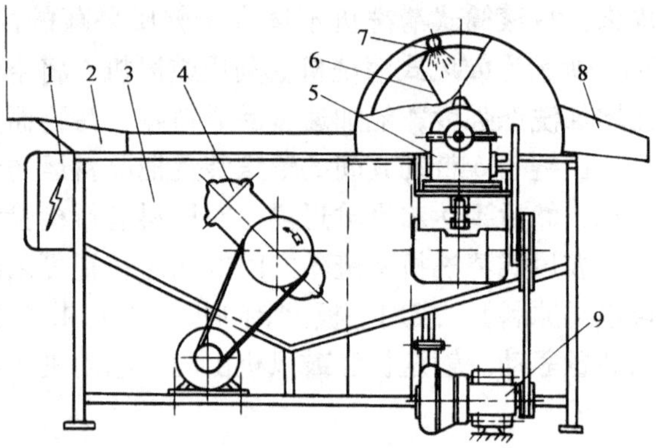

图 3-14 XG-2 型洗果机
1—电气箱 2—进料口 3—清洗槽 4—刷辊传动装置 5—减速器 6—出料翻斗 7—高压喷水嘴 8—出料口 9—微型水泵

该机是冲、刷、喷几个强洗过程的结合，清洗质量好，破损率低，结构紧凑，造价低，使用方便，是目前果品厂较为理想的清洗机。

（2）GT5A9 型刷果机 图 3-16 所示为 GT5A9 型刷果机。该机主要由进出料斗、纵横毛刷辊、传动系统、机架等部分组成。电动机 6 通过 V 带经中间轴、链轮带动纵毛刷辊转动，再经过纵毛刷辊的链轮、圆锥齿轮、V 带带动横向毛刷辊转动。

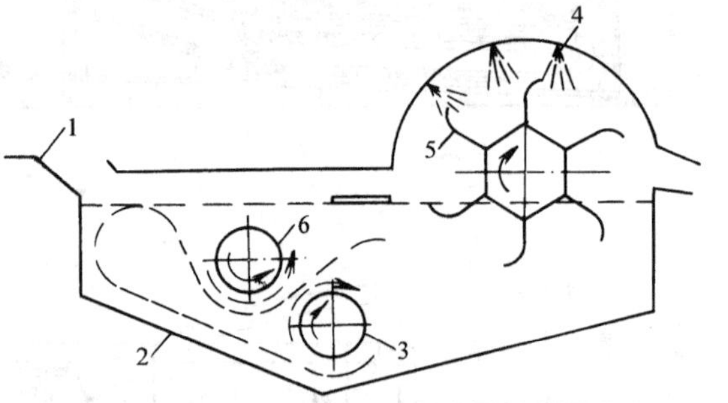

图 3-15 XG-2 型洗果机工作原理图
1—进料口 2—清洗槽 3—刷辊 4—喷头 5—出料翻斗

果品从进料斗进入纵毛刷辊组，毛刷辊上的毛束在辊上呈螺旋线排列，毛束分组，长短相间。相邻两毛刷辊的转向相反，辊轴线与水平方向呈 3°～5°的倾角。这样果品在边转动，边推进，边刷洗的过程中到达横向毛刷辊。横向毛刷辊不仅对果品有刷洗作用，而且可以控制出料速度，以便达到果品表面较完全地刷洗。

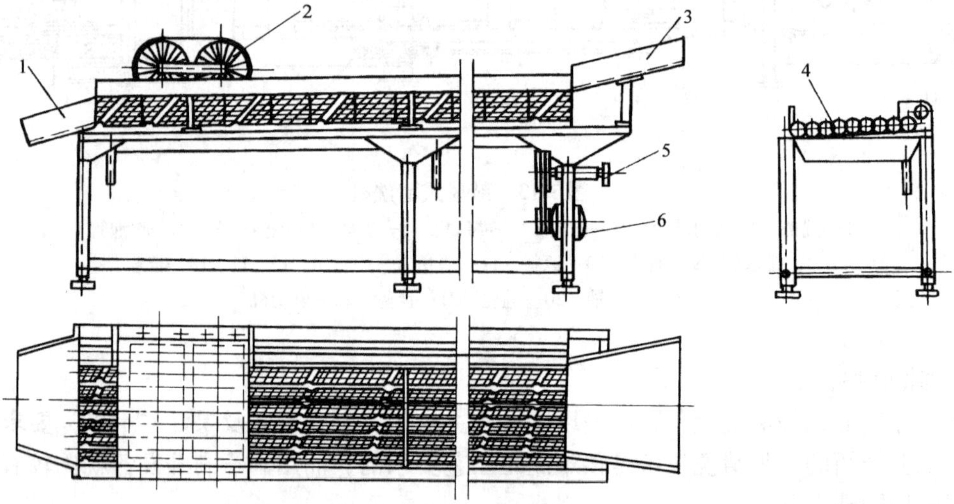

图 3-16 GT5A9 型刷果机
1—出料口 2—横毛刷辊 3—进料斗 4—纵毛刷辊 5—传动装置 6—电动机

4. 桨叶式清洗机

桨叶式清洗机主要是利用浸洗和桨叶的搅拌摩擦相配合来共同完成清洗作业，适用于一些块茎、块根类原料如马铃薯、胡萝卜、甜菜等的清洗。其基本结构如图 3-17 所示。工作时，先在洗槽 2 内加入清洁水，液面不超过卸料槽口。物料从装料斗 6 进入洗槽后，在洗液浸泡的同时又不断地受桨叶的翻转搅拌，使物料与物料之间、物料与洗槽壁及桨叶之间都产生相互摩擦，松脱的泥沙随时被洗液带走，并通过多孔筛底 3 落到洗槽的底部。可根据泥沙沉积的情况可以间歇地打开排污舱口 9 和闸门 10 把污物排出，并及时补充清洗用水。

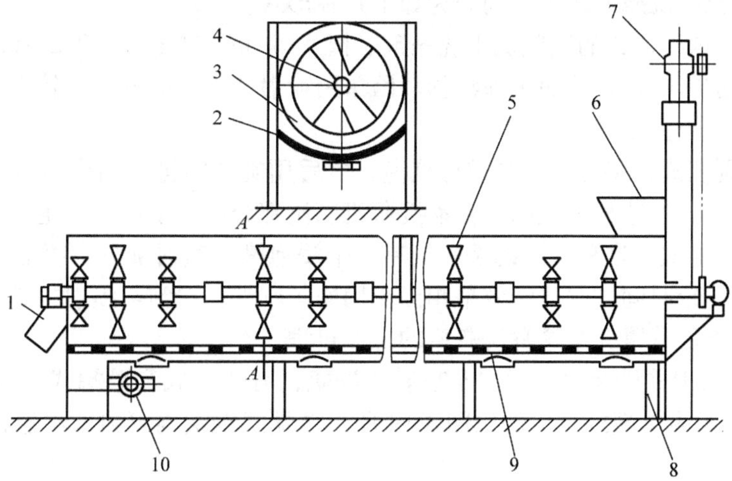

图 3-17 桨叶式清洗机

1—卸料槽 2—洗槽 3—多孔筛底 4—轴 5—桨叶
6—装料斗 7—传动装置 8—机架 9—舱口 10—闸门

桨叶式清洗机的桨叶呈螺旋形排列，桨叶在翻搅物料的同时又推动物料向前运动，使物料从进料口移动到卸料槽口排出。物料的清洗作用时间可由洗槽的长度和桨叶的转速来确定。

在苹果汁生产线中，对原料苹果的清洗可采用桨叶式清洗机。漂浮在水面的苹果在水流的作用下缓慢向前运动，桨叶（采用食品级橡胶制成）在旋转的同时，强制将苹果压向下方。苹果在水中始终处于交替的上下运动和水平运动之中，苹果与水流的相对运动产生很强的冲刷作用，极大地提高了清洗洁净度，对苹果也不造成机械损伤。这种清洗机在苹果清洗中取得了很好的应用效果。

三、食品包装容器的清洗机械与设备

食品包装容器的清洗机械与设备，主要是饮料类和罐头类产品生产中的洗瓶机和洗罐机。

1. 全自动洗瓶机

对饮料生产来说，某些饮料瓶是回收瓶，如果汁和汽水等用的玻璃瓶，必须清洗干净后才能使用。这些回收瓶除了要去除瓶外的商标纸外，还必须除去瓶内日久变干的污垢。对这类瓶子的清洗，食品工厂大多采用全自动洗瓶机。

(1) 全自动洗瓶机的分类 全自动洗瓶机的形式较多。按瓶子在洗瓶机中的流向，可分为单端式和双端式。

单端式，也称来回式。洗瓶机的进瓶部分和出瓶部分都在同一侧。这种形式的洗瓶机仅需一人操作，输送带在机内无空行程。但由于净瓶距脏瓶较近，净瓶易被脏瓶弄脏。

双端式，也称直通式。洗瓶机的进瓶部分和出瓶部分分别在洗瓶机的两端。这种形式的洗瓶机需两人操作，输送带在机内有空行程。但卫生可靠性好，且易组织连续化生产。

全自动洗瓶机按洗瓶方式的不同分为如下几种形式：

1）喷射式：这种形式的洗瓶机用洗涤剂、清水等在一定压力（0.2～0.5MPa）下，通过喷嘴对瓶内外进行喷射，从而去除污物。因单用喷射清洗，故易产生较多泡沫，且动力消耗大。适用于中、小型生产线。

2）浸泡与刷洗式：将待洗瓶先进行浸泡，然后用旋转刷将瓶刷净。刷子用合成材料制成，清洗效果较好。但这种形式的全自动洗瓶机刷洗部分结构复杂，在生产中较少使用。

3）浸泡与喷射式：这种形式的洗瓶机有多个浸泡槽和喷射部分。喷射部分采用高压喷射，当喷射达到一定时间，其清洗效果相当于用刷子刷洗。浸泡与喷射式是目前使用较多的全自动洗瓶机，下面着重介绍这种洗瓶机的工作过程。

（2）浸泡与喷射式洗瓶机　浸泡与喷射式洗瓶机有双端式和单端式。图3-18所示为双端式，图3-19所示为单端式。下面以图3-19所示单端式浸泡与喷射式洗瓶机为例来说明其工作过程。

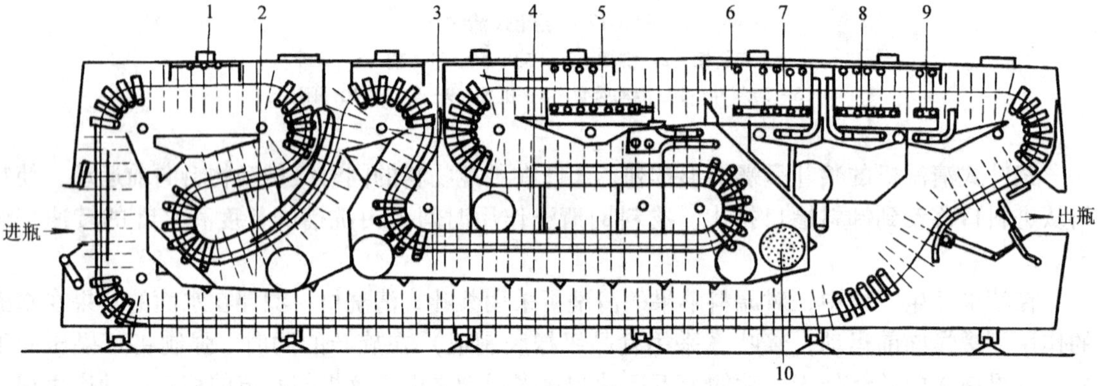

图3-18　双端式浸泡与喷射式洗瓶机

1—预喷洗　2—预泡槽　3—洗涤剂浸泡槽　4—洗涤剂喷射槽　5—洗涤剂喷射区　6—热水预喷区　7—热水喷射区　8—温水喷射区　9—冷水喷射区　10—中心加热器

待洗瓶从进瓶处进入到达预泡槽1，预泡槽中洗液的温度为30～40°C，在此处对瓶子进行初步清洗与消毒。预泡后的瓶子到达第一次洗涤剂浸泡槽7，此处洗涤液温度可达70～75°C。通过充分浸泡，使瓶子上的杂质溶解，脂肪乳化。当瓶子运动到改向滚筒10的地方升起并倒过来时，把瓶内洗液倒出，落在下面未倒转的瓶子外表，对其有淋洗作用。在洗涤剂喷射区9处设有喷头，对瓶子进行大面积喷洗，喷洗后的瓶子达到第二次洗涤剂浸泡槽8中，其主要目的是使瓶上未被去除的少量污物充分软化溶解。

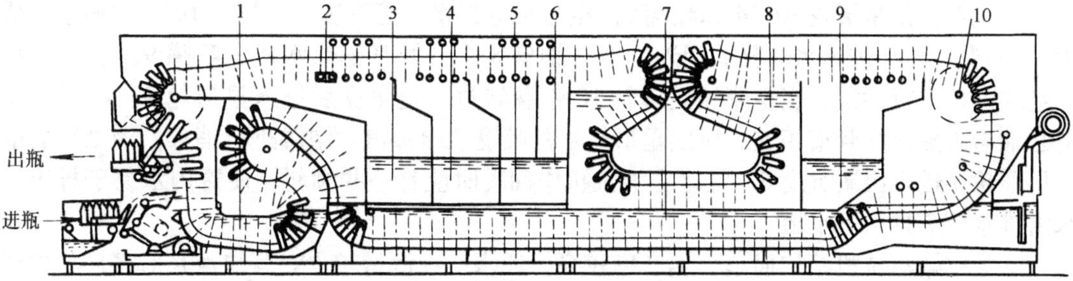

图 3-19 单端浸泡与喷射式洗瓶机

1—预泡槽 2—新鲜水喷射区 3—冷水喷射区 4—温水喷射区 5—第二次热水喷射区 6—第一次热水喷射区 7—第一次洗涤剂浸泡槽 8—第二次洗涤剂浸泡槽 9—洗涤剂喷射区 10—改向滚筒

从第二次洗涤剂浸泡槽出来的瓶子，依次经过第一次热水喷射区 6，第二次热水喷射区 5、温水喷射区 4、冷水喷射区 3、新鲜水喷射区 2 对瓶子上的洗液进行清洗，并降低瓶子温度。最后，洗净的瓶子由出瓶处出瓶。

浸泡与喷射式洗瓶机有如下特点，输送瓶的链带是匀速连续运动的，这样就使所需的驱动力较低，且避免了磨损和较大的噪声。

连续喷射区的喷嘴与连续移动的瓶罩（瓶罩内有瓶子）有一个同步运动过程，它是通过平面槽形凸轮获得的，如图 3-20 所示。

水的再利用和降低热能消耗。水在洗瓶机中的流动是这样进行的：新鲜水→冷水池→温水池→热水池→预泡槽→排水沟。

2. 镀锡薄钢板空罐清洗机

镀锡薄钢板制成的空罐，在进行装料前必须进行清洗。图 3-21 所示为旋转圆盘式清洗机。

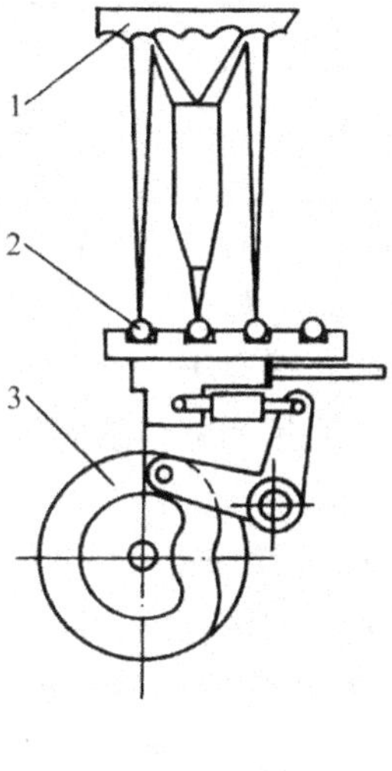

图 3-20 跟踪喷射装置原理图

1—折射板 2—喷头 3—平面槽形凸轮

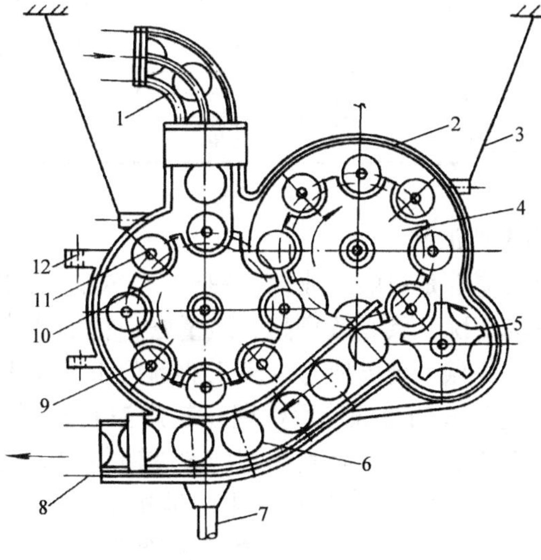

图 3-21 旋转圆盘式清洗机

1—进罐槽 2—机壳 3—连杆 4、5、10—星形轮 6—出罐坑道 7—排水管 8—出罐口 9—喷嘴 11—空罐 12—固定盖的环

喷洗部件是星形轮10、4和喷嘴9。空罐从进罐槽1落下进入星形轮10的凹槽中，星形轮10的空心轴与供热水的管道相连，空心轴借8个分配管把热水送入喷嘴9，喷出的热水对空罐内部进行冲洗。当空罐被星形轮10带着转过一定角度后进入星形轮4。星形轮4的空心轴与供蒸汽的管道相连，所以星形轮4的喷嘴喷出蒸汽对空罐进行消毒。消毒后的空罐经星形轮5送入出罐坑道6。空罐在清洗机中回转时应有一些倾斜，使罐内水易于排出。污水由排水管7排入下水道。

这类空罐清洗机结构简单，生产率较高，耗水、耗汽量较少。其缺点是对多罐型生产的适应性差。

其生产能力可用下式表示

$$G = nZ$$

式中 G——生产能力（罐/min）；

n——星形轮转速（r/min）；

Z——星形轮齿数（个）。

除了上面介绍的用来清洗玻璃瓶的全自动洗瓶机和用来清洗空罐的清洗机外，还有其他类型瓶的清洗机械与设备。这些洗瓶机和洗罐机的设计原理和工作过程都有相似之处。如现在饮料生产中用的一次性塑料瓶和玻璃瓶，在灌装之前要进行冲洗。其冲洗方式为回转式多工位喷射。这种喷射式冲洗瓶机在矿泉水、纯净水及其他灌装自动线中经常要用到，能连续自动完成进出瓶、翻转、冲瓶、沥干等清洗工序。QS系列喷射式冲洗瓶机的主要技术参数见表3-3。

表3-3 QS系列喷射式冲洗瓶机的主要技术参数

冲洗头数	12	18	24	32
生产能力/(瓶/h)	1500~2500	4000~5000	5000~7000	8000~12000
适用瓶型/mm	瓶高 $H=160\sim320$ 瓶径 $\phi=50\sim100$			
功率/kW	0.75	1.1	1.1	1.5
外形尺寸/mm×mm×mm	1200×1380×1680	1450×1500×1680	1700×1700×1680	2000×2350×1800
重量/kg	800	1200	1600	2500

3. 超声波清洗

超声波清洗是目前工业上应用较广、效果较好的一种清洗方法，适合于对食品加工原料及包装物的清洗，具有效率高、质量好，特别能清洗不通孔狭缝中的污物，容易实现清洗过程自动化等优点，现已成为许多工业部门不可缺少的一种清洗方法。

（1）超声波的清洗作用机理　超声波是指振荡频率大于20kHz的声波，一般人耳感受不到。超声波清洗主要是利用超声波在液体中的空化作用将物体表面的污物层剥离，从而达到清洗的目的。所谓超声波空化，是指液体在超声波作用下产生大量的非稳态的微气泡（空穴），直径约50~500μm。微气泡随超声波的振动反复生成、闭合并迅速变大，闭合时会产生压强高达几百乃至几千帕的微激波，因剧烈碰撞导致突然爆裂，使气泡周围产生上千个大气压，这种现象叫空化现象。由于空化作用极易在固体与液体交界面进行，并且空化瞬时在局部产生5000K以上的热点和上千个大气压，不仅能把附着在物体表面和死角内的污物打散，而且振动加剧溶液的搅拌，更增加了清洗的效果。空化所产生的局部高温、高压，也有助于加速污垢的溶解和油污的乳化，强化了清洗剂的清洗效果。

（2）超声波清洗设备 超声波清洗设备主要由超声波发生器、超声波换能器和清洗槽三部分组成。超声波发生器是产生电磁振荡信号并提供能量的元件。超声波换能器即振板，是超声波清洗的关键部分，它把超声波发生器产生的电磁振荡转换成换能器本身的超声波振动，并传入清洗槽中引起槽内清洗液产生空化作用，该装置常置于清洗槽底部。清洗槽是用来容纳清洗液及要清洗的物体的，尺寸和形状应根据需要确定。

图 3-22 为螺杆传动输送超声波洗瓶机，适用于容积较小的一次性玻璃瓶的清洗。玻璃瓶瓶口朝上且相互靠紧放入料槽 1 中，料槽 1 与水平面成 30°夹角，料槽中的瓶子在重力作用下自动下滑。料槽上方置淋水器将玻璃瓶内淋满水。注满水的玻璃瓶下滑到水槽中水面以下时，利用超声波在液体中的空化作用对玻璃瓶进行清洗。超声波换能器 2 紧靠在料槽 1 的末端，也与水平面成 30°夹角，可确保瓶子顺畅地通过。经超声波洗涤的玻璃瓶，由送瓶螺杆 3 将瓶子理齐并逐个依次送入提升轮 4，提升轮 4 将玻璃瓶逐个交给大转盘上的机械手，机械手夹持玻璃瓶随大转盘匀速旋转。利用大转盘周围的喷水工位 6、7、9 和喷气工位 8、10、11 完成对瓶子的冲洗和吹净。

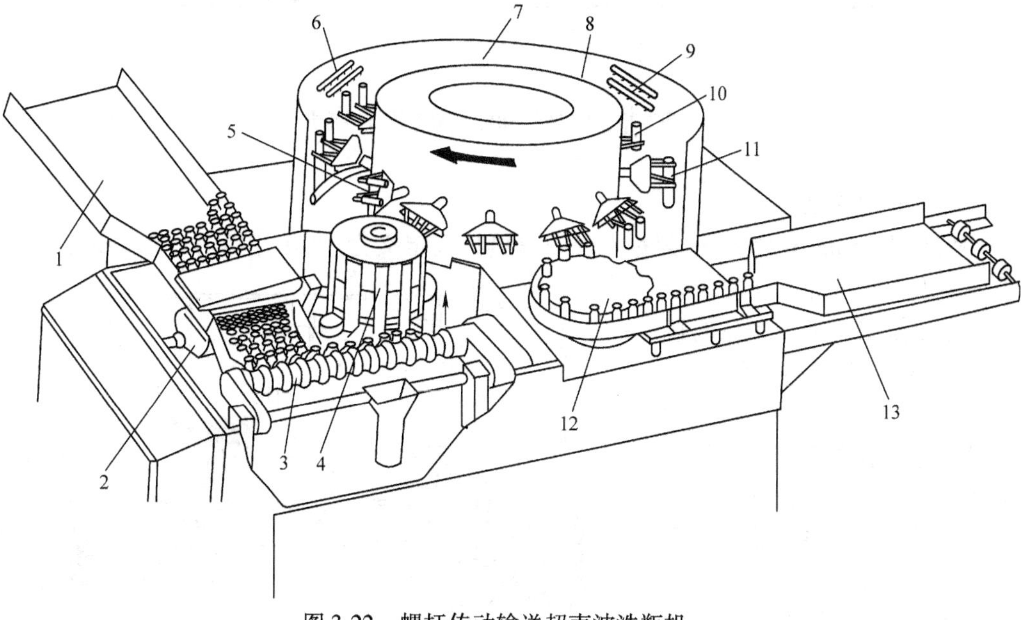

图 3-22 螺杆传动输送超声波洗瓶机

1—料槽 2—超声波换能器 3—送瓶螺杆 4—提升轮 5—瓶子翻转

6、7、9—喷水工位 8、10、11—喷气工位 12—拨盘 13—滑道

图 3-23 为链带传动输送超声波洗瓶机的结构简图，其洗瓶工艺过程与上述螺杆传动输送超声波洗瓶机基本相同，主要区别是机械结构不同。链带传动输送超声波洗瓶机的玻璃瓶传递是行列成排进行。

四、与食品相接触的设备表面、管道的清洗机械与设备

在食品生产过程中，对有关设备的清洗是必要的。传统的清洗方法是将有关设备部分或全部拆卸后进行清洗，然后再重新安装好投入使用。随着食品生产机械向大型化和自动化的发展，机械装置越来越复杂，管道亦随之增多，机械装置的清洗量大为增加。为了减轻劳动强度，现在广泛地使用CIP装置。

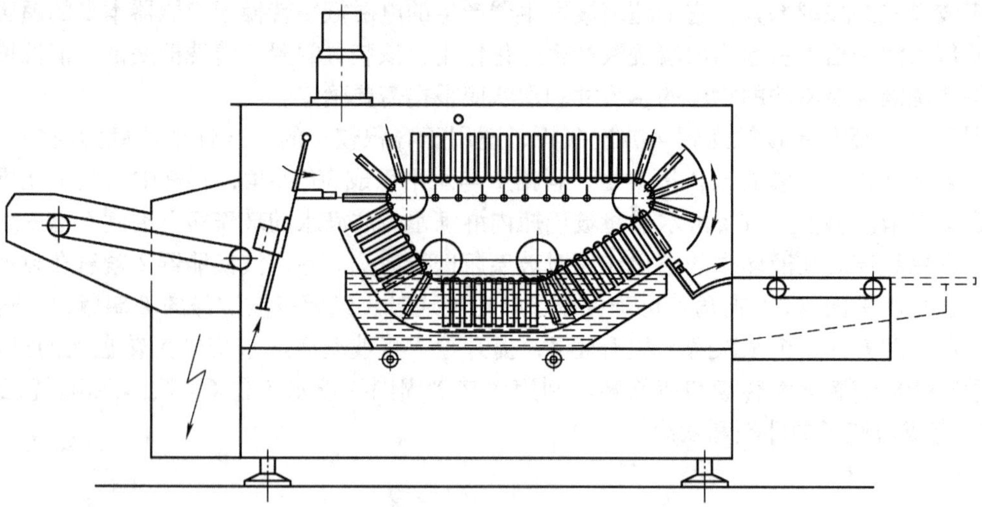

图3-23 链带传动输送超声波洗瓶机

1. CIP的定义及特点

CIP是Cleaning In Place的简称。乳业辞典将其定义为："不用拆开或移动装置，即可用高温、高浓度的洗涤液，对装置加以强力的作用，把与食品的接触面洗净的方法"。可见，CIP即为完全不用拆开机械装置和管道，就可进行清洗工作。适用于与流体物料直接接触的槽、罐、管道等的清洗，如果汁饮料、乳品、浓缩果汁、豆浆等。如图3-24所示为某食品厂生产车间的CIP系统流程图。

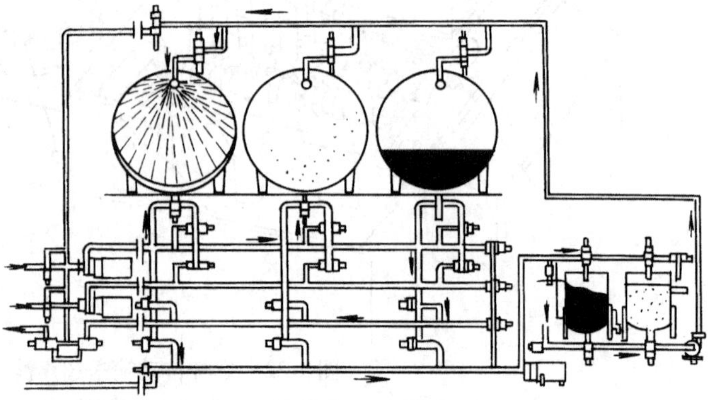

图3-24 CIP清洗系统流程图

为了达到CIP清洗的目的，对CIP清洗过程有严格的要求。实际上CIP是包括设备、管道、操作规程、洗涤剂配置、有自动控制和监控要求的一整套技术系统。

CIP装置的特点如下：

1）清洗效率高。

2）卫生水平稳定。有利于按GMP的要求，实现清洗工序的验证。

3）操作安全，节省劳动力。

4）节约清洗剂、水、蒸汽等的用量。

5）自动化程度高。

6）能增加机器部件的使用年限。

2. CIP 装置的组成部分

CIP 装置运作时，所有与物料接触的部件都要进入 CIP 循环系统。为了保证设备的清洗效果，CIP 装置应具有合乎要求的洗净能。洗净能的来源有三个方面，即运动能、热能、化学能，此外，还有时间的因素。在同一条件下，洗涤时间越长则洗涤效果越好。

运动能来自洗液的循环流动。运动能的大小是以雷诺数（*Re*）来衡量的。增大雷诺数，可缩短洗净时间。雷诺数对 CIP 洗涤效果的影响如图 3-25所示。

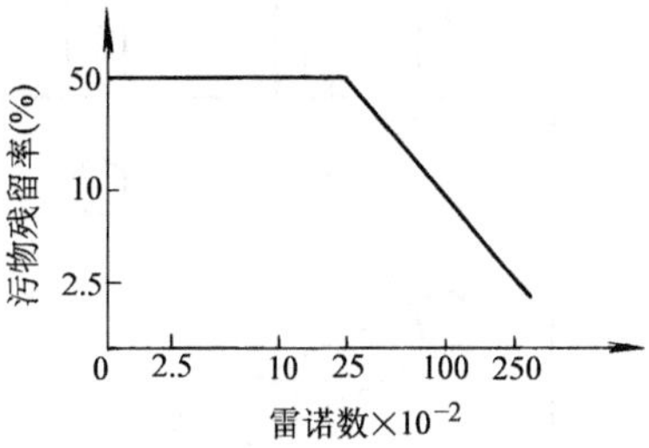

图 3-25 雷诺数对 CIP 洗涤效果的影响

热能来自洗液的温度。一定流量下的洗液，温度升高，可增大污物与洗涤剂溶液的化学反应速度，增大污物中可溶物质的溶解量；并减少洗涤剂液的粘度，使雷诺数增大。

化学能来自洗液的化学性质。化学能为三种洗净能中的洗净效果最大的一种。所以，应针对污物的性质和量、水质、设备材料和清洗方法等选用合适的洗涤剂液。

CIP 装置主要由以下几部分组成：

（1）管道 除了被清洗的物料管道作为其中的循环管道外，还应按需要另设清洗管道。这些管道对产品应有安全性，内表面光滑，接缝处不应有龟裂和凹陷。同时清洗液要分别输送到不同的清洗单元对生产设备和管道进行清洗，又不影响生产线上其他部分的正常工作并防止加工物料与清洗剂之间的渗漏，这是 CIP 系统流程设计非常重要的问题。为了使每个清洗单元各自独立，互不干扰，可用流向选择板来选择清洗线路，如图 3-26 所示。用流向选择板来保证未进行清洗而正在工作的线路不会有清洗剂进入，清洗液的回路也可用这种流向选择板来选择线路（图中 1、2、3、4 为四个不同的清洗线路）。

（2）清洗装置 清洗装置包括贮槽、泵、阀、程序控制器等。

（3）贮槽 用作配制、贮存洗涤剂液的容器，可手动或全自动控制洗涤剂液的浓度和温度。若在贮槽内安装水回收装置，也可用来作为洗涤剂液循环、回收液贮存容器，这样可节约用水、蒸汽、洗涤剂的量。

（4）泵 作为洗涤剂液循环的动力源，并使洗涤剂液获得一定的动能。一般用不锈钢类耐腐蚀材料制造的离心泵（又称卫生泵或食品用泵），泵的功率由 CIP 装置所装的全水量和被清洗物的流量决定。

（5）阀 用作控制洗涤剂液的流向。对不流通处理液的管线，一般多用不锈钢阀，如球阀、蝶阀和圆板阀。而要流通处理液的管线则需用卫生阀。图 3-27 所示的是卫生阀结构示意图。该阀的轴封用凸缘封口，轴上下运动时，不让装置内的液体向外流出，也可以防止外部流入污染。

（6）程序控制器 用来自动控制各洗涤工序（如酸洗工序、碱洗工序、中间清洗工序、杀菌工序、最后洗涤工序等）的时间、洗涤温度等。随着生产条件和加工产品的不同，CIP 程序的设置不同。如牛奶和乳性饮料的 CIP 程序设置可采用表 3-4 所列出的程序。

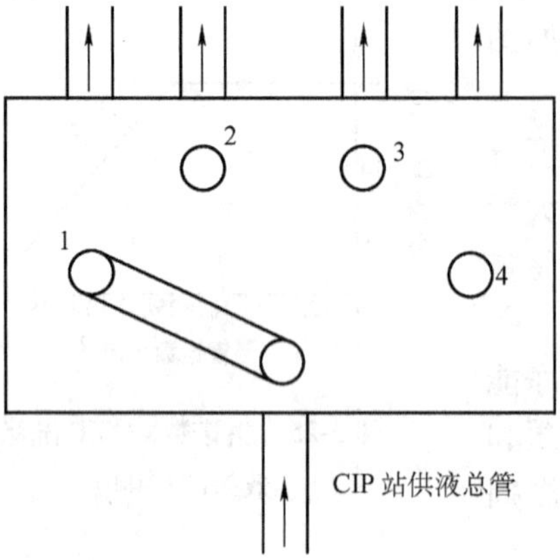

图 3-26 流向选择板

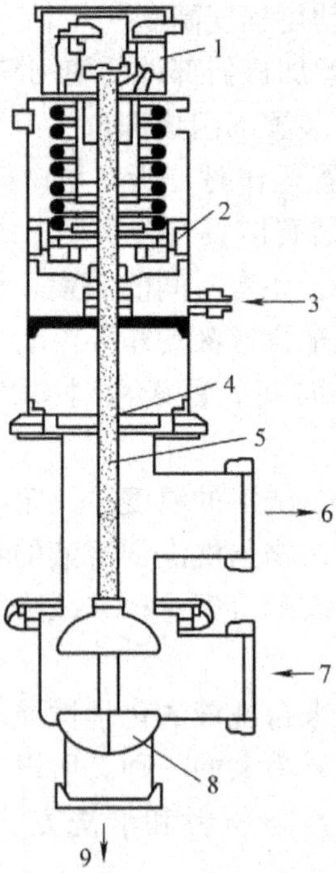

图 3-27 卫生自动阀断面

1—微型开关组合 2—气缸
3—压缩空气 4—封口
5—轴 6—出液口Ⅰ
7—液入口 8—阀头
9—出液口Ⅱ

表 3-4 牛奶和乳性饮料的 CIP 程序设置

工 序	时间/min	溶液种类与温度	工 序	时间/min	溶液种类与温度
1. 洗涤工序	3~5	常温或 60°C 以上温水	5. 中间洗涤工序	5~10	常温或 60°C 以下温水
2. 酸洗工序	5~10	1%~2%溶液，60~80°C	6. 杀菌工序	10~20	氯水 $1.50\times10^{-4}mL/m^3$
3. 中间洗涤工序	5~10	常温水或 60°C 以下温水	7. 最后洗涤工序	3~5	清水
4. 碱洗工序	5~10	1%~2%溶液，60~80°C			

（7）喷雾装置 对槽罐类容器的清洗，宜采用喷头的喷雾清洗方式。喷头的大小及数量应根据被清洗容器的形状及容积决定。

喷头的类型有旋转式清洗喷头、固定式清洗喷头和旋转式喷射洗罐器三大类。

1）旋转式清洗喷头。如图 3-28 所示，该种喷头的内部结构类似于水轮机的叶轮，当有一定流量、压力的液体流经它时，会使其旋转，通过其上的缝隙和喷嘴，以较大的冲击力、某个角度喷向四周。液体压力应控制在 0.15~0.3MPa 范围。这种喷头成本较低，适用于直径不超过 4.5m 的大罐。

旋转式清洗喷头的形式有：

a）水动旋转式清洗喷头。

b）水动振荡式清洗喷头。

c）气动旋转式清洗喷头。

d）电动旋转式清洗喷头。

e）可装拆的锥形清洗喷头。

f）移动式清洗喷头。

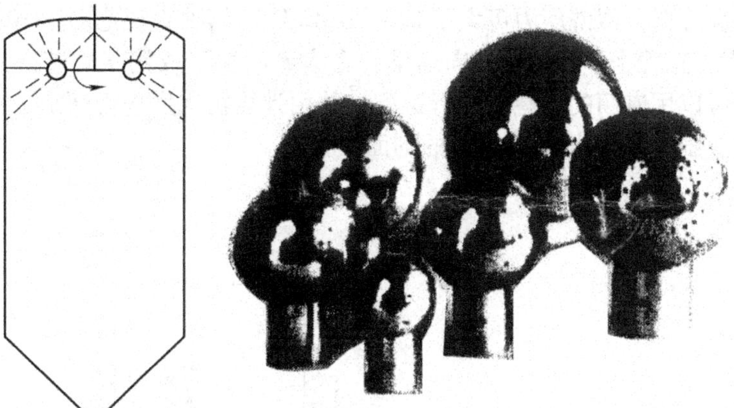

a）　　b）

图 3-28　旋转式清洗喷头

a）喷淋球和旋转装置的典型组合　b）喷淋球

上述喷头中，最广泛使用的为移动式清洗喷头。

2）固定式清洗喷头。如图 3-29 所示，固定式清洗喷头是一种球形壳体，表面上有规律地分布着大小不同的小孔。带有一定压力的流体通过小孔喷射到罐的内壁对其进行清洗。固定式清洗喷头要有一定量的喷雾标准，其通用性比旋转式清洗喷头差。固定式清洗喷头的特点为：

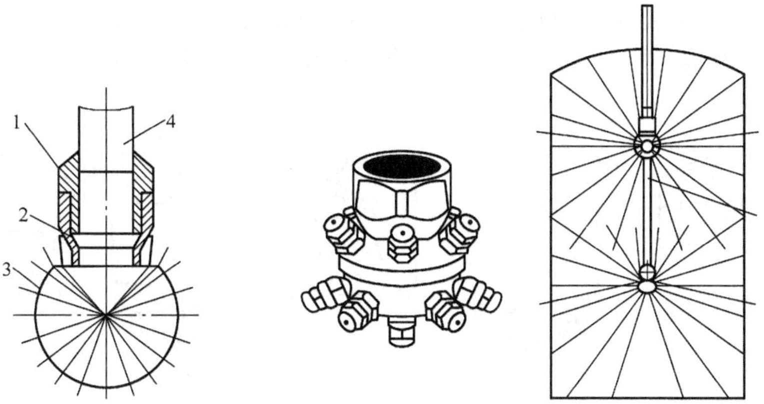

a）　　b）

图 3-29　固定式清洗喷头

a）固定式喷射球　b）固定式带嘴洗球

1—插销　2—接管　3—喷球　4—开口销

a）没有可移动部分，故障率小。

b）只要与清洗液的管道连接，即可使用。

c）喷雾压力若有小的变动，不影响洗净效果。

d）能持续保证其性能。

e）所需流量比旋转式小。

3）旋转式喷射洗罐器。如果罐体直径大于4.5m，罐壁又附着较难清洗的污垢，此时宜选用旋转式喷射洗罐器。清洗压力可大于0.3～0.4MPa，清洗直径范围达10m。洗罐器通常配备2～4个喷嘴，随着水平和垂直方向运动，在大罐内壁形成网状轨迹，清洗效果好。洗罐器的旋转运动可以用专门的传感器进行探测，并用计算机程序进行评定，可以在任何时间检验清洗的情况。图3-30为旋转式喷头的剖面结构图。

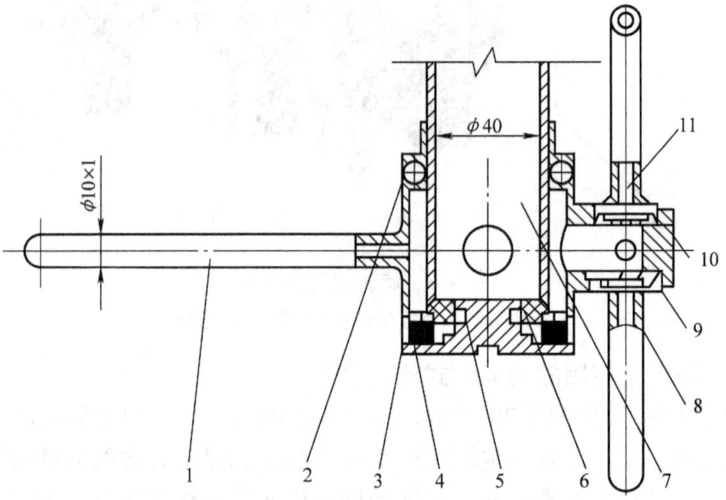

图3-30 旋转式喷头剖面结构图

1—水平喷管 2—固定套 3—活动套 4—上密封圈 5—封管 6—下密封圈 7—进水管 8—垂直喷管 9—活动圈 10—螺栓塞 11—垂直喷管上的密封圈

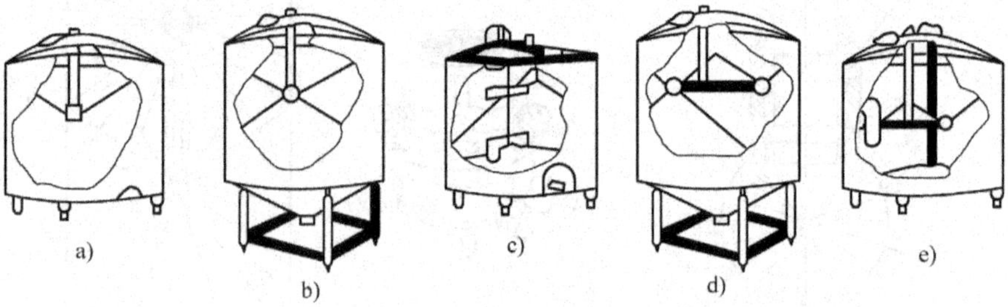

图3-31 喷洗槽内喷头的安装位置

a）单球向上方喷雾 b）单球向左右喷雾 c）单球向下方喷雾 d）双球向左右、上方喷雾 e）双球向上方喷雾

（8）喷头在清洗槽内的安装位置 清洗槽一般为圆顶，喷头安装有单球方式和双球方式。图 3-31a 所示为单球向上方喷雾，水由上而下清洗；图 3-31b 所示为单球左右方喷雾的形式；图 3-31c 为单球向下方喷雾；图 3-31d 所示为双球左右、上方喷雾；图 3-31e 为双球上方喷雾的形式。

若槽罐类容器在工作过程中使用喷头，那么该喷头在清洗时往往被 CIP 装置所借用。图 3-32 所示为某大豆发酵饮料厂的发酵罐与产品输出站及 CIP 清洗管的连接流程图，位于罐上部的喷头为固定式喷头，位于罐下部的喷头为旋转式喷头，CIP 装置自动控制清洗工作。

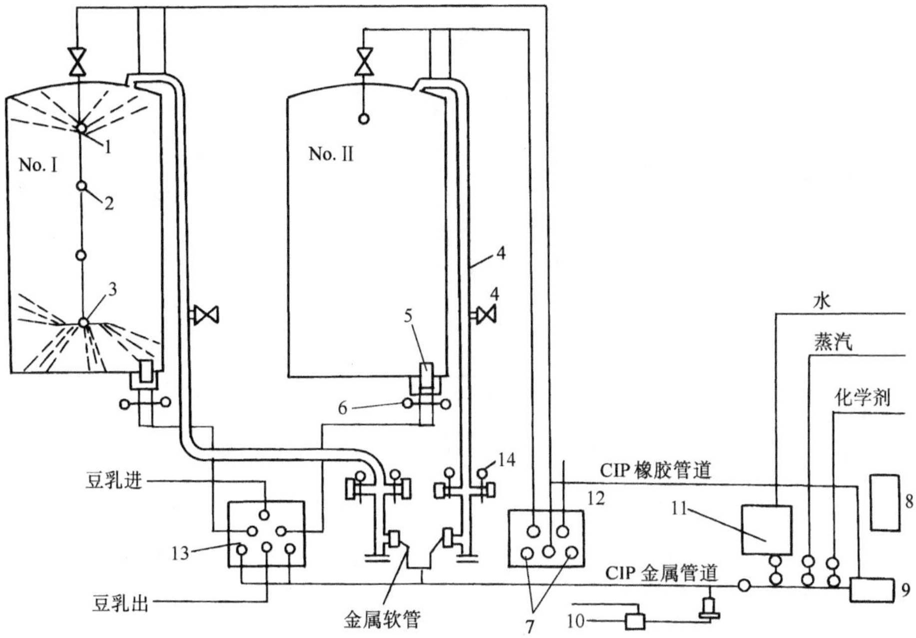

图 3-32 发酵罐与产品输出站及 CIP 清洗管的联结流程

1—固定喷头 2—滑动接头 3—回转喷头 4—通气管 5—沉渣阻挡器 6—双重出口 7—微型开关 8—控制盘 9—CIP 供应泵 10—污水泵 11—水箱 12—清洗剂分配站 13—豆乳进出站 14—压力调节阀

第四章

分选、分级机械与设备

4

第一节　概　　述
第二节　筛分机械与设备
第三节　形状分级机械与设备
第四节　光电分选分级机械与设备
第五节　其他分选技术与设备

第一节 概　　述

一、食品分选、分级的作用

为了使作为食品加工主要来源的农产品的规格和品质指标达到标准，需要对物料进行分选或分级。分选是指清除物料中的异物及杂质；分级是指对分选后的物料按其尺寸、形状、密度、颜色或品质等特性分成等级。分选与分级作业的工作原理和方法虽有不同之处，但往往是在同一个设备上完成的。

食品分选、分级机械的主要作用是：

1）保证产品的规格和质量指标。

2）降低加工过程中原料的损耗率，提高原料利用率。

3）提高劳动生产率，改善工作环境。

4）有利于生产的连续化和自动化。

5）有利于降低产品的成本。

二、食品分选、分级常用的方法

食品常用的分选与分级有多种方法，较为常见的方式有以下几种。

1. 按物料的宽度分选、分级

按物料的宽度分级一般可采用筛分，通常圆形孔可以对颗粒物料的宽度差别进行分选和分级，长形筛孔可以针对颗粒物料的厚度差别进行分选和分级，如图4-1所示。

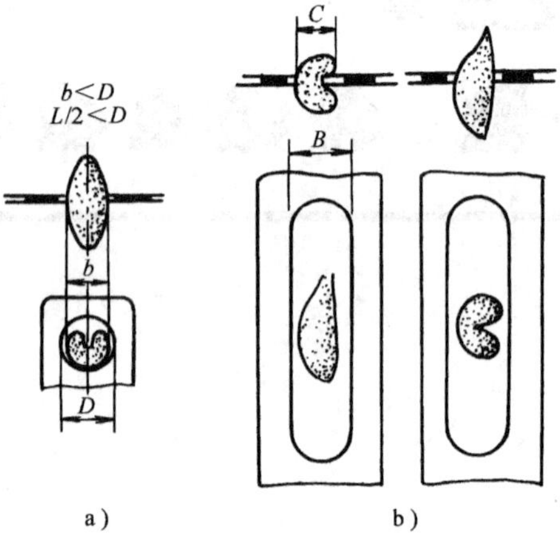

图4-1　圆形筛孔和长形筛孔的分离原理

a）圆形筛孔　b）长形筛孔

2. 按物料的长度分选、分级

按物料的长度分级利用旋转工作面上的袋孔（一般称为窝眼）对物料进行分选和分级，长颗粒的重心不能进入袋孔而跌出，短颗粒则被袋孔带上去另行倒出，如图4-25、图4-26所示。

3. 按物料的密度分选、分级

按物料的密度分选和分级主要用于颗粒的粒度或形状相仿但密度不同的物料，利用颗粒群的相对运动过程中产生的离析现象（或称为自动分级）进行分选和分级（参见第三章第一节的部分内容）。颗粒群的相对运动可以由工作面的摇动或气流造成，如图4-2所示。

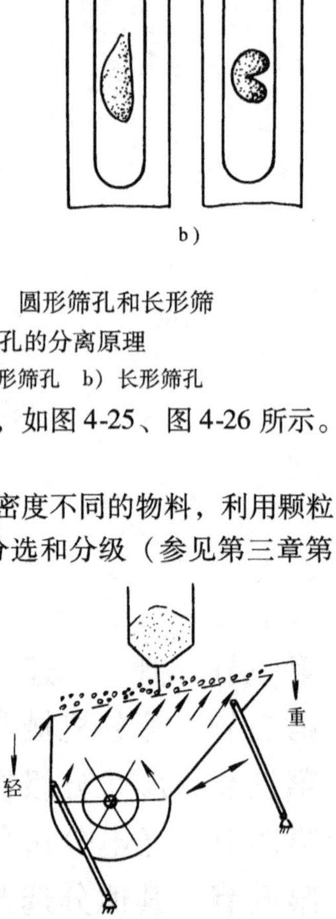

图4-2　相对密度分级装置

4. 按物料的流体动力特性分选、分级

按物料的流体动力特性分级是利用物料的流体动力特性的差别，在垂直、水平或者倾斜的气流或水流中进行分选和分级，实际上是综合了物料的粒度、形状、表面状态以及密度等各种因素进行的分选和分级。其中水流分级主要用于不溶性物料，如淀粉制造，小麦去石等，如图4-3所示。

5. 按物料的电磁特性分选

按物料的电磁特性分选主要用于食品原料中去除铁性

杂质。

6. 按物料的光电特性分选、分级

按物料的光电特性分选和分级是利用物料的表面的颜色差异，分出物料中的异色物料，如花生仁光电色选机、大米色选机和果蔬分选机等，如图4-4所示。

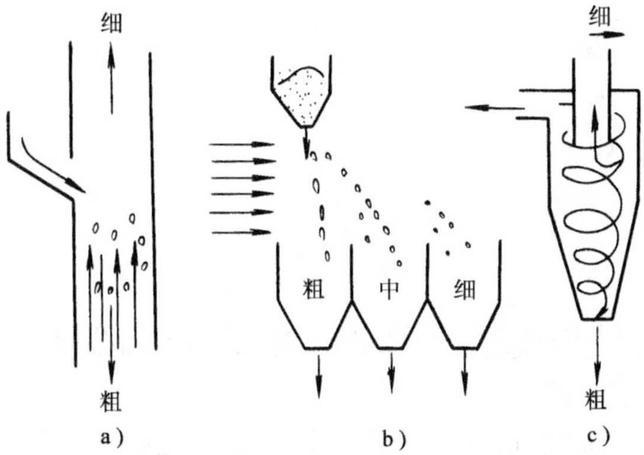

图4-3 气流分级

a）垂直气流 b）水平气流 c）切线水平气流

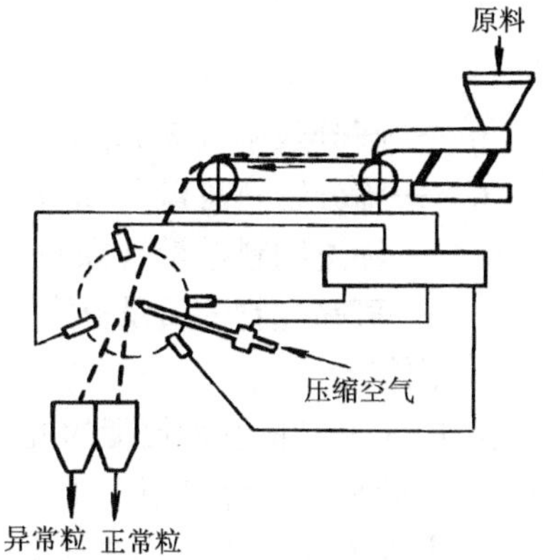

图4-4 色选装置原理

7. 按物料的内部品质分级

按物料的内部品质分选和分级是根据物料的质量指标（如水分、糖度、酸度等）进行分选和分级，采用的方法往往是物料的某些成分对光反射、透射和吸收、对电特性的影响、对磁特性的影响、对力学特性的影响、对温度特性的影响等无损检测的方法。从食品的安全性和营养性考虑，内部品质的分选和分级比其他的分选和分级更具有广泛的意义，但由于涉及的相关领域的技术较多，因此分选和分级的难度更大，其关键问题是如何获得可靠的信息和对获得的信息的提取与处理。

8. 按物料的其他性质分级

按物料的其他性质分级是指采用某些与物料的品质指标有关联的物理方法检测物料的内部品质并进行物料的分选、分级。如采用嗅觉传感器检测物料的味道；采用计算机视觉系统检测物料的纹理、灰度等。

第二节 筛分机械与设备

许多食品的原料、半成品和成品都是粉粒料，例如各种谷物、大米、面粉、豆类、淀粉、咖啡、可可、糖、盐等等。粉粒料中的颗粒常有不同的粒度、粒形、表面粗糙度、密度、颜色、磁性、介电性等各种不同的物理性质，其中根据不同的粒度和粒形特征进行分选的筛分机械是粉粒料中最常用的机械。

一、筛分机械的基本知识

筛分是将粉粒料通过一层或数层带孔的筛面，使物料按宽度或厚度分成若干个粒度级别的过程。

1. 筛分效率

每一层筛面都可以将物料分成筛过物（也叫筛下物）和筛余物（也叫筛上物）两部分，事实上筛分过程不可能十分严格，由于种种原因，筛下级别不可能全部穿过筛孔面而进入筛过物，总有一部分留在筛余物中。

筛分效率是从数量上来评定筛分过程的指标，筛分效率为

$$\eta = \frac{G'}{Gx}$$

式中 η——筛分效率（%）；

G——筛分物料总量（kg）；

G'——筛过物料总量（kg）；

x——可筛过物的质量分数（%）。

2. 筛面组合

生产中为了要将各种粒度的混合物通过筛分分成若干个粒级，或提高总的筛分效率，须将若干层不同筛面组合使用。通常有三种组合方式。

（1）筛余物法 筛余物法如图4-5a所示。将前道筛面的筛余物送至后道筛面再筛，图中所示筛分产品从Ⅰ到Ⅳ以次渐粗，这种筛面组合的特点是先提细粒后提粗粒。它的优点是粗粒料的筛分路线长，筛面的检查、清理、维护方便。缺点是所有大粒物料要从每层筛面流过，不但筛面易磨损，而且多数粗物料阻碍细粒料接触筛孔，降低筛分效率。

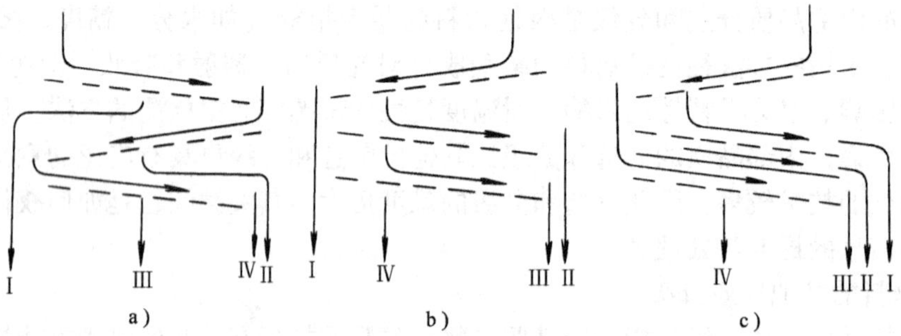

图4-5 筛面的组合

a）筛余物法 b）筛过物法 c）混合法

（2）筛过物法 筛过物法如图4-5b所示。将前道筛面的筛过物送至下道筛面再筛。筛分产品从Ⅰ到Ⅳ以次渐细，先提粗粒后提细粒。它的优点是使筛面的负荷减轻，有助于提高筛分效率，同时筛面配置空间较紧凑。

（3）混合法 混合法如图4-5c所示。这种方法综合了前二种方法的优点，因此流程可以灵活多变。不同的筛分物料，都要根据其物料的具体特点，粗细粒的含量以及筛分的要求，来确定筛面的组合方式。

3. 开孔率（筛面利用系数、筛孔系数）

开孔率（筛面利用系数）是指整个筛面上筛孔所占的面积与总面积之比。筛面利用系数与筛孔的间距和筛孔排列形式有关（图4-6），可以证明在同样的孔径和孔隙时，正三角

形排列的筛面利用系数比正方形排列可增加16%。另外正三角形排列的筛孔是错开的，使物料在筛面运动过程中的过筛机会增加了。若正方形排列时，当物料在孔隙上通过时就无法过筛，因而严重影响分级效率。

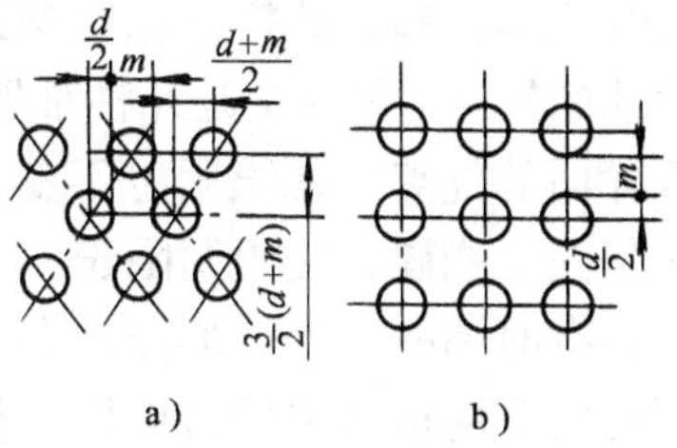

图 4-6 筛孔排列形式

a）正三角形 b）正方形排列

对于编织筛面有

$$K=\frac{b^2}{(b+d)^2}$$

式中 K——开孔率（%）；

b——孔边长（mm）；

d——编织丝直径（mm）。

4. 物料穿过筛孔的概率

并不是筛面上所有筛下级别的物料都能通过筛孔，只有那些接触筛面而且在运动中颗粒的投影完全进入筛孔，或者是颗粒的重心已经进入筛孔才有可能通过筛孔。对于前者以编织面为例，直径为 D 的颗粒在筛面上通过筛孔的概率 Q

$$Q=\frac{(b-D)^2}{(b+d)^2}$$

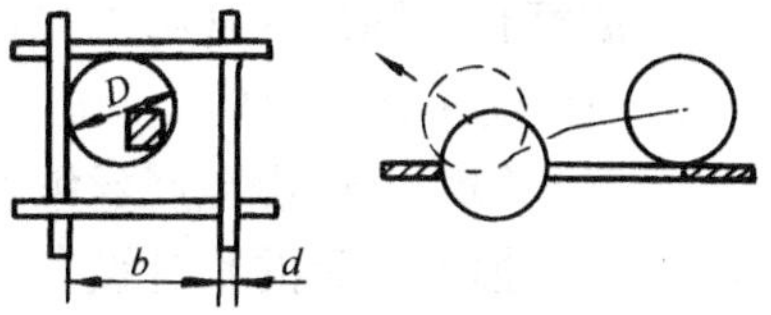

图 4-7 颗粒通过筛孔的概率

当 D 越接近孔尺寸 b 时（图 4-7）筛过的可能性将是大幅度降低。一般可将 $Q=0.8\sim1.0$ 的粒度级称为难筛颗粒。

当颗粒虽为筛下级别，但它与筛面的相对运动速度达到一定值以上时，则完全没有通过筛孔的机会。

二、筛面的种类和结构

筛面是筛分机械的主要工作构件。

1. 栅筛面

栅筛面采用具有一定截面形状的棒料，按一定的间距排列而成，通常用于物料的去杂粗筛。但在淀粉生产中使用的曲筛也可属于此类，由极细的矩形截面不锈钢丝组成弧面，用湿式筛分分离淀粉和皮粕，如图 4-8 所示。

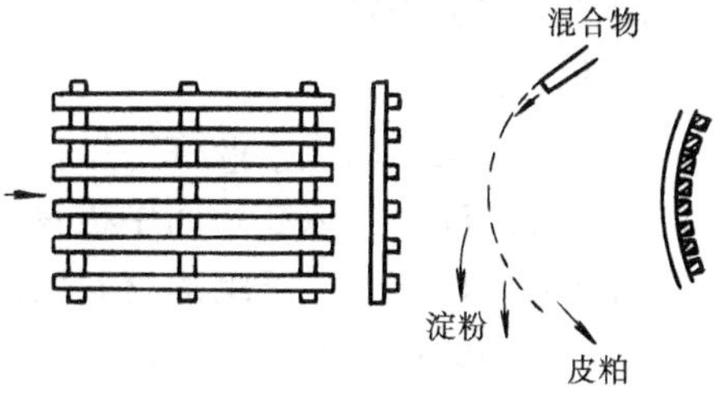

图 4-8 栅筛和曲筛

栅筛面的特点是结构简单：一般粗栅筛很容易制造，但是像淀粉用曲筛那样精细的栅筛是比较难以制造的。通常物料顺筛格方向运动前进，淀粉曲筛为特例，物料与水的混合物垂直于筛格方向前进。

2. 板筛面

板筛面由金属薄板冲压而成，又称冲孔筛面，由于板筛的筛孔不可能做得很细，因此仅用于处理颗粒料，不宜于处理粉料。最常用的金属薄板厚度为 0.5～1.5mm。

板筛面最常用的筛孔形状是圆孔和长孔，圆孔是按颗粒的宽度进行分级，长孔是按颗粒的厚度分级，有时也采用三角形孔或异形孔。

筛面的筛分效率与孔眼的形状、间距和排列有密切关系，即影响筛分效率的不仅是筛面的开孔率，筛孔的排列也影响到颗粒接触和穿过筛孔的机会。图 4-9 是几种常见的筛孔排列方式。板筛面的优点为孔眼固定不变，分级准确，同时它坚固、刚硬、使用期限长。由于制造和使用不当，有时筛板产生波形面，会使筛面上各点流量不均匀，应该修整后再使用，否则将严重影响工效。由于筛孔是用冲模制出的，孔边成 7°左右的楔角或锥角，安装时应以大端向下，以减少筛孔被颗粒堵塞的机会。近年来国外发展一种厚板筛面，筛孔的密度很大，提高了筛面利用系数，又能保证筛面的刚度和强度。这种厚板筛面的筛孔锥角可以大到 40°左右，安装则是大口朝上，更增加了筛下物料穿过筛孔的机会，但是筛上物料也会进入孔口上缘而通不过孔口下缘，形成堵孔。因此这种筛面只适用于某些可以避免堵孔的振动筛。

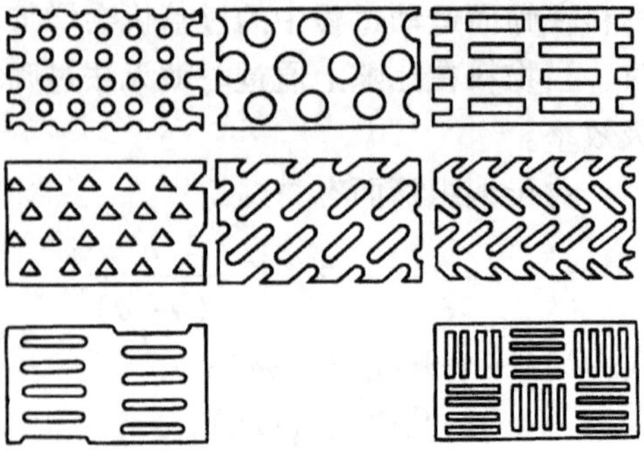

图 4-9 板筛面筛孔的排列

3. 金属丝编织筛面

金属丝编织筛面由金属丝编织而成，亦称筛网。其材料为：低碳镀锌钢丝（可用于负荷不大、磨损不严重的筛分设备）；高碳钢丝和合金弹簧钢丝（抗拉强度高，延伸率小，可用于较大负荷的筛分设备）；不锈钢丝和有色金属编织的筛网可以用于高水分物料。

编织筛网通常为方孔，或矩形孔，孔尺寸大的可在 25mm 以上，孔径小的可到 300 目以上。一般 120 目以下的金属丝编织的筛网可以用平纹织法，超过 120 目就必须用斜纹织法，如图 4-10 所示。编织筛网不仅用于粉粒料筛分，也常用于过滤作业。金属丝编织筛的优点是轻便价廉，筛面利用系数大，同时由于金属丝的交叠，表面凹凸不平，有利于物料的离析，颗粒通过能力强。主要缺点是刚度、强度差，易于变形破裂，只适用于负荷不太大的场合。使用编织筛时，周围还需有张紧机构。

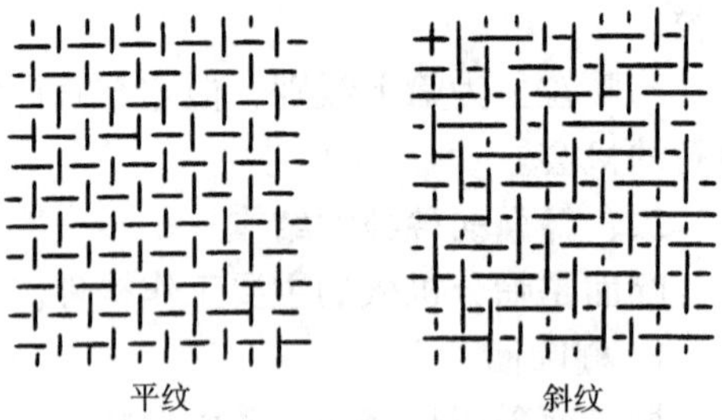

图 4-10 金属丝编织方法

4. 绢筛面

绢筛面由绢丝织成，或称筛绢，主要用于粉料的筛分，在面粉工业中粉筛用量最大。由于绢丝光滑柔软，所以在筛面中极易移动而改变筛孔尺寸，使用时必须用大框架绷紧，较大孔的绢筛面都用绞织。筛绢的材料为蚕丝或锦纶丝，也可用两种材料混织。

三、筛面的运动方式

筛分机械工作过程的基础是物料与筛面的相对运动。对于固定筛面而言，则需要物料具有初始速度或是借重力产生的速度。对于大多数筛分机械而言，则需要借筛面运动的速度和加速度来产生物料与筛面的相对速度（如图 4-11 所示的各种筛面的运动方式）。

1. 静止筛面

静止筛面通常是倾斜筛面，改变筛面的倾角，可以改变物料的速度和逗留时间。由于物料在筛面上的筛程较短，所以筛分效率不高。当筛面比较粗糙时，物料在运动过程中产生离析作用。这是最简单而原始的筛分装置。

2. 往复运动筛面

筛面作直线往复运动，物料沿筛面作正反两个方向的相对滑动。筛面的往复运动能促进物料的离析作用，且物料相对于筛面运动的总路程（筛程）较长，因此可以得到较好的筛分效率。

当筛面的往复运动具有筛面的法向分量，而筛面法向运动的加速度等于或大于重力加速度时，物料可能跳离筛面跳跃前进。这种情况下，可以避免筛孔堵塞现象，对于某些筛分要求是十分有利的，例如当要求筛孔尺寸比较接近筛分级别的粒度时，常常需要清除筛孔堵塞现象。这种情况称作高频振动筛面。

3. 垂直圆运动筛面

垂直圆运动的筛面是在其垂直平面内作频率较高的圆运动或椭圆形运动，效果与高频率的往复运动筛面相仿。高频振动筛面可破坏物料颗粒的离析现象，使物料得到强烈的翻搅，适宜处理难筛粒含量多的物料。

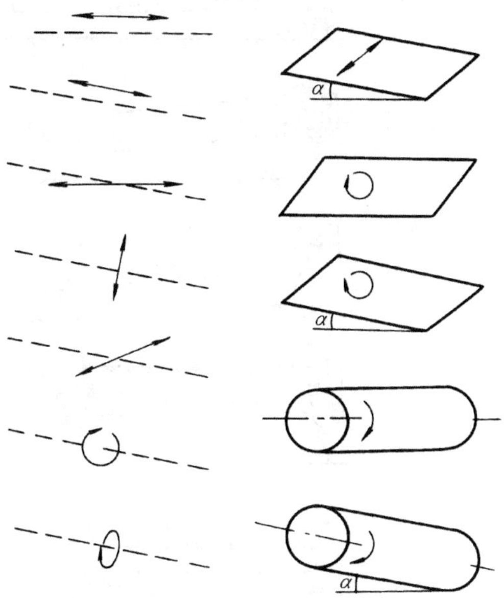

图 4-11　筛面的运动形式

4. 平面回转筛面

平面回转的筛面是在水平面内作圆形轨迹运动。物料也在筛面上作相应的圆运动。平面回转筛面能促进物料的离析作用，物料在这种筛面上的相对运动路程最长，而且物料颗粒所受的水平方向惯性力在360°的范围内周期地变化方向，因而不易堵塞筛孔，筛分效率和生产率均较高。

这种筛面常用于粉料和粒料的分级和除杂，特别是在生产能力要求较大的情况下。

5. 旋转筛面

旋转的筛面成圆筒形或六角筒形绕水平轴或倾斜轴旋转，物料在筛筒内相对于筛面运动。这种筛面的利用率相对较小，在任何瞬时只有小部分筛面接触物料，因此生产率低，但适用于难筛粒含量高的物料，在粮食加工厂常用来处理下脚物料。

四、筛面的传动方式

筛面的传动方式是每种筛分机械的主要特征，它与支撑机构决定了筛面的运动方式。同一种筛面的运动方式也可以有不同的传动方式，图 4-12 所示为常用的筛子传动方式。

不同的传动方式适合于不同的工艺要求。最传统的要算曲柄连杆传动，但平衡和噪声问题较难解决。自振器可以解决平衡与噪声问题，曾经被广泛使用，但结构较复杂，目前的趋势是广泛采用振动电动机传动。

振动电动机实际上就是在异步电动机轴的一端或两端加偏重旋转件，偏重块以电动机的转动对筛体施加扰力而产生往复运动。偏重块扰力的方向应尽可能通过筛体的重心。当在筛体两侧配用两台振动电动机时，它们的转速应能自动调整为同步运转，而不致于由于异步而产生扭转力矩。当然，两台振动电动机的转向必须相反。

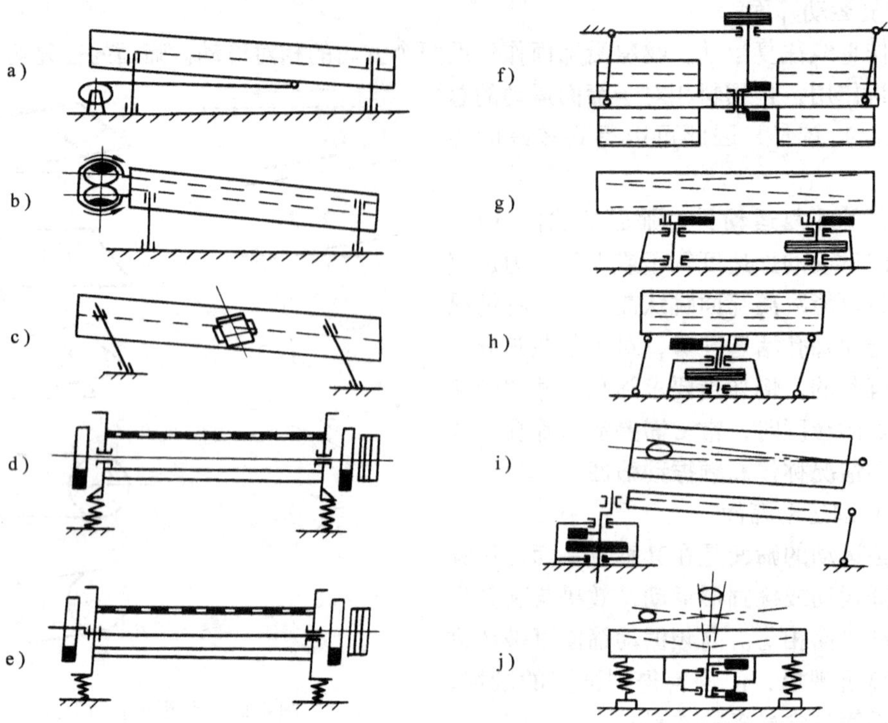

图 4-12 筛子的传动方式

a）曲柄连杆 b）自振器 c）振动电机 d）偏心 e）自定中心

f）悬吊平衡 g）单转 h）平转 i）转摆 j）晃动

筛面的运动方式与支撑机构是密切相关的，支撑机构起约束筛面运动自由度的作用。用板弹簧支撑的筛体只能作近似直线往复运动，用螺旋簧支撑的筛体自由度较多。假如弹簧刚度不是太大，则运动轨迹近似圆形，例如偏心振动筛和自定中心振动筛。

悬吊平筛的工作特征是多层筛面，每一点的运动都是一个同样的平面圆。但是如果左右筛体中物料量不均衡，以致总重心与传动中心不重合，其运动轨迹就不再是圆而成为紊乱状态或是卵形。用曲柄传动的平转筛没有上述弊病，但是当由于物料量改变，偏重块不能取得平衡时，不平衡力将会传到地面。

转摆筛和晃动筛的运动特殊，每一点的运动轨迹都不一样。前者基本上是平面运动，但一端圆运动、另一端直线运动，它适应于处理多种形状颗粒的分级，如谷物类的清理除杂。后者是多自由度的空间运动，模仿手工团筛的动作，情况就更复杂了，在工业上难以推广使用。

五、摆动筛

摆动筛又称摇动筛，在食品工厂中常称为振动筛。从物料在筛面上受力来看，摆动筛与振动筛是不一样的。摆动筛是以往复运动为主，而以振动为辅，摆动次数在 600 次/min 以下。振动筛在选矿和粮食筛选中，常是一次筛分产品，物料在筛面上是剧烈跳动的，是以振动为主，其振动次数为 800～1500 次/min。

1. 摆动筛结构特点

摆动筛通常采用曲柄连杆机构传动，电动机通过带传动使偏心轮回转，偏心轮带动曲柄连杆使机体（上有筛架）沿着一定方向作往复运动。由于机体的摆动，使筛面上的物料以一定的速度向筛架的倾斜端移动。筛架上装有多层活动筛网，小于第一层筛孔的物料从第一层筛子落到第二层筛子，而大于第一层筛孔的物料则从第一层筛子的倾斜端排出收集为一个级别，其他级别依此类推。

摆动筛的机体运动方向垂直于支杆或悬杆的中心线，机体向出料方向有一倾斜角度，由于机体摆动和倾角存在而使筛面上的物料以一定的速度向前运动，物料是在运动过程中进行分级。

摆动筛的优点，摆动筛的筛面是平的，因而全部筛面都在工作，制造和安装都比较容易，结构简单、调换筛面十分方便，适用于多种物料的分级。缺点是动力平衡较差，运行时连杆机构易损坏，噪声较大等。

2. 物料在摆动筛上的运动分析

图 4-13 为偏心振动机构驱动筛体的示意图。由于筛体的吊杆及曲柄连杆驱动机构的连杆较曲柄的长度大得多，可以认为筛体上各点均作直线简谐运动。如果以曲柄 OA 在最右边的位置作为筛面位移和时间的起始相位，则筛面的位移、速度和加速度与时间的关系为：

位移 $S = r\cos\omega t$

速度 $v = -\omega r\sin\omega t$

加速度 $a = -\omega^2 r\cos\omega t$

式中 S——筛面的位移（mm）；

v——筛面的速度（mm/s）；

a——筛面的加速度（mm/s^2）；

r——振动机构的偏心半径（mm）；

t——时间（s）；

ωt——相位角。

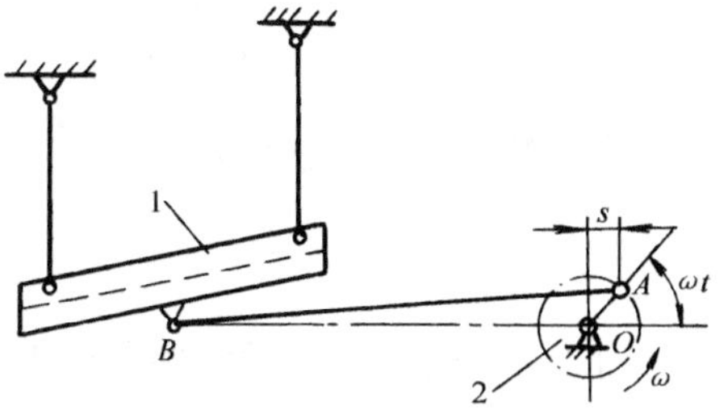

图 4-13 筛体运动示意图

1—筛面 2—偏心振动器

当振动筛的筛面作周期性往复振动时，可能出现下列不同情况：①物料相对筛面静止；②物料沿筛面向下滑动：③物料沿筛面向上滑动；④物料在筛面上跳动。摆动筛要求物料在筛面上作上下往复滑动且向下滑的距离大于向上滑的距离。

物料沿筛面向下滑动的临界条件推导如下。

为使问题简化，物料颗粒之间的作用力忽略不计，取筛面上单粒物料 M 作为研究对象。设筛面倾角为 α，当曲柄在Ⅱ、Ⅲ象限时，物料所受的惯性力方向向左（图 4-14），物料有沿筛面下滑的趋势。物料所受之力有重力 G，惯性力 Q、筛面约束反力 N 及摩擦力 F。

$$Q = m\omega^2 rN\cos\omega tN = G\cos\alpha - Q\sin\alpha = mg\cos\alpha - m\omega^2 r\cos\omega t\sin\alpha$$

$$F = fN = (mg\cos\alpha - m\omega^2 r\cos\omega t\sin\alpha)\tan\phi$$

式中 m——物料质量（kg）；

f、ϕ——物料与筛面之间的摩擦系数和摩擦角；

ω、r——含义同前。

物料沿筛面下滑的临界条件是

$$Q\cos\alpha + G\sin\alpha \geqslant F$$

即 $$\omega^2 r\cos\omega t \geqslant G\tan(\phi-\alpha)$$

又因为 $|\cos\omega t|_{max}=1$，$\omega r=\frac{\pi n}{30}$（$n$ 为曲柄每分钟转数），则物料沿筛面下滑的曲柄临界转速

$$n_1 \geqslant 30\sqrt{\frac{g\tan(\phi-\alpha)}{\pi^2 r}} \approx 30\sqrt{\frac{\tan(\phi-\alpha)}{r}}$$

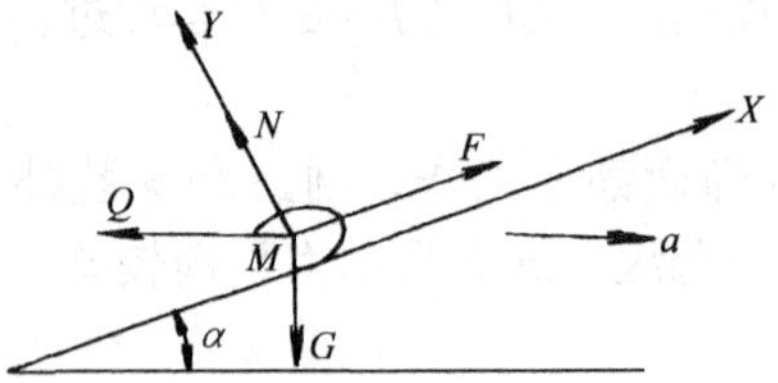

图 4-14 物料下滑的临界条件

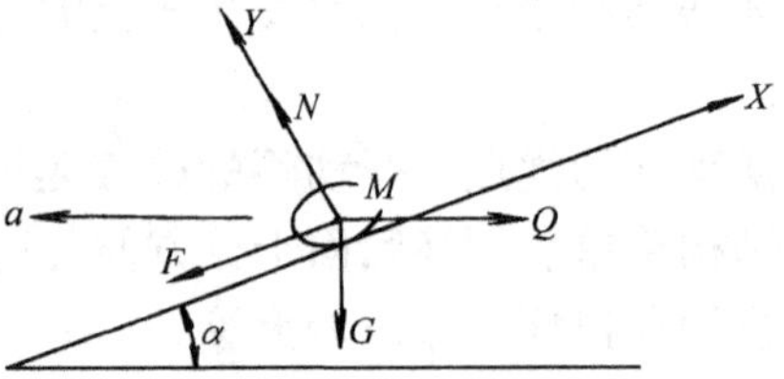

图 4-15 物料上滑的临界条件

当曲柄在Ⅰ，Ⅳ象限时（图 4-15），同理可求得物料沿筛面上滑的临界条件是

$$n_2 \geqslant 30\sqrt{\frac{g\tan(\phi+\alpha)}{\pi^2 r}} \approx 30\sqrt{\frac{\tan(\phi+\alpha)}{r}}$$

物料跳离筛面的临界条件是 $N=0$，可求得物料跳离筛面的曲柄临界转速为

$$n_3 \geqslant \frac{30}{\sqrt{r\tan\alpha}}$$

对于振动筛来说，适宜的曲柄工作转速 n 应在下列范围：

$$n_2 < n < n_3$$

在实际生产中，工作转速 n 可取为

$$n = (40 \sim 54)\sqrt{\frac{\tan(\phi+\alpha)}{r}}$$

3. 摆动筛主要技术参数

（1）筛子 筛子是主要的工作部分，直接影响分级效果。筛子主要有三种形式：一种为钢条制成的；一种是金属丝或丝线编织的；一种是冲（钻）孔的薄金属板。食品工厂常用最后一种形式。为了减少筛孔被堵塞，常将筛孔做成圆锥形，孔由上向下逐渐增大，其圆锥角以 7°为宜。

筛孔的形状有圆形、正方形和长方形，圆形的比较常用，亦有长方形与圆形混合使用的。

筛孔的尺寸：应稍大于物料所需分级的尺寸。

若为圆孔则筛孔的尺寸为物料尺寸的 1.2 ~ 1.3 倍；

若为正方形孔则筛孔的尺寸为物料尺寸的 1.0 ~ 1.2 倍；

若为长方形孔则筛孔的尺寸为物料尺寸的 1.1 倍。

（2）生产率 摆动筛的生产能力 G 为

$$G = Bq$$

式中 G——生产能力（kg/h）；

B——筛面宽度（m）；

q——筛面单位流量（kg/（m·h））。

筛面单位流量主要与物料在筛面上的流速有关，流量不能过大。因此，要提高 G，只能增大 B，但筛宽和筛长有一定比例，B 过大其结构庞大，不便操作，物料也不容易沿筛宽均匀散落，筛宽一般在 600～1200mm 内选取。

（3）物料运动特性　物料在摆动的筛面上主要有两种运动，一种是使物料沿筛面倾斜方向向下移动，或称正向移动；一种是使物料沿筛面倾斜方向向上移动，或称反向移动。前者主要与倾斜角度有关，后者与振幅、偏心轮转速和筛面倾斜角度有关（图 4-14、图 4-15）。

物料正向移动速度快，显然可使物料层处于较薄状态，从而增加过筛机会。若该速度过快，就需要较长的筛面，否则，就会造成来不及过筛的物料进入另一级中。另外，由于料层太薄，物料在筛面上跳动过大而影响过筛机会。

一般正向运动应大于反向运动，才能使物料不断向出料口移动。然而又必须有一定的反向移动，才能使物料有更多机会通过筛孔。因此，摆动筛安装好后，要多次调试，选择最佳进料量，做到既有较高的分级效率又有较大的生产能力。

4. 摆动筛工作注意事项

摆动筛采用偏心曲轴连杆机构传动，筛体往复运动时是变速运动，由于加速度的影响，使筛体产生很大的惯性力，若不采取平衡措施，就会造成筛体发生振动和噪声，以致影响部件的使用寿命。

要使筛体不发生剧烈振动或减少振动，必须做到：

1）筛体的左右吊杆长短要一致（因有倾角存在，故前后不一致），同时任何一根都不得扭曲、变形。

2）保证筛面张紧和安装平整，筛体不得向两侧倾斜。

3）偏心机构和连杆应与筛体的长轴线方向一致，不得有偏差与扭曲，更换偏心套时要成对更换。

4）偏心轴套与传动轴必须紧密配合，不得松动。偏心轴套在轴壳内滑动而不发生晃动，轴壳与连杆连接处必须紧密平整，并且在同一中心轴线上。

5. 摆动筛惯性力的平衡

摆动筛的特点是人为地用机械的方法带动微振动，使物料在振动中移动和分级。但振动带来了噪声以及影响零部件的寿命，则必须控制。这就是摆动筛中振动和平衡一对矛盾。

为了防止发生剧烈的振动，除了在制造、安装中保证其精度外，设计上还必须采取措施，通常的方法是采取平衡重平衡，即在偏心装置上加设平衡重物，或对称平衡，即采取双筛体的方法平衡。

（1）平衡重平衡　该方法是以平衡轮来平衡单筛体惯性力的方法。图 4-16 为平衡重平衡作用的示意图。平衡重装置的方位应与筛体运动方向相平行，当曲柄连杆机构转到水平位置时，平衡重所产生的离心惯性力恰好与筛体产生的惯性力方向相反而起平衡作用，如图 4-16a 所示。但是，当转到垂直方向，如图 4-16b 所示的位置，反而会产生不平衡的惯性力。平衡轮如图 4-17 所示。

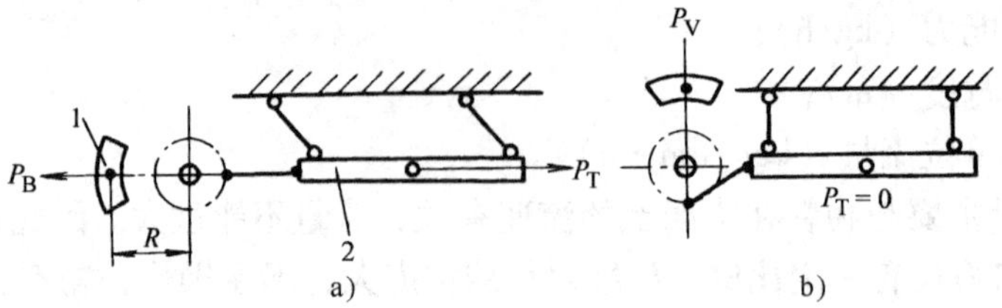

图 4-16 平衡重的平衡作用

a）平衡重在水平位置时 b）平衡重在垂直位置时

1—平衡重 2—筛子

采用平衡重平衡，需要确定平衡重物的重量和相位。

（2）对称平衡法 该法是在偏心轴上装置两个偏心轮，用两个连杆带动上下筛体运动。同向双筛体一上一下，如图 4-18 所示。由于上下两个偏心轮的偏心方向相反，则上下两筛体的运动方向也相反，使筛体水平方向的惯性力得以抵消而平衡。垂直方向的不平衡则不能避免。

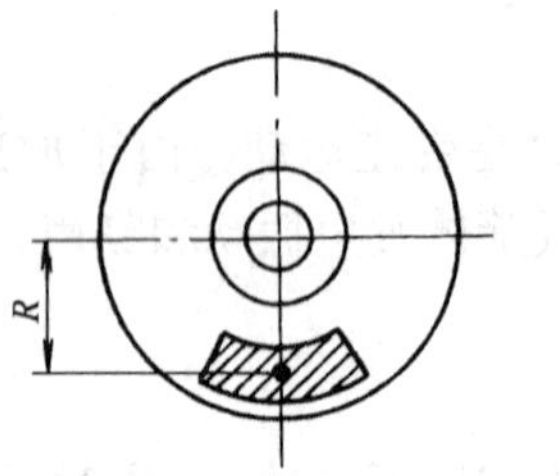

图 4-17 平衡轮

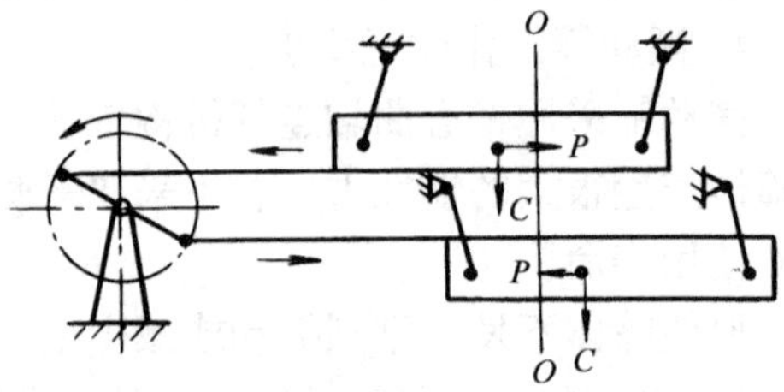

图 4-18 同向双筛体平衡

六、滚筒分级筛

滚筒式分级机的结构如图 4-19 所示。主要工作原理是：物料通过料斗流入到滚筒时，在其间滚转和移动，并在此过程中通过相应的孔流出，以达到分级。

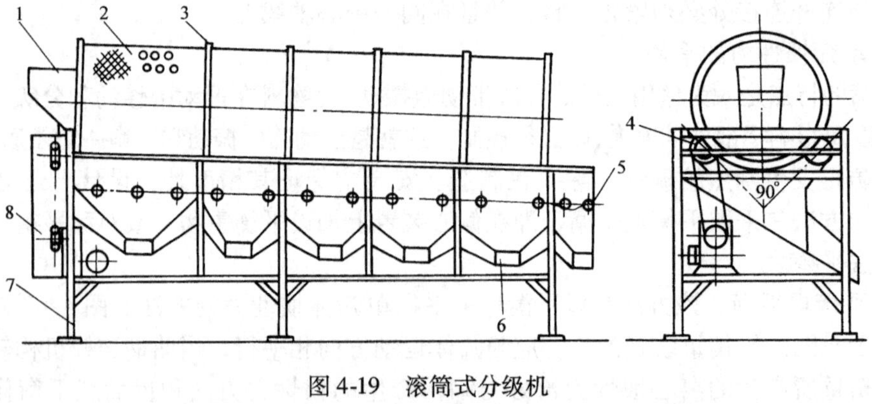

图 4-19 滚筒式分级机

1—进料斗 2—滚筒 3—滚圈 4—摩擦轮 5—铰链

6—收集料斗 7—机架 8—传动系统

滚筒式分级机的特点是：结构简单，分级效率高，工作平稳，不存在动力不平衡现象。但机器的占地面积大，筛面利用率低，由于筛筒调整困难，对原料的适应性差。

1. 滚筒式分级机的主要结构

（1）滚筒　它是一个带孔的转筒，转筒上按分级的需要而设计成几段（组）。各段孔径不同而同一段的孔径一样。进口端的孔径最小，出口端最大。每段之下有一漏斗装置。原料由进口端落下，随滚筒的转动而前进，沿各段相应的孔中落下到漏斗中卸出。

滚筒通常用厚度为1.5~2.0mm的不锈钢板冲孔后卷成圆柱筛。考虑到制造工艺方面的要求，一般把滚筒先分几段制造，然后，焊角钢连接以增强筒体的刚度。

（2）支撑装置　它由滚圈3、摩擦轮4、机架7组成（图4-19）。滚圈装在滚筒上（或利用滚筒的连接角钢），它将滚筒体的重量传递给摩擦轮。而整个设备则由机架支撑，机架用角钢或槽钢焊接而成。

（3）收集料斗　收集料斗设在滚筒下面，料斗的数目与分级的数目相同。

（4）传动装置　目前广泛应用的传动方式是摩擦轮传动。如图4-20所示，摩擦轮3装在一根长轴上，滚筒两边均有摩擦轮，并且互相对称，其夹角为90°。长轴一端（主动轴）有传动系统，另一端装有摩擦轮。主动轴从传动系统中得到动力后带动摩擦轮转动，摩擦轮3紧贴滚圈，滚圈固接在转筒上，因此摩擦轮与滚圈间产生的摩擦力驱动滚筒转动。

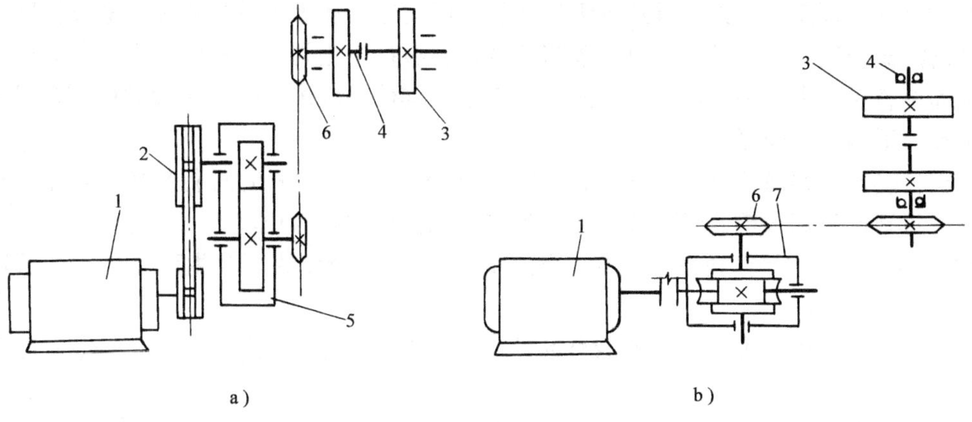

图4-20　传动简图

a）采用单级齿轮减速系统　b）采用蜗轮蜗杆减速系统

1—电动机　2—带传动　3—摩擦轮　4—摩擦轮轴　5—单级圆柱齿轮减速机

6—链传动　7—单级蜗轮蜗杆减速机

（5）清筛装置　在操作时，原料应通过滚筒相应孔径的筛孔流出，才能达到分级的目的，但滚筒的孔往往被原料堵塞而影响分级效果。因此，需设置清筛装置，以保证原料按相应的孔径流出。机械式清筛装置是在滚筒外壁装置木制滚轴，木制滚轴平行于滚筒的中心轴线，用弹簧使其压紧滚筒外壁。由于木滚轴的挤压，把堵塞在孔中的原料挤回滚筒中，也可以视原料的实际，采用水冲式或装置毛刷清筛。

2. 滚筒式分级机主要参数的确定

滚筒式分级机的主要设计参数为：滚筒的倾斜角度；长度与直径之比值，筛孔的排列，转速等。

（1）生产能力计算　设生产能力为 G，则

$$G=\frac{3600}{1000\times1000}Z\lambda m$$

式中　G——生产能力（t/h）；

Z——滚筒上孔眼总数（个）；

λ——在同一秒内从筛孔掉下物料的系数，该数与分级机型式和物料性质有关，一般为1.0%～2.5%。长形物，如青豆类取上限，直径较小的圆形物，如蘑菇类取下限（%）；

m——物料平均质量（kg）。

（2）滚筒直径 D、长度 L 以及孔数 Z 的确定　在生产能力已知的情况下，通过上式求取的 Z，则为滚筒上所需的孔数。但由于各级筛孔孔径不同而滚筒直径相同，所以这个总孔数不能平均分配在各个级中，而应根据工艺的要求决定分成不同直径的若干级别，再依级数设每级排数，确定同一级中每排筛孔数。若把滚筒展开成平面，则其关系为

每级孔数 = 排数 × 每排孔数

每级长度 =（每级筛孔直径 × 每排孔数）+（筛孔间隙 × 各排孔数）

则　　滚筒的圆周长度 =（排数 × 各级孔径）+（排数 × 孔隙）

通过上述的计算，理论上得到每级的孔数，而孔数之和等于总孔数 Z；每级长度之和是所设计的滚筒长度。但这样计算出的滚筒直径，各级都不相同，无法联接在一起。因此，一般取滚筒中直径最大的一级作为整个滚筒的直径，其他各级按直径增大后的比例多设一些筛孔或把孔隙适当放大即可。

在初步确定了滚筒的直径和长度后，用直径：长度 = 1：(4～6)进行校核，若不在这范围内，就应重新调整每级排数或孔数，以达到在此比例范围内为止。

（3）转速 n 及水平倾角 α 的决定　滚筒的转速影响分级效率及生产能力，而滚筒转速的决定取决于直径。

对具有很小倾角的滚筒，近似看作水平，则物料与滚筒一起回转时，其受力情况如图4-21所示。

物料 B，受到重力 W 和离心力 F_C 的作用。把 W 分解为 $W\sin\beta$ 和 $W\cos\beta$ 两个分力，前一分力要推动物料从筛面向下滑动，后者则把物料朝筛面上压紧而在物料运动时和离心力一起产生摩擦力 F。

$$F=f_0(W\cos\beta+F_C)$$

式中　F——物料受到的摩擦力（N）；

f_0——物料对筛面的摩擦系数。

由于 F 的存在使物料沿筛面向上运动。

而物料受到离心力 F_C 为

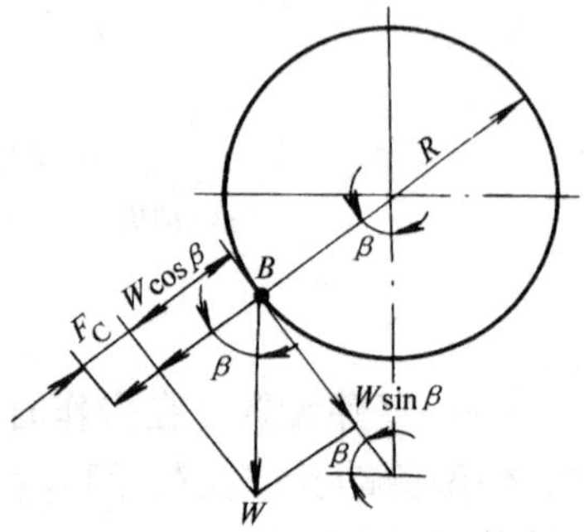

图4-21　物料在滚筒中受力情况

$$F_C=\frac{mv^2}{R}=\frac{Wv^2}{gR} \tag{4-1}$$

式中　F_C——物料受到的离心力（N）；

m——物料的质量（kg）；

W——物料的重力（N）；

g——重力加速度（m/s^2）；

R——滚筒的内半径（m）；

v——物料运动的线速度（m/s）。

而

$$v = \frac{2\pi Rn}{60} = \frac{\pi Rn}{30}$$

式中 n——滚筒转数（r/min）。

将 v 代入式（4-1）中得：

$$F_C = \frac{W}{g} \times \frac{\left(\frac{\pi Rn}{30}\right)^2}{R} = \frac{W\pi^2 Rn^2}{900g} \tag{4-2}$$

当物料 B 沿滚筒切线方向的重力分力 $W\sin\beta$ 等于或大于摩擦力 F 时，物料 B 即开始向下滑动。当 $W\sin\beta - f_0(W\cos\beta + F_C) = 0$ 时，物料 B 处于滚筒内表面的最高点，将 $f_0 = \tan\phi$（ϕ 为摩擦角）代入式（4-2）并化简后得

$$\sin(\beta - \phi) = \frac{n^2 R\sin\phi}{900} \tag{4-3}$$

式中 β——物料升角。

β 角应稍大于物料对筛面的摩擦角 $\phi = 5° \sim 10°$ 才能正常运转，即 $\beta - \phi = 5° \sim 10°$，将 β 和 ϕ 值代入式（4-3）中，化简后得

$$\sin(\beta - \phi) = \frac{(12 \sim 16)}{\sqrt{R}} \tag{4-4}$$

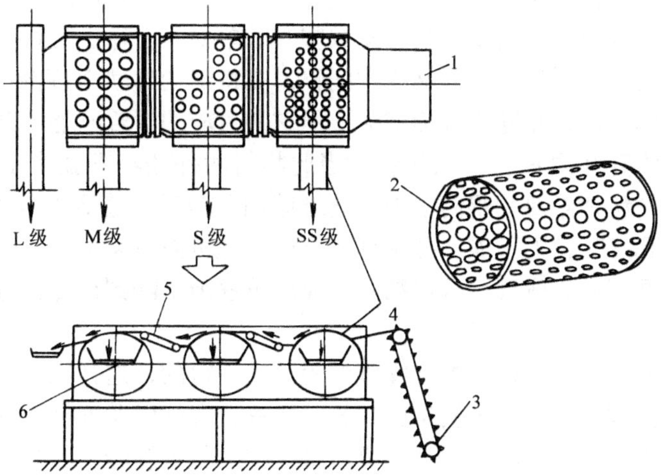

图 4-22 柑橘用转筒式分级机

1、3—原料 2—转筒 4—输入输送带 5—滚子运输带 6—输出运输带

实际上，转筒设计有一定的倾角，故通常取转速 n 为

$$n=\frac{8}{\sqrt{R}}\sim\frac{16}{\sqrt{R}} \tag{4-5}$$

转筒的倾角 α 与筒的长度有关，一般约为 3°~5°，长的转筒取小值，短的取大值。

图 4-22 是另一种形式的滚筒式分级装备，用于柑橘、樱桃等物料的分级，采用中空的转筒，物料沿每个转筒外表面输送，每个转筒分别开有 SS、S、M、L、LL 孔眼，转筒呈并列状放置。原料从转筒上部送入，从小到大顺序分级。根据工厂规模和进入原料量不同，转筒的数目以 2~4 个组合为宜，原料大小与孔径匹配。

美国 A. K. Robin 公司制造的蘑菇分选机将预煮后的蘑菇分成 8 种等级，分级机上装有 7 种不同孔径的不锈钢转筒。而美国 FMC 公司生产的樱桃分级机，开有不同孔径的 4 组孔，可将樱桃分成 5 种等级，生产能力为 2t/h，标准孔径为 16cm、18cm、20cm、22cm。

第三节 形状分级机械与设备

1. 三辊筒式分级机

三辊筒式分级机主要用于球形体或近似球形的果蔬原料，如苹果、柑橘、番茄和桃子等，按果蔬原料直径大小进行分级。

全机主要由辊筒 1、驱动轮 2、链轮 3、出料输送带 4、理料辊 5 等组成，如图 4-23 所示。

分级部分的结构是一条由横截面带动梯形槽的辊筒组成的输送带，每两根轴线不动的辊筒之间设有一根可移动的升降棍筒，此升降辊亦带有同样的梯形槽。此三根辊筒形成棱形分级筛孔，物料就处于此分级筛几之间。物料进入分级段后，直径小的即从此分级筛孔中落下，掉入集料斗中，其余的物料由理料辊排成整齐的单层，由输送带带动继续向前移动。在分级过程中，各分级机构的升降辊，又称中间辊，在特定的导轨上逐渐上升，从而使辊筒 1 及相邻的辊筒之间的棱形开孔随之逐渐增大。但它们对应的下辊不能作升降运动，则使开孔度亦随之增大。因为开孔内只有一只物料，当此物料的外径与开孔大小相适应时，物料落下，大于开孔度的物料则停留在辊筒中随辊筒继续向前运动，直到开孔度相适应时才落下。若物料大于最大开孔度时，则不能从孔中落下，而是随机向前运动到末端，再由集料斗收集处理。升降辊在上升到最高位置后分级结束，此后再逐渐下降到最低位置，再进行回转，循环以上动作。

分级机开孔度的调整是通过调整升降辊的距离来获得的，这样则可以使分级原料的规格有一定的改变范围。调整升降辊的机构由蜗轮、蜗杆、螺杆以及连杆机构组成。

为了减少在分级过程中物料的损伤，要求辊筒在运行中旋转。其方法是使辊筒在运行中借助其轴端安装的摩擦滚轮导轨滚动而旋转，辊筒在旋转中带动开孔中的物料也转动。

这种分级机的特点是分级范围大，分级效率高，物料损伤小。对于球形或近似球形体的果蔬原料如苹果、柑橘、番茄、桃子等，可将其在直径 50~100mm 的范围内分为 5 个级别。

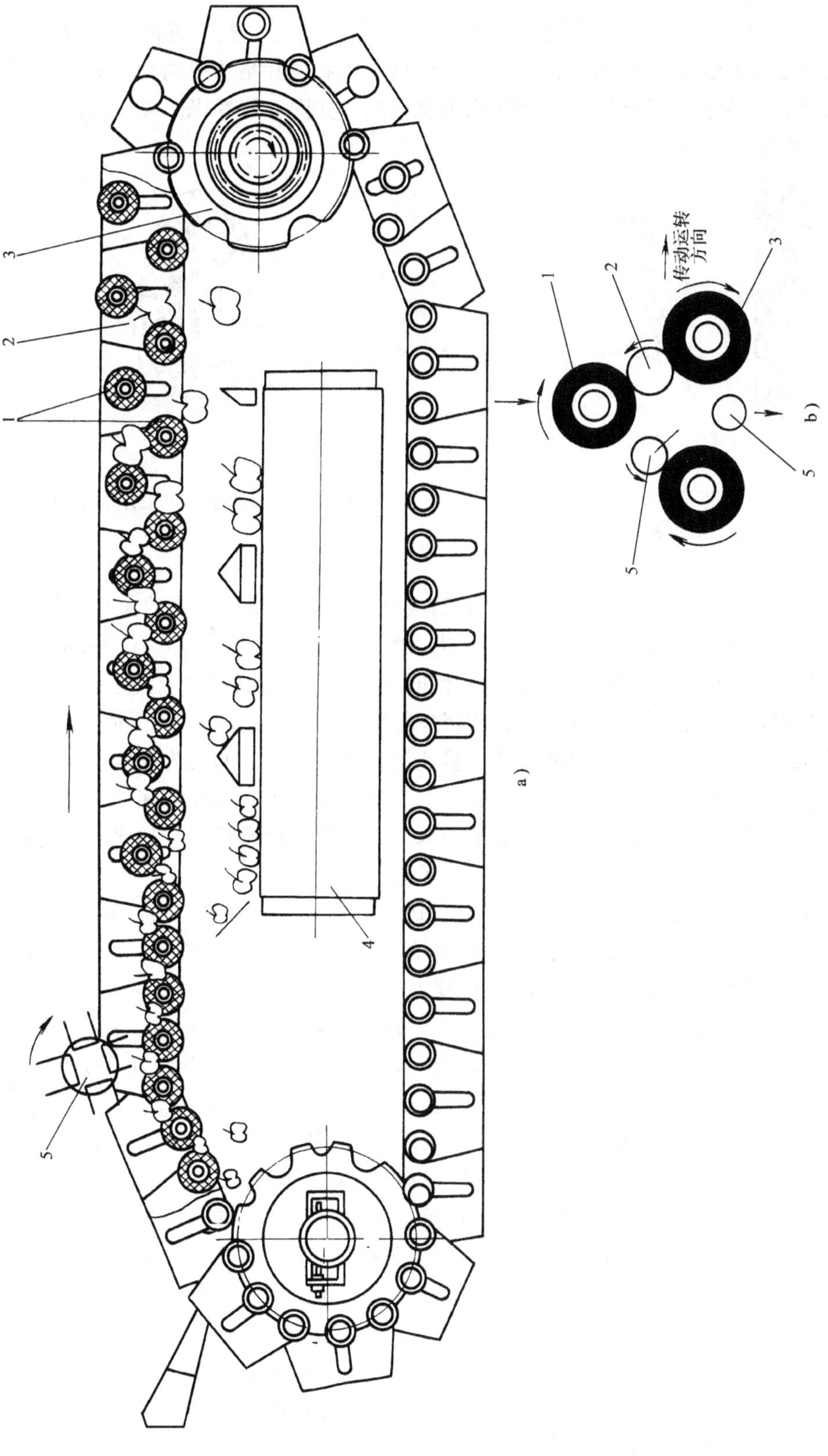

图 4-23　辊筒输送带及辊筒工作原理

a）辊筒输送带　b）三只辊筒工作原理图

1—辊筒　2—驱动轮　3—链轮　4—出料输送带　5—理料辊

2. 颗粒形状分级设备

谷物颗粒料（如小麦、大麦）等必须进行精选和分级，其主要原理是按颗粒长度进行分级，以除去不必要的杂粒。常用的精选机有滚筒精选机和碟片精选机两种，其都是利用袋孔中嵌入长度不同的颗粒而带升高度不同的原理制成的，如图 4-24 和图 4-25 所示。

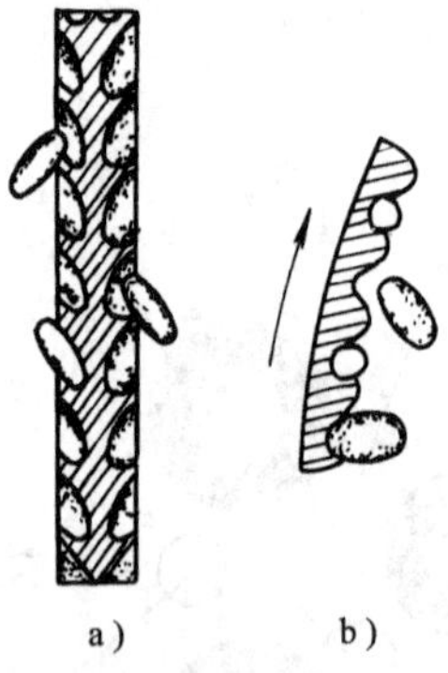

图 4-24 精选机工作示意图

a）碟片式 b）滚筒式

图 4-25 碟片精选机工作示意图

（1）碟片式精选机 在金属碟片的平面上制成许多袋形的凹孔，孔的大小和形式根据除杂条件而定，如从大麦中分离半粒，荞麦、野豌豆，孔洞直径取 6.25～6.5mm，分离小麦取 8.5mm。碟片在粮堆中运动时，短小的颗粒嵌入袋孔被带到较高的位置才会落下，因此只要把收集短粒斜槽放在适当位置上，就能将短粒料分出来，如图 4-25 所示。

碟片精选机的工作面积大、转速高，故产量比滚筒精选机高，而且为除去不同品种杂质所需要的不同袋孔可设在同一台设备中。即在同一台机上安装不同袋孔的碟片。若碟片损坏可以部分更换，还可分别检查每次碟片的除杂效果，因此碟片精选机是一种比较优越的精选机，缺点是碟片上的袋孔容易磨损，功率消耗比较大。

（2）滚筒式精选机 图 4-26 所示为滚筒精选机工作示意图。袋孔 1 是开在筛转筒圆管 2 的内表面，长粒子大麦依靠进料位差和利用滚筒本身的倾斜度，沿滚筒长度方向流动由另一端流出，而短粒子大麦嵌入袋孔的位置较深，被带到较高位置而落入中央槽 4 之中由螺旋输送机 3 送出。根据滚筒转速差别又分为快速滚筒精选机和慢速滚筒精选机，两者结构基本相似，但由于高速时使颗粒的离心力增大，中央槽和螺旋输送机位置应较低速的高。另外低速滚筒精选机安装应与水平线成 5°～10°角，而高速滚筒精选机可接近水平安装。滚筒精选机的生产能力和精选效果主要取决于滚筒转速。

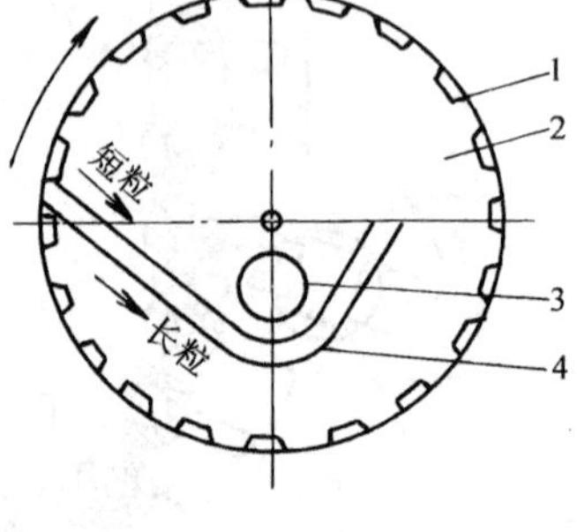

图 4-26 滚筒式精选机的工作示意图

1—袋孔 2—筛转筒圆管 3—螺旋输送机 4—中央槽

3. 带式分级机

带式分级机主要由一对长橡胶带所组成，带面相对成“V”形。橡胶带之间，在物料进口端的距离较窄，延至末端出口处逐步加宽。整个过程分为几段，每段为一个等级。物料进入以后，落在成对且并行速度相同的橡胶带上，如果物料直径小于两带之间的距离就落下，由输送带送出。

国外生产的带式分级机有两种形式：

一是使用带有孔眼的带；一是使用两组带，调整带与带之间的距离进行分级工作。带孔的带主要用于对圆形物料的分级，无孔带适用于对梨、番茄等物料的分级。

图4-27为Atlas Pacific公司生产的带式分级机，适用于杏、桃，苹果等圆形水果的分级。标准机有5组分级带，选别带用不锈钢，带表面要用橡胶包覆，以保护水果不致损伤。图4-28所示的是采用回转带式的分级机原理图。

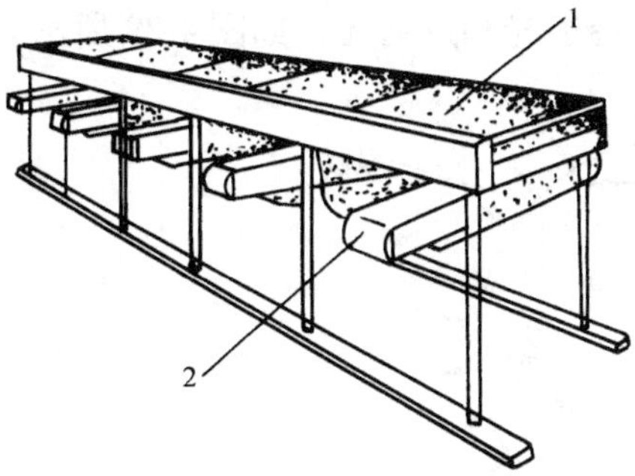

图4-27 Atlas Pacific公司带式分级机
1—选别带 2—运输带

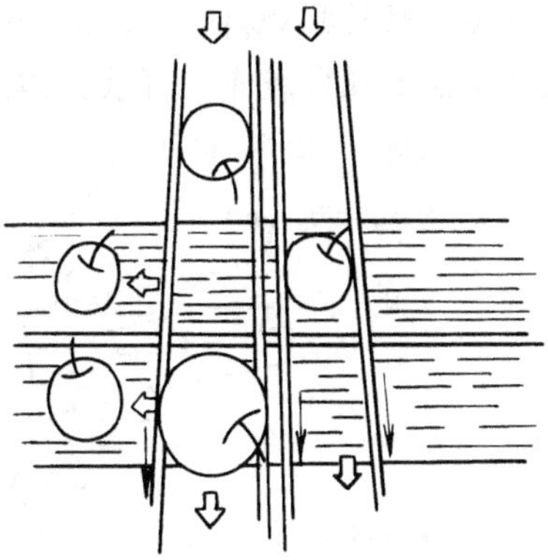

图4-28 回转带分级原理

第四节 光电分选分级机械与设备

利用紫外、可见、红外等光线和物体的相互作用而产生的吸收、反射和透射等现象对物料进行非接触式检测的方法是20世纪60年代开始用于农产品和食品质量检验的新方法。根据物料的吸收和反射光谱可以鉴定物质的性质，例如利用紫外光作激励光源照射食品获得食品上的辐射荧光，根据荧光的强度可以判别食品上附着的微生物的代谢物，检出蛋品中霉菌、花生类干果上附着的微生物及其代谢物如黄曲霉素等。物料的吸收和反射光谱也可用于食品的异物检出，用可见光作激励光源，加上代替人眼的色彩传感器，测定对象物的反射光或透射光，可用于果品成熟度的判定、谷类种子、稻米、水果的分选等作业领域。利用对象物的延时发光（DLE）特性，可以对水果和蔬菜的叶绿素作定量判定、新茶和陈茶的识别等。美国的Norris和Brant等人在1953年利用禽蛋的光谱特性分析了其品质，确定了鸡蛋中的血块在可见光415nm、541nm、575nm处的三个吸收波长，并在1957年利用鸡蛋的透射光谱特性探测到血斑大于3.2nm的鸡蛋。波长0.8～2.5μm的近红外光，可在40s内实时测定水分、碳水化合物、蛋白质、脂肪等9种食品的主要成分。日本、美国等正在开发用近红外光谱分析法无损检测水果的糖度和酸度的装置，日本近年开发成功的米的食味计就是近红外分光分析仪装置和计算机系统结合的研究成果。红外线法是利用红外吸收光谱测定食品的成分量，例如牛乳的成分计等。利用红外照射，能获得与温度有关的信息，国外已有用红外线识别有精和无精蛋、甜瓜成熟度判定等的论文发表。

1. 光与食品物料的相互作用

食品物料的光学特性是指物料对投射到其表面上的光产生反射、吸收、透射、漫射或受光照后激发出其他波长的光的性质。物料是由许多微小的内部中间层组成的，不同食品物料的物质种类、组成不同，因而在光学特性方面的反映也不尽相同。

当一束光射向物料时，大约只有4%的光由物料表面直接反射，其余光射入到物料表层，遇到内部网络结构而变为向四面八方散射的光。大部分散射光重新折射到物料表面，在入射点附近射出物料，这种反射称之为“体反射”。小部分散射光较深地扩散到内部，一部分被物料所吸收，一部分穿透果实。被吸收的多少与物料的性质、光的波长、传播路径长度等因素有关。对某些物料来说，部分吸收光转化成荧光、延迟发射光等。因此，离开物料表面的光就由如下几种组成：直接反射光、体反射光、透射光和发射光，如图4-29所示。

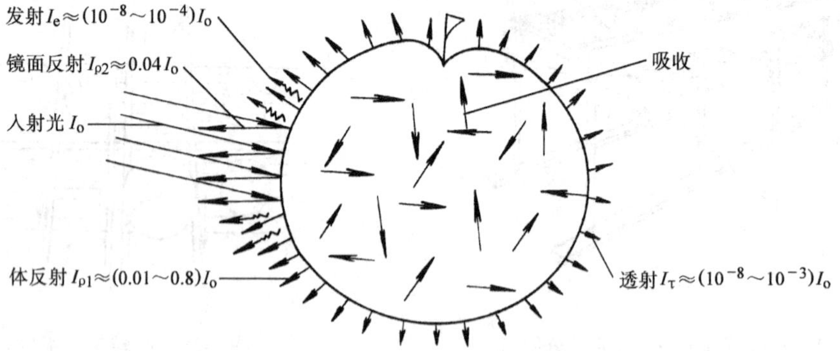

图4-29 光与水果的相互作用

当入射光强度 I_o 作用于物料上时分别产生：

1）体反射 $I_{\rho 1}$——物料内容物不均匀而产生的反射，也称漫反射，$I_{\rho 1}$ 为体反射光强度。

2）镜面反射 $I_{\rho 2}$——由入射光、入射表面和反射定律所确定的方向上的反射光，$I_{\rho 2}$ 为镜面反射光强度。

3）吸收 I_a——内部组织对光有选择地吸收，I_a 为吸收的光强度。

4）透射 I_τ——入射光透过物料而出射的光，I_τ 为透射光强度。

5）发射 I_e——指物料吸收光能量后又转化为特定波长的光强度而发射出来，主要是延迟发光（DLE）和荧光发光，I_τ 为发射光强度。

根据能量守恒和转化定律：

$$I_o = I_{\rho 1} + I_{\rho 2} + I_a + I_\tau + I_e$$

常用光密度 OD（$OD = \log(I_o/I_\tau)$）来表示入射光能对透射光能的比值大小。物料的光透过度越低，则光密度越高。对于某种食品物料，一束平行的入射光 I_o 投射到物料上产生的反射光 I_ρ、透射光 I_τ、吸收光 I_a 和发射光 I_e 的频谱分布和强弱与物料的种类和结构等性质有密切关系，具有强烈的选择性，利用这一原理可用来识别物质。

2. 食品物料的光特性应用技术

因为食品物料的光学特性反映了表面颜色、内部颜色、内部组成结构以及某种特定物质的含量，进而反映了食品物料的重要质量指标，目前发达国家已把光电检测和分选技术应用于食品物料质量评定和质量管理的各个方面。这些应用可以概括为以下几个方面。

（1）缺陷检测 缺陷是涉及缺少关于完整性必需的东西，或是出现了有损于完整性的某些东西。人们关心的是缺陷或相当数量的不完整造成产品质量降级或不合格。因此，质量管理的一个主要问题是从合格的产品中检测和剔除缺陷产品。食品和农产品的光特性已经被用于非破坏性检测方面的各种问题。

（2）成分分析 快速检测食品中的水分、脂肪、蛋白质、氨基酸、糖分、酸度等化学成分的含量，用于品质的监督和控制。近红外光谱分析技术用于品质检测和控制是近年发展速度很快的一种全新的检测方法。

（3）成熟度与新鲜度分析 在成熟度和新鲜度检测方面应用最多也最成功的是果蔬产品，它们的成熟阶段总是与某种物质的含量有密切关系，并表现出表面或内部颜色的不同。

食品物料的光学技术的应用是为了测定质量指标，最终目的是为了对食品物料进行自动化分级分类。自动分类的标准可以是上述三方面应用之一，包括：从合格物料中剔除缺陷品；按物料中某种成分含量进行分类；把成熟度不同的产品进行分类，以便分别贮藏和销售。经过自动分类的合格产品，可以获得总体质量等级提高。

3. 食品物料光特性应用技术的特点

食品物料在种植、加工、贮藏、流通等过程中难免会出现缺陷，例如含有异种异色颗粒、变霉变质粒、机械损伤等，因而在工业生产中有必要对产品进行检测和分选。然而，常规手段无法对颜色变化进行有效分选。大多依靠眼手配合的人工分选，其主要特点是：生产率低、劳动力费用高、容易受主观因素的干扰、精确度低。

光电检测和分选技术克服了手工分选的缺点，具有以下明显的优越性：

1）既能检测表面品质，又能检测内部品质，而且检测为非接触性的，因而是非破坏性的，经过检测和分选的产品可以直接出售或进行后续工序的处理。

2）排除了主观因素的影响，对产品进行全数（100%）检测，保证了分选的精确和可靠性。

3）劳动强度低，自动化程度高，生产费用降低，便于实现在线检测。

4）机械的适应能力强，通过调节背景光或比色板，即可以处理不同的物料，生产能力大，适应了日益发展的商品市场的需要和工厂化加工的要求。

一、光电分选机

光电分选机可以看成是按尺寸大小选别，因为能进行非接触的测量（图 4-30），所以减少了物料的机械损伤，且有利于实现自动化。

图中 4-30 中 L 为射光器，R 为受光器。一个射光器与一个受光器组成一个单元。图 4-30a 为双单元同时遮光式分级器。两个单元间的距离 d 由分级尺寸决定。沿输送器前进方向间距 d 变小。物料在输送带上随带前进，经过分级器时，若物料尺寸大于 d，两条光束同时被遮断。这时，通过光电元件和控制系统使推板或喷气嘴工作，把此水果排出输送带，作为该间距 d 值所分选的水果。双单元的

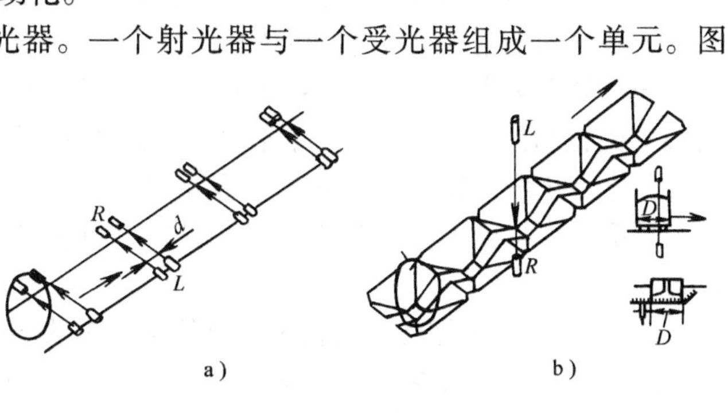

图 4-30 光电尺寸分选
a）双单元同时遮光式 b）脉冲记数式

数量即为分选出的水果等级数。

图4-30b所示为一脉冲计数式分级器。射光器 L 和受光器分别置于物料输送料斗的上、下方，且对准料斗的中部开槽处。每当料斗移动距离 a 时，射光器发出一个脉冲光束，水果在运行中遮断脉冲光束的次数为 n，则水果的直径 $D=na$，然后通过微处理机，将 D 值与设定值比较，并分成不同的等级。

随着光电检测器件的进步，目前在尺寸检测和分选分级设备中已广泛使用阵列式（线性CCD）光电探测元件，可以直接检测出物料的长度或宽度，从而大大减少了后续的数据处理和系统的控制过程，使检测系统更加可靠。

二、色选机

作为食品生产主要原料的农产品是在自然条件下生长的，它们的叶、茎、杆、果实等在阳光的抚育下，形成了各自固有的颜色。这些颜色受到辐照、营养、水分、生长环境、病虫害、损伤、成熟程度等诸因素的影响，会偏离或改变其固有的颜色。换言之，人们可以通过农产品的颜色变化，识别、评价它们的品质（如糖度、酸度、淀粉、蛋白质等成分含量）特性。家禽以及禽蛋也具有不同的表面颜色，并且它们的表面颜色往往与品质有着密切的关系。

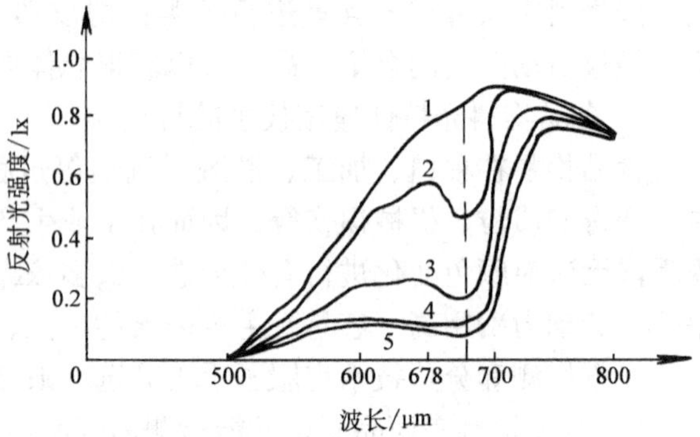

图4-31 蜜橘的光反射特性
1—黄色果皮 2—淡黄色 3—黄绿色
4—淡绿色 5—绿色

水果表皮的颜色可以利用光反射特性来鉴别，将一定波长的光或电磁波照射水果，根据其反射光的强弱可以判别其表面颜色。图4-31为一种蜜橘的光反射光谱，它表示不同颜色的蜜橘在不同波长光的照射下的反射强度。由图可以看出，色越绿则反射强度越弱，这是因为叶绿素吸光性强所致。此外，对于不同波长的光，色差造成的反射光强度的差异也不同，其中当采用波长为678nm的光照射时，则其差异较大，故可用此波长来分选。采用光电探测元件将反射光转变为电信号，由电流强度的大小来判别果皮的颜色。

果皮色分选装置如图4-32所示，为检箱式分选器。水果依次下落至色检箱，在通过色检箱的过程中，受到上下光线的照射。对于不同的物料，为得到适宜波长的光，可更换背景板3。从果皮反射的光，借箱内相隔120°配置的镜子1反射入三个透镜5，通过集光器4混合，然后分成两路，分别通过带有不同波长滤光片的光学系统，得到不同波长下的反射率，从而判别水果的颜色。

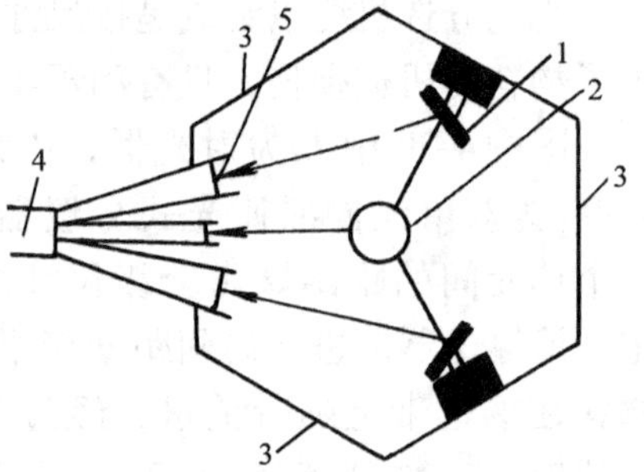

图4-32 果皮色分选装置
1—反射镜 2—果实 3—背景板
4—集光器 5—透镜

图4-33所示的色选机是利用光电原理，从大量散装产品中将颜色不正常或感染病虫害的个体（球状、块状或颗粒状）以及外来杂质检测分离的设备。

光电色选机的工作原理如下。贮料斗中的物料由振动喂料器送入通道成单行排列，依次落入光电检测室，从电子视镜与比色板之间通过。被选颗粒对光的反射及比色板的反射在电子视镜中相比较，颜色的差异使电子视镜内部的电压改变，并经放大。如果信号差别超过自动控制水平的预置值，即被存贮延时，随即驱动气阀，高速喷射气流将物料吹送入旁路通道。而合格品流经光电检测室时，检测信号与标准信号差别微小，信号经处理判断为正常，气流喷嘴不动作，物料进入合格品通道。

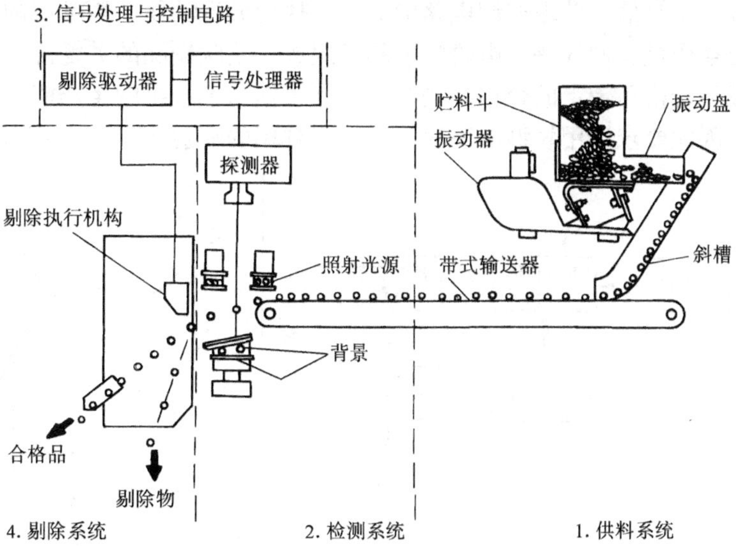

图 4-33　光电色选机系统示意图

光电色选机主要由供料系统、检测系统、信号处理与控制电路、剔除系统 4 部分组成。

1. 供料系统

供料系统由贮料斗、电磁振动喂料器、斜式溜槽（立式）或带式输送器（卧式）组成。其作用是使被分选的物料按所需速率均匀地排成单列，穿过检测位置并保证能被传感器有效检测。色选机系多管并列设置，生产能力与通道数成正比，一般有 20、30、40、48、90 系列。

供料的具体要求是：

（1）计量　对某物料，保证每个通道中单位时间内进入检测区的物料量均匀一致。

（2）排队　保证物料沿一定轨道按顺序单行排列进入检测位置和分选位置。

（3）匀速　为了保证疵料确实被剔除，物料从检测位置到达分选位置的时间必须为常数，且须与从获得检测信号到发出分选动作的时间相匹配。

2. 检测系统

检测系统主要由光源、光学组件、比色板、光电探测器、除尘冷却部件和外壳等组成。检测系统的作用是对物料的光学性质（反射、吸收、透射等）进行检测以获得后续信号处理所必须的受检产品的正确的品质信息。光源可用红外光、可见光或紫外光，功率要求保持稳定。检测区内有粉尘飞扬或积累，影响检测效果，可以采用低压持续风幕或定时高压喷吹相结合以保持检测区内空气明净，环境清洁，并冷却光源产生的热量，同时还设置自动扫帚装置，随时清扫防止粉尘积累。

3. 信号处理与控制电路

信号处理与控制电路把检测到的电信号进行放大、整形、送到比较判断电路，判断电路中已经设置了参照样品的基准信号。根据比较结果把检测信号区分为合格品和不合格品信号，当发现不合格品时，输出一脉冲给分选装置。信号处理控制电路框图如图 4-34 所示。

4. 剔除系统

剔除系统接收来自信号处理控制电路的命令，执行分选动作。最常用的方法是高压脉冲气流喷吹。它由空压机、贮气罐、电磁喷射阀等组成。喷吹剔除的关键部件是喷射阀，应尽量减少吹掉一颗不合格品带走的合格品的数量。为了提高色选机的生产能力，喷射阀的开启频率不能太低，因此要求运用轻型的高速、高开启频率的喷射阀。

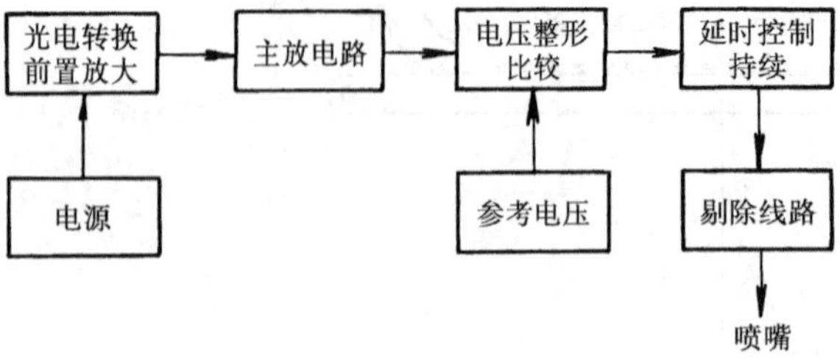

图 4-34 信号处理控制电路框图

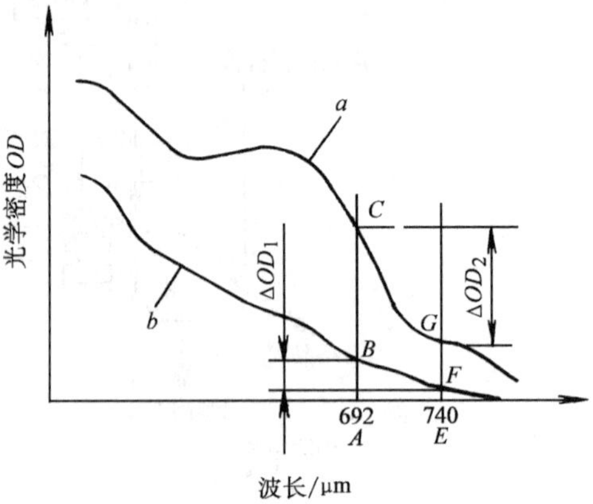

图 4-35 桃子光透射光谱特性

a—未成熟桃子 b—成熟的桃子

三、内部品质光电检测

水果内部质量的好坏是难于用人的感官进行判别的，然而可以利用水果的透光特性进行检测。用一定波长的光照射水果时由于其内部生物组织的不同，其透光程度也不相同。

水果的生物组织对一定波长光的透光度越差，则光密度 *OD* 值越大。图 4-35 为不同成熟度的桃子其 *OD* 值随波长的变化曲线。可以看出，成熟桃子和未成熟桃子的 *OD* 值有明显差别。由于 *OD* 值除了受光的波长及水果内部质量影响外，还与水果的形状及大小有关，若用一种波长下的 *OD* 值来判别，其精度会受到影响。为了消除水果形状及尺寸对判别精度的影响，同样可采用两种波长的光（如 692nm 及 740nm）照射水果，这样可得到两个 *OD* 值，用两者之差 ΔOD 值（ΔOD_1：$AB-EF$，ΔOD_2：$AC-EG$）的不同来判别其内部质量。由图可见，在波长为 692 ~ 740nm 范围内，未成熟桃子的 *OD* 曲线的斜率远

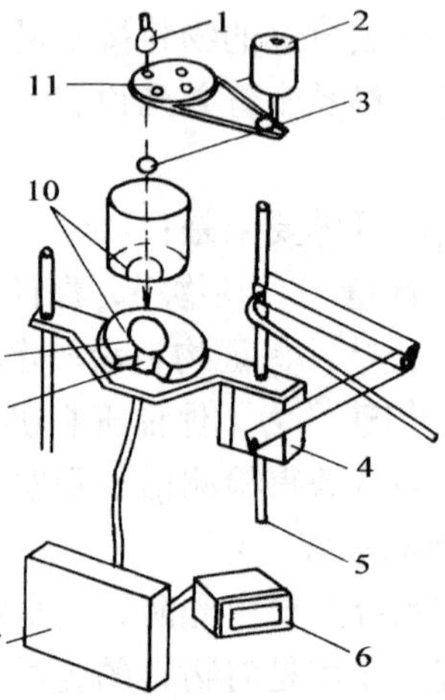

图 4-36 农产品内部品质检测装置（圆盘式滤光器）

1—灯 2—电动机 3—透镜 4—试样上下移动装置 5—导杆 6—指示器 7—运算放大器 8—探测器 9—物料 10—缓冲垫 11—滤光器盘

大于成熟桃子的曲线斜率，即 OD_2 比 OD_1 大得多。因此，只要选择合适的波长范围，即可得到较高的分选精度。

图 4-36 为圆盘式滤光器水果内部质量检测装置。由灯 1 发出的光经滤光器盘 11 得到一定波长的光，由透镜 3 聚光。物料 9 夹持在上下缓冲垫 10 之间向上移动，滤光器圆盘上装有四个滤光片，圆盘由电动机带动回转，使物料得到不同波长光的断续照射，由检测部件测定透光量，再通过运算放大器、指示计，即可得到两组 ΔOD 值。

第五节 其他分选技术与设备

一、螺旋精选器

螺旋精选器（也称抛车，如图 4-37 所示）多用于从长颗粒中分离出球形颗粒，如从小麦中分离出荞麦、野豌豆等。螺旋精选器由进料斗 1、放料闸门 2 及 4～5 层围绕在同一垂直轴上的斜螺旋面所组成。靠近轴线较窄的并列的几层螺旋面 3 称为内抛道，较宽的一层斜面 4 称为外抛道。外抛道的外缘装有挡板 5，以防止球状颗粒滚出。内、外抛道下边均设有出口。小麦由进料斗出口均匀地分配到几层内抛道上，内抛道螺旋斜面倾角要适当，使小麦在沿螺旋面下滑的过程中速度近似不变，其与垂直轴线的距离也近似不变，因此不会离开内抛道；荞麦、野豌豆等球形颗料在沿螺旋斜面向下滚动时越滚越快，因离心力的作用而被抛至外抛道，实现与小麦的分离。

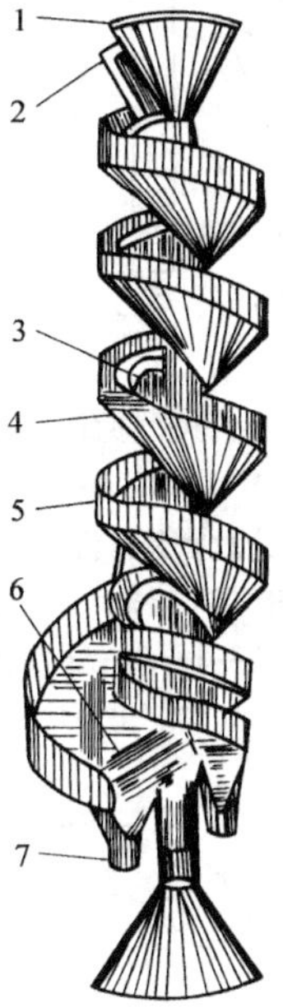

图 4-37 旋转精选器的结构
1—进料斗 2—放料闸门
3—内轨道 4—外抛道
5—挡板 6—隔板
7—出口管道

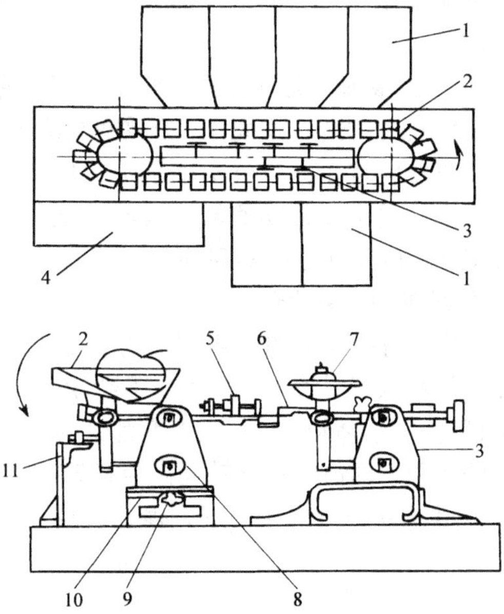

图 4-38 重量式选果机
1—进料斗 2—料盘 3—固定秤 4—喂料台
5—调整砝码 6—分离针 7—砝码
8—移动秤 9—辊子链 10—移动秤轨道 11—小轨道

二、重量分级机

重量式分级机可根据水果、家禽、蛋类等的重量不同进行分级。重量式分级机一般有称重式和弹簧式两种，前者用得较多。图4-38为一称重式选果机示意图。该机由进料斗1、料盘2、固定秤3，移动秤8、输送辊子链9等组成。移动秤约40～80个，随辊子链在轨道10上移动。固定秤有若干台（按分级数定），它固定在机架上，在托盘上装有分级砝码。移动称在非秤重位置上时，物料重量靠小轨道11支持，使移动秤杠杆保持水平。当移动秤到达固定秤处进行称重即与小轨道脱离时，这时移动秤的杠杆与固定秤的分离针6相接触，物料和砝码在移动秤杠杆的两端，通过比较，若物料重量大于设定值，则分离针被抬起，料盘随杠杆转动而翻转，物料被排放到接料箱。物料由重到轻按固定秤数量而分成若干等级。

该机分级精度较高，调整方便，适应性广，但结构较复杂。

三、微细分级技术与设备

微细分级机为离心机械式气流分离筛析机械。它依靠叶轮高速旋转而产生的离心力和气流向心力之间的作用把微粉或超细粉粒与较粗的粒子分开。微细分级机适用于所有物料细粉分级。它的主要特点有：①分级范围宽广，制品细度可在5～150μm之间任意选择，粒子形状从纤维状、薄片状、近似球形到块状、管状等物质均可分级；②分级精度高，通过分级可以保证微细粒子成品中不含有粗颗粒，提高成品的质量和纯度；③结构简单、维修、操作、调节容易；④它可以与内分级蜗轮粉碎机、球磨机、振动磨、万能粉碎机等微细、超微细粉碎机械配用筛析粉碎的成品，提高生产能力。微细分级机应用广泛。

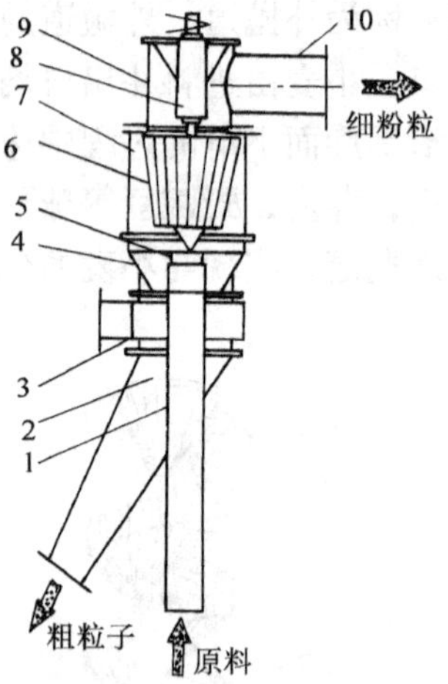

图4-39 微细分级机

1—上升管 2—斜管 3—蜗壳 4—分散室及淘析环 5—调节管 6—叶轮 7—分离室 8—轴 9—上筒体 10—出料口

图4-39所示为微细分级机主要结构示意图。它主要由上升管1、调节管5、斜管2、蜗壳3、分散室及淘析环4、分离室7以及在分离器内装在上筒体9轴承上的旋转主轴8上的叶轮6构成。主轴由带轮带动旋转。旋转速度是依靠改变带轮装置组合来调节叶轮转数而实现的。

1. 微细分级机的分级原理

微细分级机的分级原理如图4-40所示，设圆S表示分级叶轮的截面。气流以虚线表示，P为交于叶轮表面上某一点，叶轮平均半径为r，粉体粒径为d、密度为ρ_s粒子在P点上受两个相反力的作用，即由叶轮旋转而产生的离心惯性力F和气流的阻力F_a。两个力可以分别用下列方程式表示。

$$F = \frac{\pi}{6}d^3(\rho_s - \rho)\frac{u_\theta^2}{r}$$

$$F_a = 3\pi\mu d u_r$$

式中 u_θ——叶轮的平均圆周速度（cm/s）；

u_r——气体速度（cm/s）；

μ——空气粘度(g/(cm·s))；

ρ——空气密度（g/cm³）。

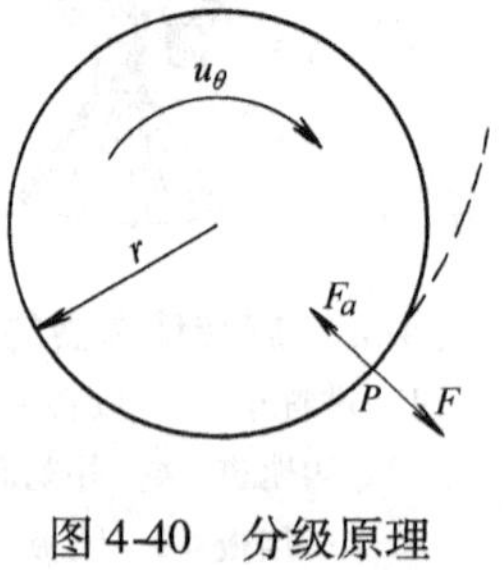

图4-40 分级原理解析示意图

粒子能否被回收，取决于以上两个力的平衡。当粗粒所受的力 $F > F_a$ 时，粗粒子便沿叶轮方向飞向分离器壁上，然后降落到斜管排出机外，若细粒子所受的力 $F < F_a$ 时，则细粒子随气流从排出管排出。当粒子所受的力 $F = F_a$ 时，处于临界状态。

2. 微细分级机分级粒径的调节

（1）调节叶轮转速　微细分级机的转速愈高，所得分级成品粒径愈细，其产量愈低。图 4-41 所示为物料在 WX350 型微细分级机的不同叶轮转速下分级试验结果。试验值与理论值是一致的。对于所确定的分级成品粉粒细度的最重要调节是叶轮转速。可以调整带轮的组合，或采用无级变速器来调节叶轮转速。

（2）调节风量　微细分级机分级粉粒粒径大小，与气流速度的 1/2 次方成正比。风量愈大，所得成品粒径愈大，产量愈高。图 4-42 所示为 WX350 型微细分级机在不同风量下分级粉粒粒径结果。试验表明，粉粒粒径大小，随风量的增大而增大，其产量亦随之增高。试验值与理论值是一致的。

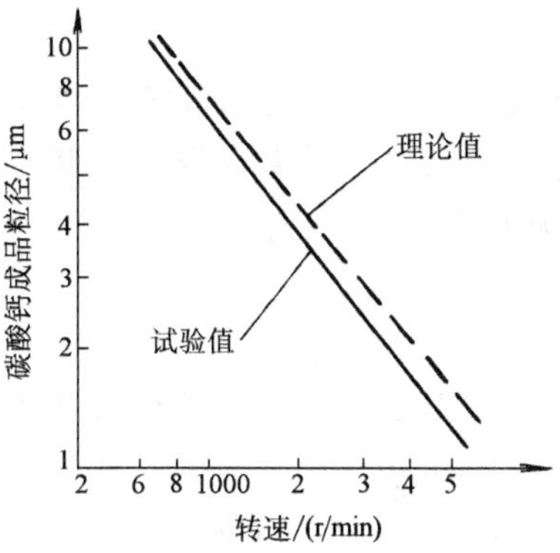

图 4-41　叶轮转速与分级粒径关系

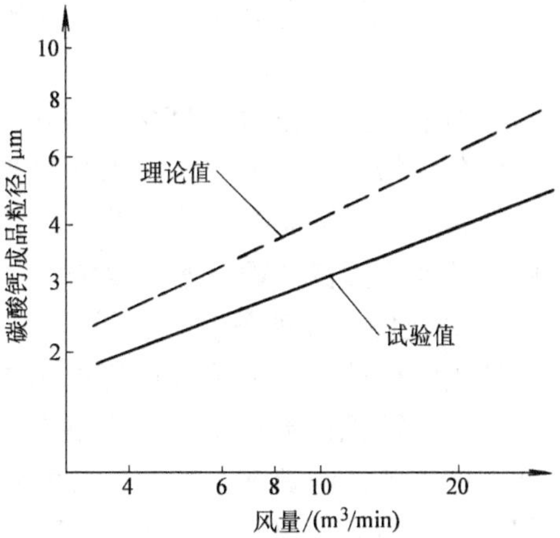

图 4-42　风量与分级粒径的关系

一般来说，为了维持最高的生产能力，分级粉粒时，采用最大的风量，风量的最大值与所要求成品粒径大小相适应。为了获得很低的分级界限而需要叶轮的转速超过极限转速时，必须降低风量。

（3）调节二次风　由上升管进入微细分级机的气体为一次风，由二次风接管经蜗壳进入微细分级机的气体为二次风。二次风进入蜗壳旋转上升到分散室形成“气筛”，有助于粉粒的分级。它可以把细粉分散开；并能把细粒子团疏松开，防止粘着成较大粉粒团；它还能起“气势”作用，延长粉粒在分离室内的停留时间，使小于临界粒径（d_{th}）的细粉粒分级为成品，提高分级效率。通常一次风量与二次风量之比控制在 3∶2。如果物料是粘性的，或易结团的，为了使粉粒更好地分散，必须增大二次风量。微细分级机是在负压下操作的，分级机出料管出口风量为总风量。总风量、一次风量和二次风量的调节必须使分级机下部的斜管出口处的压差为 50～200Pa。

（4）调节叶轮叶片数　分级叶轮叶片数在分级上起重要作用，它是分级界限的灵敏点。叶轮叶片数增多，可以增加分级成品粉粒的灵敏点。若希望成品粉粒中含粗粉粒少，则可以增加叶轮叶片数。若允许成品中含有少量的粗粉粒，则可以减少叶轮叶片数。但在增减叶轮叶片时，一定要注意保持叶轮动平衡，否则旋转时容易造成主轴弯曲。叶轮叶片布满时，适用于要求成品粉粒粒径很小，粒度分布范围狭窄的场合。叶轮叶片数减半或减去大半时，适用于成品中允许含有一些较粗的粉粒和分级的细粉粒粒度分布范围比较宽的场合。

（5）调节物料上升管出口位置高低　在分级机上升管的顶端设置可调套管来调节物料出口位置的高低。套管出口位置愈高（距叶轮锥底愈短）粉料愈不易分开，而将被气流从叶轮下部（由于叶轮为倒锥形、下部半径小，因此离心力小）带入叶轮内，经出口管排出混入成品中，因此粉粒含粗粉粒多。如果不希望细粉粒成品中含有粗粉粒，或只允许含少量粗粉粒，可降低套管物料出口位置。

（6）调节空气淘析环　在分散室底部设置淘析环（倒锥形）。它在分散室内对二次风产生搅动或冲击作用，对物料分散起一定作用。如果返料中含过多的细粉粒，甚至在调节二次风量之后，返料中仍含有过多的细粉粒，则需要采用小直径的淘析环。通常一般采用中直径的淘析环即可。如果在分离室内留有较多的物料时，应当减少二次风量，并采用大直径的淘析环。

（7）加料速度　加料速度由分级机的生产能力所限制。加料速度波动对分级界限关系不大，即分级粉粒粒径不变。如果加料量显著地超过分级能力，那末在返料（粗粉粒）中含细粉粒量增多，从而降低分级效率，但并不影响分级的细粉粒的细度。

四、计算机图像处理技术与设备

1. 计算机图像处理系统的发展

计算机图像处理技术是以计算机为核心的应用技术，因此，计算机图像处理系统的发展，是随着计算机技术的提高而发展起来的。从系统的层次看，可分为高、中、低 3 个档次；从图像传感器的敏感区域看，又可分成可见光、红外、近红外、X 射线、雷达、伽玛射线、超声波等图像处理系统；从采集部件与景物的距离上来说，还可分成遥感、宏观和微观图像处理系统；就应用场所而言，又能分成通用图像处理系统和专用图像处理系统。通用系统一般用于研究开发，因此，要求传感器敏感区间宽，线性度好，而专用系统一般用于特殊用途，是在通用系统研究基础上，研制开发的为实现某一个或几个功能的商用系统。因此，在保证性能的前提下，由价格因素决定系统的配置。

1）高档图像处理系统采用高速芯片设计，完全适合图像和信号处理特有规律的并行阵列图像处理机。这类系统采用多 CPU 或多机结构，可以以并行或流水线方式工作。

2）中档图像处理工作站以小型机或工作站为主控计算机，加上图像处理器构成。这类系统有较强的交互处理能力，同时，由于用通用机做主控机，因而在系统环境下，具有较好的再开发能力。

3）低档的微机图像处理系统由微机加上图像采集卡构成，其结构简单，是一种便于普及和推广的图像处理系统。

2. 计算机图像处理系统的基本构成

计算机图像处理系统由图像的采集部件、主机、图像的输出部件 3 大部分组成。图 4-43 是比较典型的通用计算机图像处理系统示意图。

（1）图像采集部件　原始的图像数据是通过图像采集部件进入计算机的，因此，图像采集部件的作用是采集原始的模拟图像数据，并将模拟信号转换成数字信号。计算机在接收到图像的数字信号后，将其存入内存储区。计算机图像处理系统常用的图像采集部件有摄像机加上视频图像采集卡、图像扫描仪以及数码摄像机等。

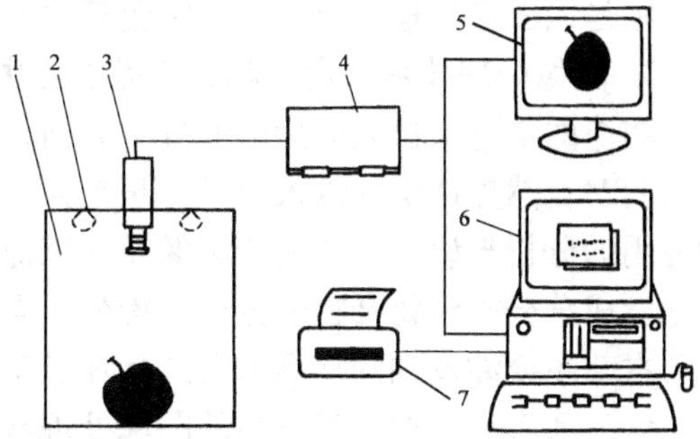

图 4-43 计算机组成的图像处理系统示意图
1—光源箱 2—光源 3—摄像机 4—采集卡
5—监视器 6—主机 7—图像输出

1）摄像机和视频图像采集卡：图像处理系统采用的摄像机分为电子管式摄像机和固体器件摄像机，电子管式摄像机根据光图像转换成电子图像的原理不同，可以分成光电子发射效应式和光导效应式两种类型，由于电子管式摄像机的重要元件是电子管，所以体积相对固体器件摄像机要大得多。目前普遍采用的固体器件摄像机是 CCD 类型的，CCD 摄像机是由电荷耦合元件组成的图像探测器，它将景物通过物镜成像在一块电荷感应光板（电荷耦合探测器）上，用感应光板上的感应电压模拟景物的亮度变化。由于用 CCD 实现了光电转换及扫描，因此其体积小、重量轻，结构紧凑。

摄像机的参数有空间分辨率、灰度分辨率或颜色数、快门参数、最低照明度等。根据传感器的有效工作范围，可分为可见光、近红外、红外、X 射线等 CCD 摄像机；根据快门速度，可分为静止和实时摄像机。摄像机需要和视频图像采集卡配合使用，配合时，要考虑两者参数的优化问题。

视频图像采集卡可以将摄像机摄取的模拟图像信号转换成数字图像信号，使计算机得到所需要的数字图像信号。根据图像采集的速度，视频图像采集卡可以分为：中速采集卡、实时单帧采集卡、实时采集卡 3 种。中速采集卡和实时单帧采集卡的采集速度都为 40 帧/s 左右，前者瞬时可采集 1 帧图像，后者能连续采集多帧图像，可以用于获得任何活动目标的运动过程，一般用于流水线上物品定时采样。

2）图像扫描仪：图像扫描仪也是一种获取图像，并将之转换成计算机可以显示、编辑、存储和输出的数字格式的设备，是一类适合于薄片介质，如纸张、照片（胶片）、插画、图形、树叶、硬币、纺织品等物体的图像数字化的设备。其空间分辨率较高，一般在 1200DPI 以上。但是，由于采用机械扫描的方式采集数据，因此采集速度不如 CCD 摄像机快。

3）数码摄像机：数码摄像机是近年来出现的数字化产品，将图像采集和数字化部件集成在同一机器上，使其输出的信号能直接为计算机所接受。数码摄像机使图像的采集部件和主机的连接更具有通配性，而且由于其携带方便，有相应的存储器，因此更适用于现场数据采集。

（2）图像处理部件　在计算机图像处理系统中，图像处理工作是由计算机完成的，计算机的扩展槽上插有带帧存体的采集卡，图像处理的过程通常包含从帧存体取数据到计算机内存、处理内存中的图像数据和送数据回图像帧存体 3 个步骤。

（3）识别结果的输出部件　图像的输出是图像处理的最终目的。从广义的角度讲，图像的输出形式可以分为两种：一种是根据图像处理的结果作出判断，例如质量检测中的合格与不合格，输出不一定以图像作为最终形式，只需作出提示供人或机器作出选择，这种提示可以是计算机屏幕信息，或是电平信号的高低，这样的输出往往用于成熟研究的应用上；另一种则是以图像为输出形式的，它包括中间过程的监视以及结果图像的输出。

3. 图像处理技术在食品和农产品加工中的应用

图像的信息来自人们生活的各个方面，因此，图像处理的应用必然涉及许多方面，并随着人们对自然界认识的深入而进一步扩大。目前涉及到的领域很广泛，从文字及图纸的阅读到医用的分析与诊断；从航空图像及遥感监测到工业控制与制造；从天文学中的天体探测以及化学成分分析到化合物的分子结构分析等等。在机器人视觉、公安、检察部门中的甄别，以及本节主要涉及到的食品和农产品加工工程都有广泛的运用。

食品和农产品加工工程中的图像处理涉及到的内容大致包括：原材料特性的评价、农产品初加工中的分级、农产品收获过程中的成熟果蔬的自动化判别、食品加工过程中的质量控制、最终产品的外形及内部品质的检测等方面。

（1）食品原料的品质评价　作为食品加工的主要原料的农产品物料特性包括表面特性和内部特性。可视图像可以表示景物的形状、颜色、纹理等基本表面特征，图像表面特征的利用和日常生活中人们对这些特性的认识相呼应，也是比较直观的。物料的内在特性和表面特征有时存在着一定的相关关系，例如作物的营养含量与作物叶面颜色之间存在相关关系。红外、近红外、核磁共振（NMR）、X 射线、超声波图像的应用，对物料内部信息的认识和利用有着重要的意义，使图像表面的性状研究深入到物料的热性，包括生命现象，组织间热性差别研究；内部损伤类型和严重程度；组织结构，包括组织中结合水和组织硬度；生物化学特征，包括成熟过程中组织变化等的内部信息和构造等方面。

（2）检测　用图像处理技术对食品原料（或农业初级产品和加工品）进行检测是图像处理技术在农产品加工工程中运用最早，涉及面最广，内容最丰富的一个方面。检测是一种手段，农产品图像检测技术按其目的可分成：分级、检验和分类，提取可视或不可视图像中某一特征或多个单一特征的综合作出合乎专家思想的判断。农产品外观的特征有面积、大小（长度与宽度）、长宽比、形状复杂度、灰度、纹理等，特征的综合一般由多个特征加权处理得到。

根据大小或表面积分级是较简单易行的方法，例如，按照牡蛎的投影面积，土豆的形状复杂度（图 4-44），苹果的直径或周长等，都能有效地将对象分成不同的等级。但是，有时候仅仅一个因素的分级并不很合乎人工分级的要求，例如按长度分级对有一定弯曲度黄瓜来说，就不能很好地符合上市包装的要求，需要长度和弯曲度两个特征的模型进行分级，要作出合乎这些标准的判别，就需要建立较好的数学模型。一般来说，专家评判的条件越多，空间模型的复杂度越高，做到有较好的评判效果就越困难。

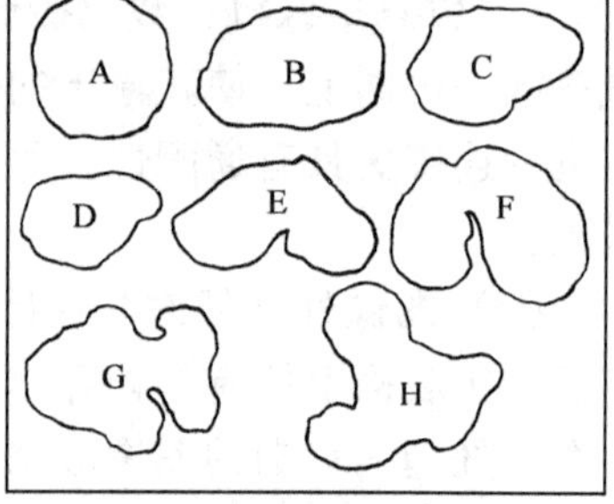

图 4-44　提取的土豆边缘特征图像

图像检验是对农产品中某些特性变化或缺陷的一种识别。下面针对损伤、新鲜度与成熟度、病虫害 3 个方面的检验情况，谈谈图像处理的应用。

1）损伤：图像中的损伤包括外部损伤和内部损伤。对于外部或表面碰划伤，有效的判别特征是颜色的变化，这在有些物料上有相当明显的分界线，例如，花生、玉米籽粒破碎、损伤处与完好的表皮有明显颜色差异，因此，选择这样的特征误差较低。但是，有些果品损伤的检测就不这样简单，像苹果、梨、橘、桃、杏等，它们早期的损伤是不大容易从外部的颜色变化来判断的，只有当损伤发生褐变或腐烂时，才能有区分于正常果皮颜色的斑块出现。对早期损伤、内部品质，如苹果的水芯病、杏子的碰伤、橘瓤干瘪、土豆空洞等，采用其他波段图像进行检测，能得到较好的效果。

裂纹是另一种损伤形式，经常发生在易破碎物料以及加工品上，如鸡蛋、大米、坚果等。图像处理可以很好地利用透射或侧光照射的图像中灰度梯度的变化等算法，检出裂纹的存在。对于内部裂纹，超声波图像能够得到裂纹的方位、大小等数据。破碎是损伤的极端结果，除了上面提到的颜色变化外，破碎物料的一个明显特征，是表面积比正常的要小，形状也发生变化，在图像进行标定的前提下，面积区分是一种快速、有效的方法。

2）新鲜度和成熟度：农产品的新鲜度和成熟度是综合化的概念。在日常生活中，人们依据物料的某个或几个特征来定性。例如鸡蛋的新鲜度，可用其气室的大小、透光性、摇晃时的感觉来确定。图像处理模拟人的这种定性的手段，将新鲜度、成熟度这样综合化的概念定量化了。例如可利用胡萝卜顶端的叶子颜色判别其新鲜度，利用苹果、番茄表面颜色判别其成熟度，对花生可利用籽粒饱满程度引起的表面纹理的变化来评价成熟度，对苹果还可以利用其淀粉分布图像评定其成熟度，等等。

3）病虫害：病虫害产生的损伤有别于一般机械损伤，但是，也会造成有些可见的物理变化，例如，颜色、形状等，或是热图像（红外图像）的特征变化，图4-45是玉米棒受病虫害侵蚀后，灰度变化的图像，霉变和虫蚀的米粒等都会形成表面或内部结构缺陷。

（3）分类　分类是根据类别描述作出是或不是的判断。计算机图像处理应用于类别的区分类似于人工的去杂。例如，去除土豆中混杂的土块、石头，黄豆中混杂的其他豆类等。也有在同一物品上区分的需要，例如，从番茄上摘除花蒂，胡萝卜、萝卜去顶叶，樱桃去核，剔除未开裂的开心果等，都可以由图像处理结果引导机械装置来做到。还有一种区分是同一大类或品种中差别的识别，例如各种杂草，不同生长期的植物等。

计算机图像处理在食品加工和农产品加工的应用除上述几个方面外，在原料的收获过程中也有广泛的应用，如在收获机器人视觉对物料判断的系统中通过图像的获取和对图像的分析处理，指挥机器人的机械手完成收获动作。

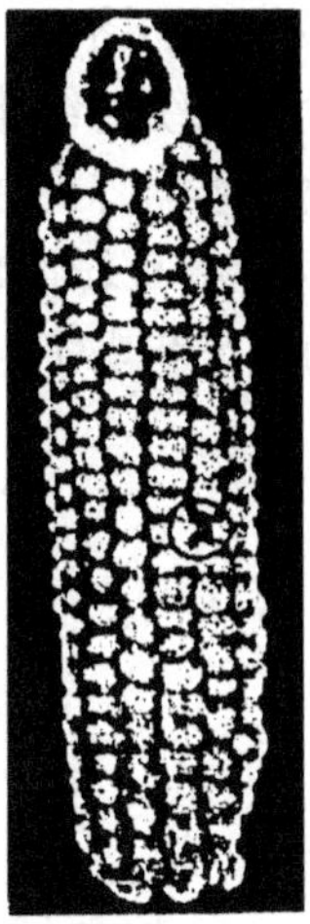

图4-45　玉米棒受虫害侵蚀后的灰度图像

五、人工嗅觉检测系统

人工嗅觉系统（或称电子鼻）是20世纪90年代发展起来的新颖的分析、识别和检测复杂嗅味和挥发性成分的仪器。它与普通化学分析仪器（如色谱仪、光谱仪、毛细管电泳仪）等不同，得到的不是被测样品中某种或某几种成份的定性与定量结果，而是样品中挥发成分的整体信息。它模拟人和动物的鼻子，“闻到”的是目标的总体气息。它不仅可以根据各种不同的气味测到不同的信号，而且可以将这些信号与经学习建立的数据库中的信号加以比较，进行识别判断。因而它具有类似鼻子的功能，可用于识别气味，鉴别产品真伪，使产品质量得到保证。电子鼻涉及传感器融合技术、计算机技术和应用数学以及各具体领域的一门综合性技术。其中传感器技术和计算机技术处于当今科学技术研究和发展的前沿。可以广泛用于环境污染监测、医疗、食品检测、能源、化工、交通、战争毒气检测以及机器控制等各个领域。

1. 人工嗅觉检测系统的基本组成

电子鼻的工作原理是建立在模拟人的嗅觉形成过程基础上的。人的嗅觉系统统由嗅觉细胞、嗅觉神经网络（包括多个嗅觉神经元）和大脑组成。某种气味被人闻出的过程大致可分为如图4-46所示三个阶段：①咖啡或玫瑰花的芳香物分子经空气扩散到达鼻腔，与嗅觉细胞表皮纤毛作用，使嗅觉细胞表面上的部分电荷发生变化，产生信号；②信号经嗅觉神经网络进行一系列加工放大后输入大脑；③大脑接受输入的信号与经验进行比较后做出识别判断。

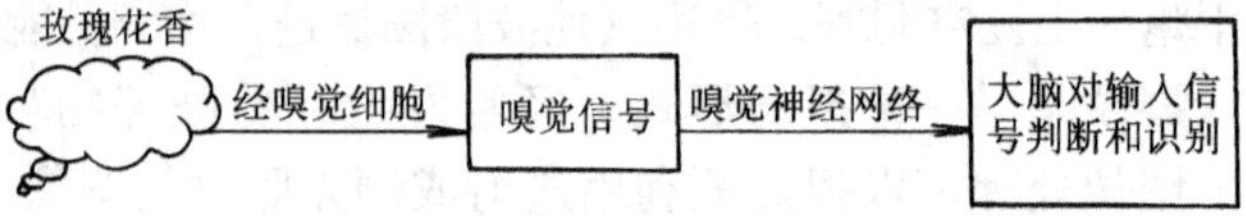

图4-46 人的嗅觉系统识别味道的三个步骤

电子鼻模拟人的嗅觉器官，因而其工作原理与嗅觉形成相似，气味分子被电子鼻中的传感器阵列吸附，产生信号。生成的信号经各种方法处理加工与传输，将处理后的信号经模式识别系统作出判断。根据这种原理制成的电子鼻主要包括传感器阵列和数据处理分析器两大部分。如图4-47所示给出了人工嗅觉检测系统的实验装置示意图，图4-48给出了人工嗅觉检测系统的结构框图。该系统主要有两大部分组成：气敏传感器阵列和数据处理分析器。气敏传感器阵列在功能上相当于彼此重叠的人的嗅觉感受细胞，产生嗅感信号；数据处理分析器由A/D转换数据采集、阵列数据预处理器、数据处理器、智能解释器和知识库组成，在功能上相当于人的大脑，具有分析、判断、智能解释的功能。

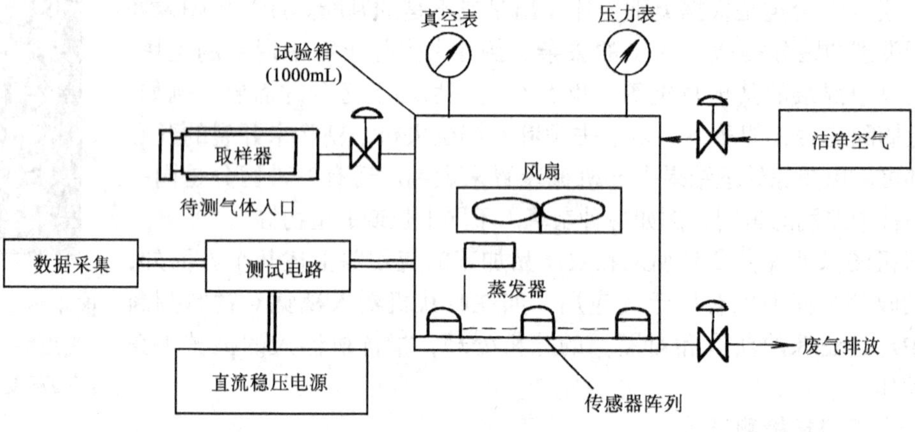

图4-47 人工嗅觉检测的实验装置示意图

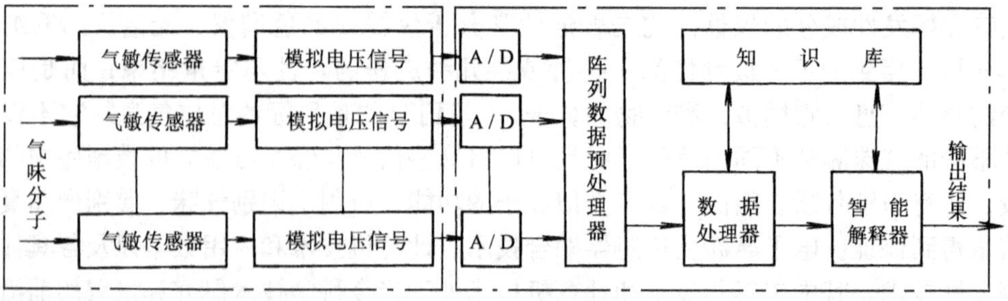

图4-48 人工嗅觉检测系统结构框图

（1）气敏传感器与气敏传感器阵列　气敏传感器及其阵列是电子鼻的心脏，它的功能是把不同的气味分子在其表面的作用转化为可测的物理信号。根据材料类型的不同，现有的气敏传感器可分为金属氧化物型半导体传感器、有机导电聚合物传感器、质量传感器（包括石英晶体谐振传感器和声表面波传感器）、金属氧化物半导体场效应管传感器和红外线光电传感器。用作气敏传感器的材料必须具备两个基本条件：

1）对多种气味均有响应，即通用性要强，要求对成千上万种不同的嗅味在分子水平上做出鉴别。

2）与嗅味分子的相互作用或反应必须是快速，可递的，不产生任何“记忆效应”，即传感器还原。

事实上，生物嗅觉系统中的单个嗅觉受体细胞的性能（如灵敏度、感知范围等）并不高，但是，生物嗅觉的系统的整体（人的鼻腔中约有5000万个嗅觉细胞）性能却令人惊叹不已。与此相同，我们也不应该刻意追求单个气敏传感器的性能越高越好。目前，某一类型的单个气敏传感器仅能检测某一类型的气体。把不同特性的单个气敏传感器组合起来就构成了嗅觉传感器阵列。与单个气敏传感器相比，嗅觉传感器阵列不仅检测范围更宽，而且其灵敏度、可靠性都有很大提高。因此，目前对气体或气味进行检测时，大多数人都趋向于用嗅觉传感器阵列装置。

金属氧化物型半导体传感器的工作原理是，通过被测气味分子吸附在敏感膜材料上，导致金属氧化物半导体的电阻发生变化而实现检测。这种传感器的特点是选择性不高，稳定性好，恢复时间长，工作时需要加热。其体积大，组成阵列时不易布置。

有机导电聚合物传感器的工作原理是，工作电极表面上杂环分子涂层在吸附和释放被测气体分子后导电性发生变化。导电聚合物材料是有机敏感膜材料，如吡咯、苯胺、噻吩等。这种传感器的特点是体积小，能耗小，工作时不需加热，稳定性好，吸附和释放快，被测对象的浓度与传感器的响应在很大范围内几乎呈线性关系，这给数据处理带来极大的方便。近年来，这类传感器阵列的应用有增加的趋势。

脂涂层传感器又称质量传感器，典型的脂涂层传感器有声表面波型和石英谐振型两种。声表面波型传感器的工作原理是，在压电晶体上涂敷一层气体敏感材料，被测气体在流动过程中被吸附在敏感膜上，这样，压电晶体基片的质量发生变化，由于质量负荷效应而使基片振荡频率发生变化，从而实现对被测气体检测。石英谐振型传感器的工作原理是，在石英振子上涂敷一层敏感膜，常用的敏感膜材料有脂类、塞璐珞等。当敏感膜吸附分子后，谐振子的振荡频率就成比例的变化，仍属于质量负荷效应。谐振子上涂敷的敏感膜材料不同，传感器的性能就不同，把具有部分重叠特性的传感器组合起来，就构成质量传感器阵。

红外线光电传感器的工作原理是，在给定的光程上，红外线通过不同的媒质（这里是气体）后，光强以及光谱峰的位置和形状均会发生变化，测出这些较方便。

（2）数据处理分析器　由传感器产生的电信号经电子线路放大及A/D转换为数字信号输入计算机，被测嗅觉的强度既可用每个传感器的输出的绝对电压、电阻或电导等信号来表示，也可用相对信号值如归一化的电阻或电导值，即它们的变化率比较嗅味的性质，传感器阵列输出的信号经专用软件采集、加工、处理后与经“人为学习、训练”后采集的已知信息进行比较、识别，最后得出定量的质量因子决定被测样品的类别、真伪、优劣、合格与否等结论。因此这一部分的关键是数据处理软件所用的数学方法。目前，在电子鼻中，常用的数据处理方法有多元统计数据处理方法和人工神经网络数据处理方法。统计方法是数据处理的基础和经典方法，常用的方法有：回归分析、距离判别法、贝叶斯判别法、费歇判别法、主成分分析法、偏最小二乘回归分析法、人工神经网络 ANN（Artificial Neural Network）等。

2. 人工嗅觉检测系统的应用

目前，国外对电子鼻的研究异常活跃，主要应用是酒类、茶叶、鱼和肉等食品挥发气味的识别和分类，目的是对之进行质量分级和新鲜度判别（表 4-1）。他们分别用不同的气敏传感器阵列，不同的分析方法，对气味进行鉴别和判断。其他的应用还有环保监测、临床诊断、香水香型的判别等等。具体应用实例如 Kyuchung Lee 等用金属氧化物气敏传感器阵列，用主成分分析法和神经网络模式识别分析法，识别了 12 种单纯气体样品（浓度为 $0.1 \times 10^{-6} \sim 100 \times 10^{-6} ml/m^3$ 的 CH_3SH，$(CH)_3N$，C_2H_5OH 和 CO 气体）和 6 种混合气味样品（胡萝卜洋葱，女士香水，男士香水，25% 的韩国 Soju 溶液和 40% 威士忌溶液），对 12 种单纯气体识别率为 100%，而对 6 种混合样品识别率达 93%；C. Di Natale 等用质量气敏传感器阵列组成的电子鼻对番茄浆和牛奶进行新鲜度判别；Hidehito Nanto 用石英振荡传感器阵列，用主成分分析和神经网络分析方法，对三种酒（红酒、白酒和玫瑰酒）进行分类，神经网络的识别率达到 100%。Martin Holmberg 等解决了气敏传感器阵列中传感器零点漂移现象，从而识别那些传统识别技术所识别不了的气体，如牛奶变质产生的气味。D. Kh1 等利用多种类型气敏传感器组合形成高分辨率的复合传感器阵列，以鉴别特殊食品气味，并讲叙如何选择传感器以达到监督食品生产的效果。以上的研究都是在实验室进行的，现在国外已有了商品化的电子鼻。

目前国内已有许多大专院校和科研单位参与了人工嗅觉检测系统的研究工作，但大多数还处在实验室阶段，要达到商品化还有一段距离。

3. 人工嗅觉检测系统的发展方向

到目前为止，用单个传感器对气味进行检测所取得的进展并不大。究其原因，一是敏感材料为金属氧化物半导体、导电多聚物和声表面波等气敏传感器对环境温度和湿度的变化很敏感，这就意味着它们对测试条件要求苛刻。其二是传感器本身性能不稳定，容易“中毒”（即反应不灵敏）。敏感材料技术和信号分析与处理技术是电子鼻发展的两个关键因素，这其中包含着能够补偿传感器在测试过程中的信号漂移或环境噪声的人工神经网络模式分类方法的发展。从总体上看，目前在对电子鼻传感器阵列数据分析中所应用的模式分类方法大多还是传统的方法，神经网络模式分类方法则以线性基本函数前向三层网络和误差反传算法为主，且识别率不高，很难达到实际要求。

表 4-1 用于食品质量分级和新鲜度判别的电子鼻系统

被测食品	电子鼻系统	采用的传感器个数及类型
肉	Alabaster	1 MOS
	FOX 2000	6 MOS
	FOX 3000	12 MOS
	NST 3210	10 MOSPET，4 MOS，1 IR
	AromaScan	32 CP
谷类	CPS	4 质量传感器
	NST 3210	10 MOSFET，4 MOS，1 IR
	FOX 3000	12 MOS

（续）

被测食品	电子鼻系统	采用的传感器个数及类型
咖啡	实验阶段	12 CP
	AromaScan	32 CP
	FOX 4000	18 MOS
	FOX 3000	12 MOS
	实验阶段	6 MOS
	实验阶段	7 MOS
酒类	实验阶段	5 SAW
鱼肉	NST 3210	10 MOSFET,4 MOS,1 IR
	实验阶段	2~6 MOS
可乐	FOX 2000	6 MOS
果酱	实验阶段	2 MOS
奶酪	FOX 2000	6 MOS
	FOX 3000	12 MOS
	AromaScanA20S	20 CP

注：表中MOS为金属氧化物传感器；CP为导电聚合物传感器；IR为红外线光电传感器；SAW为声表面波传感器；MOSPET为金属氧化物半导体场效应管传感器。

目前电子鼻能检测的气味种类并不多，但人们还是希望其检测范围尽可能扩大，这涉及到选择敏感材料、模式分类方法和仪器制造工艺等方面的进展。电子鼻今天大多运用于食品加工和酿造业，今后环境检测是电子鼻的一个广阔的应用领域，在军事方面的应用主要是战争毒气的检测，医疗领域也有广阔的应用前景。

目前在电子鼻的研究中引入关注的三个方面是：

1）研究对微量、痕量气体分子瞬时敏感的检测器，以得到与气体化学成分相对应的信号。

2）研究对检测得到的信号进行识别与分类的数据处理器，以便将有用信号与噪声加以分离。

3）研究将测量数据转换为感官评定指标的智能解释器，以得到与人的感官感受相符的结果。

六、近红外光谱分析技术

近红外区域是指波长在780~2526nm范围内的电磁波，20世纪初，人们采用摄谱的方法首次获得了有机化合物的近红外光谱，并对有关基团的光谱特征进行了解释，预示着近红外光谱（Near Infrared Spectroscopy，NIR）有可能作为分析技术的一种手段得到应用。由于缺乏仪器基础，20世纪50年代以前，近红外光谱的研究只限于少数几个实验室中，没有得到实际应用。20世纪50年代后，随着简易型近红外光谱仪器的出现以及Norris等人在近红外光谱漫反射技术上所做的大量工作，掀起了近红外光谱应用的一个小高潮，近红外光谱在测定农产品（包括谷物、饲料、水果、蔬菜、肉、蛋、奶等）的品质（如水分、蛋白、油脂含量等）方面的研究得到广泛重视。进入20世纪60年代中后期，随着中红外光谱技术的发展及其在化合物结构表征中所起的巨大作用，使人们淡漠了近红外光谱在分析测试中的应用。在此后约20年的时间里，除在农产品领域的传统应用外，近红外光谱技术几乎处于停顿的状态，以致被人们称其为光谱技术中的沉睡者。

现代近红外光谱分析是从农业分析研究开始的。20世纪50年代，美国农业部仪器研究室Norris等人开始研究用可见光的透射和反射技术检测鸡蛋的质量（新鲜度等）、测定蔬菜和水果的质量（新鲜度、病虫害等）。1978年美国和加拿大先后将近红外光谱检测方法规定为谷物的标准检测方法。20 世纪 80 年代中期以后，美、德、日、意等国家相继开始致力于把近红外光谱分析技术应用于医药、农产品与食品加工的在线质量监测与控制的研究，20 世纪 90 年代近红外光谱分析技术又进一步拓展到石油、有机化工、高分子化工、制药与临床医学、生物化工、环境科学、纺织工业、食品工业、法医鉴定等许多行业。近红外光谱还被用在烟草的分类、棉花纤维、饲料中蛋白质及纤维素的测定，并用于监测可耕土壤中的物理和化学变化。红外光谱已广泛用于药物的生产过程控制，如药物中活性成分的分析，药物固态剂量分析，无损形态剂量分析等。

我国对近红外光谱技术的研究及应用起步较晚，20 世纪 70 年代年后期开始引进近红外光谱分析仪器。从 1995 年以来已受到了多方面的关注，并在仪器的研制、软件开发、基础理论和应用研究等方面取得了可喜的成果，2006 年 10 月在北京召开了我国第一届近红外光谱分析技术学术大会。

近红外光谱分析技术可直接测量颗粒状、粉末状、糊状、不透明试样、流动试样甚至完整的样品而无需对样品作严格的预处理。该技术具有分析成本低、速度快、精度高、数据可靠和没有化学污染，便于实时监测和在线分析等优点。当传统的质量检测技术难以适应生产需要时，该技术作为一种新型的质量检测方法逐渐受到越来越多人的关注。

1. 近红外光谱检测原理

分子是由原子组成的，而原子是由原子核和围绕它的电子所构成的。根据量子力学理论，分子中存在电子能级和振动—转动能级。当电子能级和振动—转动能级发生跃迁时，就会产生分子吸收光谱或分子发射光谱，表现为带状光谱。如果分子的能级是由基态跃迁至激发态，产生吸收光谱；反之，则产生发射光谱。分子吸收或发射的频率可用 Bohr 频率方程式描述

$$E'' - E' = h\nu = hc\bar{\nu}$$

式中 E''——激发态能级（erg）；

E'——初始态能级（erg）；

h——普朗克常数（$h = 6.625 \times 10^{-27}$ erg · s）；

c——光速，$c = 3 \times 10^{10}$ cm/s；

ν——吸收或发射光的频率（Hz）；

$\bar{\nu}$——吸收或发射光的波数（cm^{-1}）。

分子不同能级间的跃迁，产生不同的分子吸收或发射光谱。振动能级的间隔一般为 0.05 ~ 1eV，振动能级跃迁所产生的电磁波谱处于中红外光谱。根据量子力学理论，一定频率光的能量由下式决定

$$E_p = h\nu$$

当特定波长红外光与分子相遇时，如果光与分子不发生相互作用，则光随即通过该物质，不产生吸收光谱；如果光与分子以特定的方式发生相互作用，则物质吸收该波长的光，产生吸收光谱。对近红外光最关心的是 X-H（X = N、C、O、S、P 等）键的伸缩振动和弯曲振动的倍频和合频吸收。吸收近红外光的分子有两种基本的振动形式：伸缩振动和弯曲振动。伸缩振动指的是原子沿两原子连线方向的运动，而弯曲振动指的是两原子间键角的变化振动。大多数近红外光谱吸收带是由 X-H 键的伸缩振动和弯曲振动的谐振和倍频吸收引起的。另外一些重要的近红外吸收带是由氢键、羟基、碳氮键、碳碳键及金属卤化物引起的。

食品与农产品中都或多或少含有氢键，因此根据物质的近红外光谱出现吸收峰的位置和峰值强度可以定性判别出物质的性质和含量的多少，这就是近红外光谱分析技术能应用到食品与农产品质量检测和分析的基础。

2. 近红外光谱分析中的化学计量学方法

虽然近红外光谱理论上非常适合于碳氢有机物质的组成性质测量，但是在该区域内，含氢基团化学键振动的倍频与合频吸收强度很弱，灵敏度相对较低，吸收带较宽且重叠严重，依靠传统的建立工作曲线方法进行定量分析是十分困难的。

化学计量学的发展为这一问题的解决奠定了数学基础。化学计量学是统计学、数学与计算机科学与化学的“接口”，化学计量学是分析化学的一个分支，它应用数学与统计学方法，设计或选择最优测量方法，通过分析化学数据，提供最大限度的化学信息。在分析化学领域，这种信息是有关物质系统的成分、结构等相关的信息。简言之，化学计量学研究应用数学、统计学和计算机科学的方法，进行化学数据的处理、分类、解析和预测。

化学计量学包含的内容很多，其中分析校正理论是近红外光谱分析的基础，常用分析校正数学方法有：多元线性回归（MLR）、逐步回归（SMR）、主成分分析（PCA）、主成分回归（PCR）、偏最小二乘法（PLS）、人工神经网络（ANN）和拓扑（Toplogical）等。

3. 近红外光谱分析的工作过程

食品的近红外光谱包含了组成与结构的信息，食品的品质与其组成、结构相关。因此，在样品的近红外光谱和其性质参数间也必然存在着内在的联系。使用化学计量学这种数学方法对其两者进行关联，可确立这两者间的定量或定性关系，即校正模型。建立模型后，只要测量未知样品的近红外光谱，再通过软件自动对模型库进行检索，选择正确模型，根据校正模型和样品的近红外光谱就可以预测样品的性质参数。所以，整个近红外光谱分析方法包括了校正和预测两个过程，近红外光谱分析又称“黑匣子”分析技术，即间接测量技术，过程如图 4-49 所示。左边箭头所表示的是建立校正模型的过程，右边箭头所表示的就是预测过程，用于常规分析。

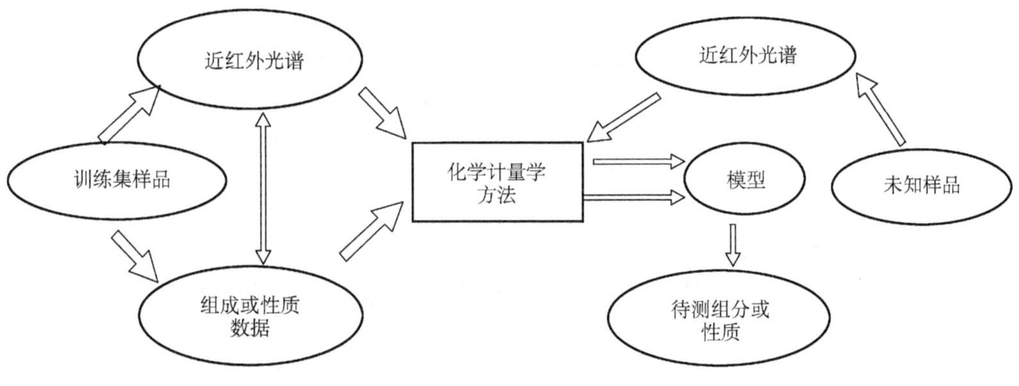

图 4-49 近红外光谱分析过程示意图

4. 近红外光谱检测中的测样器件

进行近红外光谱分析时样品一般不需处理即可直接上仪器检测，而样品的物态、形状又多式多样，近红外光谱检测分析测样器件所要解决的问题是如何将各种不同形态的样品快速、准确地进入仪器的检测位置，以获得可靠的近红外光谱。常用的检测器件有：

（1）透射分析的测样器件　对均匀透明液体样品进行近红外光谱检测时一般采用透射方法。所用的样品池与常规光谱仪器所采用的样品池没有差别，但根据使用波长范围的不同，要注意选择合适的光程（样品池的厚度）。由于近红外光谱对温度比较敏感，为提高分析结果的准确度，有些仪器的样品池配有恒温装置或带有恒温附件。除常规样品池外，为了实现在线检测，不少近红外光谱仪器带有流通池附件。

（2）漫反射分析的测样器件　在早期的漫反射分析中，为了获得较高信噪比的光谱，更多地收集各个方向的漫反射光，最常用的测样器件是积分球。随着检测器件性能的极大改善，几何测样器件得到越来越多的使用。

（3）光纤测样器件　由于使用光纤测样器件，可使检测过程简便化，并可实现远程检测，许多公司生产的近红外光谱都配有光纤附件供用户选用。根据测样方式，近红外光谱仪器用的光纤测样附件从测样形式上大致可分为两种类型，即透射器件和漫反射器件，有些光纤器件可同时具有两种测样功能。图 4-50 为透射和漫反射光纤测样器件的导光示意图。如可变光程的光纤测样探头，其光程根据需要可以在 1 ~ 20mm 范围内调节，将探头前部插入样品，按下光开关后即可测量样品的光谱。由于光纤的应用，使光谱分析技术有可能在更广泛的领域中应用，如微量样品的检测、水中油的分析等等。

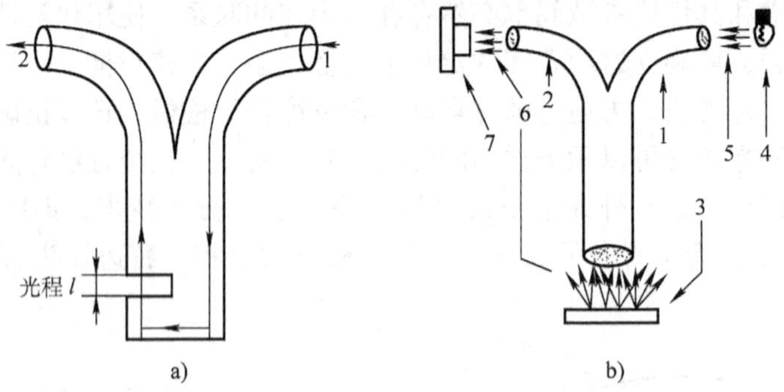

图 4-50　近红外光纤附件示意图

a）流通池型　b）漫反射型

1—入射光纤　2—出射光纤　3—样品　4—光源

5—光能　6—反射光能　7—探测器

七、超声波检测技术

在食品工业中有两种不同类型超声波的应用；即高能量水平的高密度超声波和低能量水平的低密度超声波。

高密度超声波的典型能量密度超过 $1W/cm^2$，频率在 18 ~ 100kHz，它能改变食品物料的特性且通常是永久性改变，在食品工业中主要用于改变食品的物化特性，如均质、清洗、细胞破坏和搅拌、脱气、诱导氧化还原反应等；低密度超声波的能量水平较低（小于 $1W/cm^2$），因为它不会对物料的物化特性产生变化，是一种非常好的无损检测技术的激发能量。

低能量超声波检测技术应用于食品工业领域始于 20 世纪 40 年代，但直到近 20 年来才引起研究人员的重视，它不仅被用于监测食品加工过程（如装料高度、物料流量等），而且可以提供食品组成、质构及流变特性等性质，因此可以应用于产品质量控制等。该技术通过检测低能量超声波与食品物料之间相互作用的类型和程度来判断食品的物理化学性质。与其他的检测方法相比，超声检测具有下列独特的优势，非即破坏性、快速、精确、易于实现自动化和价格低廉，而且能对高浓度食品和光不透明性物料进行检测。目前最引人注目的研究是对食品组成成分及其分散特性的研究。例如：利用超声波技术对梨、胡萝卜、苹果等产品组织结构特性的检测；利用超声波检测肉制品、烹饪制品和奶酪等的组织结构和粘弹性；利用超声波技术对原肉成分的检测；对瓜果中含糖量的研究等等。研究结果表明，低能量超声波技术在食品品质成分检测领域中的应用具有巨大的潜力。

1. 超声波简介

超声波根据在媒质中传播方式的不同可分为压缩波、剪切波和表面波，如图 4-51 所示。压缩波对媒质在平衡位置附近产生连续的压缩和拉伸，媒质的运动方向和超声波的传播方向相同；剪切波导致的媒质运动方向与超声波传播方向垂直；表面波类似于海水表面的波纹。三种不同形式的波运动以不同的物理特性与媒质相互作用，压缩波由于复原力最大，传播速度最快，是最简单的波的形式，因此在媒质特性的检测中最常用的超声波形式为压缩波。

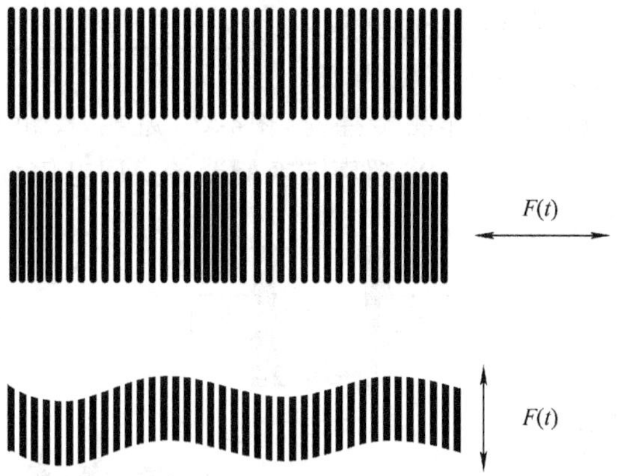

图 4-51 媒体中超声波的传播形式

一个超声波可以表征为初始振幅值 ξ 和频率 f（与检测对象无关）以及波长 λ 和衰减系数 a（与检测对象的物理性质有关）。衰减系数表达了幅值随传播距离降低的程度，衰减系数越大，幅值下降越快。声速 c 与波长频率有关（$c=\lambda f$），它也是与检测对象的物理性质有关的一个特征量。另外声阻抗 Z 也是超声波的传播的一个特征量。近 20 年来，超声波技术在食品品质检测方面的应用已广泛引起重视，主要应用见表 4-2。

表 4-2 超声波技术在食品检测中的主要应用举例

应 用	食 品 物 料	超声波检测特性
成分分析	水溶液糖浓度、咸水中盐浓度、酒精饮料中乙醇浓度	c
	脂肪中三酸甘油脂、乳浊液的液滴浓度、牛奶的成分、肉中脂肪与瘦肉的比例、胶体中的生物聚合物含量	c、a
	含气食品的气泡	c、a、Z

（续）

应　用	食 品 物 料	超声波检测特性
相变	乳脂球、含脂食品中的三酸甘油酯、含脂食品中的三酸甘油酯、乳的酸化凝固、肉中的水	c、a
颗粒大小	色拉酱中的油颗粒、乳脂球、酪蛋白胶束	c、a
其他	鸡蛋的品质、饼干的质构、胶体的凝胶作用、蛋白的凝胶	c、a
	液体管道中的流速、液体容器中的液面水平、食品温度	c
	水果的成熟度和质量、奶酪的破碎	c、a、Z
	异物检测、微生物生长的成像	c、Z

2. 超声波检测方式

常用的超声波检测技术可以分成三类：回波脉冲、透射传播和干涉测量方式。这些技术的主要差别在于加在样品上原始超声波信号的不同（如图4-52所示，有连续波、单音脉冲和宽频脉冲）和检测方式的不同，如图4-53所示。大多数超声波检测系统主要由信号发生器、接收器、超声波换能器和数据记录装置组成，信号发生器产生合适频率、幅值和持续时间的电子信号，电子信号加在超声波换能器上转换成超声波信号并通过检测样品传播，当超声波信号通过样品后，被另一（或同一）超声波换能器转换回电信号，电信号经A/D转换、放大后用数据记录或显示或计算机存储，分析其可以确定样品的超声波传播特性。

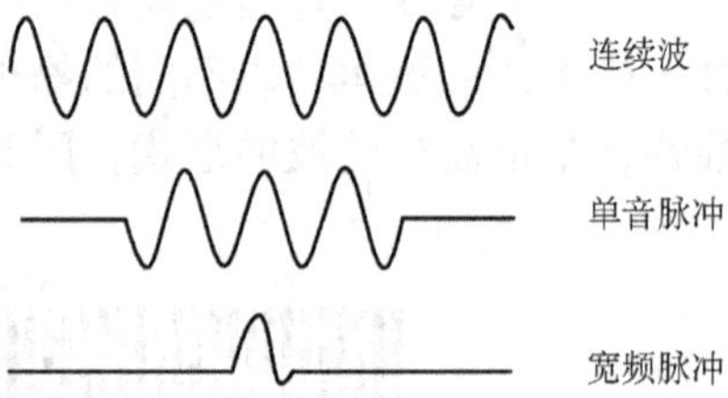

图4-52　超声波检测中的三种信号形式

常用的超声波检测方法有：

（1）透射检测技术　在透射检测中主要需要注意减少温度波动、换能器的超声脉冲混响、混淆的影响以及检测容器壁面不平行产生的相位抵消。对于检测频率依赖性的液体超声波特性，透射检测模式可以用两种方式实现。一是单一的宽频脉冲，脉冲被接收后用傅里叶变换确定穿越时间 t 和幅值 A 作为频率的函数，但要覆盖整个频率范围（0.1～100MHz）需一系列有不同共振的换能（典型的是3～4个）。二是采用单音脉冲，利用扫描技术进行进行检测，但由于需要在各个频率上进行检测，比较费时费力，目前较少使用。

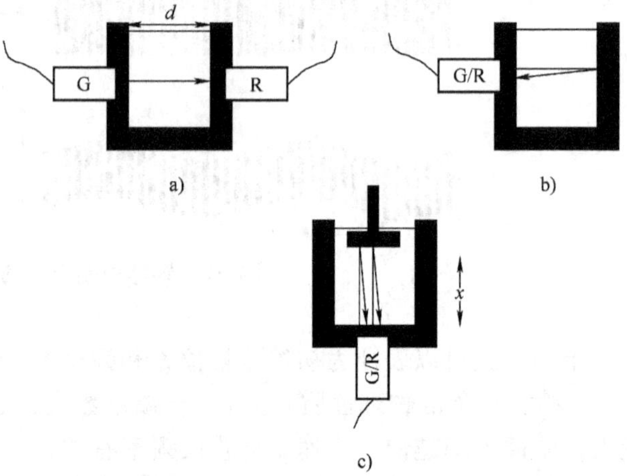

图4-53　超声波检测中的常用检测方法

a）透射技术　b）脉冲回波技术　c）干涉检测技术

（2）脉冲回波检测技术　1979年有人提出了一种通过脉冲回波同时测定声速和衰减的

方法，研制的系统测定衰减系数的精度很高，该系统可以适用于高衰减材料的检测。由于脉冲回波技术可以采用数字平均等方法提高精度，实现方便，因此目前的超声波检测系统多采用这种方法。

（3）干涉检测技术　采用干涉检测技术时，将检测样品放置在超声波换能器和可移动的反射板之间，给定频率的连续正弦波信号加在换能器上，转换成正弦超声波通过样品，超声波在反射板和换能器之间来回反射，导致了在样品中产生某种形成的驻波。当反射板在样品中移动时，换能器接收信号的幅值会随着干涉发生的抵消和增强出现极大和极小值，两个连续最大值之间的距离就等于样品的超声波长，因此声速可以通过 $c = f\lambda = 2fX_{max}$ 计算。由于样品衰减、界面反射和混淆的存在，最大值的幅度会随着反射板和换能器之间的距离的增加而减少，因此衰减系数的确定可以通过样品和标准样中最大点的幅值作为换能器与反射板间距的函数进行，同时还可以通过检测一系列的最大点的幅值和距离来提高检测精度。干涉检测法是可应用到食品品质检验中的一个潜在技术，用连续或半连续的超声波信号源通过样品，通过分析部分超声波的干涉给出关于信号波长与衰减的精确数值。这些技术目前已经广泛地应用在研究化学材料和材料表面松弛现象，但在食品品质检测中还未有广泛的应用。

3. 超声波技术在食品品质检测中尚需要研究的问题

超声波检测技术由于具有实现简单、检测方便、易于实现自动化、适用于光不透性材料和高浓度材料等优点，因此在食品品质检测（特别是液态食品）中有着巨大的应用潜力。但是因超声波技术是在近 20 年才在食品检测应用中开展了大量的研究工作，同时超声波在食品检测中的应用涉及到物理学、化学、数学和电子学等多学科的交叉应用，目前研究还处于起步阶段，存在许多问题有待解决，特别是在应用方面的还存在以下几个方面的问题：

1）食品超声波特性与微观结构特性关系方面的研究一直较弱，主要基于较早的分子自由程理论和碰撞因子理论，同时利用一些经验公式建立的数学模型。目前超声波检测技术在食品检测中的应用主要集中在建立数学模型的方法研究和具体的应用方法的研究两个方面。两个方面的研究还有许多问题需要解决。

2）在食品品质成分的定性分析中主要采用常规的超声波参数对食品特性进行定量分析，采用的分析研究方法也比较简单，主要借助经验法和简单的理论分析法。由于食品的复杂性和多变性，简单参数有时难以对复杂成分进行辨识。频谱分析方法和神经元网络识别技术已在某些方面成功应用。

3）在食品品质成分的定量分析中，目前研究的超声波特性与媒体成分之间的关系已经很好地解决两组分液体的成分分析，也已经有了部分的实际应用，但对多组分成分的检测仍未有重大突破，一般需与其他参数结合（如温度、电导）才能进行多组分的检测，食品成分之间的相互作用对测量结果的影响是检测过程中不能忽略的问题，因此在成分分析过程中还需进一步开展研究。

4）在应用数学模型的求解过程中使用的方法简单，未使用一些新发展的数学方法。目前采用最多的是利用多重回归方程进行拟合和预测。随着模式识别技术的发展，大量的新型识别技术不断发展，因此有必要将一些功能更强大的模式识别技术引入到超声波检测的求解过程中。

第五章

分离机械与设备

5

食品工业生产中的分离操作是指将具有不同物理、化学等属性的物质，根据其颗粒大小、相、密度、溶解性、沸点等表现出的不同特点而将物质分开的一种操作过程，也就是利用各种单元操作手段把对象物质从混合物中加以分开的过程。混合物包括均相和非均相两大类，非均相混合物是由具有分界界面的两相所组成，而均相混合物则没有明显的界面。在食品加工中，需要将混合物加以分离的情况很多，例如，发酵工业的产品经常要经过分离或净化之后才能进入下一道加工程序；淀粉、结晶或杂质等固形物料从原料液中的分离；纯净水的制备；牛乳中蛋白质的提纯以及在植物原料中提取天然有效成份等等。上述过程，均要运用一定的物理或化学方法，采用适当的分离机械与设备来加以操作，并在此过程中消耗一定的物料和能量。分离具有不同物性的物质的方法各不相同，物质的分离一般采用过滤、蒸馏、重结晶、萃取、离心及吸附等方法。如果按照分离的性质来分，则可以分为物理分离方法、化学分离方法和物理化学分离方法三种。物理分离方法主要是以被分离对象在物理性质方面的差异采用有效的物理手段进行分离，它的机械分离方法主要有过滤、沉淀、离心分离等；化学分离方法是依据被分离的物质在化学性质方面的差异采用化学方法进行分离，如沉淀分离、溶剂萃取、离子交换等；物理化学分离方法则利用被分离对象在物理和化学性质方面的差异，采用物理和化学相结合的技术方法进行分离。

食品工业生产中的分离主要包括以下几类：

(1) 固—固分离　固—固分离是根据不同固体颗粒的大小和密度等性质来分离，如筛分，又可纳入分级的范畴。

(2) 固—液分离　固—液分离常利用板框过滤机等将酵母从啤酒发酵液中分离。

(3) 固—气分离　固—气分离常利用旋风分离器等将乳粉颗粒从热风中的分离。

(4) 液—液分离　液—液的分离可利用碟式离心机将稀奶油从牛乳中的分离。

除此之外还有液—气分离、气—气分离等。由于食品中的主要物料是固体和液体，因此液—气分离、气—气分离的模式在食品工业中的运用较少。此外，基于颗粒物质对半透膜通过性能不同发展起来的膜渗透工艺及基于超临界状态下 CO_2 等溶剂对不同物质溶解性不同进行的超临界流体萃取工艺亦被视作为分离的范畴，它们是高新技术在食品工业中应用的代表。

从物料分离的原理上看，可将食品的分离设备分为两大类：

第一类是利用机械力和分离介质来进行分离的操作，包括：①利用离心力分离的螺旋分离设备，如碟式离心分离机；②利用离心力和流体力学性质中的惯性离心力来进行物料分离的旋液分离器；③利用机械力的作用，在物料传递过程中通过过滤介质进行分离的板框过滤机、三足式离心机以及用在20世纪60年代后发展起来的膜分离技术。

第二类是超临界流体萃取技术，该技术利用某些溶剂在临界值上所具有的特性来提取混合物中可溶性组分的一门新的分离技术。其他还有一些利用物理、化学或表面性质的方法使分散相与分散介质发生物性变化，如利用调节 pH 值、盐析等方法将蛋白质等物质从分散介质中变性，溶解度下降，再使用过滤、离心等方法进行分离，其前处理的方法上存在着不同，但最后的分离方法与上述相似。因此，根据对象物本身的物理化学性质进行工艺流程和工艺参数的控制，是分离操作中所必须考虑的重要问题。

第一节　离心分离原理及设备分类

1. 离心分离的原理

在食品工业的生产中，经常需要将固—固、固—液、液—液、固—液—液的混合物料中的组分加以分离，其中，固—液、液—液、固—液—液混合物料的分离操作，可称之为非均相系分离操作。通常分散介质为液体的系统，可根据分散质的形态为固体、液体或气体而分别称为悬浮液、乳浊液和泡沫液，其中，前两者在食品工业中占有特别重要的地位，而分散介质为气体的系统，称之为气溶胶。悬浮液和乳浊液的分离，可采用离心方法。

离心分离设备是利用分离筒的高速旋转，使物料中具有不同比重的分散介质、分散相或其他杂质在离心力场中获得不同的离心力，达到分离的目的。我们以牛乳的重力沉降来加以说明：

牛乳一般主要由以下几个部分组成：水分 87.0%，乳固体 13.0%，其中非脂乳固体 9.0%（蛋白质 3.3%、乳糖 5.0%、灰分 0.7%），脂肪 4.0%；此外根据乳牛的生理状态和采乳方式，还含有一些少量的腺体细胞和杂质等。

牛乳脂肪球是直径约为 100～10000nm 的微粒，其中以 3000nm 左右者居多，1mL 牛乳中含有$(2\sim4)\times10^9$个脂肪球。牛乳中，脂肪球的密度为 0.93，脱脂乳的密度为 1.035，将新鲜乳静置放在普通沉降槽内，脂肪球将徐徐上浮，数小时后，可分成三个较明显的组分，最轻的上层为稀奶油、中层为脱脂乳、最下层为固体杂质。稀奶油的上浮速度可以近似地用斯托克斯（Stocks）公式来表示

$$v=\frac{2gr^2(p_b-p_a)}{9\eta}$$

式中　v——上浮速度（沉降速度）(cm/s)；

g——重力加速度(cm/s^2)；

r——脂肪球的半径(cm)；

p_a——脂肪球的密度（颗粒密度）(g/cm^3)；

p_b——脱脂乳的密度（分散介质的密度）(g/cm^3)；

η——脱脂乳的粒度（介质粘度），$\eta=0.1$ps。

由上式可知，脂肪球的上浮速度与 g、p_a、p_b、r、η 有关，与脂肪球半径的平方成正比，由于 $s=vt$，沉降槽越深（路程 s），分层所需的时间 t 越长。

重力沉降（图 5-1）及离心沉降（图 5-2）都是利用物料内清液和杂质的比重差来实现分离的，不同的是所用的分离力的形式不同，前者是重力，后者是离心力。

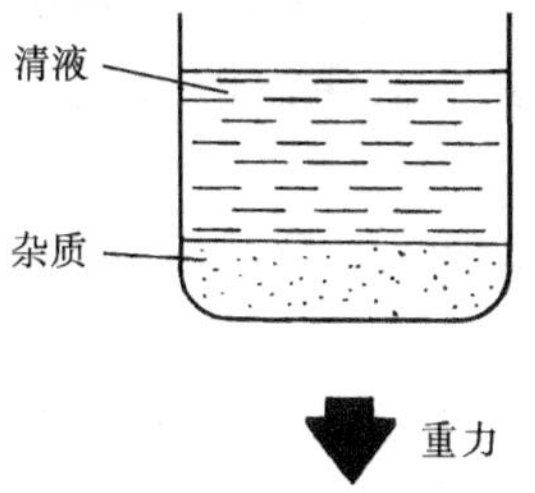

图 5-1　重力沉降

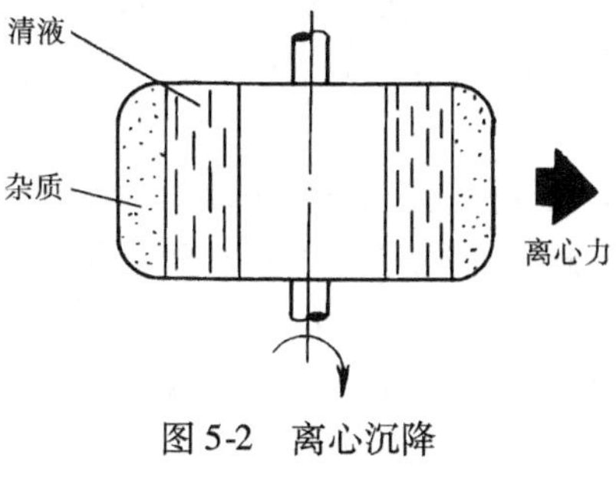

图 5-2　离心沉降

以离心沉降的情况来说，因为有重力的数百倍到数万倍的离心力的作用，其分离速度远比重力沉降大，分离的效果也高得多。

分离因数是用来表示离心机分离性能的主要指标，其定义是物料所受的离心力与重力之比值，也等于离心加速度与重力加速度之比值：

$$\alpha = R\omega^2/g$$

式中 α——分离因数；

ω——转鼓回转角速度；

R——转鼓半径（cm）；

g——重力加速度（cm/s^2）。

由上式可以知道，增大转鼓半径、增加转速，有利于提高分离因数，尤其是增大转速，但从设备强度因素方面考虑，两者的增加都有限度。

由于离心机转鼓转速很高，每分钟可达到上千转到几万转，因而分离因数可高达3000以上，对于在重力场中极为稳定的食品悬浮液和乳浊液的分离尤其适用。

要根据不同的分离物料性质和不同的分离要求来选取分离因数的大小。

对悬浮液、乳浊液（及气溶胶）等非均相系的分离操作，在食品工业上具有如下的目的。

（1）生产的产品　从淀粉乳浆中制取淀粉；从牛乳中制取奶油和脱脂奶；将晶体与母液分离，制取纯净晶体食品等；

（2）提高制品纯度　如牛奶净化除去微粒固体等；

（3）回收有价值的物质　如从含微粒固体的气溶胶中分离出奶粉；

（4）安全生产　分离生产中产生的酸雾、烟等有害物质，保证人身和设备的安全；

（5）分离浓缩　如反渗透法利用于牛乳、乳浆、饮料、咖啡、动物血液、啤酒、蛋白质的浓缩。

2. 离心机分类

（1）按离心机的离心分离因数大小来分类

1）常速离心机：$\alpha < 3000$，主要用于分离颗粒不大的悬浮液和物料的脱水。

2）高速离心机：$3000 < \alpha < 50000$，主要用于分离乳状和细粒悬浮液。

3）超高速离心机：$\alpha > 50000$，主要用于分离相不易分离的超微细粒的悬浮系统和高分子的胶体悬浮液。

（2）按操作原理的不同分类

1）过滤式离心机：这是鼓壁上有孔，借离心力实现过滤分离的离心机。有三足式离心机、上悬式离心机、卧式刮刀离心机、活塞推料离心机等。转速一般在1000～1500r/min，分离因数不大，只适用于易过滤的晶体悬浮液和较大颗粒悬浮液的分离以及物料的脱水。

2）沉降式离心机：这是一种鼓壁上无孔，借离心力实现沉降分离的离心机。有螺旋卸料沉降式离心机等，用以分离不易过滤的悬浮液。

3）分离式离心机：这是一种鼓壁上无孔，具有极大的转速，一般在4000r/min以上，分离因数在3000以上的离心机，主要用于乳浊液的分离和悬浮液的增浓或澄清。

（3）按操作方式的不同分类

1）间歇式离心机：是指转鼓对所承载的被分离而截留的物料有一定质量限度的离心机。在卸料时，必须停车或减速，然后采用人工或机械方法卸出物料，如三足式、上悬式离心机。其特点是可根据需要延长或缩短过滤时间，满足物料终湿度的要求，主要用于固—液悬浮混合液的分离。

2）连续式离心机：整个设备的操作均在连续化状态下，物料的输入和不同相物质的分离与输出均为连续完成，如螺旋卸料沉降式离心机、活塞推料离心机、奶油分离机等，可用于固—液悬浮液和液—液乳浊液的分离。

（4）按卸料方式分类

1）人工卸料离心机。

2）重力卸料离心机。

3）刮刀卸料离心机。

4）活塞推料离心机。

5）螺旋卸料离心机。

6）离心卸料离心机。

7）振动卸料离心机。

8）进动卸料离心机。

（5）按转鼓主轴位置分类

1）卧式离心机。

2）立式离心机。

第二节 卧式螺旋离心机

卧式螺旋离心机是化工聚烯行业、食品植物蛋白提取、工厂工业废水污泥脱水处理等工序的关键设备，具有分离因数高，能实现对悬浮液的脱水、澄清、分级的操作，对分离物料的适应性强，单位生产能力的功耗低等特点。如在植物蛋白提取和乳品生产中，承担着蛋白液与豆渣，凝乳与乳清液的分离作用。

一、卧式螺旋离心机的基本结构和工作原理

1. 卧式螺旋离心机的基本结构

卧式螺旋离心机主要由三个部分组成：转筒部分、螺旋推料器和驱动装置。它们之间通过一个行星齿轮箱调整螺旋转速差，此外还包括支撑这些装置的主要轴承系统。

2. 卧式螺旋离心机的工作原理

卧式螺旋离心机的工作原理如图5-3所示。整个设备可视作为由固定部分和运转部分两大部分组成，机座8、机壳3、进料管7与安装在机座上的左右轴承和转鼓上的溢流孔、排渣孔起到限定、支撑、进出料的作用，而通过三角带轮1、螺旋输送器5、转鼓4、行星差速器2的运转

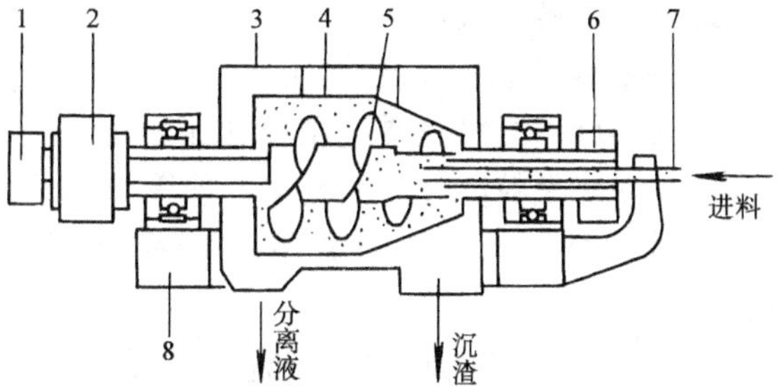

图5-3 卧式螺旋离心机工作原理图

1—带轮 2—差速器 3—机壳 4—转鼓 5—螺旋输送器 6—主皮带轮 7—进料管 8—机座

起到物料分离的作用。整个动力装置由电动机提供，在机壳3内有两个同心装在左右轴承上的回转部件，外边的是无孔的不锈钢转鼓4，里面是带有螺旋叶片的螺旋输送器5。电动机通过V带轮带动转鼓旋转，行星差速器的输出轴带动螺旋输送器与转鼓作同向转动，但转速不同，其转差率一般为转鼓转速的0.2%～3%。悬浮液从右端的中心加料管连续送入机内，经过螺旋输送器内筒加料隔仓的进料孔进到转鼓内与螺旋叶片输送器的分隔区间。由于螺旋叶片的旋转，物料受到离心力的作用，因此，在转鼓内的内壁面上形成一个液环，根据斯托克斯定律，密度较大的固体颗粒物料将沉降到转鼓的内壁表面而形成沉渣，由于差速器的调节，螺旋叶片与转鼓存在着一个同向的差速相对运动，沉渣被螺旋叶片送到转鼓右边小端的干燥区，从排渣孔甩出。而在转鼓左侧的大端盖上，开设有若干溢流孔，澄清液（分离液）从此处流出，经机壳的排液室排出。调节溢流档板溢流口位置、机器的转速、转鼓与螺旋输送器的转速差和进料速度，就可以改变沉淀的含湿量和澄清液的固形物含量。

3. 卧式螺旋离心机的主要部件

在图5-4卧式螺旋离心机结构示意图中可以看到该机的主要部件有下面几个部分：

（1）转鼓　转鼓是螺旋离心机的关键部件，由转鼓体、大端轴颈和小端轴颈用止口配合螺钉连接而成。转鼓筒体的材料可选用碳钢、不锈钢，也有使用玻璃钢。在转鼓大端轴颈的凸缘上开有分离液出口，被分离的清液由该出口溢流出转鼓，溢流口的直径设计可调节，以提高离心机对被分离物料的适应性；转鼓的小端是出渣口，出渣口的耐磨性是其选型时主要考虑的问题，一般使用高强度的不锈钢材料，或表面高温碳化淬火，并设计有可拆换的耐磨衬套。

（2）螺旋　螺旋是螺旋离心机的主要结构，与转鼓同心，主要由螺旋筒体和左右轴颈组成。左右轴颈安装在轴承上，起到固定和传动作用。螺旋筒体为一螺旋结构，在设备中主要起到输送料液，提供离心作用力形成液环和分离液渣的作用，并利用螺旋与转鼓之间的转速差，将沉降在转鼓壁上的沉渣输送到转鼓小端的出渣口排出。

（3）差速器　差速器是螺旋离心机的重要部件，转鼓与螺旋的差速运动即由此产生，目前主要有摆线行星减速器和渐开线齿轮行星减速器两种形式，这类减速器具有结构紧凑、重量轻、耐久可靠性高、传动效率高的特点。

二、卧式螺旋离心机的使用

卧式螺旋离心机是螺旋离心机中的主要设备，常用的主要有脱水用卧式螺旋离心机和澄清用卧式螺旋离心机，分离因素前者一般小于3000，后者一般大于3000，前者较后者转速低，螺径大，螺距大。

1. 螺旋离心机的主要应用

卧式螺旋离心机主要应用于化工、轻工、食品和环保行业，适用于对悬浮液的液体澄清、固体脱水及粒度分级和废水处理等，并进行有效的沉渣输送。具有可连续分离操作，对物料的适应性强，效果好，单位产品能耗低的优点。在选用时要从下面几个方面考虑：

1）对于易分离物料的固相脱水，可以得到含液量较低的固体，对那些用过滤机和过滤离心机不能进行分离或分离效果极差的物料，可通过选用适当的工艺参数和结构参数的螺旋离心机来完成分离过程。

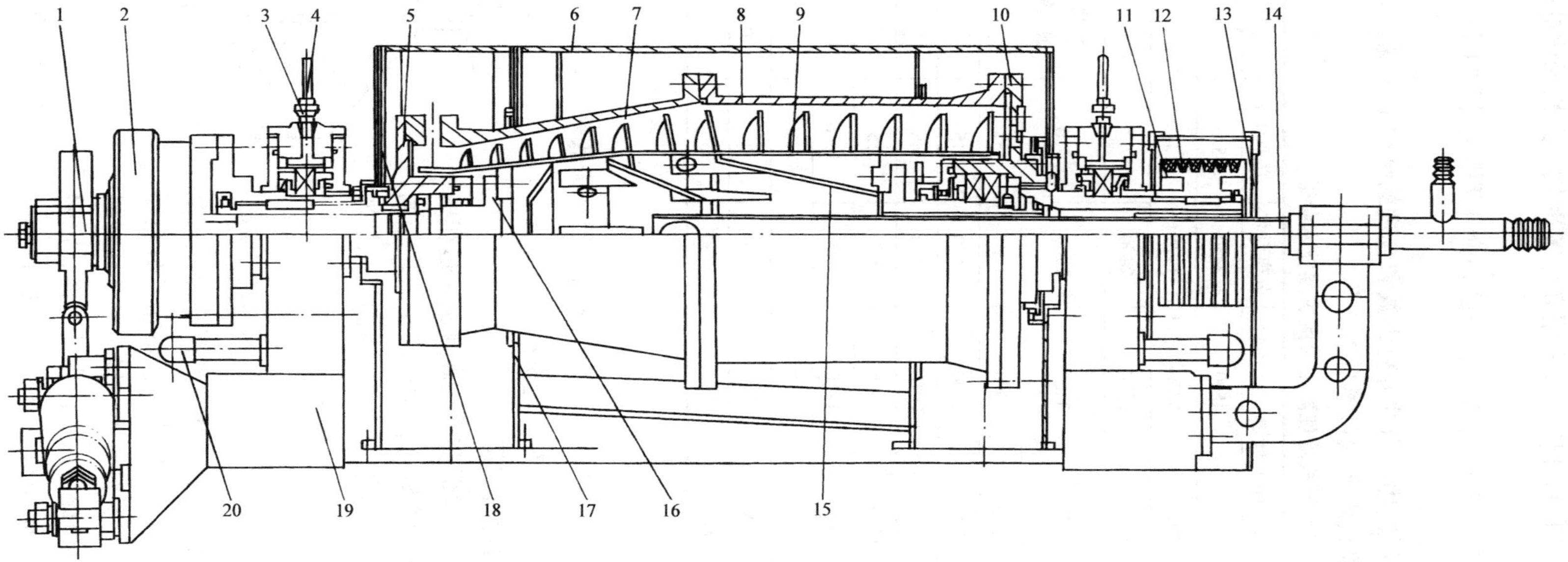

图 5-4　卧式螺旋离心机结构

1—安全装置　2—差速器　3—进油接头　4—进油管　5—左轴颈　6—出液上罩　7—转鼓锥段　8—转鼓直段　9—螺旋输送器　10—右轴颈　11—带轮　12—V 带　13—皮带罩　14—进料管　15—布料器　16—花键轴　17—下机壳　18—出料上罩　19—机座　20—回油管

2）对于细粒级难分离的悬浮液的分离，可采用高分离因数，大长径比的螺旋离心机来完成。

3）对于固相浓度大的液—液—固三相悬浮液和固相介于两种液相之间的三相混合物可采用特殊结构的螺旋离心机来完成。

4）对固相颗粒粒度分级，可选用适当的分离因数和合理的结构来实现。

国产卧式螺旋离心机的主要技术参数可参见表5-1。

表5-1 卧式螺旋离心机的主要技术参数

型　号	转鼓直径/mm	长度/mm	转速/（r/min）	分离因数	功率/kW	用　途
LW200×400	200	400	4500	2260	5.5	聚氯乙烯
LW250×750	250	750	3760	1975	11	污泥脱水
LW350×650	350	650	3500	2400	7.5	猪油分离
LW380×618	380	618	3000	1960	7.5	植物油，造纸废水，碳酸钾、碳酸钙脱水
LW400×1200	400	1200	2900	1880	37	酒精处理
LW450×750	450	750	2500	1570	15	聚氯乙烯
LW450×1350	450	1350	2970	2220	45	污泥脱水
LW500×1176	500	1176	1400	547	15	淀粉
LW600×1020	600	1020	1250	524	18.5	淀粉
LW600×900	600	900	2100	1479	45	聚氯乙烯
LW600×1800	600	1800	2200	1620	55	污泥脱水，高岭土
LW630×1605	630	1605	2200	1700	55	聚氯乙烯

注： L—螺旋卸料；W—卧式。

2. 螺旋离心机的缺点

螺旋离心机沉渣含液量高，虽然能对沉渣进行洗涤，但洗涤效果不好，此外，螺旋离心机转速高，转动件加工精度高，结构复杂，造价高。

三、碟式离心机分离设备结构与应用

这是一类以若干叠加在一起的锥形碟片在高速旋转过程中对物料进行分离的设备（图5-5、图5-6），主要用于非均相的液—液乳浊液分离和固—液悬浮液的分离，广泛应用于乳品加工、淀粉提取等生产领域。

1. 工作原理

分离机高速旋转，在其转鼓内形成一个强大的离心力场，当待分离的料液进入转鼓后，就受到这个强大的离心力场的作用。由于不同物料的密度存在着差异，密度较大的重组分受到了较大的离心力的作用，这样，它就沿着锥形碟片下表面滑移出沉降区，进入混流过渡区，再经此区内洗涤水的洗涤，汇聚喷嘴，最后通过喷嘴排出机外；而轻组分因受到的离心力较小，由于浮力的作用而移向碟片锥顶小端，最后汇聚向心泵

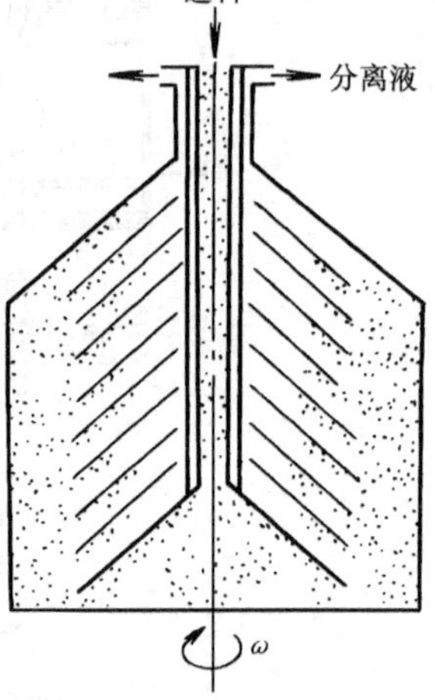

图5-5 澄清型碟式分离机原理

室，由向心泵排出机外，从而完成整个分离过程。图 5-5 为澄清型碟式分离机原理图。

2. 碟式离心机的主要结构

碟式离心机主要由转鼓、机壳、传动系统、控制系统和机座组成。图 5-6 所示为碟式离心机外形图。

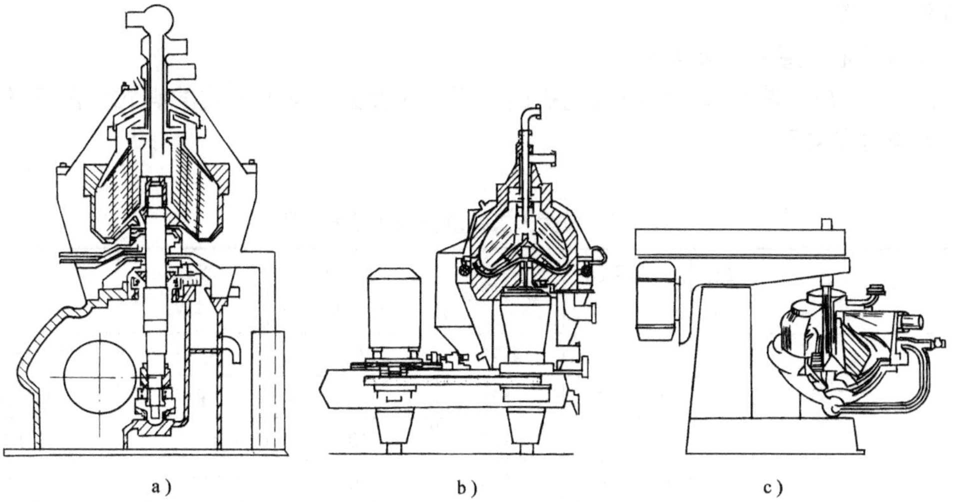

图 5-6　碟式离心机外形图
a）立轴式　b）带式　c）悬挂式

转鼓是碟式离心机的主要工作部件，是使物料达到处理要求的主要场所，转鼓主要由转鼓体、分配器、碟片、转鼓盖、锁环等组成，为保证食品生产的要求，该部位部件均采用不锈钢制作。转鼓的直径为 350 ~ 550mm，鼓内有十至上百片数量不等的、厚度为 0.3 ~ 0.4mm 的不锈钢板制成的碟片，碟片呈倒锥形，锥顶角为 60° ~ 100°，碟片间距范围在 0.3 ~ 10mm，通常为 0.8 ~ 1.5mm，其间距由碟片上焊的筋条厚度决定。

碟式离心机的驱动结构使离心机转子高速旋转，是离心机设计中的核心技术之一，应保证离心机可靠地运行，具有较高的分离效率、高质量的分离效果。离心机的驱动结构应具有如下的基本要求：①工作转速范围内振动小，运行稳定可靠；②转速精度高；③升降速快；④噪声低；⑤体积小，结构简单。碟式离心机的驱动结构从人力驱动开始，经历了油透平驱动、空气透平驱动，发展到至今采用了高速电动机——增速机构和电动机直接驱动的过程。

3. 碟式离心机的操作

碟式离心机是高速旋转的分离机，回转离心力极大，操作中，要注意安全。开机前，分离机必须按规定进行细致的清洗和正确的装配，以达到动平衡状态，并且在每次开机前认真检查转鼓的转动是否灵活，各机件是否锁紧，刹车是否处在松开状态，察看机座的油箱油面是否处于玻璃刻度位上，要防止虚油面的产生，若停机 12h 以上，开机前应将排油螺栓旋松几圈，排出可能沉降的水分。

工作时，转鼓以 4000 ~ 7000r/min 的转速旋转，料液由转鼓上部中央的进料口进料，经位于中央转轴旁边的通道加入，到达鼓底后，由最下面碟片的开孔处折向上方，分配至各碟片间的空间进行分离，由于轻、重液存在密度差，在惯性离心力的使用下，重物料向外侧位移，轻液被迫向内侧移动，由于碟片的间隙较少，两种物料迅速到达上下碟片的壁面，在碟片间的狭小空间内以反向移动，重液沿上碟片的下壁面向外并向下，轻液沿下碟片的上壁面向内向上。各碟片间流出的轻液汇集在加料管周围的环隙空间，由此经转鼓上部加料管外侧的出料口排出；重的料液则集中在转鼓壁上，经不同的方式排出机外，如人工排渣、喷嘴排渣和环阀排渣等。

4. 碟式离心机基本技术参数

表 5-2 中列出了碟式人工排渣分离机的主要技术参数，其他形式的碟式分离机的主要技术参数请查阅有关手册。

表 5-2 碟式人工排渣分离机技术参数

序号	型　号	直径 /mm	沉降面积 /cm²	分离因数	处理量 /(L/h)	功率 /kW	用　途
1	D R N—奶制品 人工排渣 碟式	87	0.2×10^{7}	4575	50	手摇	牛乳分离
2		92	0.2×10^{7}	4838	50	手摇	牛乳分离
3		105	0.3×10^{7}	5185	100	电动或手动	牛乳分离
4		106	0.3×10^{7}	7214	100	电动或手动	牛乳分离
5		136	0.9×10^{7}	6364	200	电动或手动	牛乳分离
6		184	2.7×10^{7}	6582	500	电动或手动	牛乳分离
7		200	1.1×10^{7}	5156	1000	1.5	牛乳分离
8		234	0.7×10^{7}	7027	1000	1.5	牛乳分离
9	D R R—乳胶类	400	34×10^{7}	11750	420 ~ 650	11	乳胶浓缩
10	D R Y 一般油类	230	5×10^{7}	6221	1500	2.2	柴油、润滑油、透平油去和杂质
11		365	25×10^{7}	8050	1 ~ 2t/h	5.5	植物油脱水去杂
12		400	53×10^{7}	9830	4000（水）	13	青霉素、红霉素分离
13		400	13.3×10^{7}	9290	8000（水）	11	青霉素、红霉素分离
14		500	54×10^{7}	5760	10t/h（水）	15	抗菌素分离
15	D R S—生物制品	230	8×10^{7}	6168	100 ~ 1500	2.2	生物制品、药的净化，动植物油脱水去杂，果汁、牛乳及抗菌素澄清
16	D R Z—植物油	550	76×10^{7}	6049	6.25t/h	15	植物油净化
17	D R H—化工	400		7710	$2m^3/h$	11	液—液—固分离

注：表中沉降面积即为碟式分离机的当量沉降面积。

四、三足式离心机设备结构与应用

1. 三足式离心机的工作原理

三足式离心机是一种过滤式离心机，鼓壁上开孔，覆以滤布，将待处理浆料注入其中随鼓壁一同旋转，液体受离心力后穿过滤布及壁上的小孔排出，而直径大于滤布孔隙的固体颗粒则被截留在滤布上形成滤层。

2. 三足式离心机的基本结构、操作和优缺点

图5-7为人工卸料三足离心机示意图，主要由转鼓、机壳、支柱、制动器、电动机组成，是间歇操作的转鼓式离心机中最简单的一种。转鼓又称滤筐，直立，开口向上，从底部被带动，转鼓和机壳上端向内收敛。由不锈钢制成的鼓壁上开有呈正方形（或其他形式）排列的滤孔。由于该设备的外壳、转鼓和传动装置都悬在三个支柱上，所以称作三足式离心机。转鼓和机壳通过牵引杆挂在3个支柱上，转鼓的振动力由弹簧承受，而转鼓则通过旁立的电动机由V带带动转鼓下部的带轮而旋转。被分离料液在机壳内收集后经下部的出料口排出。具有结构简单、占地面积小，且操作平稳的优点。由于三足式离心机是通过控制分离时间来实现产品对湿度变化的要求，比较适用于过滤周期长，处理量不大且滤渣含水量较低的生产过程，对于粒状的、结晶状的、纤维状的物料脱水效果较好，对于部分难滤性物料，可以通过加入适量的助滤剂如硅藻土等来提高分离效果。主要缺点是：转鼓内的固体物料有一定的承载限量，需要定期停机除渣，而且上部卸出滤渣需要繁重的体力劳动，因此，另设计有三足式自动卸料离心过滤机。

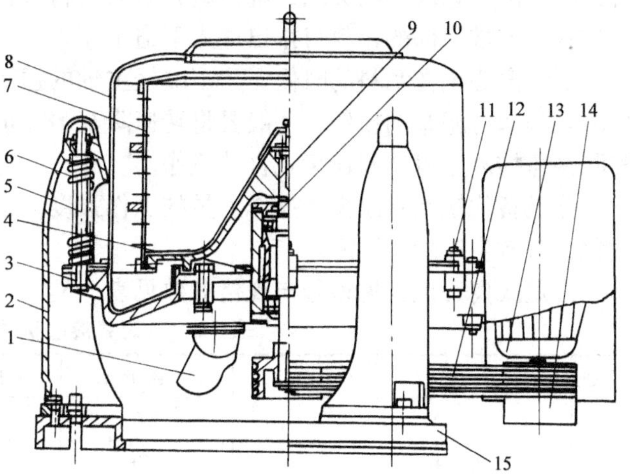

图5-7 人工卸料三足离心机

1—出液管(SSC机型无出液管) 2—支柱 3—底盘 4—轴承座 5—摆杆 6—弹簧 7—转鼓 8—外壳 9—主轴 10—轴承 11—压紧螺栓 12—V带 13—电动机 14—离心离合器 15—机座

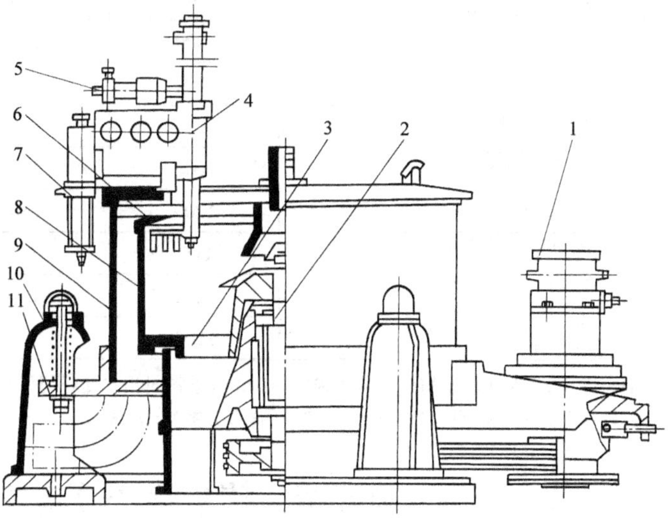

图5-8 三足式液压自动卸料离心过滤机

1—液压马达 2—主轴 3—转鼓底 4—刮刀装置 5—旋转液压缸 6—挡液板 7—升降液压缸 8—转鼓 9—外机壳 10—弹性悬挂支承装置 11—底座

3. 三足式液压自动卸料离心过滤机

三足式液压自动卸料离心机过滤机如图5-8所示。从结构上来看，三足式下部卸料离心机比普通三足式离心机多了一个自动刮料功能，这套刮刀装置的升降由一套电气系统控制的液压系统来完成，其主要运行程序如下：①起车至最高转速；②开启放料阀向转鼓内加入物料进行脱液；③放料阀关闭，洗涤阀开启对物料进行洗涤；④降至刮料转速；⑤刮刀刮下的干物料由转鼓下部的排料口排出进入下道工序。

下卸离心机在刮料的时候，为了减轻主轴的扭矩和物料对刮刀片的压力，以免造成刮刀杆的震颤和对滤布的损伤，一般要将转速降至18r/min左右，并可在设备中加装料位探测器和测振监控装置以达到连续式自动操作。

此设备优缺点：减少了操作人员的工作强度，但由于在工作过程中存在着加速和减速的过程，有效生产能力下降。

三足式离心机常见型号与规格参数见表5-3。

表5-3 三足式离心机的技术参数

序号	型号	直径/mm	装料容积/L	分离因数	功率/kW
1	人工上部卸料 S S 300 —转鼓直径 —人工上部卸料 —三足式	300	8	1320	1.1
		450	20	1000	2.2
		600	45	860	3.0
		800	90	592	4.0
		1000	140	640	7.5
		1200	250	545	15
		1500	400	322	11
2	人工下部卸料 S X—人工下部卸料 —三足式	800	100	1000	7.5
		910	110	412	7.5
		1000	110	500	7.5
		1200	250	545	22
3	刮刀下卸料 S G—刮刀下卸料 —三足式	800	90	645	7.5+2.2
		1000	140	560	11+2.2
		1200	250	545	22+3.0
4	自动刮刀下卸料 S G Z—自动 —刮刀下卸料 —三足式	800	90	645	5.5+1.5
		1000	150	560	11
		1200	270	635	22+3.0

注：表列产品的适用范围：可分离粒径≥10μm；进料固相浓度（质量百分数）≤60%。分离后滤渣含水率（质量百分数）≤3%～30%；分离后液相含固率（质量百分数）<0.5%。

第三节 旋液离心分离机械与设备

旋液离心分离器又称旋液分离管、水力旋流器。广泛应用于食品、医药、化工行业等领域，如在淀粉的分离和提纯工艺中被普遍使用。它不仅可用于悬浮液的分离、增浓，而且可用于产品的分级，此外，还可用于不互溶液体的分离、气液分离以及传热、传质和雾化的操作中。

1. 旋液离心分离机械与设备的原理和结构

旋液分离器结构如图5-9所示，它是一种离心沉降式分离器，这种设备结构紧凑，操作维修方便，整套设备可实现连续操作和过程控制，造价低廉，使用寿命可长达10年。率先由美国某公司在淀粉分离中应用，其结构由圆柱体部分和圆锥体部分组成，圆柱体部分在切线方向设置有喷嘴，在圆柱管上部中央设有尾水管，尾水管向下延伸到圆柱与圆锥交界面下，圆锥管下部为底流嘴。

旋液分离器对不同物料的分离是利用悬浮液等在管内作高速旋转时所产生的惯性力使具有不同密度的介质成分进行分离的分离方法，原理如图5-10所示。当待分离物料通过输送泵从喷嘴切向喷入旋液分离器的圆柱体后，在喷嘴速度及压力的作用下，在管内沿旋液管轴线作螺线旋转运动，外层为下降旋流，内层则为上升旋流。由于固体物料具有更大的密度，受惯性离心力作用在旋转过程中逐步贴向旋液器内壁，并与内壁发生摩擦逐渐降低旋转速度，在重力的作用下向下旋转形成下降旋流进入圆锥管，在底流堆积并不断地排出，其他密度较小的，在旋液器中央旋转的去除固体物料的液体则形成螺旋上升的清流，并随着进料而被挤入尾水管，排到管外。这种下降由底部排出的增浓液称为底流，上升从顶部中心管排出的清液被称为溢流。在旋液分离器的内层旋流中心会有一个处于负压的气柱，气柱中的气体来源于料浆释放，或由溢流管口吸入。

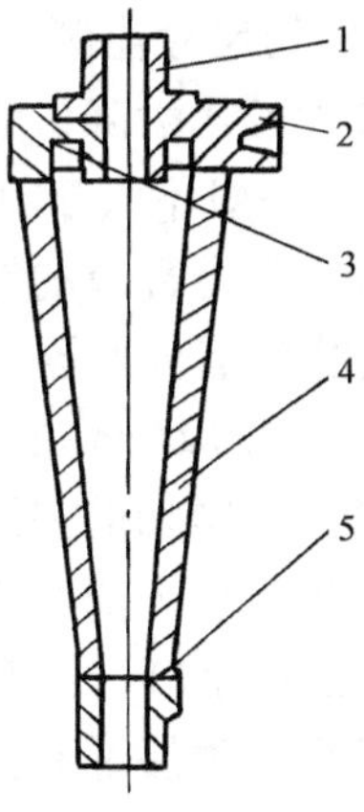

图5-9 旋液分离器结构简图
1—尾水管 2—喷嘴 3—圆柱体
4—圆锥体 5—底流嘴

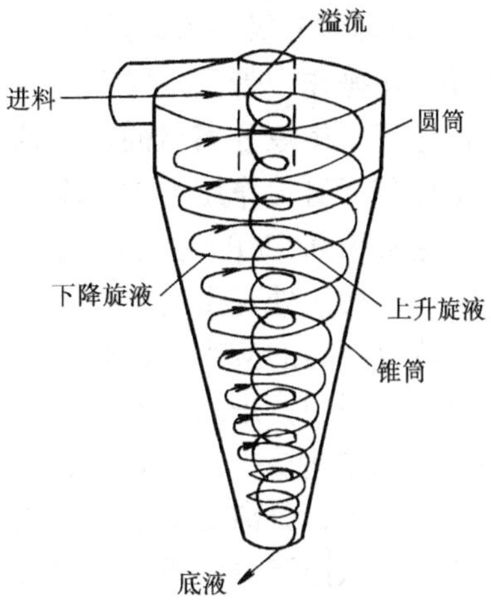

图5-10 旋液分离器（内流型）原理图

旋液分离器按照分离介质不同可分为：固—液分离（除砂器）、固体筛选、液—液分离（油水分离）、气—液分离、气—固分离（旋风除尘器）、气—液—固三相分离等；按旋液分离器的结构形式一般可分为静态旋液分离器和动态旋液分离器两种。

2. 旋液离心分离机械与设备的特点与应用

旋液分离器的结构特点是直径小而圆锥部分长，所以又被称之为旋液分离管。因为固液间的密度差比固体间的密度差小，在一定的切线进口速度下，旋液分离器的直径与其分离效率有直接关系，小直径的圆筒有利于增大惯性向心力，直径越小，收集效率越高，但生产率越低。旋液分离器的结构尺寸与被分离颗粒的大小有关，颗粒大，旋液分离器的结构尺寸也愈大，工业用旋液分离器的直径（圆柱部分）小至10mm大到1m以上，用于精分离和洗涤用的旋液分离器的直径一般在20~30mm之间；旋液分离器的锥角也直接影响分离效果，锥角小，分离效果好，但其高度增加，会给加工带来困难，锥形段倾斜角一般为10°~20°。旋液分离器的高与直径有一定的比例关系。在旋液分离器的结构设计中，应根据不同的用途来进行设计和选择，并综合考虑单级操作或串联操作，详见表5-4旋液分离器适宜的结构尺寸比例。

表5-4 旋液分离器适宜的结构尺寸比较

用　途	D_i/D_c	D_e/D_c	L/D_c	L_e/D_c
分级	1/7	1/7	2.5	0.33~0.4
分离	1/4	1/3	5	0.33~0.4

旋液分离器的结构尺寸，如圆筒部直径D_c、进口管直径D_i、溢流管直径D_e、旋液分离器长度L、圆筒部长度L_c、溢流管在器内的长度L_e、锥角θ等及其相关比例，如D_i/D_c、D_e/D_c、L/D_c、l_e/D_c等对旋流器的性能有很大影响。

在旋液分离器的设计和选择中，一般是根据物料性质（固、液相密度，固相粒度，液相粘度）、处理或分级要求以及给定的压力降，先初步确定结构的尺寸比例，再确定D_c。

此外，在操作中带压浆料在进入旋液分离器后，会产生较大的压力降，为保证分离工作正常工作进行，旋液分离器的压力应略高于整个系统的压损（一般不大于0.3MPa）。在不同的加工环节，对工作压力的要求是不一样的，对用于除泥砂、粗分环节的旋液分离器，其工作压力通常为0.6MPa左右，用于淀粉洗涤或者回收蛋白质的旋液分离器，其工作压力还要高一些。适用于处理密度差在0.1g/cm^{3}的混合介质，即0.9~1.1g/cm^{3}的物料。

在旋液分离器的应用中，固体物质的体积分数与操作效果也有密切的关系。比如，在淀粉乳的分离过程中，进入旋液分离器的淀粉乳的密度对分离效果有较大的影响，淀粉乳的密度过小（淀粉含量少），形成的淀粉沉积层在锥管下部不能封住底流口，影响分离质量；淀粉乳的密度过大，分离的淀粉沉积层过厚，来不及从底流口排出，表层部分会被旋流着的成分重新搅起，从溢流口中排出，也会影响分离效果。

第四节 过滤机械与设备

过滤操作的基本原理是利用一种能将悬浮液中的固体微粒截留而使液体物料自由通过的多孔介质，从而达到将悬浮液中固—液分离的目的。在过滤的操作过程中，一般将被过滤处理的悬浮液称为滤浆，滤浆中被截留下来的固体微粒称为滤渣，而积聚在过滤介质上的滤渣层则被称为滤饼，透过滤饼和过滤介质的液体称为滤液。

一、过滤机械与设备的原理和特点

1. 过滤阻力和推动力

过滤的过程实际上是过滤的推动力克服过滤阻力的过程。在过滤的起始，过滤阻力只来自于过滤介质和支承物，随着过滤的进行，滤渣被截留形成滤渣层（滤饼），此时，过滤阻力则由过滤介质阻力和滤饼阻力组成，图5-11所示为过滤操作示意图。过滤的推动力则是由滤饼和过滤介质所形成的过滤层两侧的压力差。

工业过滤压力差的来源有四种：

1）本身的液柱压力差，一般不超过 $5\times10^4 N/m^2$。

2）在悬浮液表面加压，一般不超过 $5\times10^5 N/m^2$。

3）在过滤介质下方抽真空，通常不超过 $8.5\times10^4 N/m^2$。

4）利用离心力。

因而，根据上述过滤推动力的不同，过滤操作可分别称为重力过滤、加压过滤、真空过滤和离心过滤。

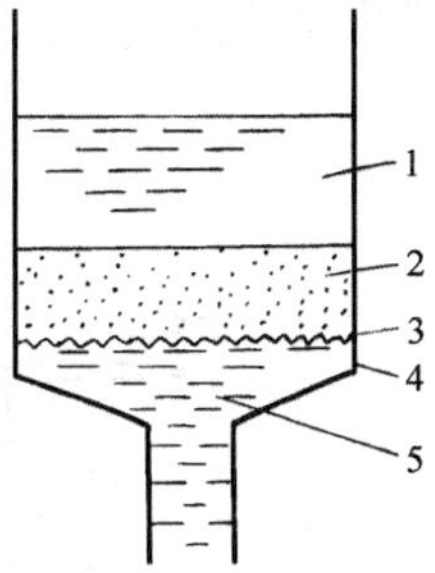

图 5-11 过滤操作示意图

1—滤浆 2—滤饼 3—滤布 4—支撑物 5—滤液

2. 过滤操作的程序和分类

过滤操作的程序一般分为过滤、滤饼洗涤、滤饼干燥、滤饼卸除四个阶段。

（1）过滤 过滤有两种方式，即恒速过滤和恒压过滤，在一般情况下，过滤的初期采用恒速过滤，随着过滤阻力的增加，压力升至一定值后，则转而采用恒压过滤，当阻力增大致使过滤速度变得很低，且压力超过设备承受能力时，则需要将滤饼移走，重新开始过滤。

（2）滤饼洗涤 滤饼洗涤目的在于回收有价值的滤液或纯的滤饼。洗涤所得到的溶液，称为洗出液。洗涤时，将清水或其他洗液同样在推动力作用下流过毛细孔道，其过程主要分为两个阶段：开始是置换洗涤，滤饼中的残留液被洗液所取代；然后是扩散洗涤，粘附在微粒表面上的薄层滤液通过扩散作用转入洗液而被夹带出。一般遵循提高洗出液浓度，滤饼大致洗净的原则，可采用多次逆流法洗涤。

（3）滤饼干燥 在洗涤结束后进行，主要是通过机械挤压、压缩空气挤压或通入热空气，以尽量排除滤饼中残留的洗液。

（4）滤饼卸除 将滤饼从滤布上卸下，可采用倒吹压缩空气、刮刀或其他方法。

大多数间歇式过滤机都是在加压下操作，而几乎所有的连续过滤机都是真空过滤机。

二、过滤机械与设备的结构与应用

1. 板框压滤机的结构与工作原理

（1）板框压滤机的结构 压滤机的结构如图 5-12 所示，由端板、滤板、滤框、滤布、支撑横梁、螺旋压紧装置组成。由许多交替排列的滤板和滤框构成主要工作部件，板和框架都被支承在一对横梁上。滤板的作用是支撑滤布，表面制成各种凹凸纹路或浮点，形成滤液流道。滤板又可分成洗涤板和非洗涤板，为了辨别，常在板、框外侧铸有小钮或其他标志。滤框的数目可由 10 到 60 个，过滤机的安装由滤布将滤框与滤板隔开，交替排列。并可经手动、电动或液压机构等将其压紧，使滤布紧贴于滤板上，而两相邻滤布之间的框内则形成了供滤浆进入的空间。

（2）板框压滤机的工作原理及过程 滤板和滤框的右上角均有小孔，压滤机组装后，这些小孔就形成滤浆进料的通道。滤浆由滤框上方通孔进入滤框空间，固体颗粒被滤布截留，在框内逐渐形成滤饼，滤液则穿过滤饼和滤布流向两侧的滤板，然后沿滤板的沟槽向下流动，由滤板下方的通孔排出。滤液排出的方式有两种，一种是在滤板下方装有旋塞，料液分别排出，可观察各板框过滤单元滤液流出的澄清情况，如果其中一块滤板上的滤布破裂，则流出的滤液会出现混浊，可将此过滤单元排出液旋塞关闭，待操作结束后予以更换，这种滤液排出结构的模式称为明流式；如果压滤机滤液由板框通孔组成的滤液通道集中流出，则此滤液排出结构的模式称为暗流式，有助于减少滤液与空气的接触。其工作过程如图 5-13 所示。

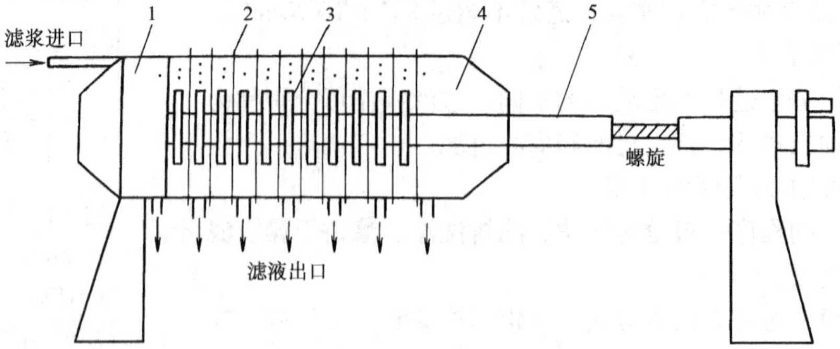

图 5-12 板框压滤机简图

1—固定端板 2—滤布 3—板框支座 4—可动端板 5—支承横梁

·—过滤板 ：—滤框 ⋮—洗涤板

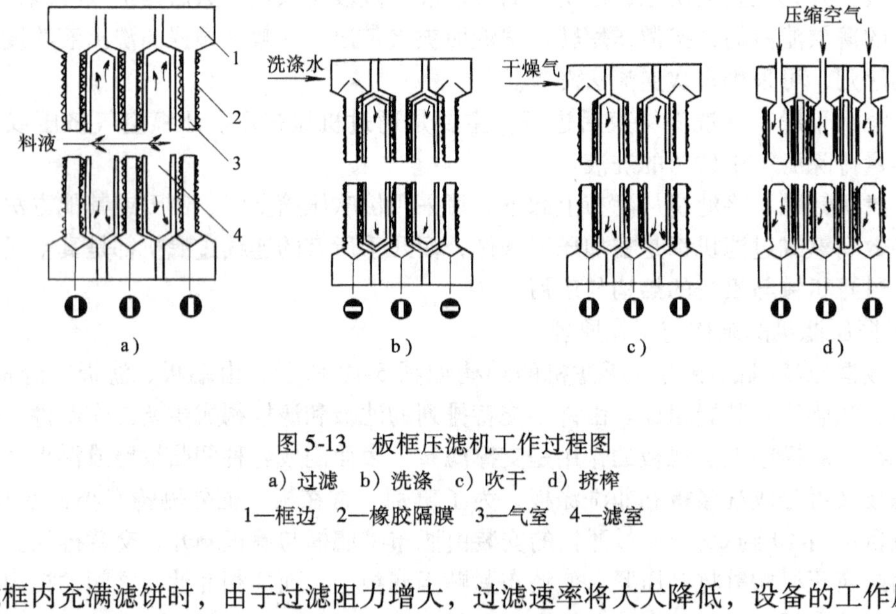

图 5-13 板框压滤机工作过程图

a）过滤 b）洗涤 c）吹干 d）挤榨

1—框边 2—橡胶隔膜 3—气室 4—滤室

当滤框内充满滤饼时，由于过滤阻力增大，过滤速率将大大降低，设备的工作压力超过允许范围，此时应当停止输入浆料，并进行滤饼洗涤。在洗涤板的左上角的小孔有一与之相通的暗孔，为洗涤液流入洗涤板的通道。在过滤的操作阶段，洗涤板仍起到过滤板的作用，但在进行洗涤操作时，洗涤板下端出口被关闭，洗涤液穿过滤布和滤框的全部向过滤板流动，并从过滤板下部排出。洗涤完成后，除去滤饼，进行清理，仍重新按照滤板—滤框—洗涤板—滤框—滤板的顺序交替组装，进入下一循环操作（图 5-14）。

2. 板框压滤机的特点与应用

板框压滤机是食品工业中使用最广泛的分离设备之一，适应于各种复杂物料的过滤分离，对于粘度大、颗粒度细、可压缩性显著的各种物料过滤分离均可使用，主要用于下述的工艺过程：

1）液体的澄清。

2）分离难过滤的低浓度悬浮液或胶体悬浮液。

3）分离液相粘度大或接近饱和状态的悬浮液。

但是，由于板框压滤机在停止进料后，过滤动力也随之消失，所以最后部分进料的滤液无法滤出，从而增加了滤饼的含湿量，并降低了滤液得率。为提高滤液得率或滤饼的纯净度，要求进行滤饼洗涤及滤饼的干燥工序，从而增加了设备投资和操作工艺上的复杂性，使过滤效率下降。

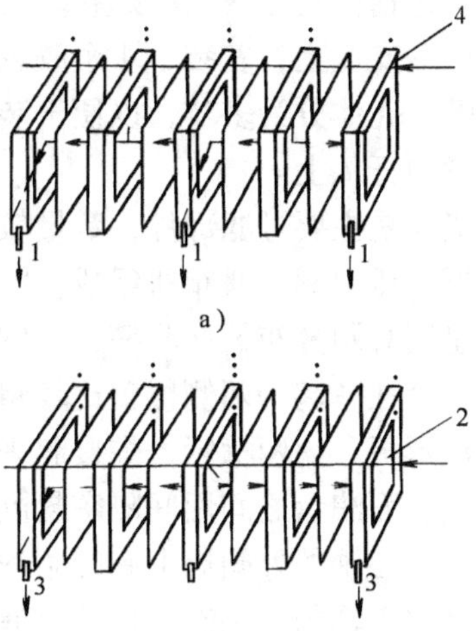

图 5-14 板框压滤机的过滤和洗涤操作
a）过滤操作 b）洗涤操作
1—滤液出口 2—滤液进口 3—洗液出口 4—滤浆进口

三、硅藻土压力过滤机

除上述离心、板框过滤机外，食品工业中常用的过滤机械还有硅藻土过滤机、加压滤叶型过滤机等；常用的真空过滤机包括水平圆盘过滤机、真空叶滤机和真空鼓式过滤机等。

硅藻土过滤机是以硅藻土为助滤剂的压力式过滤机，先将 2.5 ~ 3.0kg 的硅藻土加入 150 ~ 200kg 澄清良好的液体中，通过流体泵输入硅藻土过滤机中，随着过滤的进行，助滤剂硅藻土将在滤盘上涂布形成滤饼层，至预涂液达到澄清要求后，结束预涂，泵入添加硅藻土的待滤液，进行正常的过滤操作。该设备有很多优点，如性能稳定，适应性强，能用于很多液体的过滤，过滤效率高，可获得很高的滤速和理想的澄清度，甚至很混浊的液体也能过滤，设备简单，且在操作良好的情况下，还具有除菌的效果。它除了可以过滤糖液外，还可过滤啤酒、白酒、酱油、醋等。

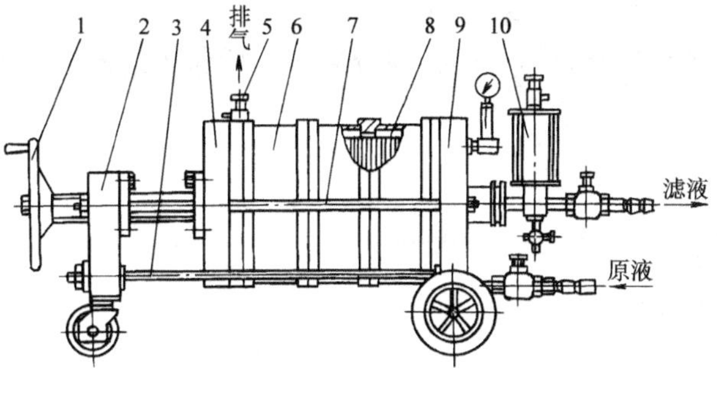

图 5-15 移动式硅藻土过滤机
1—手轮 2—后支座 3—拉紧螺杆 4—压紧板 5—排气阀 6—壳体 7—导向杆 8—滤盘 9—前支座 10—玻璃筒

图 5-16 波形板

硅藻土过滤机的结构形式有很多种，但其工作原理相同，图 5-15 所示为移动式硅藻土过滤机。该过滤机主要由壳体、滤盘、机座、压紧装置、排气阀、压力表等组成。

机座包括前支座 9、后支座 2、拉紧螺杆 3 等。前后支座被 4 根拉紧螺杆 3 连成一个整体。在前后支座上，安装了 4 个胶轮，以便机器的移动。机座上安置有壳体 6，滤盘 8，压紧板 4 等。壳体分为多节，以便于装配，节间用橡胶密封圈密封，并由各节上的导向套支撑在两根导向杆 7 上。

滤盘 8 是主要过滤部件，数量较多，可达几十个，由所需的生产能力而定，主要由波形板、滤网、压边圈、滤布所组成。波形板如图 5-16 所示，材质为不锈钢，圆形，上面压制有许多呈同心圆分布的凹凸槽，一则增加波形板的强度，二则凹槽也是液体的通道。将两块波形板对合在一起，两侧覆盖比较粗大的金属丝滤网，用以支撑滤布。再用内凹的不锈钢压边圈将波形板、滤网箍紧，焊接起来，使之成为一刚性体，滤网上面再覆盖滤布，用橡胶圈使之紧贴。而滤盘之间用间隔密封圈间隔分开，再用卡箍和压紧件将其固定在壳体中心的空心轴上。空心轴的外圆周上有四条均匀的长槽，槽中根据滤盘的数量和其相对应的位置钻有通孔，而空心轴的另一端连接着过滤机的出口，在工作时，料液就是由进口进入过滤机，充满在壳体内，在压力的推动下，滤浆穿过滤布、滤网进入波形板的内凹槽中，随后进入空心轴的长槽中，通过槽中的孔洞进入空心轴内部，再由出口排出，而杂质则由滤布所截留，由此滤浆得到澄清分离。适用于以回收滤液为主的过滤操作。

第五节 膜分离设备

膜分离是近二十年来在分离领域迅速崛起的高新技术，是一种利用天然或人工合成的高分子半透膜进行物质分离的方法，是以半透膜两侧的压力差或电位差为动力，促使流体中的某些分子或离子透过半透膜或被半透膜截留下来，以获得或去除流体中某些成分的一种分离技术。如果通过半透膜的不只是溶剂，而是有条件选择性地让某些溶质组分通过，因而溶液中不同溶质组分得到分离，该过程称为膜分离。在分离的过程中，如果透过半透膜的只是溶液中的溶剂，由于分离则溶质获得了浓缩，此过程称为膜浓缩。

膜分离技术的核心是膜，即膜的选择性能是分离的关键，膜分离技术所包含的方法有多种，较常使用的有：

1）超滤（ultrafiltration），简称 UF 法。

2）反渗透（reverse－osmosis），简称 RO 法。

3）电渗析（electrodialysis），简称 ED 法。

4）微孔过滤（microfiltration），简称 MF 法。

一、膜分离设备的原理和特点

1. 膜分离的原理

反渗透和超滤是以压力差为推动力的膜分离技术。索利拉金提出的“毛细流动——选择吸附机制”理论认为，水溶液与具有微孔的薄膜互相接触，由于膜的化学性质使它对水溶液中的溶质具有排斥使用，其结果靠近膜表面的浓度梯度急剧下降，在溶液——膜的界面上形成一层被吸附的纯水层。反渗透就是在压力存在下使水不断通过膜上的毛细孔渗出，溶质则被膜截留。而“筛分”理论是把膜表面看成具有无数微孔，利用这些不同孔径的孔眼像筛子一样截留住分子直径相应大于它们的溶质和颗粒，从而达到了分离的目的。

通常对超滤机理的阐述有下述两种模型：

(1) 毛细流动模型 在此模型中，溶质的脱除主要靠流过微孔结构的过滤或筛滤作用，半透膜阻止了大分子的通过，按这一模型建立的流动是毛细孔中的层流流动；

(2) 溶解扩散模型 在此模型中，假定扩散质的分子，先溶解于膜的结构材料中，而后再经载体的扩散而传递。因为分子种类不同，溶解度和扩散度也就不同。

实际上，在超滤和反渗透的过程中，这两种方式在膜渗传递中都可能存在，只是取向和取向的程度不同，反渗透以溶解扩散机理占优势，而超滤则以毛细流动机理占优势。反渗透就是在压力存在下使纯水不断通过膜上的毛细孔渗出，溶质则被膜截留；而超滤就是在压力作用下使溶剂和水分子穿过半透膜，其他稍大的颗粒被截留。图 5-17 所示为膜过滤原理示意图。

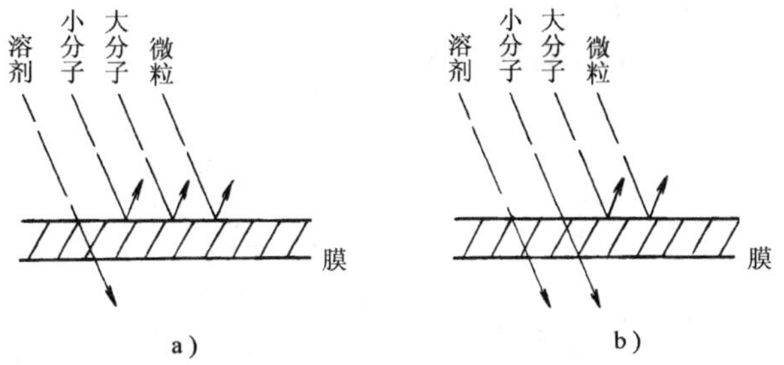

图 5-17 膜过滤原理示意图
a) 反渗透(RO) b) 超滤(UF)

一般反渗透法主要是截留无机盐那样的小分子，亦即基本上只让溶剂水通过，而超滤则是从小分子溶质(无机离子、低相对分子质量物质)或溶剂分子中将比较大的溶质分子筛分出来，所以两者并没有什么本质上的差别，只不过是由于前者的溶质是小分子而渗透压比较高，所以为了使溶剂通过，必须施加高压。与此相反，对于高分子溶质的情况来说，即使是高浓度的溶液，因为渗透压比较低，仍可以在不高的压力下进行过滤。所以，两者不仅所用膜的性能上有差异，在装置和操作上也有所不同。

2. 膜分离的应用范围

根据膜分离技术过程推动力的不同，大体上可分为两类：一类是以压力为推动力的超滤和反渗透，另一类是以电力为推动力的电渗析，电渗析所使用的是一种被称之为离子交换膜的特殊半透膜。

膜分离技术目前已经被广泛地应用于海水、苦咸水淡化，超纯水制备，废水处理过程以及食品工业中的牛奶、乳清蛋白、茶叶的浓缩和其他食品的精制、提纯与浓缩。此外，在染料工业、化学工程和生物工程、航天技术上亦被得到广泛的应用。比如反渗透和超滤在医疗行业方面用于血过滤、人工血液的制造、人参蜂王浆处理、中草药制剂的精制、病菌、酶、病毒、核酸、蛋白质等生理活性物质的浓缩、分离、精制以及激素的精制等。

3. 膜性能

膜是反渗透和超滤的主要工作材料，也是电渗析的主要工作材料，是膜分离技术的中心，膜分离技术的进一步提高，关键取决于膜性能的改进。

(1) 膜分离技术对膜性能的要求 膜性能主要是指膜的物理和化学性能以及膜的分离透过性。随着膜分离技术应用领域的扩大，对膜性能的要求越来越高，不但要有良好的分离性能，而且要有良好的耐温性、耐压性、耐酸碱腐蚀性以及抗氧化、抗微生物、抗化学污染等，还要求有较高的机械强度。

（2）膜材料 一般而言，膜的材料及其材质在很大程度上决定了膜的功能。从材质上看，膜材料的发展基本上经历了三个阶段。第一阶段是醋酸纤维素膜，也称CA膜，也是最初工业化的膜，它的价格便宜，成膜的性能也好，但在工业化生产中的应用较差，pH值范围在3.5～9.5之间，且使用的温度较低，小于40°C，抗污染性差，易受微生物和酶的作用，在强酸和弱碱作用下会水解，而且在正常使用时，会因蠕变使透水速度降低；第二代膜材料是高性能的合成材料，如聚砜、聚丙烯腈、聚酰胺、聚酯以及改性纤维等，可经受强酸强碱，在高压下抵抗破坏能力强，在各种溶剂及较高温度下均能正常操作，耐氧化、耐腐蚀、抗污染性好，是目前膜分离技术中应用最为广泛的膜材料；第三代膜材料以无机膜为代表，如多孔性陶瓷、多孔性玻璃以及多孔性金属等，如锆—氧化铝膜，耐温达400°C，滤膜厚0.1μm，为多孔凝胶附着在100～1000μm厚的多孔托板上。此外，有机氟材料功能膜的研究也取得了极大的进展，氟塑料其耐溶剂、耐腐蚀、耐高温、不粘结等优点，往往是其他材料膜难以代替的。

4. 膜分离设备的原理

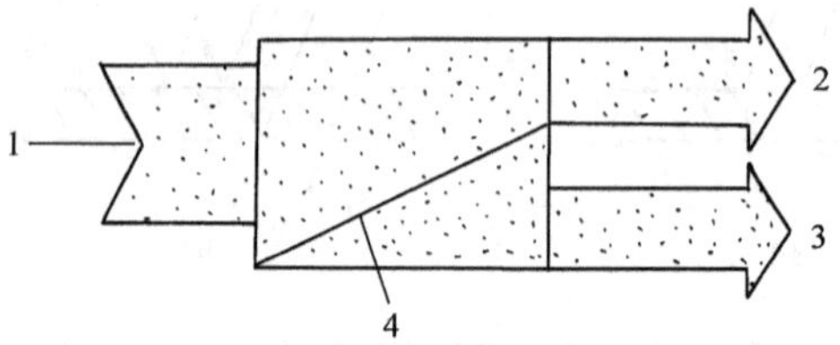

图5-18 超滤原理示意图

1—进料 2—浓缩液 3—清液 4—超滤膜

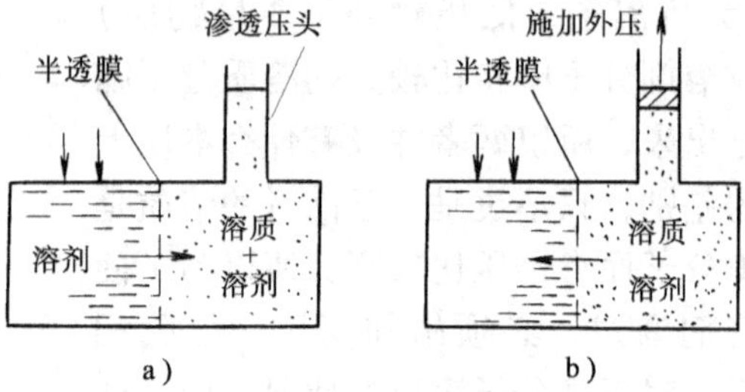

图5-19 反渗透原理

a）渗透 b）反渗透

（1）超滤设备的工作原理 过滤是使液体通过多孔过滤介质以分离其中所含的固体颗粒的一种操作，过滤介质截阻颗粒而让液体通过，随着被截阻颗粒变小，就要求过滤介质的通道也要变小。在超滤操作中，如果颗粒小到亚微细粒的程度，半透膜孔的大小也要趋近于能阻止溶液中大分子的通过，这种利用半透膜的微孔过滤以截留溶液中大溶质分子的操作称为超滤，而这样的半透膜则被称之为超滤膜，孔径1.0～20nm（或更大）。超滤的驱动力是压差，通常高达1.0MPa，在溶液侧加压，使溶剂和小分子透过膜而得到分离。在超滤中，其分离的物理因素较物化因素更为重要，其设备工作原理如图5-18所示。运用液压迫使溶液透过膜，并按溶质分子大小、形状等差异，把大溶质分子阻留在膜的一侧，成为浓缩液；而小分子的溶质则随溶剂透过膜到另一侧，或为透过液流过。

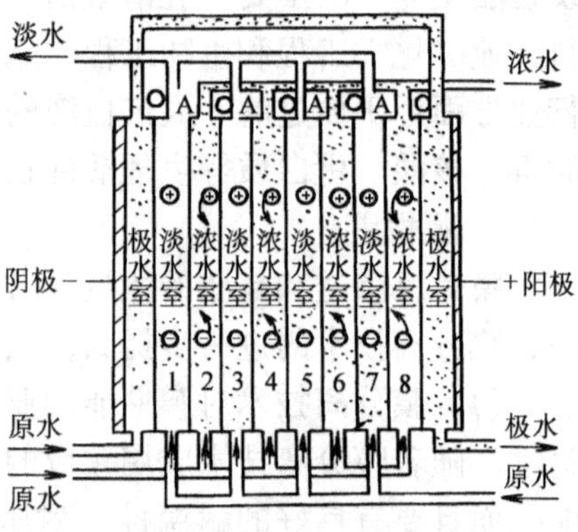

图5-20 电渗析脱盐示意图

（2）反渗透设备的工作原理 反渗透的原理如图5-19所示。图5-19a所示为在半透膜两侧的溶剂和由溶质与溶剂组成的溶液。在没有外力的作用下，左侧溶剂分子会自动穿过半透膜流向右侧溶液，即溶剂分子从溶液的低浓度区域流向溶液的高浓度区域。由于溶剂的流动，在高浓度溶液区域会形成一个渗透压头，从而达到渗透的平衡，此渗透压头则称之为溶液的渗透压。如果在溶液的一侧（膜的右侧）加上一个大于渗透压的压力，则高浓度溶液区域的溶剂（水）会穿过半透膜流向低浓度溶液（或溶剂）的一侧，这种现象称之为反渗透。因此，反渗透操作的动力也是压力，由于克服的是渗透压且穿过半透膜的溶剂（主要是水）分子量小，渗透模式以选择吸附为主。半透膜的孔径小，因而，其工作压力一般大于超滤，约为4～8MPa，因膜的材质不同，也有的可高达70MPa。

（3）电渗析设备的工作原理　电渗析脱盐示意图如图5-20所示，进入第1、3、5、7室的水中离子，在直流电场作用下作定向移动，阳离子向阴极移动，透过阳膜进入极水室以及2、4、6室，阴离子则向阳极移动，透过阴膜进入2、4、6、8室。因此，从第1、3、5、7室流出来的水中，阴阳离子的数目会减少成为含盐量降低的淡水，而进入2、4、6、8室内的阴阳离子在直流电作用下定向移动时，分别受到阳、阴膜的阻挡，均留在室内不能出去，1、3、5、7室中的阴阳离子却不断进入，因此，从第2、4、6、8室流出来的水中，阴、阳离子的数量均比原来水中的要多，从而成为浓水。浓淡室水分别汇集，最后得到分开的浓水和淡水。

二、膜分离设备的结构与应用

1. 超滤与反渗透设备的结构与应用

（1）超滤与反渗透设备的结构

1）超滤与反渗透膜的构型：超滤膜在工业应用上的构型主要有平板状、管状、螺旋板状和空心纤维状等，除较早期使用为板状和管状外，目前工业生产中以空心纤维膜（中空纤维膜）为主，如图5-21所示。

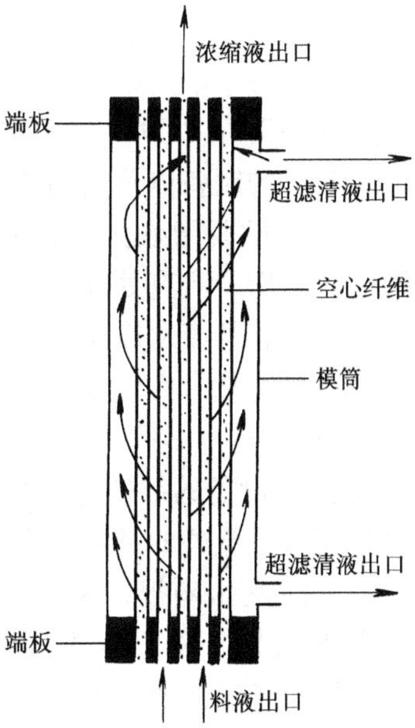

图5-21　中空纤维超滤膜筒图

中空纤维超滤膜筒由惰性的复合材料制成，代表物为聚砜。中空纤维膜是一种在平板膜基础上开发出来的一种自身支撑膜，是一个厚壁的空心圆柱，纤维外径50～200μm，内径25～42μm，没有支撑材料，靠本身的强度承受工作压力，中空纤维组件的安装，是把几十万至几千万根以上中空纤维呈U形或平行集束装填入耐压容器内，纤维集束的开口端被环氧树脂密封在两端的端板中，料液由膜筒的一端进入，超滤清液穿过半透膜被集中引出，浓缩液则由膜筒的另一端排出。

2）超滤设备结构：超滤设备结构主要由泵、前处理装置和中空纤维膜筒及管路件构成，由泵提供过滤动力，经前处理装置处理（一般是砂滤器、活性炭过滤器和砂芯过滤器），降低料液对中空纤维膜的污染，料液经半透膜处理后，经管路阀件集中排出，图5-22所示为超滤设备简图，它是一级多段连续式膜分离工艺设备配置和流程的锥形排列简图。

（2）超滤设备的应用　利用超滤进行食品的浓缩和提纯可充分保留食品原有风味和香味成分，与蒸发浓缩相比，没有物料相态的变化，对料液的物化结构没有破坏。

超滤技术可单独或与其他处理方法相结合应用于多个以分离为目的的工业领域：

1）纯水和超纯水的制备：主要用于工业用水的初级纯化，纯净水制备中超滤用作反渗透的前处理，用作纯净水的终端处理，污水和苦咸、海水淡化的处理。

2）生物制药：酶、病毒、毒素、噬菌体及各种蛋白质稀溶液的浓缩、脱盐和提纯；医用水处理；血液及生物制品的浓缩精制，如对糖化酶、蛋白酶浓缩，截留率达到99%以上，改进了传统盐析工艺；用于尿激酶的制备，较传统工艺降低成本50%，并明显提高质量。

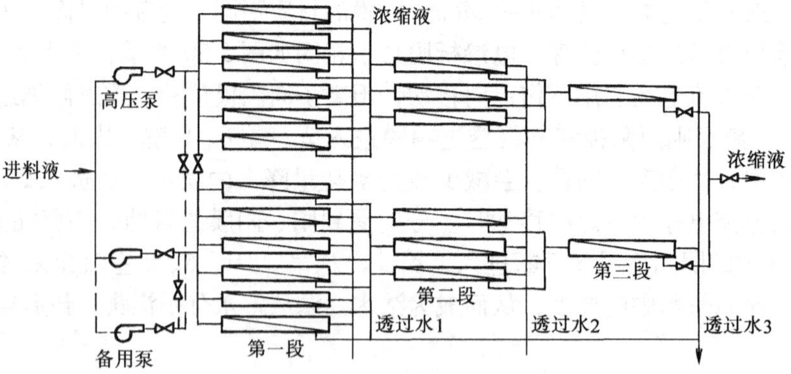

图5-22 超滤设备简图

3）食品工业：饮料、饮用水的除菌净化，矿泉水的澄清制备，豆制品及乳品加工，食品加工工艺水的制备以及食物有价值物质的回收。超滤用于脱脂乳的浓缩，可制取含蛋白质达50%～80%的脱脂浓乳，是在乳清中浓缩和回收蛋白质的有效方法；应用于低度酒、果酒及饮料的澄清，具有处理方法简单，操作费用低，提高酒质或饮料的稳定性等优点；尚可应用于油脂工业的废水净化。

此外，超滤技术在化学工业和石油开采以及工业废水处理与有价值物质的回收等方面得到了广泛的应用。

2. 电渗析设备的结构与应用

（1）电渗析设备的结构 电渗析设备主要由浓淡室水隔板、离子交换膜、电极、极水隔板、锁紧装置等部件构成，外形与片式热交换器相似，图5-23所示为电渗析设备结构示意图。

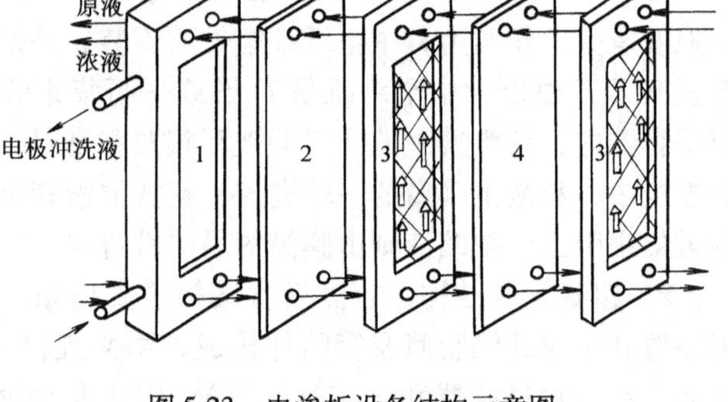

图5-23 电渗析设备结构示意图

1—电极 2—阳离子交换膜 3—隔板 4—阴离子交换膜

板框和隔板用以支承和隔开离子交换膜，构成阴极室和阳极室，并形成水流通道。离子交换膜是一种由具有离子交换性能的由高分子材料制成的薄膜，能透过阳离子的半透膜称为阳离子交换膜；能透过阴离子的半透膜称为阴离子交换膜。

目前，常用的阳离子交换膜为磺酸基型，结构式为 $R-SO_3^--H^+$，在水中离解成为 $R-SO_3^-$，带负电荷，吸收水中的阳离子，并让其通过该膜，而阻止阴离子通过；阴离子交换膜为季胺基型，即 $R-N^+(CH_3)_3{}^-OH^-$，在水中离解成 $R-N(CH_3)_3{}^+$，带正电荷，吸收水中的阴离子并让其通过，而阻止阳离子通过该膜。根据制造工艺，离子交换膜主要分为异相膜和均相膜两种。

设备中，阳极电极一般采用耐腐蚀的石墨、铅、二氧化铅等材料，阴极电极则多用不锈钢，通电后形成外电场，使水层中的离子定向迁移。

（2）电渗析设备的应用　电渗析法可应用于下列场合中：

1）海水的浓缩、淡化。

2）加工厂废水、废液的脱盐，再利用及有价值物的回收。

3）有机物和无机盐类的分离。

4）有机酸的精制、浓缩及回收。

5）脱盐饮料水的制备。

6）牛乳、乳清、糖蜜的脱盐。

7）低盐酱油的制造。

8）果汁类中柠檬酸、酒石酸的去除。

第六节　超临界萃取设备

物质的分离，一般采用的是过滤、蒸馏、离心、吸附、重结晶以及萃取等。萃取就是利用溶剂对对象物的选择性溶解或溶解能力的差异从而达到物质分离的目的，超临界萃取则是利用处于临界压力和临界温度以上的流体具有特异增加的溶解能力而发展起来的一项提取混合物中可溶性组分的分离新技术，具有溶剂萃取法和蒸馏法双方的特点，可显著提高产品回收率和纯度，改进产品质量，降低能耗，对人体无害，操作稳定安全，自 20 世纪 80 年代以来在食品、医药、化工等领域得到了广泛的应用。

一、超临界萃取设备的原理和特点

1. 超临界流体

物质是以气相、液相和固相三种形式存在，并在不同的压力和温度下可以进行相的转换。在温度高于某一数值时，任何大的压力均不能使该纯物质由气相转化为液相，此时的温度即被称之为临界温度 T_c；而在临界温度下，气体能被液化的最低压力称为临界压力 P_c。当物质所处的温度高于临界温度，压力大于临界压力时，该物质处于超临界状态。在压温图中，CO_2 的相图如图 5-24 所示。高于临界温度和临界压力的区域就称为超临界区，如果流体被加热或被压缩至其临界温度（T_c）和临界压力（P_c）以上状态时，向该状态气体加压，气体不会液化，只是密度增大，具有类似液体性质，同时还保留有气体性能，这种状态的流体称为超临界流体。

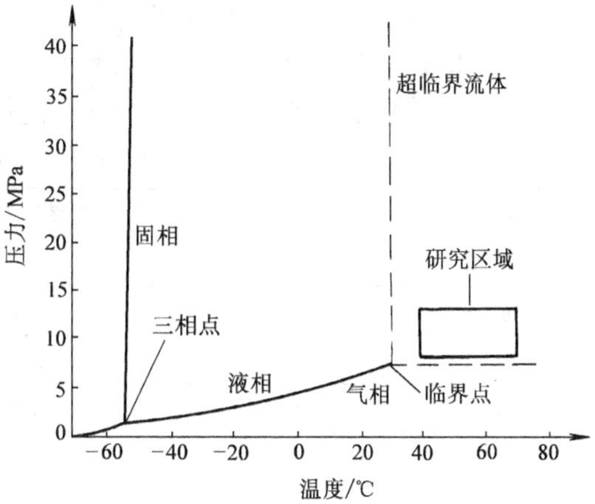

图 5-24　CO_2 的相图

2. 超临界萃取原理

从表5-5中可以知道气体、液体和超临界流体的性质，在临界点附近，压力和温度的微小变化都会引起气体密度的很大变化，超临界流体的密度相当于气体的数百倍，而其流动性和粘度仍接近于气体，扩散系数虽约为气体的1%，但却是液体扩散系统的数百倍，因而，在萃取过程中，具有类似气体的高的扩散性，又有类似于液体的溶解能力。在临界区域附近，操作压力和温度的微小变化，都会引起流体密度的大幅度变化，因而也将影响其溶解能力，超临界流体萃取技术正是利用这个特性来溶解提取和分离物质。

表5-5 气体、液体和超临界流体的性质

性质	气体	超临界流体		液体
	101.325kPa,15~30°C	T_c,P_c	$T_c,4P_c$	15~30°C
密度/(g/cm³)	$(0.6\sim2)\times10^{-3}$	0.2~0.5	0.4~0.9	0.6~1.6
粘度/g/(cm·s)	$(1\sim3)\times10^{-4}$	$(1\sim3)\times10^{-4}$	$(3\sim9)\times10^{-4}$	$(0.2\sim3)\times10^{-2}$
扩散系数/(cm²/s)	0.1~0.4	0.7×10^{-3}	0.2×10^{-3}	$(0.2\sim3)\times10^{-5}$

归纳可知，超临界流体不同于一般的气体，也有别于一般液体，它本身具有如下特性：

1）扩散系数比气体小，但比液体高一个数量级。

2）粘度接近气体。

3）密度类似液体，压力的细微变化可导致其密度的显著变动。

在食品工业中，萃取目的物溶剂的选择，首先必须要求符合食品卫生法的要求，而且，大多数食品具有复杂的化学成分、热敏性以及易氧化特性。因此，在保证特定产品质量要求的前提下，溶剂的选择尽量要求临界温度和临界压力较低，以减少压缩费用，化学性质要求稳定，不与产品起反应，安全价廉，对人体无害，来源丰富；同时还要求溶剂具有低的沸点，以利与溶质分离。可作为超临界流体萃取剂的物质很多，如二氧化碳、一氧化二氮、水、乙烷、庚烷、氨、六氟化硫等。溶剂的临界特性可见表5-6各种溶剂的临界特性。目前广泛选用CO_2作为超临界萃取溶剂，虽然对于某些低挥发性物质的萃取，它比不上常规的有机溶剂，但在食品工业中却具有无毒无害、不易燃易爆、低粘度、低表面张力、低沸点、合理临界特性等优点，在食品工业中被广泛使用，具有如下特点：

表5-6 各种溶剂的临界特性

流体名称	分子式	临界压力/MPa	临界温度/°C	临界密度/(g/cm³)
二氧化碳	CO_2	7.39	31.1	0.448
水	H_2O	22.0	374.2	0.344
氨	NH_3	11.28	132.3	0.24
乙烷	C_2H_6	4.89	32.4	0.203
乙烯	C_2H_4	5.07	9.5	0.20
一氧化二氮	N_2O	7.23	36.5	0.457
丙烷	C_3H_8	4.26	97.0	0.220

1）CO_2在常温（31.1°C）时可以达到超临界状态，可以实现低温生产。

2）临界压力为7.39MPa，易于达到。

3）CO_2是惰性气体，不会使食品变质，不具有引燃性、爆炸性和化学反应性。

4）无毒、无色、无味，不污染制品，也没有任何排放问题。

5）超临界 CO_2 流体具有高扩散性、低粘性的特点，传质快、萃取速度高，可从固体和高粘度物质中高效萃取。

6）对特定成份具有萃取选择性。

超临界状态下，CO_2 对不同溶质的溶解能力差别很大，这与溶质的极性、沸点和分子量密切相关，一般来说有以下规律：

1）亲脂、低沸点成分可在低压萃取（104kPa），如挥发油、烃、酯等。

2）化合物的极性集团越多，就越难萃取。

3）化合物的分子量愈高，愈难萃取。

此外，通过携带剂的使用，如甲醇、丙酮、乙醇、乙酸、乙酯等，CO_2 超临界萃取的应用范围得到了拓展。总而言之，超临界萃取就是利用超临界流体具有十分独特的物理化学性质，它的密度接近于液体，粘度接近于气体的特点，作为性能良好的溶剂，扩散系数大，介电常数大，使其具有较好的分离效果。超临界萃取设备的工作原理即是在高压和合适温度下，在萃取罐中使溶剂（超临界流体）与被萃取物接触，溶质扩散到溶剂中，再在分离器中改变操作条件，使溶解物质析出以达到分离的目的。

3. 超临界萃取的特点

与普通的液体萃取相比较，超临界流体萃取在萃取速度和分离范围两个方面更为理想，由于超临界萃取是通过对温度和压力的调节来控制溶质的蒸汽压和亲和性而实现物质分离，因而，就可以从天然物质中有选择性地分离出用其他方法难以提取的有效成份或脱除有害成份，其萃取力和选择性具有通过压力、温度、流速等较精密控制的可能，是从动植物原料中萃取有效成分或除去有害成分的分离加工的有效手段，CO_2 超临界流体萃取具有如下特点：

1）在较低的温度和无氧环境中操作，能够分离、精制各种热敏物料和易氧化的物质。

2）通过温度和压力的控制，能完全去除萃取流体，产品无溶剂污染。

3）由于超临界流体的特性，能从固体或粘稠的原料中快速萃取有效成分。

4）通过溶剂选择和工况控制，被分离出的萃取物纯度高、品质好。

5）溶剂通过回收可重复利用。

6）能耗低。

二、超临界萃取设备的结构与应用

1. 超临界萃取设备的结构

超临界萃取设备主要有以下四个基本部分组成：①溶剂压缩机或高压泵的加压系统；②萃取器或压力容器；③温度—压力控制系统；④分离器与吸附器。此外，还有一些阀门、流量计、热量回收器等辅助设备。图 5-25 所示为超临界流体萃取系统。

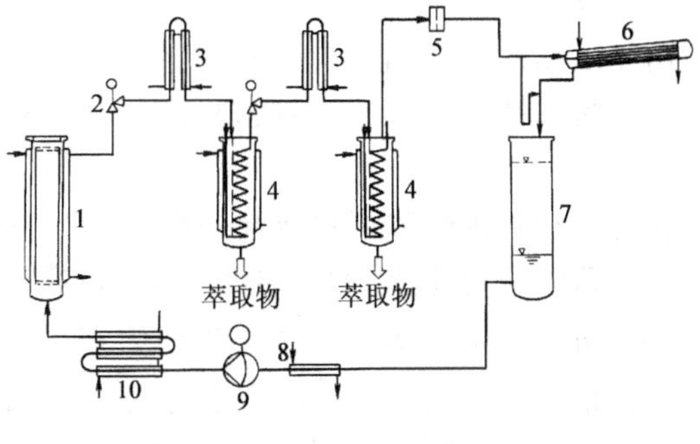

图 5-25　超临界流体萃取系统

1—萃取釜　2—减压阀　3—热交换器　4—分离釜　5—过滤器　6—冷凝器　7—CO_2 贮罐　8—预冷器　9—加压泵　10—预热器

其基本流程是：将萃取原料装入作为萃取器的料筒，密闭，与加压的超临界流体（或与夹带剂的混合物）进入萃取器混合后，通过对温度和压力的工况控制，高密度的超临界流体选择性地萃取物料中所需分离的成分，然后使含有提取物的超临界流体从萃取器中进入分离器，通过调节温度与压力，降低流体密度，萃取物的溶解度下降，与超临界流体在分离器中分离，超临界流体再经降温和压缩后，送回萃取器中循环使用。对于原料为固体的萃取过程，按照溶剂和溶质分离方法的不同，可分为：压力变化法、温度变化法和吸附法三种。压力变化法是通过恒温减压，降低溶剂密度进行分离；温度变化法是通过恒压升降温（一般是升温）操作分离溶质；而吸附法则是在分离器内装填能吸附萃取物的吸附剂。针对被萃取物料固相或液相的特性，超临界流体萃取的过程有所不同。相对于固相物料的萃取，液相物料的萃取又具有如下的特点：①固相物料的萃取是间歇性操作，而液相物料的萃取可以做到连续操作，这主要是由于液相萃取时，萃取原料和产品均为液态，不像固相物料萃取时存在固体物料加料和排渣的问题，因而萃取过程可连续操作，一方面提高了装置的处理量，另一方面相应减少了过程中的能耗和气耗，从而降低生产成本；②液相物料的萃取可以实现萃取过程中的萃取——精馏一体化，从而可以连续获得高纯度和高附加值的产品。液相混合物萃取分离，基本上都可以采用连续逆流式超临界萃取装置进行加工，将超临界萃取与精馏操作相结合，可有效发挥二者提取分离和提纯分离的作用，提高产品纯度，降低生产成本。

目前的超临界萃取装置，根据其萃取釜容积可分为三类：

（1）实验室萃取设备 萃取釜容积一般在500mL以下，结构简单，也无CO_2循环设备，但耐高压，可达70MPa，适合实验室应用于研究工作。甚至有萃取器容积仅2mL左右的萃取仪，直接与分析仪器联用，主要用于制备分析样品的超临界萃取器。

（2）中试设备 萃取釜容积一般在1~20L，配套性好，CO_2可循环使用，适合于工艺研究和小批量的样品生产。

（3）工业化生产装置 萃取釜容积在50L至数立方米之间。

在超临界流体萃取设备中，萃取釜的快开装置、密封结构和密封材料、CO_2加压装置均是设备的关键。

由于超临界CO_2流体具有极强的渗透性和溶解能力，因此，应用于设备上的密封材料应考虑此特殊性，国内的橡胶密封圈尚难以达到多次使用的要求，其性能有待进一步的提高。

此外，超临界流体萃取装置是在高压下进行操作的，CO_2的加压装置则是整个设备的核心部件。目前主要使用CO_2压缩机和CO_2高压泵，后者适用于各型设备，尤其是大型设备，是将CO_2先液化后再进行输送，国内大多采用此种方法。目前使用的CO_2高压泵主要是柱塞泵，价格较低，结构简单，维修容易，性能稳定，但在CO_2超临界流体萃取装置中，要求无润滑油，泵头密封材料极易磨损，造成高压泄漏。也有使用隔膜泵加压，设备运转可靠，系统也不受污染，但仍以进口隔膜泵为主。

2. 超临界萃取在食品工业中的应用

由于超临界萃取技术作为一种新型的分离技术有着其独到的优势，因而，在食品加工领域有着广阔的应用前景，也是食品工业获得高品质的最有效的手段之一，主要被应用于食品工业中的有效成分的提取、有害成分的脱除和食品原料的处理等方面，应用较为成熟的技术主要有：茶叶、咖啡豆的脱咖啡因，啤酒花制造啤酒花浸膏，动植物油的萃取分离，香料成分的萃取与分离以及动植物及鸡蛋、奶油中的脂肪酸、色素提取和去除胆固醇等。

（1）脱咖啡因 迄今为止，超临界萃取最成功的工业化应用是脱咖啡因和啤酒花萃取。

CO_2 超临界流体对咖啡因的选择性高，同时还具有溶解度大等特点。其生产过程大致为：咖啡豆清洗，去除灰尘与杂质；加蒸汽和水预泡，使咖啡豆中的水分含量达到30% ~50%；然后将咖啡豆装入萃取器中，在操作温度为 70 ~ 90°C，压力为 16 ~ 20MPa，密度为 0.4 ~ 0.65g/cm^3 的条件下进行 CO_2 的超临界流体萃取。萃取结束后，带有咖啡因的 CO_2 被送往清洗罐，使咖啡因转入水相，然后水相中的咖啡因用蒸馏法加以回收，CO_2 则循环使用，或者将带有咖啡因的 CO_2 送入装有活性炭的分离器（吸附法），使咖啡因被活性炭吸附，也可将咖啡豆与活性炭一起装入萃取器，在75°C、18MPa 工艺条件下使咖啡豆中咖啡因转移至活性炭中，用筛分分离咖啡豆和活性炭，然后水相中或活性炭中咖啡因用蒸馏法或脱附法加以回收。图 5-26 所示为用超临界 CO_2 法从咖啡中脱出咖啡因。

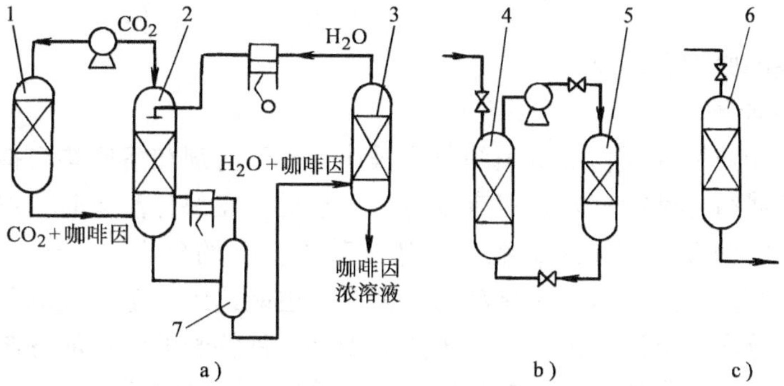

图 5-26　用超临界 CO_2 法从咖啡豆中脱出咖啡因

a）用水将咖啡因从 CO_2 中分离出来　b）用活性炭将咖啡因从 CO_2 中分离出来　c）活性炭与咖啡豆共同浸泡分离咖啡因

1、4—绿咖啡豆萃取器　2—洗净装置　3—蒸馏装置　5—活性炭吸附器

6—绿咖啡豆 + 活性炭萃取器　7—脱气器

（2）啤酒花萃取　啤酒花用以酿造啤酒，其对啤酒酿制有用的部分是挥发性油和软树脂中的律草酮（又称 α—酸），其中挥发性油赋予啤酒特有的香气，而 α—酸将在麦芽汁煮沸的过程中异构化成异 α—酸，是形成啤酒苦味的重要物质。采用超临界 CO_2 萃取法生产啤酒花浸膏时，首先把啤酒花磨成粉状，使之易与 CO_2 接触，然后装入萃取器，密封后通入 CO_2。操作温度为 35 ~ 38°C，压力为 8 ~ 30MPa，达到萃取要求后，萃取物随 CO_2 一起被送至分离罐，经降压分离后得到黄绿色产物，α—酸的提取率几乎可达到 99%。

（3）磷脂的分离、提纯　磷脂是动植物细胞膜、神经细胞及脑细胞的重要组成部分，也是生命的基础物质之一，具有极高的医用价值。同时，由于磷脂还具有优良的乳化性能，在化工、轻工和食品工业中也具有广泛的应用。传统的磷脂分离和提纯的主要方法有溶剂法和高温煎煮法，但存在着脱溶困难、磷脂分解以及颜色加深、酸值升高的缺陷，利用超临界萃取技术对蛋黄粉中的磷脂的分离和提纯，主要是利用其卵磷脂中的甘油、脂肪酸和磷酸胆碱在二氧化碳超临界流体中的不溶，经二氧化碳超临界流体去除蛋黄粉中的非目的产物蛋黄油，然后用一定比例的乙醇溶解出萃余物中的卵磷脂，经低温干燥而得到产品，具体有如下四个步骤：

1）在55°C、28 ~ 36MPa 工作条件下，连续萃取出蛋黄油，以除去大部分的甘油三脂和胆固醇。

2）按照一定的比例和速度向萃取器中输入乙醇，保持一定的压力、温度和时间，然后在分离器中收集磷脂乙醇混合液。

3）将磷脂乙醇混合液经减压蒸馏、乙醇回收，则蒸馏器中留下的是高纯度的浓缩磷脂。

4）将浓缩磷脂经冻干处理，则可得到高纯度的磷脂产品。

此外，CO_2 超临界萃取在农药脱残、重金属离子去除、动植物油的萃取分离，植物香料成分提取，中草药成分提取和天然色素的提取等均有重要意义。

第七节 分子蒸馏设备

一、分子蒸馏的原理和特点

1. 分子蒸馏的原理

蒸馏是分离均相液体混合物最常用的单元操作，对于溶剂和溶质均有挥发性的均相液体混合物，虽然各液体组分都能挥发，但有难有易，于是，在部分汽化时，汽相中所含的易挥发组分将比液相中的为多，使原来的混合液达到某种程度的分离。而当混合蒸汽部分冷凝时，冷凝液中所含有的难挥发组分将比汽相中为多，也能达到一定程度的分离，这就是化工操作中利用蒸馏来分离混合液的原理。分子蒸馏则是一种特殊的液—液分离技术，其原理则是利用分子运动平均自由程的差别，在远低于沸点的情况下将物质分离。它可以克服一般蒸馏技术在分离物质过程中所存在的弊端，而且大大提高了分离效率。它是在 0.133 ~ 1.33Pa 的高真空条件下进行的非平衡蒸馏。

根据分子运动理论，液体混合物的分子受热后运动会加剧，当接受到足够的能量时，就会成为气体分子，从液面逸出，而随着液面上方气体分子的增加，有一部分气体分子就会返回液体，在外界温度保持恒定的情况下，最终会达到分子运动的动态平衡。由于不同种类的分子，其分子有效直径不同，其平均自由程也不同，也就是说，不同种类的分子逸出液面后不与其他分子碰撞的飞行距离是不相同的。分子蒸馏的分离作用就是利用液体分子受热会从液面逸出，而不同种类分子逸出后，平均自由程不同这一性质来实现的。

根据麦克斯韦速度分布，对单一气体的平均自由程 λ 的计算公式如下：

$$\lambda = \frac{2.33 \times 10^2 \times t}{p \times \delta}$$

从公式中可知，平均自由程 λ 与温度 t 成正比，而与蒸汽压 p 和分子直径 δ 成反比，由此可见，系统的真空度越高（蒸汽压 p 越小）越有利于蒸馏；温度越高，平均自由程越大，但要注意温度不宜太高，以防物料热分解。

由于分子蒸馏是液层表面上的分子扩散而不同于沸腾蒸发，因而，开发设计分子蒸馏的技术关键在于真空度和液膜厚度。一般要求操作压力在 1.33Pa 以下，液膜厚度小于 2mm。

总而言之，分子蒸馏就是利用分子运动平均自由程的原理在高真空状态下将液体混合物稍稍加热，使液体分子从液面逸出，轻分子落在冷凝面而重分子又返回，从而将液体中的不同物料分离。

2. 分子蒸馏的特点

分子蒸馏的原理和装置的结构决定了其有如下特点。

（1）分子蒸馏的操作温度远低于物料的沸点　由于混合物料的分离是利用不同种类的分子溢出液面后的平均自由程的不同这一性质来实现的，并不需要沸腾，所以分子蒸馏是在远低于沸点的温度下进行操作的，在这一点上与常规的蒸馏有着本质的区别。

（2）蒸馏压强低　由于分子蒸馏装置独特的结构形式，其内部压强极小，可以获得很高的真空度，因此分子蒸馏是在很低的压强下进行操作，一般在1.33Pa之下。

（3）受热时间短　在分子蒸馏操作中，由于受加热的液面与冷凝面之间的距离要求小于轻分子的平均自由程，而由液面溢出的轻分子，几乎未经碰撞就到达冷凝面，所以受热时间很短。此外，由于混合液体液膜厚度小于2mm，几乎呈薄膜状，因而，使液面与加热面积几乎相当，这样物料在蒸馏过程中受热时间就变得很短，比较而言，真空蒸馏受热时间为一个小时，分子蒸馏仅为十几秒。

（4）分子蒸馏比常规蒸馏分离程度更高，能分离常规蒸馏不易分开的物质。

二、分子蒸馏设备的结构和应用

1. 分子蒸馏设备的结构

图5-27为揩膜式分子蒸馏器设备结构。主体结构主要由原料罐、分子蒸馏器、残留物受器、馏出物受器、冷阱和油扩散泵、旋片泵组成。

液相物料经充分除气后，储存在原料罐1内，在真空作用下，被抽吸至分子蒸馏器2内，料液在经过分配器分配后，将沿蒸发壁面流下，并经过转动的刮壁器刮成均匀的液膜薄层，料液在蒸发器壁面受热汽化，蒸汽分子飞射到内冷器的冷凝面，在冷凝面上冷凝下来的馏出物将沿内冷器外壁流下，进入馏出物受器4，而未经汽化的高沸物料液则沿筒体内壁面流下，引入残留物受器3，残气经冷阱5冷凝后，进入油扩散泵6和旋片泵7排出。

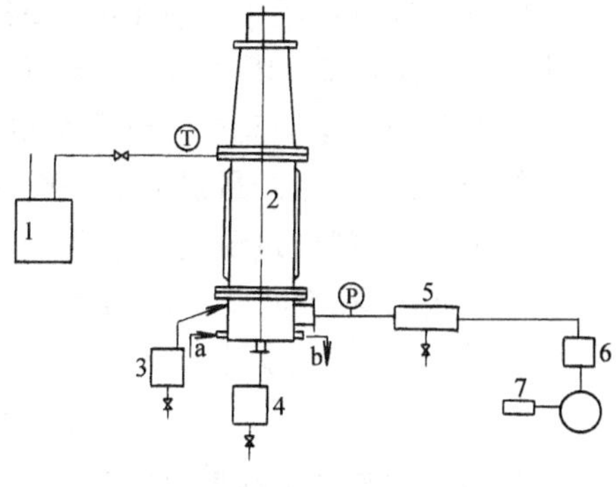

图5-27　分子蒸馏装置工艺流程简图
1—原料罐　2—分子蒸馏器　3—残留物受器
4—馏出物受器　5—冷阱　6—油扩散泵
7—旋片泵
a—冷却水进口　b—冷却水出口
Ⓣ—温度测口　Ⓟ—真空测口

2. 分子蒸馏技术的应用

分子蒸馏具有独特的技术优势，可广泛地应用于国民经济的各个方面，特别适用于高沸点、热敏性及易氧化物料的分离。目前利用该技术生产的产品达数百种，在食品工业中，则主要利用于分离混合油脂，可获纯度达到90%以上的单甘油酯，如硬脂酸单甘酯、月桂酸单甘酯、丙二醇酯等；可从动植物中提取天然产物如鱼油、米糠油、小麦胚芽油等；此外，还可用于提取脂肪酸及其衍生物等；以及用于生产二聚脂肪酸等。在香料生产工业方面，可用于处理天然精油，脱臭、脱色、提高纯度，使天然香料的品位大大提高。如桂皮油、玫瑰油、香根油、香茅油及山苍子油等。

（1）利用分子蒸馏技术对低沸点、热敏性物料分离的生产工艺　该类物料主要为香料类物质，挥发性强，热敏性高，在工艺上要求对其进行脱臭、脱色及纯化。生产中，可采用三级分子蒸馏，第一级脱气，第二级脱臭或纯化，第三级脱色或纯化，以解决香味不好、颜色深及蜡质含量高的质量问题。

玫瑰油──→第一级处理(脱气)──→第二级处理 {产品1；蒸余物──→第三级处理 {产品2；渣}}

(2) 利用分子蒸馏技术对高沸点、热敏性物料的分离　由于物料特性沸点高,因而,在该类物质的分离过程中要注意控制好操作温度和受热时间,否则不但影响分离效果,而且还会使物质发生歧化缩合反应。生产上,也可采用三级分子蒸馏工艺,可使得产品不仅气味、颜色优良,有效成分含量高,而且产品的天然结构不受破坏。

鱼油乙酯──→第一级处理(脱腥)──→第二级处理(提纯)──→

{副产品；蒸余物──→第三级处理(脱色)──→{主产品；渣}}

(3) 对于主产品为不挥发物,馏出物为少量低沸点组分物料的分离　该类物质的分离,如辣椒红色素的脱溶、鱼油甘三酯脱酸等的处理,可采用二级分子蒸馏工艺来进行,以辣椒红色素脱溶工艺为例:

辣椒红色素──→第一级处理(脱溶)──→{溶剂；蒸余馏──→第二级处理(脱溶)──→{溶剂；合格产品}}

原料辣椒红色素中含有1% ~2%的溶剂,经上述工艺处理,其辣椒红素合格产品中的溶剂残留量可降至 $2 \times 10^{-5} mL/m^3$ 以下,达到产品的质量要求。

(4) 常温下呈固态或粘性很大的物质的分离　该类物质的分离,其代表产物分脂蒸馏单甘酯是应用最多,且产量最大的一类,作为乳化剂,广泛应用于食品工业中。以硬脂酸单甘酯的生产为例,原料经过酯化处理后,一般可含有40%左右的单甘酯,其他成份为双甘酯、三甘酯以及硬脂酸等物质,如果不对单甘酯进行精制,则其作为乳化剂的效果不佳,经三级分子蒸馏精制后,可获得纯度达90%以上的单甘酯,符合产品质量的要求,其工艺流程如下:

原料──→第一级处理(脱气){甘油(返回利用)；蒸余物──→第二级处理{甘油+游离脂肪酸(返回利用)；蒸余物──→第三级处理}}

──→{单甘酯；蒸余物(返回利用)}

此外,国内外利用植子蒸馏工艺在天然物的提取方面的应用范围也越来越广泛,如从鱼油中提取DHA、EPA,从植物油中提取天然 V_E 等,并开发出了小麦胚芽油、米糠油、谷维素等产品,对设备的制造和工艺条件的摸索也越来越成熟。值得一提的是,结晶分离也是一种重要的分离技术,被广泛应用在化学化工、生物工程等行业,食品行业中,结晶分离也普遍应用,如味精、制糖等行业。根据物质结晶的动力学原理来提高结晶分离效果是结晶分离的基本要求。物质能否形成晶体,首先与物质本身的理化性质有关,无机化合物中 $NaCl$、Na_2SO_4、NH_4Cl 等盐类及尿素等能够形成晶体,各种有机酸、单糖、氨基酸、核苷酸、维生素、辅酶和双糖等有机小分子也可以形成晶体,一些生物大分子,如多糖、蛋白质、核酸和酶等则比较难于形成晶体;溶质形成晶体还与其所在溶液中的纯度有关,杂质含量低则有助于结晶的形成和生长,这主要是由于杂质的存在影响到了结晶粒子在结晶表面上的定向排列导致结晶进行得缓慢甚至无法进行;此外,能够形成晶体的物质,只有在一定的浓度之下才能形成晶体,这主要是因为结晶粒子在合适浓度下有足够的碰撞机会,并按照一定的速率定向排列聚集,从而形成晶体;亦即,当溶液处于不饱和状态时,溶质可溶解至饱和,当溶液处于饱和状态时,溶质不再溶解,也不会有晶体的析出,当溶液达到过饱和状态时,会有溶质析出,回到饱和状态。当溶液处于不饱和状态时,结晶形成的速率低于晶体溶解的速率,没有结晶形成,晶体的形成就是在溶质的析出过程中实现的。需要注意的是,溶质的析出不一定就能够形成晶体,而只有当溶质析出的速度与溶质粒子形成晶格的速度一致相同时才能形成晶体。溶液处于过饱和状态时,如果溶质粒子聚集析出的速度过快,只能得到无定形的固体微粒,即使可以得到一些结晶,也由于共沉作用而使得杂质含量过高。

第六章

粉碎机械与设备

6

第一节 概　　述

一、粉碎机械的作用

固体物料在机械力的作用下，克服内部的凝聚力，分裂为尺寸更小的颗粒，这一过程称为粉碎操作。

粉碎操作在食品加工中占有非常重要的地位，主要表现在以下几个方面。

1）满足某些产品消费的需要。如小麦磨成面粉、稻谷碾成白米后才能食用。

2）增加固体的表面积，以利于干燥、溶解、浸出等进一步加工。如蔬菜、水果等干燥前大多切成小块。

3）组分的物料粉碎后混合，可以提高混合的均匀度，满足工艺要求。如工程化、功能性食品的生产以及配合饲料的制造，原料粉碎是不可缺少的工序。

二、粒度和粉碎方式

1. 粒度

颗粒的大小称为粒度，是表示固体粉碎程度的代表性尺寸。粉碎后的颗粒，不仅形状不一致，大小也不一致。球形颗粒的粒度以其直径表示。对于粒度不一致的非球形颗粒群体，只能用平均粒度来表示。平均粒度的计算方法因粒度及粒度分布的测定方法不同而不同。

根据粉碎的粒度大小，可以将粉碎分成以下几种级别：粗破碎——物料被破碎到200～100mm；中破碎——物料被破碎到70～20mm；细破碎——物料被破碎到10～5mm，粗粉碎——物料被粉碎到5～0.7mm；微粉碎（细粉碎）——物料被粉碎到100μm以下；超微粉碎——物料被粉碎到25～10μm。

2. 粉碎方式

（1）粉碎力和粉碎方式　物料粉碎时受到的机械作用力通常有挤压力、冲击力和剪切力（摩擦力或搓撕力）。根据施力种类与方式的不同，物料粉碎的基本方法包括压碎、劈裂、折断、磨削和冲击破碎等形式，如图6-1所示。

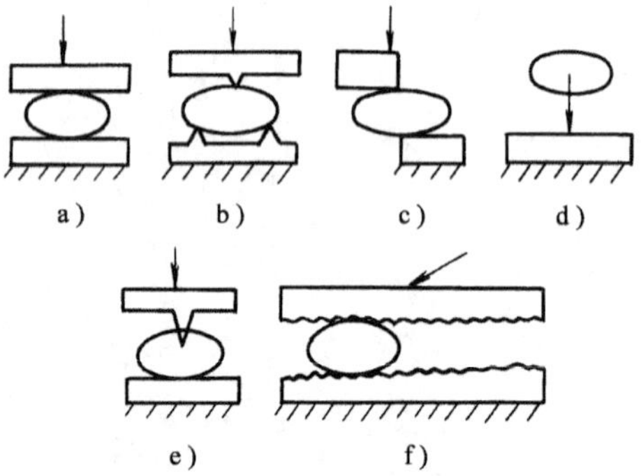

图6-1　粉碎的基本方法

a）挤压　b）折断　c）剪切　d）撞击　e）劈裂　f）研磨

各种粉碎机械所产生的粉碎力不是某一种单纯的力，而是几种力的组合。但对某一特定的设备，则可以是某一种力为主要的粉碎力。一般情况下，挤压力常用于坚硬物料的粗粉碎，如坚果的破壳。冲击力则作为常用的粉碎力用于食品原料的粉碎。剪切力或摩擦搓撕力则被广泛用于韧性物料的粉碎，如粮食加工。

（2）物料在粉碎过程中的变化　目前，人们对粉碎机理的认识尚不彻底，通常认为物料受到各种粉碎力作用后，首先要发生变形，并以变形内能形式积蓄于物料内部。当积蓄的能量超过某一临界值时，裂解就发生在脆弱的断裂线上。据此分析，粉碎至少需要两种能量，一是裂解前的变形能，变形能与颗粒的体积有关；二是裂解发生后出现新表面所需要的表面能，与表面积大小有关。

颗粒越大，存在脆弱的断裂线或疵点的可能性越大，因此粉碎大颗粒所需的临界应力小于小颗粒，消耗的变形能也较少，这就是粉碎操作随着粒度减小而变得更困难的原因。

物料的力学性能不同，所需的临界变形能也不相同。物料受到小于弹性极限应力作用时仅发生弹性变形；应力超过弹性极限就会产生永久变形，直至应力达到屈服应力和屈服应力以上，物料开始“流动”，经历塑变区域直至达到破坏应力而断裂。

对任何一个颗粒而言，都存在一个临界粉碎能量，但粉碎条件纯粹是偶然的。许多颗粒受到的冲击不足以使其粉碎，而只是在一些特别有力的猛烈冲击下才粉碎。因此最有效的粉碎机也只利用了不到1%的能量去粉碎颗粒和产生新表面。其余的能量则消耗于以下几方面：未破碎颗粒的弹性变形；物料在粉碎室的来回运动；颗粒之间的摩擦；颗粒与粉碎室机件的摩擦；因摩擦、变形等发热；机械振动产生噪声；电动机及传动机件的无效能耗。

三、粉碎机械的分类

粉碎操作可分为干法、湿法及低温三种。干法粉碎时，物料的水分含量应有一定限制。水分过高的物料，须经干燥处理。湿法粉碎时，物料悬浮于载体液流中进行研磨。水是常用的载体，可降低物料强度。实践证明，湿法操作一般消耗能量比干法大，同时设备的磨损也严重。但湿法比干法易获得更细的制品，所以在食品的超微粉碎中应用广泛。低温粉碎操作指物料在常温下有热塑性或非常强韧，使粉碎困难，而冷却到低温，使材料成为脆性后再粉碎。

食品加工各行业的粉碎操作，由于原料物性、被粉碎物料的大小和粉碎比的不同，使用的粉碎机械也各有不同，见表6-1。

表6-1 粉碎机的选择

粉碎力	粉碎机	特点	用途
冲击剪切	锤式粉碎机	适用于硬或纤维质物料的中、细碎，要发生粉碎热	玉米、大豆、谷物、甘薯、甘薯瓜干、油料榨饼、砂糖、干蔬菜、香辛料、可可、干酵母
	盘击式粉碎机	适用于中硬或软质物料的中、细碎	
	胶体磨（湿法）	软质物料的超微粉碎	乳制品、奶油、巧克力、油脂制品
挤压剪切	辊磨机（光辊或齿辊）	由齿形的不同适于各种不同用途	小麦、玉米、大豆、油饼、咖啡豆、花生、水果
	盘磨	可以在粉碎的同时进行混合，制品粒度分布宽	食盐、调味料、含脂食品
	盘式粉碎机	干法、湿法都可用	谷类、豆类
剪切	滚筒压碎机	适于软质物料的中碎	马铃薯、葡萄糖、干酪
	斩肉机、切割机	软质粉碎	肉类、水果
摩擦搓撕	砻谷机、剥壳机、碾米机	选择性破碎碾削	砻谷、剥壳、碾米

第二节 干法粉碎机械与设备

一、锤式粉碎机械及应用

1. 工作原理

锤片式粉碎机的主要工作部件是安装有若干锤片的转子和包围在转子周围的静止的衬板及筛板。工作时，原料从喂料斗进入粉碎室，受到高速回转锤片的打击而破裂，以较高的速度飞向齿板，与齿板撞击，如此反复打击、撞击，使物料粉碎成小碎粒。在打击、撞击的同时还受到锤片端部与筛面的摩擦、搓擦作用而进一步粉碎。此时，较细颗粒由筛片的筛孔漏出，留在筛面上的较大颗粒，再次受到粉碎，直到从筛片的筛孔漏出。

2. 锤式粉碎机的分类

按粉碎机的进料方向，可分为切向喂料式、轴向喂料式和径向喂料式3种，如图6-2所示。按某些部件的特性又可分为两种形式：水滴形粉碎室式和无筛粉碎机。

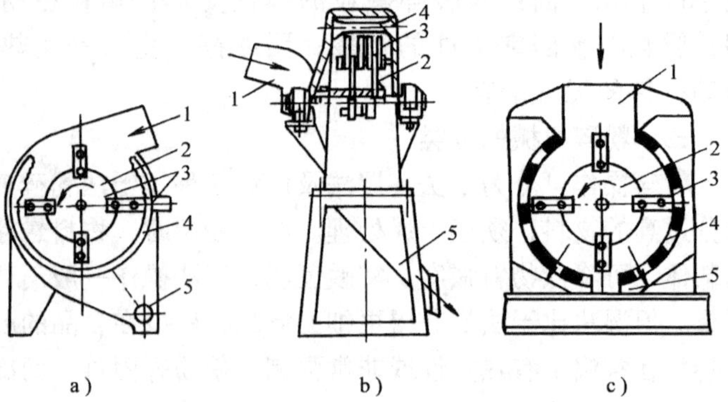

图6-2 锤片粉碎机类型

a）切向式 b）轴向式 c）径向式

1—进料斗 2—转子 3—锤片 4—筛片 5—出料口

3. 主要结构

锤式粉碎机一般由进料机构、转子、衬板、筛板、出料机构和传动机构等部分组成，如图6-3所示。

（1）进料机构 进料斗内有流量控制和导向装置，进料处装有磁选器，用于清除进机物料中铁质杂质。

（2）粉碎室 粉碎室由转子和固定安装在机座上的衬板和筛板组成。衬板由耐磨金属制成，内表面粗糙或为齿型，筛板由钢板冲孔并经表面处理制成。转子由主轴、锤片架、锤片销、锤片和轴承组成。转子上有若干个锤片架，锤片通过锤片销安装在锤片架上。静止时，锤片下垂；转子高速旋转时，由于离心力的作用，锤片成放射状排列运动，以高速撞击、切削物料，其线速度一般为80～90m/s。

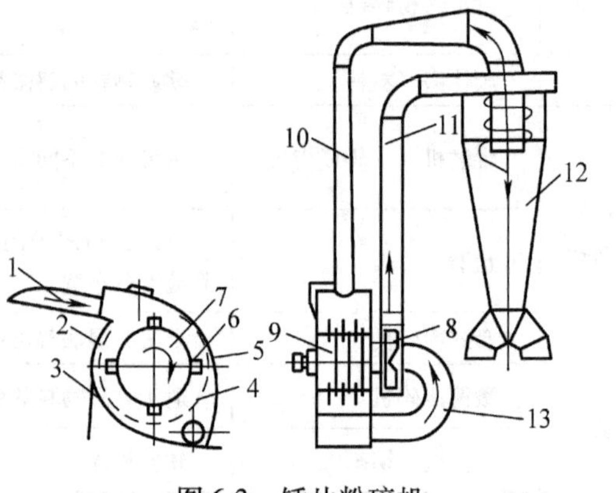

图6-3 锤片粉碎机

1—喂料斗 2—上机体 3—下机体 4—筛片 5—齿板 6—锤片 7—转子 8—风机 9—锤架板 10—回料管 11—出料管 12—集料筒 13—吸料管

锤片的形状有几十种，常用的有9种，如图6-4所示。其中以矩形锤片用得最多，它通用性好，形状简单，易制造。

（3）出料机构 粉碎后的物料穿过筛板进入集料斗，或以风力吸出。有些粉碎机自身带有风机而没有筛板，物料经螺旋输送机加负压吸风或料斗—吸风—螺旋的出料系统排出。

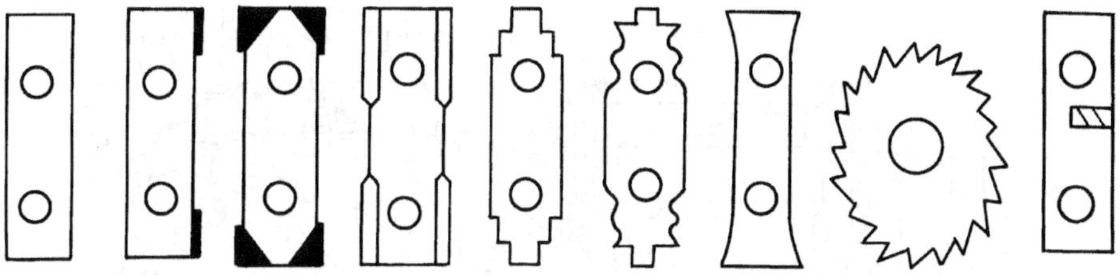

图 6-4 锤片的种类

a) 矩形 b) ~ d) 焊耐磨合金 e) 阶梯形 f) 多尖角 g) 尖角 h) 环形 i) 复合钢矩形

(4) 传动机构 带传动是一种常用的传动形式，另一种常用的传动形式是以弹性联轴器与电动机联接。

4. 锤式粉碎机的应用

锤式粉碎机适用于中等硬度和脆性物料的中碎和细碎，一般原料粒径不能大于 10mm，产品粒度可通过更换筛板来调节，通常不得细于 200 目（74 ~ 76μm），否则由于成品太细易堵塞筛孔。

二、辊式粉碎机械及应用

1. 工作原理

磨辊是磨粉机的主要工作零件。一对磨辊由于速比和辊面状态不同，粉碎物料的形式也不同。等速反向旋转的光磨辊是以挤压的方式粉碎物料或使物料变形；差速反向旋转的光磨辊是以挤压和研磨两种方式粉碎物料；差速反向旋转的齿辊磨是以剪切、挤压和研磨 3 种方式粉碎物料。

2. 辊式粉碎机械的分类

辊式粉碎机械的种类和型号很多，主要有辊式磨粉机、辊式破碎机、齿辊破碎机、轧坯机、胶辊砻谷机、碾米机等。

3. 辊式磨粉机

MY 型磨粉机为磨辊倾斜排列的油压式自动磨粉机，其结构如图 6-5 和图 6-6 所示，由机身、磨辊及其附属的喂料机构、轧距调节机构、液压自动控制机构、传动机构及清理装置 7 个主要部分组成。

它有两对磨辊，每对磨辊的轴心线与水平线夹角呈 45°，中间有将整个磨身一分为二的隔板。一对磨辊中，上面一根是快辊，快辊位置固定，下面一根是慢辊，慢辊轴承壳是可移动的，其外侧伸出如臂，并和轧距调节机构相联，通过轧距调节机构将慢辊放低或抬高，即可调整一对磨辊的间距。轧距调节机构可调节两磨辊整个长度间的轧距，也可调节两磨辊任何一端的轧距。

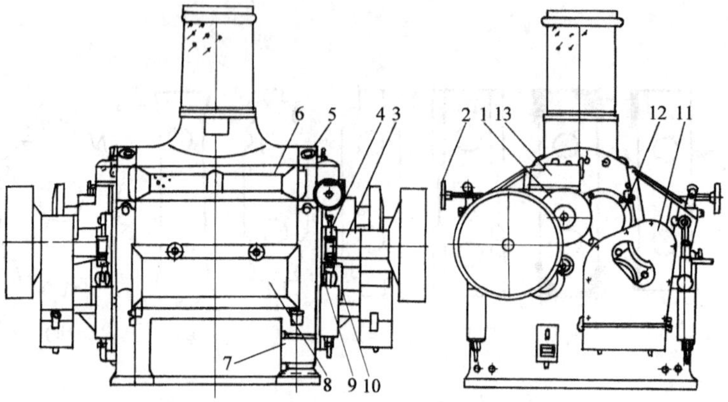

图 6-5 MY 型辊式磨粉机外形示意图

1—喂料辊传动轮 2—轧距总调手轮 3—快辊轴承座 4—轧距单边调节机构 5—指示灯 6—上磨门 7—机架 8—下磨门 9—慢辊轴承臂 10—慢辊轴承座 11—链轮箱 12—液压缸活塞杆端 13—自动控制装置

两对磨辊是分别传动的，工作时，可以停止其中的一对磨辊，而不影响另一对磨辊的运转。它的传动方法是先用带传动快辊，然后通过链轮传动慢辊，以保持快辊与慢辊的速比。

喂料机构包括一对喂料辊、可调节闸门等。研磨散落性差的物料时，如图 6-6 中左半边所示，从料筒下落的物料经喂料绞龙向辊整个长度送下，由喂料辊经闸门定量后喂入磨辊；研磨散落性好的物料时，如图 6-6 中右半边所示，物料落向喂料辊，沿辊长分布，经喂料门定量，由下喂料辊连续而均匀地喂入磨辊。

MY 型磨粉机自动控制磨辊的松合闸、喂料辊的运转、喂料门的启闭等。磨辊工作时，表面会粘有粉料，磨辊为齿辊，用刷子清理磨辊表面，光辊则用刮刀清理。磨粉机的吸风系统使机内始终处于负压。空气由磨门的缝隙进入，穿越磨辊后由吸风道吸出机外。

4. 辊式粉碎机械的应用

辊式粉碎机械是食品工业中使用最为广泛的粉碎设备，它能适应食品加工和其他工业对物料粉碎操作的不同要求。辊式磨粉机广泛用于小麦制粉工业，也用于酿酒厂的原料破碎等工序。精磨机用于巧克力的研磨。多辊式粉碎机用于啤酒厂各种麦芽的粉碎工，油料的轧坯、糖粉的加工、麦片和米片的加工等也采用辊式粉碎机械。

三、气流式粉碎机械及应用

1. 气流粉碎的原理

气流粉碎的基本原理是利用空气、蒸汽或其他气体通过一定压力的喷嘴喷射产生高速的湍流和能量转换流，物料颗粒在这高能气流作用下悬浮输送，相互发生剧烈的冲击碰撞和摩擦，加上高速喷射气流对颗粒的剪切冲击作用，使得物料颗粒间得到充分的研磨而粉碎成细小粒子。

2. 气流粉碎机的分类

气流粉碎机的种类较多，有立式环型喷射式气流粉碎机、叶轮式气流粉碎机、扁平式气流粉碎机、对冲式气流粉碎机、对冲式超细气流粉碎机、超声速气流粉碎机、靶式超声速Ⅰ型气流粉碎机、流化床逆向喷射气流粉碎机等。

3. 立式环型喷射式气流粉碎机

立式环型喷射式气流粉碎机的工作原理和结构如图6-7所示。物料从喂料口进入环形粉碎室底部喷嘴处，压缩空气从管道下方的一系列喷嘴中喷出，高速喷射气流（射流）带着物料颗粒运动。在管道内的射流大致可分为外层、中层和内层3层，各层射流的运动速度不相等，这使得物料颗粒相互冲击、碰撞、摩擦以及受射流的剪切作用而被粉碎。物料自右下方进入管道，沿管道运动，自右上方排出。由于外层射流的运动路程最长该层的颗粒群受到的碰撞和研磨作用最强。经喷嘴射入的流体，也首先作用于外层的颗粒群。中层射流的颗粒群在旋转过程中产生一定的分级作用，较粗颗粒在离心力作用下进入外层射流与新输入的物料一起重新粉碎，而细颗粒在射流的径向速度作用下向内层射流聚集并经排料口排出。

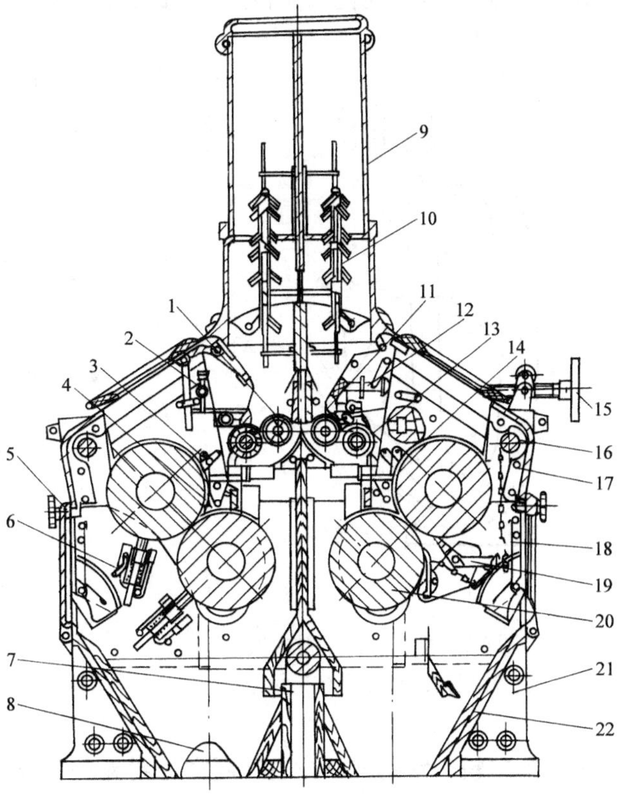

图6-6　MY型辊式磨粉机剖视图

1—喂料绞龙　2—料门限位螺钉　3—栅条护栏　4—阻料板　5—下磨门　6—弹簧毛刷　7—吸风道　8—机架墙板　9—有机玻璃料筒　10—枝形浮子　11—喂料门　12—料门调节螺杆　13—下喂料辊　14—挡板　15—轧距总调手轮　16—偏心轴　17—上横挡　18—活动挡板　19—光辊清理刮刀　20—下磨辊　21—下横挡　22—排料斗

4. 叶轮式气流粉碎机

叶轮式气流粉碎机由两级粉碎、内分级、鼓风和排渣等机构组成的一个小型机组。

粉碎机的结构和工作原理如图6-8所示。粒度小于10mm的物料，经加料机构定量连续地输入到第一粉碎室，第一段粉碎叶轮的5个叶片具有30°扭转角，它有助于形成旋转风压，在粉碎室内引起气流循环，随气流旋转的物料颗粒之间发生相互冲击、碰撞、摩擦和剪切，以及受离心力的作用冲向内壁受到撞击、摩擦、剪切等作用从而被粉碎成细粉。第二段分级叶轮的5个叶片不具有扭转角，形成气流阻力。该叶轮具有分级作用，细粉在分级叶轮端部斜面和衬套锥面之间的间隙中也进行有效地粉碎。因为叶轮高速旋转时物料被急剧搅拌，导致颗粒间相互冲击、摩擦和剪切而被粉碎，所以发生在第一、二段叶轮之间的滞流区的粉碎是最有效的。由于上述作用，颗粒被粉碎至数十微米到数百微米，粗颗粒在离心力的作用下沿第一粉碎室内壁旋转与新加入的物料一同继续被粉碎；而细颗粒则随气流趋向中心部分，随鼓风机产生的气流带入第二粉碎室内。分级是由第二段分级叶轮所产生的离心力和隔环内径之间所产生的气流吸力来决定，若颗粒受的离心力作用大于气流吸力，则被滞留下来继续被粉碎，若颗粒所受的离心力作用小于气流吸力，则被吸向中心随气流进入第二粉碎室。

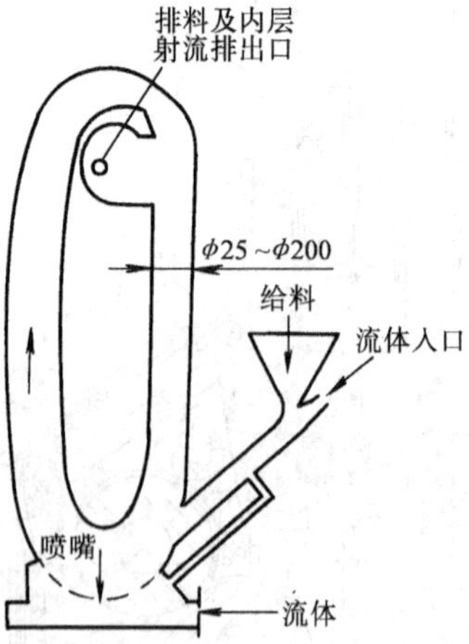

图 6-7 立式环型喷射式气流粉碎机的工作原理结构示意图

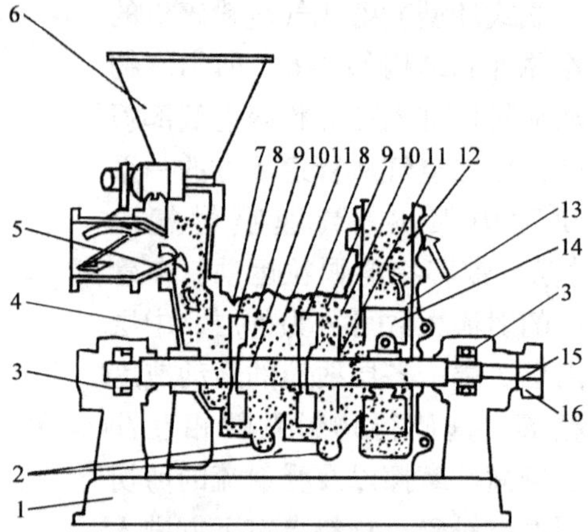

图 6-8 叶轮式气流粉碎机示意图

1—机座 2—排渣装置 3—轴承座 4—加料装置 5—加料器 6—加料斗 7—衬套 8—叶轮 9—撞击销 10—内分级叶轮 11—隔环 12—蝶阀 13—机架 14—风机叶轮 15—主轴 16—带轮

进入第二粉碎室的细颗粒进行同样的粉碎和分级。由于第二粉碎室的粉碎叶轮和分级叶轮直径比第一粉碎室的大，因此旋转速度更高；又因第三段叶轮的叶片有40°扭转角，所以造成的风压更大，粉碎效果增强，通过该室内的风速因粉碎室直径增大而减缓，分级精度提高，细颗粒被粉碎到几微米到数十微米的超细粒子，并被气流吸出机外。

内排渣机构的结构如图 6-9 所示。比被粉碎物料硬度大而相对密度也大的杂质，或物料粗颗粒在离心力的作用下被甩向衬套内壁，落到粉碎室底部排渣孔，由绞龙不断地排出机外。

5. 扁平室气流粉碎机

扁平室气流粉碎机的结构如图 6-10 所示。粉碎室呈扁平圆形，喷嘴均匀分布，形成周边的粉碎区和中间的分级区。物料进入粉碎室受到气流的作用，颗粒间相互产生冲击、碰撞、摩擦，同时也受气流的剪切作用，从而被超细粉碎。

6. 超声速气流粉碎机

超声速气流粉碎机的结构及工作原理如图 6-11 所示。

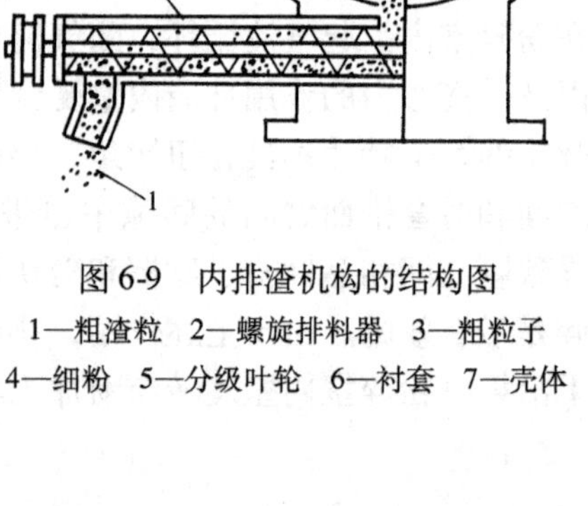

图 6-9 内排渣机构的结构图

1—粗渣粒 2—螺旋排料器 3—粗粒子 4—细粉 5—分级叶轮 6—衬套 7—壳体

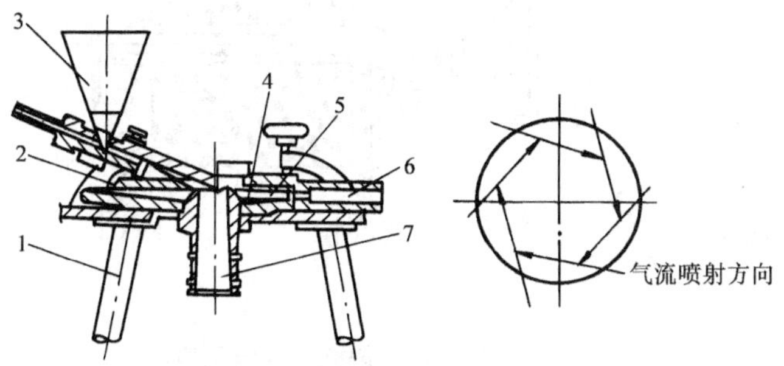

图 6-10　扁平室气流粉碎机
1—支脚　2—粉碎室　3—料斗　4—喷嘴　5—喷嘴环轮
6—气体入口　7—出料管

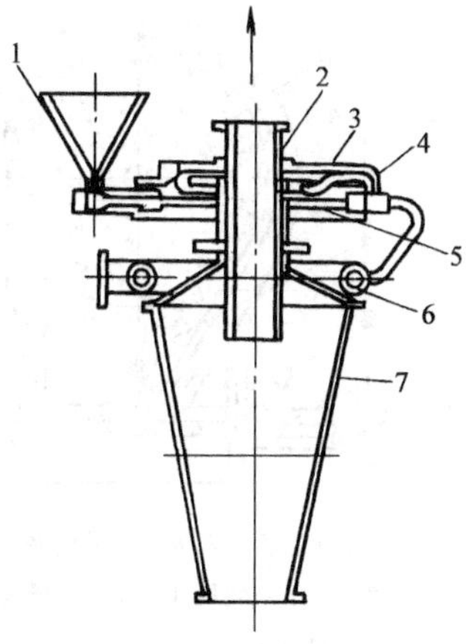

图 6-11　超声速气流粉碎机
1—加料斗　2—出口管　3—分级室　4—循环管　5—粉碎室　6—原料喷出粉碎管　7—旋风分离器

粉碎室周壁上安装若干超声速喷嘴，可以喷射气固混合流。输入的物料与压缩空气或高压蒸汽混合，形成气固混合流，然后以超声速从各个喷嘴喷入粉碎室，物料颗粒之间强烈地冲击、碰撞、摩擦、剪切而被粉碎。粒度不同的颗粒，在旋转气流作用下有不同的离心速度，细颗粒由分级室分出，经旋风分离器出口管排出，较粗颗粒重新进入粉碎室与新加入的超声速气固混合流再进行粉碎。当气流与物料混合时，物料颗粒因受到气流湍动作用而部分粉碎，因而有助于整个粉碎过程。

7. 对冲式气流粉碎机

对冲式气流粉碎机的结构及工作原理如图 6-12 所示。经加料斗 2 送入的物料被喷嘴 1 喷入的气流吹入喷管，与对面喷嘴 8 喷入的气流相互冲击、碰撞、摩擦、剪切，物料得以粉碎。

8. 气流式粉碎机的应用

气流式粉碎机在精细化工行业应用较广，适用于药物和保健品的超微粉碎。它用于低熔点和热敏性物料的粉碎工序，也用于粉碎和干燥，粉碎和混合等联合操作中。

四、振动式粉碎机械及应用

1. 工作原理

振动式粉碎的原理是利用球形或棒形研磨介质作高频振动时产生的冲击、摩擦和剪切等作用力，来实现对物料颗粒的超微粉碎，并同时起到混合分散作用。振动磨是进行高频振动式超微粉碎的专门设备，它在干法或湿法状态下均可工作。

2. 振动磨的分类

振动磨的种类，按振动特点分为偏心振动的偏旋振动磨和惯性振动磨；按工作方式有间歇式和连续式之分；按筒体数目分有单筒式和多筒式之分。

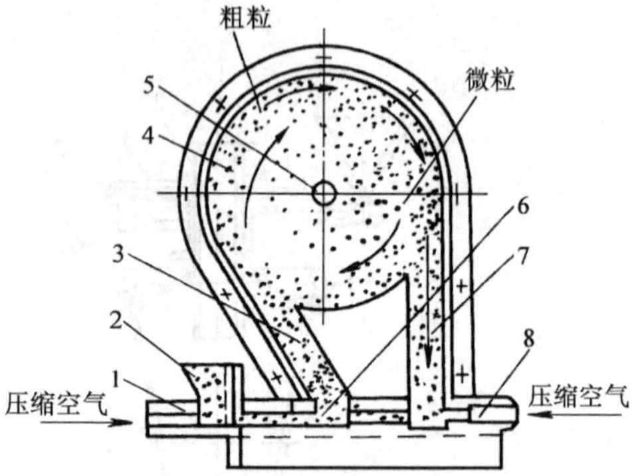

图6-12 对冲式气流粉碎机

1、8—喷嘴 2—加料斗 3—上导管 4—分级室 5—出料口 6—冲击室 7—下导管

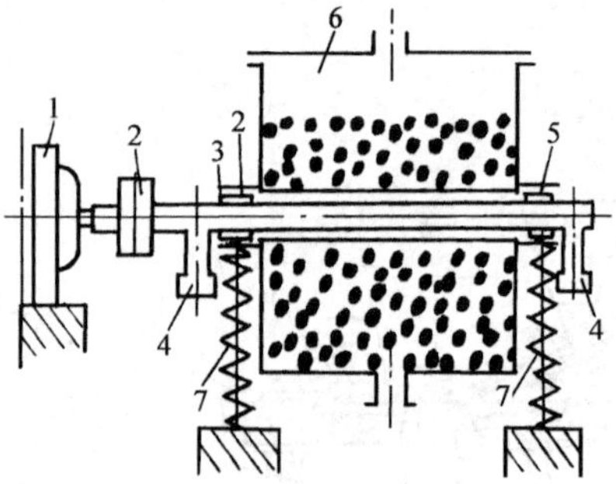

图6-13 偏旋振动磨示意图

1—电动机 2—挠性轴套 3—主轴 4—偏心重锤 5—轴承 6—筒体 7—弹簧

3. 偏旋振动磨

偏旋振动磨的工作原理和结构如图6-13所示，槽形或管形筒体支撑于弹簧上，筒体中部有主轴，轴的两端有偏心重锤，主轴的轴承装在筒体上通过挠性轴套与电动机连接。主轴快速旋转时，偏心重锤的离心力使筒体产生一个近似于椭圆轨迹的快速振动。筒体内装有钢球或钢棒等研磨介质及待磨物料，筒体的振动使磨介及物料呈悬浮状态，利用研磨介质之间的抛射与研磨等作用力而将物料粉碎。

在振动磨中，研磨介质的运动是实现超微粉碎的关键。振动磨内研磨介质对物料产生的粉碎作用力来自三个方面：高频振动、循环运动（公转）和自转运动。这些运动使得研磨介质之间和研磨介质与筒体内壁之间产生剧烈的冲击、摩擦和剪切等作用力，从而在短时间内将物料颗粒研磨成细小的超微粒子。

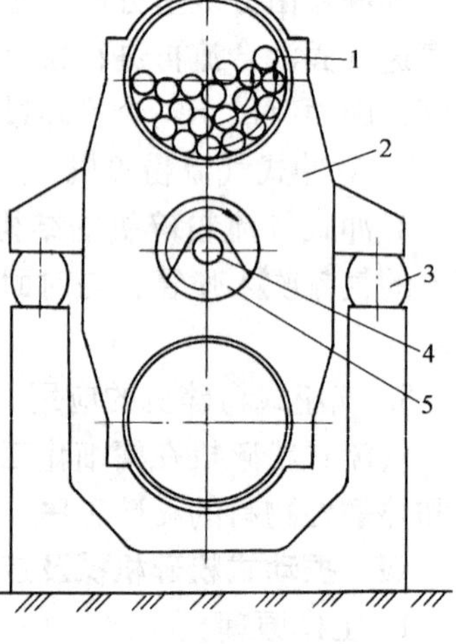

图6-14 连续式振动磨的外形结构示意图

1—筒体 2—横构件 3—橡胶弹簧 4—主轴 5—偏心重块

图6-14所示一种连续式振动磨的外形结构。振动磨有上下安置的两个筒体，筒体之间由2~4个横构件连接，横构件由橡胶弹簧支承于机架上，在横构件中部装有主轴的轴承，主轴上固定有偏心重块，电动机通过万向联轴器驱动主轴。通常进料部分和排料部分分别位于筒体两端，但也可以设置在筒体中部。物料的磨碎时间主要取决于它在筒体内经过的路程长短，这与筒体的连接系统有关。

4. 惯性振动磨

惯性振动磨的结构如图6-15所示，它由研磨体、筒体、振动器、弹簧、支架、电动机及联轴器等组成。振动器由两个彼此压紧的管子组成。

5. 振动磨的特点和应用

振动磨具有几方面的特点：①研磨效率高；②研磨成品粒径细，平均粒径可达2~3μm

以下；③可实现连续化生产并可以采用完全封闭式操作，以改善操作环境；④外形尺寸比球磨机小，占地面积小，操作方便，维修管理容易；⑤干湿法研磨均可。但是，振动磨运转时的噪声大，需使用隔声或消声等辅助设施。

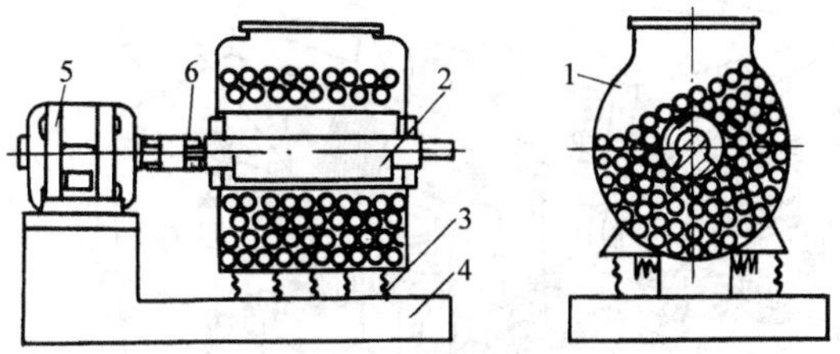

图 6-15　惯性振动磨结构示意图
1—筒体　2—振动器　3—弹簧支座　4—支撑架
5—电动机　6—弹性联轴器

振动磨主要用于微粉碎和超微粉碎，它既可用于干法处理，也可用于湿法处理。工业化应用的一般都是连续式。研磨介质有钢球、钢棒、氧化铝球和不锈钢珠等，可根据物料性质和成品粒度要求选择研磨介质材料与形状。为提高粉碎效率，应尽量先用大直径的磨介。如较粗粉碎时可采用棒状，而超微粉碎时使用球状。一般说来，研磨介质尺寸越小，则粉碎成品的粒度也越小。

第三节　湿法粉碎机械与设备

一、高压均质机设备与应用

均质机按构造可分为高压均质机、离心均质机、超声波均质机。

1. 工作原理

高压均质机原理是利用高压使得液料高速流过狭窄的缝隙而受到强大的剪切力、对金属部件高速冲击而产生强大的撞击力，因静压力突降与突升而产生的空穴爆炸力等综合力的作用，把原先颗粒比较粗大的乳浊液或悬浮液加工成颗粒非常细微的稳定的乳浊液或悬浮液。通过均质将食品原料的浆、汁、液进行细化、混合，从而可以大大提高食品的均匀性，防止或减少液状食品物料的分层，改善外观、色泽及香味，提高食品质量。

2. 基本结构

高压均质机主要由柱塞式高压泵和均质阀两部分构成。不同的高压均质机有不同类型的柱塞泵和不同级数的均质阀组成。典型的高压均质机的组合如图 6-16 所示。

3. 高压泵

高压泵是高压均质机的重要组成部分，是使料液具有足够静压能的关键。常用的料液均质压力为 25 ~ 40MPa，而对于某些特殊需要的场合，如生物细胞超破碎、液—固（粉末）的超细粉碎等，料液均质压力可达 70MPa。

高压泵是一个往复式柱塞泵，结构如图 6-17 所示。它是一种恒定转速、恒定转矩的单作用容积泵，泵体为长方体，内有三个泵腔，柱塞在泵腔内往复运动，使物料吸入加压后流向均质阀。柱塞往回运动时，吸料阀打开将料液吸入，同时排料阀关上。在向前运动时，吸料阀关上，排料阀打开。这时柱塞通过排料阀将料排出。

柱塞的运动速度是按正弦规律变化的，单个柱塞往复一次，吸入和排出也各一次，所以单动泵的瞬时排出流量是变化的，如图 6-18a 所示。通常采用三柱塞往复泵，使瞬时排出流量比较均匀，如图 6-18b 所示。

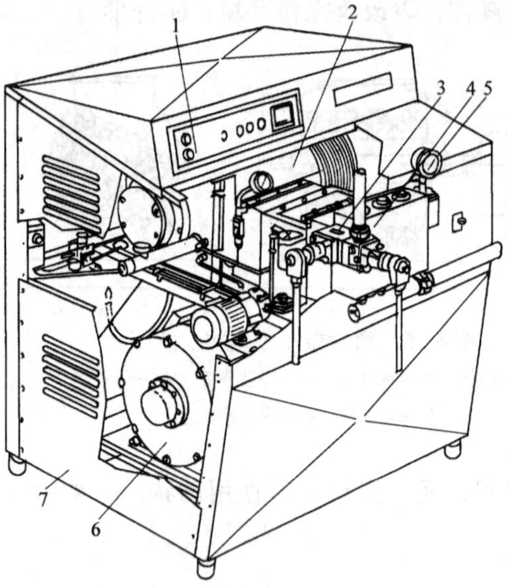

图6-16 典型的高压均质机组合

1—控制盘 2—传动机构 3—均质阀 4—泵体 5—高压表 6—电动机 7—机座及外壳

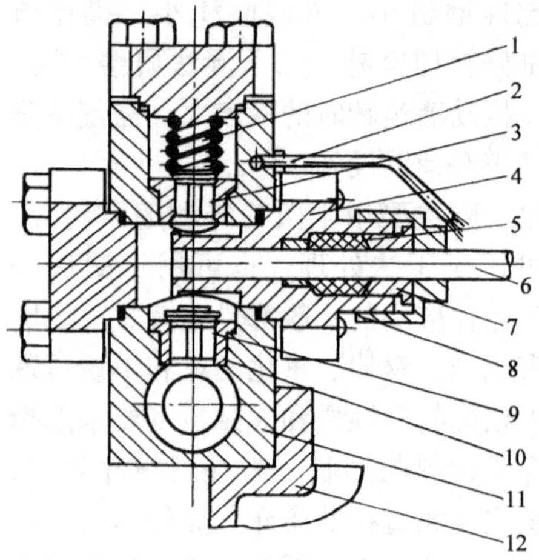

图6-17 高压泵

1—弹簧 2—冷却水排出口 3—排料阀 4—泵缸 5—密封填料 6—柱塞 7—填料盖 8—压紧螺母 9—吸料阀 10—阀座 11—泵体 12—机座

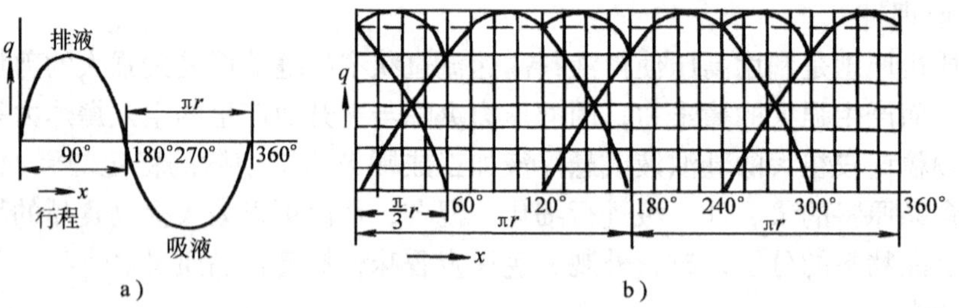

图6-18 柱塞往复泵排液量图

a) 单动泵 b) 三动泵

4. 均质阀

均质阀是均质机的关键部件，由高压泵送来的高压液体，在通过均质阀时完成均质。图6-19为双级均质阀的结构示意图。图6-20为均质阀工作原理图。

工作时，脂肪球或带有细小颗粒的物料，经高压泵的排料阀被压入均质阀阀座入口处。在压力作用下，阀芯被顶起，阀芯与阀座之间形成了极小的环形间隙（一般小于0.1mm），当物料在高压下流过此极小的间隙时，受到两侧压力作用，速度增大，在缝隙中心处速度最大，而附在阀座与阀芯表面上的物料速度最小，形成了急剧的速度梯度。同于速度梯度引起的剪切力，物料流过均质阀时的高速（200～300m/s）撞击，以及高速液料在通过均质阀缝隙时由于压力剧变引起迅速交替的压缩与膨胀作用在瞬间产生的空穴现象，这样物料中脂肪球或软性、半软微粒就在空穴、撞击和剪切力的作用下被粉碎得更小，达到均质目的。

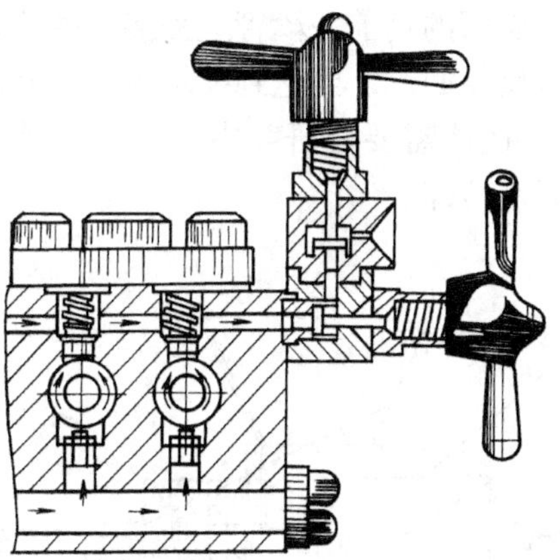

图 6-19　双级均质阀结构

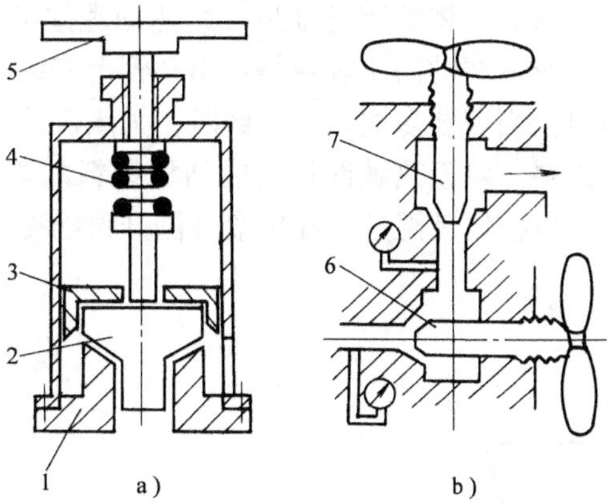

图 6-20　均质阀工作原理图
a) 工作原理　b) 双级系统
1—阀座　2—阀芯　3—挡板环　4—弹簧　5—调节手柄　6—第一级阀　7—第二级阀

均质阀所选的材料必须十分坚硬，具有极强的耐磨蚀性，而且须有良好的抗锈蚀性，国外一般使用钨钴铬合金，用于牛奶均质时可保持良好的性能无须更换和修复，对于磨蚀性强的液料则使用硬质合金来制造。

5. 应用范围

高压均质机应用范围广，可以处理流动液态物料，并且在高粘度和低粘度产品之间转换时，无需更换工作部件。应用于奶、稀奶油、酸奶及其他乳制品、冰淇淋、果汁、番茄制品、豆浆、调味品、布丁等食品加工中。

二、胶体磨及其他磨浆设备

1. 胶体磨

胶体磨是一种磨制胶体或近似胶体物料的超微粉碎设备。

(1) 工作原理　胶体磨又称分散磨，工作构件由一个固定的磨体（定子）和一个高速旋转的磨体（转子）所组成，两磨体之间有一个可以调节的微小间隙。当物料通过这个间隙时，由于转子的高速旋转，使附于转子面上的物料速度最大，而附于定子面上的物料速度为零。这样产生了急剧的速度梯度，从而使物料受到强烈的剪切、摩擦和湍动，而产生了超微粉碎作用。

(2) 基本结构　胶体磨分为卧式和立式两种。卧式胶体磨的结构如图 6-21 所示，其转子随水平轴旋转，定子 3 与转子 2 之间的间隙通常为 50 ~ 150μm，依靠转动件的水平位移来调节。料液在旋转中心处进入，流过间隙后从四周卸出。转子的转速范围为 3000 ~ 15000r/min。这种胶体磨适用于粘性相对较低的物料。立式胶体磨的结构如图 6-22 所示，转子的转速为 3000 ~ 10000r/min，卸料和清洗都很方便，它适用于粘度相对较高的物料。

胶体磨均质机根据物料的性质、需要细化的程度和出料等因素进行调节。调节时转动调节手柄，由调节环带动定盘轴向位移而使空隙改变，若需要大的粒度比，调节定盘往下移；定盘向上移则为粒度比小。一般调节范围在 0.005 ~ 1.5mm 之间。

由于胶体磨转速很高，为达到理想的均质效果，物料一般要磨几次，这就需要回流装置。胶体磨的回流装置是在出料管上安装一碟阀，在碟阀的稍前一段管上另接一条管通向入料口。当需要多次循环研磨时，关闭碟阀，物料则会反复回流。当达到要求时，打开碟阀则可排料。对于热敏性材料或粘稠物料的均质、研磨，往往需要把研磨中产生的热量及时排走，以控制其温升，在定盘外围开设的冷却液孔中通水冷却。

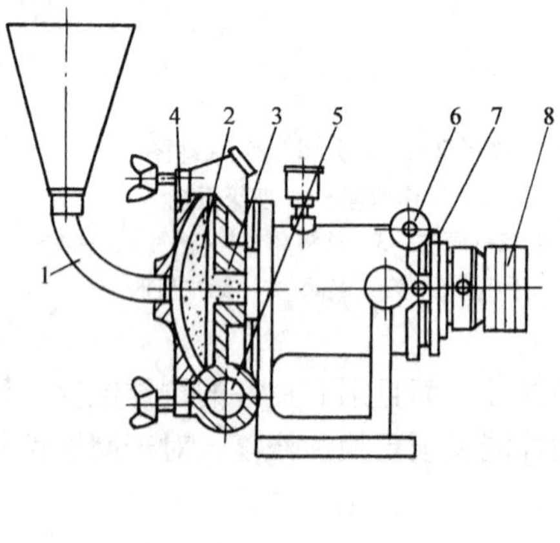

图 6-21 卧式胶体磨

1—进料口 2—转子 3—定子 4—工作面 5—卸料口 6—锁紧装置 7—调整环 8—带轮

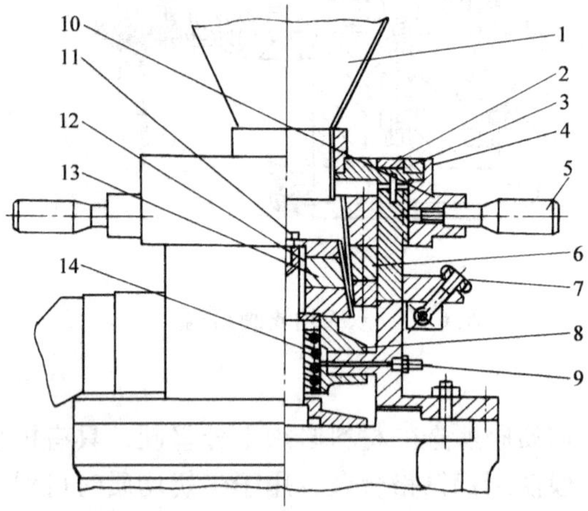

图 6-22 立式胶体磨

1—料斗 2—刻度环 3—固定环 4—紧固螺钉 5—调节手柄 6—定盘 7—压紧螺母 8—离心盘 9—溢水嘴 10—调节环 11—中心螺钉 12—对称键 13—动盘 14—机械密封

（3）应用范围　胶体磨具有几方面的特点：①可在极短时间内实现对悬浮液中的固形物进行超微粉碎作用，同时兼有混合、搅拌、分散和乳化的作用，成品粒径可达 1μm；②效率和产量高，大约是球磨机和辊磨机效率的 2 倍以上；③可通过调节两磨体间隙，最小可达到 1μm 以下，达到控制成品粒径的目的；④结构简单，操作方便，占地面积小。但是，由于定子和转子磨体间隙极微小，因此加工精度较高。

在食品工业中用胶体磨加工的品种有红果酱、胡萝卜酱、橘皮酱、果汁、食用油、花生蛋白、巧克力、牛奶、豆奶、山楂糕、调味酱料、乳白鱼肝油等。另外，胶体磨还广泛用于化学工业、制药工业和化妆品工业中。

2. 自分离磨浆机

自分离式磨浆机是近年发展起来的，它是在立式磨浆机的基础上联结一台浆渣分离机或在立式磨浆机的动砂轮片组上，装设离心筛而形成。

（1）自分离磨浆机的工作原理　原料进入两个相对高速转动的磨盘之间，便在磨盘的机械力的作用下，部分受到磨纹的碾磨，大部分由于原料本身的相互挤压、摩擦而破碎。浆料最后经精磨区流出，由于精磨区的间隙较小而被细化（磨碎）。

（2）基本结构　自分离磨浆机的结构如图 6-23 所示，它是由进料斗、外壳、上磨片、下磨片、调节砂轮间隙装置和电动机等组成。

磨盘是磨浆机的关键部件。磨盘有石磨、钢磨和砂轮磨，砂轮磨比石磨和钢磨有明显的优越性。砂轮磨的出料粒度比石磨和钢磨细，出品率比石磨磨两遍还要高，比钢磨高10%～12%，且电耗低。为了磨出良好的浆料，磨盘应具有破碎区、中间区（磨浆区）和精磨区，这三个区的工作要求，一般用设计不同形式的磨纹来实现。

三、搅拌磨与其他均质机

1. 搅拌磨

搅拌磨是在球磨机的基础上发展起来的。在球磨机内，一定范围内研磨介质尺寸越小则成品粒度也越细，但研磨介质尺寸减小到一定程度时，它与液体浆料的粘着力增大，会使研磨介质与浆料的翻动停止。为解决这个问题，可增添搅拌机构以产生翻动力，于是搅拌磨问世了。与球磨不同的是搅拌磨的筒体（容器）不转动，虽然也适用于干法处理，但大多用在湿法超微粉碎中。

（1）搅拌磨工作原理 搅拌磨的超微粉碎原理是在分散器高速旋转产生的离心力作用下，研磨介质和液体浆料颗粒冲向容器内壁，产生强烈的剪切、摩擦、冲击和挤压等作用力（主要是剪切力）使浆料颗粒得到粉碎。

搅拌磨所用的研磨介质有玻璃珠、钢珠、氧化铝珠和氧化锆珠，还常用天然石英砂，故又称为砂磨。研磨介质粒度分布愈均匀愈好，这不但可以获得均匀强度的剪切力、冲撞力、摩擦力，使研磨的成品粒径均匀，提高研磨效率和成品的产量与质量，而且研磨介质也不易破损。

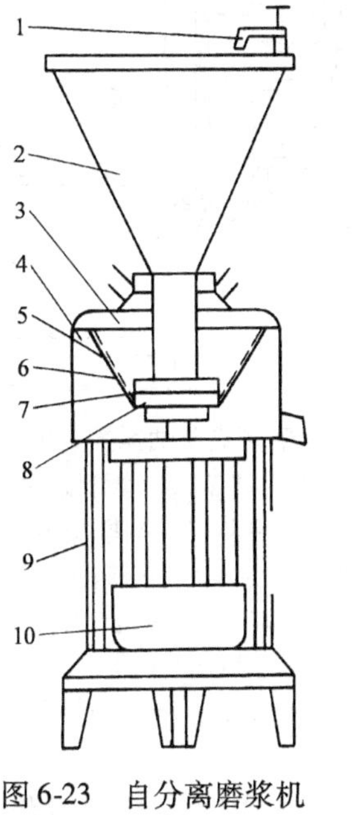

图6-23 自分离磨浆机
1—放水龙头 2—料斗 3—筒盖
4—筒体 5—滤网 6—网篮
7—上磨片 8—下磨片 9—防水罩
10—电动机

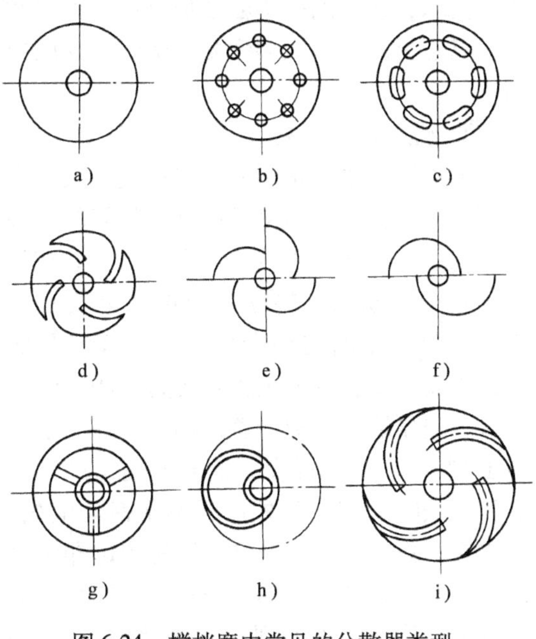

图6-24 搅拌磨中常见的分散器类型
a）平面圆盘型 b）开圆孔圆盘型 c）开弯豆孔圆盘型
d）渐开线槽形异型 e）风车形异型 f）偏形凸异型
g）同心圆环型 h）偏心圆环型 i）螺旋沟槽型

(2) 基本组成　搅拌磨的基本组成包括研磨容器、分散器、搅拌轴、分离器和输料泵等。研磨容器多采用不锈钢制成，带有冷却夹套以带走由分散器高速旋转和研磨冲击作用所产生的热量。分散器也多用不锈钢制成或用树脂橡胶和硬质合金材料等制成。常用的分散器有圆盘形、异型、环形和螺旋沟槽形等，如图 6-24 所示。搅拌轴是连接并带动分散器转动的轴，直接与电动机相连。分离器的作用是把研磨容器内的研磨介质与被研磨浆料分离开，研磨介质留在容器内继续研磨新的浆料，被研磨的浆料成品在输料泵推动下通过分离器排出。分离器的种类很多，通常分为筛网型和无网型两类，最常用的有圆筒型筛网、伸入式圆筒型筛网、旋转圆筒筛网和振动缝隙分离器等。输送泵的选择需考虑液体物料的性质（如粘度和固形物含量），可选用齿轮泵、内齿轮输送泵、隔膜泵和螺杆泵等。

搅拌磨分敞开型和密闭型两种，每种又有立式与卧式、单轴与双轴、间歇式与连续式之分，有的还配备有双冷型式。敞开式单轴立式是搅拌磨设备中最简单的一种，其研磨介质充填率为 50% ~60%，研磨效率较低且不适宜处理高粘度物料，因此常使用的是密闭型。如图 6-25 所示为密闭型立式单轴搅拌磨的结构示意图。

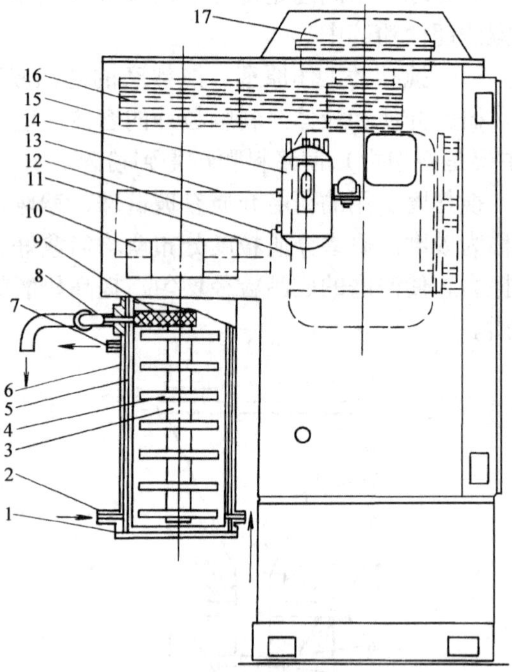

图 6-25　密闭型立式单轴搅拌磨的结构示意图
1—盖　2—物料入口管　3—搅拌轴　4—分散圆盘　5—研磨容器　6—夹套　7—冷却水进出口管　8—物料出口管　9—伸入式圆筒筛　10—机械密封　11—电动机　12—密封液进口管　13—密封液出口管　14—压力罐　15—机座　16—V 带轮　17—液力偶合器

搅拌磨能满足成品粒子的超微化、均匀化的要求，成品的平均粒度最小可达到数微米，已在食品工业众多领域中得到广泛的应用。

2. 超声波均质机

超声波均质机是利用声波和超声波，在遇到物体时会迅速地交替压缩和膨胀的原理设计的。物料在超声波的作用下，当处在膨胀的半个周期内，料液受到拉力呈气泡膨胀；当处在压缩的半个周期内，气泡则收缩，当压力变化幅度很大且压力振幅低于外压时，被压缩的气泡会急剧崩溃，在料液中会出现“空穴”现象，这种现象的出现，又随着振幅的变化和外压的不平衡而消失，在空穴消失的瞬时，液体的周围引起非常大的压力和温度增高，起着非常复杂而强力的机械搅拌作用，以达到均质的目的。根据这个原理，超声波均质机是通过将频率为 20 ~25kHz 的超声波发生器放入料液中（亦可以使用使料液具有高速流动特性的装置），由于超声波在料液中的搅拌作用使料液均质。

超声波均质机按超声波发生器的形式分为机械式、磁控式和压电晶体式等。

(1) 机械式超声波均质机　机械式超声均质机主要由喷嘴和簧片组成，如图 6-26 所示。簧片处于喷嘴的前方，它是一块边缘成楔形的金属片，被两个或两个以上的节点夹住。

当料液在0.4～1.4MPa的泵压下经喷嘴高速射到簧片上时，簧片便发生频率为18～30kHz振动。这种超声波立即传给料液，使料液呈现激烈的搅拌状态，料液中的大粒子便碎裂，料液被均质化，均质后的料液即从出口排出。机械式超声波均质机适用于牛奶、花生油、乳化油和冰淇淋等食品的加工。

（2）磁控振荡式均质机　磁控振荡器式均质机的超声波发生器用镍粒铁等磁歪振荡使频率达几万赫兹，使料液在强烈的搅拌作用下达到均质。

（3）压电晶体振荡式均质机　压电晶体振荡器式均质机用钛酸钡或水晶振荡子作超声波发生器，使振荡频率达几万赫兹以上，对料液进行强烈振荡而达到均质。

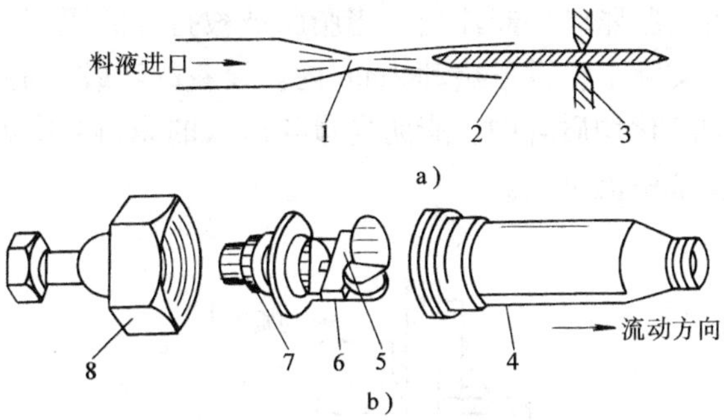

图6-26　机械式超声波原理及发生器图

a）机械式超声波工作原理示意图　b）超声波发生器结构图

1—矩形缝隙　2、5—簧片　3—夹紧装置　4—共鸣钟　6—喷嘴　7—可调喷嘴体　8—底座

3. 高剪切均质机

如图6-27所示是一种高剪切均质泵，定子3紧固在电动机的壳体上，转子8利用螺母和键13紧固在轴套的左端，轴套的右端利用键2和螺钉4紧固在电动机的转轴上，定子的外面利用螺栓联接外套，带有进口的端盖10联接在外套的左端，在定子与转子的壁上有通孔，物料经进口进入转子的内腔后经通孔至位于定子与外套间的外腔内，再经安装在外套上的出口排出。转子与定子间有很小的间隙，转子转动时，物料经过该间隙由内腔进入外腔的过程中被剪切而达到均质的目的。

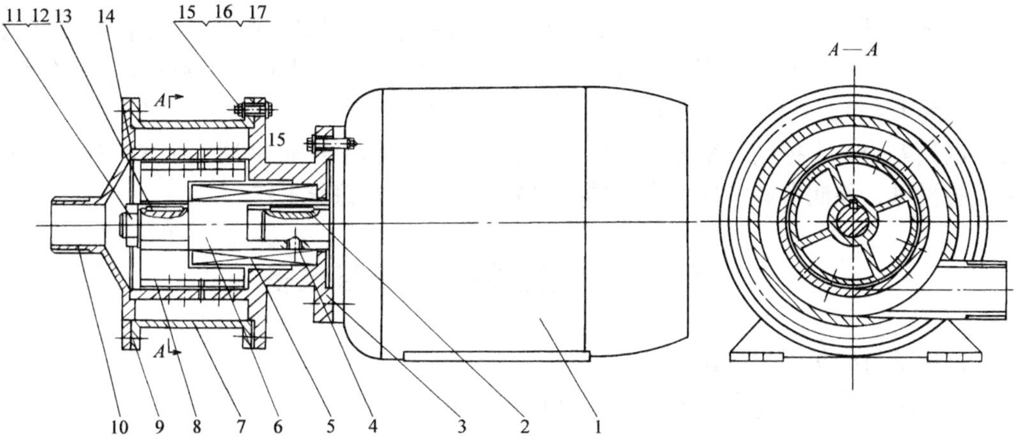

图6-27　高剪切均质机结构图

1—电动机　2、13—键　3—定子　4—螺钉　5—机械密封　6—轴套　7—外套　8—转子　9、14—密封圈　10—端盖　11、17—螺母　12、16—垫片　15—螺栓

4. 离心均质机

通过高速离心机使杂质被分离叫做净化，在净化的时候又能均质，故称净化均质机，亦称离心均质机，如图6-28所示。由于分离机的高速旋转，产生很大的离心力，使流入的料

液很快分成三个相，如牛乳，密度最大的杂质被甩至转鼓的四周，脱脂乳从上面排出，稀奶油被引入稀奶油室，在此处与一个特殊的圆盘相遇，圆盘上有12个左右的尖齿，齿的前端边缘呈流线型，后端边缘则削平，如图6-29所示。这种圆盘在稀奶油室中固定旋转，而稀奶油则以很高的速度围绕它旋转，这样就产生一种空穴作用，在稀奶油室中脂肪球被打碎，就可与脱脂乳一起流出。当脂肪球被打碎的程度未达要求时，可以再回稀奶油室作进一步打碎。实际上在设备启动2min内。设备的转鼓中心和稀奶油室就充满稀奶油，从这时开始流出的净化均质乳中，脂肪含量与流入的原料乳中的脂肪含量相等，说明净化均质的乳不断地从设备中流出去。

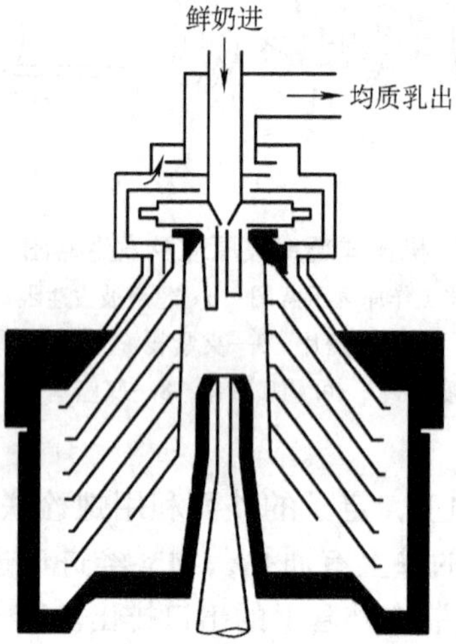

图6-28 离心式均质机转鼓

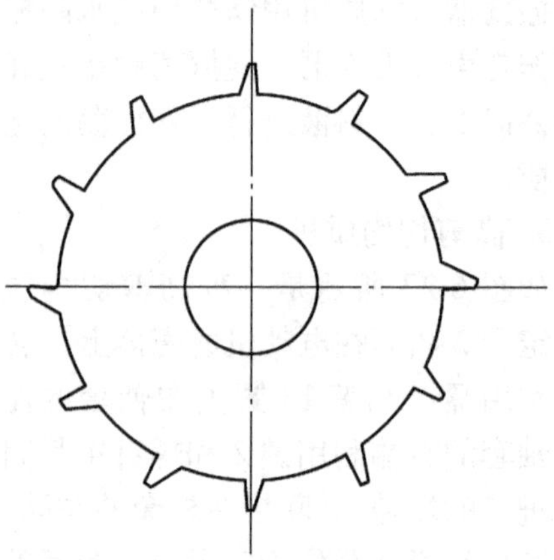
图6-29 带齿圆盘

整个操作过程可以自动控制，在乳的出口处装一个单独的控制阀，用以控制机器内部的分离。国外有一家公司生产的一台离心均质机，正常生产能力可达5000l/h，每分钟6000转，功率为15kW，牛奶进料温度55~60℃，如需更大的生产能力时，可用两台或三台并联使用，也只需用一个控制阀来控制乳通过所有机器。它的保养期为四个月，检查一次离合器和制动的衬里，除润滑和替换已磨损的衬里外，不需其他保养工作。

第四节 果蔬破碎机械与设备

一、果蔬打浆机械与设备

打浆机用于果酱诸如苹果酱、番茄酱的生产流水线中。

1. 打浆机的结构和工作过程

打浆机采用刮板滤浆式结构，如图6-30所示，主要由进料斗、螺旋推进器、桨叶、刮板、圆筒筛、机壳、出浆口和出渣口、机架、电动机及传动机构等部分组成。

物料进入筛筒后，由于刮刀的回转和导程角的存在，物料以螺旋线轨迹向出口端移动，因刮板的打击和离心力的作用而被粉碎，汁液和果肉（已成浆状）从筛孔通过进入出料斗，果皮和籽、核等则从出渣口排出。

2. 打浆机的主要部件

（1）螺旋推进器　把来自料斗的物料按一定的速度推进破碎浆叶中。

（2）破碎浆叶　把物料用摩擦、挤压的方法先行粗碎。

（3）刮板　又称棍棒。刮板其结构为几块长方形的不锈钢板，以回转中的离心力与破碎浆叶联合擦破物料。刮板对称安装于轴的两侧，与轴的夹角称为“导程角”。对含汁率较高的物料，导程角与间距应小些；反之，导程角与间距应大些。导程角以及刮板与筒壁的间隙都可以调节。

（4）圆筒筛　圆筒筛是渣汁分离的装置。用0.35～1.20mm厚的冲孔不锈钢板弯曲成圆筒后焊接或先制成两个半圆体连接而成。

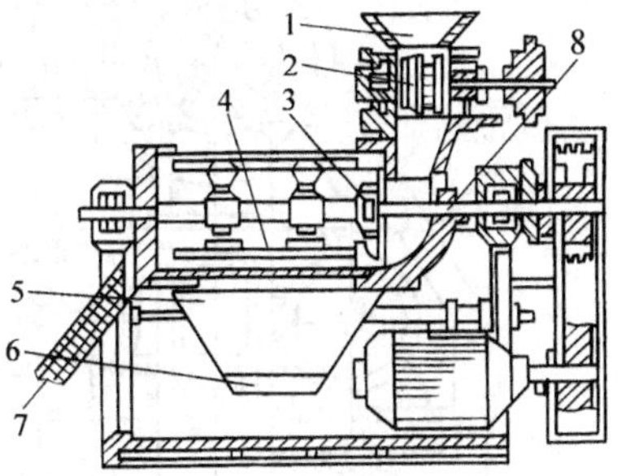

图6-30　打浆机

1—进料斗　2—切碎刀　3—破碎浆叶　4—刮板　5—圆筒筛　6—出料斗　7—出渣斗　8—螺旋推进器

打浆的效果与物料本身性质、刮板转速、筛孔直径、开孔率、导程角大小和刮板与筛筒内壁间隙有关。常用的打浆机筛孔直径可在0.4～1.5mm之间选择，开孔率约为50%，导程角为1.5°～3°，刮板与筒内壁间隙为1～4mm。番茄打浆时，通常采用600r/min，导程角1.5°，间隙3mm。

3. 打浆机的联动

上面介绍的是单机操作的打浆机。在很多场合中，如番茄酱生产流水线中，是把2～3台打浆机串联起来使用的，并被安装在同一个机架上，由一台电动机带动，这叫打浆机的联动。

打浆机联动时，各台打浆机的筛筒孔眼大小不同，前道筛孔比后道筛孔孔眼大，即一道比一道打得细。

图6-31为一打浆机组，它的任务只进行打浆，和单机生产时不同，它没有破碎原料用的浆叶，其破碎专门由破碎机进行，经破碎后的番茄用螺杆泵（浓浆泵）送到打浆机Ⅰ中，其筛孔孔眼直径为1.1mm，轴的转速为840r/min。经打浆后汁液汇集于底部，经管道进入打浆机Ⅱ中，其筛孔孔眼直径为0.8mm，轴转速为970r/min。同第Ⅰ道打浆机一样，汁液是由其本身的重力经管道流入第Ⅲ道打浆机中继续打浆，第Ⅲ道打浆机筛孔孔径为0.6mm，轴的转速为970r/min。因此，打浆机联动时，由第Ⅰ至第Ⅲ道打浆机是自上而下排列的。第Ⅰ道打浆机离地面有一定高度，必须有操作台才能操作和管理。

二、果蔬榨汁机械与设备

压榨机是利用压力把固态物料中所含的液体压榨出来的固液分离机械。

1. 果蔬榨汁机械分类

果蔬榨汁机械广泛应用在番茄、菠萝、苹果、柑、橙的压榨上。按工作方式分间歇式压榨机和连续式压榨机两大类。常用的间歇式压榨机有手动螺杆式压榨机、液压压榨机、气囊压榨机、活塞式榨汁机等。连续式压榨机有螺旋式压榨机、辊带式压榨机等。

2. 螺旋式压榨机

（1）螺旋式压榨机的结构和工作过程　螺旋式压榨机的结构如图6-32所示。该机是以螺旋的推进力，使果蔬在其中产生挤压等运动而榨取汁液。工作时，物料由料斗进入螺杆，在螺杆的挤压下榨出汁液，汁液自圆筒筛的筛孔中流入收集器，而渣则通过螺杆锥形部分与筛筒之间形成的环状空隙排出。环状空隙的大小可以通过调整装置调节。空隙大，则出汁率低；空隙小，则出汁率高，但汁液浑浊。

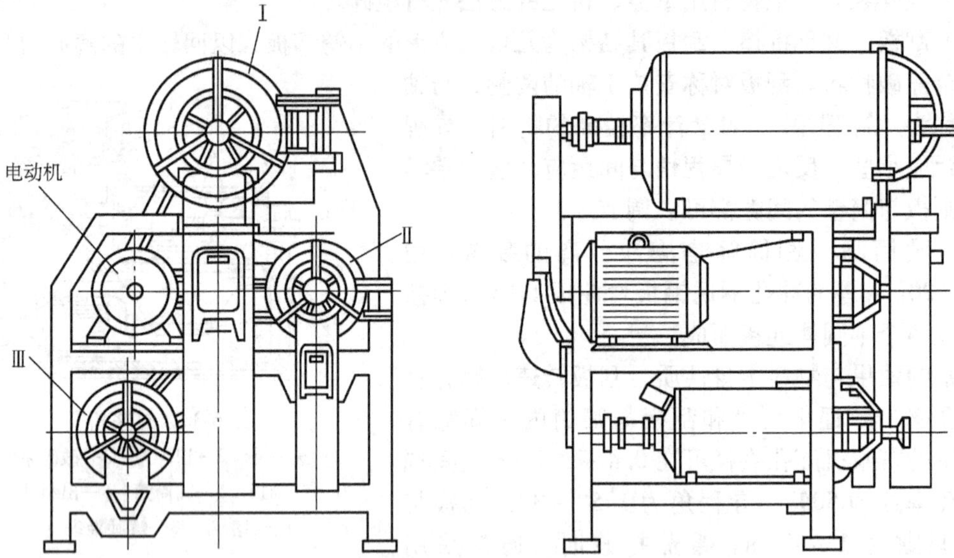

图 6-31 打浆机组

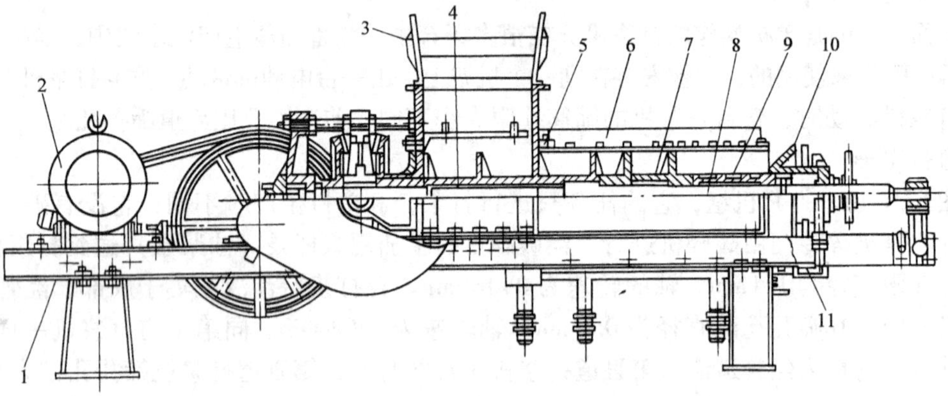

图 6-32 螺旋式压榨机

1—机架 2—电动机 3—进料斗 4—外空心轴 5—第一辊棒 6—冲孔滚筒 7—第二辊棒 8—内空心轴 9—冲孔套筒 10—锥形阀 11—排出管

（2）螺旋式压榨机的主要部件

1）圆筒筛：一般用冲孔不锈钢板卷成，外加加强环。为便于清理及检修，可分成上下两半，然后用螺栓接合。为方便制造，较长的圆筛分成二三段。筛孔直径一般为 0.3 ~ 0.8mm。

2）压榨螺杆：为了使物料进入榨汁机后尽快地受到压榨，螺杆槽的容积要根据浆料的性质有规律地逐渐缩小。缩小容积有 3 种做法：一是改变螺杆的螺距；二是改变螺旋槽的深度；三是既改变螺距，又改变螺旋槽的深度。改变螺杆螺距的大小对于一定直径的螺旋就是改变螺旋升角的大小，采用较小的螺距则物料受到的轴向分力增加，周向分力减小，有利于物料的推进。

GT6GS 型螺旋连续榨汁机的螺杆设计成两段。第一段叫喂料螺旋，其直径不变而螺距逐渐变小，主要用作输送物料和对物料进行初步挤压。第二段为压榨螺旋，其直径带有锥度，螺距逐渐缩小，因而不断增加对物料的挤压程度。喂料螺旋与压榨螺旋之间是断开的，使物料经过第一段螺旋初步挤压后发生松散，然后再进入第二段螺旋进行更大压力的挤压。第一段和第二段螺旋的转速相同而转向相反，因而物料经松散后进入第二段螺旋时翻了个身。由于分两次挤压，第一段挤压后物料翻转进入第二段所受的压力更大，提高了榨汁效率。

3）调压装置：具有一定压缩比的螺旋压榨机，对物料产生一定的挤压力，而出渣口中的顶锥与筛筒之间形成的间隙，对榨汁机的工作压力会产生更大的影响，间隙的大小用手轮调节，使螺杆沿轴线方向运动而获得。

螺旋连续压榨机主要用于压榨葡萄、番茄、菠萝、苹果、梨等果蔬的汁液。

3. 活塞式榨汁机

活塞式榨汁机结构如图 6-33 所示，它是由连接板、筒板、活塞、集汁 - 排渣装置、液压系统和传动机构组成。这种榨汁机是由连接板与活塞用挠性导汁芯连接起来，水果经打浆成浆料，经连接板中心孔进入筒体内，活塞压向连接板，果汁经导汁芯和后盖上伸缩导管进入集汁装置。在压榨过程中筒体处于回转状态，可使充填均匀和压榨力分布平衡。完成榨汁，活塞后退，弯曲了的导汁芯被拉直，果渣被松散，然后筒向后移，果渣落入排渣装置排出。全部操作可以实现自动化，按拟定工艺程序工作。其基本原理如图 6-34 所示。活塞式榨汁机把过滤和压榨组合在一起，较好地使浆料中的液 - 固分离。其出汁率及机械自动化程度优于其他榨汁机。

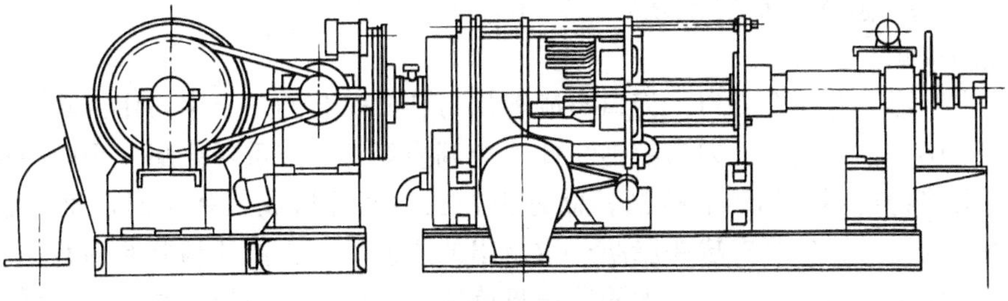

图 6-33　活塞式榨汁机

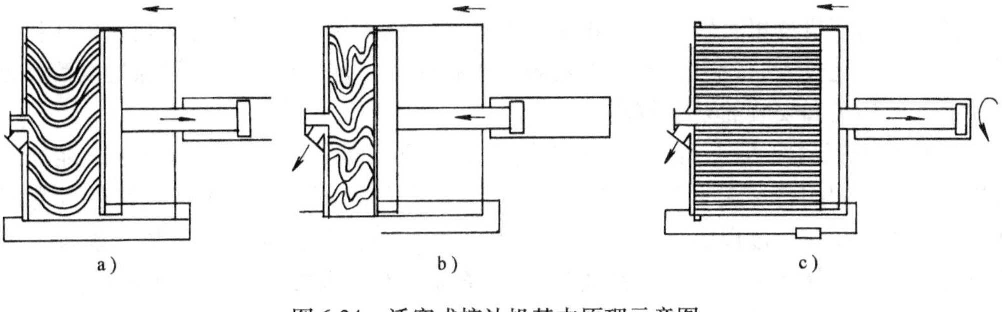

图 6-34　活塞式榨汁机基本原理示意图

a）填料　b）压榨　c）松散果渣

第五节 肉类绞切和粉碎机械与设备

1. 肉类绞切与斩拌设备

(1) 绞肉机 绞肉机的结构如图6-35所示，机架的材料为铸铁。

工作时，先开机后放料，由于物料本身的重力和螺旋供料器的旋转，把物料连续地送往十字刀口进行切碎。因为螺旋供料器的螺距后面应比前面小，但螺旋轴的直径后面比前面大，这样对物料产生了一定的挤压力，这个力迫使已切碎的肉从格板上的孔眼中排出。

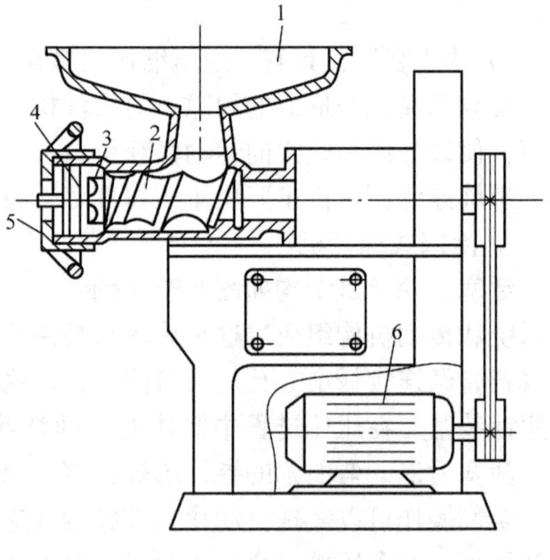

图6-35 绞肉机

1—料斗 2—螺旋供料器 3—十字切刀 4—格板 5—紧固螺帽 6—电动机

用于午餐肉罐头生产时，肥肉需要粗绞而瘦肉需要细绞，一般是分别在两台绞肉机中进行，但若只有一台绞肉机，则可调换格板就可达到粗绞与细绞之需。格板有几种不同规格的孔眼，通常粗绞用 $\phi8\sim\phi10$mm 的孔眼，细绞用 $\phi3\sim\phi5$mm 的孔眼。粗绞与细绞的格板，其厚度都为10～12mm普通钢板。由于粗绞孔径较大，排料较易，故螺旋供料器的转速可比细绞时快些，但最大不超过400r/min。因为格板上的孔眼总面积一定，即排料量一定，当供料螺旋转速太快时，使物料在切刀附近堵塞，造成负荷突然增加，对电动机有不良的影响。

切刀为十字形，有四个刀口，刀口是顺着切刀转向安装的。十字刀用工具钢制造，刀口要求锋利，使用一个时期后，刀口变钝，此时应调换新刀片或重新修磨，否则将影响切割效率，甚至使有些物料不是切碎后排出，而是由挤压、磨碎后成浆状排出，直接影响成品质量，据有些厂的研究，午餐肉罐头脂肪严重析出的质量事故，往往与此原因有关。

装配或调换十字刀后，一定要把固紧螺母旋紧，才能保证格板不动，否则因格板移动和十字刀转动之间产生相对运动，也会引起对物料磨浆的作用。十字刀必须与格板紧密贴合，不然会影响切割效率。

螺旋供料器在机壁里旋转，要防止螺旋外表与机壁相碰，若稍相碰，则会损坏机器。但它们的间隙又不能过大，过大会影响送料效率和挤压力，甚至使物料从间隙处倒流，因此这部分零部件的加工和安装的要求较高。

(2) 可编程序绞肉机 可编程序绞肉机采用了现代肉类加工的最新技术，能加工温度在 -20～80°C之间的冷冻肉、鲜肉和生的熏肉皮。采用切割刀具、螺杆和智能计算机来控制机器的操作。在加工过程中，温升不超过2～3°C，故能保持原料的质量。该设备消除了切割刀具的摩擦，降低了磨损，节约能量。与普通的绞肉机相比，操作成本可降低50%以上。内部结构示意图如图6-36所示，该型号带有冷却系统，可使肉的温度保持最低，使剁碎的肉更鲜美。内部的冷却系统保证使所有与食品接触的表面都维持一个恒定的低的温度，使用的冷却剂对环境无害，工作的噪声很低。

（3）斩拌机　斩拌机的作用是将去皮、去骨的肉块斩成肉糜，并将同时掺入的调味品及用来降温的冰屑一起斩拌，故称作斩拌机，是肉制品生产中的主要设备。它分为真空和非真空斩拌机。前者是在负压下工作，具有卫生条件好，物料温升小等优点；后者不带真空系统，在常压下工作。

2. 骨类粉碎设备及应用

（1）超级骨糊机　超级骨糊机是将骨类物料进行超微磨碎的设备。它的关键部件磨具采用无气孔新型陶瓷磨具，磨具的粒度有 16#、24#、30#、46#、60#、80#、120#、240#共 8 个类型，根据原料加以选择。

普通的磨具有约为 40% 的气孔率，在生肉粉碎时，肉汁等蛋白质进入磨具气孔内部形成大量细菌的集结地，而无气孔磨具有利于防止细菌的污染和磨具的破损。两种磨具的比较如图 6-37 所示。

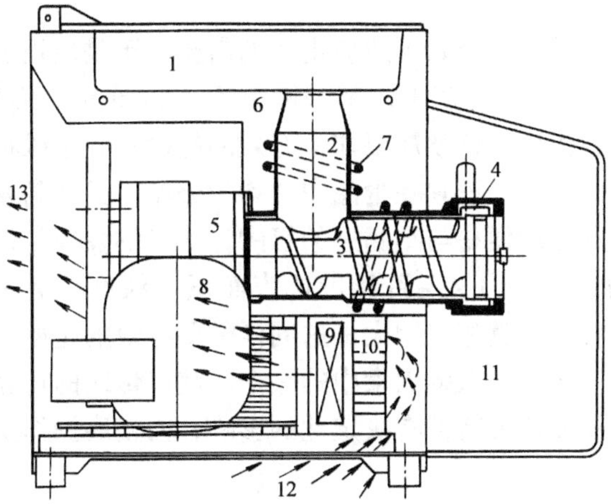

图 6-36　剁肉机内部结构

1—带有罩子的托盘　2—进料斗　3—螺杆　4—装有切刀的槽　5—齿轮箱　6—隔离泡沫塑料　7—冷却管道　8—压缩机　9—冷却风机　10—冷凝器　11—预藏室　12—新鲜空气　13—废热

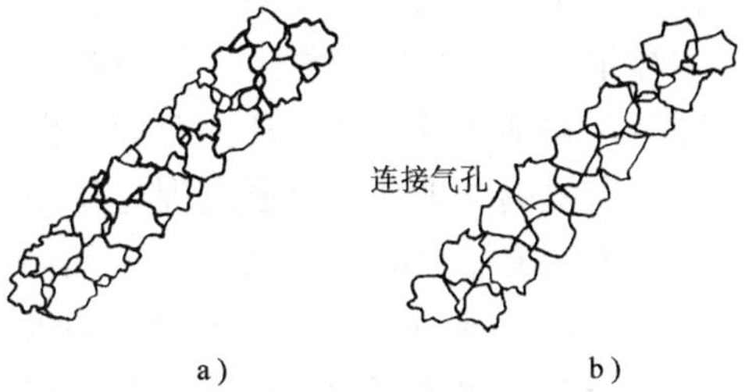

图 6-37　两种磨具的比较

a）特殊骨糊机磨具　b）普通磨具

超级骨糊机具有拆卸、组装极为简单，且易于清洗的优点，同时可通过简单的调节柄对旋转磨具的上下进行调节。无气孔的骨糊机磨具在磨碎过程中能够进行全无破损且间歇为 0 的运转，使超微粒化有效利用率提高 5% ~10%，且达到普通磨具磨碎机无法达到的超微粉碎。

（2）骨糊机的应用　骨糊机可以用来粉碎家畜的骨、虾、玉米、芝麻、大豆、糯米、茶叶等。它可单独使用，也可在生产线中串联使用。猪骨糊生产线加工能力为 90kg/h 原料骨，两台超级骨糊机串联使用，把原料加工成为没有粗糙感的骨糊。猪骨糊生产线的工艺流程及设备如图 6-38 所示。

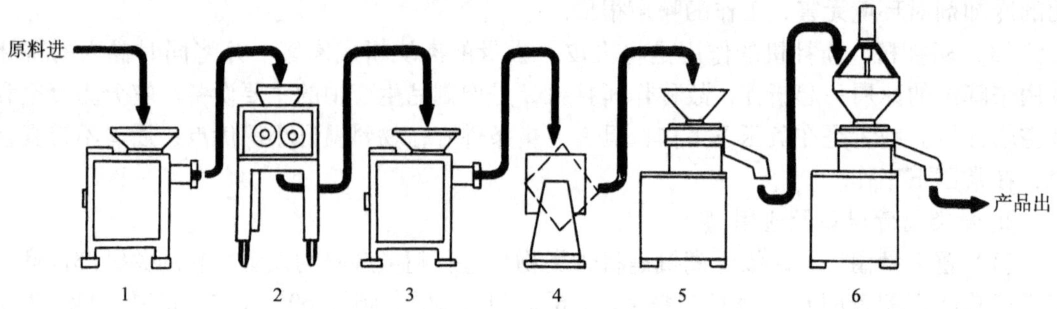

图 6-38 猪骨糊生产线

1—1 号切碎机 2—骨头压割机 3—2 号切碎机 4—搅拌机 5—1 号超级骨糊机 6—2 号超级骨糊机

第六节 超微粉碎机械与设备

一、超微粉碎的基本概念与原理

随着现代食品工业的不断发展，普通的粉碎手段已开始不适应生产的需要，于是出现了超微粉碎技术，并得到了迅猛的发展。在功能性食品生产上，某些微量活性物质（如硒）的添加量很小，如果颗粒稍大，就可能带来毒副作用。这就需要非常有效的超微粉碎手段将之粉碎至足够细小的粒度，加上有效的混合操作才能保证它在食品中的均匀分布。又如膳食纤维一个重要的生理功能是通过促进排便，达到防治便秘与结肠癌的目的，功能的发挥与纤维的持水力、膨胀力有很大的关系，而持水力、膨胀力又与纤维的比表面积（粒度）有一定的关系；粒度越小比表面积越大，持水力与膨胀力就相应增大，这同样需要有效的超微粉碎手段。当然，比表面积仅是影响纤维持水力、膨胀力众多因素中的一个。就以传统的巧克力产品来说，浆料精磨后的粒度对终产品的质构和口感特性有决定性的影响，而精磨操作实际上就是一种超微粉碎过程。

二、超微粉碎装置及组件

1. 超微粉碎设备的分类

超微粉碎的形式很多，根据产生粉碎力的原理不同，有气流式、高频振动式、旋转球磨式、转辊式等。各种不同类型的超微粉碎又包括若干种不同形式的具体设备，气流式有立式环型喷射式、叶轮式、扁平式、对冲式、超声速、靶式超音速 I 型气流粉碎机等；高频振动式有间歇式和连续式振动磨；转辊式有精磨机；还有搅拌磨、行星磨、双锥磨、胶体磨、振动式搅拌磨等专用设备。部分设备已在本章有所介绍，不予赘述。

2. 精磨机

精磨机是一种湿法加工的辊式粉碎机械。图 6-39 所示为五辊和三辊精磨机。图 6-40 则说明其研磨浆料的原理。

从进料斗加入的浆料借助附着力由辊筒表面进入加料缝，由于这道缝逐渐变窄，大部分浆料不能通过，就在进料斗中不断翻滚做循环运动，其中有一小部分浆料被拖带通过下、中两辊间的缝隙。这样，浆料受到两只辊筒速度差产生的较强的剪切力作用，大颗粒被粉碎成微粒，同时浆料得以均匀分散混合，碾出其中气泡。通过下辊筒和中辊筒的浆料，少部分粘附在下辊筒表面上被带回加料斗，大部分被粘附在中辊筒表面，被送到中辊筒与上辊筒之间的缝隙中，由于上辊筒的转速更快，中辊筒与上辊筒之间的缝隙更狭窄，故浆料受到更强烈的剪切力作用，于是浆料得到进一步研磨，均匀混合并分散。五辊筒精磨的情况依此类推。精磨后的浆料平均粒度不超过 25μm，其中大部分颗粒的粒度在 15 ~ 20μm 之间。精磨机是巧克力之类食品生产的关键设备。

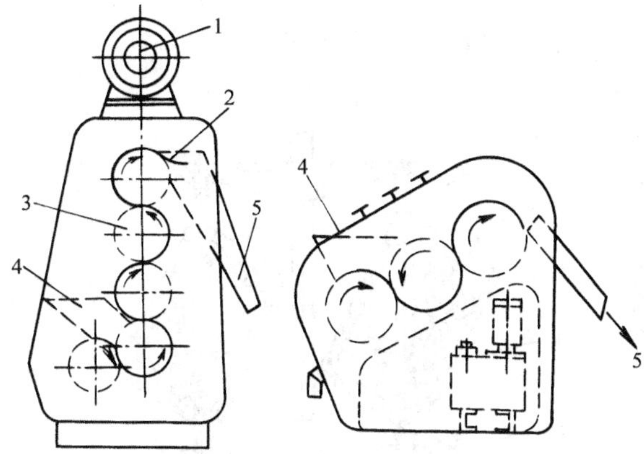

图 6-39　五辊和三辊精磨机

1—电动机　2—刮料刀　3—辊筒　4—进料斗　5—出料斗

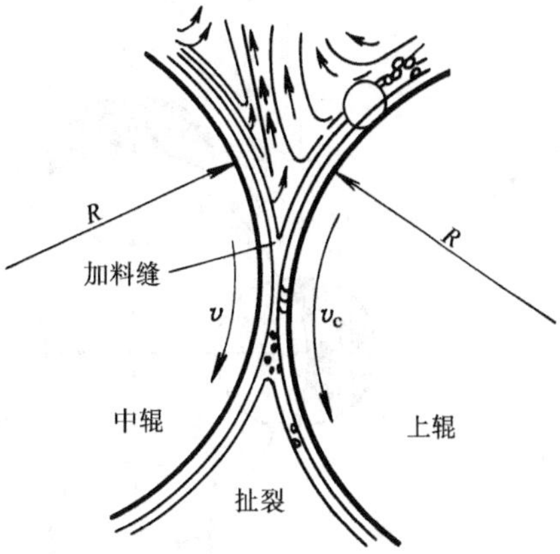

图 6-40　浆料在加料缝中的流动模型

精磨机的辊筒为光辊，表面要求高度光滑，其表面硬度是决定物料细度和辊筒使用寿命的关键，通常以合金钢离心浇铸。物料通过辊筒间的摩擦间隙（轧距）是精磨速度和成品粒度的又一关键。因此辊筒缝隙应始终固定。各个辊筒应保持各自的指定工作温度，使通过这些辊筒的浆料能保持应有的温度和粘度。现代化的五辊精磨机具有自动调节和控制温度的系统。各个辊筒的转速不等，进料辊最慢，出料辊最快。在出料辊处有一刮刀将精磨后的浆料刮下。刮刀与辊筒之间应保持一定的压力，可采用液压系统调节和控制。

3. 行星磨

行星磨和双锥磨都是 20 世纪 80 年代问世的湿法高效超微粉碎设备，可将浆料中的固体颗粒粒度研磨至 1 ~ 2μm 以下。

行星磨由 2 ~ 4 个研磨罐组成，这些研磨罐除自转外还围绕主轴作公转，故称行星磨。这些研磨罐特意设计成倾斜式，使之在离心运动时同时出现摆动现象，在每次产生最大离心力的最外点旋转时，罐内研磨介质会上下翻动。研磨罐旋转时，离心力大部分产生在水平面上，由罐水平截面来看呈椭圆形。研磨罐围绕主轴旋转时，整个研磨介质和物料的椭圆形不断变化，因此，罐的离心力与做上下运动的力作用在研磨介质上，使之产生强有力的剪切力、摩擦力和冲击力等，把物料颗粒研磨成微细粒子。行星磨结构及其研磨介质运动行径如图 6-41 所示。

行星磨研磨罐的研磨介质充填率为 30% 左右，它的粉碎效率较球磨机高。不但粒度小（可达 1μm 以下），而且微粒大小均匀。同时具有结构简单，运转平稳，操作方便等优点。不仅常用在湿法处理上，也适用于干法处理。

4. 双锥磨

双锥磨是一种新型高能量密度的超微粉碎设备，它利用两个锥型容器的间隙构成一个研磨区，内锥体为转子，外锥体为定子。在转子和定子之间的环隙用研磨介质填充，研磨介质为玻璃珠、陶瓷珠和钢珠等。研磨介质直径通常为 0.5～3.0mm，转子与定子之研磨间距（缝隙）约为 6～8mm，与研磨介质直径相适应。研磨介质直径大，则间距也大。通过锥形研磨区可以达到渐进的研磨效果，供研磨用的能量从进料口至出料口逐渐递增，因为随着被研磨物料细度的增加，必须使其获得更高的能量才能进一步磨细。

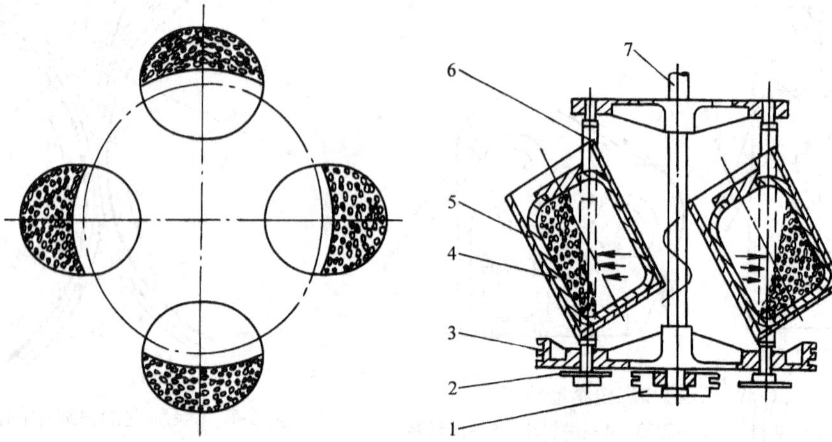

图 6-41 行星磨结构及其研磨介质运动行径
1—主动链轮 2—从动链轮 3—带轮 4—砂磨罐 5—容器 6—从动轮 7—主轴

双锥磨的主要结构如图 6-42 所示。带冷却夹套的定子和带冷却腔的转子构成研磨缝隙，在隙缝内装满研磨介质，转子装在轴上。研磨介质与研磨浆料的分离器采用动态缝隙分离器，它由转子环与定子环构成的，浆料由下部入口管在泵的推动下连续地加入，研磨的浆料经过分离器由上部出口管流出成为成品。

双锥磨的特点表现在：①具有很高的能量密度和较小的研磨容器容积，因此能获得很细且均匀的成品微粒和很高的生产能力；在同样的生产负荷和细度情况下双锥磨是传统搅拌磨容积的 1/3～1/5，研磨介质充填率也是后者的 1/3～1/5，所以研磨介质的耗量小，更换研磨品种时残留物少且容易清理。②结构紧凑且在密闭状态下作业，故适宜研磨含有机溶剂的物料，而且外界空气不能进入研磨容器内，所以浆料不会起泡。③适宜研磨热敏性物料和在低沸点下溶解的物料。

5. 振动式搅拌磨

图 6-43 所示是综合振动磨和搅拌磨原理而设计的振动式搅拌磨。与一般的搅拌磨相比，这种设备的进料粒度可以较粗，其振幅比管式振动磨小，一般为 1～2mm，研磨介质充填率 60%～80%，通常用于超微粉碎场合，产品粒度可达 5μm 以下。

快速旋转搅拌球磨机的进一步发展是环形室式搅拌磨。物料进入磨机的底部，使用计量泵控制物料通过研磨室的流速及在磨机内的停留时间。圆锥形的研磨室可确保物料受到圆周速度逐渐增加的研磨作用。这种磨机的研磨室内衬塑料，配备有效的冷却系统，以防止机器过热。

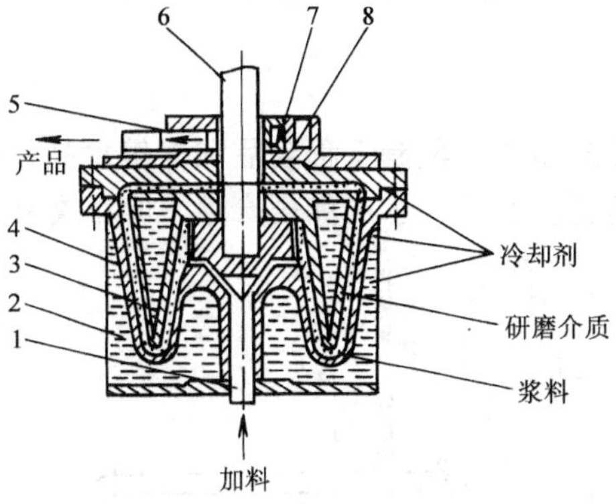

图 6-42 双锥磨的结构示意图
1—加料管 2—容器 3—转子 4—定子 5—浆料出口管 6—旋转轴 7—转子环 8—定子环

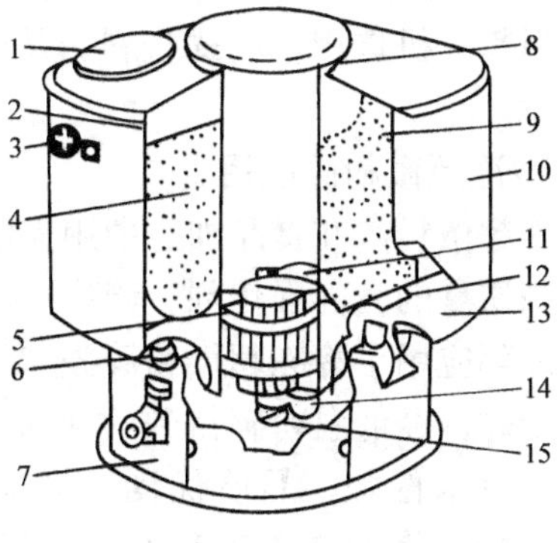

图 6-43 振动式搅拌磨
1—进料口 2—研磨室 3—系列磨机入口 4—研磨介质 5—电动机 6—弹簧 7—基座 8—中心柱 9—耐磨内衬 10—机壳 11—上部重块 12—介质支撑座 13—排料阀柄 14—下部重块 15—超前角调节器

三、冷冻超微粉碎装置及应用

食品冷冻粉碎技术是利用冷冻与粉碎两种技术相结合，使食品原料在冻结状态下进行粉碎制成干粉的技术。冷冻粉碎突破了常规粉碎工艺的局限性，使得粉体加工食品的制造技术得到了重大改进。

常温固体食品的粉碎效果，在很大程度上受到食品物料的性质以及粉碎机类型的影响。例如对于含油、水分较多的食品，粉碎后会因微粒化产生粉粒凝集，造成粉碎机的堵塞，生产能力下降。此外，粉碎中所投入能量的大部分因转化为热能，而以热的形式散发，对于热敏性食品极为不利，易造成食品的变质、溶解、粘着等。如果预先将待粉碎的食品冷冻到脆化点以下，就可以利用其低温脆性较容易地粉碎，从而避免了上述问题的发生。

冷冻粉碎与常温粉碎相比具有如下优点：①可以粉碎常温下难以粉碎的食品物料；②可以制成比常温粉粒体流动性更好，粒度分布更理想的产品；③不会发生常温粉碎时因发热、氧化等造成的变质现象；④粉碎时不会发生气味逸出、粉尘爆炸、噪声等。

这些优点使得冷冻粉碎技术特别适用于由于含有油分、水分等，很难在常温中粉碎的食品，或者在常温粉碎时很难保持香味成分的香辛料等。

1. 工作原理

冷冻超微粉碎的工作原理是预先将待粉碎的物料用液氮冷却冻结到脆化点以下，利用其低温脆性的特点使物料微粉碎。对于含油、水分较多的食品，粉碎后不会因微粒化产生粉粒凝集，造成粉碎机的堵塞，生产能力下降。冷冻超微粉碎可以制成比常温粉粒体流动性更好、粒度更细小的食品。

2. 冷冻超微粉碎装置

冷冻超微粉碎装置一般由制冷剂供给装置（液氮箱）、原料冷冻箱、供给箱、低温粉碎机、产品收集箱、显热回收装置等组成，如图 6-44 所示。该装置设有冷气回收管路，以降低液氮耗量，充分利用冷媒的作用。

低温粉碎机选用轴向式进料，从喂料口吸入已经冷却待粉碎的物料和气化冷媒，如图6-45所示。

3. 冷冻超微粉碎应用

冷冻超微粉碎在食品加工中用来制得品质优良的粉体，配制工程食品和保健食品，以满足各种高质量的营养强化剂、调味剂、增香剂等需要。谷类、水产和畜产品、叶菜类和水果类的粉碎都应用了冷冻超微粉碎技术。如米的粉碎，经低温粉碎得到的米粉，粒度细，吸水性强，品质优良，可制成新型米粉。将冷冻粉碎和冷冻干燥结合在一起，可粉碎含有大量水分的新鲜叶菜和水果，这种粉体与传统加热干燥法得到的产品相比，不会变质，香味优美。

随着冷冻粉碎技术的不断发展，应用于食品领域的加工产品日益增多，除上述应用外，还有大豆、花生、可可豆、胡椒粉、杏仁等的冷冻粉碎。如在大豆中添加芦荟、大蒜以及有药效的植物，一起进行冷冻粉碎干燥制成具有保健功能的大豆粉。将大蒜在低温下破碎成蒜泥，然后进行冷冻干燥、碾磨、过筛处理制得的大蒜粉，产品不仅外观洁白、细腻，而且大蒜的主要疗效成分大蒜素在贮存过程中无明显变化，显著提高了产品的耐贮藏性。冷冻粉碎是食品加工中具有发展前景的新技术，它不仅可使粉体加工食品的制造技术得到改善，而且可开发各种新型食品。

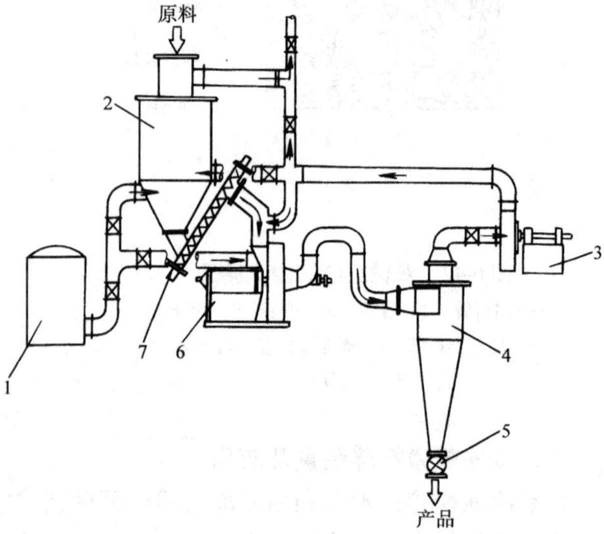

图6-44 冷冻超微粉碎装置流程图

1—液氮箱 2—冷冻箱 3—气体压缩机 4—旋风分离器 5—旋转阀 6—超低温粉碎机 7—螺旋加料机

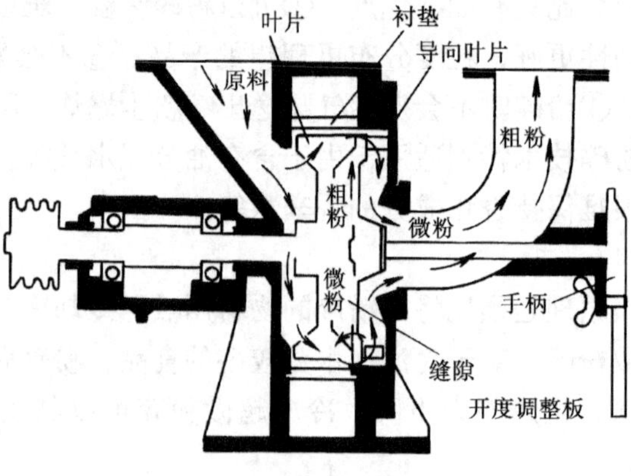

图6-45 低温粉碎机结构示意图

第七章

混合机械与设备

7

第一节 概　　论

混合是食品加工工艺过程中重要的单元操作之一。“混合”是使两种或两种以上不同组分的物质在外力作用下由不均匀状态达到相对均匀状态的过程。经过混合操作后得到的物料称为混合物。

食品加工中的混合操作的任务主要是通过混合获得化学、物理均匀度达到要求的混合产品，比如饮料、乳制品的配制，糖果、糕饼原料的配制，调味料的配制，营养强化处理，添加剂的配制等等均需要经过混合才能获得质地均匀的物料。同时通过混合可以实现某种工艺目的，例如混合在工艺过程中可以促进溶解、结晶、吸收、浸出、吸附、乳化、生物化学反应；防止悬浮物沉淀以及增加加热和冷却的均匀性等等。

在食品加工中，被混合的物料性质和状态常常是多样的，一般有以下几种类型的混合物：固体与固体、固体与液体、液体与液体、液体与气体物料相混合构成的混合物和固体—液体—气体三类物料构成的混合物。

固体—固体的混合过程中，混合纯粹是粉粒体之间发生的物理现象。液体—液体的混合过程中，物料之间可以有互溶或乳化等物化反应现象。固体—液体的混合过程中，当液相多固相少时，可以形成溶液或悬浮液；当液相少固相多时，混合的结果仍然是粉粒状或是团粒状。当液相和固相的比例在某一特定的范围内，可能形成粘稠状物料或无定形团块（如面团），这时混合的特定名称可称为“捏和”或“调和”，这是一种很特殊的相变状态。固体—液体—气体的混合过程，是食品生产中特有的混合现象，一部分食品生产中要将空气或惰性气体混入物料以增加物料的体积、减小容重并改善物料的质构、流变特性和口感，如蛋液搅拌、制造充气糖果和冰淇淋等。

在食品加工中，根据被混合的物料性质和状态，将混合作业机械分成混合机、搅拌机、捏和机。混合物料是以固体干物料为主的混合作业机械称为混合机；是以较低粘度的液体物料为主的混合作业机械叫做搅拌机；是以高粘度稠浆料和粘弹性物料为主的混合作业的机械称作捏合（和）机。

对混合机械的一般要求是，混合物的混合均匀度高，混合速度快；物料在容器内的残留量少；设备结构简单，坚固耐用，操作方便，便于检视、取样和清理；机械设备要防锈，耐腐蚀，容器表面光滑，工作部件能拆卸清洗；电动机设备和电控装置应能防爆、防湿、防尘，符合环境保护和安全运行的要求。

第二节 液体混合机械与设备

一、液体混合的目的与原理

在食品加工中，液体混合主要用于互溶或互不相溶的液体与液体之间的混和，固体悬浮液的制取以及促进液体中固体的溶解、强化热交换的操作中。比如乳液的混和、原料糖浆的制备、糖果生产中的溶糖操作以及蛋品生产中的打蛋操作。其目的在于促进物料的传热，使物料温度均匀化；促进物料中各成分混合均匀；促进溶解、结晶、浸出、凝聚、吸附等过程的进行；促进酶反应等生化反应和化学反应过程的进行。液体的混和常用的设备是搅拌机。

液体的混合也称作搅拌。

在食品工业中，许多物料呈流体状态，稀薄的如牛奶、果汁、盐水等，粘稠的有糖浆、蜂蜜、果酱、蛋黄酱等，有的具有牛顿流体性质，有的具有非牛顿流体性质。对于非牛顿流体的搅拌过程，远比牛顿流体复杂，其剪切力与速度梯度不成线性关系，剪切力与速度梯度之比称为流体的表观粘度，表观粘度是指在某一速度梯度范围内的粘度值。对于非牛顿型流体，如果酱、蛋黄酱、番茄酱等，其表观粘度随剪切速率的增加而降低，即剪切使流体变稀。产生这种现象的原因与流体分子的物理结构有关，其中包括细胞的破损、大分子链的变形、断裂以及分子的排列等等。分子沿流动方向排列越完善，则表观粘度越低，流体也越接近牛顿流体性质。搅拌过程是一个复杂的过程，它涉及到流体力学、传热、传质及化学反应等多种原理。从本质上讲，搅拌过程是在流场中进行单一的动量传递，或者是包括动量、热量、质量的传递及化学反应的综合过程。可以认为，整个搅拌过程就是一个克服流体粘度阻力而形成一定流场的过程。在搅拌过程中，搅拌器不仅引起液体的整体运动，而且要使液体产生湍流，才能使液体得到剧烈的搅拌。

低、中粘度液体混合的强度取决于流型，即对流的强制程度。低、中粘度液体混合过程中对流的形式有主体对流和涡流对流，主体对流是指在搅拌过程中，搅拌器把动能传给周围的液体，产生一股高速的液流，这股液流推动周围的液体，逐步使全部的液体在容器内流动起来，这种大范围的循环流动引起的全容器范围的混合叫做“主体对流扩散”。涡流对流是指当搅拌产生的高速液流在静止或运动速度较低的液体中通过时，处于高速流体与低速流体的分界面上的流体受到强烈的剪切作用。因此，在此处产生大量的漩涡，这种漩涡迅速向周围扩散，一方面把更多的液体夹带着加入“宏观流动”中；另一方面又形成局部范围内物料快速而紊乱的对流运动，这种运动被称为“涡流对流”。在实际混合过程中，主体对流扩散只能把不同的物料搅成较大“团块”的混合，而通过“团块”界面之间的涡流，使混合均匀程度迅速提高。

低、中粘度的食品混合主要是以对流混合为主。

高粘度液体一般指粘度高于2.5Pa·s的液体。高粘度物料（包括高浓度物料）在搅拌过程中粘度往往会变化。根据搅拌过程物料粘度的变化，可分为三类：一是搅拌物料由低粘度向高粘度过渡，如溶解、乳化及生化反应等操作；二是搅拌物料由高粘度向低粘度过渡；三是搅拌物料保持在高粘度下操作。高粘度液体的混合与低、中粘度液体的混合有所不同。高粘度液体在搅拌的作用下，既无明显的分子扩散现象，又难以造成良好的湍流以分割组分元素，在这种情况下，混合的主要作用力是剪切力，剪切力是由搅拌的机械运动所产生的。剪切力把待混合的物料撕成愈来愈薄的薄层，使得某一组分的区域尺寸减少。图7-1所示是平面间的两种粘性流体。开始时主成分以离散的黑色小方块存在，随机分布于混合体中，然后在剪切力的作用下，这些方块被拉长，如果剪切力足够大，对每一薄层的厚度撕到用肉眼难以分辨的程度，到这个程度我们称为“混合”。因此，高粘度流体中，

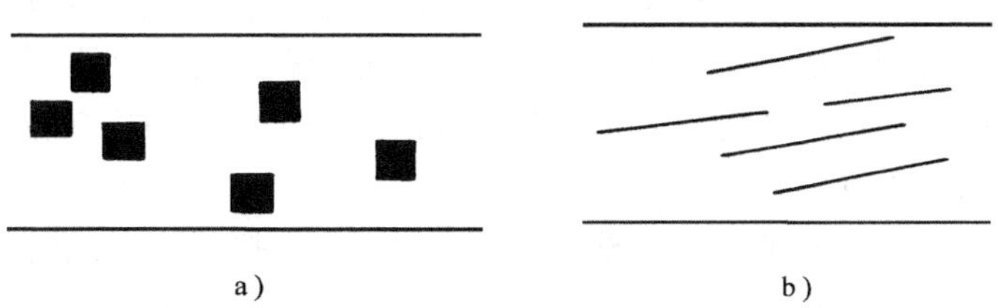

图7-1　液体剪切混合作用

a）混合初始状态　b）剪切混合状态

流体的剪切力只能由运动的固体表面造成，而剪切速度取决于固体表面的相对运动及表面之间的距离。所以，在高粘度搅拌机的设计上，一般取搅拌器直径与容器内径的比值几乎等于1:1，就是这个道理。

高粘度的食品混合主要是以剪切混合为主。

二、低粘度液体混合机械与设备

在食品工业中应用的低粘度液体混合机械与设备称为液体搅拌机。液体搅拌机的型式很多，但其基本结构大致相同。典型的搅拌机结构如图7-2所示，由搅拌装置、搅拌罐、轴封与传动装置等所组成。搅拌装置的主要作用是通过自身的运动使液体按某种特定的方式活动，从而达到某种工艺要求。液体的流型是衡量搅拌装置性能最直观的重要指标。搅拌罐的作用是容纳搅拌装置与物料在其内进行操作，搅拌罐必须满足无污染、易清洗等专业技术要求。罐体大多数设计成圆柱形，其顶部为开放式或密闭式，底部大多数成碟形或半球形，平底的很少见到，因为平底结构容易造成搅拌时液流死角，影响搅拌效果。罐内盛装的液体深度通常等于容器直径。在罐内装有搅拌轴，轴一般由容器上方支撑，并由电动机及传动装置带动旋转。轴的下端装有各种形状桨叶的搅拌器。轴封是指搅拌轴及搅拌容器转轴处的密封装置，用于避免食品污染。传动装置是赋予搅拌装置及其他附件运动的传动件组合体。在满足机器所必须的运动功率及几何参数的前提下，希望传动链短、传动件少、电动机功率小，以降低成本。通常，典型搅拌设备还设有进出口管路、夹套、人孔、温度计插套以及挡板等附件。

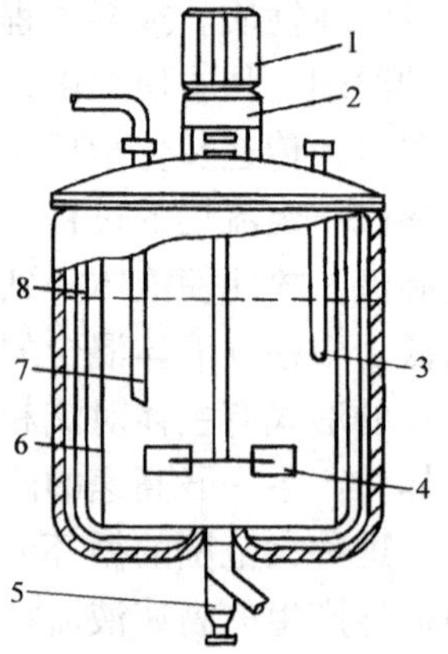

图7-2 搅拌机结构图
1—电动机 2—减速器 3—温度计 4—搅拌桨叶 5—出料管 6—挡板 7—料管 8—容器夹套

1. 搅拌器的安装形式与流型

搅拌器不同的安装形式会产生不同的流场，使搅拌的效果有明显的差别。通常搅拌器安装的形式分为以下几种。

（1）立式中心搅拌安装形式　立式中心搅拌安装形式的搅拌设备是将搅拌轴与搅拌器配置在搅拌罐的中心线上，呈对称布局（图7-2）。这种安装形式的搅拌设备可以将桨叶组合成多种结构形式以适应多种用途。

（2）偏心式搅拌安装形式　偏心式搅拌安装形式的搅拌设备是将搅拌器安装在立式容器的偏心位置，这种安装形式能防止液体在搅拌器附近产生涡流回转区域，其效果与安装挡板相近似。其结构示意及搅拌过程产生的流动情况如图7-3a所示，这种搅拌轴的中心线偏离容器轴线，会使液流在各点处压力分布不同，加强了液层间的相对运动，从而增强了液层间的湍动，使搅拌效果得到明显的改善。但偏心搅拌容易引起设备在工作过程中的振动，一般此类安装形式只用于小型设备上。

（3）倾斜式搅拌安装形式　倾斜式搅拌安装形式的搅拌设备是将搅拌器直接安装在罐体上部边缘处，搅拌轴斜插入容器内进行搅拌（图7-3b）。对搅拌容器比较简单的圆筒形结构或方形敞开立式搅拌设备，可用夹板或卡盘与筒体边缘夹持固定。这种安装形式的搅拌设备比较机动灵活，使用维修方便，结构简单、轻便，一般用于小型设备上，可以防止产生涡流。

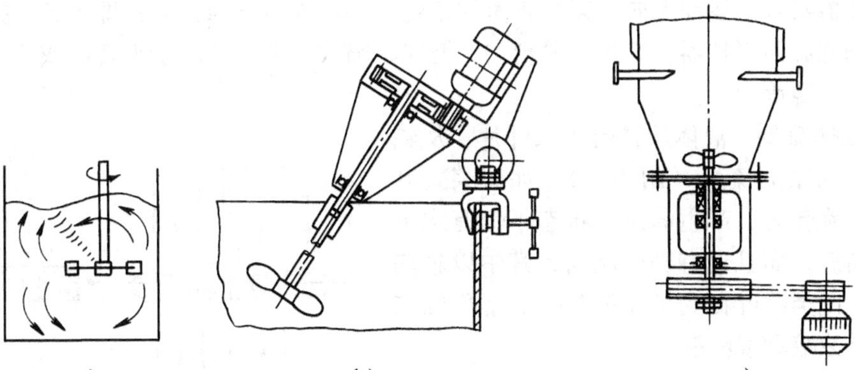

a） b） c）

图 7-3 搅拌器安装形式

a）偏心式搅拌安装形式 b）倾斜式搅拌安装形式 c）底部搅拌安装形式

（4）底部搅拌安装形式 底部搅拌安装形式的搅拌设备是将搅拌器安装在容器的底部（图 7-3c）。它具有轴短而细的特点，无需用中间轴承，可用机械密封结构，有使用维修方便、寿命长等优点。此外，搅拌器安装在下封头处，有利于上部封头处附件的排列与安装，特别是上封头带夹套、冷却构件及接管等附件的情况下，更有利于整体合理布局。由于底部出料口能得到充分的搅动，使输料管路畅通无阻，有利于排出物料。此类搅拌设备的缺点是，桨叶叶轮下部至轴封处常有固体物料粘积，容易变成小团物料混入产品中影响产品质量。

（5）旁入式搅拌安装形式 旁入式搅拌设备是将搅拌器安装在容器罐体的侧壁上。在消耗同等功率的情况下，能得到最好的搅拌效果。设备主要缺点是，轴封比较困难。旁入式搅拌装置在不同旋桨位置所产生的不同流动状态如图 7-4 所示。

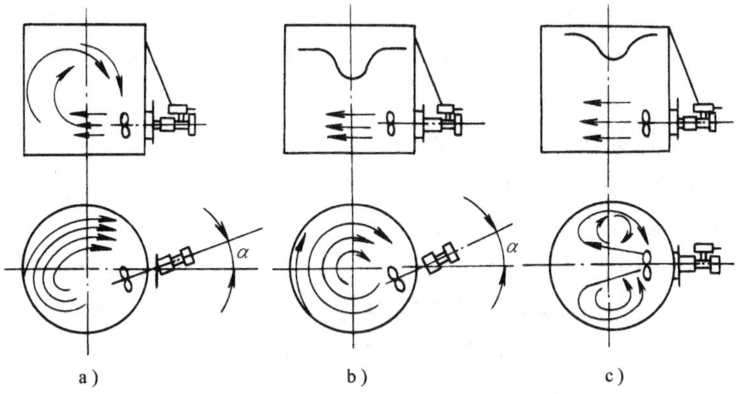

a） b） c）

图 7-4 旁入式搅拌安装形式

a）$\alpha=7°\sim12°$ b）$\alpha=12°$ c）$\alpha=0°$

2. 搅拌器桨叶与流型

尽管某种合适的流动状态与搅拌容器的结构及其附件有一定关系，但是，搅拌器桨叶的结构形状与运转情况可以说是决定容器内液体流动状态最重要的因素。搅拌器桨叶的形状很多，按搅拌器桨叶的运动方向与桨叶表面的角度，将搅拌器分为三类：即平直叶搅拌器、折叶搅拌器和螺旋面搅拌器。桨式、涡轮式、框式、锚式等的桨叶属于平直叶或折叶；而旋桨式的桨叶属于螺旋面叶。

（1）轴向流型　液体从轴向进入叶片，从轴向流出，称为轴向流型（图 7-5a）。如旋桨式叶片，当桨叶旋转时，产生的流动状态不但有水平环流、径向流，而且也有轴向流动，其中以轴向流量最大。此类桨叶称为轴流型桨叶。常用轴向流型制备乳浊液和混浊液。

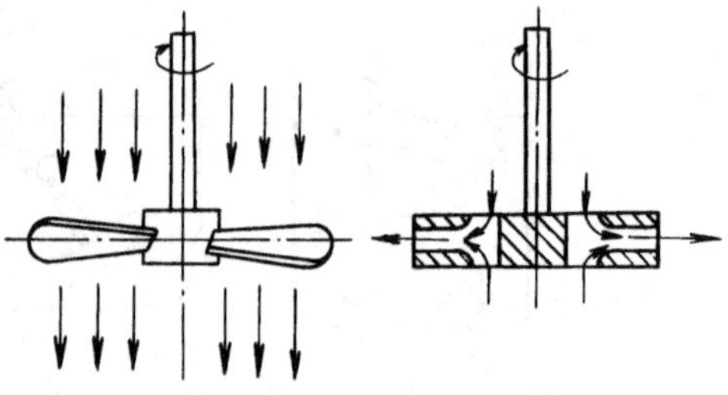

图 7-5　液体流型

a）轴向流型　b）径向流型

（2）径向流型　流体从轴向进入叶轮，从径向流出，称为径向流型（图 7-5b）。如平直叶的桨叶式、涡轮式叶片，这种高速旋转的小面积桨叶搅拌器所产生的液流方向主要为垂直于罐壁的径向流动，此类桨叶称为径向流型桨叶。由于平直叶的运动与液流相对速度方向垂直，当低速运转时，液体主要流动为环向流，当转速增大时，液体的径向流动就逐渐增大，桨叶转速愈高，由平直叶排出的径向流动愈强烈。常用径向流型制备低粘度乳浊液、悬乳液和固体与液体的混合液体。

3. 搅拌器

搅拌器的主要部件为搅拌桨叶。搅拌桨叶根据搅拌产生的流型分成轴向流动的轴流式桨叶和产生径向流动的径流式桨叶。根据桨叶的结构形式不同，可分为桨式、涡轮式、旋桨式搅拌器等。

（1）桨式搅拌器　桨式搅拌器的形式如图 7-6 所示。这是一种最简单的搅拌器，桨式中以平桨式最简单，在搅拌轴上安装一对到几对桨叶，通常以双桨和四桨最普遍。有时平桨做成倾斜式，大多数场合则为垂直式。桨式搅拌器的转速较慢，一般约 20 ~ 150r/min，所产生的液流主要为径向及切向速度。液流离开桨叶以后，向外趋近器壁，然后向上或向下折流。搅拌粘度稍大的液体，在平桨上加装垂直桨叶，就成为框式搅拌器。若桨叶外缘做成与容器内壁形状相一致而间隙甚小时，就成为锚式搅拌器。为了加强轴向混合，减少因切向速度所产生的表面漩涡，通常在容器中加装挡板。处理低粘度液体时搅拌轴由电动机直接带动，故桨叶转速高；处理中等粘度时，桨叶转速较低。桨式搅拌器的转速较慢，液流的径向速度较大，轴向速度甚低。

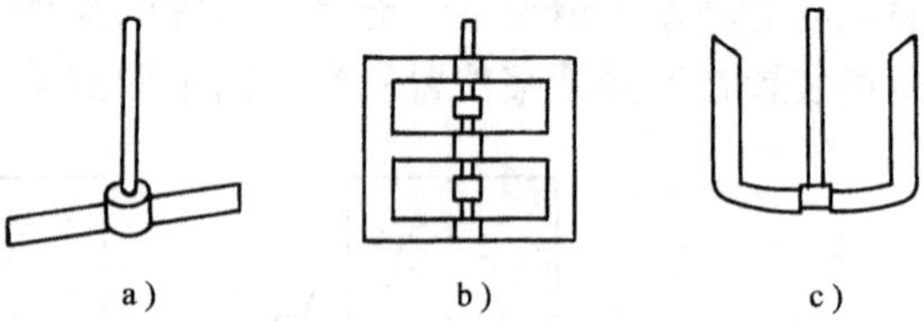

图 7-6　桨式搅拌器的形式

a）平桨式搅拌器　b）框式搅拌器　c）锚式搅拌器

桨叶形式有整体式桨叶和可拆式桨叶两种形式。整体式桨叶一般用不锈钢或扁钢制作，桨叶直接焊于轴上或焊在轮毂上，形成一个整体，然后用键、止动螺钉将轮毂连接在搅拌轴上。这种结构制造简单，但强度小，桨叶不能拆换，常用于小直径容器中。可拆式桨叶一端制出半个轴环套，两片桨叶对开地用螺栓将轴环夹紧在搅拌轴上。为了传递转矩可靠，可将桨叶轴制成方形或多边形进行固定。桨式的通用尺寸为桨宽与桨径之比为：$b/d=0.10$ ~

0.25，加强肋的长度可以是桨叶的全长或1/2桨长，为了提高桨叶的强度，也可采用加强肋的桨叶。锚式、框式桨叶的通用尺寸为：桨的高度与桨径之比 $h/d=0.5\sim1.0$，桨的宽度与桨径之比 $b/d=0.07\sim0.1$。

桨式搅拌器的主要特点是：混合效率较差；局部剪切效应有限，不易发生乳化作用；桨叶易制造及更换，适宜于对桨叶材质有特殊要求的液料。桨式搅拌器适用于处理低粘度或中等粘度的物料。

（2）涡轮式搅拌器　涡轮式搅拌器的结构如图7-7所示。涡轮式与桨式相比，桨叶数量多而短，通常为4～6枚，叶片形式多样，有平直的、弯曲的、垂直的和倾斜等几种形式，可以制成开式、半封闭式或外周套扩散环式等。常用的涡轮式搅拌器的桨叶直接焊于轮毂上，但折叶涡轮的桨叶则先在轮毂上开槽，桨叶嵌入后施焊。

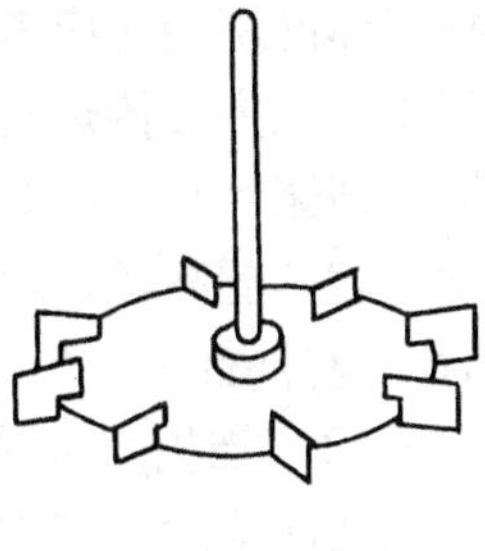
图7-7　涡轮式搅拌器的结构

涡轮式搅拌机属高速回转径向流动式搅拌器。液体经涡轮叶片沿驱动轴吸入，主要产生径向液流，液体以高速向涡轮四周抛出，使液体撞击容器壁而产生折射时，各种方向的流动充满整个容器内部，在叶片周围能产生高度湍流的剪切效应。涡轮叶片转速为400～2000r/min，圆周速度在8m/s以内。涡轮的通用尺寸是桨宽与桨径之比 $b/d=0.15\sim0.3$。涡轮式搅拌器的叶轮直径一般为容器直径的0.2～0.5倍。

涡轮式搅拌机的主要特点：适于搅拌多种物料，尤其对中等粘度液体特别有效；混合生产能力较高，能量消耗少，搅拌效率较高；有较高的局部剪切效应；容易清洗但造价较高。涡轮式搅拌机混合效率高，常用于制备低粘度的乳浊液、悬浮液和固体溶液及溶液的热交换等。

（3）旋桨式搅拌器　旋桨式搅拌器结构如图7-8所示，桨叶形状与常用的推进式螺旋桨相似，旋桨安装在转轴末端，可以是一个或两个，每个旋桨由2～3片桨叶组成。由于桨叶的高速转动造成了轴向和切向速度的液体流动，致使液体作螺旋形旋转运动，并使液体受到强烈的切割和剪切作用，同时也会使气泡卷入液体中。为了克服这一缺点旋桨轴多为偏离中心线安置，或斜置成一定角度。桨叶与轮毂铸成一体，有的把模锻后的桨叶焊在轮毂上。搅拌器的轮毂用键和止动螺钉连接于搅拌轴上，再用螺母拧在轴端托住桨叶和轮毂，推进式搅拌器叶轮直径小，通常与容器的比值为0.2～0.5（以0.33居多），转速高，一般转速约为100～500r/min，小型为1000r/min；大型为400～800r/min，叶轮线速度在3～5m/s之间，旋桨叶片直径约为容器直径的1/3～1/4。旋桨式搅拌机适用于低粘度液体的高速搅拌，混合效率较高，但是对于不互溶液体的搅拌，其混合效率受到一定的限制。它适合于对低粘度液料的操作，多用于液体粘度在2Pa·s以下的固液混合，对纯液相物料，其粘度限制在3Pa·s以下。

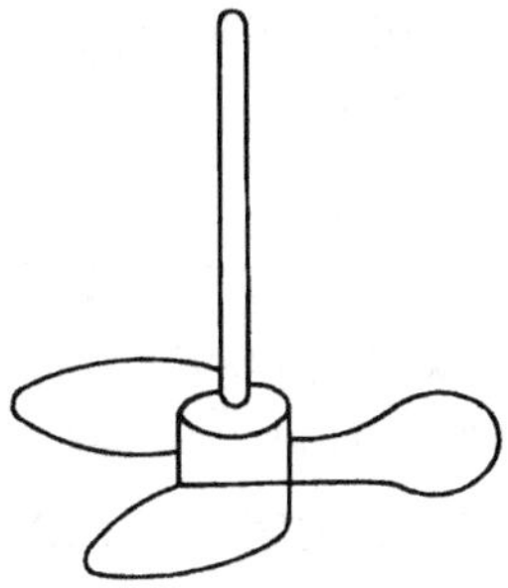
图7-8　旋桨式搅拌器

旋桨式搅拌器的主要特点：生产能力较高，但是在混合互不溶液体，如生产细液滴乳化液时，而且液滴直径范围不大的情况下，生产能力受限制；结构简单，维护方便；常常会卷入空气形成气泡和离心涡旋；适用于低粘度和中等粘度液体的搅拌，对制备悬浮液和乳浊液等较为理想。

4. 搅拌罐

搅拌罐包括罐体和装焊在其上的各种附件。

（1）罐体 常用的罐体是立式圆筒形容器，它有顶盖、筒体和罐底，通过支座安装在基础或平台上。罐体在常压或规定的温度及压力下，为物料完成其搅拌过程提供一定的空间。

罐体容积由装料量决定，根据罐体容积选择适宜的高径比，确定筒体的直径和高度。选择罐体的高径比应考虑物料特性对罐体高径比的要求；对搅拌功率的影响；对传热的影响等因素。从夹套传热角度考虑，一般希望高径比取大些。在固定的搅拌轴转速下，搅拌功率与搅拌器桨叶直径的5次方成正比，所以罐体直径大，搅拌功率增加。需要有足够的液位高度，就希望高径比取大些。根据上述因素及实践经验，当罐内物料为液—固相或液—液相物时，搅拌罐的高径比为1～1.3，当罐内物料为气—液相物料时，搅拌罐的高径比为1～2。

（2）挡板 低粘度液体搅拌时，叶片造成的液流有三个分速度，即轴向速度、径向速度和切向速度。其中轴向速度和径向速度对液体的搅拌混合起着主要作用。在搅拌过程中，所有叶片都存在切向速度，无论是桨式、涡轮式或是推进式叶轮，只要是安装在容器中心位置上，而叶轮的旋转速度又足够高，那么，叶片所产生的切线速度会促使液体围绕搅拌轴以圆形轨迹回转，形成不同的液流层，同时产生液面下陷的漩涡（图7-9a）。叶片转速愈高，漩涡愈深，这对搅拌多相系物料的结果不是混合而是分层离散。当漩涡深度随转速增加到一定值后，还会在液体表面吸气，引起其密度变化和搅拌机振动等现象。为了减少打旋现象，最常用的方法就是在容器壁内加设挡板。挡板有两个作用，一是改变切向流动，二是增大被搅拌液体的湍动程度，从而改善湍动效果（图7-9b）。

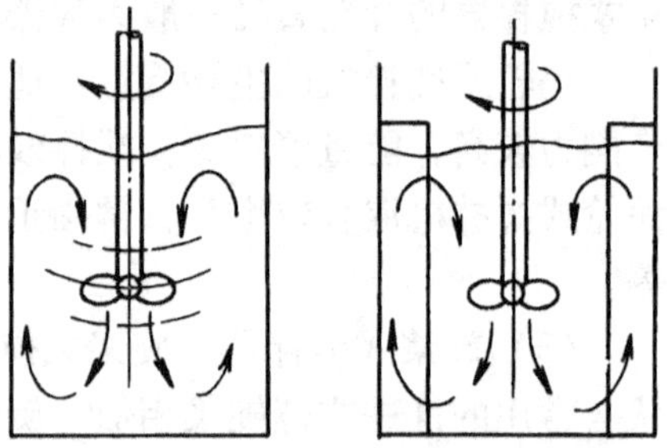

a） b）

图7-9 挡板与流型
a）无挡板 b）有挡板

对低粘度液体的搅拌，挡板垂直纵向安装在容器内壁上；对中粘度液体的搅拌，挡板离开壁面安装，以阻止在挡板背后形成停滞区，防止固体在挡板后聚积，挡板与容器壁的间距约为挡板宽度的0.1～0.5倍；对粘度大于12Pa·s的物料，流体的粘度足以抑制打旋，无需安装挡板。当一个容器安装挡板到一定数量后，无论怎样增加挡板也不能进一步改善其搅拌效果时，那么，该容器就被称为充分挡板化了的搅拌容器。充分挡板化的条件与挡板的数量、宽度及叶轮直径有关。一般情况下，宽度和容器内径之比为1∶10时，装四块挡板一般已够用。挡板的长度，通常要求其下端伸到容器底部，上端露出液面。但无论是平底形或球底形，挡板必须伸到叶轮所在平面以下。

5. 搅拌器的轴封和传动装置

搅拌器传动装置的基本组成有：电动机、齿轮传动（有的还设一级带轮）、搅拌轴及支架。立式搅拌器分为同轴传动和倾斜安装传动两种。

轴封是搅拌轴与机架间的密封装置，一般有两种形式：填料密封和机械密封。

6. 搅拌器的选择

各种搅拌器的通用性较强，同一种搅拌器可用于几种不同的搅拌过程。但是进行搅拌器选择时，要根据物料性质和混合目的，选择恰当的搅拌器形式，以最经济的设备费用和最小的动力消耗达到搅拌的目的。目前搅拌器的选择与设计通常采用经验类比的方法，在相近的工作条件下进行类比选型。一般选择搅拌器时主要应从介质的粘度高低、容器的大小、转速范围、动力消耗以及结构特点等几方面因素综合考虑，尽可能选择结构简单、安全可靠、搅拌效率高的搅拌器。

（1）根据介质粘度的高低选型　根据搅拌介质粘度大小来选型是搅拌器选择基本方法。物料的粘度对搅拌状态有很大的影响，按照物料粘度由低到高的排列，各种搅拌器选用的顺序依次为旋桨式、涡轮式、桨式、锚式和螺带式等。旋桨式在搅拌大容量液体时用低转速，搅拌小容量液体时用高转速。桨式搅拌器由于其结构简单，用挡板后可以改善流型，所以，在低粘度时也是应用得较普遍的。而涡轮式由于其对流循环能力、湍流扩散和剪切力都较强，应用最广泛。

（2）根据搅拌过程和目的选型　这种方法是通过搅拌过程和目的，对照搅拌器造成流动状态作出判断来进行选择。低粘度均相液—液混合，搅拌难度小，最适合选用循环能力强，动力消耗少的旋浆式搅拌器。平浆式结构简单，成本低，适宜小容量液相混合。涡轮式动力消耗大，会增加费用。

对分散操作过程，最适合选用具有高剪切力和较大循环能力的涡轮式搅拌器。其中平直叶涡轮剪力作用大于折叶或和后弯叶的剪力作用，因此应优先选用。为了加强剪切效果，容器内可设置挡板。

对于固粒悬浮液操作，涡轮式使用范围最大，其中以弯叶开启涡轮式最好。它无中间圆盘，上下液体流动畅通，排出性能好，桨叶不易磨损。而桨式速度低，只用于固体粒度小、固液相对密度差小、固相浓度较高、沉降速度低的悬浮液。旋桨式使用范围窄，只适用于固液相对密度差小或固液比在5%以下的悬浮液。对于有轴向流的搅拌器，可不加挡板。因固体颗粒会沉积在挡板死角内，所以只在固液比很低的情况下才使用挡板。

固体溶解过程要求搅拌器的剪切作用和循环能力，所以优先选择涡轮式搅拌器。旋桨式循环能力大而剪切作用小，只用于小容量溶解过程。平浆式须借助挡板提高循环能力，一般只使用在容易悬浮起来的溶解操作中。

在搅拌过程中有气体吸收的搅拌操作，则用圆盘式涡轮最合适。它剪切力强，圆盘下可存住一些气体，使气体的分散更平衡。开启式涡轮不适用。平浆式及旋浆式只在少量易吸收的气体要求分散度不高的场合中有使用的。

对结晶过程的搅拌操作，小直径的快速搅拌如涡轮式，适用于微粒结晶；而大直径的慢速搅拌如桨式，用于大晶体的结晶。

7. 搅拌器的功率

计算搅拌器功率的目的是确定某种形式搅拌器能向被搅拌物料提供多大的能量，并提供搅拌器结构强度计算的原始数据，以保证所设计的搅拌器桨叶、桨轴等主要运动构件的强度要求。由于搅拌过程中流体的动力计算复杂，给精确计算搅拌器的功率带来很大的困难。目前通用的计算方法是以相似理论和因次分析法为理论基础，在此基础上找到功率计算中的有关准数关系式，并对各种类型的搅拌器进行一系列的试验测定，获得各个流动区域的准数关系式，以大量的实验数据为基础绘制出一系列曲线或计算图。可见，搅拌器功率的计算是采用了理论与实践相结合的研究方法。

关于搅拌设备的动力消耗问题，很多文献给出了不同情况下的计算公式。但由于介质种类的多样性及其物理、化学性能的差异，容器结构及内部设施的区别，再加上各种搅拌器特性的不同，要正确地得出搅拌功率并适当选择电动机是一件相当困难的事情。在没有模拟试验的情况下，设计新的搅拌设备时，常常采用现有设备的数据，用经验类比法确定相应功率并选择电动机。从目前工业上实际应用情况及对搅拌设备的功率测试结果来看，由于功率消耗数值难以精确计算，所以，在选择电动机时存在着宁大勿小现象。因此，对搅拌机功率的计算方法以及用实验方法测试功率的研究工作有待进一步开展，以便探索并完善搅拌设备设计和使用中的技术问题。

（1）搅拌器两种功率的含义　搅拌器运转功率及搅拌作业所需功率是不同的，它们包含着两个不同且相互联系的概念：搅拌器的运转功率和搅拌作业所需的功率。

1）搅拌器的运转功率。在结构形状确定的搅拌设备中搅拌特定的物料，搅拌器以某一转速运转，桨叶对流体做功使流体流动。在此情况下，为使搅拌器连续运转所需要的功率称为搅拌器的运转功率。显然，这个功率的大小是由搅拌设备的几何参数、物性参数及运转参数等确定的。通常这个功率值不包括机械传动轴因摩擦而消耗的动力。

2）搅拌作业所需的功率。从另一方面看，被搅拌的物料在流动状态下要完成特定的物理或化学反应过程，即要完成某一特定的工艺加工过程，如混合、分散、传热及溶解等。不同种类及不同数量的物料在不同的搅拌过程中所需要的动力是各不相同的，这是由工艺过程的要求所决定的。因此，这个功率值的大小是由物性、物量及所要求的最终加工要求所决定的。我们把搅拌器使容器中的物料以最佳方式完成搅拌过程所需要的功率称为搅拌作业所需功率。

在搅拌作业过程中，最好是先知道搅拌作业所需功率，这样可以按搅拌器运转功率的概念提供一套能给作业过程输入足够功率的搅拌装置。最理想的状况是搅拌器运转功率正好等于搅拌作业所需功率。在此情况下，搅拌器所消耗的功率最小，而又能以最佳方式完成搅拌作业过程。如果搅拌器运转功率远大于搅拌作业所需功率，必然导致功率的浪费，如果搅拌器运转功率小于搅拌作业所需功率，则又会造成无法启动工作的结果。目前，对于搅拌器运转功率的研究已有很多的成果，并获得了可供使用的大量实验数据，而对搅拌作业所需功率的研究和试验则较少，这方面的工作有待进一步加强，以满足搅拌器设计计算的需要。

（2）影响搅拌器运转功率的主要因素　搅拌器运转功率的大小与容器内的物料流动状态有关，因此影响流动状态的因素必然影响搅拌器运转功率。影响搅拌器运转功率的因素有如下几方面：

1）搅拌设备的几何参数，包括桨叶直径、桨叶宽度、桨叶倾角、桨叶数目、桨叶离槽底的高度、容器槽内径、挡板宽度、挡板数目以及导流筒尺寸等。

2）搅拌器运转参数，主要是桨叶的旋转速度。

3）容器内液体物料的深度，它反映容器所装物料的数量。

4）搅拌物料的物性参数，包括密度、粘度等。只要上面诸参数相同，不管搅拌目的如何，也不管进行何种搅拌工艺过程，其搅拌器运转功率都是相同的。

除了功率问题以外，有关搅拌过程的流体力学研究也具有重要的意义。在搅拌过程中，搅拌器的功率不仅引起流体的整体运动，而且在液体中产生湍动，湍动程度与搅拌器使液体作旋转运动而产生的漩涡现象密切相关。漩涡因相互撞击和破裂，使液体受到剧烈的搅拌。

因此，对于搅拌过程中的流场特性及其对搅拌效果影响的深入了解，有必要将流体力学理论的深入研究与搅拌技术的有关问题紧密结合起来。

在近代化学及食品工业中，流动的物料不仅局限于低粘度的牛顿型流体，许多高粘度的流体也常常遇到。例如，浆状流体等非牛顿型流体的应用日益广泛，有关这方面的理论研究和试验测试技术越来越引起有关科技设计人员的重视。

三、高粘度液体的混合机械与设备

高粘度搅拌机的种类很多。按其工作方式，可分为间歇式搅拌机和连续式搅拌机；按容器是否旋转，可分为固定容器型搅拌机和旋转容器型搅拌机。最典型和常用的高粘度搅拌机是打蛋机。

打蛋机在食品生产中常被用来搅打各种蛋白液。主要加工对象是粘稠性浆体，如生产软糖、半软糖的糖浆；生产蛋糕、杏元饼的面浆以及花式糕点上的装饰乳酪等。其搅拌器转速在 70 ~ 270r/min 范围之内，故常称为高速调和机。打蛋机操作时，通过自身搅拌器的高速旋转，强制搅打，使得被搅拌物料充分接触与剧烈摩擦，以实现对物料的混合、乳化、充气及排除部分水分的作用，从而满足某些食品加工工艺的特殊要求。如生产砂形奶糖时，通过搅拌可使蔗糖分子形成微小的结晶体，俗称“打砂”操作；在生产充气糖果时，将浸泡的干蛋白、蛋白发泡粉、明胶溶液及浓糖浆等混合搅拌后，可得到洁白、多孔性的充气糖浆。

打蛋机有立式与卧式两种，常用的设备是立式打蛋机。

立式打蛋机的结构如图 7-10 所示。它由搅拌器、容器、传动装置及容器升降机构等组成。其工作过程为：电动机把动力传到传动装置，再传到搅拌器，搅拌器与容器间具有一定规律的相对运动，使物料得到搅拌，搅拌效果的好坏由搅拌器运动规律决定。

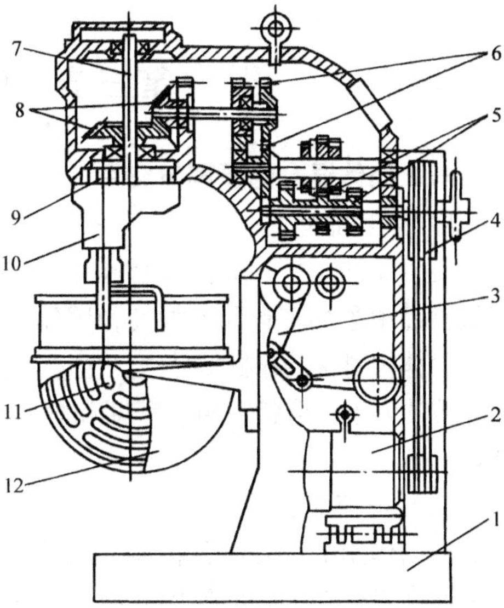

图 7-10 立式打蛋机的结构

1—机架 2—电动机 3—搅拌容器升降机构 4—带轮 5—减速器 6—斜齿轮 7—主轴 8—锥齿轮 9—行星齿轮 10—搅拌头 11—搅拌桨叶 12—搅拌容器

立式打蛋机的搅拌器由搅拌头和搅拌桨两部分组成。

搅拌头的作用是使搅拌桨在容器内形成一定规律的运动轨迹。有两种形式，一种是容器不动，搅拌头带动搅拌桨作行星式运动；另一种类型是容器安装在转盘上转动，搅拌头偏心安装于靠近容器壁处作固定转动。前者为食品工业上较为常用的形式。行星运动式搅拌头的运动轨迹如图 7-11 所示。在传动系统中，内齿轮固定在机架上，当转臂转动时，行星齿轮受内齿轮和转臂的共同作用，既随转轴外端轴线旋转，形成公转。同时又与内齿啮合，并绕自身轴线旋转，形成自转。这个合成运动实现行星运动，从而满足调和高粘度物料的运动要求。在果酱和砂糖溶解时，常安装在夹层锅上面，主轴转速为 20 ~ 80r/min。

搅拌桨的作用是直接与被搅拌物料接触，并通过自身的运动达到搅拌的目的。搅拌桨根据工艺的要求有多种形式，其中使用较广的有如图7-12所示的三种形式。

筐形搅拌桨：如图7-12a所示。它由不锈钢丝制成鼓形结构，这类桨叶的强度和刚度较低，但搅拌时易于造成液体湍动，主要适用于工作阻力小的低粘度物料的搅拌作业。

拍形搅拌桨：如图7-12b所示。该桨为整体铸锻结构，形如网拍，桨叶外缘与容器形状一致，它具有一定的强度，作用面积较大，可增加剪切作用。适用于中粘度物料的混合作业。

钩形搅拌桨：如图7-12c所示。该桨整体锻造，一侧形状与容器侧壁弧形相同，顶端为钩状。这种桨的强度高，运转时，各点能在容器内形成复杂运动轨迹，主要用于高粘度物料和含有少量液体的高粘度食品的混合作业。

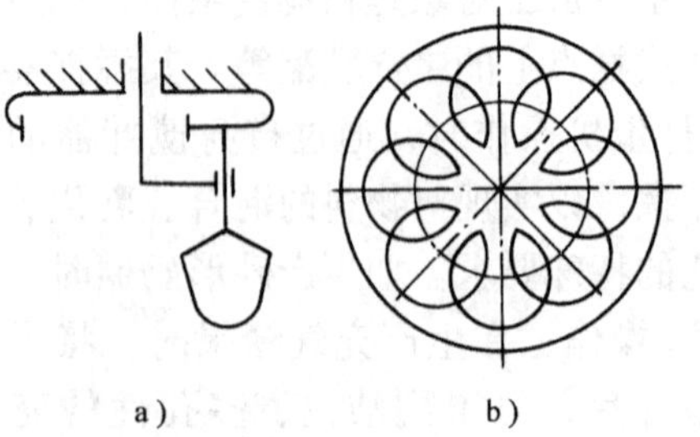

图7-11 打蛋机的搅拌器

a）搅拌器的运动关系 b）搅拌器的运动轨迹

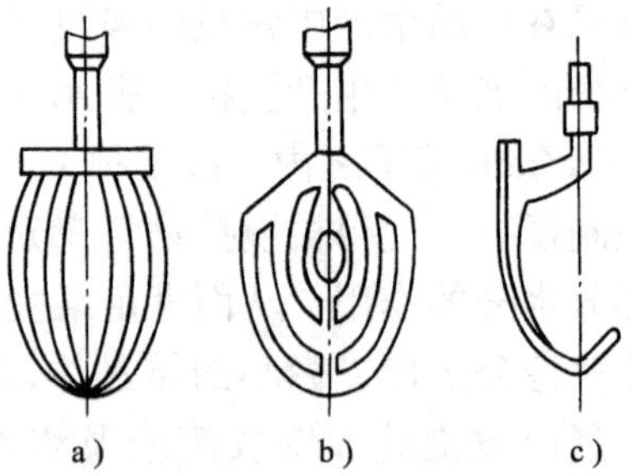

图7-12 搅拌桨的形式

a）筐形搅拌桨 b）拍形搅拌桨 c）钩形搅拌桨

第三节 固体混合机械与设备

一、固体混合的原理与应用

1. 混合机理

在食品加工中，固体混合操作常用于原料的配制及产品的制造，如谷物、面粉的混合，粉状食品中添加辅料和添加剂，固体饮料的制造、汤粉的制造、调味粉的制造等等。

固体物料主要靠机械外力产生流动引起混合。固体颗粒的流动性是有限的，流动性又主要与颗粒的大小、形状、相对密度和附着力有关。混合的形式有对流混合、扩散混合和剪切混合。

（1）对流混合 对流混合又称为体积混合或移动混合，是指物料在混合容器和搅拌装置的运动作用下，各组分物料以成团的形式从一处移向另一处而产生的混合现象。这种混合作用通常发生在混合的初始阶段，对流混合的混合速度较快，但是混合的均匀程度较差。对流混合在固定容器式混合机中表现得非常明显。

（2）扩散混合 扩散混合又称为点混合，是指物料由于单个粒子以分子扩散形式向四周作无规律运动而产生的混合现象。这种混合作用通常发生在混合操作的中后期，扩散混合的混合速度较慢，但是最终的混合均匀度较高，扩散混合在旋转容器式混合机中表现得特别明显。

（3）剪切混合 剪切混合又称为面混合或切变混合，是指物料受剪切作用组分内部粒子之间产生相对滑动，物料组分被拉成愈来愈薄的料层，使组分之间接触界面愈来愈大，从而引起的混合现象。剪切混合现象在液体与固体混合的捏和机和高粘度液体的搅拌机中表现得特别明显。

在各种混合设备的工作过程中，对流、扩散和剪切混合三种形式同时存在，只是在不同的机型、物料性质和不同的混合阶段所表现的主导混合形式有所不同。在固体混合时，由于固体粒子具有自动分级的特性，混合的同时常常伴随着产生离析现象。

2. 混合均匀度的表示方法

混合物的混合均匀程度是衡量混合机性能好坏的主要技术指标之一。通常用混合物中定量统计组分含量的变异系数 CV 来衡量。变异系数是指混合物中定量统计组分的含量偏离配方要求含量的程度。经过充分混合后，混合物为无秩序的，不规则排列的随机完全混合状态。这时，在混合物内任意处的随机取样中，同一种组分的摩尔分数应该接近一致。从混合机中取 n 个样品，每个样品中定量统计组分的摩尔分数分别为 x_1、x_2、…、x_n，当测定次数为有限次数 n 时，定量统计组分摩尔分数的算术平均值为：

$$\bar{x}=\frac{x_1+x_2+\cdots+x_n}{n}$$

标准偏差为

$$s=\sqrt{\frac{\sum_{i=1}^{n}(x_i-\bar{x})^2}{n-1}}$$

则变异系数为

$$CV=\frac{s}{\bar{x}}\times 100\%$$

混合物的变异系数愈大，则混合均匀程度愈差。

3. 混合过程

在混合操作中，粉料颗粒随机分布不规则具有随机性，受混合机作用，物料流动、粉料颗粒的自动分级特性引起性质不同的颗粒产生离析。因此在任何混合操作中，粉料的混合与离析同时进行，一旦达到某一平衡状态，混合程度也就确定了，如果继续操作，混合效果的改变也不明显。混合过程中混合物的混合均匀度与混合时间的变化关系曲线称为混合特性曲线（图 7-13）。由混合特性曲线可以看出固体混合过程分为三个阶段，初始阶段是混合刚开始的一段时间，混合物的变异系数在短时间内迅速下降，这一阶段以对流混合为主，离析作用不明显。接着进入混合均匀阶段，混合物的变异系数下降缓慢，在这一阶段对流混合和扩散混合共同作用，同时物料有离析作用发生。当混合物的变异系数达到一定数值时，混合进入平衡阶段，这一阶段混合物的混合作用与离析作用达到动态平衡，变异系数在一定的范围内上下波动，无限地延长混合时间，无助于混合均匀度的提高。

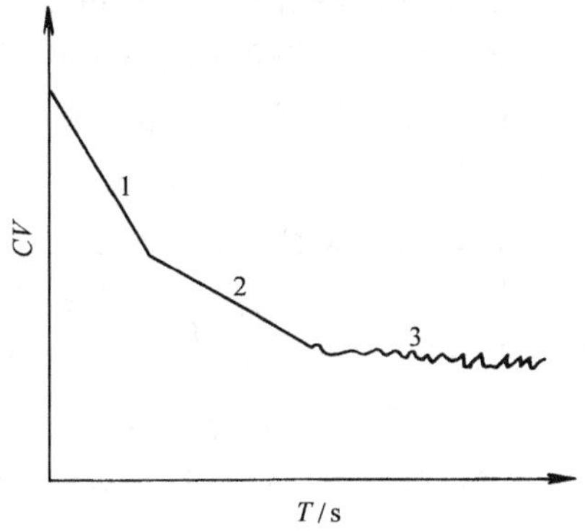

图 7-13　混合特性曲线图
1—混合初始阶段　2—混合均匀阶段
3—平衡阶段

影响混合效果的一个主要因素是粉料的特性，包括粉料颗粒的大小、形状、密度、附着力、表面粗糙程度、流动性、含水量和结块倾向等。试验表明，大小均匀的颗粒混合时，密度大的趋向器底；密度近似的颗粒混合时，最小的和形状近圆球形的趋向器底；颗粒的粘度越大，温度越高，越容易结块或结团，越不易均匀分散。影响粉料混合效果的另一个主要因素是混合机的混合作用方式，以对流混合作用为主的混合机，混合速度快，但最终达到的混合均匀度相对较差，以扩散混合作用为主的混合机，混合速度相对较高。

二、固体混合机械与设备

固体混合机按混合操作形式，可分为间歇操作式和连续操作式。混合容器的运动方式不同，可分为固定容器式和回转容器式。固定容器式混合机有间歇与连续两种操作形式；而旋转容器式混合机通常为间歇操作式。间歇式混合机适应性强，混合质量较高，但需要停机装卸物料。食品加工中使用较多是间歇式混合机。

1. 固定容器式混合机

固定容器混合机的容器是固定的，物料依靠装于容器内部的旋转搅拌器的机械作用产生流动，在流动过程中发生混合。这类混合机是以对流混合作用为主，适合用于物料物理性质差别及配比差别比较大的粉料混合操作。固定容器式混合机按搅拌机主轴的位置可分为水平轴和垂直轴式两种；按搅拌器的结构型式可分为卧式螺带式混合机、卧式桨叶式混合机、立式搅龙混合机、行星搅龙混合机。

（1）卧式螺带式混合机 卧式螺带式混合机的结构如图 7-14 所示，由搅拌器、混合室、传动机构等组成。

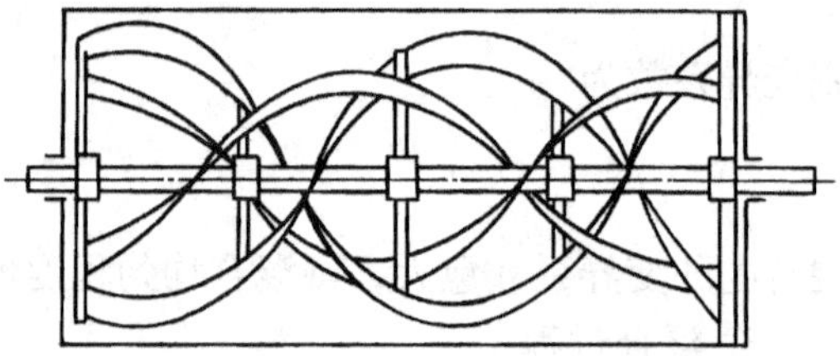

图 7-14 卧式螺带式混合机

搅拌器为带状螺旋叶片经支杆主轴固定连接安装在混合室内，在主轴上装有旋向相反的几条带状螺旋叶片，正向带状螺旋叶片使物料往一侧移动，而反向带状螺旋叶片则使物料向相反一侧移动，被混合物料不断地重复分散和集聚，从而达到较好的混合效果。带状螺旋叶片在支杆上有单层布置，也可以双层安装。

混合室按横截面形状有 U 形和 O 形及 W 形。一般大型混合机采用 U 形混合室，小型混合机采用 O 形混合室，双轴混合机采用 W 形混合室。

卧式螺带式混合机的螺带长径比常为 2～10，搅拌器工作转速约在 20～60r/min 之间。混合机的混合容量为容器体积的 30%～40%，最大不超过 60%。混合机最大容量可达 $30m^3$。混合周期为 5～20min。

卧式螺带式混合机属于以对流混合作用为主的混合设备。混合速度较快，但最终达到的混合均匀度相对较差。卧式螺带式混合机安装高度低，物料残留少，适用于混合易离析的物料，对稀浆体和流动性较差的粉体也有较好的混合效果。卧式螺带式混合机易造成物料被破碎的现象，所以不适用于易破碎物料的混合。

（2）双轴桨叶式混合机 双轴式桨叶混合机的结构如图 7-15 所示，由混合室、转子及传动系统等组成。

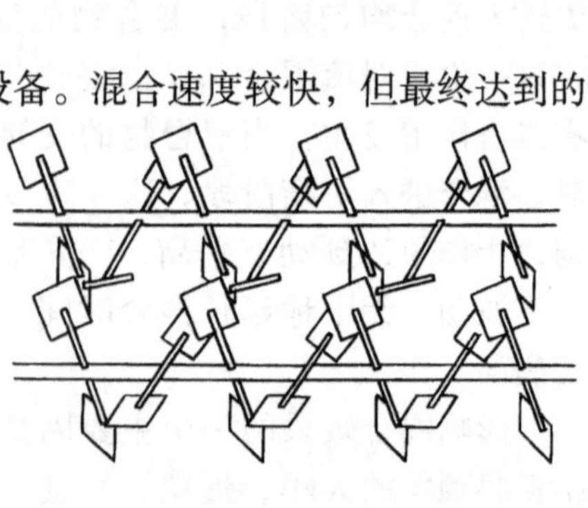

图 7-15 双轴桨叶式混合机示意图

双轴桨叶式混合机的混合室为 W 形，转子由主轴、支杆、桨叶构成，两转子采用向外反向转动，桨叶运动的圆周轨迹相互捏合，传动系统由电动机通过减速器减速后，采用链带传动使两个转子形成反向转动。

双轴桨叶式混合机的转子上焊有多个不同角度的桨叶，两个转子的旋转方向相反，转子转动时，桨叶带动物料沿机槽内壁作逆时针旋转的同时，带动物料沿轴向作左右翻动。在两转子的桨叶交叉重叠处，形成了一个失重区，在失重区内，无论物料的形状、大小、密度怎样，在桨叶的作用下物料都会上浮，处于瞬间失重状态，从而使物料在混合室内形成全方位的连续循环翻动，颗粒间相互交错剪切，快速达到良好的混合均匀度。

双轴桨叶式混合机具有混合周期短、混合速度快、混合均匀度高的特点。混合不受物料性质的影响，排料迅速，机内物料残留少，混合产量弹性大，混合量在额定产量的 40% ~ 140% 范围内均可获得理想的混合效果，该机结构简单紧凑，占地面积及空间均小于其他类型混合机。

（3）立式搅龙混合机　立式搅龙（螺旋）式混合机结构如图 7-16 所示，由混合室和螺旋搅龙组成。

混合室上部为圆柱体下部为圆锥体。在混合室中间垂直安装有螺旋搅龙。螺旋搅龙高速旋转连续地将易流动的物料从混合室底部提升到混合室上部，再向四周泼撒下落，形成循环混合。

立式螺旋式混合机属于对流混合、扩散混合兼有的混合设备。与卧式螺带式混合机相比，具有投资费用低，功率消耗小，占地面积小等优点。但立式螺旋式混合机混合时间长，产量低，物料混合不很均匀，物料残留多，不适合处理潮湿或泥浆状粉料。

（4）行星搅龙式混合机　行星搅龙式混合机结构如图 7-17a 所示，由混合室和行星搅龙及传动系统等组成。行星搅龙式混合机的混合室呈圆锥形，有利于物料下滑。混合室内螺旋搅龙的轴线平行于混合室壁面，上端通过转臂与旋转驱动轴连接。当驱动轴转动时，搅龙除自转外，还被转臂带着公转。其自转速度在 60 ~ 90r/min 范围内，公转速度约为 2 ~ 3r/min。

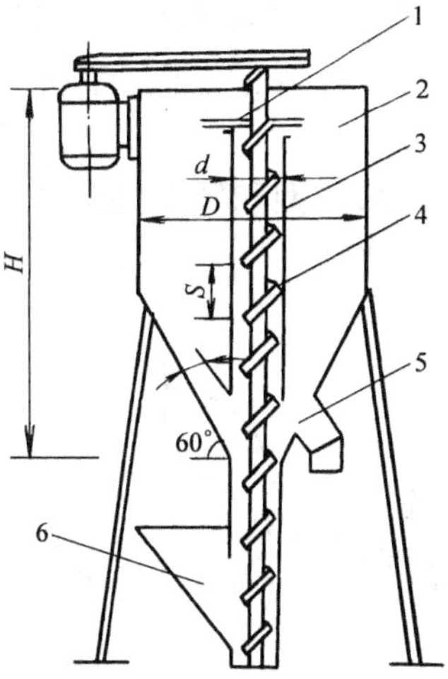

图 7-16　立式螺旋式混合机
1—甩料板　2—料筒　3—内套筒
4—螺旋搅龙　5—出料口
6—料斗

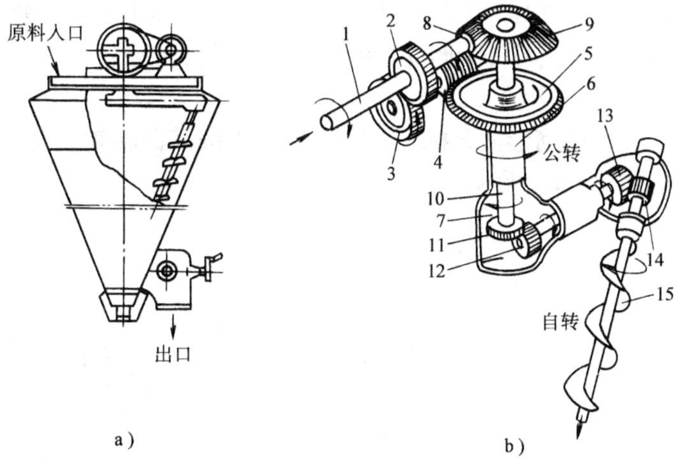

图 7-17　行星搅龙式混合机
a）行星搅龙式混合机示意图　b）行星搅龙式混合机传动图
1—传动轴　2、3—圆柱齿轮　4—蜗杆　5—蜗轮　6—转臂
7—转臂轴空腔　8、9、11、12、13、14—锥齿轮
10—传动轴　15—螺旋搅拌器

行星搅龙式混合机转臂传动装置的结构如图 7-17b 所示。电动机通过 V 带带动带轮将动力输入水平传动轴，使轴转动，再由此分成两路传动，一路经一对圆柱齿轮 2、3，一对蜗轮蜗杆 4、5 减速，带动与蜗轮连成一体的转臂 6 旋转，装在转臂上的螺旋搅拌器 15 随着沿容器内壁公转。另一路是经过三对锥齿轮 8、9、11、12、13、14 变换两次方向及减速，使螺旋搅拌器绕本身的轴自转。这样就实现了螺旋搅拌的行星运动。

行星运动螺旋式混合机工作时，搅龙的行星运动使物料既能产生垂直方向的流动，又能产生水平方向的位移，而且搅龙还能消除靠近容器内壁附近的泄流层。因此这种混合机的混合速度快，混合效果好。它适用于高流动性粉料及粘滞性粉料的混合，但不适用于易破碎物料的混合操作。

行星搅龙式混合机的特点是配用动力小，占地面积少，一次装料量多，调批次数少，每批料混合时间长，机内物料残留量较多。行星搅龙式混合机在食品工业中广泛应用于混合操作中。

2. 旋转容器式混合机

旋转容器式混合机的混合容器是固定的，容器内没有搅拌工作部件，物料随着容器旋转依靠自身的重力形成垂直方向运动，物料在器壁或容器内的固定抄板上引起折流，造成上下翻滚及侧向运动，不断进行扩散，而达到混合的目的。这类混合机是以扩散混合作用为主的混合设备。一般旋转容器式混合机的容器回转速度较低，正常工作时，物料在容器内应发生涡流运动。旋转容器式混合机由旋转容器及驱动转轴、机架、传动机构等组成，其中最重要的是旋转容器的形状，它决定了混合操作的效果。容器内表面要求光滑平整，以减少粉料对器壁的粘附、摩擦等影响。有时在旋转容器内安装几个固定抄板，促进粉料的翻腾混合，减少混合时间。旋转容器式混合机的驱动轴水平布置。旋转容器式混合机的装料量一般为容器体积的 30% ~50%。如果投入量大，混合空间减少，物料的离析倾向大于混合倾向，混合效果较差。混合时间与被混合粉料的性质及混合机型有关，多数操作时间约为 10min。旋转容器式混合机常用于流动性良好的、物性差异小的粉状食品的混合。旋转容器式混合机按容器的结构形式可分为圆筒形混合机、双锥形混合机、正方形混合机、V 形混合机、正方体形混合机。

(1) 圆筒形混合机　圆筒形混合机按其回转轴线位置可分为水平型和倾斜型两种，其结构如图 7-18 所示。

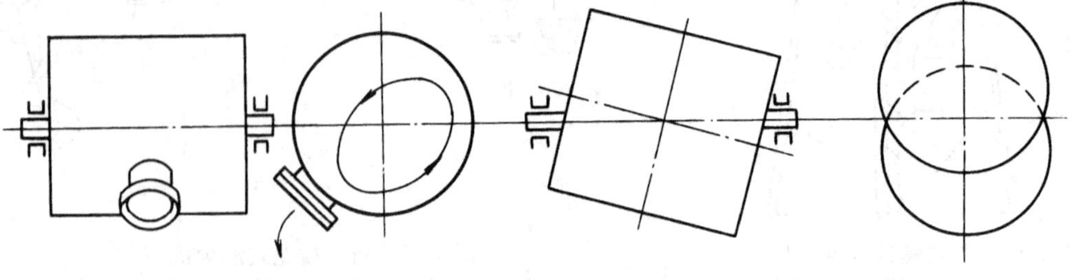

a)　　b)

图 7-18　圆筒形混合机

a) 水平型圆筒形混合机　b) 倾斜型圆筒形混合机

水平型圆筒混合机的圆筒轴线与回转轴线重合。操作时，物料的流型简单。由于粉粒没有沿水平轴线的横向速度，容器内两端位置存在混合死角，并且卸料不方便，因此混合效果不理想，混合时间长，一般较少采用。

倾斜型圆筒混合机的圆筒轴线与回转轴线之间有一定的角度。混合时，粉料有三个方向的运动速度，物料的流型复杂化，避免了混合死角，混合能力增加。其工作转速约在 40～100r/min 之内。

（2）双锥形混合机　双锥形混合机的结构形式如图 7-19a 所示，容器是由两个锥筒和一段短柱筒焊接而成，其锥角有 60°和 90°两种结构。混合过程中，物料在容器内翻滚强烈，流动断面的不断变化，产生良好的横流效应。对流动性好的粉料混合速度较快，功率消耗低。混合机的转速一般约为 5～20r/min，混合时间约为 5～20min/次，装料量约为容器容积 50%～60%。

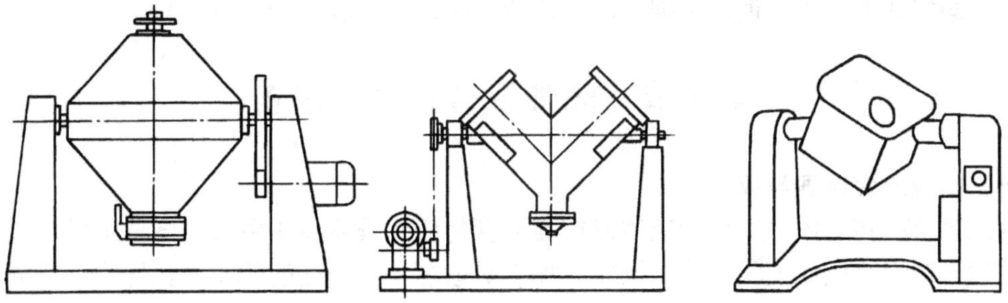

a）　　b）　　c）

图 7-19　旋转容器式混合机

a）双锥形混合机　b）V 形混合机　c）正方体形混合机

（3）V 形混合机　V 形混合机如图 7-19b 所示，回转容器是由两段圆筒以互成一定角度的 V 形连接，两圆筒轴线夹角为 60°或 90°，两筒连接处剖面与回转轴垂直，容器与回转轴非对称布置。由于 V 形容器的不对称性，使得粉料左旋转容器内时聚时散，在短时间内使粉料得到充分混合。与双锥形混合机相比，V 形混合机混合速度快，混合效果好。V 形混合机的工作转速一般在 6～25r/min 之间。混合时间约 4min/次，装料量约为容器容积的 10%～30%。

（4）正方体形混合机　正方体型混合机如图 7-19c 所示，回转容器为正方体，旋转轴与正方体对角线相联。混合机工作时，物料在容器内受到三维以上的重叠混合作用，没有混合死角，因而混合速度快。与 V 形混合机、双锥形混合机相比，正方体形混合机混合性能更好，但生产能力较小。

3. 固体混合机的选择

合理选择固体混合机必须考虑混合操作的目的，处理物料的性质和处理量，混合要求的最终混合均匀度和各种附属设备等因素。

通常在选型时从混合操作目的以及混合要求达到的最终混合均匀度的角度考虑。最终混合均匀度要求高的场合，选择以扩散混合作用为主的设备，如选择容器回转式混合机和行星搅龙式混合机。从混合物料的性质的角度考虑，混合物料流动性差、附着性强、凝聚性高、易结块时，选择强制物料流动的固定容器式混合机，如卧式螺带式混合机和行星搅龙式混合机。从混合操作的角度考虑，产品品种规格经常变动、批量操作之间需要清洗的场合，选择容器回转式混合机。容器回转式混合机具有简单光滑的外形和良好抛光的表面，没有旋转部件，清洗操作简单方便。大批量、连续化生产时，选择容器固定式混合机，优先选择卧式螺带式混合机，该机混合速度快，产量大，进出料方便。在混合过程中需要对物料进行加热或冷却时，选择容器固定式混合机。如卧式螺带式混合机和行星搅龙式混合机在混合机筒上安装夹套，即可在操作过程中容易地对物料加热或冷却。要求单机生产能力大、混合速度快时，选择卧式螺带混合机。

混合机选择还必须考虑设备的操作可靠性以及设备使用的经济性。

进行混合机选择时，首先根据混合工艺，确定混合机的操作方式，采用连续式操作还是采用间隙式操作；然后根据混合物料特性，确定混合机的类型，采用容器回转式混合机还是采用容器固定式混合机；最后根据生产处理量，确定混合机的产量及型号。

第四节 固液混合机械与设备

一、固液混合原理与应用

固液混合是指粉体中加少量液体或在高粘度物质和胶体物质中添加微量细粉末混合后成为均匀的可塑性物质或胶状物质的操作。加工对象主要是高粘度的非牛顿性糊状物或粘滞性固体物料。

固液混合过程常常伴有化学反应或热量传递，以及物料的胶体化、分散系团块的碎解。固液混合机理服从于非牛顿型物料的混合机理。当固体和液体开始混合时是粉体的混合，接着剪切混合占主导地位，在压延、折叠、粉碎、压缩的作用下混合形成粘度极高的浆体或塑性固体。它是对流扩散和剪力同时发生的过程。这种混合物的粘度很高，流动极为困难，要想达到混合均匀，并产生均匀的塑性物质，需要利用特制的混合器——捏合机进行混合，因此固液混合又称捏合、调和。

固液混合在食品加工中应用非常广泛，通常应用于面制品的面团调制、巧克力制品、鱼肉香肠、人造奶油和混合干酪等的制造过程中。例如制造面包时，须先将面粉、酵母、奶粉、少量脂肪和水在一定温度下混合，调成胶状物质，而后利用机械动作，使其成为可拉伸而柔韧的面团。在此面团中，各种成分必须均匀分散，特别是酵母液，如果混合不够，面团就不均匀；混合过度，将影响面团的含气性。此外，还应采取保温的措施以防在混合中面团因搅拌而升温。同样在制造糕饼时，也是先将面粉、脂肪、牛奶、鸡蛋和水等原料混合，混合时，要求利用混合器将空气带入混合物中，直至使混合物具有柔软的塑性，且充分乳化并含有气体的物质。

二、固液混合的主要设备

固液混合是指一般粉体混合机和液体搅拌机无法加工的高粘度浆体或塑性固体的捏合。高粘度浆体和塑性固体的粘度高、流动性极差。通常固液混合器的基本原理及其性能依赖混合元件与物料之间的接触，即元件的移动必须遍及混合容器的各部分，或者由工作部件对物料先是局部混合，进而达到整体混合谓之捏合、揉合或调合。固液混合器具有混合搅拌的功能，以及对物料造成挤压力、剪切力、折叠力等综合作用，因此，捏合机的叶片要格外坚固，能承受巨大的作用力，容器的壳体也要具有足够的强度和刚度。固液混合器的构件大小、转速等随混合物的稠度而异，稠度愈高，桨叶的直径愈大，转速愈慢。

在食品工业上广泛应用的固液混合机有捏合机和混合锅。

1. 双臂捏合机

双臂捏合机是由两根搅拌臂作回转运动的捏合机。主要由转子、混合室及驱动装置组成，如图7-20所示。

（1）混合室　混合室是一个W形或鞍形底部的钢槽，上部有盖和加料口，下部一般设有排料口。钢槽呈夹套式，可通入加热或冷却介质，对于大型捏合机转子一般设计成空腔形式，以便向转子内通入加热或冷却介质。在真空或加压的条件下进行操作的捏合机的混合室还设有真空装置，可在混合过程中排出水分与挥发物。

（2）转子　捏合机的转子装在混合室内，与驱动装置相连接。转子在混合室内的安装形式有相切式和相叠式两种（图7-21）。相切式安装时，两转子外缘运动迹线是相切的；相叠式安装时，两转子外缘运动迹线是相重叠的。相切式安装时，转子可以同向旋转，也可异向旋转，转子间速比为1.5:1或2:1或3:1。相叠式安装的转子，只能同向旋转，由于运动迹线相互重叠，避免搅拌臂相碰，两臂的转速比只能用1:2和1:1。相叠式安装的转子外缘与混合室壁间隙很小，一般在1mm左右，在这样小的间隙中，物料将受到强烈剪切、挤压作用，不仅可以增加混合（或捏合）效果，同时可以有效地除掉混合室壁上的滞料，有自洁作用。适用于粉状、糊状或粘稠液态物料的混合。相切式安装的捏合机的转子旋转时，物料在两转子相切处受到强烈剪切。同向旋转的转子或速比较大的转子间的剪切力可能达到很大的数值。此外，转子外缘与混合室壁的间隙内，物料也受到强烈剪切。相切式安装的捏合机同时在转子之间的相切区域和转子外缘与混合室壁间的区域产生混合作用。除了混合作用外，转子旋转时对物料的搅动、翻转作用有效地促进了物料各组分间的混合。由于转子相切式安装具有上述特点，故此类捏合机特别适用于初始状态为片状、条状或块状物料的混合。实际上使用较多的也是转子相切式安装的捏合机。

图7-20　双臂捏合机

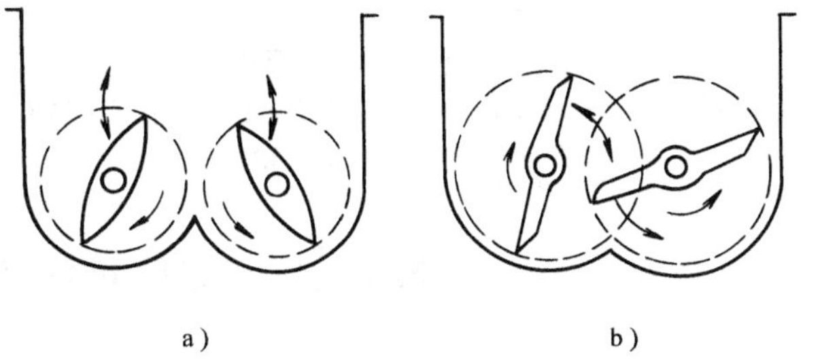

a）　　b）

图7-21　转子安装形式

a）相切式　b）相叠式

Z形捏合机的混合性能不仅取决于转子的安装形式，也受转子的结构形式影响。目前在捏合机中使用的最基本的转子形状如“Z”形，为了适用于不同混合用途的需要，出现了许多非传统形式的转子，极大地改进了捏合机的混合能力。转子类型很多，常用的转子类型如图 7-22 所示。这些转子或在转子之间、转子与混合室壁之间产生很强的剪切分散作用，或具有较高的混合作用，或能使团块物料破碎，适合于易结成块状的物料的混合。

双臂式捏合机的排料有直接排料和侧倾混合室排料。直接排料是在混合室底部设有排料口或排料门，打开排料门即可进行排料。侧倾混合室排料是将混合室设计成可翻转式。排料时，上盖开启，混合室在丝杠带动下翻转一定角度将料排出。

2. 混合锅

混合锅通常有两种类型。一种是固定式（图 7-23a），另一种是转动式（图 7-23b）。前者是锅体不动，混合元件除本身转动外兼作行星式运动。它是由一段短的圆筒和一个半球形器底制成，锅子可以在与机架连接的支座上升降，并装有手柄以人工方法卸除物料。它的混合元件在动作时，与器壁的间隙很小，搅拌作用可遍及于整个物料。后者的锅体是安装在转动盘上转动，其混合元件偏心安装于靠近锅壁处作固定的转动。它是由转盘带动锅子作圆周运动将物料带到混合元件的作用范围之内而起的局部混合作用。混合元件的形式有多种，其中框式最为普遍，叉式应用也广，还有将桨叶作成扭曲状以增加轴向运动或其他的形式。它在食品工业上应用很广，特别是用于处理高粘度的食品的混合，如制造面包时调制面团，生产糕点和糖果时的原料混合等都经常采用这种设备。

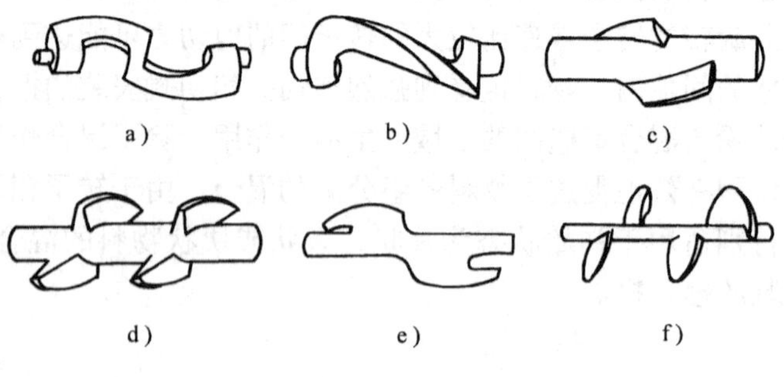

图 7-22 捏合机转子形式

a）Z 形转子 b）单螺旋转子 c）双螺旋转子 d）爪形转子 e）刀片形转子 f）X 形转子

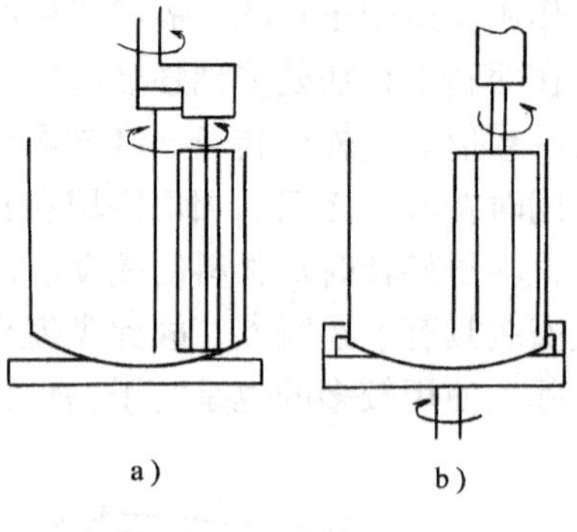

图 7-23 混合锅类型

a）固定式混合锅 b）转动式混合锅

第五节 气液混合机械与设备

食品加工中最常见的气液混合主要是碳酸饮料生产过程的碳酸化操作。碳酸化过程是指 CO_2 溶解到饮料中去的过程。在一定的压力和温度下，CO_2 在水中的最大溶解量称为溶解度。CO_2 在水中达到最大溶解量时，气体从液体中逃逸的速度与气体进入液体的速度达到平衡。影响 CO_2 的溶解度的主要因素有压力、温度、气液两相接触面积、接触时间以及混入空气量。用于碳酸饮料生产过程的碳酸化气液混合的设备称为碳酸化器。碳酸化器按 CO_2 与水接触形式不同分成喷射式、喷雾式、薄膜式等。

一、喷射式碳酸化器

喷射式碳酸化器结构如图7-24所示，它主要是一个文丘氏管，水由泵加压通过水管进入碳酸化器，碳酸化器内部的流体通道之中设有一个喉管，由于喉管的截面逐渐收缩减少，水流速度剧增。随着流速的剧增，水的内部压力骤降，在喉管的末端形成低压区，从而不断地吸入 CO_2 气体。同时喷嘴出口处的环境压力与水的压力之间形成较大的压力差，水爆裂成很细小的水滴，由于水与 CO_2 有很大的相对速度，从而使水滴变得更加细微。水与 CO_2 之间有相当大的接触面积，大大提高了碳酸化的效果。喷射式碳酸化器结构简单、工作可靠，常常作为预碳酸化、碳酸化或追加碳酸化设备使用。经喷射式碳酸化器处理的料液往往送入碳酸化罐或板式热交换器，以保证气体全部溶解。

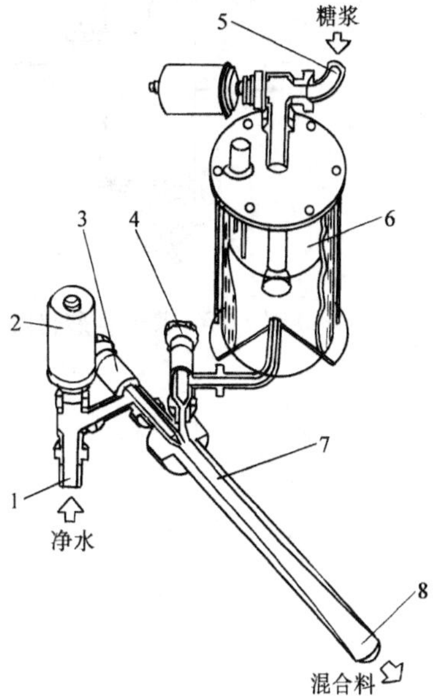

图7-24　喷射式碳酸化器

1—进水口　2—压缩空气阀　3—节流阀　4—调节阀　5—糖浆进口　6—平衡器　7—文丘氏管　8—喷嘴

二、薄膜式碳酸化器

薄膜式碳酸化器结构如图7-25所示，它主要是一个装有一组成膜吸收圆盘的密闭压力容器。碳酸化过程是在密闭的压力容器中进行。CO_2 进入密闭的压力容器中，充满整个空间，经处理的冷却水从容器顶部压入容器内沿成膜圆盘流下，形成均匀的流动水膜。CO_2 与流动水膜充分接触完成碳酸化操作。碳酸水从容器底部排出。

三、喷雾式碳酸化器

喷雾式碳酸化器结构如图7-26所示，由碳酸化罐、泵等组成。

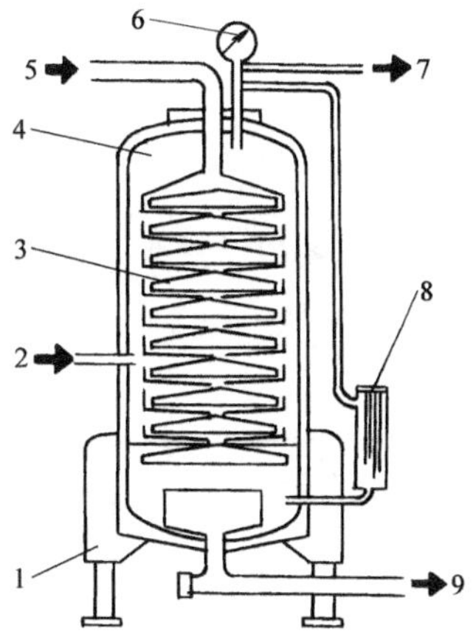

图7-25　薄膜式碳酸化器

1—机架　2—CO_2 进口　3—吸收圆盘　4—压力容器　5—洁净冷水进口　6—压力表　7—排气管　8—液位显示控制器　9—碳酸水出口

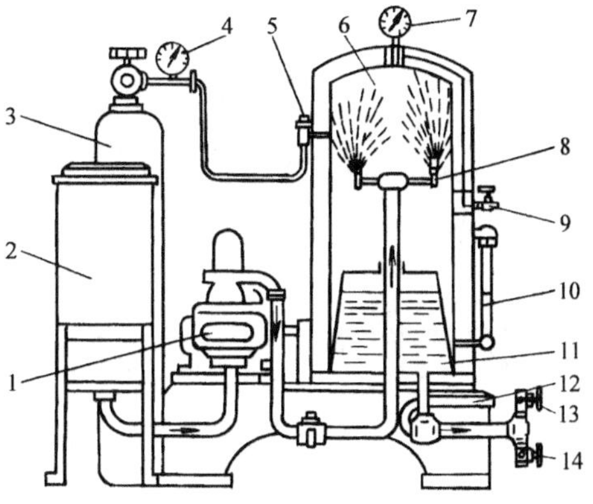

图7-26　喷雾式碳酸化器

1—活塞泵　2—贮水缸　3—CO_2 贮瓶　4、7—压力表　5—单向阀　6—碳酸化罐　8—喷嘴　9—排气阀　10—液位显示控制器　11—碳酸水　12—接安全阀　13—碳酸水排放截止阀　14—排放阀

碳酸化罐是一个普通的受压容器，外层有隔热材料制成保温层。常见的形式有普通碳酸化罐（图7-27）、可控制饱和度的碳酸化罐（图7-28）、带冷却装置的碳酸化罐等。

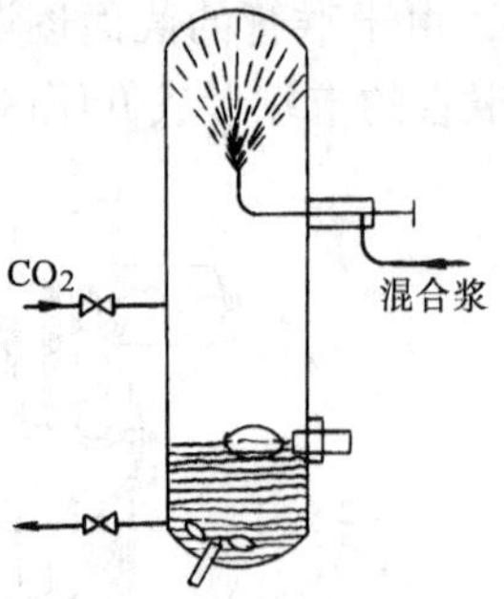

图7-27 普通碳酸化罐

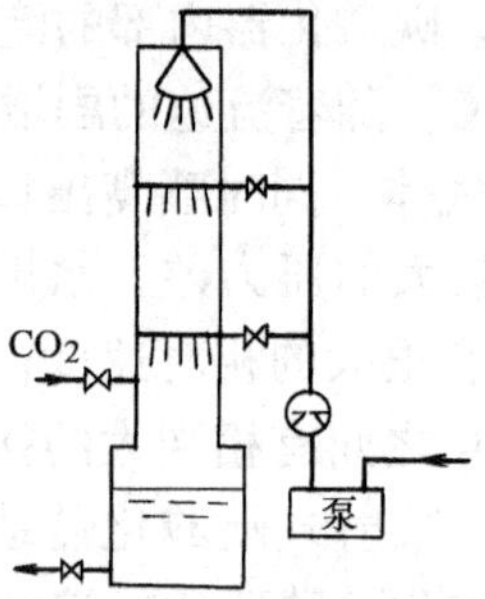

图7-28 可控制饱和度的碳酸化罐

第八章

浓缩和干燥机械与设备

8

第一节 概 述

1. 浓缩与干燥的概念

用于食品生产的动植物原料一般都含有大量的水分，约占原料的70% ~95%，而作为营养和风味的物质却只占总质量的5% ~30%。在食品的加工中，浓缩与干燥操作显得尤为重要。同时，如何达到保持产品的色、香、味、形和营养成分，是现代食品加工业所面对的重要问题，综合利用现代高新技术，低温、隔氧、快速、连续浓缩与干燥操作是浓缩与干燥的发展趋势。

所谓浓缩，就是从溶液中除去部分溶剂的操作过程，是使溶质和溶剂的均匀混合液实现部分分离过程，以使物料最终达到一个低溶剂含量（约30%）的相对稳定状态，是一个溶剂在物料内部借对流扩散作用从液相物料内部到达液相表面而后除去的过程。常用的浓缩方法有常压加热浓缩、真空浓缩、冷冻浓缩、结晶浓缩等。

相比较浓缩而言，干燥则是在物料内部的溶剂借助于分子扩散作用从固相物料溶质相对完全除去的一个过程，即从食品或食品物料中除去水分的过程。常用的干燥方法有自然干燥（晒干、风干）和人工干燥（常压加热干燥、真空加热干燥、红外线干燥、微波干燥、冷冻升华干燥等）。干燥后物料的水分（溶剂）含量一般可在3% ~11%左右，甚至更低。

2. 浓缩与干燥的目的

（1）浓缩的目的 食品工业浓缩的物料大多数为水溶液，其浓缩的目的主要有下面三个方面：

1）除去食品原料中的大部分水分，以减少包装、贮藏和运输的费用。

2）通过提高制品的浓度，达到增加制品贮藏性的目的。

3）满足食品加工的工艺过程要求，如作为产品干燥脱水或结晶的预处理。

此外，在浓缩过程中，可提取果汁中的芳香物质。

（2）干燥的目的 一般而言，物料的干燥主要有以下四个目的：

1）便于物料的贮藏和运输，扩大供应范围。

2）满足食品含水率的要求，达到安全贮藏的目的。

3）抑制贮藏中的生化反应，保证产品质量。

4）经干燥和其他工艺处理，制成风味和形状各异的产品。

3. 浓缩与干燥的一般方法

（1）浓缩的一般方法 浓缩的一般方法依原理和过程的不同主要可分为常压加热浓缩、真空浓缩、结晶浓缩和冷冻浓缩。但蒸发浓缩仍是食品工业使用最广泛的浓缩方法，通过浓缩设备加热物料，使物料中相对易挥发的水分在其沸点温度由液态相变为气态，通过二次蒸汽的排除，打破蒸汽与溶液之间的平衡态，使汽化过程连续不断地进行，从而达到浓缩的目的。

按照操作空间的压力，蒸发浓缩可分为常压、加压和减压（真空）三种模式。

由于真空浓缩具有低温、真空隔氧、蒸发速度快、二次蒸汽可被重复利用、运转费用低、设备投入相对较少和特点，因而是浓缩的主要方法。其他浓缩方法，如冷冻浓缩、离心浓缩、超滤浓缩等也逐步在食品工业中得到推广和使用。

（2）干燥的一般方法 从加工的程度上来看，干燥的方法主要分为自然干燥和人工干燥两大类，按照热能供给湿物料的方式，人工干燥又可分为对流干燥、传导干燥、辐射干燥和介电加热干燥等。

1）对流干燥：对流干燥是使干燥介质直接与湿物料接触，热能以对流的方式传递给物料，水分汽化后所产生的蒸汽被干燥介质带走的干燥方法。

2）传导干燥：该方法是使热能通过传热的壁面，以传导的方式加热物料，产生并排除蒸汽从而干燥物料的方法。

3）辐射干燥：湿物料接受热辐射源产生的电磁波，将辐射能转变为热能，从而使水汽化并干燥物料的方法。

4）介电加热干燥：将需要干燥的物料置于高频电场内，使物料加热，水分汽化的物料干燥方法。

第二节 真空浓缩机械与设备

食品工业中对物料的浓缩常常采用真空浓缩，该方法具有如下的优点：

1）增大了加热蒸汽与沸腾液体之间的温度差，可相应减少蒸发器的传热面积。

2）产生的低压蒸汽或废气可作为加热蒸汽使用，进行多效蒸发，提高经济效益。

3）适合于不耐高温的溶液的浓缩。

4）由于溶液的沸点降低，蒸发器损失于外界的热量较小。

与优点相比较，真空浓缩也存在着某些局限。

1）附设真空系统，增加了附属机械设备与动力。

2）蒸发潜热随沸点的降低而增大，热量消耗相应增大。

3）随着压力的减少，溶液沸点的降低，物料的粘度增大，减小了对流传热系数，从而也使总传热系数减小。

一、真空浓缩的原理与特点

1. 真空浓缩的原理

溶液受热时，溶剂分子获得动能，当某些溶剂分子获得的能量足以克服分子间的吸引力时，溶剂分子就会逸出液面进入上部空间，成为蒸气分子。如果热能不断地供给，生成的蒸气被不断地排除，则可打破溶剂气相与液相之间化学势的平衡，溶剂的汽化将持续地进行。工程上为了提高这种汽化速度，大多采用在沸腾状态下的汽化过程，这种将溶液加热至沸腾，使溶液中部分溶剂汽化并排除的过程就是蒸发。食品产品的浓缩，大多是采用蒸发的方法进行的。

2. 真空浓缩的特点

1）成分复杂的食品原料大多具有热敏性，以及质量上对产品色、香、味的要求，使得食品的浓缩力求“低温短时”，由于料液的沸点与外压有关，低压相对应于低温，真空浓缩对产品的质量有保障。

2）真空浓缩排除了溶解在料液中的空气、氧气，由于蒸气空间无氧，对易氧化物料的加工品质有利。

3）蒸发速度快，比常压浓缩省时。

4）起到预杀菌或部分杀菌的作用。

5）操作空间密闭，有助于减少微生物对物料的污染。

一般而言，对食品物料的浓缩，结合设备的特点，应考虑物料在蒸发过程中的下面几个性质进行设备的选型。

1）物料的热敏性。

2）物料对设备的腐蚀性。

3）物料在浓缩过程中粘稠度的变化。

4）物料在传热界面上的结垢性。

5）物料在沸腾时形成泡沫的特性。

6）物料的结晶性。

因此，应当首选物料蒸发温度低、停留时间短、真空度高的强制循环设备，避免物料结垢和堵塞管路，注意消泡和捕集泡沫，使用耐腐蚀的不锈钢材质的设备。

二、真空浓缩设备的结构与应用

1. 真空浓缩设备的分类

真空浓缩设备的形式很多，一般可按下列方法分类：

1）根据加热蒸汽与二次蒸汽被利用的次数，可将真空浓缩设备可分为单效浓缩设备、二效浓缩设备、多效浓缩设备以及带有热泵的浓缩设备。其中以二效、三效为居多，有时浓缩设备还带有热泵装置。

2）根据料液在设备中的流程不同，可将该类设备分为循环式与单程式。其中，循环式又分为自然循环和强制循环。循环式比单程式的热能利用率高。

3）根据加热器结构形式，可分为薄膜式和非膜式。薄膜式是指料液在蒸发时呈薄膜状蒸发。主要有升膜式、降膜式、片式、刮板式、离心式等形式，具有蒸发面积大、热能利用率高、水分蒸发速度快的特点，但结构较复杂；非膜式则是指料液蒸发时，在蒸发器内聚集在一起，只是翻滚或在管间流动，形成大蒸发面，主要有盘管式浓缩器、中央循环管式浓缩器等。

2. 真空浓缩设备的基本结构

真空浓缩设备的主体是由用来进行传热的加热室和进行汽液分离的蒸发室所组成的蒸发器，此外，还有使液沫得到进一步分离的除沫器和使二次蒸汽全部冷凝的冷凝器以及形成真空条件的真空装置等。

3. 蒸发器的结构与操作

（1）中央循环管式浓缩锅　中央循环管式浓缩锅又称标准式蒸发器，是一种非膜式自然循环蒸发器。食品的料液经过由沸腾管和中央循环管所组成的竖式管加热面进行加热，由于单位体积内物料传热的不均匀，导致产生密度差，从而形成自然循环，将水分蒸发，达到浓缩的目的。

如图 8-1 所示为中央循环管式浓缩锅。它由外壳、加热室和蒸发室构成，其加热室由垂直管束组成，中间一根直径很大的管子即为中央循环管，其截面积一般为其他加热管总截面积的 40%～100%，加热管的高度一般为 1～2m，加热管径在 25～75mm 之间。管间物料和管外加热蒸汽通过管与上下密封端板在加热室分隔。

当加热蒸汽通入管间加热时，由于中央循环管直径较大，其中单位体积溶液占有的传热面积比其他加热管内溶液占有的要小，因而，两种管内的溶液受热程度不同。加热管内物料受热较好，溶液汽化较多，因而形成的汽液混合物的密度比在中央循环管内料液的密度小，至使蒸发器中的溶液形成由中央循环管下降，其他加热管上升的循环流动，由于溶液密度差引起的自然循环。由于结构上的限制，循环速度不大，料液在管内的流速约为 0.3 ~ 1.0m/s。溶液在加热室中不断循环，使其浓度始终接近于完成液的浓度，因而溶液的沸点高，存在着有效温差减少的缺点。此外，还存在着清洗和维修的不便，难以完全满足生产的要求。

（2）盘管式浓缩锅　盘管式浓缩锅是一种非膜式的结构较简单的浓缩锅，如图 8-2 所示为盘管式单效真空浓缩装置。蒸发器为设备主体，在蒸发器锅体中下部为 4 ~5 层分层排列的盘管，总高度占蒸发室高度的 40%，每层盘管有 1 ~3 圈，每盘均有单独的蒸汽进口，通过对阀门的调节来控制蒸汽的流量。各层蒸汽的冷凝水，均通过该层单独的疏水器排出，盘管的温度均匀，同时，热能的效率高。

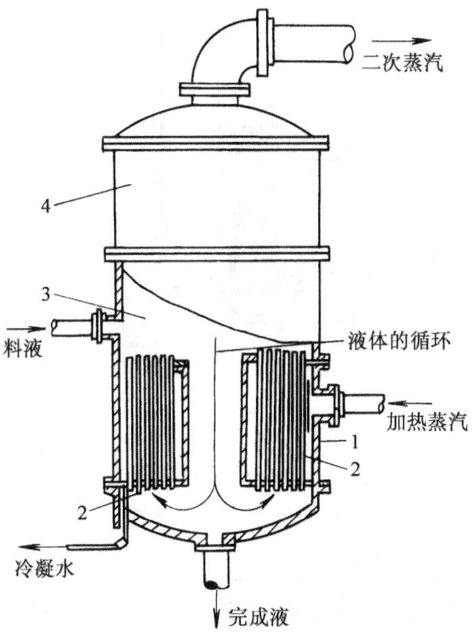

图 8-1　中央循环管式浓缩锅

1—外壳　2—加热室　3—中央循环管　4—蒸发室

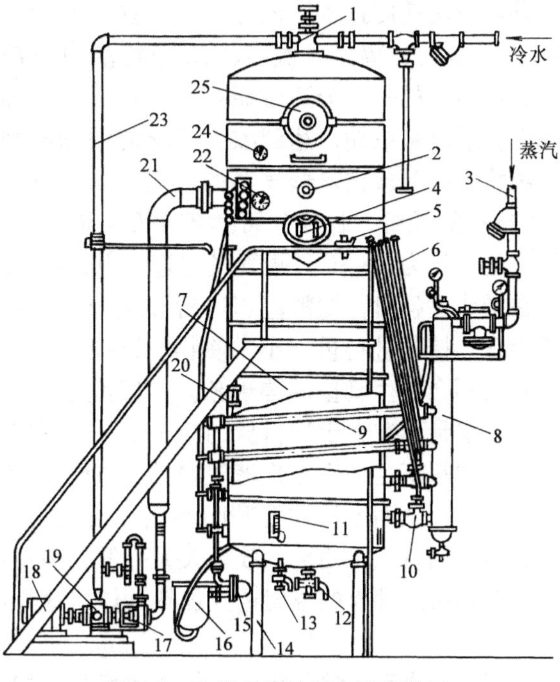

图 8-2　盘管式单效真空浓缩装置

1—冷水分配头　2—视镜　3—加热蒸汽总管　4—人孔　5—放空旋塞　6—蒸汽阀门操纵杆　7—浓缩罐　8—蒸汽分配管　9—盘管　10—蒸汽阀门　11—温度计　12—放料旋塞　13—取样旋塞　14—罐体支架　15—汽水分离器　16—排水器　17—冷却水排水泵　18—电动机　19—真空泵　20—料液进口旋塞　21—冷却水排出管　22—蒸汽压力表　23—不凝气体排出管　24—真空表　25—观察孔

操作时，先加入物料，待料液浸没盘管后，自下而上打开蒸汽阀门。在浓缩时，应当控制好进料量，并与蒸发速度相等，保持一定的液位。当蒸汽蒸发加热盘管露出液面时，则应该关闭该层的加热盘管阀门，以调节加热面，并控制好加热温度，避免产生结垢、焦管现象。

（3）升膜式浓缩设备 升膜式浓缩设备属于长管薄膜式外加热自然循环浓缩设备，物料在设备的管壁或器壁上分散成液膜的形式流动，停留时间约几秒至几十秒，由于形成薄膜流动，故增大了传热系数，提高了浓缩效率，适合于果汁及乳制品的生产。主要由加热器、分离器、雾沫捕集器、水力喷射器和循环管等部分组成，如图8-3所示。料液自加热器的底部进入管内，加热蒸汽在管外将热量传递给管内料液，在加热和减压真空状态下，料液迅速汽化，产生二次蒸汽，并以80～200m/s的速度带动浓缩液沿管内壁成膜状上升，在上升过程中，逐步形成下多上少的爬膜工作状况而渐次加热浓缩，在管顶部则呈喷雾状，并以较高速度进入汽液分离器，在离心力作用下与二次蒸汽分离。二次蒸汽从分离室的顶部排出，而浓缩液的一部分通过循环管，再回流到加热器底部，继续被浓缩，达到浓缩要求的浓缩液则可从分离室的底部放出。蒸发器的加热管采用直径为30～50mm的长管，长径比可达到100～300，一般长管式的管长为6～8m，短管式的管长为3～4m。

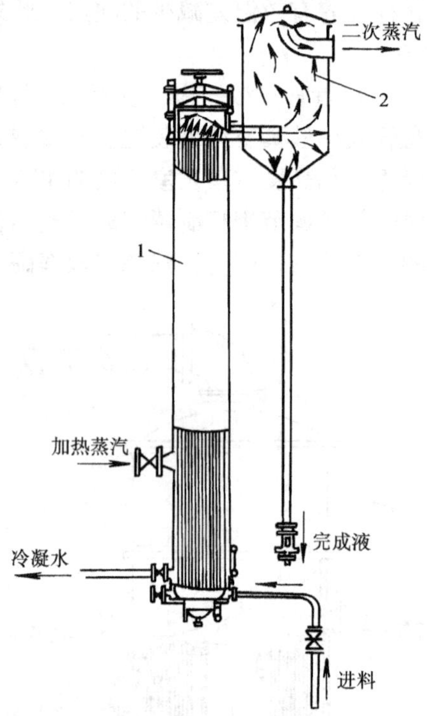

图8-3 升膜式浓缩设备
1—蒸发器 2—分离器

在操作过程时，物料应当进行预热处理并控制好投料量。控制进料量大小，使物料既能形成液膜被蒸发又不会发生管壁结焦现象。一般经过一次浓缩的蒸发水量不宜大于进料量的80%，如果进料量过多，被加热不足，则二次蒸汽产生量少，管的下部积液过多，从而成液柱上升而不能形成液膜，失去液膜蒸发的特点，使传热效果大大降低；而加料量太少，则易导致管壁结焦。此外，料液最好预热到接近沸点的温度进入加热器体，这样可增加液膜在管内的比例，提高沸腾和传热系数。

该型设备具有占地面积小，传热效率高，加热时间短的优点，适合于浓缩热敏性、易起泡和粘度低的物料。由于薄膜料液的上升必须克服自身重力与管壁的摩擦阻力，对于粘稠度较大的溶液不大合适。缺点主要是一次浓缩比不够大，操作时要预热并控制进料量，避免形成液柱和管壁结垢、结焦的现象。

（4）降膜式浓缩设备 降膜式浓缩设备与升膜式相类似，主要区别是经预热后的料液从管束的顶部加入，也属于长管薄膜式自然循环浓缩设备，具有传热效率高，受热时间短的特点，适合于乳制品和果汁物料的浓缩。由于料液加热的时间短，蒸发时呈膜状流动，因而可避免泡沫的形成，管道清洗较为方便。

降膜式浓缩设备的结构与升膜式浓缩设备大体相同，由加热器、分离器、雾沫捕集器、水力喷射装置构成。对不能在单程浓缩过程中达到浓缩要求的物料，可采用流体泵输送回进料部位再次浓缩，成为多程循环式，降膜式单程浓缩装置如图8-4所示。与升膜式浓缩设备所不同的是为了使料液能均匀地分布于各管道，使料液在重力作用下沿管内壁流下时呈膜状分布，在加入料液顶部各加热管入口处或管内安装有降膜分布器。常见的分布器主要有以下四种：①导流管是具有螺旋形沟槽的圆柱体；②导流管下端锥体端面向内凹入，以免液体再次向中央聚集；③利用加热管上端管口的齿缝来分配液体；④用于强制循环降膜蒸发的旋液分布器，使物料沿切线方向加入管中，呈螺旋下降方式布料。此外，还有筛孔板式、喷雾型、筛孔板与导流板相结合的形式等。图 8-5 为常见的几种降膜分布器。

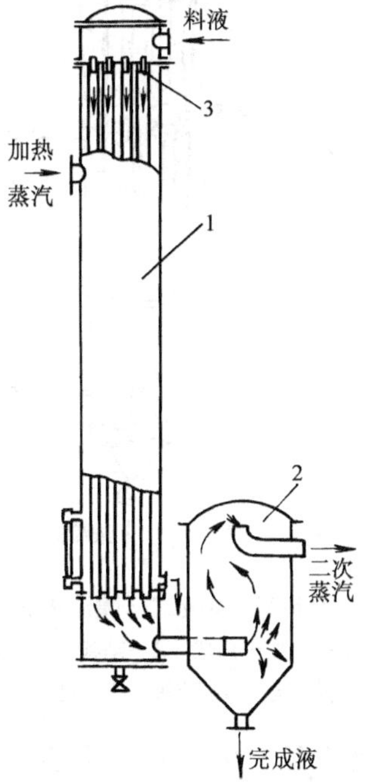

图 8-4 降膜式单程浓缩装置
1—蒸发器 2—分离器 3—液体分布器

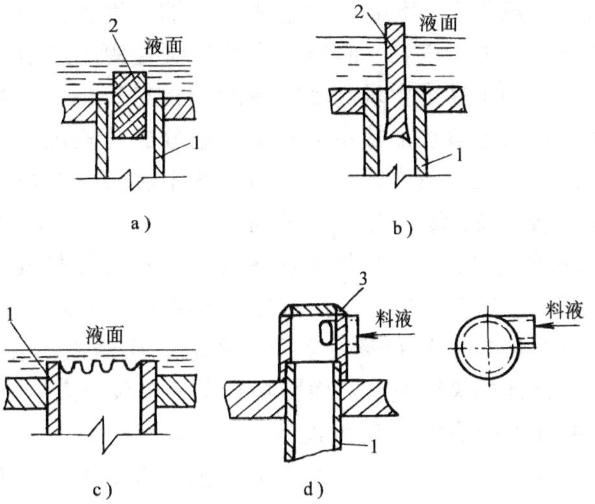

图 8-5 降膜分布器
1—加热管 2—导流管 3—旋液分配头

操作时，料液自蒸发器顶部加入，在顶部料液分布器的作用下，料液均匀地分布在每一根加热管中。受蒸汽加热后所产生的二次蒸汽与浓缩液并流而下，并在二次蒸汽的作用下，料液呈膜状下降流动，由底部进入离心分离室，二次蒸汽与浓缩液在此进行分离，二次蒸汽由顶部排出，浓缩液由底部抽出。

降膜式蒸发器一般为单程型，料液一次性通过加热管蒸发就能基本上达到所需要浓度，因而要求制作成长管式，部分短管式蒸发器可加配流体泵，以使料液循环浓缩至满足工艺要求，也可多效联用达到浓缩目的。除蒸发器外，降膜式浓缩设备仍需配备真空、冷凝等附属等设备。

（5）刮板式薄膜浓缩设备 刮板式薄膜浓缩设备是一种利用外加动力成膜的单程浓缩设备，有立式和卧式两种类型，以立式为多。由转轴、料液分配盘、刮板、轴承、轴封、蒸发室以及夹套加热室组成，如图 8-6 所示。以立式刮板薄膜浓缩设备为例，在设备的中心转轴上附有 4～8 块对称安装的刮板和与刮板相垂直的料液分配盘，为有利于料液的流动，刮板与转轴之间约有 10°的夹角（导向角），其大小因物料的性能而变化，并可分段变换导向角安装；当料液加入后，落在高速旋转的料液分配盘上（转速为300~800r/min，线速度为2.5~9.6m/s），受离心力的作用，被甩到器壁加热面上，因刮板与传热壁间间隙很小，一般为0.5~1.25mm，料液在此被刮板刮成薄膜，同时在重力作用下，料液将被强制沿加热面均匀撒开形成薄膜向下螺旋流动汇集，并不断形成新的液膜，二次蒸汽则逆流上升，经蒸发器上部汽液分离器进行汽液分离，也可与浓缩液并流进入汽液分离器分离排除。由于蒸发器加热面上有机械搅拌成膜，因而可以处理粘度高甚至带有固体粒子的物料，对粘度高达50~100Pa·s的粘性料液仍能保持较高的传热速率，而且，物料在蒸发器内停留的时间短，一般为2~45s，特别适用于浓缩粘度大而且具有热敏性的物料，如番茄酱、咖啡、牛奶、蜂蜜等。缺点是设备投资较大，加工精度要求高，加热面积相对较小。当浓度比较大时，可考虑增加加热室的长度，或分成几段加热区，采用不同压力的加热蒸汽来加热，但加热室过长，对加工精度和安装的要求较高。此外，圆筒的直径一般控制在300~800mm之间，过大虽可增加加热面积，提高传热效率，但转轴所传递的转矩增加，从而增加消耗功率；如圆筒直径过小，则将减小加热面积和蒸发空间，造成二次蒸汽的流速过大，增加了液沫的夹带量，从而影响蒸发和汽液分离效果。

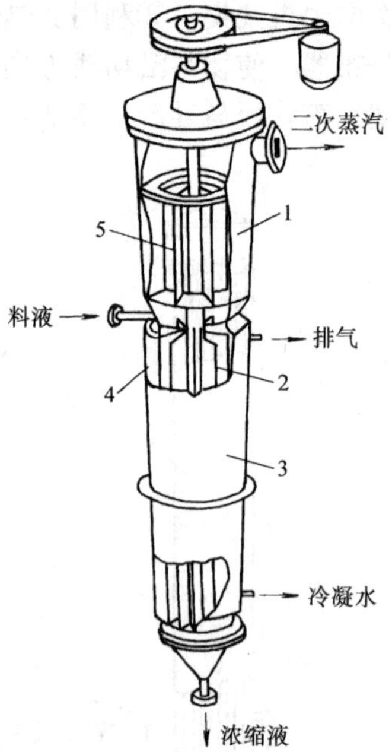

图8-6 刮板式薄膜浓缩设备
1—气液分离段 2—刮板 3—加热蒸发段 4—夹套 5—固定叶板

4. 真空浓缩装置辅助设备

真空浓缩装置的辅助设备主要包括真空设备、液沫捕集器和冷凝器等。

（1）真空设备 真空设备是用以保持整个浓缩装置处于真空状态的设备，主要用于抽取不凝结气体，不凝结气体主要来源于四个方面：①料液夹带或溶解的空气；②料液受热分解后产生的气体；③因设备密封不严而泄漏的空气；④溶解在冷却水中的空气。与浓缩设备联用的真空设备主要有水环式真空泵、水力喷射泵以及蒸汽喷射泵，也有使用干式真空泵，具体内容详见第二章的相关内容。

（2）液沫捕集器 液沫捕集器也称之为捕沫器、雾沫分离器。真空浓缩时，料液形成泡沫或因蒸发温度过高，发生突然闪急蒸发形成雾沫，这种细微的液滴，会在二次蒸汽的夹带下逸出。捕集器的作用就是进行泡液分离，尽量地避免或减少雾沫被二次蒸汽带出，减少料液损失，同时防止污染管道及其他浓缩器的加热面。

捕集器的结构按原理主要可归纳为以下三种：

1）惯性型捕集器：惯性型捕集器是利用含沫汽流与挡板的碰撞作用，使汽流流向急剧改变多次，由于液滴的惯性相对于蒸汽要大，当流向突然改变时，液滴便从汽流中甩出，从而使汽液分离，如图8-7a、图8-7b所示。

2）离心型捕集器：利用离心力作用，使带有液滴的二次蒸汽沿捕集器器壁的切线方向进入，使汽流产生回转运动，从而使密度较大的液滴被甩在捕集器内壁上与二次蒸汽分离，液滴汇集，沿内壁流下至蒸发室内，二次蒸汽由顶部出口排出，如图8-7c所示。

3）表面型捕集器：表面型捕集器如图8-7d所示，主要是让汽流通过具有较大表面积的

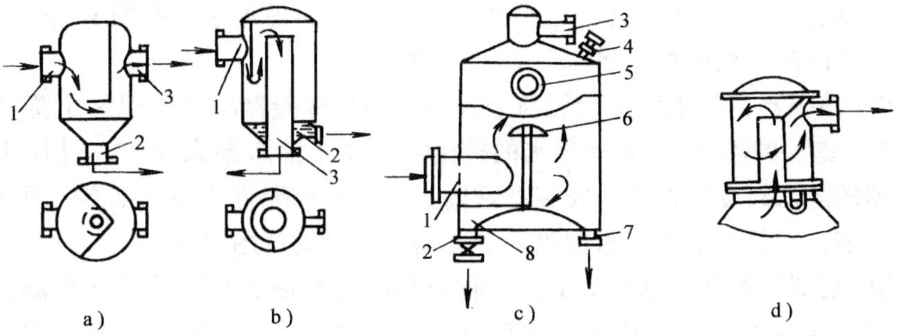

图 8-7　各捕集器的结构示意图

a)、b）惯性型捕集器　c）离心型捕集器　d）表面型捕集器

1—二次蒸汽进口　2—料液之间流口　3—二次蒸汽出口　4—真空解除阀　5—视孔　6—折流板　7—排液口　8—挡板

网状或其他装置，使液滴粘附而二次蒸汽通过，达到汽液分离的目的。由于填料和金属网不易清洗，故在食品行业中使用较少。

（3）冷凝器　冷凝器的主要作用是将在真空浓缩过程中产生的二次蒸汽冷凝，并使其与不凝结气体分离，减轻真空系统的工作负荷，保持设备工作和所要求的真空条件。除非二次蒸汽是有价值的产品需要加以回收，或者它会严重污染冷却水，一般情况下，在蒸发操作中大多采用汽液直接接触混合式冷凝器来冷凝二次蒸汽。蒸发装置中的冷凝器的形式有很多种，常见的有大气式冷凝器、低水位冷凝器和喷射式冷凝器等。

1）干式逆流高位冷凝器：也称大气式冷凝器，其结构如图 8-8a 所示，冷却水由顶部加入，依次流过各淋水板的小孔或溢流堰，在和从底部进入并逆流上升的二次蒸汽直接接触的过程中，使二次蒸汽不断冷凝，并从气压管排出，不凝结气体由上端排出进入气液分离器，将液滴分离后，再被抽真空装置吸取排入大气中。在这种冷凝器中，气、液两相各自分别排出，故称干式；冷却水与二次蒸汽逆向运动，又称之为逆流；其气压管需要有大于 10m 的足够高度，才能使冷凝液克服大气压自动流至地沟，所以全称为干式逆流高位冷凝器。

该冷凝器体是一个用钢板制成的圆筒，直径约为 400 ~ 2000mm，高度 1200 ~ 5000mm，

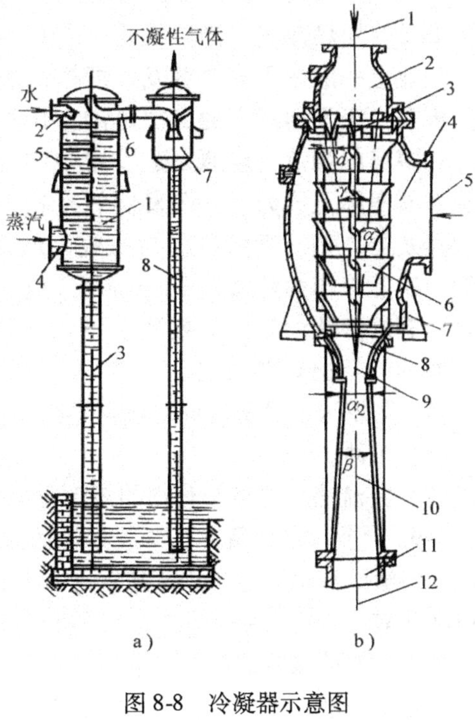

图 8-8　冷凝器示意图

a）干式逆流高位冷凝器

1—外壳　2—进水口　3、8—气压管　4—蒸汽进口　5—淋水板　6—不凝性气体管　7—分离器

b）水力喷射器

1—冷水进口　2—水室　3—喷嘴　4—吸气室　5—二次蒸汽进口　6—圆锥形导向板　7—支脚　8—混合室　9—喉管　10—扩散管　11—排水管　12—冷却水出口

内部装有3～8块淋水板，淋水板上有小孔或为无孔式的溢流堰，孔眼直径为2～5mm，淋水板的面积以占冷凝器截面积的60%～75%为宜。

2）低水位冷凝器：低水位冷凝器与干式高位逆流冷凝器相似，但为了降低设备的高度（主要是“气压腿”的高度），其冷凝水的排出需借助于抽水泵来完成，且抽吸压头相当于大气压真空腿的降低高度，方便于安装在室内。但它要求配置的抽水泵必须具备允许的真空吸头，管路严密，以免发生冷却水倒吸入浓缩锅，使投资费用增加。

3）水力喷射式冷凝器：该冷凝器是一种兼具冷凝和抽真空作用的冷凝器，由水力喷射器和水泵组成，结构如图8-8b所示，由喷嘴、吸气室、混合室和扩散室组成。工作时，高压水以15～30m/s的速度从喷嘴的小口射入混合室及扩散室，从而在喷嘴出口处，形成一个低压区域，不断地吸入二次蒸汽，将二次蒸汽凝结为冷凝水，不凝结气体也随冷却水一同排出，达到冷凝与抽真空的作用。

喷嘴直径一般在16～20mm之间，以一定的倾斜角呈同心圆排列，一般1～3周，为防止高速水流的冲击作用，在吸气室内安装有流体导向板，对水流起到缓冲和分配作用。

5. 多效蒸发设备的流程

由于无论采用常压、加压或真空状态下进行蒸发，从溶液中蒸发出1kg水都要消耗不少于1kg的加热蒸汽，当蒸发量大的时候，加热蒸汽的消耗量也将非常大。为了减少消耗，工业上一般采用多效蒸发，即把二次蒸汽作为下一个浓缩装置操作的加热蒸汽来使用。将前一蒸发器产生的二次蒸汽当作加热蒸汽引入另一个蒸发器，只要后者的蒸发室压力和溶液的沸点均较原来蒸发器中的为低，则引入的二次蒸汽就可起到加热作用，后一蒸发器实际上成为前一蒸发器的冷凝器，将各个蒸发器连接起来一同操作，组成一个多效蒸发器，每一蒸发器称为一效，通入产生蒸汽的蒸发器称为第一效，利用第一效产生的二次蒸汽作为热源的称作为第二效，依此类推。常用的多效蒸发器有二效，三效或四效，有的多达六效，但效数的增加会增加设备投资的费用，且操作条件要求高，应通过全面的效益核算来确定。

各效蒸发浓缩设备依据溶液与蒸汽的流动方向不同，可分为并流法、逆流法、错流法以及平流法四种。

（1）并流法　溶液与蒸汽的流动方向相同称并流，均为第一效顺序至末效的操作方法，如图8-9a所示，在食品工业中最为常用。由于后一效蒸发室的压力较前一效为低，所以各效之间料液的流动不需要用泵来输送；此外，由于前一效物料的沸点较后一效的高，因此，当料液从前一效进入后一效时，即达到过热状态而立即自行蒸发（闪蒸），可以产生更多的二次蒸汽，能使该效的后一效蒸发更多的溶液。但是，正因为后一效的物料温度较前一效的低，且是浓缩液，因而粘度会增加，对于粘度随浓度的增加而增加很快的料液不太适用，应当采取逆流法操作。

（2）逆流法　溶液与蒸汽的流动方向相反称逆流，即加热蒸汽的流向仍是第一效顺序至末效，而料液由末效流入，再经泵输送入前一效，浓缩液最后由第一效排出。逆流法与并流法相反，当料液的浓度越大时，其蒸发的温度也越高，因此，各效料液都不致出现粘度太大的情况，传热系数高。但由于各效应力差的关系，除了进入末效的溶液外，效与效之间均需用泵输送料液，且各效进料温度（末效除外）都较沸点低，因而产生的二次蒸汽量减少，参照图8-9b。

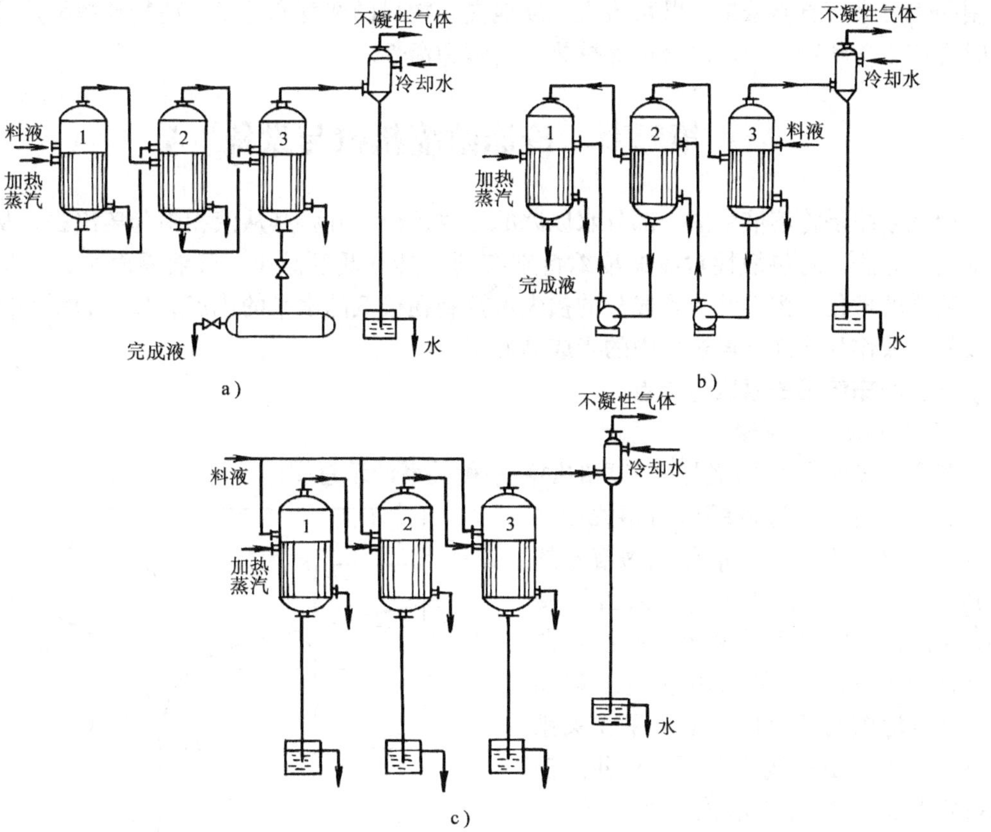

图 8-9 多效浓缩设备的流程

a）并流法 b）逆流法 c）平流法

（3）错流法 错流法是一种在各效间兼用并流和逆流加料的方法，例如在三效蒸发设备中，溶液的流向可采用 2→3→1 或 3→1→2 的方法，兼取了并流法和逆流法的优点，但操作上稍显复杂。

（4）平流法 平流法是一种原料液向每效加入，而浓缩液自每效放出的浓缩操作方法，溶液在各效间的浓度均相同，适合于在蒸发过程中同时有结晶析出的场合，如图 8-9c 所示。

6. 真空蒸发浓缩的应用

多功能真空蒸发浓缩机械常常是集常压常温提取、高压高温提取、低温真空提取、萃取、蒸馏、分离、回收、浓缩、制膏等手段于一体，更适用于高粘度状态物料的传热蒸发。可用于制药、食品、化工等行业对料液的浓缩、蒸馏及有机溶媒的回收等工艺。真空蒸发可适用于两种分离方法，一是对常压中如果加热到沸腾有可能被分解的物质，利用在减压（真空）中物质的沸点下降现象的分离法；二是对虽是易分解的有机混合物但因沸点高而在常压中不便于蒸馏的物质，利用真空泵减压并蒸馏的实验室分离法。上述两种分离方法不仅能用于实验试剂、中西药剂的精制，而且能用于有机药品、有机合成中间原料及油脂等的制造工程中。为浓缩易受热影响的物质或因有空气而被分解或产生化学反应的物质，应使用真空浓缩方式。比如，对天然果汁的浓缩来说，要求维持新鲜的香气以及使其不产生颜色变化或使其维生素 C 不被破坏的时候，为了最大限度地低温处理需要进行真空浓缩。另外浓缩酶制品也可进行真空浓缩，既可最大限度地提高物料的浓度和纯度，使物料浓缩成膏状，浓缩时可产生粉状物质，同时又可保持物料新鲜和活性。

第三节 冷冻浓缩机械与设备

冷冻浓缩是将溶液中的一部分水以冰的形式析出，并将其从液相中分离出去，从而使溶液浓缩的方法。对热敏性食品的浓缩特别有利，具有低温操作，气液界面小，微生物增殖少，溶质的劣化及挥发性芳香成分的损失可控制在极低的水平的优点。浓缩的制品或直接作为成品，或作为冷冻干燥过程中的半成品使用。

一、冷冻浓缩的原理与特点

1. 冷冻浓缩的原理

图 8-10 表示了水溶液与冰之间的固液平衡关系的示意图。

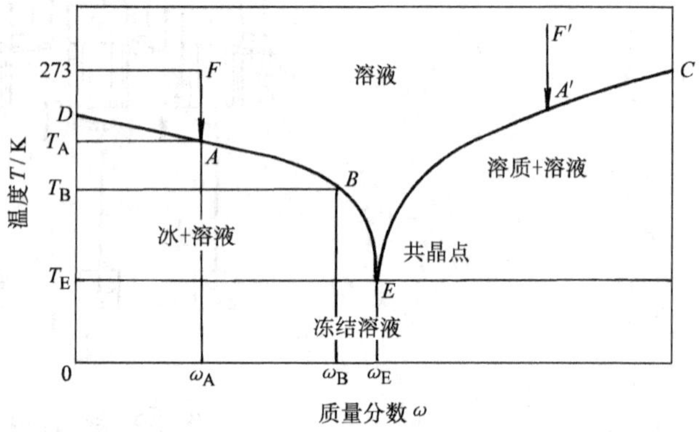

图 8-10 简单的双组分相图

图中 E 为与冷冻浓缩密切相关的共晶点，相对应的 T_E 和 ω_E 分别为溶液的共晶温度（低共熔温度）和共晶浓度（低共溶浓度），DE 是该溶液的冰点曲线（冻结线），CE 是该溶液的溶解曲线，在水溶液与冰之间的固液平衡关系中可以看到，由曲线 DE、CE 和共晶温度将物料的状况分为溶液、冰 + 溶液、溶质 + 溶液和冻结溶液四个状态区。在温度 T 的状态下，冷却浓度组成为 ω_A 的溶液（其浓度在坐标图上共晶点相对应的共晶浓度的左侧），至 A 点温度为 T_A 时，如果溶液中有“种冰”（或晶核），则溶液中的一部分水开始会形成冰晶析出，T_A 即为该溶液的冰点，继续冷却，液态水剩下的溶液的溶质浓度将上升，当冷却至 B 点时，残留溶液中的溶质的质量分数增加为 ω_B，其凝固温度降至 T_B，过程继续沿冰点曲线 DE 进行，直到点 E，此时，溶液浓度达到其共晶浓度 ω_E，温度降到共晶温度 T_E，溶液开始全部冻结，这就是冷冻浓缩的原理。实际上，多数液体食品由于成分的复杂性，大多没有明显的共晶点，而且在共晶点远未到达之前，浓缩液的粘度已经很高，且浓缩液的体积与冰晶相比很小，不能很好地将两者分开。与此相反的是，如果溶液的浓度大于该溶液的共晶浓度，在冷却过程中，物料温度由 F'降至 A'后，将沿着 CE 的溶解曲线进行，一边析出溶质一边下降温度，直到共晶点 E 也全部开始冻结，该冷却的结果是溶质的结晶析出过程，溶液的浓度将变得更稀。因此，冷冻浓缩与其他浓缩方法的不同点在于，采用该方法时，必须考虑到只有当溶液的浓度低于共晶点 E 相对应的共晶浓度时，冷却的结果才是冰晶析出而溶液被浓缩，否则是溶液的结晶过程，是一个稀释过程，这也是常规的冷却法结晶过程的一般原理。

2. 冷冻浓缩的工艺

冷冻浓缩可分为冷却过程、冰结晶生成与长大的结晶过程及冰和浓缩液的分离过程。

如果溶液冷却到平衡状态时，溶液中没有“种冰”（或晶核）的存在，溶液并不会结晶，温度继续下降形成过冷液，这是一种不稳定的状态，直到溶液由于外界的干扰（如搅拌、振动、植入“种晶”等），或冷却到某一个所谓的冰的核化温度时，在溶液中产生了晶核，这时其超溶组分才会结晶并迅速生长，同时放出结晶热，使溶液温度升到平衡状态，其浓度也随超溶组分的析出而发生变化。

3. 冷冻浓缩的特点

冷冻浓缩由于是在低温下对溶液的浓缩，因而，对热敏性物料，尤其是食品物料的浓缩非常有利；冷冻浓缩中溶剂水的排除不是通过热加工方法的加热蒸发，而是依靠从溶液到冰晶的相际传递，因此，对低沸点的芳香物质成分可避免因挥发造成的损失，因而对含挥发性芳香物质的食品采用冷冻浓缩，除成本因素外，其品质优于蒸发和膜浓缩加工的产品。冷冻浓缩的缺点主要表现在以下几个方面：

1）工艺对溶液的浓度有要求，冰晶与浓缩液的分离技术要求高，溶液的粘度越大，分离越困难。

2）制成品相对浓度较低，微生物活性未能受到抑制，加工后仍需采用加热等后处理或需要冷冻贮藏。

3）晶液分离时，部分浓缩液（溶质）会因冰晶夹带而损失。

4）生产成本相对较高。

二、冷冻浓缩设备的结构与应用

1. 冷冻浓缩设备的结构

冷冻浓缩实际上分为结晶和分离的两个过程，结晶过程要求冰晶有适当的大小。冰晶的大小不仅与结晶的成本有关，而且还与分离有关。一般而言，结晶操作的成本随晶体尺寸的增大而增加，然而，在冷冻浓缩过程中的关键在分离，分离操作所需要的费用以及因冰晶夹带所引起的溶质损失一般都随晶体尺寸的减小而大幅度增加。因此，必须确定一个合理的晶体大小，使结晶和分离的成本降低，溶质损失减少。这个合理的冰晶大小称为最优冰晶尺寸。工业上，冷冻浓缩的结晶有两种形式，一种是在管板式、板式、转鼓式以及带式设备中进行，称为渐进冷冻法；另一种发生在搅拌的冰晶悬浮液中，称为悬浮冻结。分离设备有压滤机、过滤式离心机、洗涤塔，以及由这些设备组合而成的分离装置等。

（1）悬浮结晶法　食品料液的冷冻浓缩大多采用内冷式的悬浮结晶法，即冷却物料使之形成无数自由悬浮于母液中的小冰晶，在带搅拌的低温罐中长大并不断排除，使母液浓度增加而实现浓缩。亦即是结晶使之产生可以泵送的悬浮液，图 8-11 所示的 Grenco 冷冻浓缩系统是冷冻浓缩的代表。

待浓缩物料加入原料罐，通过循环泵首先输入到刮板式热交换器，在冷媒作用下冷却，生成部分细微的冰结晶，然后再送入再结晶罐（成熟罐），再结晶罐保持一个较小的过冷度，溶液的主体温度将介于该冰晶体系的大、小晶体平衡温度之间，由于大、小结晶的平衡温度不同，此时主体温度高于小晶体的平衡温度而低于大晶体的平衡温度，小冰晶开始融化，大冰晶成长，然后通过洗净塔排除冰晶，并用部分冰溶解液冲洗及回收冰晶表面附着的浓缩液，清洗液回流至进料端，浓缩液则循环至所要求的组成后从再结晶罐底排出。

悬浮结晶法的特点在于能够迅速形成洁净的冰晶且浓缩终点较大，但是冰结晶与浓缩液的分离比较困难，为了方便分离，希望能得到尽可能大的冰结晶以减少总的固液界面，因此，需要使再结晶罐保持一个较小的过冷度，以避免二次核的生成，使冰结晶缓慢地成长，最后形成较大的冰晶。同时，由于低温下浓缩液的粘度大，也给固液分离增加了困难，在目前采用的方法中，离心法和加压法分离效果不佳，洗净法回收效果较好，但是大量洗净液的再浓缩会降低生产效率并增加功耗。

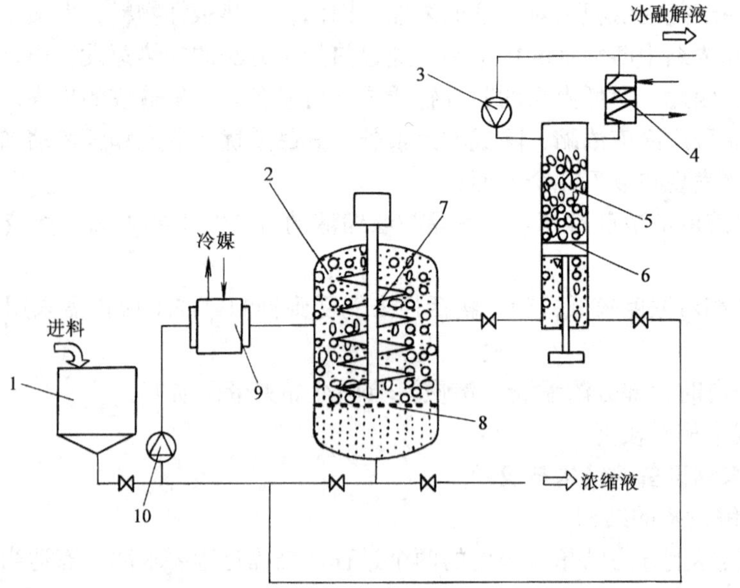

图 8-11 Grenco 冷冻浓缩系统示意图

1—原料罐 2—再结晶罐（成熟罐） 3、10—循环泵 4—冰晶融解用热交换器 5—洗净塔 6—活塞 7—搅拌器 8—过滤器 9—刮板式热交换器

（2）渐进冷冻法 渐进冷冻法又称层状结晶法或标准冻结法，是一种沿冷却界面形成并成长为整体冰晶的冻结方法，随着冰层在冷却面上生成并成长，界面附近的溶质被排除到液相侧，液相中的溶质浓度将逐渐升高，利用这一现象的浓缩方法称为渐进冷冻浓缩法。

渐进冷冻浓缩法最大的特点就是形成一个整体的冰结晶，固液界面小，使得浓缩液与冰结晶的分离相对容易，同时，装置简单，控制方便。液相的搅拌速度、冰前沿移动速度、冻结初期的过冷度是影响浓缩效果的主要因素，通过增大料液与传热面的接触面积，促进固液界面的物质流动，提高浓缩效果是渐进冷冻浓缩工艺研究的重要课题。图 8-12 是带搅拌的渐进冷冻浓缩装置示意图。它是以搅拌槽侧面作为冷却传热界面来进行冷冻浓缩处理。

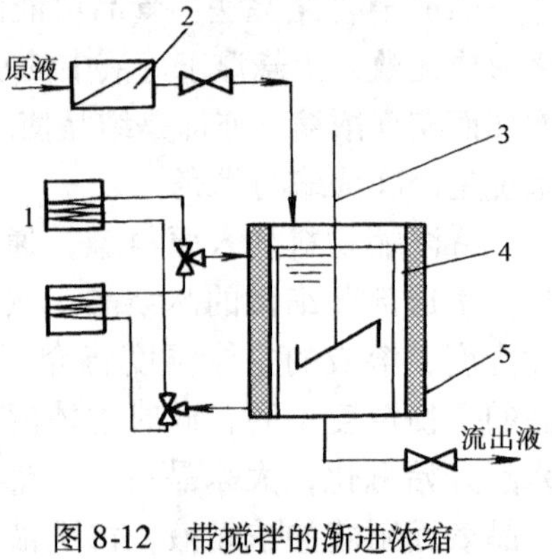

图 8-12 带搅拌的渐进浓缩装置示意图

1—冷却机 2—过滤器 3—搅拌器 4—冰层 5—冷媒

上述两种冷冻浓缩方法，通过对悬浮结晶冷冻浓缩的不断完善，有望在更多的领域中得到应用。渐进冷冻

浓缩法由于具有投资少，方便推广的特点，在近期将会有一个大的发展。

2. 冷冻浓缩的应用

由于冷冻浓缩具有浓缩温度低，挥发性芳香物质损失少，能耗少的优点，因而是液体食品及生物制品浓缩的最佳方法之一，该方法还可与其他单元操作组合使用，在国内外进行了多范围的研究和初步的利用。与食品相关的应用对象主要包括了啤酒浓缩、橙汁浓缩、果品糖浆、速溶咖啡、葡萄酒浓缩以及海水脱盐等，还有生化等多个领域，但真正发展到应用阶段的实例却较为有限，其主要原因除了设备投资大和日常的操作及维护费用高以外，还对冰核生成及冰结晶的成长机理的研究和数据积累不足有很大的关系，可操作性和操作的稳定性较差。随着人们对产品质量要求的提高以及冷冻浓缩在能耗少方面的特点，近来又被引起重视。对于不同的原料，冷冻浓缩的装置系统及操作条件也不相同，但大致可分类为单级冷冻浓缩和多级冷冻浓缩。采用单级冷冻浓缩装置可以将浓度为8°～14°Bx的果汁原料浓缩至40°～60°Bx浓缩果汁，产品质量优良；多级冷冻浓缩则是将上一级浓缩得到的浓缩液作为下一级的原料进行再次浓缩的冷冻浓缩操作，它较成功地应用于速溶咖啡生产领域。

第四节　真空干燥设备

一、真空干燥的基本原理和特点

在常压下的各种加热干燥方法，因物料受热，其色、香、味和营养成分均受到一定损失。若在低压条件下，可在较低温度对物料进行干燥，能降低品质的损害。这种方法称为真空干燥。

1. 真空干燥的基本原理

由于气压愈低，水的沸点也愈低，因此，只有在低气压条件下才有可能用较低的温度来干燥物料，当压力低至2～0.1mmHg（或266～13Pa）的高真空度时，物体内的水分以冰晶体状态直接升华干燥，这就是冷冻干燥，由于高真空干燥装置的设备造价高，操作费用大，我们称之为真空干燥实际上是在非常稀薄的空气（低压）中进行，真空干燥时的干燥速度取决于真空度和物料受热强度。真空干燥室内热量通常借助传导或辐射向物料传递。

2. 真空干燥的特点

1）物料在干燥过程中的温度低，避免过热。水分容易蒸发，干燥时间短，同时可使物料形成多孔状组织，产品的溶解性、复水性、色泽和口感较好。

2）能将物料干燥到很低的水分。

3）可用较少的热能，得到较高的干燥速率，热量利用经济。

4）适用性强，对不同性质、不同状态的物料均能适应。

5）与热风干燥相比，真空干燥的控制能达到较高的精确要求，然而设备投资和动力消耗较大，产量较低。

二、真空干燥设备的主要组件、分类及应用

1. 真空干燥设备的主要组件

真空干燥系统都由真空室、加热系统、真空系统和水蒸气收集装置等四种主要组件组合而成，如图8-13所示。

（1）真空室 真空室的结构设计上要充分考虑外界大气压力和内压差，真空室是物料干燥场所，真空室的高度和体积是物料干燥量的限制因素。

（2）供热系统 真空室通常装有放物料用的搁板或其他支撑物，这些搁板用电热或循环液体加热食品，但对上下层重叠的加热板来说，上层可以用加热板，同时还会向下层加热板上的物料辐射热量，此外，也可以用红外线、微波以辐射方式将热量传送给物料（真空微波干燥）。

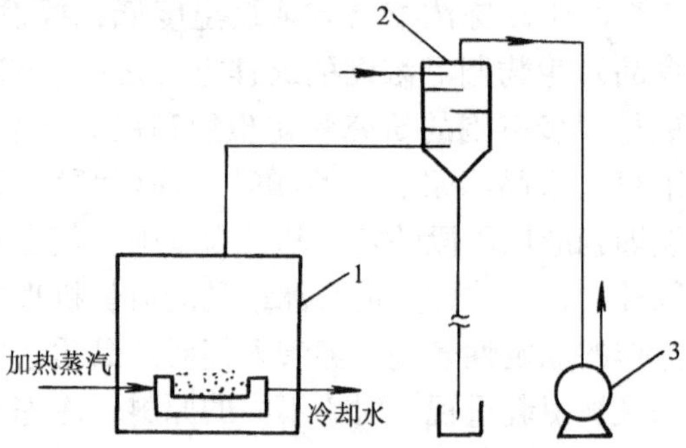

图 8-13 真空干燥流程示意图

1—干燥室 2—冷凝器 3—真空泵

（3）真空系统 真空系统是指真空的获得和维持的装置，包括泵和管道，安装在真空室的外面。有的用真空泵，有的则用蒸汽喷射泵。

（4）水蒸气收集装置 冷凝器是收集水蒸气用的设备，可装在真空室外并且还必须装在真空泵前以免水蒸气进入泵内造成污损，用蒸汽喷射泵抽真空时，它不但从真空室内抽出空气而且还同时将带出的水蒸气冷凝，因而一般不再需要装冷凝器。

2. 真空干燥设备的分类

真空干燥设备可分为间歇式和连续式两种。

（1）间歇式真空干燥 间歇式真空干燥最常用的设备为搁板式真空干燥设备（图 8-14），此外，圆筒搅拌型（图 8-15）和双滚筒型的真空干燥设备都属于此类。它们间歇操作，能维持较高真空度，操作时间较长，适宜各种液状体、浆质体、粉末、块状的物料。

（2）连续式真空干燥 连续真空干燥时，进出干燥室的物料连续不断地由输送带传送通过。为了保证干燥室内的真空度，进出料装置必须有密封性。带式真空干燥机是连续式的，有单层输送带和多层输送带之分，图 8-16 所示为单层带式真空干燥机示意图，该机是由一连续的不锈钢带、加热滚筒、冷却筒、辐射元件、真空系统和加料闭风装置等组成。干燥机的供料口位于下方钢带上，靠一个供料滚筒不断将物料撒在钢带的表面，由钢带在移动中带动料层进入下方的红外线加热区，使料层因内部产生的水蒸气而膨松成多孔状态，使之与加热滚筒接触前已具有膨松骨架。经过滚筒加热后，再一次由位于上方的红外线进行干燥，达到水分含量要求后，绕过冷却滚筒骤冷，使料层变脆，再由刮刀刮下排出。

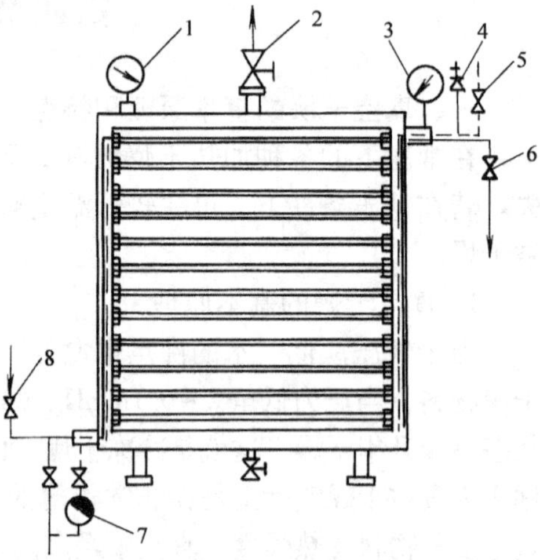

图 8-14 搁板式真空干燥设备

1—真空表 2—抽气口 3—压力表 4—安全阀 5—加热蒸汽进阀 6—冷却水排出阀 7—疏水器 8—冷却水进阀

干燥机内的真空维持是靠进、排料闭风装置密封，而真空的获得由真空系统实现。

这种带式真空干燥机适用于橙汁、番茄汁、牛奶、速溶茶和速溶咖啡等物料的干燥。若在被干燥物料中加入碳酸铵之类的膨松剂或在高压下充入氮气，干燥时物料会形成气泡而膨松，可以制取高膨化制品。

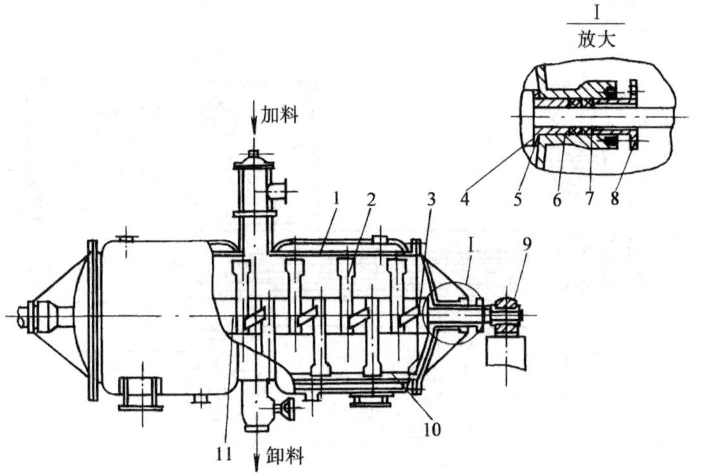

图 8-15 圆筒搅拌型真空干燥器

1—壳体 2、3—耙齿（左向） 4—传动器 5—压紧圈 6—封头 7—填料 8—压盖 9—轴承 10—无缝钢管 11—耙齿（右向）

多层带式真空干燥机如图 8-17 所示，它由干燥室、加热与冷却系统、原料供给与输送系统等部分组成。带式真空干燥机分为蒸汽加热，热水加热和冷却三个区域，加热区域又分为四或五段，第一、二段用蒸汽加热为恒速干燥段，第三、四段为减速干燥，第五段为制品均质段，都用热水加热。按原料性质和干燥工艺要求，各段的加热温度可以调节。原料在输送带上边移动边蒸发水分，干燥后形成泡沫片状物品，然后通过冷却后，再进入粉碎机粉碎成颗粒状制品，由排出装置卸出。干燥室内的二次蒸汽用冷凝器缩成水排出。

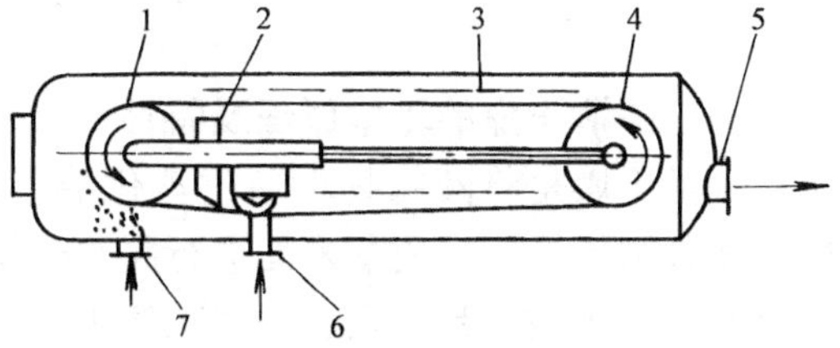

图 8-16 单层带式真空干燥机

1—冷却滚筒 2—脱气器 3—辐射元件 4—加热滚筒 5—接真空系统 6—进料闭风装置 7—排料闭风装置

这种干燥设备的特点是干燥时间短，约 5 ~ 25min，能形成多孔状制品，物料在干燥过程中能避免混入异物，防止污染，可以直接干燥高浓度、高粘度的物料，并可简化工序，节约热量。

3. 真空干燥设备的应用

真空干燥技术应用于结构、质地、外观、风味和营养成分在高温条件下容易发生变化或分解的食品，干燥后的产品的速溶性和品质较好。如各种脱水蔬菜（胡萝卜、葱等）的汤料；速溶汤混合物；果汁型固体饮料；豆、肉、乳各类干制品；麦乳晶；速溶麦片、各种干酵母和酶；天然维生素混合物等。近几年来，将真空技术与微波加热技术及其他干燥技术相结合，出现了一些新的真空干燥装置类型。从而克服了传统的真空干燥装置加热速度慢且不够均匀等缺点。如微波真空干燥是将微波技术和真空技术有机地结合，充发发挥微波加热快和均匀，真空条件下水汽化点低的特点。微波真空干燥技术已由实验室推向工业化生产，这种技术很适合于热敏性食品的深加工，是一项很有前途的干燥技术。

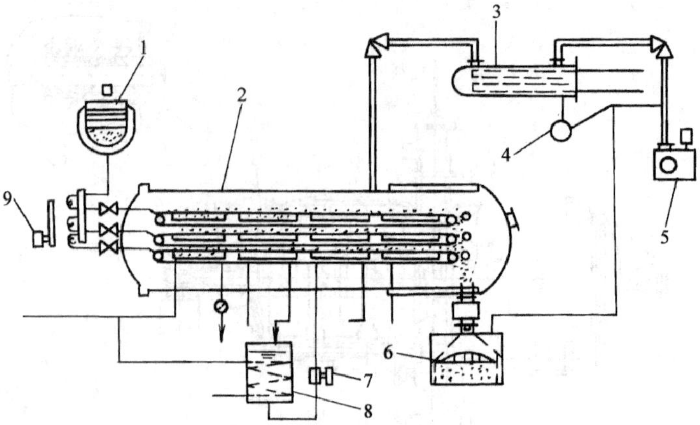

图 8-17 多层带式真空干燥机

1—溶液箱 2—干燥机本体 3—冷凝器 4—溶剂回收装置 5—真空泵
6—成品收集箱 7—泵 8—温水箱 9—溶液供给泵

第五节 喷雾干燥机械与设备

一、喷雾干燥的基本原理及特性

喷雾干燥是将液状物料通过雾化器形成喷雾状态（细微分散状态），雾滴在沉降过程中，水分被热空气气流蒸发而进行脱水干燥的过程。干燥后得到的粉末状或颗粒状产品和空气分开后收集在一起，在这一个工序中同时完成喷雾与干燥两种工艺过程。

1. 喷雾干燥的基本原理

喷雾干燥的原理如图 8-18 所示。

在干燥塔内充满热空气气流，液状物料通过塔顶的雾化器雾化成直径为 10～100μm 的雾滴，从而大大增大了表面积，液滴与热风气流接触后，在瞬间（0.01～0.04s）进行强烈的热交换和质交换，水分迅速被蒸发并被空气带走，产品干燥后形成微细粉末，由于重力作用，大部分沉降于底部进行产品收集。热风与雾滴接触后温度显著降低，湿度增大，作为废气由排风机抽出，废气中夹带的少量微粒用回收装置回收。

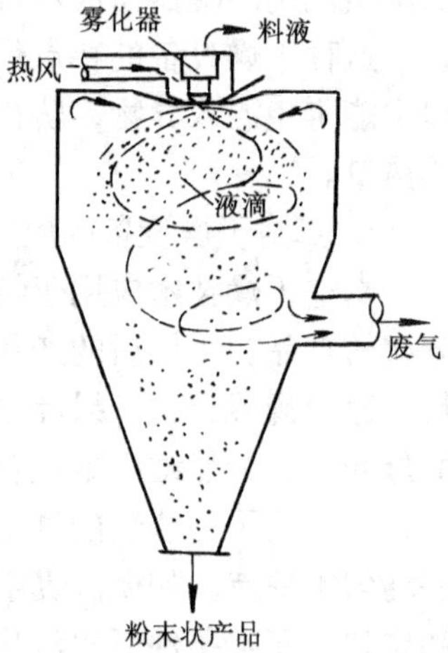

图 8-18 喷雾干燥原理图

喷雾干燥是一个热交换和质交换的过程，包括雾化后液料微粒表面水分的汽化，以及微粒内部水分不断向表面扩散的过程，一般可分为三个阶段，预热阶段、等速阶段和减速阶段。在预热阶段，雾滴升到一定温度以便干燥，这一阶段在干燥热敏性物料的高塔设备更能体现出来。在等速阶段，水分蒸发在液滴表面发生，蒸发速度取决于周围热风和液滴的温度差，温差越大蒸发速度越快，此时水分通过微粒的扩散速度大于蒸发速度。当扩散速度降低而不能再维持微粒表面的水分饱和值时蒸发速度开始减慢，干燥进入减速阶段，在减速阶段中，热交换与质交换仍在进行，即微粒进一步失去水分，同时微粒本身温度也在升高，因此，最后干燥出来的产品具有一定的温度。

2. 喷雾干燥的特点

（1）优点

1）干燥速度快。料液雾化后，表面积增大至万倍以上，例如将1L料液雾化成直径为50μm的雾滴，其表面积可增大至120m^2，在热风气流中可瞬间（0.01～0.04s）蒸发95%～98%的水分，完成干燥时间一般仅需5～40s左右。

2）产品质量好。喷雾干燥使用温度范围广（80～800°C），即使采用高温热风，由于热交换主要用于蒸发物料水分，故排风温度仍不会很高，干燥产品质量较好，不容易发生蛋白质变性，维生素损失，氧化等缺陷，例如牛乳粉加工中热敏性Vc只损失5%左右。因此，特别适合于易分解、变性的热敏性食品加工。同时，由于干燥过程是在热空气中完成的，产品基本上能保持与雾滴相近似的空心颗粒或疏松团粒，具有良好的分散性、流动性和溶解性。

3）工艺简单、控制方便。料液中水的质量分数通常为40%～60%，有些特殊料液水的质量分数高达90%，也可不经过浓缩，一次干燥直接获得粉末状或微细颗粒状产品，可省去一些蒸发、结晶、分离、粉碎及筛选等工艺过程，简化了生产工艺流程。通过改变原料的浓度、热风温度、喷雾条件等，可获得不同水分和粒度的产品，易于操作，控制方便，由于喷雾干燥在全封闭的干燥塔进行，干燥室具有一定负压，因而既保证了卫生条件又避免粉尘飞扬。

4）生产率高。喷雾干燥能适应于连续大规模生产，物料可连续进料连续排料，结合冷却器和风力输送，组成连续的生产作业线。操作人员少，劳动强度低。

（2）缺点

1）设备较复杂，占地面积大，一次性投资较多。

2）能耗大，热效率不高，动力消耗大。当热风温度低于150°C时，传热系数低［h_a = 23～116W/(m^2·K)］，蒸发强度仅达到2.5～4.0kg/(m^2·h)，热效率一般约为30%～40%。

3）在生产粒径小的产品时，废气中约夹带有20%左右的微粒，需选用高效的分离装置，附属装置比较复杂，费用较贵。

4）干燥室内壁易于粘附产品微粒，腔体体积大，设备的清洗工作量大。

二、喷雾干燥装置的主要组件、分类及应用

1. 喷雾干燥装置的主要组件

喷雾干燥装置的主体是喷雾干燥室，室内装有雾化器、热风分配器以及刮粉、出料装置等。干燥室开有进气口、排气口、出料口、人孔、视孔、灯孔等，为了清除和减少物料的粘壁现象，还需配置清扫装置。附属设备有空气加热器、分离器、空气过滤器和物料进出的输送装置。其中，雾化器是关键组件，下面着重介绍雾化器。

喷雾干燥时，雾滴大小和均匀程度直接影响产品的质量和技术经济指标，雾滴表面积越大，则干燥速度越快，为增大其表面积，必须将液状物料进行雾化（即微粒化），雾滴平均直径一般为20～60μm，雾滴过大则达不到干燥要求，雾滴过小则可能干燥过度而变性。因此，将料液雾化所采用的雾化器是喷雾干燥设备的关键组件。用于食品工业的雾化器主要有三类，即压力式雾化器、离心式雾化器和气流式雾化器，另外还有声波和超声波雾化器。

（1）压力式雾化器　压力式雾化器的雾化机理是，利用高压泵，使料液获得很高的压力（2～20MPa），从直径为0.5～6mm的喷嘴中喷出，由于压力大，喷嘴小，料液瞬时雾化成直径很微小的雾滴。料液的分散度取决于喷嘴的结构、料液的流出速度和压力、料液的物理性质（表面张力、粘度、密度等）。

压力式雾化器俗称压力喷嘴，其结构形式较多，以旋涡式压力喷嘴和离心式压力喷嘴较为常用，结构上共同特点是使液体做旋转运动，获得离心惯性力，然后从喷嘴高速喷出。

（2）离心式雾化器　离心式雾化器的雾化机理是借助高速转盘产生离心力，将料液高速甩出成薄膜、细丝，并受到腔体空气的摩擦和撕裂作用而雾化，喷雾的均匀性随着圆盘转速的增加而提高。

离心式雾化器的结构形式较多，常见的有光滑圆盘、多叶圆盘、多管圆盘、多层圆盘，另外还有喷枪形、锥形和圆帽形。

（3）气流式雾化器　气流式雾化器的雾化机理是利用料液在喷嘴出口处与高速运动（一般为200～300m/s）的蒸汽或压缩空气相遇，由于料液速度小，而气流速度大，两者存在相当高的相对速度，液膜被拉成丝状，然后分裂成细小的雾滴，雾滴大小取决于相对速度和料液的粘度，相对速度越高，粘度越小，雾滴越细；料液的分散度取决于气体的喷射速度，料液和气体的物理性质，雾化器的几何尺寸以及气流量之比。

三种雾化器各有特点，其优缺点见表8-1，在工业设计和应用中可根据物料性质和工艺要求选取，三种雾化器生产情况比较见表8-2。

表8-1　三种雾化器优缺点比较

形式	优　点	缺　点
压力式雾化器	1）结构简单、紧凑，价格便宜 2）能量消耗较小（4～10kW/t料液） 3）大型干燥塔可用几个雾化器 4）产品颗粒粗大 5）适于逆流操作	1）对料液的处理量操作弹性小 2）喷嘴易磨损，磨损后引起雾化性能降低 3）需要高压泵 4）料液必须预先过滤 5）不能喷高粘度物料
离心式雾化器	1）操作简单，对不同物料适应性强，处理量弹性较大 2）可以同时雾化两种以上的料液 3）操作压力低，能量消耗最小 4）不易堵塞，腐蚀性小 5）产品粒度均匀	1）不适用逆流操作 2）雾化器及动力机械的造价高 3）不适宜于卧式干燥器 4）制备粗大颗粒时，设计上有上限 5）维护工作复杂，需特别细心
气流式雾化器	1）能处理粘度较高物料 2）可得直径20μm以下的雾滴 3）大型干燥器可用几个或十几个喷嘴 4）也适于小型或试验设备	1）能量消耗大（50～60kW/t料液） 2）产品粒度均匀性差

表 8-2 三种雾化器生产情况的比较

	比较条件	压力式	离心式	气流式
料液的条件	一般溶液	可以	可以	可以
	悬浮液	可以	可以	可以
	膏糊状物料	不可以	不可以	可以
	粘度	难于控制，适于低粘度	可改变转速，但有限制	改变压缩空气压力
	处理量	调节范围最窄	调节范围广，处理量大	调节范围较大
加料方式	压力	高压 1～20MPa	低压约 0.3MPa	低压
	泵	多用柱塞泵	离心泵或其他泵	离心泵
	泵的维修	困难	容易	容易
雾化器	价格	低	高	低
	维修	易磨损	容易	最容易
	动力消耗	适中	最小	最大
产品	粒度	粗大颗粒	微细颗粒	颗粒较细
	体积密度，含水量	与雾化方法无关	与雾化方法无关	粘度影响很大
	粒度的均匀性	均匀	均匀	不均匀
	最终含水量	较高	较低	最低
塔	塔径	小	大	小
	塔高	最高	低	低
	热风	并流、逆流	并流	并流、逆流

2. 喷雾干燥器的分类

（1）按生产流程分类

1）开放式喷雾干燥器：开放式喷雾干燥器如图 8-19 所示。开放式喷雾干燥器的特点在于载热体（例如热空气）在这个系统中只使用一次就排入大气中，不再循环使用，结构简单，适用于废气中湿含量较高、无毒无臭气体，缺点是载热体消耗量大。

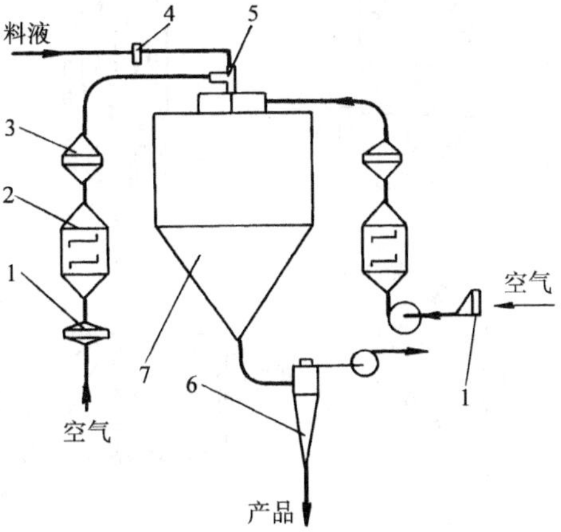

图 8-19 开放式喷雾干燥器
1—空气过滤器 2—空气加热器 3—精过滤器 4—物料过滤器 5—气流式雾化器 6—旋风除尘器 7—干燥塔

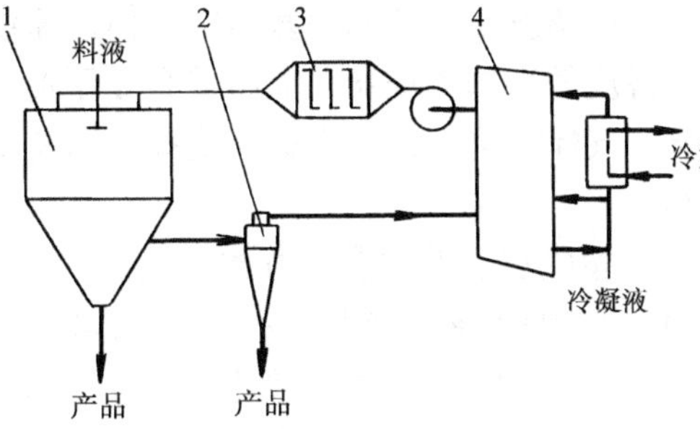

图 8-20 封闭循环式喷雾干燥器
1—干燥塔 2—分离器 3—加热器 4—冷凝器

2）封闭循环式喷雾干燥器：封闭循环式喷雾干燥器如图8-20所示。封闭循环式喷雾干燥器的特点是载热体在这个系统中组成一个封闭的循环回路，有利于节约载热体，回收有机溶剂，防止污染大气，载热体大多使用惰性气体（如氮、二氧化碳等）。

3）自惰循环式喷雾干燥器：自惰循环式喷雾干燥器如图8-21所示。自惰就是在系统中有一个自制惰性气体的装置，在这个装置中，引入空气和可燃气体进行燃烧，将空气中的氧气消耗掉，剩下氮和二氧化碳作为干燥介质。

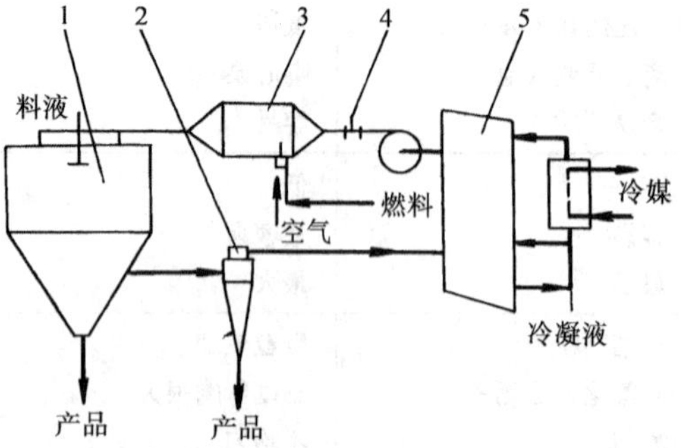

图8-21 自惰循环式喷雾干燥器

1—干燥塔 2—旋风除尘器 3—燃烧器 4—放气缓冲装置 5—冷凝器

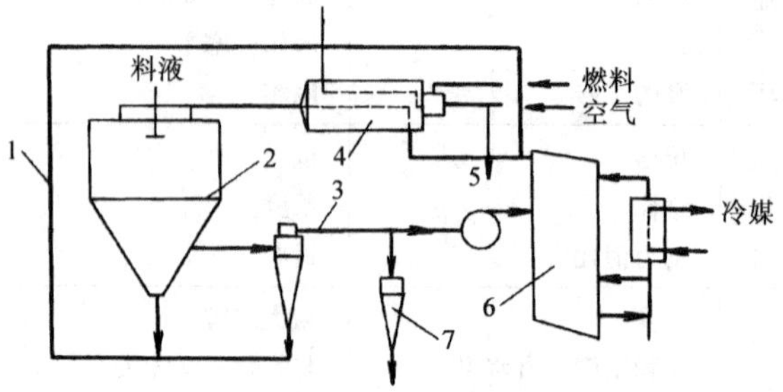

图8-22 半封闭循环式喷雾干燥器

1—循环风路 2—干燥塔 3—旋风除尘器 4—燃烧器 5—部分排放出口 6—冷凝器 7—风送旋风除尘器

自惰循环式喷雾干燥器就是自惰过程产生的惰性气体作为载热体进行循环使用，产生过多的惰性气体造成了系统内的压力增加，必须安装有放气减压缓冲装置，排掉一部分气体使得系统内压力能够平衡。

4）半封闭循环式喷雾干燥器：半封闭循环式喷雾干燥器如图8-22所示。半封闭循环式喷雾干燥器的特点是介于开放式和封闭循环式之间，例如在对单细胞蛋白、酶母、菌丝体等料液干燥时，会蒸发出水分和一些异味气体。系统中有一个温度较高的燃烧器，能将混合在干燥介质中的异味气体在排入大气之前燃烧掉，防止对大气的污染。

（2）按喷雾和气体流动方向分类

1）并流型喷雾干燥器：并流型喷雾干燥器是工业上常用的基本形式，如图8-23所示。并流型喷雾干燥器的特点是在喷雾干燥室内，料液雾滴与热风的运行路线相同。由于热风进入干燥室立即与料液雾滴相接触，室内温度骤降，不会使干燥物料受热过度，可以采用较高的进风温度来干燥而不影响产品的质量，排出产品的温度取决于排风温度，因此适宜于热敏性物料的干燥，

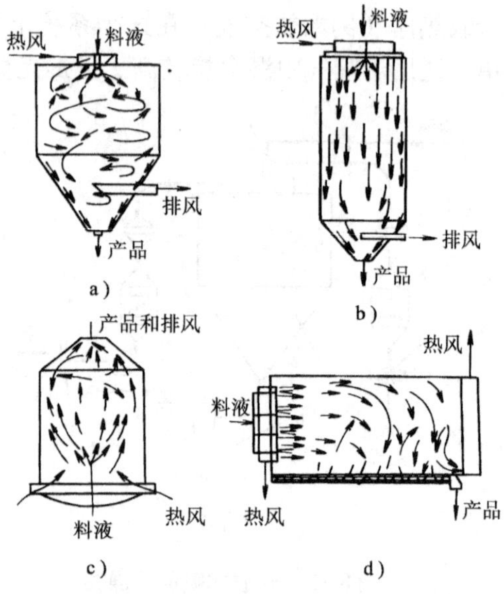

图8-23 并流型喷雾干燥器

a）、b）垂直下降并流型 c）垂直上升并流型 d）水平并流型

在食品工业中，牛奶、果汁、鸡蛋液等物料的干燥，绝大多数采用并流型喷雾干燥。

2）逆流型喷雾干燥器：逆流型喷雾干燥器如图 8-24 所示。逆流型喷雾干燥器的特点是在喷雾干燥室内，料液雾滴与热风的运行方向相反，一般是热风从干燥塔下部吹入，雾滴从干燥塔上面喷下，高温热风进入干燥室首先与即将完成干燥的粒子接触，使内部水分含量达到较低的程度，物料在干燥室内悬浮时间较长，适宜于含水量高的物料干燥。逆流干燥的缺点是干燥后的成品在下降过程中，仍与高温热气流保持接触，因而易使产品过热而焦化，故不适合热敏性物料的干燥。

3）混合型流型喷雾干燥器：混合型流型喷雾干燥器如图 8-25 所示。混合流型喷雾干燥器的特点是在干燥室内，雾滴与热风的运动方向呈不规则的状态，两者方向不一致，也不相反，其干燥性能介于并流和逆流之间，液滴运动轨迹较大，气流与物料充分接触，脱水效率较高，耗热量较少，适用于不易干燥的物料，产品有时与湿的热空气流接触，故干燥不均匀。如果设计不好，往往会引起气流分布不均匀，内壁局部粘粉严重。

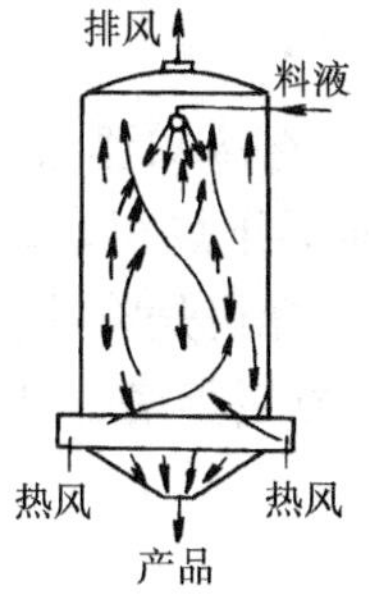

图 8-24　逆流型喷雾干燥器

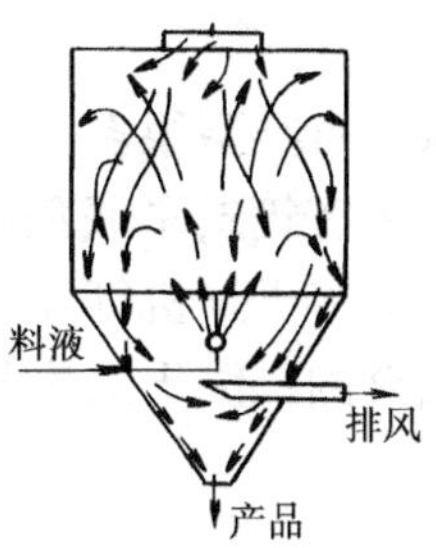

图 8-25　混合流型喷雾干燥器

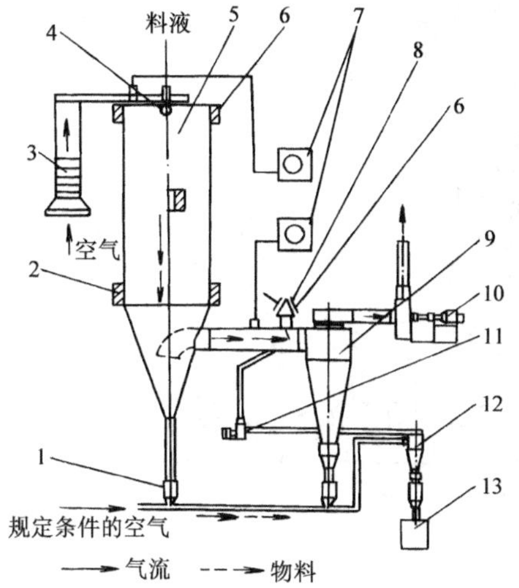

图 8-26　压力式喷雾干燥器

1—收集器　2—冷却空气入口　3—蒸汽加热器　4—喷嘴　5—干燥塔　6—过滤空气入口　7—温度记录仪　8—调节阀　9—主旋风除尘器　10—排风机　11—风机　12—旋风分离器　13—产品储器

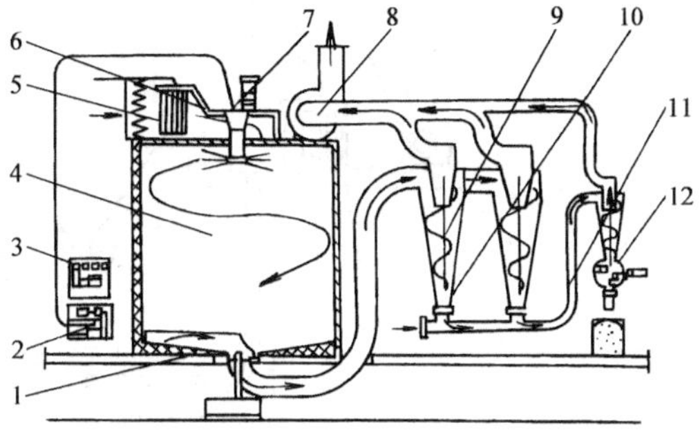

图 8-27　离心式喷雾干燥器

1—风力粉末收集器　2—原料供应泵　3—仪器板　4—干燥室　5—空气加热器　6—空气分配器　7—离心式雾化器　8—排风机　9—旋风除尘器　10—回转排风阀　11—风力粉末冷却器　12—带有排出阀的旋风除尘器

（3）按雾化方法分类 根据喷雾干燥设备所使用的雾化器分为压力式喷雾干燥器（图8-26）、离心式喷雾干燥器（图8-27）、气流式喷雾干燥器（图8-28），其干燥特点与雾化器的工作原理相关。食品工业上应用的喷雾干燥器以压力式和离心式为主。气流式应用范围较小，这是由于气流式动力消耗大，经济上不合理，主要用于试验用喷雾干燥器。

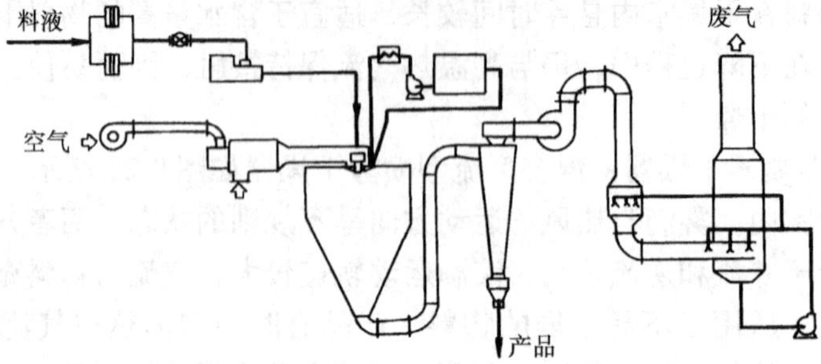

图 8-28 气流式喷雾干燥器

喷雾干燥设备类型很多，大型设备为塔式喷雾干燥机，并附有冷却器和振动流化床等装置，较为典型的有筑式平底型喷雾干燥机，带冷却器的塔式喷雾干燥机、离心、喷雾干燥机、尼罗离心喷雾干燥机等等。国产的 K-7 型单喷嘴二级喷雾干燥机是将喷雾干燥和沸腾干燥及冷却相结合的二级干燥法的设备，采用单喷头立式顺流压力喷雾塔，结构如图 8-29 所示。

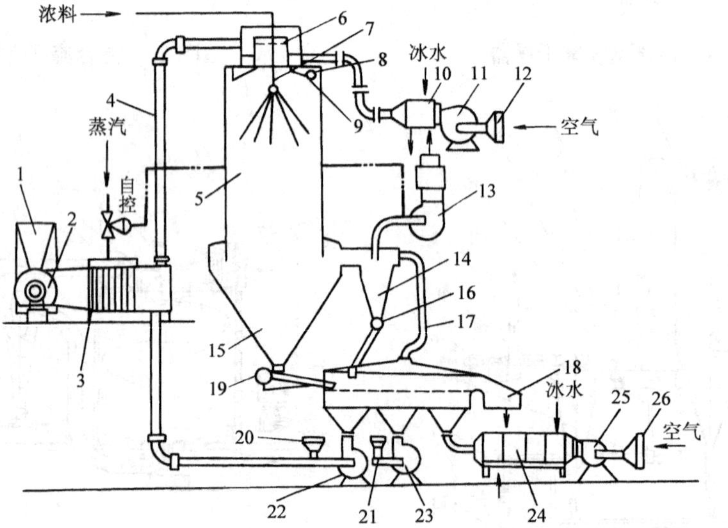

图 8-29 K-7 型单喷嘴二级喷雾干燥机流程图

1、12、21、26—空气过滤器 2、11—鼓风机 3—蒸汽加热器 4—热风管 5—干燥塔 6—均风板 7—喷嘴 8—冷风道 9—冲洗水管 10、24—空气冷却器 13—排风机 14—旋风分离器 15—受粉器 16—鼓形阀 17—细粉管道 18—流化速溶器 19—振动筛 20—电磁振动喂料器 22—附聚风机 23—二次干燥风机 25—冷却回风机

3. 喷雾干燥设备应用

喷雾干燥作为现代对流干燥方法之一被广泛地应用于化工、食品、生物、制药等工业部门中，用于干燥真溶液、胶体溶液、悬浊液、乳浊液、浆状料和可流动的膏状料，特别是用来干燥乳与乳制品、蛋、果汁、饲料、酵母、维生素、酶制剂、血液和血浆代用品、番茄制品、咖啡及咖啡伴侣、粉末油脂等。

第六节 沸腾干燥机械与装备

一、沸腾干燥的基本原理与特点

1. 沸腾干燥的基本原理

将颗粒物料堆放在分布板上，当气体由设备下部通入床层，随着气流速度加大到某种程度，固体颗粒在床层内就会产生沸腾状态，这种床层称为流化床。沸腾干燥是在干燥物料时，热空气既是流化介质，又是干燥介质，而被干燥的物料在热气流中一方面被吹起、翻滚、互相混合和摩擦碰撞，另一方面又在进行传热和传质，从而达到干燥的目的。采用这种方法进行物料干燥称为流化床干燥，由于固体颗粒物料的特性不同，床层的几何尺寸及气流温度速度等因素不同，床层存在三种状态：

（1）固定床　当流体（热空气）速度较低时，在床层中固体颗粒虽与流体相接触，但固体颗粒的相对位置不发生变化，这时固体颗粒的状态称为固定床。

（2）流化床　当固定床阶段的流体速度逐渐增加，固体颗粒就会产生相互间的位置移动，若再增加流体速度，而床层的压力损失保持不变，固体颗粒在床层中就会产生不规则的运动，这时床层状态就处于流态化，即为流化床。

（3）气流输送　随着流体速度的增加，固体颗粒运动则更为剧烈，当流体流速超出固体颗粒的沉降速度时，固体颗粒就不能继续停留在容器内，而被气流带出容器，床层内的固体颗粒密度降低，因此这时也称为稀相流化床。

2. 沸腾干燥的特点

（1）优点

1）物料与干燥介质接触面大，搅拌激烈，热容量大，热传导效果好，设备的效率高。

2）干燥速度快，物料在设备内停留时间短，适宜于热敏性物料的干燥。

3）物料在干燥室内的停留时间可由出料口控制，故容易控制成品的含水率。

4）装量简单，设备造价低，本身无机械运动装置，保养容易，维修费用低。

（2）缺点

1）对被干燥物料的粒度有一定的限制，一般要求颗粒细度在40μm～6mm范围内。

2）对易结块物料容易产生与设备间的粘结。

3）单层流化床难于保证干燥均匀，故需设置多层，使设备的高度大为增加。

二、流化床干燥器的主要组件、分类和应用

1. 流化床干燥器的组件

流化床干燥器主要有热风系统（空气过滤器、鼓风机、加热器、气体预分布器等）、进料系统（带式输送机、加料器等）、流化床系统（分布板、干燥器等）、分离系统（抽风机、

料仓、下料器、施风除尘器等）以及卸料管等装置组成，其中加料器有三种形式：旋转加料管、散布栅和散布锥（图 8-30）。

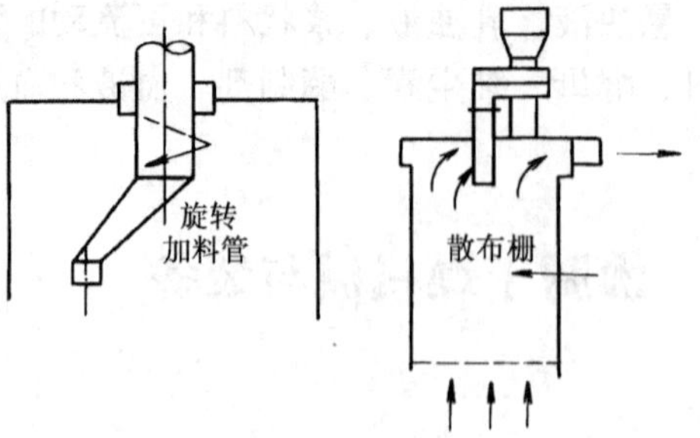

图 8-30 三种加料器结构

2. 流化床干燥器的分类

按被干燥的物料分类：①粒状物料；②膏状物料；③悬浮液和溶液等具有流动性的物料。

按操作情况分类：①间歇式；②连续式。

按设备结构形式分类：①单层流化床干燥器；②多层流化床干燥器；③卧式多室流化床干燥器；④喷动干燥器；⑤脉冲流化床干燥器；⑥振动流化床干燥器；⑦惰性粒子流化床干燥室；⑧锥形流化床干燥器。

下面介绍几种流化床干燥器的形式。

（1）单层流化床干燥器 单层沸腾干燥流程如图 8-31 所示。单层流化床干燥器结构最为简单，操作方便，生产能力大，应用较广泛。单层流化床干燥器一般使用于床层颗粒静止高度低于 300～400mm 的情况下，根据被干燥介质的不同，生产能力可达每平方米分布板从物料中干燥水分 500～1000kg/h，其空气消耗量为 3～12kg/h，适宜较易干燥或要求不严格的湿粒状物料，主要特点是不能保证固体颗粒干燥均匀。

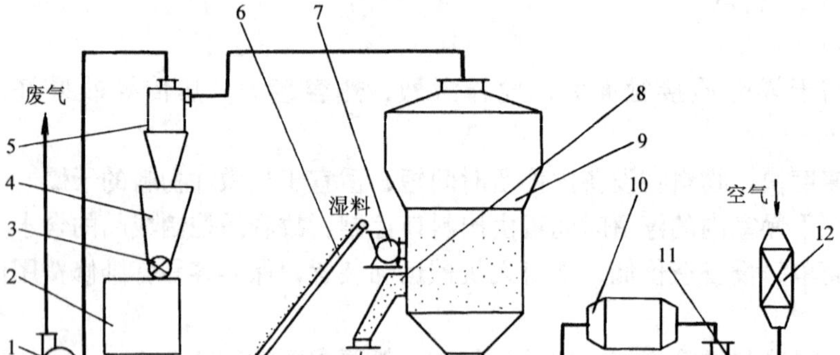

图 8-31 单层沸腾干燥流程图

1—抽风机 2—料仓 3—星形下料器 4—集灰斗 5—旋风除尘器（4 只）
6—带式输送机 7—抛料机 8—卸料管 9—流化床 10—加热器
11—鼓风机 12—空气过滤器

（2）多层流化床干燥器　多层沸腾干燥流程如图 8-32 所示。单层流化床干燥器的缺点是所得产品温度不均匀，为改进这一不足，出现了多层流化床干燥器，结构上类似板式塔，有溢流管式和穿流板式，国内目前以溢流管式为多。溢流管式流化床干燥器的操作过程为，物料由料斗送入，有规律地自上溢流而下，热空气则由底部进入，自下而上运动将湿物料沸腾干燥，干燥后的物料由出料管卸出。为了防止堵塞气体穿孔而造成下料不稳定，破坏沸腾床，溢流管下面一般装有如下调节装置。①菱形堵头式，调节堵头上下位置，相当于改变下料孔的自由截面积，从而控制下料量，但需人工调节；②铰链活门式，根据溢流量的多少，可自动开大或关小活门；③自封式，溢流管采用侧向溢流口，使气体倒窜可能性减少，不会引起气流对下料的干扰，同时采用不对称锥形管，既可防止颗粒卡料，又因截面自下而上不断扩大。气流速度不断降低，减少喷料可能性。

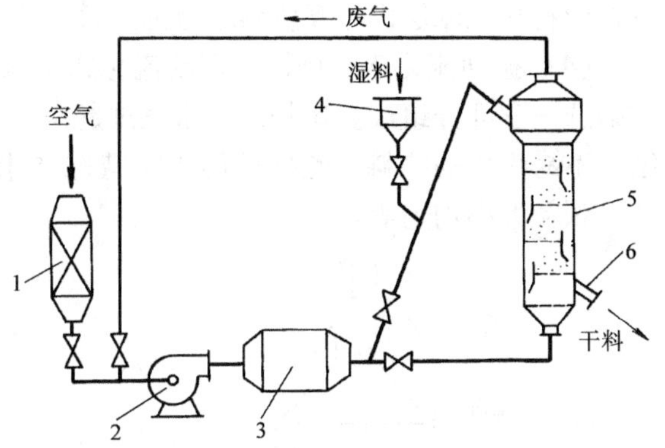

图 8-32　多层沸腾干燥流程图

1—空气过滤器　2—鼓风机　3—电加热器　4—料斗　5—干燥器　6—出料管

穿流板式流化床干燥器的操作过程为，物料直接从筛孔板由上而下流动，气体则通过筛孔由下而上运动，在每块板上形成沸腾床，其特点为结构简单，没有溢流管，但操作控制要求严格，这种干燥器干燥物料的粒径要求在 0.5～5mm 范围内，一般每平方米床层截面可干燥 1000～10000kg/h 的物料。

（3）卧式多室流化床干燥器　卧式多室流化床干燥器结构如图 8-33 所示。干燥室为一长方形箱体，底部是多孔筛板，筛板上方有竖向挡板将器中分隔成多室，一般为 4～8 室，每块挡板可上下移动，以调节其与筛板的间距。每一小室的下部，有一进气支管，支管上有调节气体流量的阀门。

湿物料颗粒由加料器加入干燥器的第一小室中，由小室下部的支管供给热风进行流化干燥，然后依次进入其他小室进行干燥，干燥后的产品卸出。在干燥过程中，热空气是分别通入各个室内的，在不同小室中的热空气流量可以控制，以便得到良好的干燥效果。如在第一室，因物料湿度大，可以通大一些流量的热空气。而在最后一室，可通冷空气进行冷却，以便出料后进行产品包装。

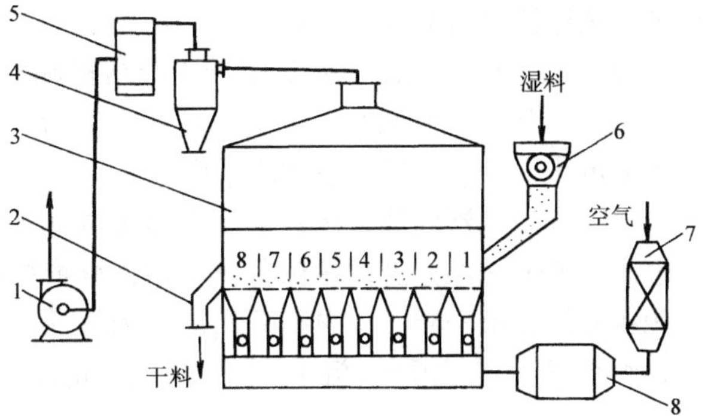

图 8-33　卧式多室流化床干燥器

1—抽风机　2—卸料管　3—干燥器　4—旋风除尘器　5—袋式除尘器　6—摇摆颗粒机　7—空气过滤器　8—加热器

卧式多室流化床干燥器，生产能力大，热效率高，干燥后产品温度也较均匀，适合干燥各种难以干燥的颗粒状、粉状、片状等物料和热敏性物料。由于干燥的物料需要具有一定粒度，对于粉状物料要用造粒机造成粒径为 1.425～5mm（4～14 目）的散粒物料。物料干燥前水的质量分数一般为10% ~30%，干燥后水的质量分数一般在0.02% ~0.3%。由于干燥过程中物料在床层内相互剧烈地碰撞摩擦，干燥后物料粒度变小。

（4）振动流化床干燥器 振动流化床干燥器如图8-34所示，干燥器由分配段、沸腾段和筛选段三部分组成。这是近年来发展起来的新设备，它适合于干燥颗粒太粗或太细，易粘结，不易流化的物料，此外还用于有特殊要求的物料，如砂糖干燥要求晶形完整、晶体光亮、颗粒大小均匀等。

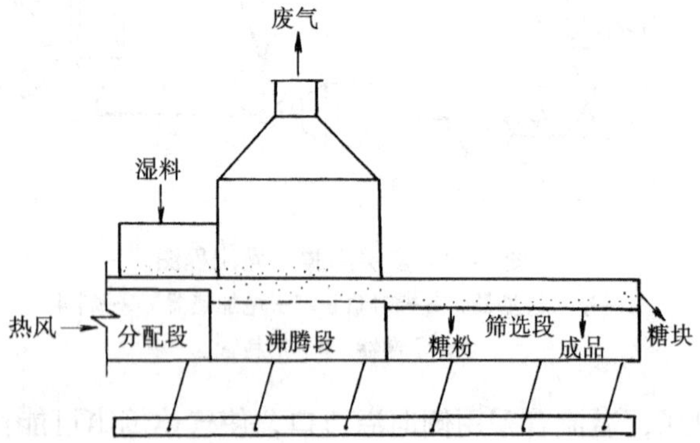

图8-34 振动流化床干燥器

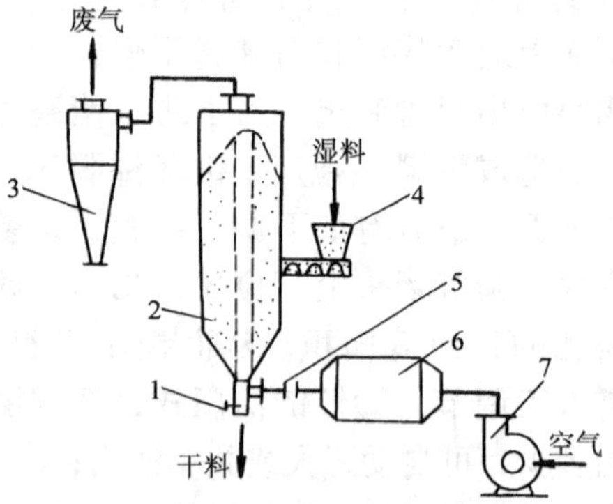

图8-35 喷动床干燥器

1—放料阀 2—喷动床 3—旋风分离器
4—加料器 5—蝶阀 6—加热炉 7—鼓风机

该干燥器分为分配段、流化段和筛选段三部分。在分配段和筛选段下部均有热空气，湿物料由加料器送入分配段，在平板的振动下，物料均匀地被送入流化床进行流化干燥，干燥后进入筛选段进行分级分选。

（5）喷动床干燥器 喷动床干燥器结构和流程如图8-35所示。对于粗颗粒（如谷物）和易粘结（如湿玉米胚芽）的物料，由于其流化性能差，在流化床内不易流化干燥，可采用喷动床干燥。

喷动床干燥器底部为圆锥形，上部为圆筒形。气体以高速从锥底进入，夹带一部分固体颗粒向上运动，形成中心通道。在床层顶部颗粒好似喷泉一样，从中心喷出向四周散落，然后沿周围向下移动，到锥底又被上升气流喷射上去。如此循环以达到干燥的要求。

（6）脉冲流化床干燥器 脉冲流化床干燥器结构如图8-36所示。该干燥器正下部均布几根热风进口管，每根管上装有快开阀门。这些阀门按一定的频率和次序开关，当气体突然进入时则产生脉冲，脉冲很快在颗粒间传递能量，在短时间内形成一股剧烈的沸腾状态，使气体和物料进行强烈的热量交换。沸腾状态在床内扩散和向上运动。当阀门关闭，流化状态在同一方向逐渐消失，物料又回到固定状态。如此往复循环进行脉冲流化干燥，直至物料干燥。

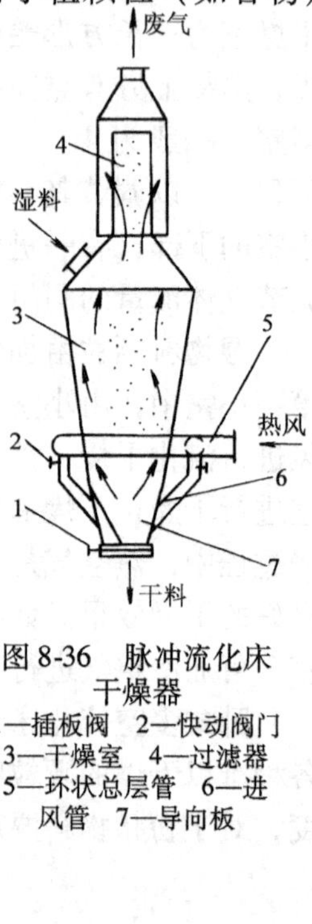

图8-36 脉冲流化床干燥器

1—插板阀 2—快动阀门 3—干燥室 4—过滤器 5—环状总层管 6—进风管 7—导向板

脉冲流化床适用于不易干燥或有特殊要求的物料。干燥物料粒度可大到4mm，也可小到约10μm的细粉。

3. 流化床干燥的应用

流化床干燥广泛应用在医药药品、化工原料、食品、粮食加工、饲料的干燥工艺中。适合于机制螺杆挤压颗粒、摇摆颗粒，湿法高速混合制粒颗粒；医药、食品、饲料、化工等领域湿颗粒和粉状物料干燥；摩芋、聚丙烯酰胺等干燥时体积变化的物料。如原料药压片颗粒、中药冲剂、食品饮料冲剂、玉米胚芽、饲料、塑料树脂、柠檬酸和其他粉状、颗粒状物料的干燥除湿。适用物料为大颗粒、小块状、粘性块粒状物料。

第七节　冷冻干燥技术装备

一、冷冻干燥的基本原理及特点

冷冻干燥，也叫升华干燥，就是将待干燥的湿物料在较低温度下（-50～-10°C）冻结成固态后，在高真空度（0.133～133Pa）的环境下，将已冻结了的物料中的水分，不经过冰的融化而直接从固态升华为气态，从而达到干燥的目的。冷冻干燥首先将原料进行冻结，冻结的方法有自冻和预冻两种，预冻就是物料冷冻干燥前用一般方法将物料冻结，自冻就是利用物料表面的水分蒸发从它自身吸收汽化潜热，促使物料温度下降，当物料的温度达到冻结点时，物料中的水分自行冻结，大部分预煮蔬菜可用此法冻结。采用这种方法，在水分蒸发时，物料常会出现变形或发泡等现象，因此，此法对外观和形态要求高的食品并不适宜，当然，如果真空度调整适宜，这种变化可以减轻到最低程度，此法也叫蒸发冻结，优点是能量的消耗较为合理。冷冻干燥由于处理温度低，特别有利于热敏性物料。

1. 冷冻干燥基本的原理

水的固态至液态和固态到气态的转变如图8-37所示。水在不同的温度下都具有不同的饱和蒸汽压。若固态的水在低于温度所对应的饱和蒸汽压的环境中，可从固态不经过液相而直接升华。根据这一原理，可以先将湿物料冻结至冰点以下，使原料中的水分变为固态冰，然后采用比此温度下的饱和蒸汽压更低的真空度（一般采用饱和蒸汽压的1/2～1/4的真空度）将冰直接转化为蒸汽而除去，物料即被干燥。

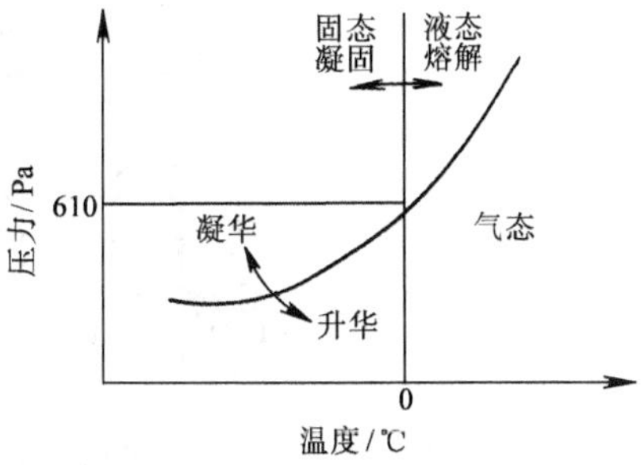

图8-37　水的相平衡图

在冷冻干燥中，升华温度一般为-35～-5°C，抽出的水分可在冷凝器上冷冻聚集或用吸湿剂吸收或直接用真空泵排出。升华时需要的热量，可直接由所处理的物料供给，或者经过干燥室的间壁通过热介质由外界供给，如果无外界供给热量则物料的温度将随之降低，以至于冰的蒸汽压过分降低而使升华速率很慢，因此，在控制干燥速度时，既要考虑供热量给物料以提高升华速率，又要避免固体物的融化。

冷冻干燥过程分为两个阶段，第一阶段，在低于熔点的温度下，将水分从冻结的物料内升华，大约有98%～99%的（质量分数）均在此时除去。第二阶段，将物料温度逐渐升到或略高于室温（此时物料中的水含量已很低，不再会融化），经过此阶段水的质量分数可以减少到低于0.5%。

2. 冷冻干燥的特点

1）冷冻干燥操作的温度低，并且处于真空状态之下，特别适用于热敏性食品和易氧化食品的干燥，可以保留新鲜食品的色、香、味以及VC等营养物质，各种芳香物质的损失可减少到最低限度。

2）由于物料中水分存在的空间，在水分升华以后基本维持不变，故干燥后制品仍不失原有的固体框架结构，复水后易于恢复原有的性质和形状。对于一些蔬菜水果之类物料的冷冻干燥，水分升华后，原来溶于水中的无机盐被均匀地分配在物料中，避免了一般干燥方法造成的物料内部水分向表面扩散所携带的无机盐在物料表面上析出，造成表面硬化现象。

3）冷冻干燥因在真空下操作，氧气极少，因此一些易氧化的物质（如油脂类）得到保护。同时冷冻干燥法能排除95%～99%以上的水分，产品能长期保存而不变质。

4）多孔疏松结构的干燥产品一旦暴露空气中易吸湿、易氧化，最好要求真空或充氮包装，应采用具有一定保护作用的包装材料和包装形式。

5）由于操作是在高真空和低温下进行，需要有一整套高真空获得设备和制冷设备，故投资费和操作费都很大，因而产品成本高。

二、冷冻干燥设备的主要组件、分类和应用

1. 冷冻干燥设备的主要组件

冷冻干燥设备是由制冷系统，真空系统、加热系统、干燥系统和控制系统等组成。国产LGJ—ⅡA型冷冻干燥机结构和流程如图8-38所示。

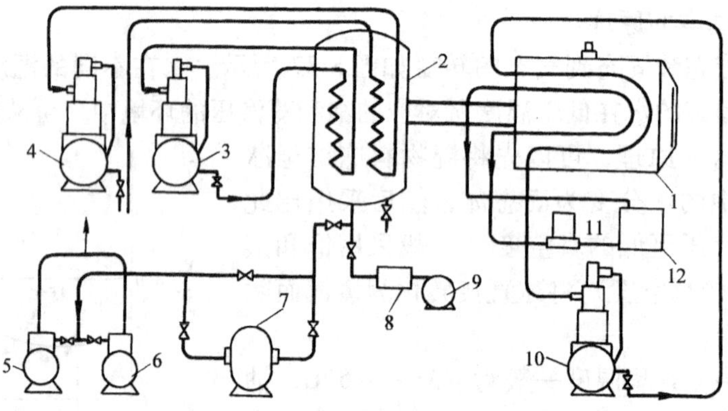

图8-38 LGJ—ⅡA型冷冻干燥机结构和流程图

1—干燥室 2—冷凝器 3、4—冷凝器用冷冻机 5、6—前级泵 7—后级泵 8—加热器 9—风扇 10—预冻用冷冻机 11—油循环泵 12—油箱

(1) 冷冻干燥室 干燥室有圆形、箱形等。干燥室要求能制冷到－40°C或更低温度，又能加热到50°C左右，也能被抽成真空。一般在室内做成数层搁板，室内通过一个装有真空阀门的管道与冷凝器相连，排出的水由该管道通往冷凝器。其上开有几个观察孔，并装有测量真空和冷冻干燥结束时的温度、搁板温度和产品温度等用的电线引入接头等。

(2) 冷凝器 冷凝器是一个真空密封的容器，内有表面积很大的金属管路连通冷冻机，可制冷到－80～－40°C，将干燥室内排出的物料蒸发出的水蒸气冷凝下来，从而降低干燥室的蒸汽压力，有利于干燥。此外还有除霜装置和排出内部冰霜并吹干内部水分的装置。

(3) 真空系统 真空系统由冷冻干燥室、冷凝器，真空阀门和管道、真空设备和真空仪表等组成。冷冻干燥时室中压力应为冻结物料饱和蒸汽压的1/2～1/4，一般情况下干燥箱中的绝对压力约为1.33～13.3Pa。在实际操作中为了提高真空泵的性能，可在高真空泵排出口再串联一个粗真空泵，也可以串联多级蒸汽喷射泵以获得较高真空度。

(4) 制冷系统与加热系统 制冷系统由冷冻机组与冷冻干燥箱，冷凝内部的管道等组成。冷冻机可以是互相独立的两套，即一套制冷冷冻干燥室，一套制冷冷凝器，也可合用一套冷冻机。制冷方式有蒸气压缩式制冷、蒸气喷射式制冷、吸收式制冷。最常用的是蒸气压缩式制冷。冷冻机可根据所需要的不同低温，采用单级压缩、双级压缩或者复叠式制冷机。

加热系统的作用是加热冷冻干燥箱内的搁板，促使产品升华。可分直接和间接加热法，直接法用电直接在箱内加热；间接法利用电或其他热源加热传热介质，再将其通入搁板。

(5) 控制系统 由各种开关，安全装置，自动监控元件和仪表等组成自动化程度较高的控制系统，有效地控制加热温度，真空度以及自动记录仪等，以保证产品质量，提高效率。

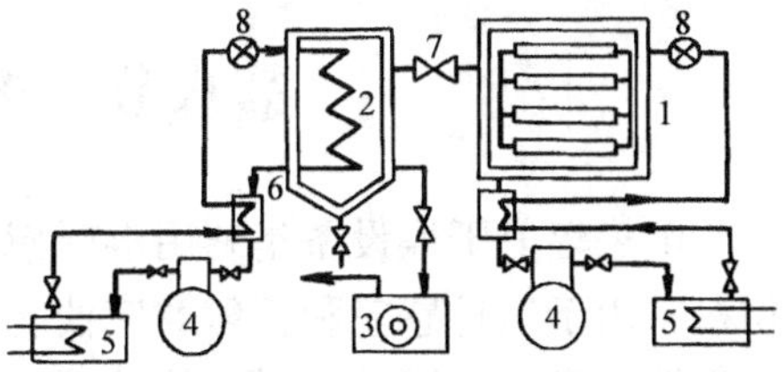

图8-39 间歇式冷冻干燥装置
1—干燥箱 2—水汽凝结器 3—真空泵
4—制冷压缩机 5—冷凝器 6—热交换器
7—水汽凝结器进阀 8—膨胀阀

2. 冷冻干燥设备的分类

冷冻干燥设备分为间歇式和连续式两种，国产的有GD系列冻干机和82DG系列真空干燥设备，以及将喷雾干燥法与冷冻干燥法结合制造的喷雾冷冻干燥设备。

(1) 间歇式冷冻干燥设备 间歇式冷冻干燥装置如图8-39所示。间歇式冷冻干燥设备具有许多适合食品生产的特产，绝大多数的食品冷冻干燥设备均采用这种形式。其优点在于适应多品种小产量的生产；单机操作，如一台设备发生故障，不会影响其他设备的正常运行，同时便于维修保养；便于控制物料干燥在不同阶段的加热温度和真空度的要求。其缺点在于操作所占时间较多，设备利用率较低。

(2) 连续式冷冻干燥设备 连续式冷冻干燥装置如图8-40所示。连续式冷冻干燥设备是进料到出料连续进行操作的装置，其优点在于：处理能力大，适合于单品种生产；设备利用率高，便于实现生产的自动化。缺点在于：虽可控制在不同的阶段进行干燥，但不能控制

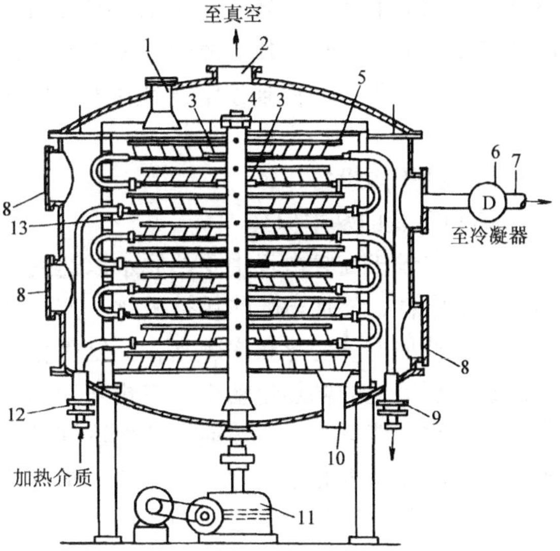

图8-40 连续冷冻干燥装置（塔盘式）
1—进料口 2—抽真空接口 3—加热板内缘落料孔
4—中央立轴 5—搅拌器 6—泵 7—水阱接口
8—维修、观察入口 9—加热介质出口 10—出料口
11—减速器 12—加热介质入口 13—加热板

在不同真空度下进行；设备庞大复杂；制造精度要求高，且投资费用大。

3. 冷冻干燥技术的应用

目前，冷冻干燥技术主要用于一些高附加值产品的加工，要使冷冻干燥技术被广泛应用于食品工业，还需要解决降低设备造价，减小能量源消耗，缩短生产周期长等问题。由于冷冻升华干燥具有其他干燥方法无可比拟的优点，因此越来越受到人们的青睐。随着研究工作的深入，加工材料及制造技术的改进，冷冻升华干燥在食品、生物制品医药等方面的应用将日益广泛，在食品工业中，常用于肉类、水产、果蔬、禽蛋、酶制剂、维生素、方便食品、咖啡、茶和调味品等干燥。

第八节 电磁辐射干燥机械与装备

电磁辐射干燥设备是利用电磁感应加热（如高频、微波等）或红外线辐射效应来干燥物料，由于这种感应和辐射效应使物料中的极性分子（主要是水分子）在激烈的运动中产生摩擦而发热，因此物料能从外部到内部同时均匀发热而干燥，并且具有选择性，不会过热而焦化，外部形状的保持也比其他干燥方法好。

电磁辐射干燥在食品工业中具有广泛的应用，它不仅是一种速效干燥的方法，而且是一种食品加工手段（如膨化干燥）。例如：在速效干燥方面，蔬菜类和海藻类的速效干燥是用微波加热将蔬菜或海藻干燥成水的质量分数不大于20%的“干菜”或干燥后压缩成“菜纸”，这比传统的加热方法效率高10倍以上，在显微镜下观察微波干燥过的蔬菜，可发现其组织与生鲜的接近程度仅次于冷冻干燥所得到的制品，而微波干燥的时间要比冷冻干燥时间短得多。对油炸食品（油炸方便面，油炸鱼虾等）进行最终干燥，不仅可节省食油，还可得到食油率低的清淡制品。在膨化干燥方面，以淀粉质为主的和以蛋白质为主的小食品通过原料配比、混合、预处理、成形、预干燥，再进行微波加热，通过控制原料配比，预干燥的水分和工艺条件，可得到发泡膨胀的松脆可口的膨化食品，或者得到质地松软的方便食品。

一、高频干燥设备

1. 高频干燥的基本原理

干燥物料置于高频电场中受热脱水以达到干燥的目的。物料在没有外加电场的情况下，整体对外呈中性，外加电场作用被极化，如果外加电场变为交变电场，则物料的分子被反复极化，随着外加电场变化频率越高，反复极化的运动越剧烈，从电磁场所得到的能量越多。同时，在反复极化的剧烈运动中又在相互作用，使分子间摩擦变得越剧烈，这样把物料从电磁场中所吸收的能量变成了热能，从而达到升温的目的。从物料表面蒸发水分时，物料内部形成一定的温度梯度和湿度梯度，加速了水分从物料内部向表面移动，达到干燥的目的。高频干燥时，高频电场与物料之间的能量传递不需要任何中间媒介，高频干燥属于直接加热干燥的一种方式。

2. 高频干燥的特点

1）干燥速度快，由于高频干燥是由电能转换为热能，因而被干燥的物料在通电的瞬间产生热量，达到快速干燥的目的，对干燥速率慢的物料而言，采用高频干燥所需时间远比热力干燥时间短。

2）操作方便，易于实现自动化，通电就升温，断电就停止升温，易于操作。

3）均匀干燥，产品质量好。

4）干燥具有选择性，由于物料从高频电场中所吸收的功率与物料介质的消耗因素成正比，因而可以利用这一特点选择合适的频率，专门加热干燥其中某种物料，使干燥具有选择性，提高热效率。

5）高频干燥设备的投资较大，能源消耗大，高频输出效率较低。高频干燥一般用于要求快速干燥的场合。

3. 高频干燥设备的组件

高频干燥设备主要由高频振荡器、工作电容器和被干燥的介质物料等三个单元组成。高频振荡器称为主机，工作电容器和介质物料统称负载。从电路角度可分为电源、控制系统、振荡器、匹配电路和负载。

高频振荡器是一个将电能转换为高频电能的装置。这一变换装置由电子管和一些电路元件（电感圈、电容器等）构成，被干燥的物料盛放在电容器中，并在电容器所构成的一个高频电场中加热干燥。

二、微波干燥设备

1. 微波干燥的基本原理

微波的频谱是比高频高上百倍的电磁波，频率范围在 300 ~ 300000MHz，波长在 1 ~ 1000mm，微波干燥实质上是一种使用微波介质加热的干燥。微波干燥的原理基本上和高频干燥相同，是利用微波在快速变化的高频电磁场中与物质分子相互作用，被吸收而产生热效应，把微波能量直接转换为介质热能，从而达到干燥的目的。

2. 微波干燥的特点

1）干燥速度快，由于微波能够深入物料的内部，而不是依靠物料本身的热传导，因此只需常规方法的 10% ~1% 的时间就可以完成整个加热干燥的过程。

2）干燥均匀，产品质量好。

3）选择性加热干燥。

4）热效率高。

3. 微波干燥设备的主要组件

微波干燥设备的主要组件包括：微波发生器、连接波导、微波加热器和冷却系统等，组成原理如图 8-41 所示。

（1）微波发生器　微波发生器由直流电源提供高压，是在微波加热干燥中产生微波能的器件，主要有磁控管和速调管两种形式。速调管结构比磁控管复杂，效率比磁控管略低，但单管可以获得功率大的效果。

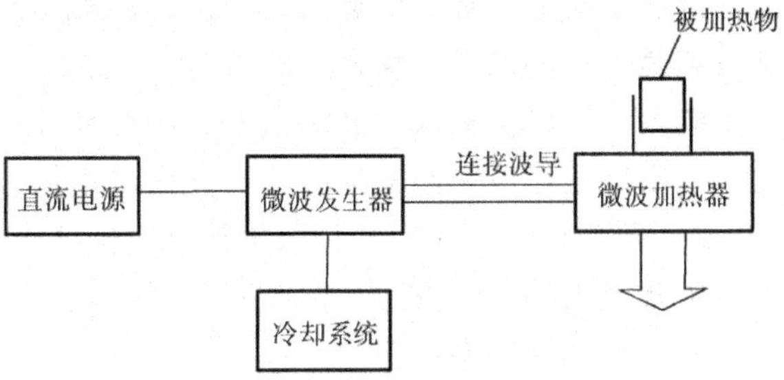

图 8-41　微波干燥系统流程

（2）微波管的负载及冷却　无论使用磁控管或是速调管，都要尽可能使输出负载匹配，匹配一般是以驻波比来衡量的，所谓驻波，是指由于实际传输线中存在波导的弯曲，加工尺寸不均匀、联接处欠佳，致使传输线整个长度上出现周期分布且位置固定不动的电磁场，驻波比（P）即为最大和最小电场强度之比，设计时一般 $P=1.1$ 时，则认为是匹配的。

大功率的微波管一般需要通软水冷却，其他则用强制风冷却即可。

（3）微波干燥设备的主要形式

1）微波炉：微波炉是一个矩形的箱体，又称微波箱，它是利用驻波场的微波干燥器，主要由矩形谐振腔，输入传导，反射板和搅拌器等组成，箱体通常用不锈钢或铝制成，如图8-42所示。使用时，注意不能用金属器皿置于微波炉内加热。

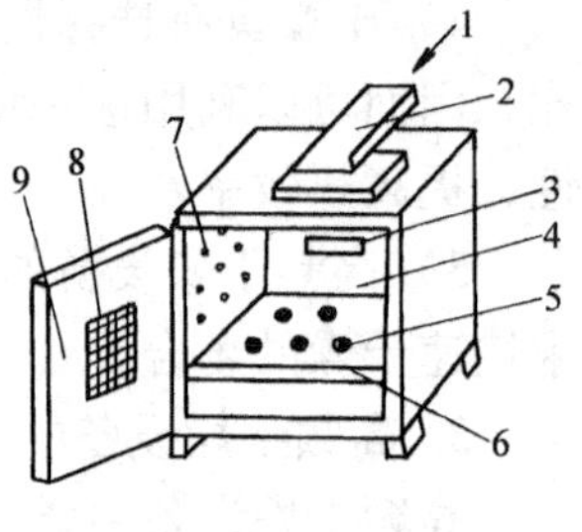

图 8-42 箱式加热器
1—微波输入 2—波导管 3—横式搅拌器 4—腔体 5—加工产品 6—低损耗介质板 7—散湿孔 8—观察孔 9—箱门

谐振腔腔体形状为矩形，其空间每边长度都大于 $\lambda/2$ 时，从不同的方向都有微波的反射，同时，微波能在箱壁的损失极小。这样，使被干燥物料在谐振腔内各方向都可以受热，而又可将没有吸收到的能量在反射中重新吸收，有效地利用能量进行干燥。谐振腔加热器如图 8-43、图 8-44 所示。

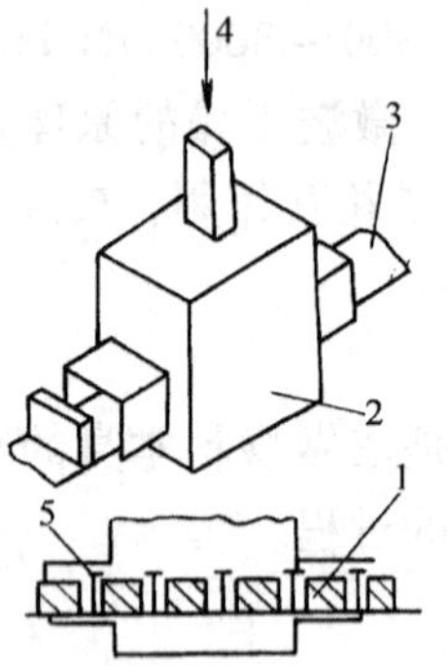

图 8-43 连续式谐振腔加热器之一
1—被加热物料 2—腔体 3—传送带 4—微波输入 5—金属挡板

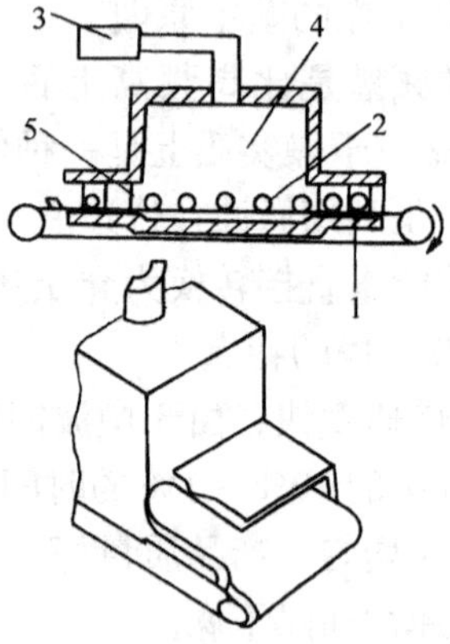

图 8-44 连续式谐振腔加热器之二
1—传送带 2—被加热物料 3—微波源 4—腔体 5—金属链条

箱体中设有搅拌器，作用是通过搅拌不断改变腔内磁场的分布，达到干燥均匀的目的。而箱内水蒸气的排除，则通过箱内的排湿孔由送入的经过预热的空气或大的送风量来解决。微波炉是一种间歇式干燥器。连续操作的微波干燥器如图 8-45 所示。需要注意的是，由于腔体的入、出口会造成微波的泄漏，因此要在传送带上安装金属挡板或采用其他能使微波能在入、出口处形成短路的措施，防止微波泄漏。

2）微波真空干燥箱：微波加热和真空干燥相结合的方法更能加快干燥速度，也是食品工业中常采用的干燥方法。微波真空干燥箱一般为圆筒形，采用 2450MHz 的微波源。

三、红外线干燥设备

1. 红外线干燥的基本原理

红外线是波长在 0.72 ~ 1000μm 范围内的电子辐射，介于可见光和微波之间，在工业上一般把波长范围 0.72 ~ 2.5μm，称为近红外辐射，2.5 ~ 100μm 称为中红外辐射，100 ~ 1000μm 的称为远红外辐射。

红外线为直线传播，当辐射到物体表面时，一部分被反射，其余的射入物体内部，在射入物体内的红外线中，一部分透过物体，其余的被物体吸收。

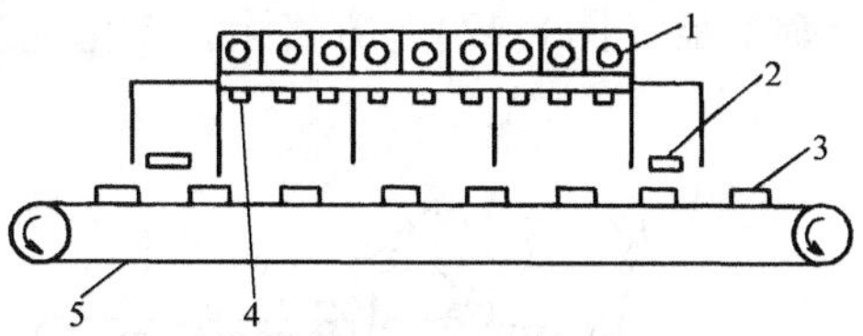

图 8-45　连续式多谐振腔加热器示意图
1—磁控管振荡源　2—吸收水负载　3—被加热物料　4—辐射器　5—传送带

红外线干燥设备是利用辐射传热干燥的一种方法。红外线辐射器所产生的电磁波传播到被干燥的物料，当红外线的发射频率和被干燥物料中分子运动的固有频率（红外线的发射波长和被干燥物料的吸收波长）相匹配时，引起物料中的分子强烈振动，在物料内部发生激烈摩擦产生热而达到干燥的目的。

由于辐射线穿透物料的深度（透热深度）约等于波长，而远红外线比近红外线波长长，特别是远红外线的发射频率与塑料、高分子、水等物质的分子固有频率相匹配，引起这些物质的分子激烈共振，因此远红外线既能穿透到这些被加热干燥的物体内部，并且容易被这些物质所吸收，所以说用远红外线干燥比近红外线干燥好。

2. 红外线干燥的特点

1）干燥速度快，生产效率高，节约电能消耗，中间不需要通过媒介物。

2）设备小，便于连续生产和自动控制，与微波干燥相比，干燥装置更简单。

3）无漏波危险，易操作和维修。

4）干燥质量好，由于物料表面和内部的分子同时吸收远红外辐射，因此加热均匀，产品外观和组织结构等均有提高。

5）红外线频率高，波长短，透入深度小，因此适用于大面积、薄层物料的加热干燥。

3. 远红外辐射干燥设备的主要组件及种类

红外线与远红外线干燥设备主要是由辐射器和加热装置两部分组成的。

（1）辐射器　辐射器是指能发射红外线或远红外线的器件，一般由热源、基体和涂层三部分组成的。热源可以是电热器、煤气或蒸汽加热器；基体使用金属、碳化硅或者使用陶瓷等耐火材料做成；比较常用的涂层有金属氧化物（B_2O_2，Cr_2O_3，SiO_2，Al_2O_3，Fe_2O_3，MnO_2，NiO 等），碳化物（B_4C，Cr_3C_2，SiC，TiC 等）、氮化物（BN、GrN，SiN，TiN 等）、硼化物（CrB（Cr_3B_4），MoO_3B_4，NbB_2，TiB_2 等）等物质。这些物质或其混合物涂覆在基体的表面，在加热时，能发出不同波长的红外线。根据不同的需要选择某一种或几种化合物混合剂制成远红外辐射材料，则可以得到需干燥物的有机物或水分等吸收性好的波长。

这三部分元件的工作顺序是：由热源发的热，通过基体传递到远红外辐射涂导层，在涂层的表面辐射出远红外线。

（2）加热装置　红外线和远红外线干燥器，除了少数设备形式是敞开式或移动式之外，一般都是在一个加热装置中进行的，加热装置有干燥炉、干燥室、烘房、干燥箱等。

红外线与远红外线干燥设备除了辐射器和加热装置之外，为了加强辐射效力，常常装有很高反射系数的金属制的反射集光装置，以及温度控制等附件。

辐射器按外形可分为灯式、管式、板式、异形式；按消耗能量可分为电热或非电热的。常用于食品干燥的是电加热式远红外辐射器，其中有金属管状辐射器（图 8-46），板式远红外辐射器（图 8-47），方格涂料碳化硅板式辐射器等。

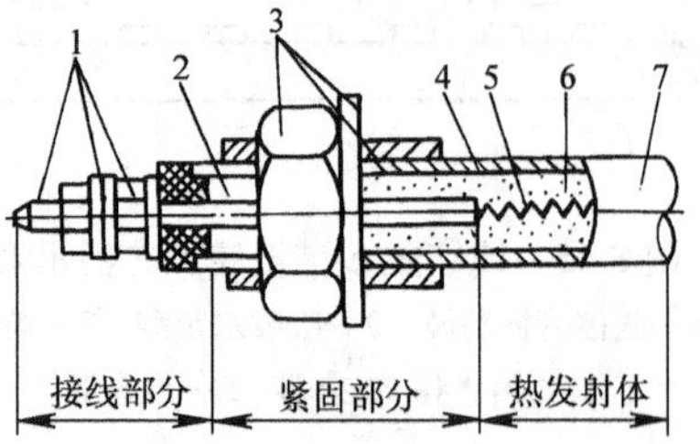

图 8-46 氧化镁管远红外辐射器结构

1—接线装置 2—导电杆 3—坚固装置
4—金属管 5—电热丝 6—MgO 粉
7—辐射管表面涂层

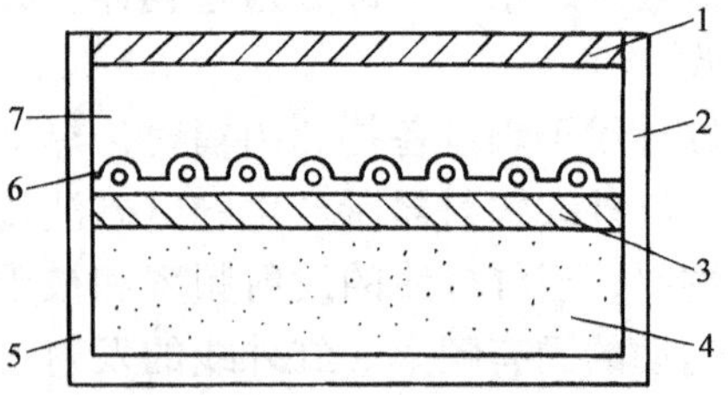

图 8-47 碳化硅板状加热器

1—高辐射材料 2—外壳 3—低辐射材料
4—绝缘填充料 5—外壳 6—电阻丝
7—碳化硅板

4. 远红外加热干燥炉

远红外加热干燥炉有带式和链式两种：

1）带式炉：用钢丝带或履带传送物料，物料直接放在带面上，可以是单层带或多层带。该形式适用于烘烤饼干等食品。结构简图如图 8-48 所示。

2）链式炉：用两条或几条平行、同轴传动的链条作传动带，物料用盘子装载后放在链上送入炉内。该形式适用于物体小而多、要求平稳、少振动的产品，如面包的烘烤等。结构简图如图 8-49 所示。

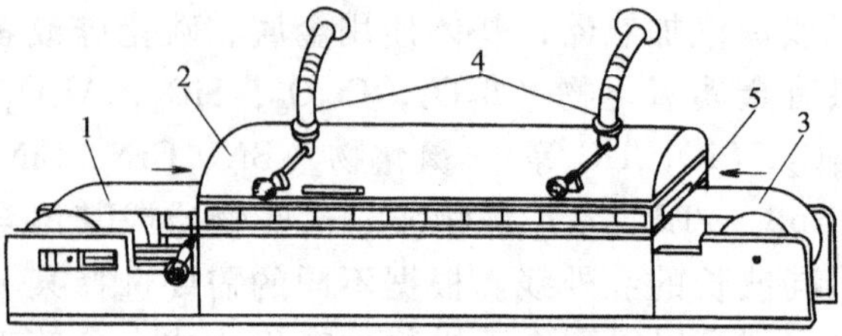

图 8-48 钢带隧道炉外形

1—钢带入炉端 2—炉顶 3—钢带出炉端
4—排气孔 5—炉门

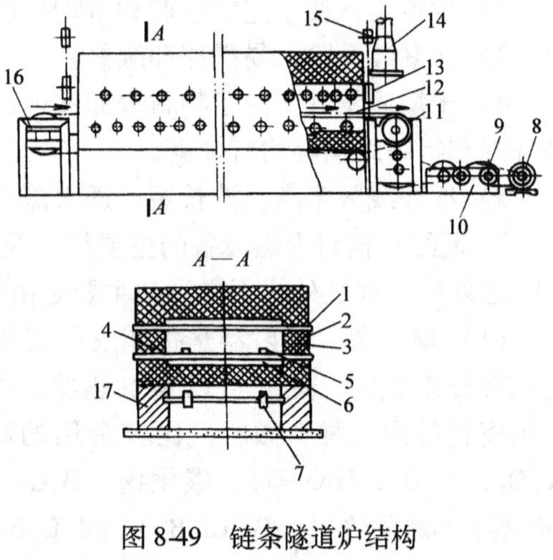

图 8-49 链条隧道炉结构

1—管状辐射元件 2—铁皮外壳 3—铁皮内壳
4—保温材料 5—链条轨道 6—轨道承铁
7—回链托轮与轴 8—电动机 9—变速手轮
10—无级摩擦变速器 11—出炉机座与减速箱
12—链条 13—可开启隔热板 14—排气罩
15—滑轮 16—入炉机座 17—炉基座

第九章

杀菌机械与设备

9

第一节 概 述

杀菌，是食品加工中一个十分重要的环节，因此有必要弄清有关杀菌的几个概念。

1. 食品杀菌

食品杀菌是利用理化因素杀灭食品中因污染而存在的致病菌、腐败菌及其他病原微生物，同时要求杀菌过程中尽可能地保留食品的营养成分和风味，以便加工后的相关产品在密封的包装容器内，有一定的保存期。

2. 商业杀菌

商业杀菌是从商品角度对食品所提出的杀菌要求。是指食品经过杀菌处理后，按照所规定的微生物检验方法，在所检食品中无活的微生物检出，或者仅能检出极少数的非病原微生物，但它们在食品保藏过程中，是不可能进行生长繁殖的，这种杀菌要求称商业杀菌或灭菌。显然，食品杀菌属于商业杀菌，经杀菌后的食品属于商业无菌。

3. 生物学杀菌

生物杀菌是杀灭物品中一切致病性和非致病性微生物（包括病毒、细菌及芽孢等）。一般又称灭菌。在生物学杀菌中不考虑保留杀菌对象的营养及其他因素。

在食品加工过程中杀菌的步骤是由杀菌机械来完成的，它性能的优劣直接关系到产品的质量、消费者的身体健康与企业的经济效益。

食品杀菌的方法有物理杀菌和化学杀菌两大类。化学杀菌法是使用过氧化氢、环氧乙烷、次氯酸钠等杀菌剂。由于化学杀菌存在的化学残留物对人体健康及环境会造成影响，当代食品的杀菌方法趋向于物理杀菌法。物理杀菌包括热杀菌和冷杀菌两类。

在杀菌方法中，有巴氏杀菌法、高温短时杀菌法和超高温瞬时杀菌法之分，所谓巴氏杀菌（Pasteurization）是低温长时间保留的杀菌法，杀菌温度低于100℃（62～65℃），保持时间为30min。高温短时杀菌法（HTST），杀菌温度一般在100℃以下，如牛奶的HTST杀菌温度为85℃，保持15s以上。超高温瞬时杀菌法（UHT），杀菌温度在120℃以上，仅保持几秒钟。HTST和UHT杀菌法，不但效率高，而且食品的组织和外观以及营养和风味的保存都较其他杀菌方法为优良。

根据上述的杀菌方法而相应发展起来的杀菌设备种类较多。现以被处理物料的形态分别有以下几种。

（1）流体食品的杀菌设备　流体食品指未经包装的乳品、果汁等物料。处理这类物料的杀菌设备又有直接加热式和间接加热式之分。直接加热式是以蒸汽直接喷入物料或将物料注入到高热环境中进行杀菌；间接加热式是用板、管换热器对食品进行热交换进行杀菌的，其产品需要进行无菌包装。

（2）罐装食品的杀菌设备　罐装食品是指罐头、软罐头及瓶装饮料等有包装容器的食品。这类物料的杀菌设备根据杀菌温度不同可分为常压杀菌设备和加压杀菌设备。常压杀菌设备的杀菌温度为100℃以下，用于pH值小于4.5的产品杀菌。用巴氏杀菌原理设计的罐头杀菌设备属于此类。加压杀菌设备一般在密闭的设备内进行，压力大于0.1MPa，温度常用120℃左右。常压和加压杀菌设备在操作上亦可分为间歇式和连续式，根据杀菌设备所用热源不同又可分为直接蒸汽加热杀菌设备，热水加热杀菌设备，火焰连续杀菌设备等。目前，国内外正在研究生产的超高压杀菌技术，则是将食品物料进行包装后，置于液体介质中，在 100～1000MPa 压力下进行杀菌。

（3）利用电流进行杀菌的设备　如欧姆杀菌装置。

（4）利用电磁波的物理杀菌设备　该类杀菌设备是使用微波、高压脉冲电场、电磁场等。

目前，非热杀菌技术异军突起，主要研究方向有：脉冲光和激光杀菌技术、脉冲磁场杀菌技术、紫外线杀菌技术、辐照杀菌技术、超声波杀菌技术、超高压射流破碎技术以及以微滤或离心为主要手段的除菌技术等。相信随着科学技术的飞速发展，现有的食品杀菌法会日臻完善，新的杀菌方法也会不断出现。

第二节　直接加热杀菌机械与设备

直接加热杀菌是采用高热纯净的蒸汽直接与待杀菌物料混合接触进行热交换，使物料瞬间被加热到 135～160℃。其优点为：加热速度快，热处理时间短，食品色泽、风味及营养成分损失少。由于在热交换过程中部分蒸汽冷凝进入物料，同时又有部分物料中水分因蒸发而逸出，使易挥发的风味物质亦随之逸出而造成损失。因此该方式不适用于果汁杀菌，生产中多用于牛乳等的杀菌。目前常用的设备有 APV-6000 型直接蒸汽喷射杀菌装置、拉吉奥尔杀菌装置和自由降落薄膜式杀菌器。

1. APV-6000 型直接蒸汽喷射杀菌装置

（1）结构与应用　该装置由英国 APV 公司生产，国内不少食品厂有此设备。主要用于牛乳的杀菌，装置的结构与杀菌流程如图 9-1 所示。

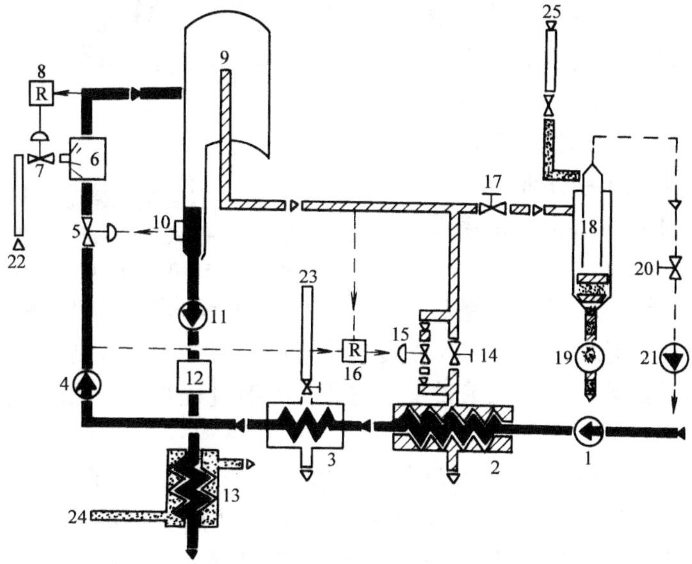

图 9-1　APV-6000 型直接蒸汽喷射杀菌装置流程图

1—输送泵　2—第一预热器　3—第二预热器　4—乳泵　5—调节阀　6—直接蒸汽喷射杀菌器　7—蒸汽气动阀　8—杀菌温度调节器　9—膨胀罐　10—装有液面传感器缓冲器　11—无菌乳泵　12—均质机　13—灭菌乳冷却器　14、17—蒸汽阀　15—蒸汽气动阀　16—密度调节器　18—喷射冷凝器　19—冷凝液泵　20—真空调节　21—真空泵　22—高压蒸汽　23—低压蒸汽　24、25—冷却水原料乳由输送泵 1 送经第一预热器 2 进入第二预热器 3，牛乳升温至 75～80℃。然后在压力下由泵 4 抽送，经调节阀 5 送到直接蒸汽喷射杀菌器 6。在该处，向牛乳喷入压力为 1MPa 的蒸汽，牛乳瞬时升温至 150℃，在保温管中保持这一温度约 2.4s，然后进入真空膨胀罐 9 中闪蒸，使牛乳温度急剧冷却到 77℃左右。热的蒸汽由水冷凝器 18 冷凝，真空泵 21 使真空罐始终保持一定的真空度。杀菌后的高温牛乳在真空罐内汽化时，喷入牛乳的蒸汽也部分连同闪蒸的蒸汽一起从真空罐中排出，同时可带走牛乳杀菌后的一些腥味。另外，从真空罐排出的热蒸汽中的一部分进入管式热交换器（第一预热器）2 中用来预热原料乳。经杀菌处理的牛乳收集在膨胀罐底部，并保持一定的液位。接着，牛乳用无菌乳泵 11 送至无菌均质机 12。经过均质的灭菌牛乳进入灭菌乳冷却器 13 中进一步冷却之后，直接送往无菌罐装机，或送入无菌贮罐。

直接蒸汽喷射杀菌装置使用的蒸汽必须是饱和蒸汽，不含杂质与异味。因此锅炉用水应采用软化水。加热蒸汽的干燥，一般除过滤器外，尚需配置一台不锈钢旋风分离器。

（2）装置的调控　在杀菌过程中，系统的自动控制是重要的。因为喷射进入牛乳中的蒸汽量，必须和牛乳汽化时排出的蒸汽量相等，所以采用了密度调节器 16，借此控制阀门 15 以达到此目的。为了保证制品的高度灭菌，在保温管中安装了温度传感器，以适应温度调节器精度高、反馈快的需要，它是电子自控回路的一部分。

因此，可通过气动阀 7 改变蒸汽喷射速度，自动保持所需的直接蒸汽杀菌温度。如果因供电或供汽不足等原因，料温低于要求，则原料乳进料阀就自动关阀，软水阀打开以防止牛乳在装置中烧焦。通向无菌贮罐的阀门也会自动关闭，以防止未杀菌牛乳进入灭菌乳罐。由于自动联锁设计，装置未经彻底消毒前，不能重新开始牛乳杀菌作业。

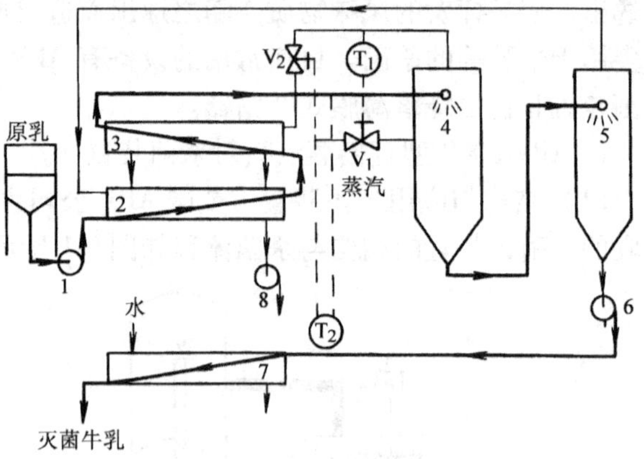

图 9-2　拉吉奥尔超高温装置流程图
1—高压泵　2—管式热交换器　3—第二管式热交换器
4—加热器　5—闪蒸罐　6—无菌泵　7—冷却器
8—真空泵　T_1、T_2—调节器

2. 拉吉奥尔（Laguilharre）杀菌装置

APV-6000 型超高温杀菌装置是将蒸汽喷射到牛乳中进行杀菌，法国产拉吉奥尔装置则是将牛乳注入到过热蒸汽加热器中，由蒸汽瞬间加热到杀菌温度，完成杀菌过程。与蒸汽喷射过程相似，骤冷也是在真空罐中通过膨胀来实现的。

（1）结构与应用　该装置主要由两台预热器、两个容器和一台冷却器所组成。其工作流程如图 9-2 所示。原料乳经高压泵 1 由平衡槽送到管式热交换器 2，在热交换器中牛乳由来自闪蒸罐 5 的热水蒸汽加热，然后经第二管式热交换器 3 进一步由加热器 4 排出的废蒸汽预热到约 75℃，最后，牛乳注入加热器 4，加热器 4 内充满温度约为 140℃的过热蒸汽，并且利用调节器 T_1 保持这一温度不变。当细微牛乳滴从容器内部落下时，瞬间即被加热到杀菌温度。水蒸气、空气及其他挥发性气体，一起从容器顶部排出，并进入第二热交换器 3，预热第一热交换器 2 来的牛乳。加热器 4 底部的热牛乳，在压力作用下，强制喷入闪蒸罐

5，并在其中急骤膨胀。由于突然减压，其温度很快地降到75℃左右。同时，大量蒸汽从罐顶部排出，在第一管式热交换器2处冷凝，从而在闪蒸罐内造成部分真空。用真空泵8将加热器和闪蒸罐的不凝性气体抽出，还会进一步降低两容器内的压力。存集在闪蒸罐5底部的灭菌牛乳用无菌泵6抽出，在进行罐装前先在另一管式无菌冷却器7中用冰水冷却到约4℃。

（2）装置的调控　同蒸汽喷射超高温杀菌流程一样，当牛乳注入拉吉奥尔装置的蒸汽中时，牛乳中水分大为增加，但绝大部分在膨胀时又除掉了。通过利用由温度调节器 T_2 控制的自动阀门 V_2 来调节进入第二预热器3的废蒸汽流速，从而控制牛乳在加热前和膨胀后的温度，以达到保持牛乳中的水分或总固形物含量不变的目的。

3. 自由降落薄膜式杀菌器

自由降落薄膜式杀菌器简称降膜式杀菌器。该装置采用一种较新的超高温杀菌工艺，也称戴西法。主要优点是所加工的牛乳优于前两种设备生产的产品，尤其在口感和乳色方面与经过巴氏杀菌的牛乳没有什么差别。目前所用的直接加热法，是将高压蒸汽流通过原料乳，引起超高温情况下的突然冲击，或在经过间接加热法的金属换热器时，牛乳与超过处理温度的金属表面接触，无论何种情况，都会使牛乳变味，多多少少带点焦糊味。这正是目前的超高温灭菌牛乳品质最大的不足之处，但是戴西法没有这种缺点。

（1）结构与应用　降膜式杀菌器的主要结构是有一只特殊的杀菌器，如图9-3所示。这种杀菌器内部充满了一定温度的高压清洁蒸汽，牛乳及其他热敏感性强的液体食品物料从原乳进口1通过流量调节阀2供给101.6mm（4in）筛网5，在重力作用下形成连续性层流（5mm厚）沿着筛网自由下降，同时与来自4的过热蒸汽（最高压力为446.2kPa）相接触，液体物料薄膜降落的时间仅为$\frac{1}{3}$s，温度可从57～66℃升高至出口温度135～166℃。在杀菌器内牛乳不经高温冲击，也不与超过牛乳处理温度的金属面直接接触，故没有通常超高温加工牛乳的淡淡的焦糊味，产品乳味鲜色美。杀菌装置的流程如图9-4所示。其流程为：先用140℃高压热水通过全部设备，进行30min的消毒。消毒结束即可开始牛乳杀菌处理。原料乳从乳槽A经乳泵B送至预热器C内预热到71℃左右，随即进入戴西杀菌器D中。戴西杀菌器内充满149℃左右的高压蒸汽，牛乳在杀菌器内沿着许多长约10cm的不锈钢网，以薄膜形式从蒸汽中自上而下自由降落至底部，整个降落过程为$\frac{1}{3}$s。此时高温高压的牛乳吸收有少量水分，在经过定长度的保温管E保持3s后，进入真空罐F压力急剧下降，从蒸汽中吸收的少量水分汽化排掉了。同时牛乳的温度从149℃下降

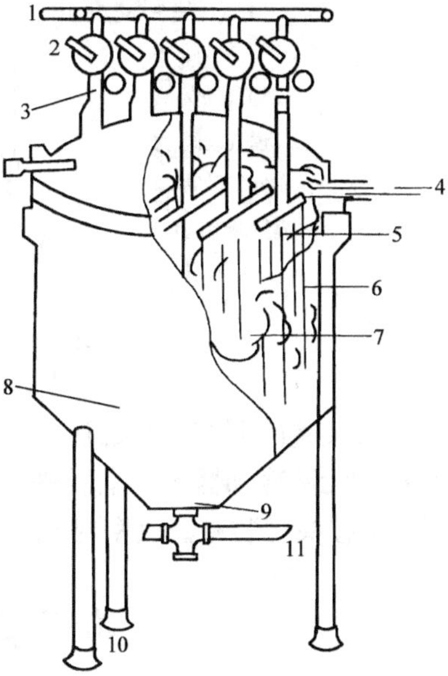

图9-3　降膜式杀菌器工作原理剖面图
1—原乳进口　2—流量调节阀　3—压力表　4—蒸汽进口　5—不锈钢网　6—自由降落薄膜　7—饱和清洁蒸汽　8—杀菌器外壳　9—液封　10—液面调节　11—产品出口

到71℃左右，与进入杀菌器前的温度相同，牛乳中的水分也恢复到正常的数值。

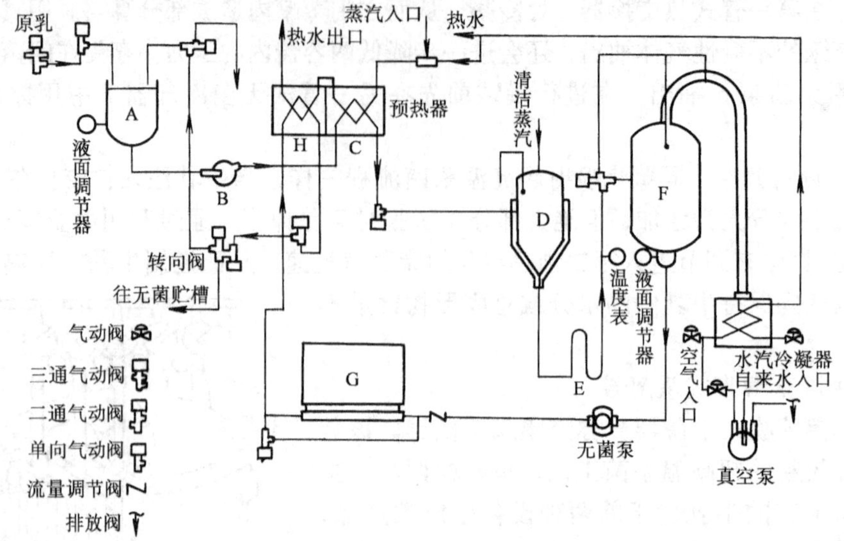

图9-4 自由降落薄膜式杀菌器工艺流程图

（2）装置的调控 全部运行过程均由微机自动控制调节。此后，灭菌牛乳流经无菌均质机G和无菌冷却器H，最后进入无菌贮槽中等待无菌包装。从戴西杀菌器之后，各种设备管道的接头都装有蒸汽密封元件。

第三节 板式杀菌机械与设备

一、板式杀菌设备的结构特点

板式杀菌设备的核心部件就是板式换热器，它由许多冲压成形的不锈钢薄板叠压组合而成，广泛应用于乳品、果汁饮料、清凉饮料以及啤酒、冰淇淋的生产中的高温短时（HTST）和超高温瞬时（UHT）杀菌。板式换热器如图9-5所示。传热板13悬挂在导杆5上，前

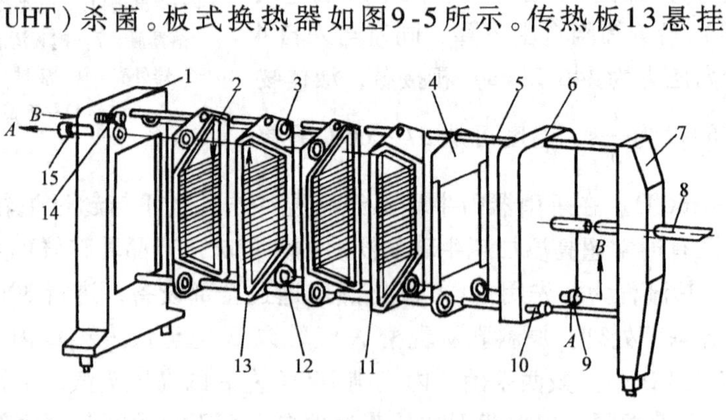

图9-5 板式换热器组合结构示意图

1—前支架（固定板） 2—上角孔 3—圆环橡胶垫圈 4—分界板 5—导杆 6—压紧板 7—后支架 8—压紧螺杆 9、10、14、15—连接管 11—橡胶垫圈 12—下角孔 13—传热板

端为固定板1，旋紧后支架7上的压紧螺杆8后，可使压紧板6与各传热板13叠合在一起。板与板之间有橡胶垫圈11，以保证密封并使两板间有一定空隙。压紧后所有板块上的角孔形成流体的通道，冷流体与热流体就在传热板两边流动，进行热交换。拆卸时仅需松开压紧螺杆8，使压紧板6与传热板13沿着导杆5移动，即可进行清洗或维修。

板式换热器的优点：

（1）传热效率高　由于板与板之间的空隙小，换热流体可获得较高的流速，且传热板上压有一定形状的凸凹沟纹，流体通过时形成急剧的湍流现象，因而获得较高的传热系数 K。一般 K 可达3500～4000W/(m^2·K)，而其他换热设备的传热系数一般在2300W/(m^2·K)左右。

（2）结构紧凑，设备占地面积小　与其他换热设置比较，相同的占地面积，它可以有大几倍的传热面积或充填系数。

（3）适宜于热敏性物料的杀菌　由于热流体以高速在薄层通过，实现高温或超高温瞬时杀菌，因而对热敏性物料如牛奶、果汁等食品的杀菌尤为理想，不会产生过热现象。

（4）有较大的适应性　只要改变传热板的片数或改变板间的排列和组合，则可满足多种不同工艺的要求和实现自动控制，故在乳品、饮料工业中广泛使用。

（5）操作安全、卫生，容易清洗　在完全密闭的条件下操作，能防止污染，结构上的特点又保证了两种流体不会相混，即使发生泄漏也只会外泄，易于发现，板式换热器直观性强。装拆简单，便于清洗。

（6）节约热能　新式的结构多采用将加热和冷却组合在一套换热器中，这样，只要把受热后的物料作为热源则可对刚进入的流体进行预热，一方面受热后的物料可以冷却，另一方面刚进入的物料被加热，一举两得，节约热能。

主要缺点：由于传热板之间的密封圈结构，使板式换热器承压较低，杀菌温度受限。密封圈亦脱落、变形、老化，造成运行成本增高。

二、板式杀菌设备的操作与应用

1. 高温短时（HTST）板式杀菌装置

图9-6为HTST板式杀菌装置的流程图，图9-7为HTST平板杀菌机立体示意图。HTST板式杀菌装置适用于各种食品、乳品和饮料的杀菌。HTST板式杀菌装置的结构由下面几部分组成：

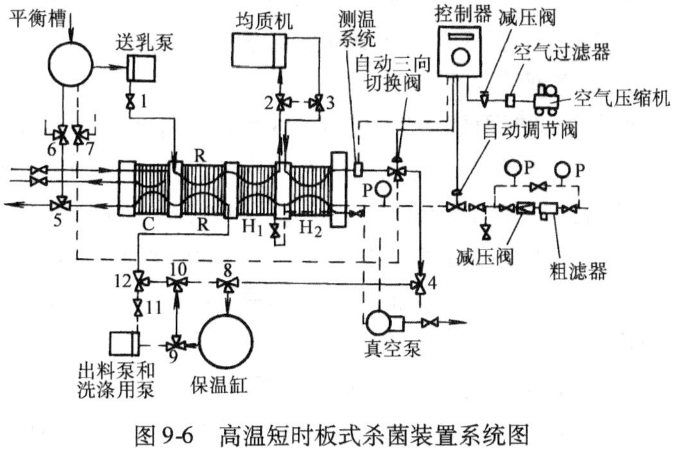

图9-6　高温短时板式杀菌装置系统图

（1）热交换部 用作液料与液体制品之间的热交换，如图9-6中R段。

（2）加热部 用热水或蒸汽加热杀菌。图9-6中H_1为预热段，H_2为杀菌段。

（3）冷却部 用水或冷水冷却成品，图9-6中C段。

（4）保持槽 保持槽的形式有多种，槽内有特殊装置。液料可以滞留在槽内一定的时间。最近有使用槽内真空来提高脱腥、脱气效果的方式。

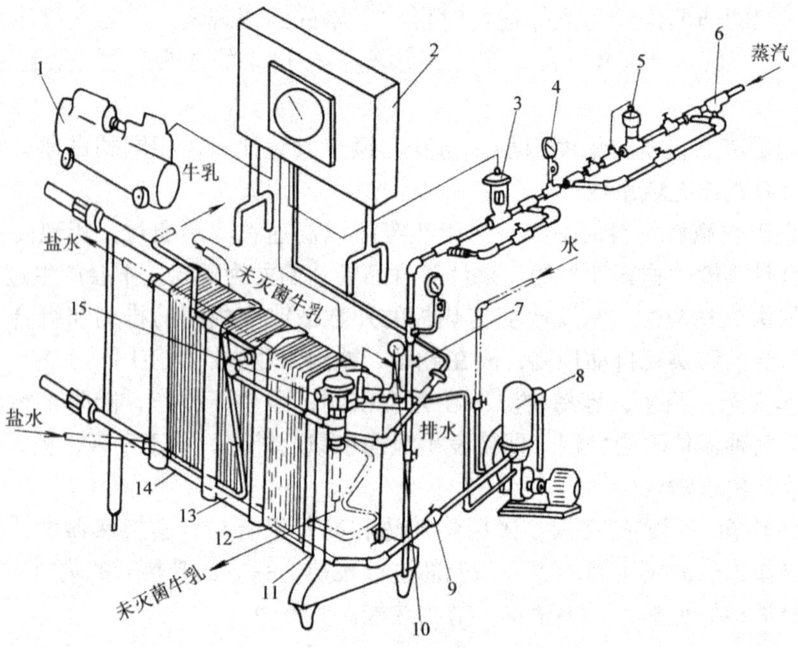

图9-7 HTST平板杀菌机立体图

1—空气压缩机 2—针器类及操作台 3—调量阀 4—压力计 5—减压阀 6—粗滤器 7—送水喷嘴 8—真空泵 9—真空调整 10—温度计 11—15s维持头 12—加热器 13—热交换器 14—冷却器 15—分流器阀

（5）分流阀 设在加热杀菌后物料的出口部。液料达到杀菌温度后，经分流阀从成品流路流出，未达到杀菌温度的液料，则被分流阀切向（由切换器控制）回流流路至平衡槽。

以牛奶为例介绍高温短时（HTST）板式杀菌装置的工艺流程。

1）5℃的原料奶从贮奶罐流入平衡槽。

2）由泵1将牛奶送到加热回收段*R*，使5℃的牛奶与刚受热杀菌后的牛奶进行热交换到60℃左右。杀菌后的牛奶被冷却。得到预热后的牛奶，通过过滤器、预热器H_1，加热到65℃左右，通过均质机后，进入加热杀菌段H_2，被蒸汽或热水加热到杀菌温度。

3）杀菌后的牛奶通过温度保持槽。在85℃的环境中保持15～16s，然后流到分流阀（切换阀）。若牛奶已达到杀菌温度，分流阀则将其送到热回收段。若未达到杀菌温度，分流阀则将其送回平衡槽。

4）杀菌后的牛奶经热回收后，温度约为20～25℃，再进入冷水冷却段C，使其温度降到10℃左右，成为产品流出。在此阶段中，也可以用5℃的原料牛奶代替盐水或冰水与20

~25℃的产品牛奶进行传热冷却，则更有利于热回收。

2. 超高温瞬时（UHT）板式杀菌装置

图9-8所示的是英国的APV超高温瞬时板式杀菌装置。其组成与HTST装置相似，区别之处为杀菌温度不同，即130~150℃加热0.4~4s，能杀灭耐热性芽胞、细菌。

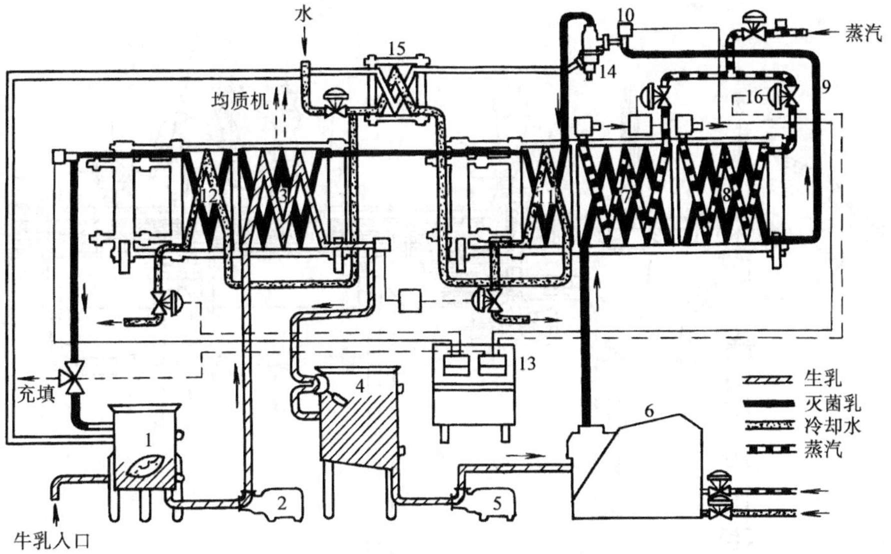

图9-8　APV超高温瞬时板式杀菌装置系统

1—浮动平衡槽　2、5—牛乳泵　3—热交换器　4—温度保持槽　6—均质机　7—中间加热部　8—加热灭菌部　9—贮液管　10—温度计　11—速冷部　12—最终冷却部　13—控制盘　14—分流阀　15—未灭菌乳冷却部　16—灭菌温度调节阀

其流程如下：

1）由就地清洗系统（CIP）自动清洗全机。

2）原料牛奶自贮奶罐流入浮动平衡槽1。

3）通过牛乳泵2将原料奶送至热交换器3，与杀菌后的产品进行热交换，使其温度加热到85℃左右，进入温度保持槽4内，稳定约5min，使牛奶对热产生稳定作用以及除腥。

4）由牛乳泵5将牛奶送入均质机6进行均质。其后进入中间加热部7、加热灭菌部8进行杀菌。杀菌加热蒸汽压第一段为20~30kPa，加热到85℃，第二段蒸汽压为250~450kPa，牛奶瞬时可达135~150℃，保持2s后，被送至分流阀14。

5）由仪表自动控制的分流阀，将已达到杀菌温度的产品送到第一冷却段11，将未达到杀菌温度的牛奶送至水冷却器15，将其降温后回流到平衡槽1中。

6）产品奶在第一冷却段再流入热交换段3，在冷水或冰水冷却段中冷却，使温度降至4℃流出灌装。

第四节　管式杀菌机械与设备

管式杀菌机为间接加热杀菌设备，是由加热管、前后盖、器体、旋塞、高压泵、压力表、安全阀等部件组成，如图 9-9 所示。管式杀菌机基本的结构为：壳体内装有不锈钢加热管，形成加热管束；壳体与加热管通过管板连接。管式杀菌机的工作过程为：液料用高压泵送入加热管内，蒸汽通入壳体空间后将管内流动的液料加热，液料在管内往返数次后达到杀菌所需的温度和保持时间后成产品排出。若达不到要求，则经回流管回流重新进行杀菌的操作。

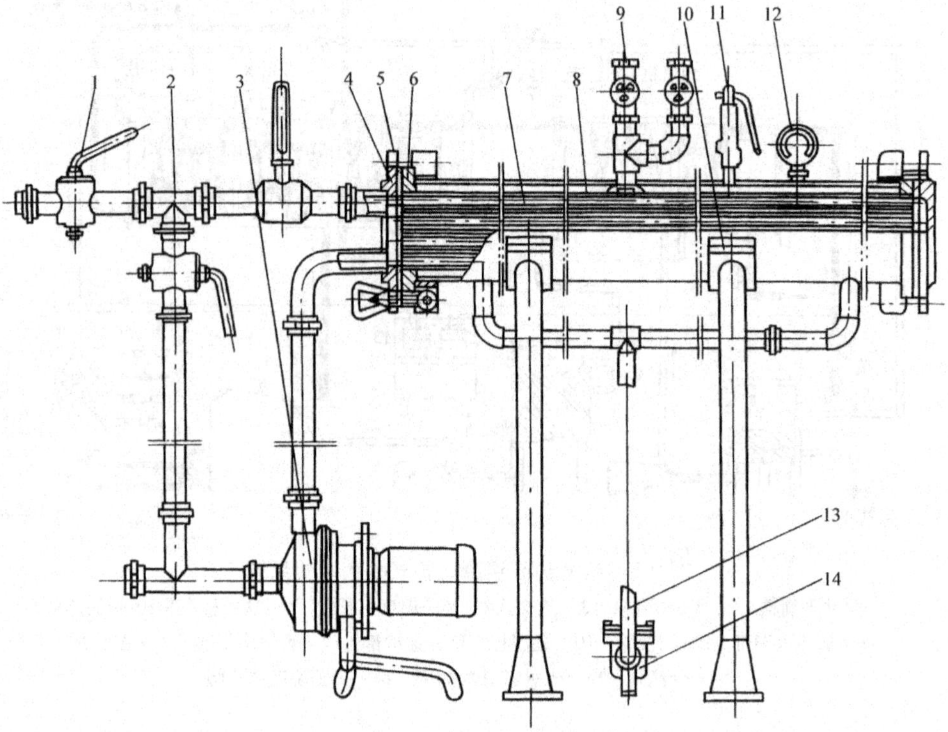

图 9-9 管式热交换器

1—旋塞 2—回流管 3—离心式奶泵 4—两端封盖 5—密封圈 6—管板 7—加热管 8—壳体 9—蒸汽截止阀 10—支脚 11—弹簧安全阀 12—压力表 13—冷凝水排出管 14—疏水器

1. 管式杀菌机的结构特点：

1）加热器由无缝不锈钢环形管制成，没有密封圈和“死角”，因而可以承受较高的压力。

2）在较高的压力下可产生强烈的湍流，保证制品的均匀性和具有较长的运行周期。

3）在密封的情况下操作，可以减少杀菌产品受污染的可能性。

4）其缺点为换热器内管内外温度不同，以致管束与壳体的热膨胀的程度有差别产生的应力使管子易弯曲变形。

管式杀菌机适用于高粘度液体如番茄酱、果汁、咖啡饮料、人造奶油、冰淇淋等。

2. 管式杀菌设备的操作与应用

目前，国内食品加工厂所用的管式杀菌设备多为国外进口或引进技术进行制造的。现以此类设备中较为典型的荷兰斯托克—阿姆斯特丹公司生产的管式杀菌机为例，如图 9-10 所示，对管式杀菌机的结构和操作情况作一介绍。

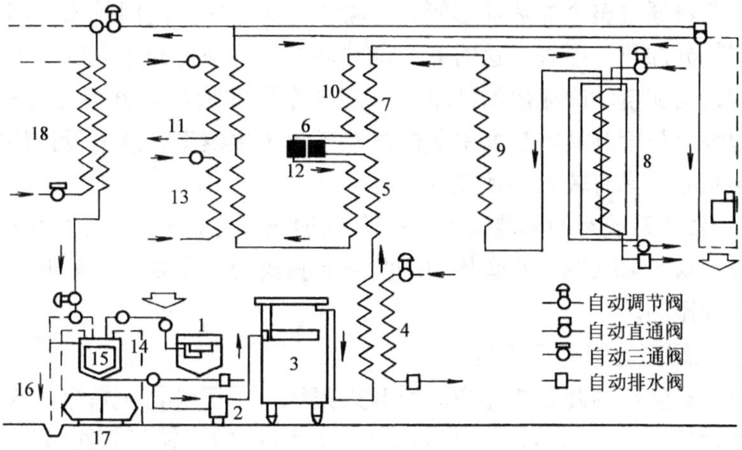

图 9-10 无菌处理装置流程图

1—平衡槽 2—离心泵 3—高压泵 4—消毒器 5、7—换热器 6、12—均质阀 8—超高温加热器 9—管道 10、11—冷却段 13—冷却器 14—排水管 15—清洗缸 16—排气管 17—贮缸 18—加热器

（1）工艺流程 离心泵 2 把物料从平衡槽 1 抽出，送至高压泵 3（高压泵 3 有两种作用，一是作为输送泵，经各种管道把液料送到系统的各个部分；二是用作均质泵，用来驱动热交换器之间的两个均质阀 6 和 12），经循环消毒器 4（该消毒器在产品杀菌期内不起作用，只视为管道），进入第一换热器 5 中，与管外流动的杀菌后热液料进行换热，被加热到大约 65℃。压力约 20MPa 下通过均质阀 6 进行均质。均质后进入第二换热器 7，液料温度升至约 120℃，最后进入环形套管，液料在内管流动，蒸汽在环形空间内逆向流动，由蒸汽间接加热到 135～150℃。若保持时间不够长，可延长管道 9。经过上述过程，液料已杀菌完毕，则进入换热器的冷却段 10、11，由流入的冷原料使其冷却到 65℃再次均质，为了防止物料沸腾，必须保持最低为 0.5MPa 的压力。此后，物料先由水冷却器 13 冷却到大约 15℃，若需要，再用冰水冷却器冷却到接近 5℃。最后经三通阀进入无菌贮槽。杀菌完毕，整个装置由 CIP 清洗消毒。

（2）主要部件 管式杀菌机的主要部件有：

1）循环消毒器 4：它是一盘用不锈钢管弯成的环形套管，用于加热装置的清洗、消毒用水。加热时，饱和蒸汽在外管逆向流过。在产品杀菌时，它只作管道用。

2）预热换热器 5、7：它是循环消毒器引出的套管，同样地弯成环形。管内的冷原料与管外的热产品在此进行热交换，它们中间装有均质阀 6。

3）清洗装置：清洗装置由加热器 18、清洗缸 15、贮缸 17、排水管 14 和排汽管 16 等组成。

4）超高温加热器 8：超高温加热器是一个安装有环形管的蒸汽罐。制品在内管流动，蒸汽在外管逆向通过。整个加热段分成几段，每一分段都装有一个自动冷凝水排出阀，如图 9-11 所示。当达到最

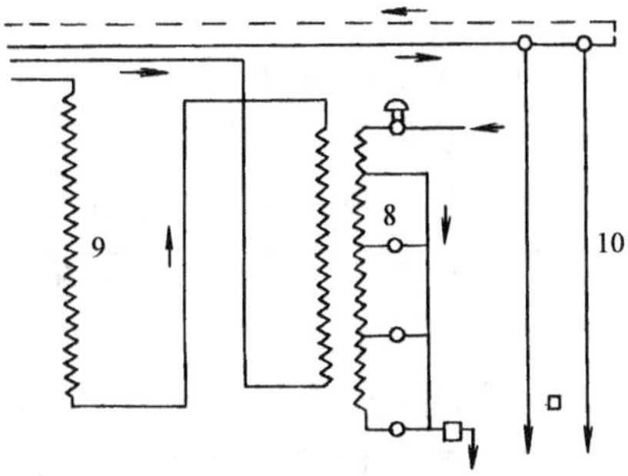

图 9-11 超高温加热器流程图

大操作限度时，蒸汽通过整个加热环形管，冷凝水在最后一个阀门排出。当加工能力一旦减小时只需要使用部分加热环形管，这时其余加热环管正好被冷凝水充满而不起加热作用；一旦加工能力再增，增加自动阀流出的冷凝水，超高温段的加热面就会自动进行调整。因此，由于流过加热段整个长度制品减少所引起的过热现象不致发生，这一设计使得加热面能适应各种不同粘度的制品，具有较大的适应性。

5）均质阀：整个系统有两套均质阀，一套在加热器之前，压力约为20MPa，一套在加热器之后，压力为0.5～5MPa。两套均质阀共有5只阀门，主要是用较低的平均压力来减少压力的波动和机件振动。

3. 国产套管式超高温瞬时灭菌机

国内有数个厂家生产的套管式超高温瞬时灭菌机，用于牛乳、果汁、饮料等液体物料的超高温杀菌。该设备用 ϕ34mm×2mm 与 ϕ3mm×1.5mm 的不锈钢管组成同心套管作为热交换段，用 ϕ23mm×1.5mm 的不锈钢管安装在加热器内作加热段。

以牛奶杀菌为例简述其工艺流程：原料奶由离心奶泵送至热交换段，温度由20℃升至65～70℃，进入加热段被加热至135℃，保温2～4s，再在热交换段冷却至60～65℃排至无菌贮奶罐，进一步冷却、灌装。其最大的优点是价格较进口产品低廉。表9-1是国产套管式超高温瞬时灭菌机的主要技术参数。

表9-1 国产套管式超高温瞬时灭菌机的主要技术参数

型号		RP6L-20	RP6L-40
处理能力/(L/h)	单泵	1500	4000
	双泵	2000	6000
蒸汽压力/kPa		800	800
高温保持时间/s		3	4
物料温度/℃	进	4～16	4～16
	出	60～65	60～65
灭菌温度/℃		115～135	115～135
奶泵配套电动机	功率/(kW/台)	2.2	3
	型号	Y90L-4	Y90L-4
外形尺寸/mm×mm×mm		1314×924×1650	2000×1400×1800
设备重量/kg		395	850

4. 刮板式回转杀菌器

如果待杀菌物料的粘度太大或流动太慢，或者物料在加热器表面易形成焦化膜，则采用旋转刮板式超高温杀菌设备是较为合适的。这种杀菌设备主要由旋转刮板式换热器构成，另有辅助设备：泵、预热器、保温器、控制仪表、阀门、贮槽等。旋转刮板式换热器的结构如图9-12所示。

加热介质在传热圆筒外侧的夹套中流动，传热介质根据使用目的不同可选用：蒸汽、水、介质油等（用于冷却时，可选用盐水、氨、氟里昂等介质）。被处理的物料在圆筒内流动，传热圆筒内有旋转轴，流体的通道为筒径的10%～15%，刮板自由地固定在旋转轴上，由于旋转的离心力和流体的阻力，使其于传热面紧密接触连续地刮掉与传热面接触的流体覆盖膜，露出清洁的传热面，刮掉的部分沿刮片卷向旋转轴附近，而轴附近的液体被吸入到叶片刮过后露出的传热面。这种换热器中，刮片的设计非常重要，刮片的设计有多种形式。刮片和传热面之间的接触压力，必须能克服流体的附着力，但过大则会损坏传热面或刮片。刮片通常采用自由支持法安装。

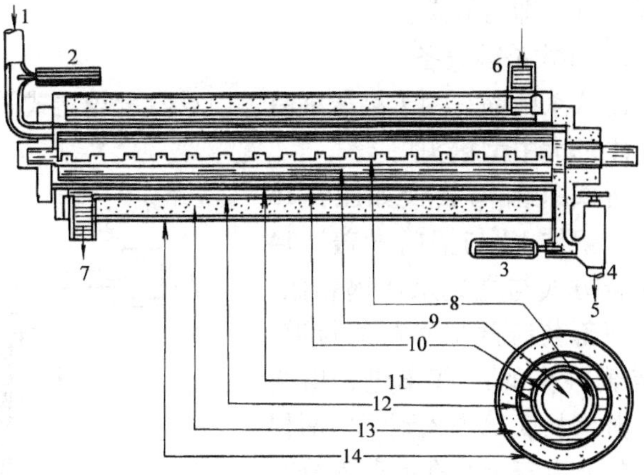

图 9-12 刮板式回转杀菌设备剖视图

1—原料入口 2—入口温度计 3—出口温度计 4—排出阀门 5—产品出口 6—传热介质入口 7—传热介质出口 8—刮板 9—转轴 10—环状空间(食品通道) 11—传热管 12—传热介质 13—绝热材料 14—金属盖

该设备可用于禽蛋、蛋奶甜羹、婴儿食品、果泥、番茄泥、奶油、乳制品和奶酪等的超高温杀菌。适用条件在 138 ~ 143℃，时间选择精度可达 10s。由于刮板的旋转不断将接触到传热面的食品刮去，对物料起到了充分混合作用，使装置具有很好的导热性，对于高粘度的食品物料，其总的传热系数也可达 1162 ~ 3372W/(m^2 · K)。

第五节 高压杀菌机械与设备

一、立式与卧式杀菌设备

1. 立式杀菌设备

立式杀菌设备亦称立式杀菌锅，可用于常压或加压杀菌。由于在品种多、批量小的生产中较实用，加之设备价格较低，因而在中小型罐头厂使用较普遍。从机械化、自动化、连续化生产来看，不是发展方向。与立式杀菌锅配套的设备有杀菌篮、电动葫芦、空气压缩机等。

图 9-13 所示为具有两个杀菌篮的立式杀菌锅。其球形上锅盖 4 铰接于锅体后部上缘，上盖周边均布 6 ~ 8 个槽孔，锅体的上周边铰接与上盖槽孔相对应的螺栓 6，以密封上盖与锅体，密封垫片 7 嵌入锅口边缘凹槽内，锅盖可借助平衡锤 3 使开启轻便。锅的底部装有十字形蒸汽分布管 10 以送入蒸汽，9 为蒸汽入口，喷汽小孔开在分布管的两侧和底部，以避免蒸汽直接吹向罐头。锅内放有装罐头用的杀菌篮 2，杀菌篮与罐头一起由电动葫芦吊进与吊出。冷却水由装于上盖内的盘管 5 的小孔喷淋，此处小孔也不能直接对着罐头以免冷却时冲击罐头。锅盖上装有排气阀、安全阀、压力表及温度计等，锅体底部装有排水管 11。

上盖与锅体的密封广泛采用如图 9-14 所示的自锁斜楔锁紧装置。这种装置密封性能好，操作时省时省力。装置有十组自锁斜楔块 2 均布在锅盖边缘与转环 3 上，转环配有几组滚轮装置 5，使转环可沿锅体 7 转动自如。锅体上缘凹槽内装有耐热橡胶垫圈 4，锅盖关闭时，转动转环，斜楔块就互相咬紧而压紧橡胶圈，达到锁紧和密封的目的。将转环反向转动，斜楔块分开，即可开盖。

2. 卧式杀菌设备

卧式杀菌锅只用于高压杀菌，而且容量较立式杀菌锅大，因此多用于生产肉类和蔬菜罐头为主的大中型罐头厂。

卧式杀菌锅装置如图 9-15 所示。锅体 17 与锅门（盖）14 的闭合方式与立式杀菌锅相似。锅内底部装有两根平行的轨道，供装载罐头的杀菌车进、出之用。蒸汽从底部进入到锅内两根平行的开有若干小孔的蒸汽分布管，对锅内进行加热。蒸汽管在导轨下面。当导轨与地平面成水平时，才能使杀菌车顺利地推进推出，因此有一部分锅体是处于车间地平面以下。为便于杀菌锅的排水，开设一地槽。

锅体上装有各种仪表与阀门。由于采用反压杀菌，压力表所指示的压力包括锅内蒸汽和压缩空气的压力，致使温度与压力不能对应，因此还要装设温度计。

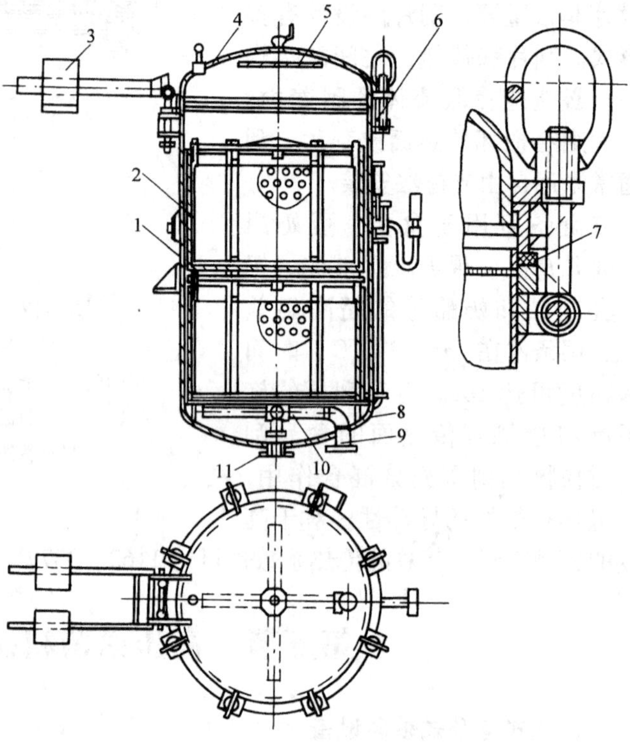

图 9-13　立式杀菌锅

1—锅体　2—杀菌篮　3—平衡锤　4—锅盖　5—盘管　6—螺栓　7—密封垫片　8—锅底　9—蒸汽入口　10—蒸汽分布管　11—排水管

上述以蒸汽为加热介质的杀菌锅，在操作过程中，因锅内存在着空气，使锅内温度分布不均，故影响产品的杀菌效果和质量。为避免因空气造成的温度“冷点”而影响杀菌效果，在杀菌操作过程采用排气的方法，通过安装在锅体顶部的排气阀排放蒸汽来挤出锅内空气和通过增加锅内蒸汽的流动来提高传热杀菌效果来解决。但此过程要浪费大量的热量，一般约占全部杀菌热量的 1/4 ~ 1/3，并给操作环境造成噪声和湿热污染。

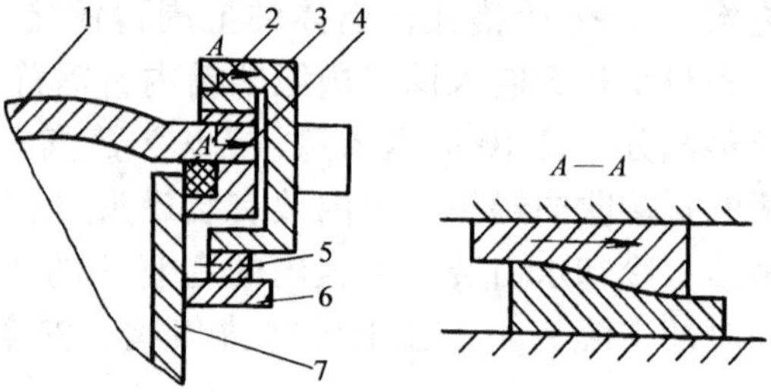

图 9-14　自锁斜楔锁紧装置

1—锅盖　2—自锁斜楔块　3—转环　4—垫圈　5—滚轮　6—托板　7—锅体

二、回转杀菌设备

全水式回转杀菌机是高温短时卧式杀菌设备，它采用高压过热水进行杀菌，完全解决了蒸汽式杀菌锅出现的杀菌不均匀、假压等问题。在杀菌过程中罐头始终浸泡在水里，同时罐头处于回转状态，以提高加热介质对杀菌罐头的传热速率，从而缩短了杀菌的时间，节省了能源。目前是蒸汽式杀菌锅较好的替代产品。国产机型有全自动、半自动、静止式、旋转式、全不锈钢和碳钢制造之分。该机杀菌的全过程由程序控制系统自动控制。杀菌过程的主要参数如压力、温度和回转速度等均可自动调节与控制。但这种杀菌设备属于间歇式杀菌设备不能连续进罐与出罐。

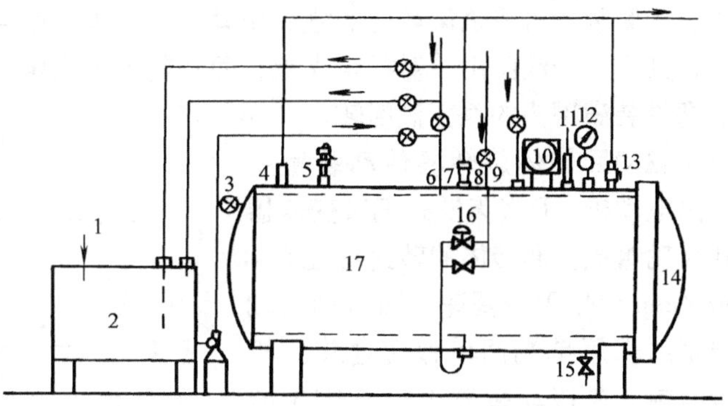

图 9-15　卧式杀菌锅装置图

1—水源　2—水箱　3—溢流管　4、7、13—放空气管　5—安全阀　6—进水管　8—进汽管　9—进压缩空气管　10—温度记录仪　11—温度计　12—压力表　14—锅门　15—排水管　16—薄膜阀门　17—锅体

1. 全水式回转杀菌机的结构

全水式回转杀菌机如图 9-16 所示。全机主要由贮水锅（亦称上锅）、杀菌锅（亦称下锅）、管路系统、杀菌篮和控制箱组成。

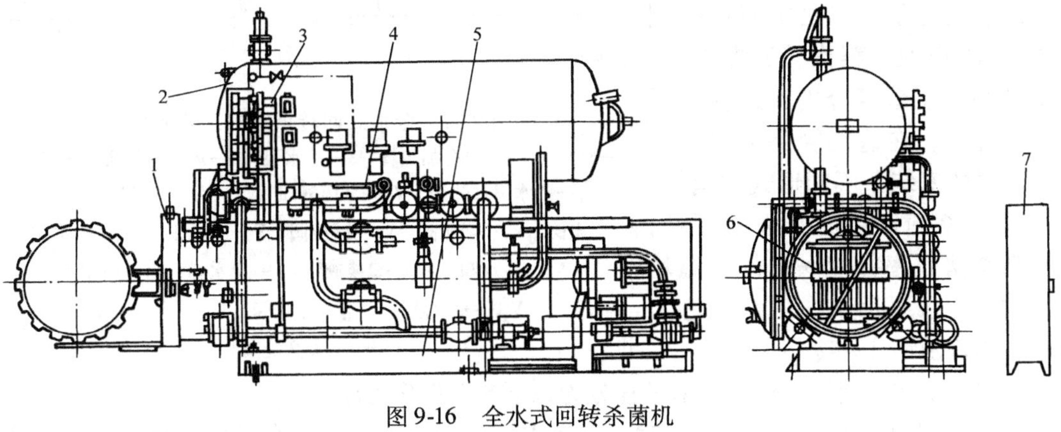

图 9-16　全水式回转杀菌机

1—杀菌锅　2—贮水锅　3—控制管路　4—水汽管路　5—底盘　6—杀菌篮　7—控制箱

贮水锅为一密闭的卧式贮罐，供应过热水和回收热水。为减轻锅体的腐蚀，锅内采用阴极保护。为降低蒸汽加热水时的噪声并使锅内水温一致，蒸汽经喷射式混流器后才注入水中。

杀菌锅置于贮水锅的下方，是回转杀菌机的主要部件。它由锅体、门盖、回转体和压紧装置、托轮、传动部分组成。锅体与门盖铰接，与门盖结合的锅体端面有一凹槽，凹槽内嵌有 Y 形密封圈，当门盖与锅体合上后，转动夹紧转圈，使转圈上的 16 块卡铁与门盖突出的楔块完全对准，由于转圈卡铁与门盖及锅体上接触表面没有斜面，因而即使转圈上的卡铁使门盖、锅身完全吻合也不能压紧密封垫圈。门盖和锅身之间有 1mm 的间隙，因此关闭与开启门盖时方便省力。杀菌操作前，当向密封腔供 0.5MPa 的洁净压缩空气时，Y 形密封圈便紧紧压住门盖，同时其两侧唇边张开而紧贴实封腔的两侧表面，起到良好的密封作用。

回转体是杀菌锅的回转部件，装满罐头的杀菌篮置于回转体的两根带有滚轮的轨道上，通过压紧装置可将杀菌篮内的罐头压紧。回转体是由4只滚圈和4根角钢组成一个焊接的框架，其中一个滚圈由一对托轮支承，而托轮轴则固定在锅身下部。回转体在传动装置的驱动下携带装满罐头的杀菌篮回转。

驱动回转体旋转的传动装置主要由电动机、P形齿链式无级变速器和齿轮组成。回转体的转速可在6～36r/min内作无级调速。回转轴的轴向密封采用单端面单弹簧内装式机械密封。在传动装置上设有定位装置，从而保证了回转体停止转动时，能停留在某一特定位置，使得回转体的轨道与运送杀菌篮小车的轨道接合，从杀菌锅内取出杀菌篮。全水式回转杀菌机的工艺流程如图9-17所示。

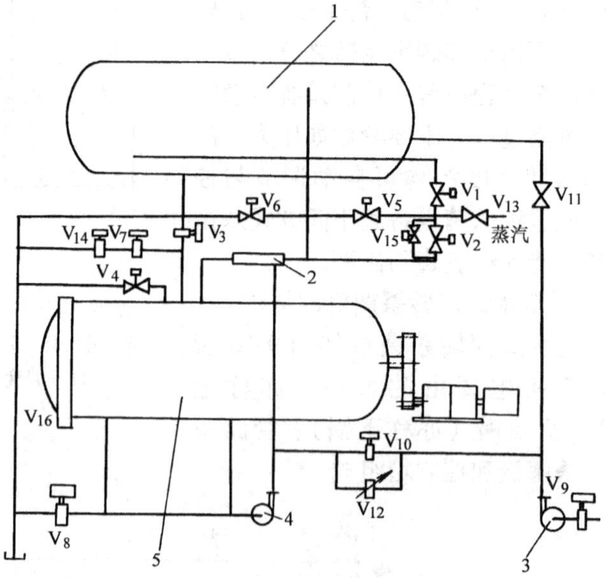

图9-17 全水式回转杀菌机工艺流程图

1—贮水锅 2—混合加热管 3—冷水泵 4—热水循环泵 5—杀菌锅 V_1—贮水锅加热阀 V_2—杀菌锅加热阀 V_3—连接阀 V_4—溢出阀 V_5—增压阀 V_6—减压阀 V_7—降压阀 V_8—排水阀 V_9—冷水阀 V_{10}—置换阀 V_{11}—上水阀 V_{12}—节流阀 V_{13}—蒸汽总阀 V_{14}—截止阀 V_{15}—小加热阀 V_{16}—安全旋塞

贮水锅与杀菌锅之间用连接阀V_3的管路连通。蒸汽管、进水管、排水管和空压管等分别连接在两锅的适当位置，在这些管路上根据不同使用目的安装了不同形式的阀门。循环泵使杀菌锅中的水强烈循环，以提高杀菌效率并使锅内的水温均匀扩散。冷水泵用来向贮水锅注入冷水和向杀菌锅注入冷却水。

全水式回转杀菌机的整个杀菌过程分为以下8个操作工序。

（1）制备过热水　第一次操作时，由冷水泵供水，以后当贮水锅的水位到达一定位置时液位控制器自动打开贮水锅加热阀V_1，0.5MPa的蒸汽直接进入贮水锅，将水加热到预定温度后停止加热。一旦贮水锅水温下降到低于预定的温度，则会自动供汽，以维持预定温度。

（2）向杀菌锅送水　当杀菌篮装入杀菌锅、门盖完全关好，向门盖密封腔内通入压缩空气后才允许向杀菌锅送水。为安全起见，用手按动按钮才能从第一工序转到第二工序。全机进入自动程序操作，连接阀V_3立即自动打开，贮水锅的过热水由于落差及压差而迅速由杀菌锅锅底送入。当杀菌锅内水位达到液位控制器位置时，连接阀立即关闭。

（3）杀菌锅升温　送入杀菌锅里的过热水与罐头换热，水温下降。加热蒸汽送入混合器对循环水加热后再送入杀菌锅。当温度升到预定的杀菌温度，升温过程结束。

（4）杀菌　罐头在预定的杀菌温度下保持一定的时间，小加热阀V_{15}根据需要自动向杀菌锅供汽以维持预定的杀菌温度，工艺上需要的杀菌时间则由杀菌定时钟确定。

（5）热水回收　杀菌工序一结束，冷水泵即自行起动，冷水经置换阀V_1进入杀菌锅的水循环系统，将热水（混合水）顶到贮水锅，直到贮水锅内液位达到一定位置，液位控制器发出指令，连接阀关闭，将转入冷却工序。此时贮水锅加热阀自动打开，通入蒸汽以重新制备过热水。

（6）冷却　根据产品的不同要求冷却工序有三种操作方式：①热水回收后直接进入降压冷却；②热水回收后，反压冷却＋降压冷却；③热水回收后，降压冷却＋常压冷却。每种冷却方式均可通过调节冷却定时器来获得。

（7）排水　冷却定时器的时间到达后，排水阀 V_8 和溢出阀 V_4 打开。

（8）启锅　拉出杀菌篮，全过程结束。

全水式回转杀菌机是自动控制的，由微型计算机发出指令，根据时间或条件按程序动作，杀菌过程中的温度、压力、时间、液位、转速等由计算机和仪表自动调节，并具有记录、显示、无级调速、低速起动、自动定位等功能。

2. 全水式回转杀菌机的特点

由于在杀菌过程中罐头呈回转状态，且压力、温度可自动调节，因而具有以下特点：

（1）杀菌均匀　由于回转杀菌篮的搅拌作用，加上热水由泵强制循环，使锅内热水形成强烈的涡流，水温均匀一致，达到产品杀菌均匀的效果。搅拌与循环方式不同时杀菌锅呈现的温度分布情况如图 9-18 所示。

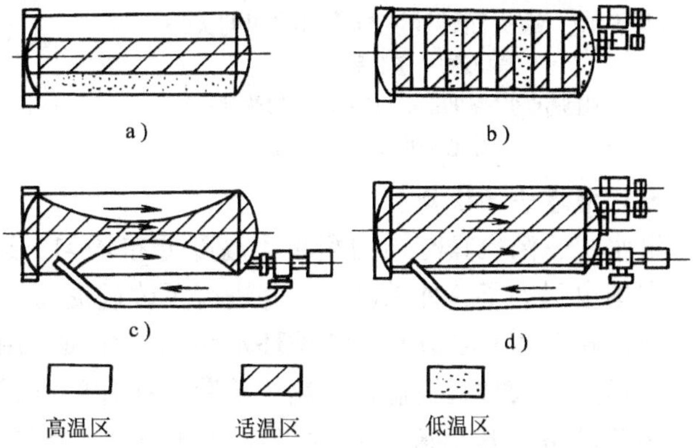

图 9-18　搅拌与循环方式不同时杀菌锅内温度的分布情况
a）静止式　b）回转式　c）循环式　d）回转循环式

（2）杀菌时间短　由于杀菌篮的回转，提高了传热效率，对内容物为流体或半流体的罐头，尤为显著。罐头的回转速度与杀菌时间的关系如图 9-19 所示。随着转速的增加，杀菌时间缩短。当转速增加到一定限度时，反而使杀菌时间延长。其原因是随着转速的增加，离心力达到一定程度，罐头内容物被抛向罐底，使顶隙位置始终不变，失去了内容物摇动而产生的搅拌作用，如图 9-20 所示。另外每种产品都有它的合适转速范围，当超过这一范围时，就会失去内容物的均质性，出现热传导反而变差的现象。

在全水式回转杀菌设备中，罐头的顶隙度对热传导率有一定的影响。顶隙大，内容物的搅拌效果就好，热传导就快，然而过大又会使罐头内形成气袋，产生假胖听，因此顶隙要适中。另外，罐头在杀菌篮里的排列方式对杀菌效果也有一定的影响。

（3）有利于产品质量的提高　由于罐头回转，可防止肉类罐头油脂和胶冻的析出，对高粘度、半流体和热敏性的食品，不会产生因罐壁部分过热形成粘结等现象，可以改善产品的色、香、味，减少营养成分的损失。

（4）由于过热水重复利用，节省了蒸汽。

（5）杀菌与冷却压力自动调节，可防止包装容器的变形和破损。

全水式回转杀菌机的主要缺点是：设备较复杂；设备投资较大；杀菌准备时间较长；杀菌过程热冲击较大。

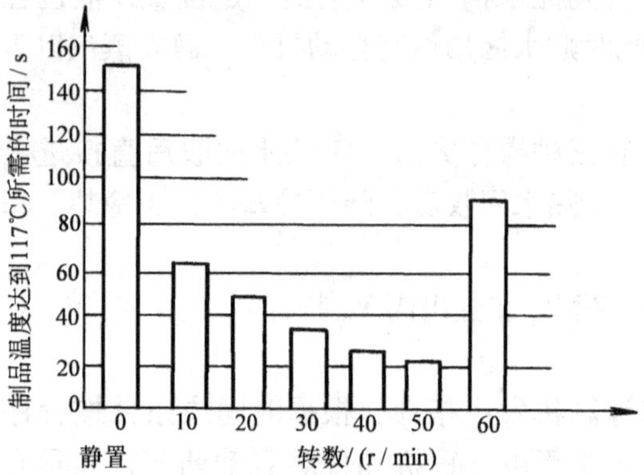

图 9-19 罐头回转速度与杀菌时间的关系
内容物：条状腊肠；
罐头尺寸：ϕ99mm×119mm，加热到
中心温度 117℃

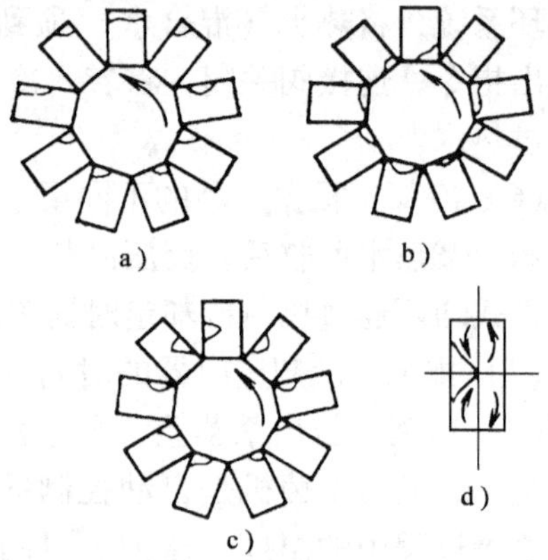

图 9-20 罐头在回转过程中内容物的搅拌情况
a) 回转速度慢 b) 回转速度过快 c) 回转速度适宜 d) 罐头顶隙在内容物中心移动时发生摇动

三、淋水杀菌设备

淋水式杀菌机具有结构简单，温度分布均匀，适用范围广等特点而受到各国的普遍重视。我国也引进了这种杀菌机，并进行了改进提高。

淋水式杀菌机是以封闭的循环水为工作介质，用高流速喷淋方法对罐头进行加热、杀菌及冷却的卧式高压杀菌设备。其杀菌过程的工作温度 20～145℃，工作压力 0～0.5MPa。

淋水式杀菌机可用于果蔬类、肉类、鱼类、蘑菇和方便食品等的高温杀菌，其包装容器可以是马口铁罐、铝罐、玻璃瓶和蒸煮袋等形式。

1. 淋水式杀菌机的工作原理

双门形淋水式杀菌机外形简图，淋水式杀菌机工作原理示意图分别如图 9-21、图 9-22 所示。

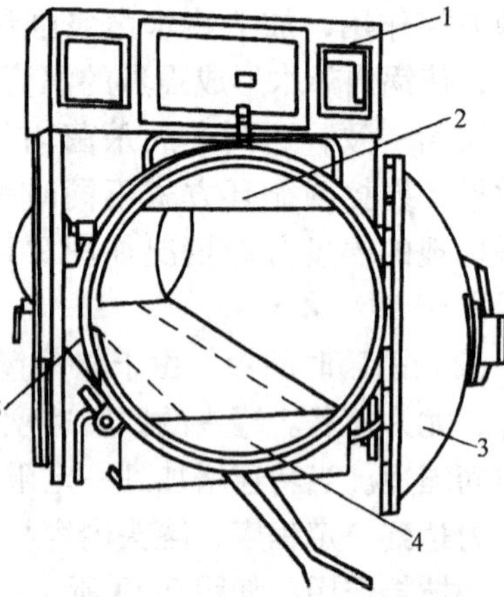

图 9-21 双门形淋水式杀菌机外形简图
1—控制盘 2—水分配器 3—门盖 4—贮水区 5—锅体

在整个杀菌过程中，贮存在杀菌锅底部的少量水（一般可容纳 4 个杀菌篮存水量为 400L），利用一台热水离心泵进行高速循环，循环水即杀菌水，经一台焊制的板式热交换器进行热交换后，进入杀菌机内上部的分水系统（水分配器），均匀喷淋在需要杀菌的产品上。循环水在产品的加热、杀菌和冷却过程中依顺序使用。在加热产品时，循环水通过间壁式换热器由蒸汽加热，在杀菌过程时则由换热器维持一定的温度，在产品冷却时，循环水通过间壁式换热器由冷却水降低温度。该机的过压控制和温度控制是完全独立的。调节压力的方法是向锅内注入或排出压缩空气。

淋水式杀菌机的操作过程是完全自动化的，温度、压力和时间由一个程序控制器控制。程序控制器是一种能储存多种程序的微处理机，根据产品不同，每一个程序可分成若干步骤。这种微处理机能与中央计算机相连，实现集中控制。

2. 淋水式杀菌机的特点

1）由于采用高速喷淋水对产品进行加热、杀菌和冷却，温度分布均匀稳定，提高了杀菌效果，改善了产品质量。

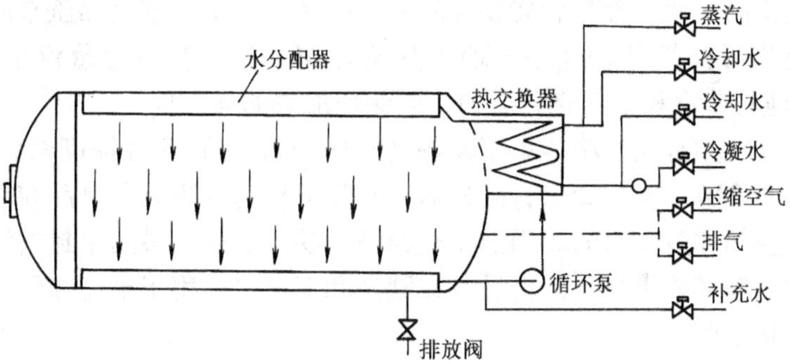

图 9-22　淋水式杀菌机工作原理示意图

2）杀菌与冷却使用相同的水（循环水），产品没有再受污染的危险。

3）由于采用了间壁式换热器，蒸汽或冷却水不会与进行杀菌的容器相接触，消除了热冲击，尤其适用于玻璃容器，可以避免冷却阶段开始时的玻璃容器破碎。

4）温度和压力控制是完全独立的，容易准确地控制过压，因为控制过压而注入的压缩空气，不影响温度分布的均匀性。

5）水消耗量低，动力消耗小。工作中，循环水量小，冷却水通过冷却塔可循环使用。整个设备配用一台热水泵，动力消耗小。

6）设备结构简单，维修方便。

四、连续式高压杀菌设备

1. 水封式连续高压杀菌设备

水封式连续高压杀菌设备是卧式圆筒形压力杀菌锅，其装置如图 9-23 所示，用链式输送带携带罐头容器经水封式转动阀门送入杀菌锅内。水封式传动阀门浸没在水中，借助部分水力和机械力得以完成密封的任务。罐头通过阀门时受到预热，接着向上提升，进入高压蒸汽加热室内，然后水平地往复运行，在保持稳定的压力和充满蒸汽的环境中杀菌。杀菌时间可根据产品要求调整输送带的速度进行控制。杀菌完毕，罐头经分隔板上的转移孔进入杀菌锅底的冷却水内进行加压预冷，然后再次通过水封式转动阀门送至常压冷水内或外界空气中冷却，直到罐头温度降到常温为止。

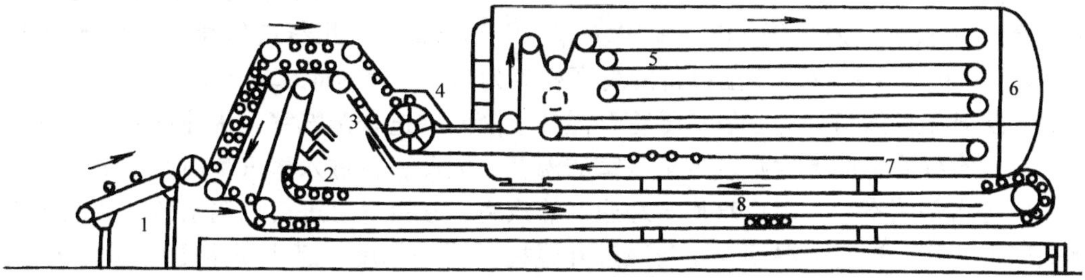

图 9-23　水封式连续高压杀菌设备原理图

1—自动供罐装置　2—自动排罐装置　3—罐头由鼓形阀中排出　4—鼓形阀中进罐　5—罐头在杀菌室中杀菌　6—杀菌室与冷却槽之间的隔板　7—冷却槽　8—罐头一边回转一边常压冷却

如在链式输送带的下面装上导轨板，则罐头在传送过程中就可进行轴向回转。如不需要搅动式杀菌，可将导轨拆除。杀菌温度100～143℃（可调），也可进行高温短时杀菌。这种杀菌装置不仅可用于金属罐罐头食品的杀菌，还可用于玻璃瓶和袋装食品的杀菌。这种设备在对薄金属罐装食品、瓶装食品和袋装食品进行杀菌时，采用空气加压来使容器内外的压力保持平衡。因空气导热性差，容易出现加热不均匀，为此在压力蒸汽加热室内需用风扇（或风机）不断地将蒸汽和空气充分混和，以保证加热的均匀性。

该类设备生产能力有大有小，小型设备（2.1m×2.1m）每分钟可杀菌处理袋装食品60袋；大型设备（长22m，宽3.26m，高3.76m）每分钟可处理婴儿食品800个。该设备的优点是蒸汽、水、空间和劳动力的利用上比较经济，缺点是进出罐的水封式转动阀承受的压力相当大，加工制造精度要求高。此类设备在欧洲和亚洲主要用于果蔬和乳制品的杀菌，在北美则主要用于药物杀菌。

2. 静水压连续杀菌设备

（1）静水压连续杀菌设备的用途、结构　静水压连续杀菌设备是一种连续进罐和出罐的加压杀菌设备，用于100℃以上的高温高压罐头的连续杀菌。它利用水柱产生的静压对罐头食品进行高温连续杀菌，其工作原理如图9-24所示。

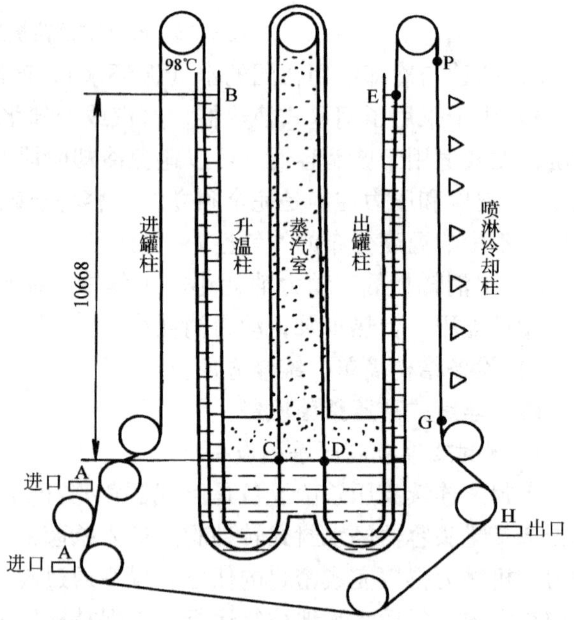

图9-24　静水压连续杀菌设备工作原理示意图

密封后的罐头底盖相接，卧放成行，按一定数量自动地供给到装有平行走动的环式输送链上，由传送器自动地向进罐柱→水柱管（升温柱）→蒸汽室（杀菌柱）→水柱管（出罐柱、加压冷却）→喷淋冷却柱（常压冷却柱）→出罐依次运行。加压杀菌所需饱和蒸汽与蒸汽室相连呈T字形（或称U字管），水柱管的水柱压头保持平衡，水柱的高度决定着饱和水蒸气压的大小和蒸汽加热室的温度，每升高或降低10cm水柱，蒸汽加热室的温度可升高或降低0.18℃，如115.6℃、121.1℃、126.7℃等各个不同的杀菌温度，必须建立的相应蒸汽压（表压）为0.07MPa、0.105MPa、0.14MPa，与此蒸汽压相平衡的水柱高度应为6.9m、10.4m、14.8m，杀菌设备的高度相应为12m、15.4m、27.5m。

罐头从升温柱入口处进去后，随着升温柱下降，并进入蒸汽室。水柱顶部的温度接近罐头的初温，水柱底部的温度则接近蒸汽室的温度。因此，在进入蒸汽室前有一个平稳的温度梯度，而进入杀菌室后，因蒸汽均匀地遍及蒸汽室，在这里可进行恒温杀菌。从杀菌室出来的罐头向上升送，这时的温度变化与通过升温柱时恰好相反，罐头所承受的压力从高到低，形成一个稳定的从高到低的温度和压力的梯度，这种减压冷却过程是十分理想的。

（2）静水压连续杀菌设备的特点　这种杀菌装置加热温度调节简单，进杀菌锅时罐头不会产生突然受压和受热的情况，罐头温度及压力的上升和下降是由于水柱造成的温度梯度而逐步变化的，可避免受温度和压力的剧烈变化所引起的罐头变形或外伤，产品质量好，适用性较强。如果蔬、肉类、鱼类、汤汁和玉米等罐头和婴儿食品、牛奶、炼乳、牛奶咖啡、牛奶巧克力和奶油等乳制品的杀菌。对金属罐、玻璃瓶、塑料罐及软罐头等容器都可适用，装置高度自动化，有效地利用蒸汽和水，消耗量少。在相似条件下，与一般杀菌锅相比，可节省用汽量70%以上，节约用水量80%以上；杀菌非常均匀，极易控制。占地面积小，操作人员极少，正常情况下，只需一人操作。生产能力可调节，一般60～150罐/min，现在生产能力最高可达1000～1500罐/min。但是这种设备外形较高，需专门盖十几米高的厂房。载罐系统因多种原因（如浮罐等）常会卡死，全机只好停产检修，而检修十分麻烦。适应罐头规格的性能差，设备的实际生产能力仅为额定值的30%～40%，装罐机构和载罐器操作不可靠，需人工辅助，设备的投资费用很高。对大量生产，热杀菌处理条件相同的产品工厂特别适用。

五、高温短时杀菌设备

食品加热杀菌的主要目的是为了杀灭食品中的微生物，但食品受热的同时，也难免会带来营养成分破坏、褐变等品质下降的变化。大量的试验表明，采用高温短时杀菌时，微生物致死速率的加快远比对食品品质的破坏快得多。因此，采用高温短时杀菌比一般加热杀菌更有效，食品品质也更好。高温短时杀菌一般是指采用120℃以上的温度及加热时间为数秒钟到数分钟的杀菌，有关设备介绍如下。

1. 火焰连续杀菌设备

火焰连续杀菌设备特别适用于蘑菇、玉米、青豆、胡萝卜等蔬菜罐头的杀菌。这种设备的热源不用蒸汽，而是用特制燃烧器或直接火焰对罐头进行加热杀菌。燃料可用煤气、丁烷、丙烷等。图9-25为这种杀菌设备的结构示意图。

杀菌时，罐头以164罐/min的速度由推杆送入火焰杀菌设备，首先通过机组头部的常压蒸汽室段，使内容物在4min内预热至95℃。随后罐头滚过5组燃烧器，火焰温度为1000℃；使内容物在4min内升温至124℃。接着通过另外4组燃烧器使其在124℃下保温4min，保温燃烧器上的火焰间隔比升温燃烧器的较远，以能供给一定热量维持杀菌温度即可。同时，当罐头通过加热面时，内容物受到更迭的热脉冲，提高微生物的致死率。

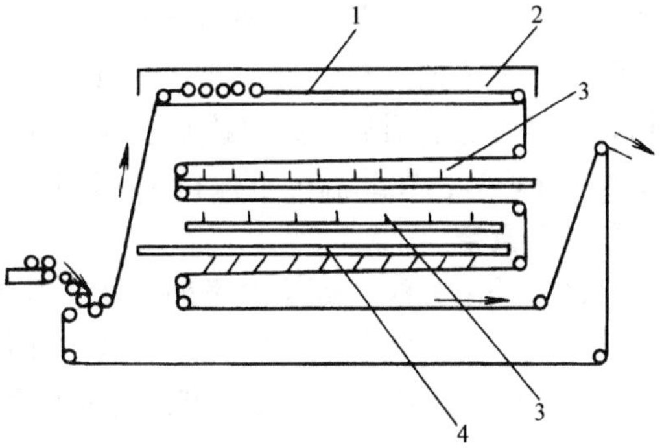

图9-25　火焰连续杀菌设备

1—链带式输送带　2—蒸汽室　3—火焰　4—喷水器

罐头最后被送至喷水冷却段，使内容物在4min内冷却到43℃。蘑菇罐头用一般高压锅杀菌时共需26min，而火焰杀菌法仅需16min，大大缩短了杀菌过程的时间，保证了产品的质量和提高了劳动生产率。火焰温度是由自控系统控制，罐头在杀菌过程中是滚动的，其滚动速度对产品杀菌有一定影响，一般以10～22r/min为宜。虽然火焰直接加热罐头，但由于传热速度快，时间短，对彩印罐不会损伤外观。

火焰连续杀菌设备无密封装置，结构简单，体积小，投资不高，效率很高，但由于没有外压，对有些产品不适用。由于粘稠性产品的流动性差，在高温下罐头内壁周围的产品容易发生焦糊，因而不适用于粘稠状及无汁液的罐头食品。

2. 软罐头连续超高温杀菌设备

软罐头食品的杀菌条件一般是120℃、30min。为了得到高质量及品种多样化的软罐头，日本研究成了软罐头高温和超高温杀菌技术和设备，软罐头高温杀菌温度为135℃，时间为5～10min；软罐头超高温杀菌温度为150℃，时间为2min，在高温和超高温杀菌条件下，对包装袋的要求更高。我国不少食品厂已有此类设备。

软罐头连续超高温杀菌机的结构如图9-26所示。整个设备分为外部水槽、特殊水封阀及锅体三个部分。锅体内部有链带输送机，以规定的水界为界线，上方充满蒸汽，下方为冷却水，分别形成杀菌区和冷却区，水封阀浸没在水中。

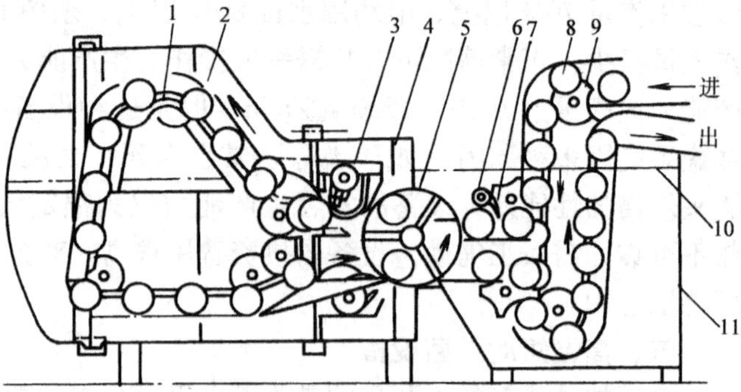

图9-26 软罐头连续高温杀菌机示意图

1—传输带 2—蒸汽杀菌室 3—传送杆 4—外壳 5—水封阀转子 6—喂入杆 7—回转板 8—载盘器 9—载盘器喂入传输带 10—水面 11—水槽

这种杀菌机的杀菌时间为20s～10min。当杀菌时间为20s至1min时，每分钟可处理标准尺寸（130mm×170mm）的软罐头75袋，当杀菌时间超过1min时，设备杀菌处理能力则降低。

3. 真空杀菌设备

这种设备用于蔬菜类罐头的高温短时杀菌，将排气和杀菌合为一个工序，加热方式采用火焰直接对罐头加热。操作时，先在罐头容器内注入少量食盐水（约占空罐容积的1%～4%），然后装入产品，经预封后送入设备的预热部分，在这里以倾斜状态作回转运动，并同时受到火焰的加热，使罐头内的水分快速蒸发，将气体排出罐外，预热时间一般为3～5min，然后趁热封罐。并将罐头横放送入杀菌部分，进行急速加热，在1～2min内使罐内温度达到130℃，在此温度下保持1～5min后离开杀菌部分，进入冷却段以冷水喷淋冷却，罐内形成高真空度。

这种杀菌方法在罐头内添加的盐水量少，罐头重量较常规方法轻33%。因罐内汁液少，转移到盐水中的蔬菜成分较少，有利于保持蔬菜的风味，同时罐内可获得一般方法达不到的80～93.3kPa真空度，提高了产品的质量和延长了产品保存期。

第六节 微波与欧姆杀菌机械与设备

1. 微波杀菌装置

在食品的杀菌上，对于高粘度的液体和固体食品，由于完全不存在热对流现象，传热完全依赖于热的传导方式。因此，食品中心部位的升温速度很慢，而色香味、营养成分和口感等质量指标却因受长时间的加热和受热过度而发生难以避免的变化，致使质量降低。为了解决长时间加热的问题，国外有的国家应用微波高温杀菌装置对高粘度液体食品和软罐头进行杀菌，取得了成功。国内亦有不少厂家都生产微波杀菌设备，品种、型号较多，特别以多管微波杀菌设备引人瞩目。

(1) 微波杀菌的原理　微波加热的原理在第八章中已有介绍，这里不在重复。但微波的非热效果（本身对生理的作用）也能对发育的霉菌孢子进行杀灭。

(2) 高粘度液体食品的管式微波高温杀菌装置　该装置的结构示意图如图 9-27 所示。这是一种适用于处理高粘度物料的连续杀菌装置。该装置由料斗供给液体食品物料，通过定量泵加压传送到微波照射部后，利用微波使温度升高到规定的温度。然后，根据需要，用保温管使食品在杀菌温度下杀菌。照射杀菌部选用相当的材质及设计合适的搅拌机构，保证物料不因粘带而阻塞，从而防止了过度的加热现象。最后，在冷却管中冷却后被送出装置。

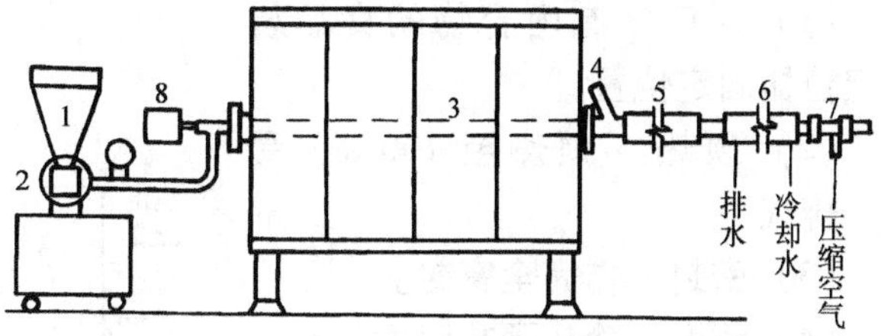

图 9-27　管式微波高温杀菌装置结构

1—料斗　2—定量泵　3—微波照射部　4—测定温度部

5—保温管　6—冷却管　7—调压部　8—搅拌器

在杀菌工艺上，使用与不使用保温管时的温度控制如图 9-28 所示。杀菌温度可定至 140℃，杀菌时间可在数十秒钟至数分钟之间选定，杀菌温度误差为 ±2℃以内，不会产生焦糊现象。在使用范围内，适用于多品种、小批量的食品生产。

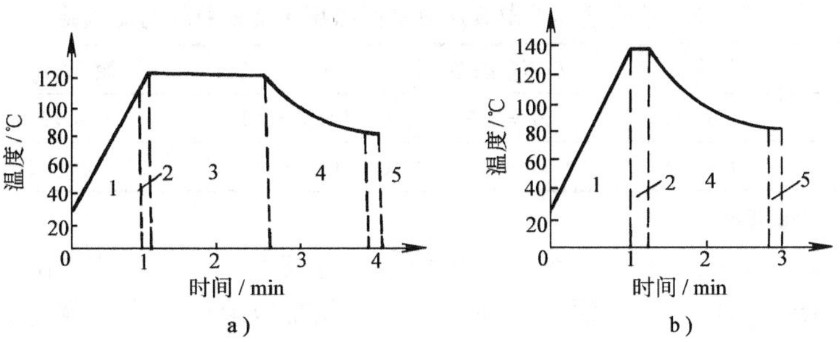

图 9-28　使用与不使用保温管的温度控制

a) 使用保温管　b) 不使用保温管

1—微波加热部　2—测定温度部　3—温度控制部　4—冷却部　5—调压部

在使用范围上，可处理的物料有如下几类：

1) 酱料：番茄酱、调味汁类、果酱、馅、豆酱、糊膏类等。

2) 调制食品：咖喱、炖焖食品、汤类、婴儿食品、豆腐渣、芝麻豆腐等。

3) 饮料：咖啡、红茶、甜酒等。

4) 甜食：布丁、果冻、鲜奶油等。

5) 其他：各种液体医药品、化妆品等。

(3) 固体食品的微波高温杀菌装置　所谓的固体食品是指已装入包装容器的食品。微波杀菌用的容器只能使用玻璃、塑料薄膜等非金属类型的容器，由于金属表面引起微波反射，而达不到杀菌的目的，故不能使用金属容器。食品充填入容器后，杀菌过程一般分两个阶段进行加热，即预热及充分排气后密封；预热后升温，进行高温杀菌。该装置的结构示意图如图9-29所示。整个装置由下面几个部分组成：

（1）入口 有内容物的食品袋由定位器固定位置。

（2）预热 预热至100℃，受热，排气。

（3）密封 作完全密封。

（4）测温 确认预热温度。

（5）加热 食品在杀菌温度下迅速加热杀菌。

（6）保温 保持杀菌温度。

（7）测温 确认杀菌状况。

（8）冷却 用水或空气进行充分冷却。

（9）测温 确认冷却温度。

（10）出口 由定位器上取出成品。

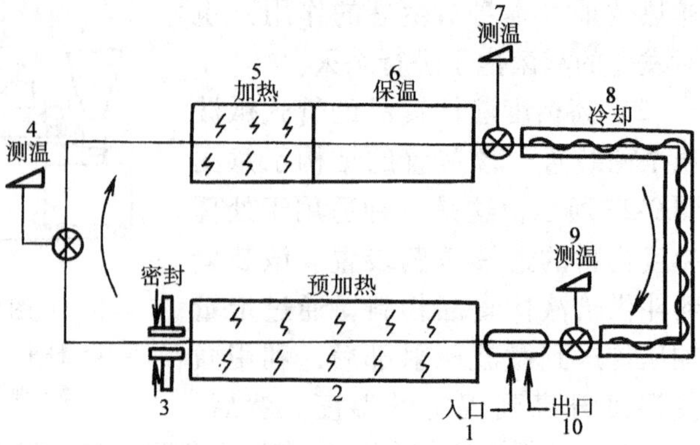

图9-29 固体食品的微波高温杀菌装置

有资料介绍，用模拟食品接种耐热性细菌的孢子10^{-6}～10^{-7}g，加水后，在*Fo*为5.5条件下分别进行微波加热杀菌和高压釜杀菌的对比试验，结果见表9-2。

表9-2 不同条件下微波加热杀菌和高压釜杀菌的对比试验

试　样	微波杀菌	高压釜杀菌	试　样	微波杀菌	高压釜杀菌
A. 液体	*Fo*=5.4	*Fo*=5.5	C. 固:液=2:1	*Fo*=9.8	*Fo*=1.0
B. 固体	*Fo*=10.4	*Fo*=1.1	D. 固:液=1:1	*Fo*=11.0	*Fo*=0.9

注：表中*Fo*表示杀菌程度。

从试验结果看，对固体物料的杀菌，两种方法有较大的差异。这是由于固体物料在高压釜中杀菌时，热传导不良，中心温度升高很慢，因此难以取得令人满意的杀菌效果。但当采用微波杀菌时，由于感应电的差异，使固体物料的温度与水温一样能很快上升。因此，无论是固体物料还是固体与液体的混合物，都能取得充分而又稳定的杀菌效果。该装置可应用于猪排、大虾、墨鱼及汉堡包的杀菌等。

目前由国内研制开发的多管微波杀菌设备与传统的单管大功率微波杀菌设备相比，在杀菌的均匀性、生产效率有一定的优势，使用与维修亦比较方便。主要应用范围如下：

1）杀菌保鲜：豆奶粉、麦片、玉米片、芝麻糊调料、酱菜、肉类、茶叶、花粉等。

2）干果烤制：瓜子、花生、板栗、薄皮核桃等。

3）液体杀菌：牛奶、果茶、中西药饮剂、营养液、饮料、调味品等。

4）小包装杀菌：卤菜、豆腐干、鱼片、牛肉干、梅子、无花果等。

5）真空及真空冷冻干燥：脱水蔬菜、活性参、海鲜、热敏性食品。

6）干燥脱水：中药材、药丸、香精香料、木板树、包装材料、饲料、化工原料等。

7）农副产品深加工：花生脱皮、大豆脱腥、水果膨化等。

8）微波萃取：加速萃取溶解速度，提高萃取率。

国产多管微波杀菌设备外形图如图9-30所示。

2. 欧姆杀菌设备

（1）欧姆杀菌的基本原理　欧姆杀菌是采用通入电流使食品内部产生热量，达到杀菌的目的。运用常规热杀菌的方法，对带颗粒食品的杀菌是采用管式或刮板式换热器进行间接热交换，其过程速率取决于传导、对流或辐射的换热条件。要使固体颗粒内部达到杀菌温度，其周围液体部分必须过热，这势必导致含颗粒食品杀菌后质地软烂、外形改变，影响产品品质。而采用欧姆加热，则使颗粒的加热速率与液体的加热速率相接近成为可能，并可获得比常规方法更快的颗粒加热速率（约1～2℃/s），因而可缩短加热时间，得到高品质产品。

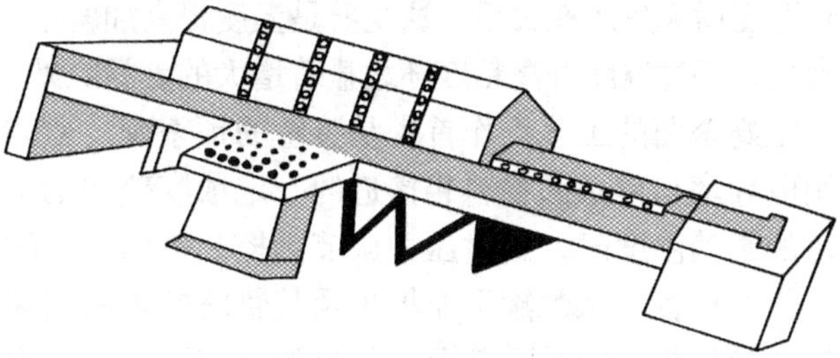

图9-30　多管微波杀菌设备外形图

欧姆加热是利用电极，将50～60Hz的低频交流电流直接导入食品，由食品本身介电性质所产生的热量，而达到直接杀菌的目的。

物料内部产生热量必将引起介质温度的变化。温度变化除了与电学性质有关外，还与下列热学性质有关：①物料的密度ρ和比热容c；②物料的热导率λ。

（2）欧姆杀菌装置和操作　欧姆杀菌装置系统主要由泵、柱式欧姆加热器、保温管、控制仪表等组成，如图9-31所示。其中最重要的部分是由4个以上电极室组成柱式欧姆加热器（图9-32）。电极室由聚四氟乙烯固体块切削而成并包以不锈钢外壳，每个极室内有一个单独的悬臂电极。电极室之间用绝缘衬里的不锈钢管连接。可用作衬里的材料有聚偏二氟乙烯（PVDF）、聚醚醚酮（PEEK）和玻璃。

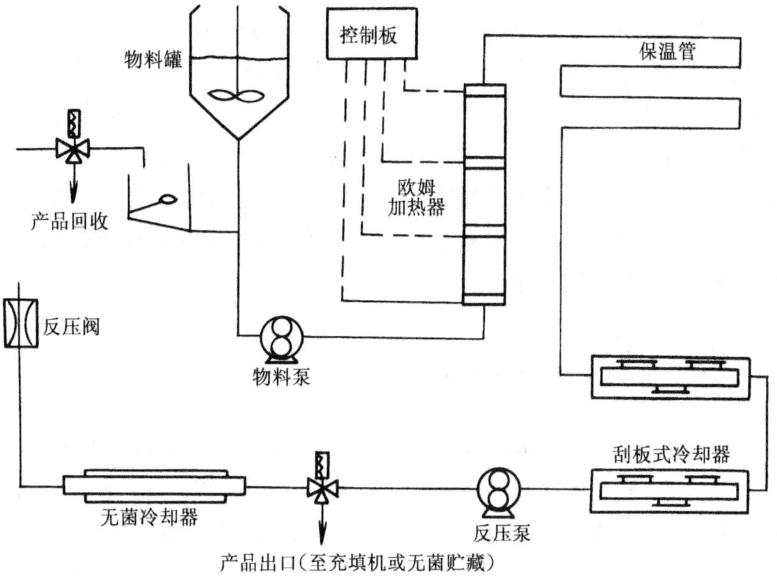

图9-31　欧姆加热器的加热装置流程示意图

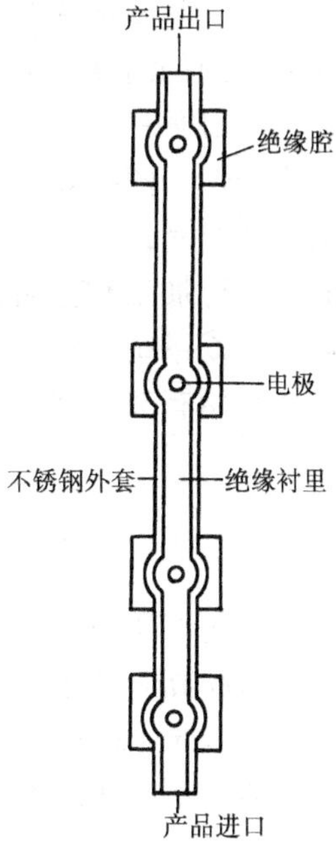

图9-32　欧姆加热器示意图

欧姆加热柱以垂直或近乎垂直的方式安装，待杀菌物料自下而上流动，加热器顶端的出口阀始终充满物料。加热柱以每个加热区具有相同阻抗的方式配置，沿出口方向，相互连接管的长度逐段增加。这是由于食品的电导率通常随温度的升高而增大。实际上，离子型水溶液电导率随温度增大呈线性关系。这主要是温度提高加剧了离子运动的缘故。这一规律同样适用于多数食品，不过温度升高粘度随之显著增大的食品除外，例如含有未糊化淀粉的物料。

欧姆杀菌的工艺操作首先是装置的预杀菌。欧姆加热组件、保温管和冷却管的预杀菌，是用电导率与待杀菌物料相接近的一定浓度硫酸钠水溶液循环来实现的。当电流的通入达到一定的杀菌温度时，通过压力调节阀控制杀菌操作的压力。

其他设备，从贮罐至充填机及其管路的杀菌则采用传统的蒸汽杀菌方法。采用电导率与产品电导率相近的杀菌剂溶液的目的是使下一步从设备预杀菌过渡到产品杀菌期间避免电能的大幅度调整，以确保平稳而有效地过渡，且温度波动很小。

一旦装置预杀菌完毕，循环杀菌液上循环管路中的片式换热器进行冷却。当达到稳定状态后，排掉杀菌液，同时将产品引入正位移式料泵的进料斗。在转换期间，利用无菌的空气或氮气，调节收集罐上方的压力，以此对反压进行控制。收集罐用于收集硫酸钠产品的交接部分。一旦收集完交接部分的液体，便将产品转入主杀菌贮罐，该罐上方的压力同样被用来控制系统中的反压。加热高酸食品时，反压维持在0.2MPa，杀菌温度90～95℃，加热低酸食品时，反压维持在0.4MPa，杀菌温度达120～140℃。反压较高是防止食品在欧姆加热器中沸腾所必需的。物料通过欧姆加热组件时被逐渐加热至所需的杀菌温度，然后依次进入保温管、冷却管（管式换热器）和贮罐，供无菌充填。

当生产结束之后，切断电源并用水清洗设备，然后用80℃的体积分数为2%的NaOH水溶液循环清洗30min。因NaOH溶液的电导率很高，不宜用欧姆加热，而用系统中的片式换热器加热。欧姆加热器可装有不同规格电极室和连接管，生产能力可达到3t/h，具体产量视所要求达到的温度而定。实验室研究用的欧姆加热器规格为5kW，50kg/h。

（3）欧姆杀菌产品的品质　与传统罐装食品的杀菌相比，欧姆杀菌可使产品品质在微生物安全性、蒸煮效果及营养、维生素保持方面得到改善。主要优点：①可生产新鲜、味美的大颗粒产品；②能使产品产生高的附加值；③能加热连续流动的产品而不需要任何热交换表面；④可加工对剪切敏感的产品；⑤热量可在产品固体中产生而不需要借助其液体的传导或对流；⑥系统操作平稳；⑦维护费用低；⑧过程易于控制，且可立即起动或停止；⑨加工和包装费用有节约潜力；⑩包装的选择范围较宽。

第七节　超高压杀菌机械与设备

食品超高压技术（Ultra-hidlpressureprocessing，UHP）是当前备受各国重视、广泛研究的一项食品高新技术，它可简称为高压技术（Highpressure Processing，HPP）或高静水压技术（Highhydrostatic Pressure，HHP）。日本、美国、欧洲等国在高压食品的研究和开发方面走在世界前例，1990年4月，高压食品首先在日本诞生。目前，在全球范围内，食品的安全性问题日益突出，消费者要求营养、原汁原味的食品的呼声也很高，高压技术则能顺应这一趋势，它不仅能保证食品在微生物方面的安全，而且能较好地保持食品固有的营养品质、质构、风味、色泽、新鲜程度。利用超高压可以达到杀菌、灭酶和改善食品品质的目的，在食品超高压技术研究领域的一个重要方向即是超高压杀菌。在一些发达国家，高压技术已应用于食品（鳄梨酱、肉类、牡蛎）的低温消毒，而且作为杀菌技术也日趋成熟。

1. 食品超高压杀菌原理

食品超高压杀菌，即将食品物料以某种方式包装完好后，放入液体介质（通常是食用油、甘油、油与水的乳液）中，在100～1000MPa压力下作用一段时间后，使之达到灭菌要求。其基本原理就是压力对微生物的致死作用，主要是通过破坏细胞膜、抑制酶的活性和影响DNA等遗传物质的复制来实现的。

（1）超高压对细胞形态的影响　极高的流体静压会影响细胞的形态。通过电子显微镜观察：细胞内的气体空泡在0.6MPa压力下会破裂。在30～45MPa压力下，能使假单胞菌菌株的形态发生外形变长、脱离细胞质膜、无膜结构细胞壁变厚。较大的细胞胞壁的机械断裂而松解，200MPa的压力可使细胞壁受到破坏。细胞浆中海绵状或网状结构的光亮区和核蛋白体数目减少。

（2）超高压引起酶类的变性　一般来说，100～300MPa压力引起的酶变性是可逆的，而超过300MPa引起的变性则是不可逆的。酶的高压失活的主要机制是：破坏了分子内部结构，改变了活性部位上构象。

2. 超高压对食品中营养成分的影响

传统的食品杀菌方法主要采用加热法，对食品会产生三种形式的破坏，一是食品中热敏性的营养成分易被破坏；二是热加工加剧了褐变反应，造成产品色泽的不佳；三是造成食品中挥发性的风味物质的损失。采用超高压技术处理食品，可以在灭菌的同时，较好地保持食品原有的色、香、味及营养成分。超高压对食品中营养成分的影响主要表现在以下几方面。

（1）超高压对蛋白质的影响　高压使蛋白质变性。其原因是由于高压使蛋白质原有结构伸展，导致蛋白质体积的改变，利于人体的消化吸收。酶是蛋白质，高压处理对食品中酶的活性也是有影响的。例如，在对甲壳类水产品进行高压处理时，高压使水产品中的蛋白酶、酪氨酸酶等失活，减缓了酶促褐变及降解反应。但是，压力也具有增强酶活力的作用。例如，切片的土豆，苹果和洋梨在压力较低时，可激活组织中的多酚氧化酶，导致褐变发生。若加压到400MPa以上，则酶的活性逐渐丧失，与迅速加热使酶失活一样。加压速率提高同样能达到快速钝化酶的目的。使蛋白质发生变性的压力大小依不同的物料及微生物特性而定，通常在100～600MPa范围内。

（2）超高压对淀粉及糖类的影响　高压能使淀粉分子的长链断裂，分子结构改变，淀粉变性。如淀粉在常温下加压到400～600MPa，即发生糊化而呈不透明的粘稠糊状物，吸水量亦发生改变。

（3）超高压对油脂的影响　食品中的油脂类耐压低，常温下加压到100～200MPa，即变成固体而解除压力后则恢复到原状。另外，高压处理对油脂的氧化有一定的影响。

（4）超高压对食品中其他成分的影响　高压对食品中的风味物质、维生素、色素及各种小分子物质的天然结构几乎没有影响。例如，在生产草莓等果酱时，可保持鲜果的特有风味、色泽及营养。在柑橘类果汁的生产中，加压处理不影响其营养价值和感官质量，还可以避免因热加工产生的异味，同时还可抑制榨汁后果汁中苦味物质的生成，产品具有原汁原味。

（5）影响超高压杀菌效果的某些因素　加工过程中的压力大小和加压时间、施压方式、处理温度、微生物种类、食物本身的组成和添加物、pH值、水分活度等等都会对超高压杀菌效果造成影响。

3. 超高压杀菌设备介绍

（1）超高压杀菌设备的分类　在食品加工中采用超高压处理技术，性能可靠的超高压设备至关重要。目前，适用于工业生产规模的高压设备已经问世。

超高压按加压方式分有直接加压式和间接加压式两类。图 9-33 所示为两种加压方式的装置构成示意图。图 9-33a 为直接加压方式的高压处理装置，高压容器与加压装置分离，用增压机产生高压水，然后通过高压配管将高压水送至高压容器，使物料受到高压处理。图 9-33b 为间接加压式高压处理装置，高压容器与加压气缸呈上下配置，在加压气缸向上的冲程运动中，活塞将容器内的压力介质压缩产生高压，使物料受到高压处理。

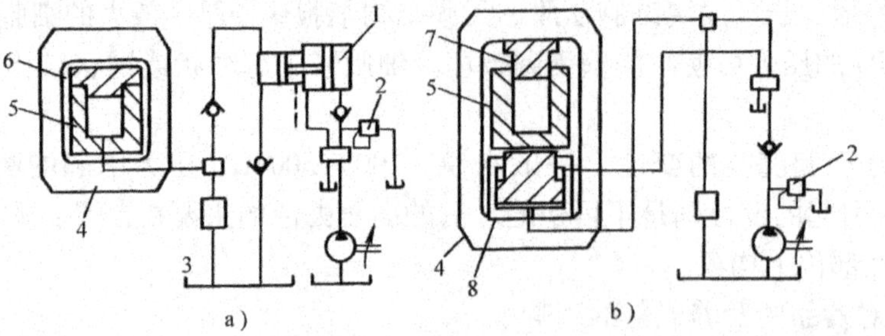

图 9-33　直接加压方式和间接加压方式示意图

a）直接加压方式　b）间接加压方式

1—增压机　2—液压装置　3—压媒槽　4—框架　5—高压容器　6—上盖　7—活塞　8—加压气缸

按高压容器的放置位置分为立式和卧式两种。生产上使用的立式超高压处理设备如图 9-34 所示，立式的占地面积小，但物料的装卸需专门装置。与此相反，使用卧式超高压处理设备（图 9-35），物料的进出较为方便，但占地面积较大。

（2）超高压杀菌设备组成　超高压杀菌设备主要由高压容器、加压装置及其辅助装置构成。

1）高压容器：食品的高压处理要求数百兆帕乃至上千兆帕的压力，所以压力容器的制造是关键。通常压力容器为圆筒形，材料为高强度不锈钢，为了达到必需的耐压强度，容器的器壁很厚，这使设备相当笨重，最近有改进型高压容器产生，如图 9-36 所示，在容器外部加装线圈强化结构。这与单层容器相比，线圈强化结构不但安全可靠，而且实现了装置轻量化。

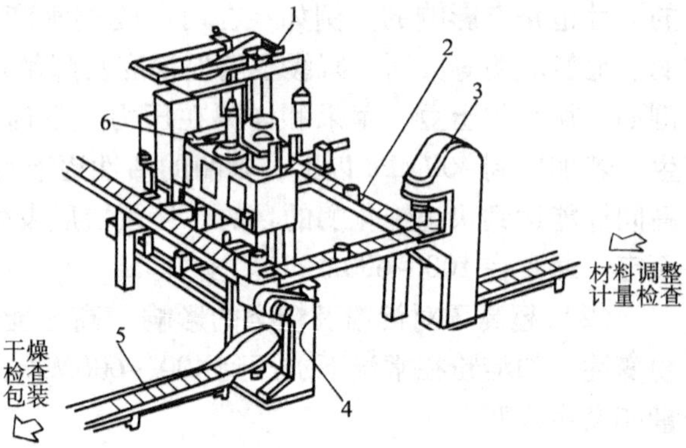

图 9-34　立式超高压处理装置示意图

1—装卸搬运装置　2—滚轮输送带　3—投入装置
4—拉出装置　5—带式输送带　6—高压容器

2）辅助装置：高压处理装置系统中还有许多其他辅助装置，如图 9-37 所示。辅助装置主要包括：①高压泵。不论是直接加压方式还是间接加压方式，均需采用油压装置产生所需高压。前者还需高压配管，后者则还需加压气缸。②恒温装置。为了提高加压杀菌的作用，可采用温度与压力共同作用的方式。为了保持一定温度，在高压容器外作了夹套结构，并通过一定温度的循环水。另外，压力介质也需保持一定温度。因为高压处理时，压力介质的温度也会随升压或减压而发生变化，温度的控制直接关系到食品的品质。③测量仪器。包括热电偶测温计，压力传感器及记录仪，压力和温度等数据可输入计算机进行自动控制。还可设置电视摄像系统，以便直接观察加工过程中物料的组织状态及颜色变化情况。④物料的输入输出装置。由输送带、提升机、机械手等构成。

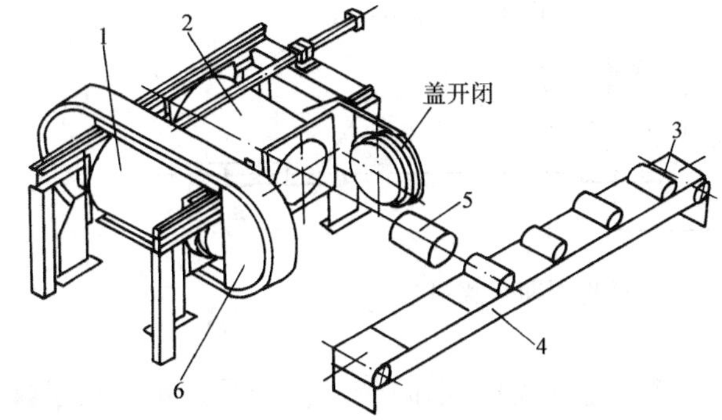

图 9-35 卧式超高压处理装置示意图

1、2—容器 3—处理器 4—输送带

5—密封仓 6—框架

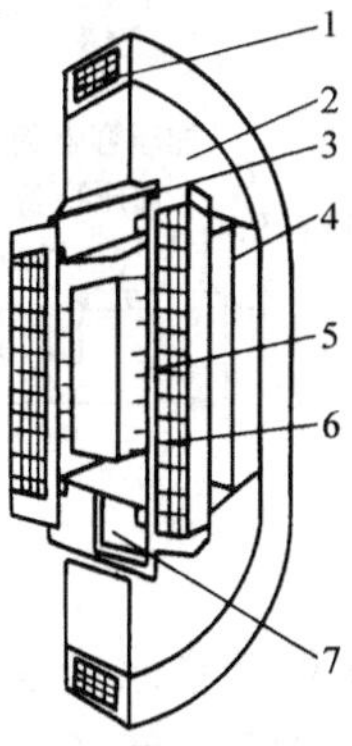

图 9-36 线圈强化压力容器结构示意图

1、7—线圈 2—框架 3—上盖 4—支柱

5—压力容器(圆柱体) 6—下盖

（3）高压杀菌的操作 按操作方式分为间歇式、连续式和半连续式 3 种。由于高压处理的特殊性，连续操作较难实现。目前工业上采用的是间歇式和半连续式两种操作方式。在间歇式生产中，食品加压处理周期如图9-38所示。只有在升压时主驱动装置才工作，这样主驱动装置的开机率很低，浪费了设备投资。因此，在实际生产上将多个高压容器组合使用，这样主驱动装置的运转率可提高，同时提高了生产效率，降低了成本。采用多个高压容器组合后的装置系统，实现了半连续化的生产方式，即在同一时间不同容器内完成从原料充填→加压处理→卸料的加工全过程，提高了设备利用率，缩短了生产周期。设备布置如图 9-39 所示。

4. 高压杀菌的应用举例

（1）高压处理在肉制品加工中的应用 采用高压技术对肉类制品进行加工处理，与常规加工方法相比，经高压处理后的肉制品在柔嫩度、风味、色泽及成熟度方面均得到改善，同时也增加了保存性。例如，

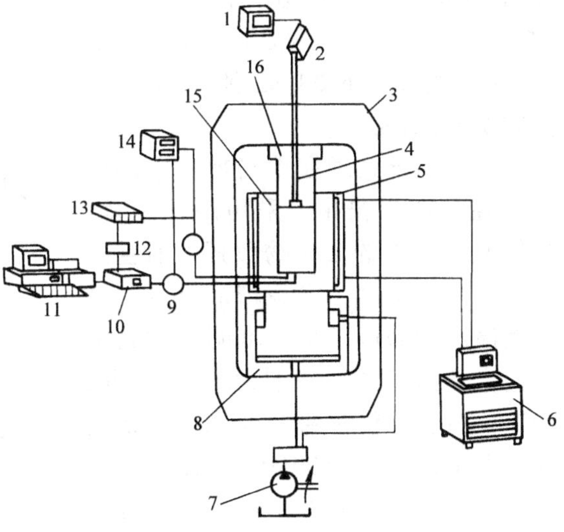

图 9-37 高压处理装置示意图

1—TV 监控器 2—TV 摄像 3—框架 4—光电纤维 5—夹套 6—循环水恒温槽 7—液压泵 8—气缸 9—热电槽 10—接口 11—计算机 12—传感器 13—压力指示器 14—记录器 15—高压容器 16—活塞

对廉价质粗的牛肉进行常温250MPa处理，结果得到嫩化的牛肉制品。用300MPa处理鸡肉10min，结果得到类似于轻微烹饪的组织状态等等。

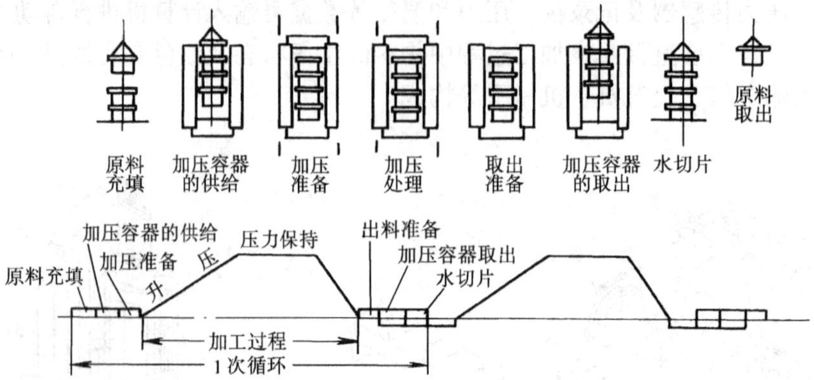

图9-38 食品加压处理周期示意图

（2）高压处理在水产品加工中的应用 水产品的加工不同于其他产品，不仅要求保持水产品原有的风味、色泽，又要具有良好的口感与质地。常规的加热处理、干制处理均不能满足要求。高压处理则可保持水产品原有的色、香、味。水产品在600MPa下处理10min，可使其中的酶完全失活，甲壳类水产品，外观呈红色，内部为白色，并完全呈变性状态，而且减少了细菌数量，保持了原有生鲜味，这对喜食生的水产制品的消费者来说极为重要。高压处理还可增大鱼肉制品的凝胶性，将鱼肉加1%及3%的食盐擂溃，然后制成2.5cm厚的块状，在400MPa下0℃处理10min，鱼糜的凝胶性最强。

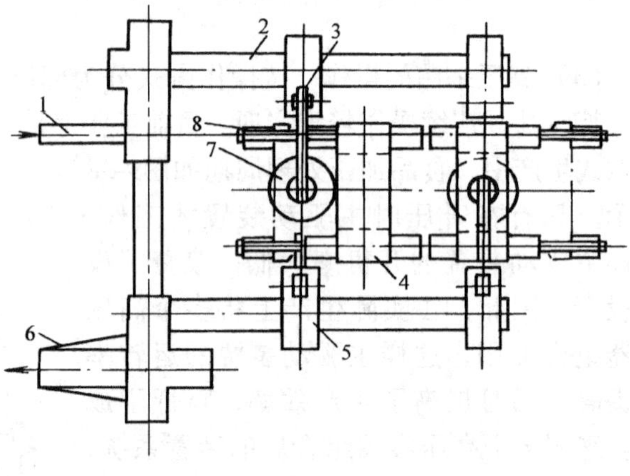

图9-39 固体食品加压处理装置车间平面布置示意图

1—供给线 2—装料输送带 3—装卸搬运装置 4—框架 5—出料输送带 6—排出线 7—高压容器 8—供给装置

（3）高压处理在果酱加工中的应用 在生产果酱中，采用高压杀菌，不仅使水果中的微生物致死，而且还可简化生产工艺，提高产品品质。这方面最成功的例子是日本明治屋食品公司，采用高压杀菌技术生产果酱，如草莓酱、猕猴桃酱和苹果酱，他们在室温下以400～600MPa的压力对软包装密封果酱处理10～30min，所得产品保持了新鲜水果的口味、颜色和风味。

第八节 脉冲电场杀菌技术与应用

用高压脉冲产生的脉冲电场(Pulsed Electric Field，PEF)进行杀菌。其基本原理是使液体食品在电极电压 0 ~ 20kV，电极距离 2 ~ 40mm，电场强度 0 ~ 50kV/cm 的高压脉冲电场下静置或流过，在负向脉冲波峰(Spike)出现时对细菌细胞膜形成一个快速变化的压力，使其结构松散，并与正向脉冲峰(Pulse)协同作用，迅速破坏细胞膜的通透性，从而杀死细菌。是当前最有前途实现工业化应用的冷杀菌方法之一。

一、脉冲电场杀菌设备

1. 脉冲电场杀菌设备

脉冲电场杀菌设备主要有 PEF 间歇处理系统和 PEF 连续处理系统两种，由于 PEF 间歇处理系统需要分批处理，加之处理规模小，作为工业化生产发展空间不大。PEF 连续处理系统，目前已有工业型和试验型产品，国内已有引进，如美国俄亥俄州立大学生产的 OSU-4L PEF system，其基本组成为高压脉冲发生器，PEF 处理室和冷却系统(图9-40)。工艺流程为：液态物料经食品泵送入带有冷却系统的四个串联的 PEF 处理室，在液态物料流动中完成杀菌过程。设备特点为：多处理室串联，每个电极面积减小。制造工艺难度降低，连续处理，工效和可靠性提高，清洗维修、更换电极方便。

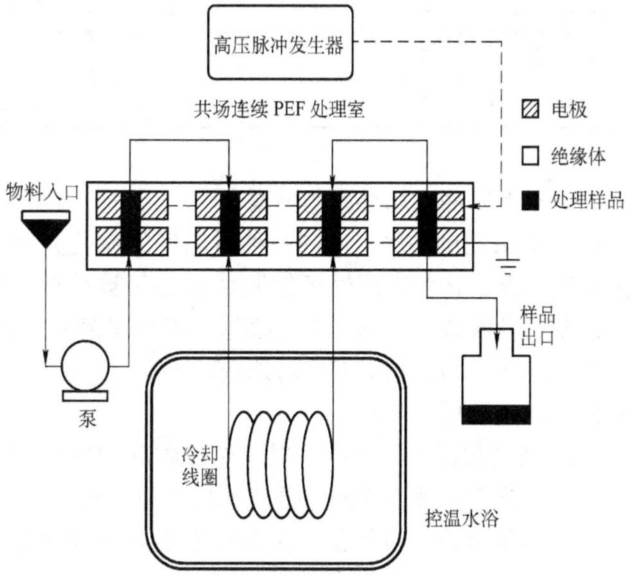

图 9-40　美国俄亥俄州立大学设计的分格式 PEF 连续处理系统

美国俄亥俄州立大学设计的分格式 PEF 连续处理系统的主要参数：

电压：0 ~ 15kV。

峰电流输出：0 ~ 100A。

脉冲极性：单极或双极矩形。

脉冲宽度：0.5 ~ 10μs。

频率：0 ~ 2000Hz。

电极间距：2.9mm。

室容积：50 ~ 200cm^3。

液体食品流速：1.8 ~ 28L/h。

2. 脉冲电场杀菌特点

1）杀菌时间短，处理过程中的能量消耗远小于热处理法。

2）由于在常温、常压下进行，处理后的食品与新鲜食品相比在物理性质、化学性质、营养成分上改变很小，风味、滋味无感觉出来的差异。

3）杀菌效果明显，可达到商业无菌的要求。

4）杀菌时间非常短，不足 1min，通常是几十微秒便可以完成。

表 9-3 为部分液体食品的 PEF 加工条件。

表 9-3 部分液体食品的 PEF 加工条件

食品	电子场/(kV/cm)	脉冲同期	脉冲数量	最初温度/℃	最高处理温度/℃	贮存温度/℃	货架寿命/天
浓缩苹果汁	50	2	10	8.5	45	22~25	28
新鲜苹果汁	50	2	16	8.5	45	4~6	21
生的脱脂牛奶	40	2	20	10.0	50	4~6	14
搅碎的蛋	35	2	10	8.5	45	4~6	28
绿豆汤	35	2	32	22.0	53	4~6	10

二、影响脉冲电场杀菌的因素

(1) 对象菌的种类　不同菌种对电场的承受力有很大的不同。无芽孢细菌较有芽孢细菌更易被杀灭，格兰氏阴性菌较阳性菌易于被杀灭。在其他条件均相同的情况下用电场灭菌，霉菌、乳酸菌、大肠杆菌、酵母菌等不同菌种的存活率由高到低排列。特别需要指出的是，对象菌所处的生长周期也对杀菌效果有一定的影响，处于对数生长期的菌体比处于稳定期的菌体对电场更为敏感。

(2) 菌的数量　研究中发现，对菌数高的样品与菌数低的样品加以同样强度、同样时间的脉冲，前者菌数下降的对数值比后者要多得多。

(3) 电场强度　电场强度在各因素中对杀菌效果影响最明显，增加电场强度对象菌存活率明显下降。

(4) 处理时间　杀菌时间是各次放电释放的脉冲时间的总和。随着杀菌时间的延长，对象菌存活率开始急剧下降，然后平缓，逐渐变平，最后增加杀菌时间亦无多大作用。

(5) 处理时的温度　随着处理温度上升(在 24~60℃范围内)，杀菌效果有所提高，其提高的程度一般在 10 倍以内。

(6) 介质电导率　由于介质的电导率提高，脉冲频率上升，因而脉冲的宽度下降。这样，电容器放电时，脉冲数目不变，即杀菌脉冲时间下降，从而杀菌效果相应下降。介质电导率影响放电时的脉冲强度和脉冲次数，如空气导电，则无脉冲产生。

(7) 脉冲频率　提高脉冲频率，杀菌效果上升。原因是频率提高后，对应于每一次电容器放电来说，具有更多的脉冲数目，因而指数衰减曲线的下降得到减缓。从而保证了更长的杀菌处理时间。

(8) 介质的 pH 值　在正常的 pH 值范围内，对象菌存活率无明显变化。可以认为，pH 与脉冲电场灭菌无增效作用。

三、处理效果

脉冲电场杀菌主要是利用食品的非热物理性质，温升小(一般在 50℃以下)，耗能低。一个 35kV 的处理系统每处理 1mL 液体食品只需 20J 的能量，而对超高温瞬时灭菌热处理系统来说却至少需要 100J 以上的能量。国内邓元修等试验证明脉冲电场对酵母和大肠杆菌的杀灭耗能只有 $1.8 \sim 6.0^6 J/m^3$。据国外资料报道，一个脉冲处理系统的操作费用据估计只有大约 0.4~0.8 美分，并且物料流率可达 1000L/h。

国内外研究人员使用脉冲电场对培养液中的酵母、各类格兰氏阴性菌、格兰氏阳性菌、细菌孢子，以及苹果汁、香蕉汁、菠萝汁、牛奶、蛋清液等进行了大量研究，并取得了良好的结果。研究结果表明抑菌效果可达到4~6个对数周期，其处理时间一般在几个微秒到几个毫秒，最长不超过1s，该处理没有对食品的感官质量造成影响，其货架期一般都可延长4~6周。1997年，陈键在40kV/cm条件下，用50个脉冲处理脱脂乳中的大肠杆菌后，99%大肠杆菌失活。1998年，国内曾新安等对高压交流电场的灭菌效果进行了研究，结果表明在22.5kV/cm的场强处理下乳酸杆菌数降低近6个数量级。MingyuJia在1999年通过SPME—GC连用分析了脉冲处理后的香蕉汁中所含的五种典型香味成分，结果表明脉冲处理后的香蕉汁中五种典型香味成分的含量明显高于热处理后的香蕉汁。YeomHyeWon在2000年不仅通过SPME-GC分析了被处理香蕉汁中的五种典型香味成分外，还进一步分析了VC含量、颜色品质，以及处理后香蕉汁中颗粒大小等，结果表明脉冲处理后的香蕉汁各方面指标均优于热处理后的香蕉汁。总之，脉冲电场杀菌的应用研究在实验室水平上已经取得了可喜成果。但是，由于处理系统电路设计的复杂性使得脉冲电场杀菌系统的造价昂贵，从而限制了这种方法当前的工业化应用。另外，脉冲电场在粘性食品及含固体颗粒食品中杀菌的应用还有待于进一步研究，操作条件还有待于进一步优化。应该说脉冲电场杀菌技术的工业化应用目前还存在着许多困难，但是脉冲电场处理以其优良的处理效果，低廉的操作费用展示出了诱人应用前景，2005年国内已有PEF杀菌的工业化中试设备问世。可以预见：随着脉冲技术的发展和脉冲电场在食品处理中研究的深入，在不久的将来脉冲电场杀菌技术必将被大规模工业化应用。

第九节　辐照杀菌设备与技术

辐照(或辐射)杀菌是利用一定剂量的波长极短的电离射线对食品进行杀菌。在食品杀菌常用的射线有X射线、γ射线和电子射线。X射线由X射线发生器产生。γ射线主要由放射性同位素获得，电子射线主要由电子加速器中获得。常用的放射线同位素有^{60}Co和^{137}Ce。γ射线的穿透力很强，适合于完整食品及各种包装食品的内部杀菌处理。电子射线的穿透力较弱，一般用于小包装食品或冷冻食品的杀菌，特别适用于对食品的表面杀菌处理。

一、辐照杀菌的机理

有关辐照杀菌的机理目前比较认可的观点是：射线辐照对食品中的微生物具有双重作用，一是经高能电子射线照射后微生物细胞间质受发生的电离作用和化学作用；二是微生物体内水分经辐照和发生电离而产生各种游离基和过氧化氢再与细胞内其他物质作用。这两种作用会阻碍微生物细胞内的一切活动，从而导致微生物细胞死亡。

二、辐照杀菌设备

目前国内外使用的辐照杀菌设备基本上由三部分构成：

1）辐照源。包括γ射线辐照源，X射线辐照源和电子束辐照源。

2）设有防护壁的物料照射室。

3）输送装置。包括物料输送装置和辐照源升降装置。辐照源在不使用时，需将辐照源沉入屏蔽水池中，以确保安全。对10^4~10^6Ci的辐照源来说，照射室的屏蔽如用铅需要25~30cm厚，用混凝土(密度2.2g/cm^3)需要150~180cm厚。特别是设备操作人员活动场所的屏蔽墙必须防止射线泄漏。图9-41是宽视野的湿法贮源辐照装置示意图。

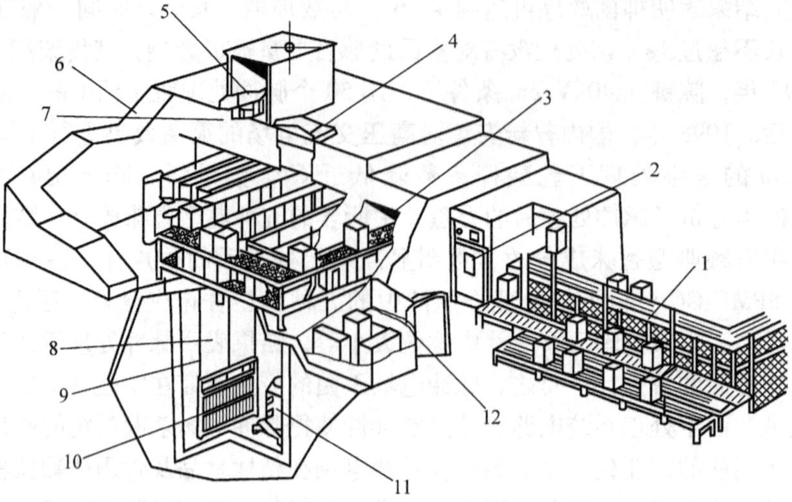

图9-41 宽视野的湿法贮源辐照装置示意图

1—装卸货装置 2—工作人员入口门 3—辐照物料传送带 4—源运输容器入口 5—源的起吊转鼓 6—2m厚混凝土屏蔽 7—源起吊钢索 8—屏蔽水池 9—导向钢索 10—源架（处于安全位置） 11—源运输容器 12—控制台

宽视野的湿法贮源辐照装置的工艺流程为：操作人员进入工作室，开启辐照源起吊装置，使之升入照射室，打开辐照源，启动物料输送系统，开始辐照杀菌处理。

三、食品辐照杀菌技术

1. 有关辐照杀菌的几个概念

（1）放射性强度　放射性强度又称放射性活度，是度量放射性强弱的物理量。

曾采用的单位有：居里(Curie，简写 Ci)，即放射性同位素每秒有 3.7×10^{10} 次核衰变，则它的放射性强度为1居里(Ci)。克镭当量即放射γ射线的放射性同位素(即γ辐照源)和1克镭(密封在0.5mm厚铂滤片内)在同样条件下所起的电离作用相等时，其放射性强度就称为1克镭当量。目前多采用贝可勒尔(Becqurel，简称贝可 Bq)。

1Bq表示放射性同位素每秒有一个原子核衰变。

（2）吸收剂量　被照射物质所吸收的射线的能量称为吸收剂量。其单位有：戈瑞(Gray，简称 Gy)，1Gy 表示 1kg 激发态物质吸收 1J 的能量。另一吸收剂量单位为拉德(rad)。1Gy = 100rad。

（3）照射量　照射量是用来度量X射线或γ射线在空气中电离能力的物理量。

使用的单位有：伦琴(Roentgen，简写 R)和SI库仑/千克($C\cdot kg^{-1}$)。

食品辐照杀菌的目的不同，采用的辐照剂量也不同，完全杀菌的辐照剂量为 25～50kGy，其目的是杀死除芽孢杆菌以外的所有微生物。消毒杀菌的辐照剂量为 1～10kGy，其目的是杀死食品中不产芽孢的病原体和减少微生物污染，延长保藏期。总之，对于不同的微生物，需要控制不同的辐照剂量和电子能量。表9-4为γ辐照线达到各种生物效应所必需的剂量。

表 9-4　γ辐照线达到各种生物效应所必需的剂量

效　应	剂量/Gy	效　应	剂量/Gy
植物和动物的刺激作用	0.01～10	食品辐照选择杀菌	$(1\sim10)\times10^3$
植物诱变育种	10～500	药品和医疗设备的灭菌	$(1.5\sim5)\times10^4$
通过雄性不育法杀虫	50～200	食品阿氏杀菌	$(2\sim6)\times10^4$
抑制发芽(马铃薯、洋葱)	50～400	病毒的失活	$(1\sim15)\times10^4$
杀灭昆虫及虫卵	$250\sim10^3$	酶的失活	$(2\sim10)\times10^4$
辐照巴氏杀菌	$(1\sim10)\times10^3$		

2. 辐照在食品处理上的应用

有关辐照杀菌的几个概念：

（1）耐藏辐照　这种辐照处理主要目的是降低食品中腐败微生物及其他生物数量，延长新鲜食品的后熟期及保藏期(如抑制发芽等)。一般剂量在 5kGy 以下。

（2）辐照巴氏杀菌　这种辐照处理使食品中检测不出特定的无芽孢的致病菌(如沙门氏菌)。所使用的辐照剂量范围为 5～10kGy。

（3）辐照阿氏杀菌　所使用的辐照剂量可以将食品中的微生物减少到零或有限个数。经过这种辐照处理后，食品在无再污染条件下可在正常条件下达到一定的贮存期，剂量范围大于 10kGy。有关辐照在食品处理上的应用见表 9-5。

表 9-5　辐照在食品处理上的应用

辐照的目的与效果			采用剂量/kGy	被辐照食品
辐照生物学效应	控制生长发育	抑制发芽、生根	0.05～0.15	马铃薯、大葱、蒜
		延缓成熟	0.2～0.8	香蕉、木瓜、番茄
		促进成熟	≤1	桃子、柿子
		防止开伞	0.2～0.5	蘑菇、松蘑
		特定成分的积累	≤5	辣椒的类胡萝卜素
	杀虫	杀灭贮藏谷物中害虫	0.1～0.3	大米、麦、杂粮
		杀灭果蝇	≤0.25	橘、橙、芒果
		干制食品的杀螨	0.5～0.7	香辛料、脱水蔬菜
		杀灭寄生虫	0.5	猪肉(旋毛虫)
	杀菌	耐藏辐照杀菌	1～3	禽肉、畜肉及制品、鱼贝类、果蔬
		辐照巴氏杀菌	5～8	畜肉及蛋中的沙门氏菌
		辐照阿氏杀菌	30～50	肉制品、发酵原料、饲料、病人食品
辐照化学效应	改良食品品质	高分子物质变性	≤100	淀粉、蛋白质
		改进食品组织	≤10	干制食品的复水性
		食品品质改善	≤50	酒类的熟化(陈化)
		提高加工适应性	≤50	面粉制面包的加工性
		提高酶的分解性	≤100	发酵原料、饲料

3. 辐照杀菌的效果

水产品、肉制品、蛋类、蜂花粉、果蔬、粮食等经射线辐照后能较长时间保存。肉类制品经预处理后，真空密封包装和冷冻，-40℃辐照，对肉制品无不良影响。经辐照完全杀菌的牛肉、鸡肉、火腿、香肠、鱼虾在常温下皆可贮藏较长时间，若在低氧或无氧条件下处理则贮藏时间更长。蛋类辐照杀菌一般用 10kGy 左右的剂量便可杀灭沙门氏菌，鲜蛋若用 80kGy 的电子射线照射后，涂上聚乙烯醇塑料薄层，于 28～30℃贮存一个多月，好蛋率达

91.0% ~91.3%，蛋液及冰冻蛋液可用γ射线辐照，灭菌效果良好。蜂花粉用1.0kGy的剂量照射，能有效地杀灭花粉中的微生物，花粉的温升也不明显，这对保存花粉的营养成分是十分有好处的。果蔬经辐照后可以保鲜、延长货架寿命。小麦等用1.5~2.5kGy，玉米、高粱用3~15kGy左右的剂量照射可以抑制和杀伤霉菌等微生物的生长繁殖。相信辐照杀菌的应用领域会愈来愈广泛。

4. 电离辐射食品杀菌的特点

优点：

1）杀菌效果显著，一般剂量辐照食品无感官上的明显变化，化学变化也很微小。

2）可精确控制辐照杀菌过程，无有害物质残留。

3）产热少，可保持食品营养。可在冷冻状态下进行处理。

4）可对包装、捆扎好的食品进行杀菌处理，对包装要求不高。

缺点：

1）辐照食品中酶钝化不完全。

2）高剂量辐照的食品，有可能会出现色泽变化。

3）辐射源有泄漏之虞，且投资较大。

第十节 其他食品冷杀菌技术简介

食品冷杀菌技术除了前面介绍的超高压杀菌、脉冲电场杀菌和辐照杀菌外，还有以下几种，以下进行简要介绍。

1. 强磁脉冲杀菌

该技术采用强脉冲磁场的生物效应进行杀菌，在输液管外面，套装有螺旋状线圈，磁脉冲发生器在线圈内产生2~10T的磁场强度。当液体物料通过该段输液管时，其中的细菌即被杀死。该技术具有以下特点：杀菌时间短，效率高。杀菌效果好且温升小，同时保持了食品原有的风味、色香、品质和组分（维生素、氨基酸等）不变，不污染产品，无噪声，适用范围广泛。

2. 磁力杀菌技术

磁力杀菌是将食品放在N极和S极之间，用6T的磁力强度连续摆动，不需要加热，即可达100%的灭菌效果，对食品的成分和风味无任何影响。日本三井公司将食品放在0.6T的磁场中，在常温下48h，达100%灭菌效果。磁场杀菌技术可用于饮料、调味品及各种包装的固体食品的杀菌。目前国内已对水、酸奶等制品进行了磁场杀菌的研究。但是食品中微生物的失活与磁场强度的关系，磁场与食品营养成分变性的关系，磁场能量效率与延长食品货架期的关系，磁场对食品质量的影响和微生物失活机理等等。目前尚不清楚，还有待于进一步研究与探索。利用磁场杀菌技术要求食品材料有较高的电阻率，一般大于$10\Omega \cdot cm^{-1}$，以防材料内部产生涡流效应而导致磁屏蔽。金属包装的食品不能用此法来杀菌。因磁力杀菌对包装材料的要求高，因而限制了其应用范围。

3. 脉冲强光杀菌

脉冲强光杀菌是利用脉冲的强烈白光闪照而使惰性气体灯发出与太阳光谱相近，但强度更强的紫外线至红外线区域光来抑制食品和包装材料表面、固体表面、气体和透明饮料中的微生物的生长繁殖。Juse Dunn 等的研究表明脉冲强光对多数微生物有致死作用。周万龙设计的脉冲强光技术对微生物和钝化酶的效果显著，残余菌数明显减少。枯草芽孢杆菌起始浓度 2×10^5 个/mL 时，输入 190V 电压，闪照间隔为 6s，高压脉冲触发宽度为 20μs，闪照 30 次后，残余菌数为 0。脉冲强光对微生物致死作用明显，可进行彻底杀菌。对不同的食品，不同种类的微生物，需要控制不同的条件。光照脉冲还可钝化液态淀粉酶和蛋白酶，其活力随闪照次数的增加而降低。

4. 紫外线杀菌

紫外线杀菌主要是由于其辐射性能可以破坏有机物的分子结果。微生物受紫外线照射后最容易受影响的是其体内的蛋白质和核酸。尤其是可诱导 DNA 中的胸腺嘧啶二聚体的形成，从而抑制 DNA 的复制和细胞分裂，乃至使其受伤甚至死亡。波长 250～260nm 的紫外线杀菌效果最佳，其杀菌效果比近紫外线（波长 300～400nm）要大 1000 倍以上。不同种类的微生物抗紫外线的能力不一样，酵母菌和丝状菌抗紫外线的能力比细菌强，病毒和细菌的抗紫外线的能力基本相同。

国内外紫外线杀菌的场合主要有食品厂用水的杀菌、液状食品杀菌、固体表面杀菌、食品包装材料杀菌及食品加工车间、设备器具、工作台的杀菌。但在这些场合，对霉菌的杀菌效果较差，常需配合酒精消毒来加强杀菌效果。

由于紫外照射会破坏有机物分子结构，所以会给某些食品的加工带来不利的影响，特别是含脂肪和蛋白质丰富的食品经紫外线照射会促使脂肪氧化、产生异臭，蛋白质变性，食品变色等。此外，食品中所含的有益成分如维生素、叶绿素等易受紫外线照射而分解，因此紫外线照射杀菌的应用受到一定程度的限制。

5. 二氧化钛光催化杀菌

二氧化钛光催化以前用于水解制氢、探讨光电化学理论、有机合成、矿化有机物及临床抗癌实践。二氧化钛光催化杀菌时，当光照射到较大聚集体的 TiO_2 表面时，激发产生光电子和光生空穴对。由于光生电子迁移速度比光生空穴快得多。所以可将光生电子和光生空穴分开。光生空穴有很强的得电子能力，这样产生的光生电子-空穴对与细胸壁、细胞膜以及细胞内组分作用，导致酶失活。另一方面光生电子-空穴对与水或水中溶解氧发生作用形成氢氧自由基，它们与细胞壁、细胞膜或细胞内物质作用，使细胞功能单元失活。目前在食品工业领域中，二氧化钛光催化杀菌技术仅应用于水的处理，其他方面的应用有待于进一步探索。

6. 微波杀菌

微波是频率从 300MHz～300GHz 的电磁波。它与物料直接相互作用，将超高频电磁波转化为热能。微波杀菌是微波热效应和生物效应共同作用的结果。微波对细菌膜断面的电位分布影响细胞周围电子和离子浓度，从而改变细胞膜的通透性能，细菌因此营养不良，不能正常新陈代谢，生长发育受阻碍死亡。从生化角度分析，细菌正常生长和繁殖的核酸（RNA）和脱氧核糖核酸（DNA）是若干氢键紧密连接而成的卷曲大分子，微波导致氢键松弛、断裂和重组，从而诱发遗传基因或染色体畸变，甚至断裂。微波杀菌正是利用电磁场效应和生物效应起到对微生物的杀灭作用。采用微波装置在杀菌温度、杀菌时间、产品品质保持、产品保质期及节能方面都有明显的优势。外国某公司研制的微波室系统，加热温度为 72～85℃，时间为 1～8min、杀菌效果十分理想，特别适用于已包装的面包、果酱、香肠、锅饼、点心以及贮藏中杀灭虫、卵等。微波处理的食品保质期达 6 个月以上。

7. 臭氧杀菌

臭氧氧化力极强，仅次于氟，能迅速分解有害物质，杀菌能力是氯的 600～3 000 倍，其分解后迅速还原成氧气。臭氧技术在欧美、日本等发达国家早就得到广泛应用，是杀菌消毒、污水处理、水质净化、食品贮存、医疗消毒等方面的首选技术。美国华盛顿大学医学研究人员发现，臭氧可以抑制癌细胞的生长；日本石川岛播磨种工业公司证明，臭氧水有望成为最佳的果树杀菌剂，其杀菌效果明显优于次氯酸钠；中国医学科学院研究证明，臭氧可以有效地杀灭链球菌，并且对水中的重金属有分解作用。

试验证明臭氧水是一种广谱杀菌剂，它能在极短时间内有效地杀灭大肠杆菌、蜡杆菌、痢疾杆菌、伤寒杆菌、流脑双球菌等一般病菌以及流感病菌、肝炎病毒等多种微生物。可杀死和氧化鱼、肉、瓜果蔬菜、食品表面能产生异变的各种微生物和果蔬脱离母体后继续进行生命活动的微生物，加速成熟乙烯气体，延长保鲜期。

8. 射流破碎冷杀菌

超高压射流破碎技术作为一种潜在的可替代液态食品热杀菌的杀菌方法，从 1990 年开始受到研究人员的关注。目前的研究多集中于揭示现象、探讨应用方面的研究，分散于牛奶、果汁、微生物等领域。超高压射流破碎杀菌是使液态食品在高压作用下，以高速射流形式瞬间通过阀孔狭隙，微生物受到挤压、摩擦、剪切、空穴、振荡以及膨爆等多重动力作用，导致细胞破碎或损伤从而失去活性。

9. 超声波杀菌

频率在 9～20kHz 以上的超声波，对微生物有破坏作用。它能使微生物细胞内容物受到强烈的振荡而使细胞破坏。一般认为在水溶液内，由于超声波作用，能产生过氧化氢，具有杀菌能力。也有人认为微生物细胞液受高频声波作用时，其中溶解的气体变为小气泡，小气泡的冲击可使细胞破裂，因此，超声波对微生物有一定的杀灭效应。

10. 低温调理杀菌

法国开发了这种特别用于调理菜肴的杀菌技术。他们将菜肴配料混装在袋中，在真空下进行低温调理杀菌，可以避免多次加热杀菌带来的对成品质量的不良影响。近年，日本又开发了低温充气包装杀菌技术，也可应用于某些调理食品。

11. 抗生酶杀菌技术

抗微生物酶在食品中杀菌的开发应用，正在日本、美国受到重视。如带有溶菌酶的壳多糖酶和葡萄糖酶，它们可抑杀革兰氏阳性菌，其作用机理是破坏细胞的细胞膜。目前发现的抗微生物酶有四类：一是使细菌失去新陈代谢作用；二是对细菌产生有毒作用；三是破坏细胞的细胞膜成分；四是钝化其他的酶。这几种酶中，目前已开始使用第三类。

12. 生物保藏

被认为是自然保藏法。利用抵抗微生物或天然杀菌素以控制食品中本身存有致病菌生长以及霉菌毒素原生真菌的生长。这是食品生物技术中趋活跃的研究开发领域之一，很有开发应用前景。

冷杀菌技术作为一种新兴的杀菌技术，已逐渐在食品工业中得到广泛地运用。它不仅克服了传统热力杀菌的不足之处，还能最大限度地保持食品原有的品质以满足消费者需求，使得冷杀菌技术的应用及研究在该科研领域受到密切关注，在食品加工过程中采用冷杀菌技术成为必然的趋势。

第十章

冷冻机械与设备

10

随着社会的发展，人们对冷藏保鲜食品、冷冻食品的需求逐年增加，也促进了食品冷冻机械与设备的发展。食品从生产、贮运到销售均需要低温保鲜，因而构成食品的“冷藏链”。食品冷藏链中的冷冻设备有：食品冷加工装置、食品冷冻冷藏库、食品冷藏运输设备以及食品销售过程中的小型冷库、冷藏陈列柜，直至家用电冰箱等。本章将主要介绍制冷原理与设备、食品冷冻、解冻机械以及食品冷藏链的相关机械设备。

第一节 制冷原理与设备

在食品工业中，制冷主要用于食品冷加工、冷冻冷藏和冷藏运输，使食品能够保持新鲜，满足不同季节市场的销售与分配，并减少生产和分配过程中的食品损耗。制冷装置是食品冷冻冷藏中的主要设备，因此，必须对制冷原理与设备方面的知识有所了解。

一、制冷原理与制冷系统

1. 制冷原理与方法

制冷技术的应用范围非常广泛，从工农业生产到日常生活。制冷技术的应用范围一般可分为三个温区：①低温区（约 -120°C 以下）主要用于气体的液化、分离，超导和宇航等；②中温区（ -120 ~5°C）主要用于食品冷冻冷藏，化工生产和生化制品的生产过程；③高温区（5 ~80°C）主要用于空调、除湿、热泵蒸发和热泵干燥等。制冷温度范围不同，所采取的制冷方式、使用的工质、机器设备及其原理有很大的差别。

食品加工业中所涉及的制冷绝大多数属于中温范围。在该温度范围内，制冷方式大多采用液体汽化时需要吸收大量潜热而实现制冷的。液体汽化制冷主要有液氮汽化式、蒸气压缩式、吸收式和吸附式制冷等。食品冷冻冷藏常用的是蒸气压缩式和液氮汽化式制冷，吸收式和吸附式制冷应用较少。

（1）液氮汽化式制冷　液氮汽化式制冷属于开式液体汽化系统。是将液氮直接喷淋到被冷却物表面，液氮吸收被冷却物的热量后汽化，或将被冷却物沉浸在液氮内降温。这种方式操作简单，初投资低，但制冷剂不能循环再利用，运行费用较大。

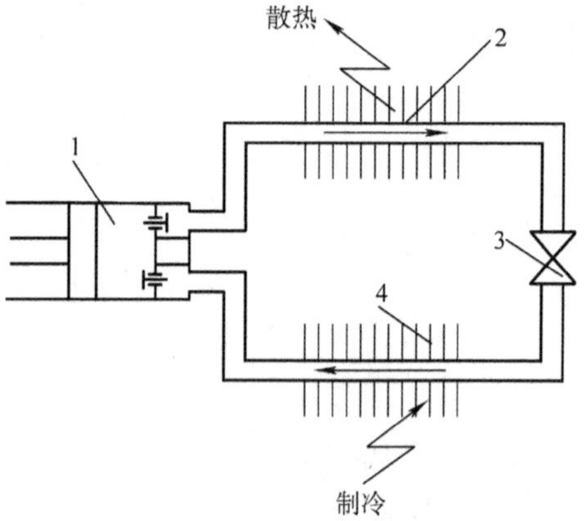

图 10-1 蒸气压缩式制冷系统
1—压缩机 2—冷凝器 3—节流阀 4—蒸发器

（2）蒸气压缩式制冷　蒸气压缩式制冷系统由压缩机、冷凝器、节流阀和蒸发器组成（图 10-1）用管道将其连成一个密封系统。制冷工质在蒸发器内吸收热量并汽化成蒸气，压缩机不断地将蒸汽从蒸发器中抽走，并将其压缩后在高压下排出，该过程需要消耗能量。经压缩的高温、高压蒸气在冷凝器内被常温冷却介质（水或空气）冷却，凝结成高压低温制冷剂液体。再利用节流装置使高压液体节流，节流后的低压、低温制冷剂蒸气进入蒸发器，再次汽化吸收被冷却对象的热量，如此周而复始地完成制冷循环。

（3）吸收式制冷　吸收式制冷是利用某些物质对制冷剂蒸气有很强的吸收能力这一特性来吸收蒸气。如水可以吸收氨蒸气，浓溴化锂溶液可以吸收水蒸气。将一个盛有氨溶液的容器与一个盛有水的容器共置于一个真空的球形罐内，两容器内分别放置温度计测量温度变化，结果发现盛有氨溶液容器的温度不断降低，而盛有水的容器的温度不断升高，这是由于水吸收氨蒸气，使氨溶液不断汽化，汽化时从剩余的氨溶液中吸取汽化潜热所致，同时水吸收氨蒸气是一个放热过程，所以盛有水的容器的温度升高。这里氨是制冷剂，水为吸收剂。利用这一原理工作的制冷机称为吸收式制冷机。

（4）吸附式制冷 吸附式制冷的驱动能源可以是工业废热、太阳能、化学反应热等低温热源。在吸附式制冷机中，制冷剂液体汽化吸收潜热制冷，汽化后的制冷剂蒸气是由对制冷剂蒸气有很强的吸附能力的吸附材料来吸收的，其工作原理同吸收式。常用的吸附材料有沸石、分子筛、活性炭等，常用的制冷剂主要有水、氨和甲醇等。

2. 制冷剂与载冷剂

制冷剂是制冷机中的工作流体，它在制冷机系统中循环流动，通过自身热力状态的循环变化不断与外界发生能量交换，达到制冷的目的。习惯上称制冷剂为制冷工质。

（1）制冷剂的种类及其选用 液体蒸发式制冷机中，制冷剂在要求的低温下蒸发，从被冷却对象中吸取热量；再在较高的温度下凝结，向外界排放热量。所以，只有在工作温度范围能够汽化和凝结的物质才可作为制冷剂使用。

1）制冷剂的种类。常用制冷剂按组成区分，有单一制冷剂和混合物制冷剂。按化学成分分为三类：氟利昂、无机物和碳氢化合物。氟里昂是饱和碳氢化合物的氟、氯、溴衍生物的总称。最早是在第二次世界大战期间由美国杜邦公司以 FREON 作为这种化合物的商标，后来人们习惯上统称这种饱和碳氢化合物的氟、氯、溴衍生物制冷剂为氟利昂。

国际统一规定制冷剂符号由字母“R”和它后面的一组数字或字母组成。字母“R”表示制冷剂（Refrigerant），后面的数字或字母是根据制冷剂的化学组成按一定规则编写。

2）选择制冷剂应考虑的因素。选择制冷剂应考虑到以下几点：

（a）具有环境可接受性。制冷剂的臭氧破坏指数（Ozone Depletion Potential，ODP）、全球变暖潜能值（Global Warming Potential，GWP）和综合温室效应指数（Total Equivalent Warming Impact，TEWI）为零或尽可能小。

（b）热力性质满足指定的使用要求。就是说制冷剂在指定的温度范围进行制冷循环时，循环特性较满意。它包括高压不过高；低压无负压；制冷系数较大。

（c）传热性和流动性。传热性和流动性好可以使制冷机热交换设备的尺寸较小（减少重量和材耗）和保证制冷剂流动中的阻力损失小。

（d）化学稳定性和热稳定性。化学稳定性和热稳定性好，无毒害，无刺激性气味，不燃、不爆或燃爆性很小，使用安全可靠；价格便宜，来源广。

3）几种常用制冷剂

（a）水。水无毒、无味、不燃不爆、来源广，其沸点为 100°C，冰点为 0°C，适用于 0°C以上的制冷温度，是安全而便宜的制冷剂。但水蒸气的比体积大，水的蒸发压力低，因此，水不宜在压缩式制冷机中使用，只适合在吸收式和蒸气喷射式冷水机组中作制冷剂。

（b）氨。氨具有良好的热力性质和热物理性质，价格低廉，易于获得，是最早应用而且目前仍广为使用的制冷剂。国内外大中型冷库多用氨作制冷剂。氨的主要缺点是毒性较大、易燃、易爆，有强烈的刺激性气味。氨蒸气对食品有污染作用，所以在用氨为制冷剂的冷库中，机房与库房应隔开。但由于氨具有强烈刺激性气味，一旦泄漏，易于察觉，所以可提早防范，使用恰当，一般不会发生事故。

（c）氟利昂。已商品化生产的氟利昂价格远高于其他制冷剂。氟利昂在理化性质上具有一定的规律性：含 H 原子多的可燃性强；含 Cl 原子多的，有毒性；含 F 原子多的，化学稳定性好。对臭氧破坏作用大的是氟利昂中含氯原子的物质，CFC 类制冷剂对环境破坏性最强，HCFC 次之，HFC 因不含氯而无破坏作用。国际环保组织决定，对 R11、R12、R13、R115 等 15 种 CFC 物质，到 2010 年完全停止使用。对 34 种 HCFC 物质，包括 R22、R123、R124 等，从 2020 年起开始限制使用。最终作为替代制冷剂的是 HFC，这类制冷剂目前已有 R134a、R404a 和 R407a/b/c。其中 R134a 已替代 R12 用于制冷设备中，使用 R404a 和 R407c 的制冷设备在国内市场上已有新产品。

（2）载冷剂的种类及选用　在制冷系统中，一般多采用直接冷却方式，即利用制冷剂的蒸发直接冷却被冷却对象。但如果被冷却对象远离蒸发器，或者在用冷场所不便于安装蒸发器时，可采用间接冷却方式，即通过中间介质将蒸发器的冷量传给被冷却对象，该中间介质称为载冷剂又称第二制冷剂。采用间接冷却方式的优点：可减小制冷系统的体积，因而减少制冷剂的充灌量；因载冷剂的热容量大，被冷却对象的温度易于保持恒定。缺点：系统比较复杂。

常用的载冷剂有水、盐水溶液和有机物液体。它们适用于不同的载冷温度。各种载冷剂能够载冷的最低温度受其凝固点的限制。水是最适宜的载冷剂，机房的冷水机组中产生出 7°C 左右的冷水，送到建筑物房间的终端制冷设备中，用于房间空调降温。此外，冷水还可以直接喷入空气，实现温度和湿度调节。水的冰点是 0°C，所以只适合于 0°C 以上的用冷场合。盐水溶液的凝固温度比水低，适合于在中、低温制冷装置中载冷。广泛应用的有氯化钙水溶液和氯化钠、氢化镁水溶液。有机载冷剂较多，如甲醇、乙醇和它们的水溶液。甲醇的冰点为 -97°C，乙醇的冰点为 -117°C。可在比盐水溶液更低的温度下载冷。

选择载冷剂时应考虑下列因素：

1）凝固温度应低于最低工作温度，以防冻结，沸点应高于工作温度。

2）安全性要好，无毒、化学性质稳定，不燃不爆，对金属无腐蚀作用。

3）热物性要好，比热容大，密度及粘度宜小，传热性能好，流动阻力较小。

4）价廉易得，便于使用和管理。

3. 制冷系统与制冷循环

根据制冷方法的不同，制冷系统有多种形式。液体汽化制冷的应用最广，它是利用液体汽化时的吸热效应而实现制冷的。液体汽化制冷有蒸气压缩式、吸收式、吸附式等形式。

（1）蒸气压缩式制冷系统　图 10-2 所示为大连三洋压缩机有限公司生产的 MCF-400PJ 型蒸气压缩式制冷机组流程图。系统主

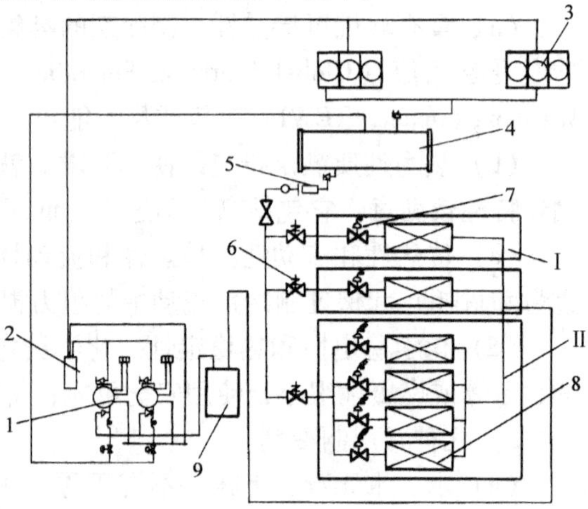

图 10-2　三洋 MCF-400PJ 型蒸气压缩式制冷机组流程图

1—压缩机　2—消声器　3—冷凝器　4—贮液器
5—干燥过滤器　6—电磁阀　7—膨胀阀
8—蒸发器　9—气液分离器
Ⅰ—冷间 1　Ⅱ—冷间 2

要由压缩机、冷凝器、膨胀阀、蒸发器等组成，用管道将其连成一个封闭的系统，制冷工质在蒸发器内与被冷却对象发生热量交换，吸收被冷却对象的热量后汽化。产生的低压蒸气被压缩机吸入，经压缩后以高压排出，压缩过程需要消耗能量，压缩机排出的高温高压气态制冷工质，在冷凝器被常温冷却介质（水或空气）冷却，凝结成高压液化低温的液体，流经膨胀阀时节流，变成低压、低温制冷剂气液混合物，进入蒸发器，其中的低压液体在蒸发器中再次汽化制冷。蒸气压缩式制冷机是应用最广泛的制冷装置。单级活塞式压缩制冷的蒸发温度最低只能达到-40°C，为了达到比较低的蒸发温度，一般采用多级压缩或复叠式制冷机。

（2）吸收式制冷系统 吸收式制冷机与蒸气压缩式制冷机都是利用高压液体制冷剂经膨胀阀降压，在低压下液体汽化吸热来制取冷量。因此，吸收式制冷也具有冷凝器、节流阀和蒸发器，两者的区别是将低压蒸气变为高压蒸气的方法不同。压缩式制冷机是通过压缩机消耗机械功实现的，而吸收式制冷则是通过消耗热能实现的，所以压缩式制冷系统中的压缩机，在吸收式制冷系统中由吸收器、热交换器、发生器及溶液泵的组合来代替。吸收式制冷机有氨吸收式和溴化锂吸收式两种。

1）氨-水吸收式制冷循环。氨-水吸收式制冷机以氨为制冷剂，水为吸收剂。图10-3为氨-水吸收式制冷系统工作流程图。该制冷系统主要由发生器、精馏塔、回流冷凝器、过冷器、节流阀、吸收器、溶液热交换器和溶液泵等组成。氨水浓溶液在精馏塔的提馏段中与发生器中产生的含水氨蒸气接触，进行热、质交换，氨蒸气含量增加，氨溶液含量则降低。然后，溶液下流至发生器，被加热后蒸发。蒸气上升到精馏段时，与来自回流冷凝器的冷凝液接触，自下而上地在每层塔板上重复蒸发和冷凝过程，析出水分，使氨蒸气的纯度不断提高，通过回流冷凝器时，部分氨蒸气被冷凝后回流，其余从塔顶排出，其纯度可达99.8%以上。

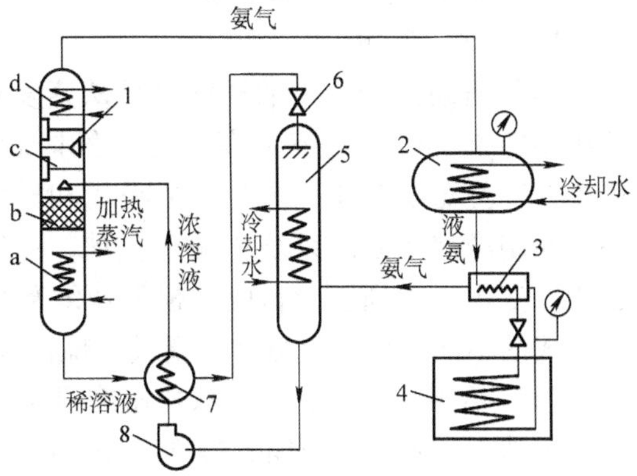

图10-3 氨-水吸收式制冷机工作原理
1—精流塔 2—冷凝器 3—过冷器 4—蒸发器
5—吸收器 6—节流阀 7—溶液热交换器
8—溶液泵 a—发生器 b—提馏段
c—精馏段 d—回流冷凝器

氨蒸气进入冷凝器后被冷凝成液氨，然后进入过冷器被来自蒸发器的氨蒸气冷却，再经节流阀减压后进入蒸发器汽化并吸热，产生制冷效果。氨蒸气经过冷器加热后进入吸收器，被稀溶液吸收，放出的溶解热被冷却水带走。所形成的浓溶液由溶液泵加压后送至溶液热交换器，再进入精馏塔。发生器底部的稀溶液经溶液热交换器预冷后，经节流阀降压进入吸收器下部，向下喷淋时吸收氨蒸气。

加热发生器的热源可以是蒸气或其他热源。氨-水吸收式制冷机的制冷量大，能制取0°C以下的低温。由于氨、水的沸点比较接近，为提高氨气浓度，系统中必须增设精馏塔等设备。整个装置除泵外均为塔、罐等热交换设备，结构简单，便于加工制造，振动、噪声较小，可露天安装，从而降低了建筑费用。制冷剂价格低廉，来源充足，对大气臭氧层无破坏作用。由于它需要精馏塔的结构比较复杂，消耗材料及冷却水量大，热力系数较低，适用于化工、冶金和轻工业中的制冷。

2）溴化锂吸收式制冷系统。溴化锂吸收式制冷系统中水为制冷剂，溴化锂溶液为吸收剂。只能制取高于0°C的冷量。图10-4为溴化锂吸收式制冷机工作流程图。其工作原理为：溴化锂水溶液在发生器2中被加热至沸腾，产生水蒸气进入冷凝器1，被冷却水冷凝成水，经U形管9流入蒸发器3，在低压下汽化吸热，使流经蒸发器的冷媒水得到冷却，获得冷量。发生器中被浓缩的溴化锂溶液经溶液热交换器5预冷后，再进入吸收器4，吸收来自蒸发器3的水蒸气，放出的溶解热由冷却水带走。溶液恢复原来的浓度后，由发生器泵6输送，经过热交换器后进入发生器，重新加热，如此不断循环。吸收器泵7和冷却水泵8是为加强传质、传热，增加喷淋而设立的。该制冷系统的主要特点是：能够利用低势能热能如余热、废热和排热等，因而可大大节约能耗。

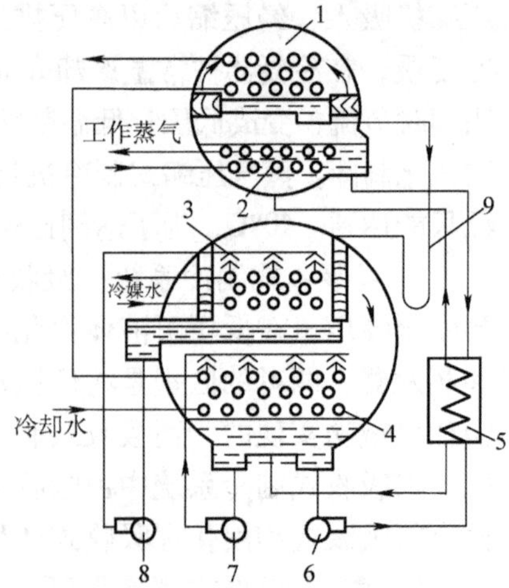

图10-4 溴化锂吸收式制冷系统工作流程图
1—冷凝器 2—发生器 3—蒸发器 4—吸收器 5—溶液热交换器 6—发生器泵 7—吸收器泵 8—冷却水泵 9—U形管

二、制冷系统的主要设备

1. 制冷压缩机

蒸气压缩式制冷中的压缩机是从蒸发器中吸入低温低压制冷剂蒸气，压缩成高温高压气体后送到冷凝器，使其在冷凝器中液化，同时维持吸气和排气两端的压力差，使制冷剂在制冷系统中循环流动，并经其他部件完成相态变化，达到制冷目的。根据压缩部件的形式及运转方式的不同，压缩机分为活塞式、螺杆式、滚动转子式和涡旋式等。

（1）活塞式压缩机 活塞式压缩机主要靠电动机带动连杆，连杆带动活塞在气缸内做往复运动不断吸气、压缩、排气，完成压缩过程。活塞式压缩机按气缸数分类，有单缸、双缸和多缸压缩机；按压缩部分与驱动电动机组合形式分为全封闭式、半封闭式和开启式压缩机。按压缩级数又可分为单级（可制取－40°C以上温度）、双级（可制取－70°C以上温度）和三级压缩机（可制取－110°C以上温度）。食品冷冻冷藏过程中常用的压缩机为制取温度在－40°C以上这一温度范围。食品快速冻结时会用到双级压缩机或三级压缩机。

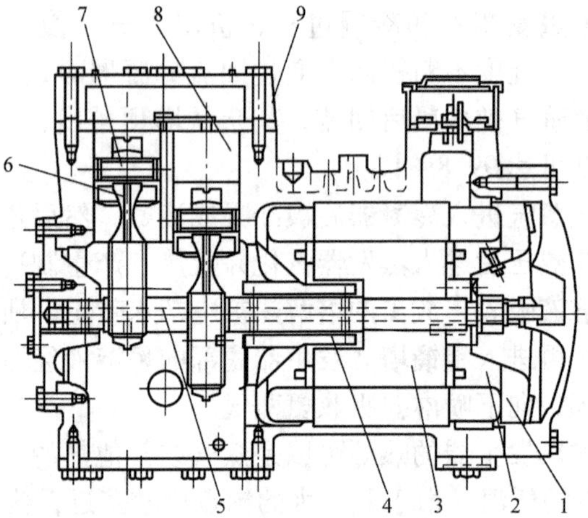

图10-5 半封闭式制冷压缩机
1—机体 2—电机绕组 3—电动机定子 4—电动机转子 5—曲轴 6—连杆 7—活塞 8—气缸 9—阀板

全封闭式活塞压缩机，其压缩机和电动机组成的整体封闭在钢板冲制的机壳内，结构紧凑，可防止轴封泄露，体积和功率较小，多用于冰箱、冷柜和小型冷库等。

大连三洋所生产的活塞式压缩机具

有国际先进水平。图 10-5 所示为大连三洋 CL2 型半封闭活塞式压缩机。半封闭活塞式压缩机的电动机与压缩部件封闭在一个机壳内，机壳部分靠螺栓连接，可拆启。功率范围比全封闭活塞式压缩机大，多用于冷柜、冷库、冷水机组中。

开启活塞式压缩机，其压缩部分与电动机部分分开，各自成一独立体，驱动电动机与压缩部分靠联轴器或传动带连接。振动、噪声较大，安装需有地基。制取冷量范围广，大多用于大型冷库、食品厂等。

新型压缩机的开发和使用，使得活塞式压缩机的应用受到了很大的冲击。但在特殊条件下（例如在环境温度下，单台压缩机制取较低温度）其应用有着不可替代的优势。但由于活塞式压缩机历史悠久、技术成熟，而且在高压缩比条件下，至今仍占据着很大的市场空间。

（2）螺杆式压缩机　螺杆式压缩机结构如图 10-6 所示，主要由阴、阳转子，机体，轴承、轴封、平衡活塞及能量调节装置等组成。其工作原理是由阴、阳转子螺杆的啮合旋转产生容积变化，进行气体的压缩。阴转子的齿沟相当于活塞缸，阳转子相当于活塞。阳转子带动阴转子做回转运动，使阴阳转子间的容积不断变化，完成制冷剂蒸气的吸入、压缩、排出。螺杆式压缩机与活塞式相比其效率高，适应温度范围广，结构简单，易损件少，运行寿命长。制冷量可在 10% ~100% 范围内实现无级调节，在低负荷运行时较经济。但其润滑系统较复杂，油分离器体积较大，运行噪声大。螺杆式压缩机在中等制冷量范围（580 ~ 2300kW）应用得较多。

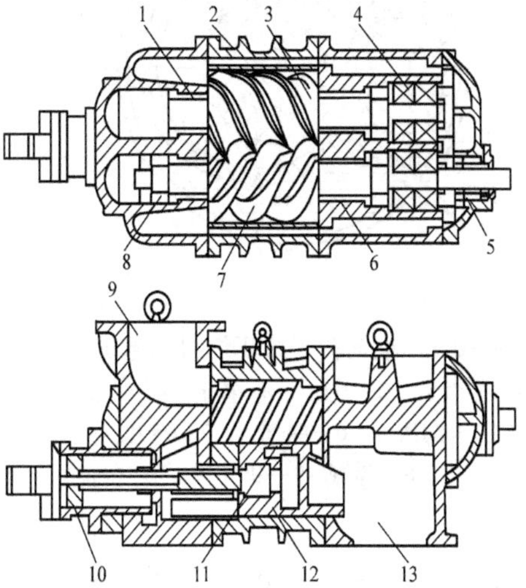

图 10-6　双螺杆制冷压缩机

1、6—滑动轴承　2—机体　3—阴转子　4—推力轴承　5—轴封　7—阳转子　8—平衡活塞　9—吸气孔　10—能量调节用卸载活塞　11—喷油孔　12—卸载滑阀　13—排气口

（3）滚动转子式压缩机　滚动转子式压缩机是利用一个偏心圆筒形转子在气缸内转动来改变工作容积，以实现气体的吸入、压缩和排出。图 10-7 为滚动转子式压缩机结构图。滑片将气缸分成两部分，当转子转动时，与吸气管相通的气缸容积增大，进行吸气，与排气口相连的气缸容积减小进行压缩排气。滚动转子式压缩机结构简单，体积小，重量轻，易损件少，运行比较可靠，效率高。其缺点是：在环境温度高于 43°C 时性能较差，长期运转后效率下降，用于热泵运转时制热量小，损坏后修复困难。多用于冰箱、冷柜、空调。

2. 换热设备

制冷系统中，除了压缩机外，还有一些为完成制冷循环所必需的换热器及其他辅助设备。冷凝器和蒸发器是最主要的换热器。它们传热效果的好坏直接影响制冷机的重量、尺寸和经济性。

（1）冷凝器　在制冷过程中冷凝器起着输出热量并使制冷剂得以冷凝的作用。从压缩机排出的高压高温蒸气进入冷凝器后，将其在工作过程吸收的全部热量传递给周围介质

(水或空气)。制冷剂由高压高温蒸气重新凝结为高压低温液体。根据冷却介质和冷却方式不同，冷凝器可分为水冷式、空冷式和蒸发式三类。

1）水冷式冷凝器。水冷式冷凝器是利用水来吸收制冷剂放出的热量。其特点是传热效率高，结构紧凑，适用于大中型制冷装置。采用这种冷凝器需要有冷却水系统，所以一般水冷冷凝器需附带冷却塔。水冷式冷凝器管壁上结水垢后传热效果会降低，故需要定期清洗。水冷式冷凝器有立式壳管式、卧式壳管式、套管式等几种。其中卧式冷凝器在大中型制冷装置上应用较广，其管内水流速较高，传热系数大，冷却水循环量可比立式冷凝器少，图 10-8 为卧式管壳式冷凝器结构图。

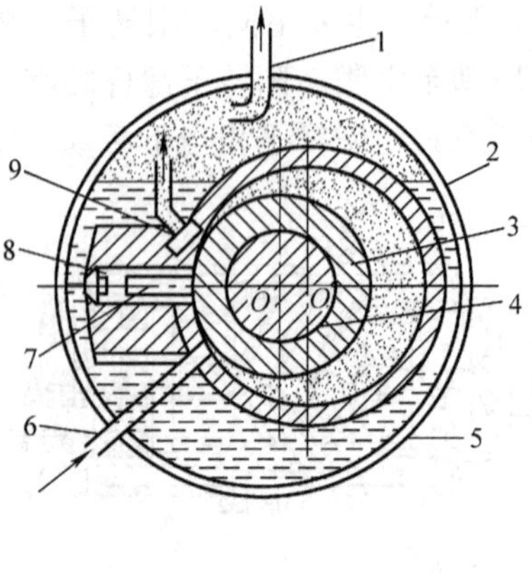

图 10-7 滚动转子式压缩机示意图
1—排气管 2—气缸 3—转子 4—曲轴
5—润滑油 6—吸气管 7—滑片
8—弹簧 9—排气管

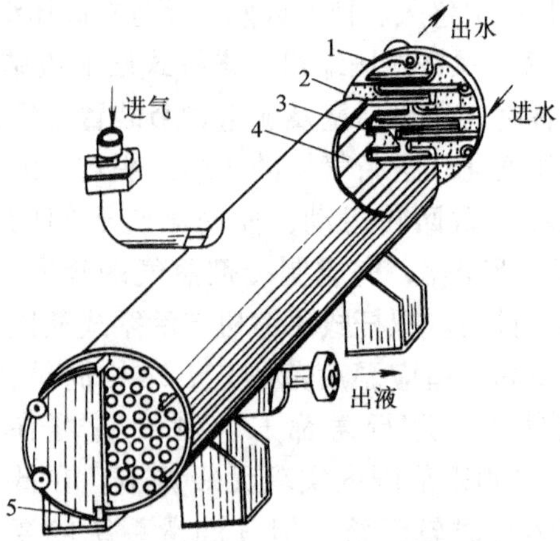

图 10-8 卧式管壳式冷凝器
1—端盖 2—橡胶圈 3—管板
4—冷凝管 5—放水闷头

2）空冷式冷凝器。空气式冷凝器又称风冷冷凝器。制冷剂蒸气冷凝放出的热量是用空气冷却的。使用、安装都比较方便，特别适用于小型制冷装置和缺水地区。空冷式冷凝器可分为空气受迫运动和自然对流两种。前者用于中小型氟利昂制冷设备；后者主要用于冰箱的冷凝器。

空气受迫运动的空冷式冷凝器结构如图 10-9 所示。在风机作用下，使空气横向流过翅片管，氟利昂在翅片管内流动，其液化潜热被带走。这种冷凝器由于使用风机，要消耗电能，但电能消耗量不高。自然对流空气式冷凝器，是依靠空气在冷凝器被加热后自动上升的过程将冷凝器释放的热量带走。这种冷凝器不需要风机，节省能耗，无噪声，但传热系数较低。空气自然对流冷凝器有线管式和板管式两种，如图 10-10 所示。线管式由两面焊有钢丝的蛇形管组成，钢丝与管子互成垂直，并点焊到管壁上。板管式冷凝器是由蛇形管和整块金属板组成，两者焊在一起。

3）蒸发式冷凝器。蒸发式冷凝器的结构如图 10-11 所示，是利用水蒸发时吸收热量而使管内制冷剂蒸气冷凝。制冷剂蒸气由上部进入蛇形盘管，冷凝后的液体从盘管的下部流出，冷却水贮于箱底部水池中并保持一定的水位，水池中的冷却水被水泵送到喷水管，经喷嘴喷淋在传热管的外表面上，形成一层水膜。水膜中部分水吸热后蒸发被空气带走，未蒸发的水仍滴回水池内。为了强化传热效果，冷凝器上装有轴流风机。轴流风机装在侧面的称送风式，装在箱体顶部的称吸风式。蒸发式冷凝器中，水的汽化潜热大，换热效果好。由于顶置式轴流风机处于潮湿气流中，容易被腐蚀，故多采用送风式。蒸发式冷凝器耗水量少，适用于缺水地区。

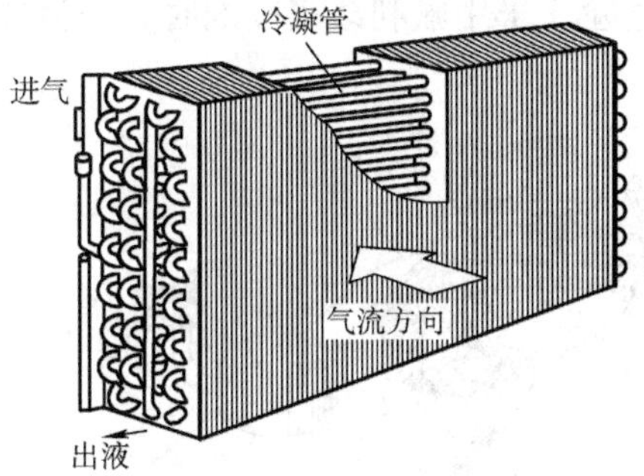

图 10-9　空冷式冷凝器

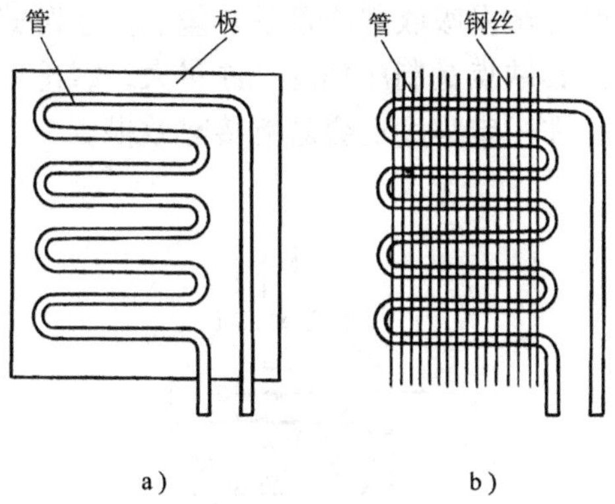

图 10-10　自然对流空冷式冷凝器
a）板管式　b）线管式

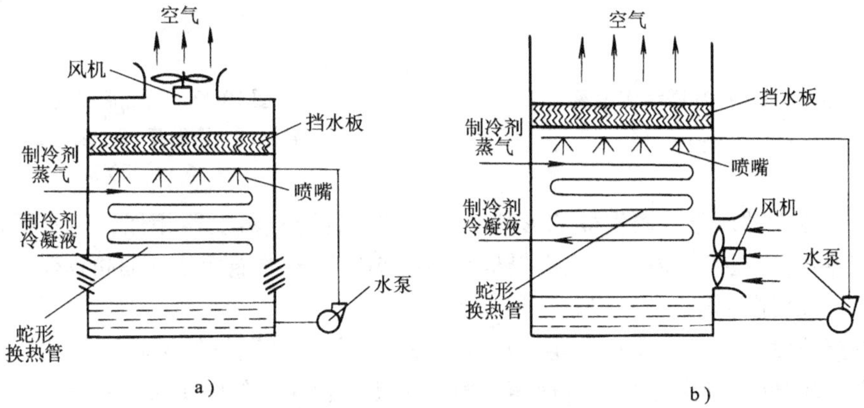

图 10-11　蒸发式冷凝器结构图
a）吸风式　b）送风式

（2）冷却塔　以水冷却的制冷系统，冷却水是循环使用的。冷却水在冷凝器中吸收热量，温度升高，然后被泵送到冷却塔顶部，经喷嘴水被喷淋成细小水滴，往下流经填料时形成水膜，与往上流的空气接触发生热质传递，降温后流到塔底，冷却后的水经水泵输送到冷凝器，开始新的循环。每次循环会因蒸发损失部分冷却水，所以需要定期给冷却塔补充水。冷却塔是与水冷冷凝器配套使用的，图 10-12 为冷却塔结构示意图。

（3）蒸发器　蒸发器是制冷系统中制取冷量和输出冷量的设备。在蒸发器中，制冷剂液体在较低的温度下沸腾，转变为蒸气，并吸收被冷却物或介质的热量。根据被冷却介质的种类不同，蒸发器可分为两大类：冷却液体的蒸发器和冷却空气的蒸发器。常用冷却液体的蒸发器又分为壳管卧式、干式蒸发器等。常用冷却空气的蒸发器又分为直接蒸发式和排管式蒸发器等。

1）壳管卧式蒸发器。壳管卧式蒸发器的外壳是用钢板焊成的圆柱筒体，两端带有管板，管板上扩张或焊接着许多无缝钢管或铜管制成的换热管束。两头端盖内具有隔板，端盖用螺栓联接在壳体上，如图 10-13 所示。载冷剂在换热管内往返多次流动，而制冷剂则在换热管外蒸发吸收载冷剂的热量。壳管卧式蒸发器具有结构简单，体积紧凑，传热性能好等优点。其缺点是制冷剂的充注量大，载冷剂有冻结的危险，采用氟利昂制冷剂时，回流比较困难，在一定程度上会影响传热效果。

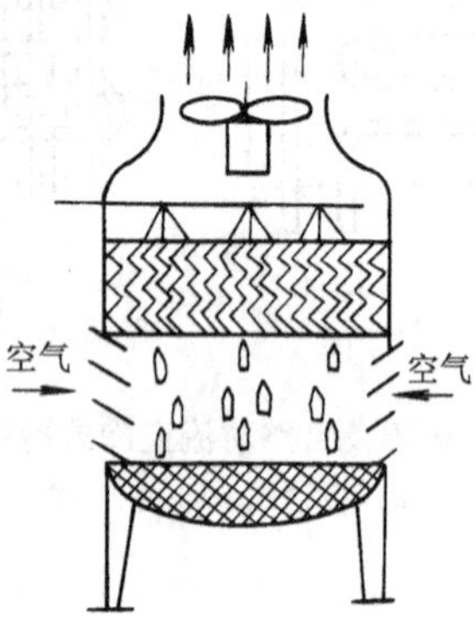

图 10-12 冷却塔结构示意

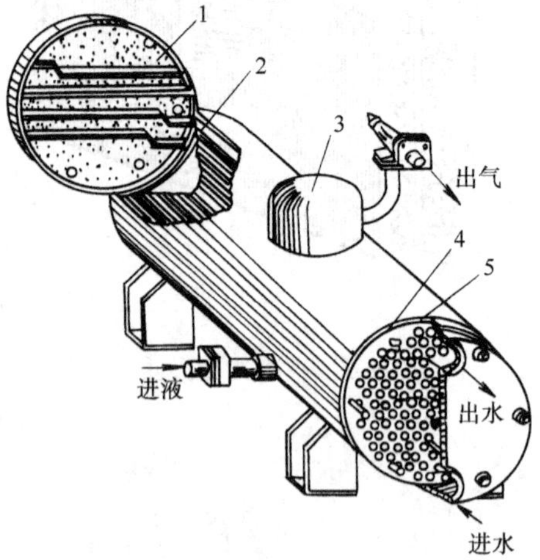

图 10-13 管壳卧式蒸发器

1—端盖 2—蒸发管 3—集气室 4—管板 5—橡胶垫圈

2）干式蒸发器。干式蒸发器的形状和结构与壳管卧式蒸发器相似，所不同的是液态氟利昂在管内沸腾。在筒体内设置几道隔板，载冷剂在管外的隔板之间曲折流动。这种蒸发器比较适用于 R22 制冷剂，它可以解决回流问题。

3）直接蒸发式空气冷却蒸发器。直接蒸发式空气冷却蒸发器又称冷风机，广泛用于空气调节、冷库和低温操作间等。这种蒸发器采用翅片管式，如图 10-14 所示，管内通以氟利昂液体蒸发吸热，管外通以被冷却的空气。这种蒸发器的优点是结构紧凑，占地面积小，冷量损失少；缺点是气密性要求较高，制冷量调节比较困难。

3. 节流装置

节流装置又称膨胀机构，从冷凝器出来的高压制冷剂液体流经膨胀机构后，压力降低，然后进入蒸发器中。膨胀机构除了起节流作用外，还起调节进入蒸发器的制冷剂流量的作用。常用膨胀机构有热力膨胀阀和电子膨胀阀。

（1）热力膨胀阀 热力膨胀阀在氟利昂制冷系统中普遍应用，如风冷式冻结间、制冷装置、冰淇淋保藏箱以及空调装置等。其优点是在蒸发器负荷变化时

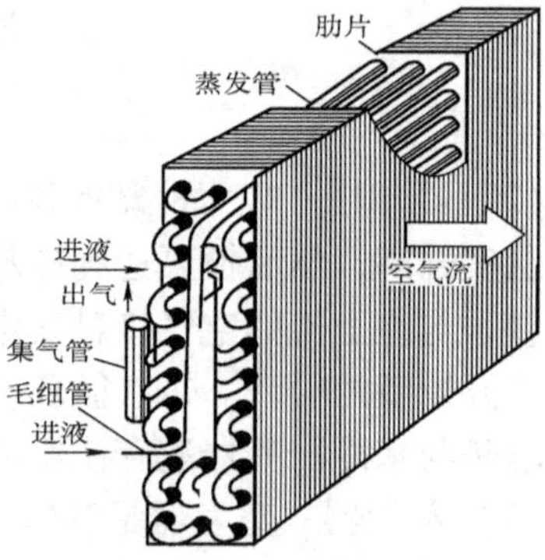

图 10-14 直接蒸发式空气冷却蒸发器

可以自动调节制冷剂液体的流量。图 10-15 为内平衡式热力膨胀阀结构示意图，它由阀芯、阀座、导压毛细管、感温包、调节螺钉、弹簧、进出口接管和过滤器等组成。内平衡式热力膨胀阀中，感温包装在蒸发器出口，用于感受蒸发器出口处的温度。通过感温包把蒸发器出口温度转化成相应的压力，经毛细管传到膜片上，通过膜片变形，推动推杆作轴向移动，从而使阀孔关小或开大，调节蒸发器的供液量。

内平衡式热力膨胀阀适用于能量较小，蒸发器内压力降不大的小型蛇管式蒸发器。对于蛇形管较长、阻力较大或多路供液的大型蒸发器，由于制冷剂的流动阻力较大，压差对膨胀阀性能的影响不可忽略，为此应采用外平衡式热力膨胀阀，其结构原理如图 10-16 所示。外平衡式热力膨胀阀有一条外部连接管，将膜片下部的空间与蒸发器出口相连以平衡蒸发器压力降。由于外平衡式热力膨胀阀的平衡压力来自蒸发器的出口，而感温包正是在附近之前，从而改善了蒸发器的工作条件，使蒸发器传热面积的利用率提高，相应提高了蒸发器的效率。一般冷库用冷风机都采用外平衡式热力膨胀阀。

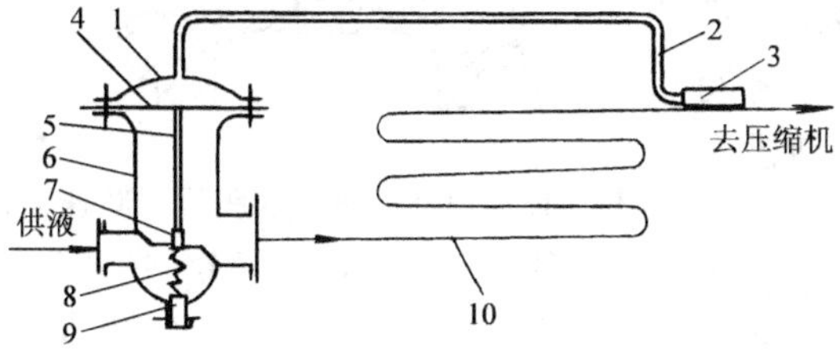

图 10-15 内平衡式热力膨胀阀示意图

1—阀盖 2—导压毛细管 3—感温包 4—膜片 5—推杆 6—阀体 7—阀芯 8—弹簧 9—调整螺钉 10—蒸发器

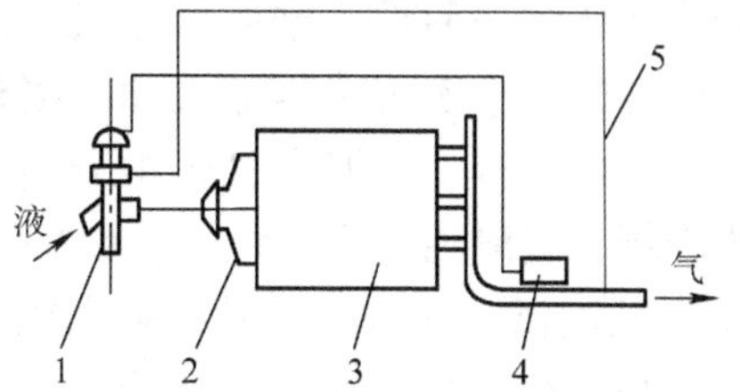

图 10-16 外平衡式热力膨胀阀

1—热力膨胀阀 2—分液器 3—蒸发器 4—感温包 5—平衡导管

（2）电子膨胀阀 电子膨胀阀的控制精度较高，调节范围大，并为制冷装置的智能化提供了条件。电子膨胀阀是通过调节和控制施加于膨胀阀上的电压或电流，进而控制阀针的运动，达到调节目的。电子膨胀阀可分为电磁式和电动式两类。

1）电磁式电子膨胀阀。电磁式电子膨胀阀是将被调参数先转化为电压，施加在膨胀阀的电磁线圈上。电压愈高，开度愈小，流经膨胀阀的制冷剂流量也愈小。该膨胀阀结构简单，对信号变化的响应快。但在制冷系统工作时，需要一直向它提供控制电压。电磁式电子膨胀阀结构如图 10-17 所示。

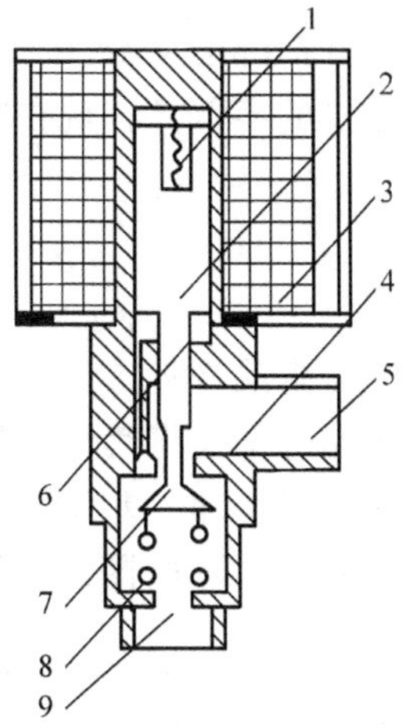

图 10-17 电磁式电子膨胀阀

1—柱塞弹簧 2—柱塞 3—线圈 4—阀座 5—入口 6—阀杆 7—阀针 8—弹簧 9—出口

2）电动式电子膨胀阀。电动式电子膨胀阀的阀针由脉冲电动机驱动。电动式电子膨胀阀可分为直动和减速型两种。直动型电动式电子膨胀阀用脉冲电动机直接驱动阀针，适用于较小冷量的节流；减速型电动式电子膨胀阀的阀内装有减速齿轮组，脉冲电机通过减速齿轮组将其磁力矩传递给阀针，适用于较大冷量的节流。电动式电子膨胀阀结构如图 10-18 所示。

4. 制冷系统的辅助设备

在制冷系统中，除了压缩机、膨胀阀、蒸发器、冷凝器主要装置外，还有一些为保证循环的辅助设备，如油分离器、贮液器和干燥过滤器等。

（1）油分离器 当压缩机压缩制冷剂时，各运转部件需要润滑油来润滑。润滑过程中，压缩机气缸内的一部分润滑油受到高温而汽化，混在制冷剂蒸气中，随着制冷剂蒸气排出。一方面增强压缩机的润滑；另一方面润滑油进入冷凝器和蒸发器。在氨系统中，润滑油会附着在管壁并沉积于盘管底部影响传热性能；而在氟利昂系统中，会降低制冷能力。同时压缩机中油量越来越少，润滑条件恶化，影响压缩机的正常运转，甚至被烧毁。因此，对制冷剂气体中的润滑油应当在压缩之后设法排回压缩机。油分离器正是为此而设计的，它安装在压缩机和冷凝器之间，将润滑油从压缩机中排出的混合气体中分离，制冷剂进入冷凝器冷凝，润滑油流回压缩机，以保证正常润滑。

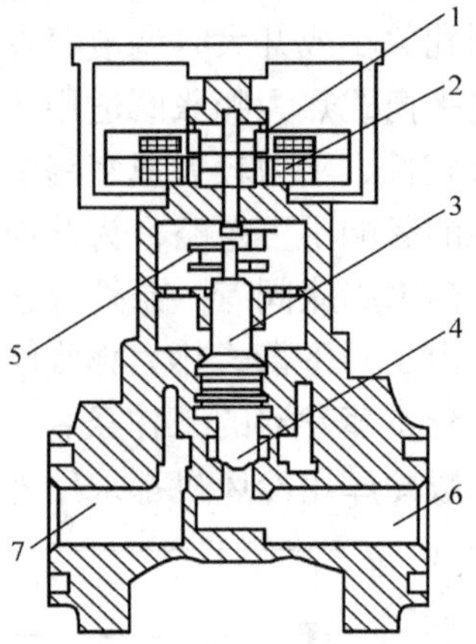

图 10-18 电动式电子膨胀阀（减速型）
1—转子 2—线圈 3—阀杆 4—阀针 5—减速齿轮组 6—入口 7—出口

（2）贮液器 贮液器是用钢板制成的圆柱形容器，其上开设有一些附件和管路接头，用来与有关设备相连接。贮液器是用来贮存和供应制冷系统内的液体制冷剂，以便工况变化时能补偿和调剂液体制冷剂的量，是保证压缩机和制冷系统正常运行的必需设备；在检修制冷系统时，可将系统中的制冷剂收集在贮液器中，以避免将制冷剂排入大气造成浪费和环境污染。小型制冷系统，往往不装贮液器，而是利用冷凝器来调节和贮存制冷剂。

（3）干燥过滤器 在制冷系统中若存在杂质或水分，则当制冷剂通过节流阀时，因压力及温度下降，会发生水分凝固成冰，使通道阻塞，影响制冷装置的正常运转，杂质则会堵塞通道并损坏运动部件。因此，在制冷系统中必须安装干燥过滤器。过去干燥器和过滤器是两个独立的零部件，现在常将两者装在一起，称为干燥过滤器。

第二节 食品冷却方法与装置

一、食品冷却方法

食品冷却是将其温度降低到接近冰点但不冻结，以延长食品贮藏期的方法。食品的冷却方法有通风冷却、差压式冷却、冷水冷却、碎冰冷却、真空冷却等。根据食品的种类及冷却要求不的同，可选择合适的冷却方法。表 10-1 是食品冷却方法及其适用范围。

表 10-1 食品冷却方法与适用范围

冷却方法	肉	禽	蛋	鱼	水果	蔬菜
通风冷却	✓	✓	✓		✓	✓
差压冷却	✓	✓	✓		✓	✓
冷水冷却		✓		✓	✓	✓
碎冰冷却		✓		✓	✓	✓
真空冷却					✓	✓

二、食品冷却原理与设备

1. 冷风冷却及其装置

（1）通风冷却　通风冷却是利用风机强制冷空气流动，通过被冷却食品使其温度下降的冷却方法。所以又称强制通风冷却。与将食品放在冷藏库内自然冷却的区别，在于配置了较大风量、风压的风机。这种冷却方式的冷却速率较高，但存在预冷不均匀，产品干耗较大等缺点。为克服这些不足，进一步提高食品的预冷速度，日本于20世纪70年代发明了差压式冷却。图10-19所示为两种冷却方法的比较。

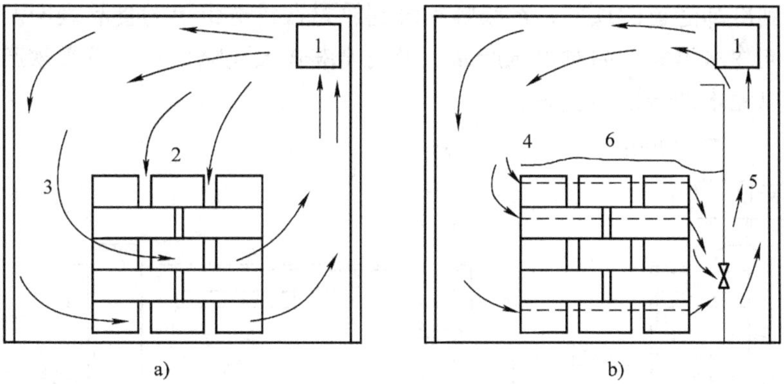

图10-19　强制通风冷却与差压冷却的比较

a）强制通风式冷却　b）差压式冷却

1—通风机　2—箱体间设置通风间隙　3—风从箱体外通过　4—风从箱体上的孔中通过　5—差压式风冷回风道　6—盖布

（2）差压式冷却　差压式冷却装置如图10-20所示，将食品放在吸风口两侧，并铺上盖布，冷空气通过风机加压在预冷食品两侧产生2～4kPa压差，迫使－5～10℃的冷风，以0.3～0.5m/s的速度通过箱体上开设的通风孔，在箱体内流动进行预冷。根据食品种类不同，差压式冷却一般需4～6h，有的可在2h完成。

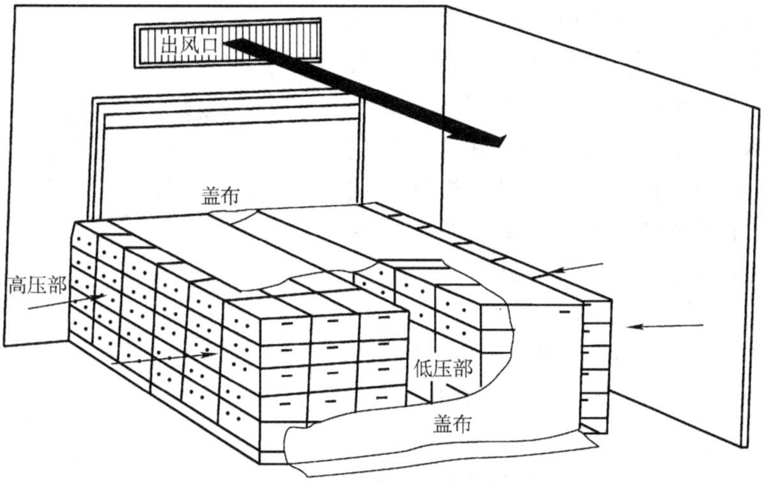

图10-20　差压式冷却装置

差压式冷却具有能耗小，冷却速度快，冷却均匀，可冷却的品种多，易于由强制通风冷却改建的优点，但也有食品干耗较大，货物堆放要求通风口对齐，冷库利用率低的缺点。

2. 冷水冷却及其设备

冷水冷却是采用0~3℃的低温水将被冷却食品冷却到所要求温度。冷水冷却有三种形式：喷水式、浸渍式和混合式（喷水和浸渍）。其中以喷水式应用较多。喷水式冷却装置如图10-21所示，主要由冷却水槽、传送带、冷却隧道、水泵和制冷系统等组成。在冷却水槽内设冷却盘管，由压缩机制冷，使盘管周围的水部分结冰，因而冷却水槽中是冰水混合物，泵将冷却水抽到冷却隧道的顶部，经喷嘴喷淋到放置在传送带上的食品表面。根据食品种类不同可选用不同冷水喷头，如对耐压产品，采用喷淋式大孔喷头；对较柔软产品，选用喷雾式小孔喷头，以免水冲击损坏食品。

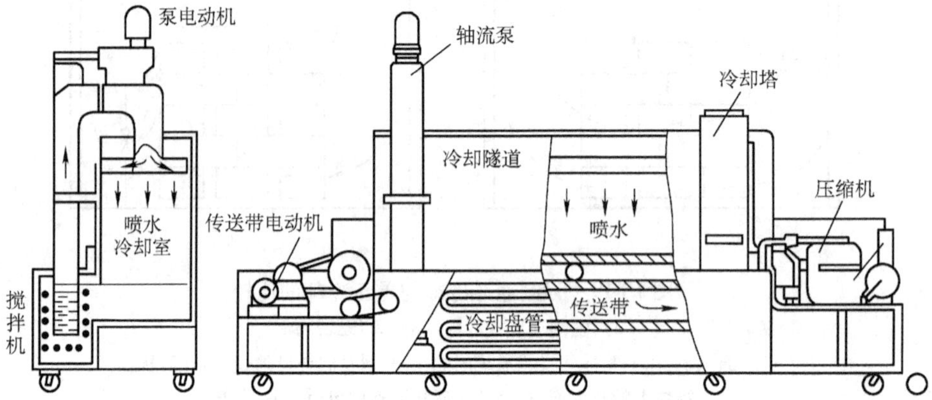

图10-21 喷水式冷水冷却设备示意图

浸渍式冷却设备，一般在冷水槽底部有冷却排管，上部有放冷却食品的传送带。将被冷却食品直接浸没在冷却槽中，靠传送带在槽中移动，经冷却后输出。冷水冷却设备适用于家禽、鱼、蔬菜、水果的冷却，由于水和空气相比热容量大，所以冷却速度快，无干耗。

3. 碎冰冷却

冰是一种很好的冷却介质，冰与食品接触时，冰融化成水，要吸收334kJ/kg的相变潜热，使食品冷却，碎冰冷却主要用于鱼的冷却，此外它也可以用于水果、蔬菜等的冷却。用于冷却食品的冰有淡水冰和海水冰，采用制冰机制得块冰、片冰以及米粒冰等多种形式。碎冰冷却主要用于鱼保鲜，使鱼湿润、有光泽，无干耗。

4. 真空冷却及其装置

真空冷却是根据水在不同大气压下的沸点不同的原理进行的。水在一个大气压（101.3kPa）下，沸点为100℃，当气压降为0.66kPa时，水在1℃就沸腾了。利用水随压力的降低其沸点也

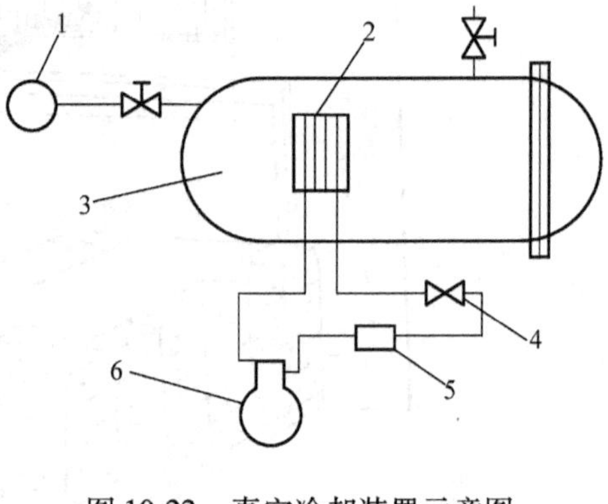

图10-22 真空冷却装置示意图
1—真空泵 2—冷却器 3—真空冷却室
4—膨胀阀 5—冷凝器 6—压缩机

降低的性质，将预冷食品放置在真空室中，当压力降低到一定数值时，食品表面水分开始蒸发，吸收汽化潜热，使食品自身被冷却。图 10-22 所示为真空冷却装置示意图，它主要由真空泵、冷凝器、制冷压缩机以及真空室等组成。将收获的蔬菜经挑选、整理，装入打孔的塑料箱内，然后推入真空室并密闭，起动真空泵和制冷机。使真空室内压力逐渐降低，当压力降到 2.4kPa 左右时，即达到闪点，水分开始蒸发，压力继续降低到 0.8kPa 时，水在 4℃下沸腾，需吸收约 2496kJ/kg 的汽化热，使蔬菜本身的温度迅速下降。因冷却速度快（20 ~ 30min），水分汽化量仅 2% ~4%，对蔬菜新鲜的外观影响不大。真空冷却装置配备的制冷系统和冷凝器，不是用于冷冻果蔬的，而是将蒸发的水蒸气进行冷凝排出，保持真空室内的真空度。

真空冷却具有冷却速度快，冷却均匀，品质高，保鲜期长，损耗小，干净卫生，操作方便等优点，但设备初次投资大，运行费用较高，只适用于表面水分容易蒸发的叶菜类，冷却品种有限，如白菜、菠菜、韭菜、菜花、生菜等。

第三节　食品冷冻装置

食品冷冻冷藏是利用低温对食品进行冷加工和保藏的过程。食品在冷冻冷藏过程中将发生各种变化，如物理化学变化、细胞组织变化以及生物和微生物的变化等。为了提高冷冻冷藏食品的质量，最大限度地保持食品原有的营养和风味，降低食品冷冻冷藏加工费用，就需要采用合理的冷冻方法和选择适当的冷冻设备。

一、食品冷冻原理与方法

食品冻结是其所含的自由水形成冰晶的物理过程。用于冷冻的食品通常含有大量水分，其冻结过程与水结冰相近。但由于食品中的水是以水溶液和悬浮液的形式存在，因此食品冻结有其自身的特点。

1. 食品的冻结特性

食品是由固体、液体和气体组成的多组分、多相、非均质的物质系统。食品中的水分以自由水和结合水两种形式存在。自由水为食品的汁液和细胞中所含的水，这部分水分子能够在液相区域内移动，其冻结点在冰点温度以下；结合水即构成胶粒周围水膜的水，这部分水分子被大分子物质如蛋白质、碳水化合物等吸附着，其冻结点比自由水要低得多。使食品中的水开始形成冰晶时的温度称为冻结点，由于食品中的水是含有可溶性固形物的水溶液，根据溶液冰点降低的原理，食品的冻结点温度总是低于水的冰点 0°C，而且不同食品，其冻结点也不相同，表 10-2 为食品的初始冻结点温度。

表 10-2　一些食品的初始冻结点温度

食物名称	质量分数(%)	冻结点/°C	食物名称	质量分数(%)	冻结点/°C
牛肉	72	-1.7 ~ -2.2	牛乳	87	-2.8
猪肉	35 ~72	-1.7 ~ -2.2	禽蛋	70	-2.2
羊肉	60 ~70	-1.7	苹果	85	-2
鲜鱼	73	-1 ~ -2	香蕉	75	-1.7
对虾	76	-2.0	樱桃	82	-4.5

（续）

食物名称	质量分数(%)	冻结点/°C	食物名称	质量分数(%)	冻结点/°C
葡萄	82	-4	青刀豆	89	-1.3
柑橘	86	-2.2	胡萝卜	83	-1.7
桃子	87	-1.5	黄瓜	96	-0.8
梨	83	-2	韭菜	88	-1.4
菠萝	85	-1.2	洋葱	87	-1
杨梅	90	-1.3	土豆	79	-1.8
西瓜	92	-1.7	西红柿	94	-0.9
甜瓜	93	-1.7	茄子	93	-0.9 ~ -1.6
草莓	90	-1.17	蘑菇	91	-1.8
椰子	83	-2.8	青椒	92	-1.1 ~ -1.9

食品温度降低到冻结点即出现冰晶，随着温度继续降低，水分的冻结量逐渐增多，剩余的水溶液浓度升高，导致残留溶液的冰点不断下降。因此即使在温度远低于初始冻结点，仍会有部分水未被冻结。这些未冻结的高浓度溶液只有当温度降低到低共熔点时，才会全部凝结成固体。食品的低共熔点范围大致在 -65 ~ -55°C 之间；通常冻藏食品的温度为 -18°C 左右，因此冻藏食品中的水分实际上并未完全冻结。

2. 食品快速冻结

（1）冻结速度对食品品质的影响　动植物食品都是由细胞构成的。细胞内有胶质状原生质存在，水分存在于原生质和细胞间隙中。在食品慢速冻结过程中，细胞外的水分首先冻结，造成细胞外溶液浓度增大，细胞内的水分则不断渗透到细胞外并继续冻结，最后在细胞外空间形成较大的冰晶。细胞受冰晶挤压产生变形或破裂，破坏了食品的组织结构，解冻后汁液流失多，不能保持食品原有的外观和鲜度，质量明显下降。食品在快速冻结过程中，能以最短的时间通过最大冰晶区，在食品组织中形成均匀分布的细小结晶，对组织结构的破坏大大降低，解冻后的食品基本能保持原有的色、香、味。

（2）食品速冻与实现速冻的方法　食品速冻是指使食品尽快通过其最大冰晶生成区，并使其平均温度尽快达到 -18°C 而迅速冻结的方法。因为速冻食品尽快越过最大冰晶生成区意味着大部分的可结冰水分会很快成为冰晶体，因而水分在食品内没有迁移的机会，而且形成的晶体小而均匀；其次，使食品的平均温度迅速达到 -18°C，表明食品在短时间内能整体冻结，即使在少量未冻结水分存在的情况下，冻藏期间也不会发生缓慢冻结的效应，所以食品速冻可保证其品质。

大多数食品在温度降到 -1°C 时开始冻结，并在 -1 ~ -5°C 之间大部分水成为冰晶，即最大冰晶生成区在 -1 ~ -5°C 之间。快速冻结要求此阶段的冻结时间尽量缩短，以最快速度排除这部分冰晶生成所产生的热量。为实现快速冻结，可采用下列方法：

1）提高冷却介质与食品之间的温差　提高食品与冷却介质的温差主要从冷却介质入手。对于机械制冷方式，降低冷却介质的温度范围不大。非机械冷却介质如液氮，有很低的温度（-196°C），可以大大缩短食品的冻结时间。但液氮速冻成本较高，应用范围有限。

2）改善换热条件，增大放热系数　在表面换热成为食品冻结速度限制因素的情况下，通过加快冷却介质流经食品的相对速度可以提高冻结速度。

3）减小食品的体积　即增加食品的比表面积，不仅可以强化食品与冷却介质间的换热，而且由于体积减小，使食品中心到表面的距离缩短，能够加快冻结速度。

3. 食品快速冻结的优点

食品快速冻结具有以下优点：①避免在细胞之间生成过大的冰晶体；②减少细胞内水分外析，解冻时汁液流失少；③细胞组织内部浓缩溶质和食品组织、胶体等成分相互接触时间显著缩短，浓缩危害性下降；④有利于抑制微生物的繁殖及其生化反应；⑤食品在冻结设备中停留时间短，有利于提高设备的利用率和连续性生产。

但速冻食品的成本较高，因此对一些缓冻对其品质影响不大的食品来说，为了降低成本，就没有必要一味地选择速冻。

二、食品冷冻装置

食品的冻结有多种方法，每种方法均包含多种形式的冻结装置，见表 10-3。

表 10-3　食品冻结方法与装置分类

空气冻结法	间接接触冻结法	直接接触冻结法
隧道式冻结装置	平板式冻结装置	载冷剂接触冻结
传送带式冻结装置	卧式平板式冻结装置	低温液体冻结装置
吊篮式连续冻结装置	立式平板式冻结装置	液氮冻结装置
推盘式连续冻结装置	回转式冻结装置	液态 CO_2 冻结装置
螺旋式冻结装置	钢带式冻结装置	R_{12} 冻结装置
流态化冻结装置		
斜槽式流态化冻结装置		
一段带式流态化冻结装置		
两段带式流态化冻结装置		
往复振动式流态化冻结装置		

1. 空气冻结法

在冻结过程中，冷空气以自然对流或强制对流的方式与食品换热。由于空气的导热性较差，与食品间的换热系数小，故所需的冻结时间较长。但是，空气资源丰富、无任何毒副作用，其热力性质已为人们熟知，所以，用空气作介质进行冻结仍是广泛运用的一种冻结方法。

（1）隧道式冻结装置　隧道式冻结装置的特点是：冷空气在隧道中循环，食品通过隧道时被冻结。根据食品通过隧道的方式，可分为传送带式、吊篮式、推盘式冻结隧道等几种。图 10-23 是一种传送带式冻结隧道，主要由蒸发器、风机、传送带及隔热壳体等构成。该冻结装置的传输系统为两条平行工作的液压驱动链式传送带，上面放置冻结盘。开始运行时，将冻结盘放在装卸设备上，盘被自动推上传送带并合盖后，液压传动机构 10 驱动传送带向前移动，使冻结盘通过驱动室 A 进入水分分离室 B。在分离室内，粘附在盘子外面的大部分水被除去，剩余的水分则结成冰，保证水分不被带入冻结间 C 和 D 内，以免蒸发器结霜。食品的冻结过程是在冻结间 C 和 D 内进行的，轴流风机 8 吸入经板片式蒸发器 5 冷却的空气，向冻结盘吹送。为加速冻结过程，并保证食品降温均匀性，在各冻结间内气流流过盘子的方向互为反向。冻结盘到达转向装置时，改变运动方向返回装卸设备。此时，冻结盘自动脱出链条卡扣，在除霜装置2上经加热除霜后送至端部位置并翻转，盘盖自动打开，食品冻结块落在输送带11上，传输到外面包装贮藏。

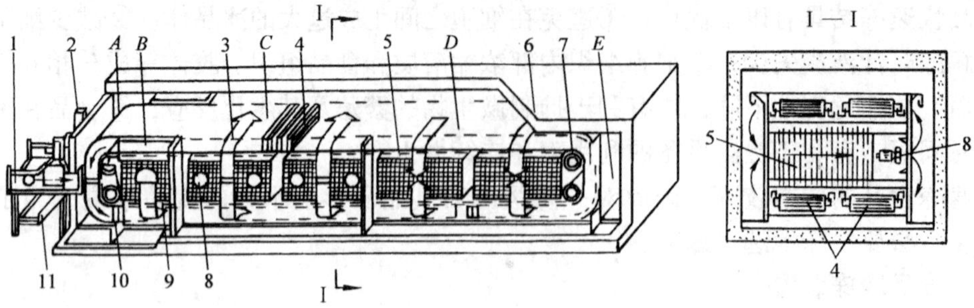

图10-23 LBH31.5型带式冻结隧道

1—装卸设备 2—除霜装置 3—气流方向 4—冻结盘 5—板片式蒸发器 6—隔热外壳 7—转向装置 8—轴流风机 9—光管蒸发器 10—液压传动机构 11—冻结块输送带 *A*—驱动室 *B*—水分分离室 *C*、*D*—冻结间 *E*—旁路

传送带式冻结隧道可用于冻结块状鱼、肉制品、果酱等。特别适合于包装产品，而且最好用冻结盘操作，冻结盘内也可放散装食品。该装置具有投资费用较低，通用性强，自动化程度高的特点。

（2）螺旋式冻结装置　螺旋式冻结装置如图10-24所示。主要由转筒、蒸发器、风机、传送带及附属设备等组成。其主体部分为一转筒，传送带由不锈钢扣环组成，按宽度方向成对接合，在纵横方向上都具有挠性。运行时拉伸带子的一边就压缩另一边，从而形成一个围绕着转筒的曲面。借助摩擦及传动力，传送带随着转筒一起运动，由于传送带上的张力小，故驱动功率不大，传送带的寿命长。传送带的螺旋升角约为2°，近于水平，食品不会下滑。传送带缠绕的圈数由冻结时间和产量确定。

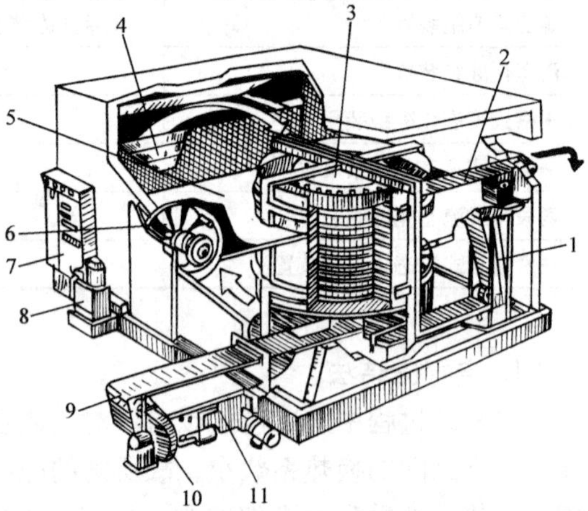

图10-24 螺旋式冻结装置

1—平带张紧装置 2—出料口 3—转筒 4—翅板蒸发器 5—分隔气流通道顶板 6—风扇 7—控制板 8—液压装置 9—进料口 10—干燥传送带风扇 11—传送带清洗系统

被冻结的食品可直接放在传送带上，也可采用冻结盘，食品随传送带进入冻结装置后，由下盘旋而上，冷风则由上向下吹，与食品逆向对流换热，提高了冻结速度。与空气横向流动相比，冻结时间可缩短30%左右。食品在传送过程中逐渐冻结，冻好的食品从出料口排出。螺旋式冻结装置有多种形式，近年来，人们对传送带的结构、吹风方式等进行了改进，如沈阳新阳速冻设备厂采用国际先进的堆积带做成传送带；美国约克公司改进吹风方式，将冷气流分为两股，其中一股从传送带下面向上吹，另一股经转筒中心到达上部由上向下吹，

最后，两股气流在转筒中间汇合，并回到风机。这样，最冷的气流分别在转筒上下两端与最热和最冷的物料接触，使刚进入的食品尽快达到表面冻结，减少干耗，也减少了装置的结霜量。两股冷气流同时吹到食品上，提高了冻结速度，比常规气流快15%～30%。

螺旋式冻结装置适用于冻结单体食品，如饺子、烧麦、对虾及经加工整理的果蔬，还可用于冻结各种熟制品，如鱼饼、鱼丸等。螺旋式冻结装置有以下特点：

1）结构紧凑，占地面积小，仅为一般水平输送带的25%。

2）在冻结过程中，产品与传送带相对位置保持不变。适于冻结易碎食品和不许混合的产品。

3）可以通过调整传送带的速度来改变食品的冻结时间，用以冷却不同种类的食品。

4）进料、冻结等在一条生产线上连续作业，自动化程度高；冻结速度快，干耗小，冻结质量好。

该装置的缺点是：在小批量、间歇式生产时，耗电量大，成本较高。

（3）流态化冻结装置

食品流态化冻结装置是在一定流速的冷空气作用下，使食品在流态化条件下得到快速冻结方法。该冻结装置主要用于颗粒状、片状和块状食品的快速冻结。食品流态化冻结装置，按其机械传送方式可分为：斜槽式、带式和振动流态化冻结装置等。

1）斜槽式流态化冻结装置：斜槽式流态化冻结装置如图10-25所示。这种冻结器没有传送带，其主体为一固定多孔槽板，槽板的进口稍高于出口，以便食品在流化冻结过程中向前移动。冻结的食品由滑槽排出。冻品的床层厚度、冻结时间和产量可通过改变进料速度和排出堰高度来调节。斜槽式流态化冻结装置的主要特点是构造简单，成本低，冻结速度快，冻品降温均匀，质量好。

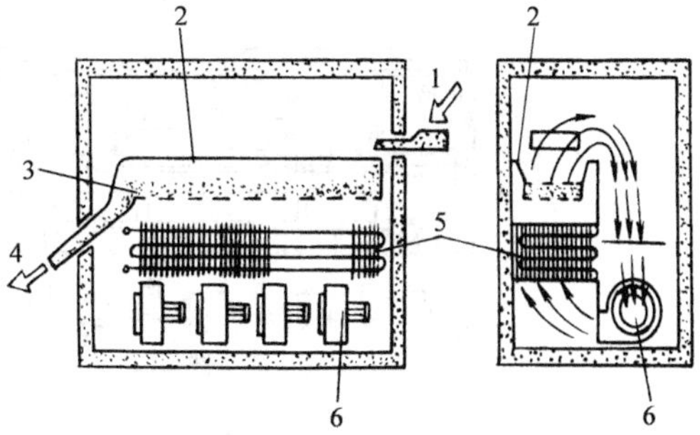

图10-25 斜槽式流态化冻结装置示意图
1—进料口 2—斜槽 3—排出堰 4—出料口 5—蒸发器 6—风机

2）带式流态化冻结装置：带式流态化冻结装置如图10-26所示，食品在随传送带输送过程中被流态化冻结。食品首先经过脱水振荡器，去除表面的水分，然后随进料带进入“松散相”区域，此时的流态化程度较高，食品悬浮在高速的气流中，从而避免了食品间的相互粘结。待到食品表面冻结后，经“匀料棒”均匀物料，到达“稠密相”区域，此时仅维持最小的流态化程度，使食品进一步降温冻结。冻结好的食品最后从出料口排出。

与斜槽式流态化冻结装置比较，带式流态化冻结装置具有适应食品种类多、产量大；由于颗粒间摩擦小，所以冻结易碎食品时损伤较小。但由于食品厚度较小、冻结时间较长，占地面积较大。

3）往复振动式流态化冻结装置：往复振动式流态化冻结装置其主体部分为一带孔不锈钢板，在连杆机构带动下作水平往复式振动。脉动旁通机构为一旋转风门，可按一定的角速度旋转，使通过流化床和蒸发器的气流量时增时减，因而可以调节到适于各种食品的脉动旁通气流量，以实现最佳流态化。该装置运行时，食品首先进入预冷设备，表面水分被吹干，表面硬化，避免食品相互间的粘连。进入流化床后，冻品受钢板振动和气流脉动的双重作用，冷气流与冻品充分混合，实现了完全的流态化。冻品被包围在强冷气流中，像流体般向前传送，确保了快速的冻结。这种冻结方式消除了流沟和物料跑偏现象，使冷量得到充分有效的利用，如图 10-27 所示。

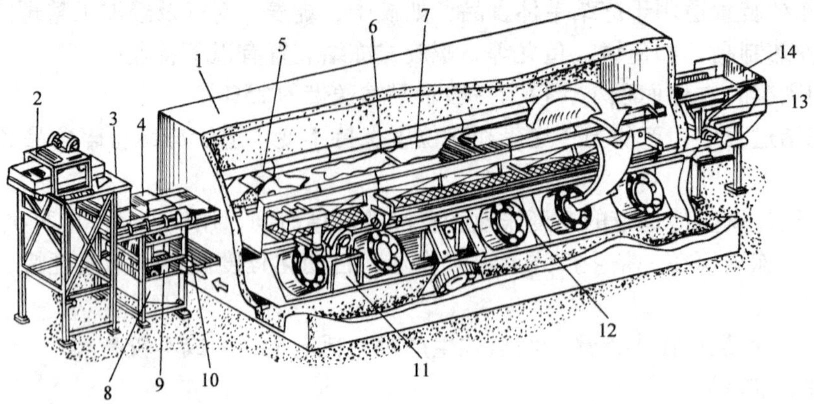

图 10-26 带式流态化冻结装置示意图

1—隔热层 2—脱水振荡器 3—计量漏斗 4—变速进料带 5—松散相区 6—匀料棒 7—稠密相区 8、9、10—传送带清洗、干燥装置 11—离心风机 12—轴流风机 13—传送带变速驱动装置 14—出料口

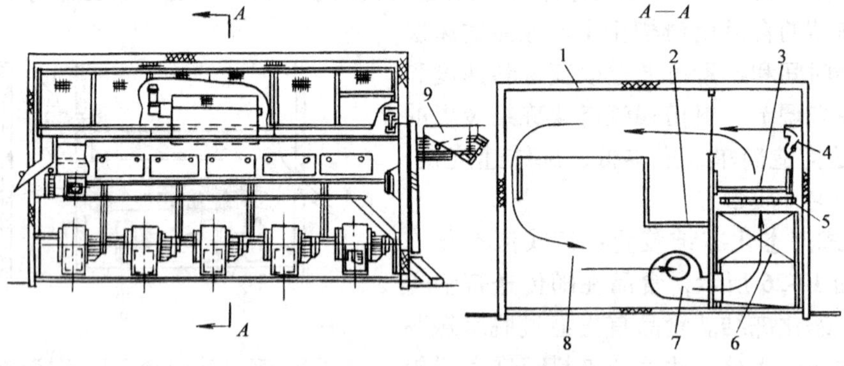

图 10-27 往复振动式流态化冻结装置

1—隔热箱体 2—操作检修廊 3—流化床 4—脉动旋转风门 5—融霜淋水管 6—蒸发器 7—风机 8—冻结隧道 9—振动布风器

2. 间接接触冻结装置

间接冻结是将食品放在由制冷剂冷却的板、盘、带或其他冷壁上，食品与冷壁直接接触，而与制冷剂间接接触的冻结方式。对于固态食品，可将食品加工为具有平坦表面的形状，使食品与冷壁面接触良好，增强换热；对于液态食品，用泵使食品通过冷壁热交换器，冻成半融状态。

（1）平板冻结装置 平板冻结装置是一组作为蒸发器的空心平板与制冷剂管道相连，将冻结食品放在两相邻的平板间，并借助油压系统使平板与食品紧密接触。由于金属平板具有良好的导热性能，故其传热系数高。当接触压力为 7 ~ 30kPa 时，传热系数可达 93 ~ 120W/($m^2 \cdot K$)。平板式冻结装置分为卧式平板冻结装置和立式平板冻结装置。

图 10-28 所示为连续卧式平板冻结装置。食品装入货盘并自动盖上盖 2 后，随传送带向前移动，并由压紧机构 3 对货盘进行预压缩，然后货盘被升降机 4 提升到推杆 5 前面，由推杆 5 推入最上层的两平板间；当这两块平板之间填满货盘时，再推入一块，则位于最右面的货盘将由降低货盘装置 7 送到第二层平板的右边，然后被液压推杆 8 推入第二层平板之间。如此不断反复，直至全部平板间均装满货盘时，液压系统 6 压紧平板进行冻结。冻结完毕，液压系统松开平板，推杆 5 继续推入货盘，此时，位于最低层平板间最左侧的货盘则被推杆 8 推上卸货传送带，在此盖从货盘上分离，并被送到起始位置，而货盘经翻转装置 9 翻转后，食品从货盘中分离出来。经翻转装置 12 再次翻转后，货盘由升降机送到货盘 1，重新装货，如此重复，直至全部冻结货盘卸货完毕时，平板间又填满了未冻结的货盘，再进行第二次冻结。除货盘装货外，所有操作都是按程序自动完成的。卧式平板冻结装置主要用于冻结分割肉、鱼片、虾及其他小包装食品的快速冻结。

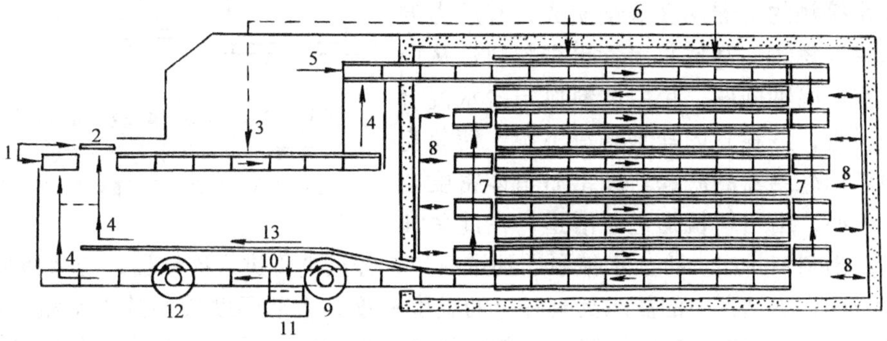

图 10-28　连续卧式平板冻结装置

1—货盘　2—盖　3—压紧机构　4—升降机　5—推杆　6—液压系统　7—降低货盘装置　8—液压推杆　9—翻盘装置　10—卸料　11—传送带　12—翻转装置　13—盖传送带

平板冻结装置适用于厚度小于 50mm 的食品，冻结速度快，干耗小，冻品质量高；可在常温下操作，改善了劳动条件，占地面积小。但该冻结装置不适用于冻结厚度超过 90mm 的食品；未实现自动装卸的装置，需要较大的劳动强度。

（2）回转式冻结装置　回转式冻结装置如图 10-29 所示，是一种新型的间接接触连续式冻结装置。其主体为一不锈钢制成的回转筒，外壁为冷却表面，内壁之间的空间供载冷剂流过换热，载冷剂由空心轴一端输入筒内，从另一端排出。被冻品呈散状由入口送到回转筒的表面，由于转筒表面温度很低，食品立即粘在上面，进料传送带再给冻品稍施加压力，使其与回转筒表面接触的更好。转筒回转一周，完成食品的冻结过程。冻结食品转到刮刀处被刮下，刮下的食品由传送带输送到包装生产线。该冻结装置的特点是：占地面积小，结构紧凑，冻

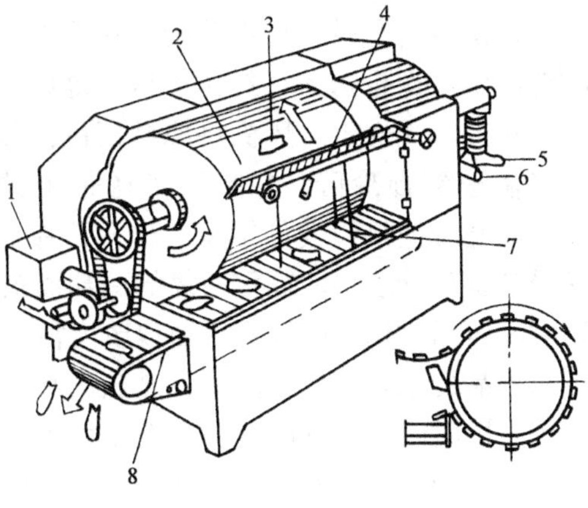

图 10-29　回转式冻结装置

1—电动机　2—滚筒冷却器　3—进料口　4—刮刀　5—盐水入口　6—盐水出口　7—刮刀　8—出料输送带

结速度快，干耗少，生产率高。

3. 直接接触冻结

直接接触冻结是将食品与低温液体直接接触，食品与低温液体换热后，迅速降温冻结。食品与低温液体接触的方法有喷淋、浸渍或两者结合使用。采用直接接触冻结食品时，要求低温液体纯净、无毒、无异味、无外来色泽或漂白剂、不易燃易爆等。另外，低温液体与食品接触后，不应改变食品原有的成分和性质。常用的载冷剂有盐水、糖溶液和丙三醇等，经制冷系统降温后与食品接触，使食品冻结。

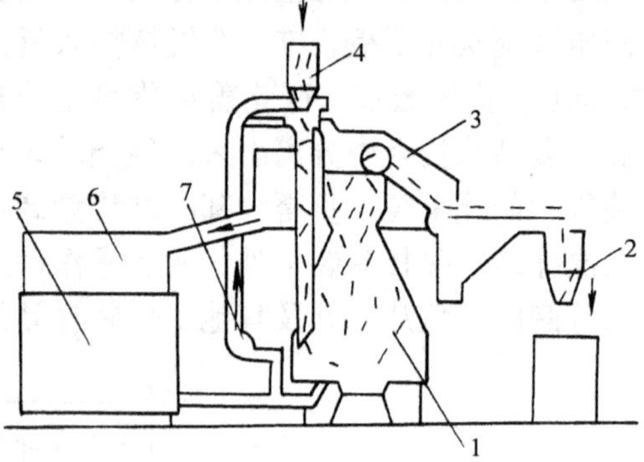

图 10-30 盐水连续浸渍冻结装置示意图
1—冻结器 2—出料口 3—滑道 4—进料口 5—盐水冷却器 6—除鳞器 7—盐水泵

（1）盐水浸渍冻结装置 盐水浸渍冻结食品装置如图 10-30 所示。该装置主要用于鱼类的冻结，与盐水接触的容器用玻璃钢制成，有压力的盐水管道用不锈钢，其他盐水管道用塑料，从而解决了盐水的腐蚀问题。鱼由进料口与盐水混合后进入进料管，进料管内盐水涡流下旋，使鱼克服浮力而到达冻结器的底部。冻结后鱼体密度减小，浮至液面，由出料机构送至滑道，在此鱼和盐水分离由出料口排出。冷盐水被泵送到进料口，经进料管进入冻结器，与鱼体换热后盐水升温密度减小，冻结器中的盐水具有一定的温度梯度，上部温度较高的盐水溢出冻结室后，与鱼体分离进入除鳞器，经除去鳞片等杂物的盐水返回盐水箱，与盐水冷却器换热后降温，完成一次循环。其特点是冷盐水既起冻结作用又起输送鱼的作用，冻结速度快，干耗小。缺点是装置的制造材料要求较特殊。

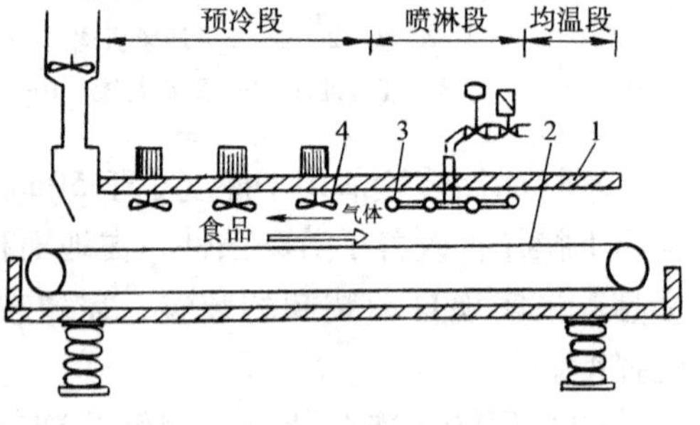

图 10-31 液氮喷淋冻结装置示意图
1—壳体 2—传送带 3—喷嘴 4—风扇

（2）液氮喷淋冻结装置 液氮喷淋冻结装置如图 10-31 所示由隔热隧道式箱体、喷淋装置、不锈钢网格传送带、传动装置、风机等组成。被冻食品由传送带送入，经预冷区、冻结区、均温区，从另一端送出。风机将冻结区内温度较低的氮气输送到预冷区，并吹到传送带上的食品表面，经充分换热使食品预冷。进入冻结区后，食品受到雾化管喷出的雾化液氮的冷却而被冻结。根据食品的种类、形状不同，冻结温度和冻结时间可通过调整贮液罐压力以改变液氮喷射量，以及调节传送带速度来加以控制，以满足不同食品的工艺要求。由于食品表面和中心的温度相差较大，所以冻结后的食品需在均温区停留一段时间，使其内外温度趋于均匀。用液氮喷淋冻结装置冻结食品有以下优点：

1）冻结速度快。用 -196°C 的液氮喷淋到食品上，冻结速度快，比平板式冻结装置快 5 ~6 倍，比空气冻结装置快 20 多倍。

2）冻结质量好。由于液氮无毒无味，而且对食品成分呈惰性，所以在冻结过程中可防止食品氧化。另外液氮喷淋冻结速度快，每分钟能降温 7 ~15°C，食品内的冰结晶细小而均匀，对细胞损伤小，解冻时食品的汁液流失少，解冻后食品质量高。

3）冻结食品的干耗小。用一般冻结装置冻结的食品，其干耗率在3% ~6%之间，而用液氮冻结装置冻结，干耗率仅为0.6% ~1%。所以，适于冻结一些含水分较高的食品，如杨梅、西红柿、蟹肉等。

4）液氮喷淋冻结装置生产效率高，占地面积小，设备投资省。

由于上述优点，利用液氮冻结在工业发达国家得到较广泛的运用。液氮冻结食品存在的问题是：由于冻结速度快，使食品表面与中心产生极大的瞬间温差，易导致食品冻裂，所以过厚的食品不易采用液氮冻结。另外，液氮冻结的成本较高，使其应用受到一定的限制。对于冻结不同种类的食品，可选用相应的冻结方法与装置。食品冷冻技术的发展趋势是低温、快速冻结，冻品的形式也从大块盘装转向单体小包装。在选用冻结装置进行冻结食品时，要考虑食品的种类、形态，生产效率，冻结质量等因素，同时需要考虑设备投资、运转费用等经济性问题。

(3) 气流冲击式冻结装置

气流冲击式冻结装置如图10-32所示。它是连续式隧道冻结装置的一种新形式。在冻结过程中，由空气冷却器吹出的高速冷空气，分别进入上、下两个静压箱。在静压箱内，气流速度降低，由动压转变为静压，并在出口处装有许多喷嘴，气流经喷嘴后，又产生高速气流（流速达30m/s）。该高速气流垂直吹向不锈钢网带上的被冻食品，使其表层很快冷却。被冻食品的上部和下部都能均匀降温，达到快速冻结。

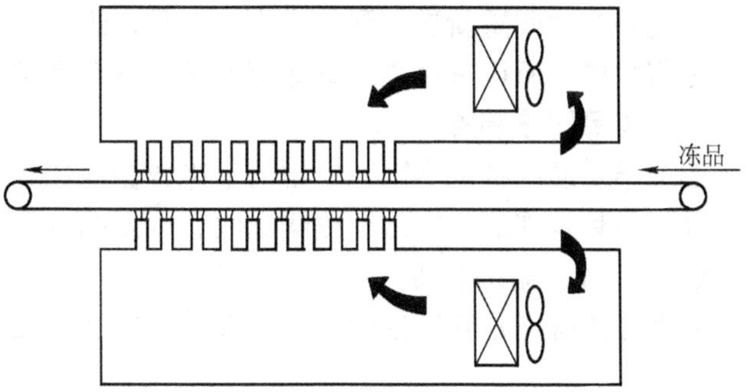

图10-32 气流冲击式冻结装置

第四节 食品解冻装置

冻结食品在加工食用之前要进行解冻。解冻是使冻结食品中的冰晶熔解，恢复到冻前状态的过程。由于冻结食品在自然条件下放置也会解冻，因此解冻技术易被人们忽视。但是当今食品工业常需要大量冻结食品作原料。质量好的冻结食品如何使其在解冻时质量不会下降，以保证食品工业得到高质量的原料，就必须重视解冻的方法和选用合适的解冻装置。

一、食品解冻过程

食品解冻可视为冻结的逆过程，冻结食品被放置在一定温度的介质中解冻时，食品从介质中获得热能熔化。热量传递从食品表面开始，冻品表层的冰首先解冻成水，随着解冻的进行，冰层的熔解逐渐向内部延伸。由于0°C水的热导率为0.56W/(m·K)仅是冰的热导率(2.24W/(m·K))的四分之一。因此，在解冻过程中，热量不能充分地通过已解冻层传入食品内部。随着解冻的进行，产品内部的热阻逐渐增加，解冻速率就逐渐下降，产品的中心温度上升最慢。被解冻品的厚度越大，表层和内部的温差就越大，形成解冻的滞后。此外，为避免表面首先解冻的食品被微生物污染变质，解冻时所用的温度梯度也远小于冻结时所用的温度梯度。因此，解冻所用的时间比相应的冻结所需时间长。

二、解冻过程对食品品质的影响

食品解冻终了温度或状态根据其用途可分为半解冻和完全解冻。用作加工原料的冻结食品一般采用半解冻，使冻品的中心温度达到 -5°C 能用刀切断为准。无论是半解冻还是完全解冻，都应尽量使食品在解冻过程中品质下降最小，使解冻后的食品质量尽量接近于冻结前的质量。食品在解冻过程中常出现汁液流失，微生物繁殖，质地和色泽变化等。造成汁液流失的原因与食品的切分程度、冻结方式、冻藏条件以及解冻方式等有关。切分的越小，解冻后表面汁液流失越多。若在冻结与冻藏中冰晶对细胞组织和蛋白质的破坏很小，则在合理解冻后，部分熔化的冰晶也会重新渗入到细胞内，使汁液流失减少，保持解冻后食品的营养和风味。关于解冻速度对食品品质的影响有两种观点，一种认为快速解冻可减轻浓溶液对食品质量的影响，同时也缩短微生物繁殖与生化反应的时间，另一种观点认为采用快速解冻使汁液没有足够的时间重新进入到细胞内。但是，近年来的研究及由显微镜观察发现，细胞吸水过程是很快的，所以采用快速解冻有利于保证食品解冻质量。

三、食品解冻装置

因冻结食品的种类不同，采用的解冻方法也各异。按加热方式，解冻方法大致分为冻结食品外部加热解冻法和内部加热解冻法，以及两者相结合的组合解冻法。

1. 外部加热解冻装置

外部加热解冻是利用温度较高的介质向冻品表面传递热量，热量由表面逐渐向中心传递的解冻方法。

（1）空气解冻装置　空气解冻是一种简便的解冻方法。将冻结食品放置在 15°C 以下的空气中进行缓慢解冻，食品受热均匀。其缺点是解冻时间长，食品的水分蒸发损失大，存在干耗和氧化作用，使解冻食品质量下降。采用流动空气解冻能使解冻时间缩短，但也存在解冻食品存在表面干耗现象。因此，在送风解冻装置中增加调节温度和湿度的设备效果较好。图 10-33 是能控制温、湿度并有送风的间歇式解冻装置，它可避免解冻过程中温、湿度不均的缺点，在风速为 1m/s 左右、风温为 0 ~ 5°C 的加湿空气下解冻，解冻时间 14 ~ 15h。可以全解冻亦可以半解冻。解冻后的食品易于加工，品质亦较好，在实际生产中应用较广泛。此外，还有连续式送风解冻装置可连续运行。为达到不同的解冻工艺要求，可改变空气的温度、相对湿度、风速等，送风方向有垂直送风、水平送风和换向送风。

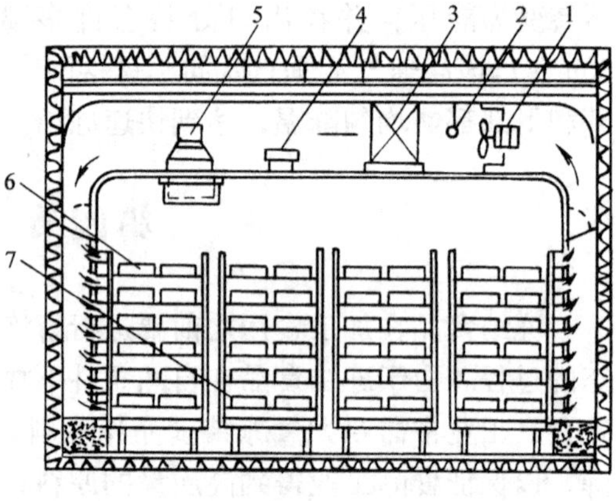

图 10-33　低温加湿风送间隙式解冻装置

1—风机　2—杀菌灯　3—冷却器　4—加温器　5—加湿器　6—食品　7—食品车

为了缩短解冻时间，还有采用加压空气解冻方法。在铁制的容器内，通入压力为 0.2 ~ 0.3MPa 的压缩空气，容器内温度 15 ~ 20°C，由于压力升高食品冻结点降低，故在同样解冻介质温度下，它就易于融化，解冻时间缩短，解冻后食品质量也好。

（2）水解冻装置　把冻结品浸在水中解冻，由于水比空气传热性能好，故解冻速度快，可缩短解冻时间。而且由于食品表面有水浸润，避免了重量损失。但食品中的可溶性物质在解冻过程中会部分流失，同时食品易受到微生物的污染。因此，水解冻适用于带皮或有薄膜包装的冻结品解冻。常用的水解冻方法有静水浸式解冻、低温流水解冻以及喷淋解冻等，水温一般不超过20°C。图10-34为利用喷淋与浸渍组合式解冻装置，块状食品由进料口送入传送带上的网篮中，经上部的喷淋解冻后输送到下方浸渍解冻，然后由出料口排出。

（3）水蒸气凝结解冻装置　水蒸气凝结解冻亦称真空解冻。在真空状态下水在低温时就沸腾，沸腾时形成的水蒸气遇到更低温度的冻品就在其表面凝结成水珠。水蒸气凝结成水珠时放出凝结热，这部分热量被冷冻品吸收，使冷冻品温度升高而解冻。图10-35为水蒸气解冻装置示意图。该装置为一圆筒形容器，一端是冻品进出的门，冻品放在小车上送入容器内，顶上是水封式真空泵，底部盛水。当容器内压力为$1.3\times10^3\sim2.0\times10^3$Pa时，水在10～15°C时沸腾，每千克水蒸气在冻品表面凝结时放出2.09×10^3kJ热量，当水温较低时水蒸气发生量会较少，此时可通入水蒸气加热水到15～20°C。装置内设有自动清洗设备，可防止冻品解冻时受到微生物和杂质的污染。采用此解冻法比用空气法解冻效率提高2～3倍。而且因在真空下解冻，多数细菌被抑制，可防止食品营养成分的氧化和色变。由于是采用低温水蒸气解冻，能很好地利用潜热传递的优点，使食品不会产生过热和干耗，汁液流失损失小，可保证食品的解冻质量和风味。但该解冻装置存在造价高，解冻成本高，解冻后的产品潮湿等缺点。

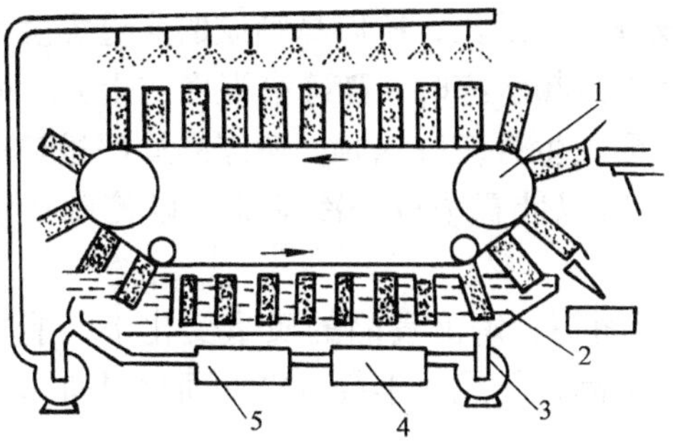

图10-34　喷淋和浸渍组合解冻装置
1—传送带　2—水槽　3—泵　4—过滤器　5—加热器

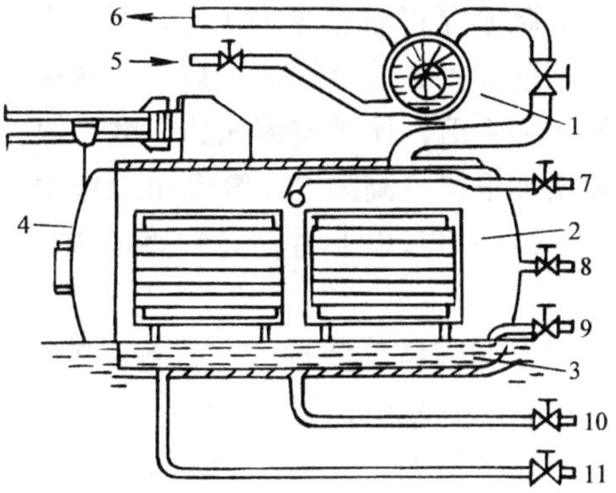

图10-35　水蒸气解冻装置
1—水封式真空泵　2—食品车　3—水槽　4—食品出入口　5—真空泵供水口　6—真空泵排气门　7—清洗水入口　8—空气入口　9—进水口　10—蒸气入口　11—排水口

2. 内部加热解冻装置

以水和空气作为介质来解冻是把热量从冻结品表面导入其内部进行解冻。这种解冻方法在解冻速度方面受热传导的限制。为提高解冻速度，可利用食品的电磁特性，通过对食品内部加热来解冻。采用对冷冻食品内部加热解冻的方法有低频电流解冻，高频、微波解冻等。

（1）低频电流解冻　在电路中电流通过电阻时产生的焦耳热为I^2R，根据此原理把冻结食品视为电阻，利用电流通过时产生的热使冰熔化。开始因冻品残余液态水少，处于低温冻结状态，故其电阻大，电流小，发热量较小，在逐渐发热过程中液态水增加，电阻减小电流增大，电流逐渐流经内部，在内部发热，冻品被解冻。电流解冻用的是50～60Hz的低频交流电，故称低频解冻。低频电流解冻比空气和水解冻速度快2～3倍，且耗电少，运转费用低。缺点是它只能解冻表面平滑的块状冷冻品，块内部解冻不均匀。例如解冻全鱼时因头和内脏存在空间，解冻不均匀。其次在解冻初期由于冻品电阻大，解冻速度较慢。此外，在上、下平板不完全密贴时，只有密贴部分才能流过电流，从而产生局部过热，有时呈煮过的状态。

（2）高频电流解冻　高频电流解冻使用的是50MHz或60MHz频率的电流。当高频电磁波照射冷冻食品时，冻品中极性分子在高频电场中高速反复振荡，分子间不断碰撞和摩擦，使冻品表面和内部同时产生热量，在短时间内完成解冻。通常电磁波加热的频率，1～50MHz称为高频，300～3000MHz称为微波。考虑到广播通信、雷达卫星及电视等的使用频率，国际规定工业中用的微波频率只有915MHz和2450MHz。高频电流解冻装置如图10-36所示。电磁波穿过食品表面内部照射时，随穿透深度加大，能量迅速衰减。穿透深度与电磁波频率成反比，所以高频波的穿透深度是微波的5～14倍，比微波解冻的速度要快，同时，因为高频解冻时，随冻品温度的上升，介电常数增加很快。高频电压渐渐难以作用于冻品，不会发生微波解冻时，使冻品局部过热的现象。-2～-3℃以上时，高频感应失去解冻作用，所以装置中设一冷却器，以控制环境温度。

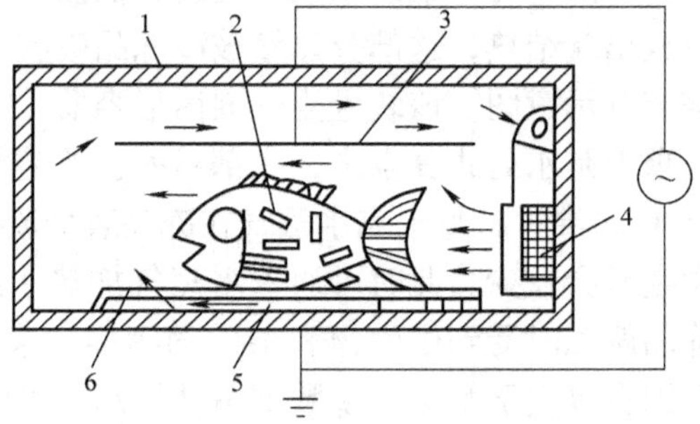

图10-36　高频电流解冻装置原理图
1—箱体　2—冷冻品　3、5—电极
4—冷却器　6—载物台

（3）微波解冻装置　微波解冻的优点：解冻时间短，解冻食品的质量变化小，能较好保持食品原有品质；清洁卫生，微波不污染食品，食品营养成分不会流失，而且具有杀菌作用；占地面积小，可实现连续解冻。

微波解冻的缺点：解冻不均匀，有的部分存在过热现象；进行完全解冻困难，微波频率增加，其功率也将增大，但辐射穿透率反而减小；装置成本较高。

微波解冻不均匀的原因主要是食品内部组成不均一，各种组分对微波具有选择性吸收，吸收微波能的能力各不相同，差别较大。另外，微波的电磁场本身分布不均匀，有尖角效应，受物品形状影响较大。为改善微波解冻不均匀现象，常在解冻过程中用冷空气在产品周围循环以消除产品边角上受到的加热作用。图10-37是微波解冻装置的原理图。解冻室由不锈钢制成，上部有微波发生器及搅拌器。为防止冻品突出部分的过热，用-15°C的冷风在表面循环。

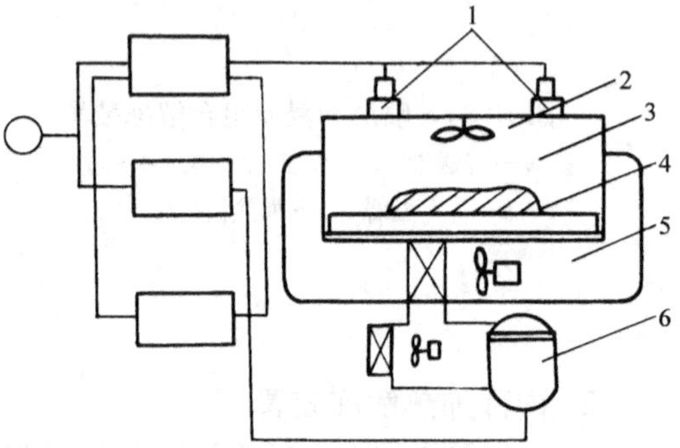

图10-37　微波解冻装置
1—微波发生器　2—风扇　3—解冻室　4—解冻品　5—冷风道　6—冷冻机组

单独使用空气、水和电进行解冻，因为它们各自存在一些缺点。如采取组合型解冻可取长补短，提高解冻效率，确保解冻食品的质量。组合解冻大都是以电解冻法为主，再附加空气或水解冻。

第五节　食品冷藏链的设备

食品冷藏链（Cold Chain）是指易腐烂食品在生产、贮藏、运输、销售的各个环节中始终处于规定的低温环境下，以保证食品质量，减少损耗的一项系统工程。它随着科技的进步、制冷技术的发展而建立起来，以食品冷冻工艺学为基础，以制冷技术为手段。食品冷藏链是一种在低温条件下的物流过程，因此，要把所涉及的生产、运输、销售、经济性和技术性等各种问题集中起来考虑，协调相互间的关系。

一、食品冷藏链的组成

1. 食品冷藏链的构成

食品冷藏链的构成如图 10-38 所示。冷藏链中各个环节均具有非常重要的作用，要保证食品冷藏中食品的品质，对于被冷藏的食品有如下要求：

1）食品应该是新鲜的，完好无损，如果食品已经开始变质，低温也不能恢复其初始状态。

2）食品在生产、收获后应及时给予预冷处理，然后进入冷藏链程序中。

2. 食品冷藏链分类

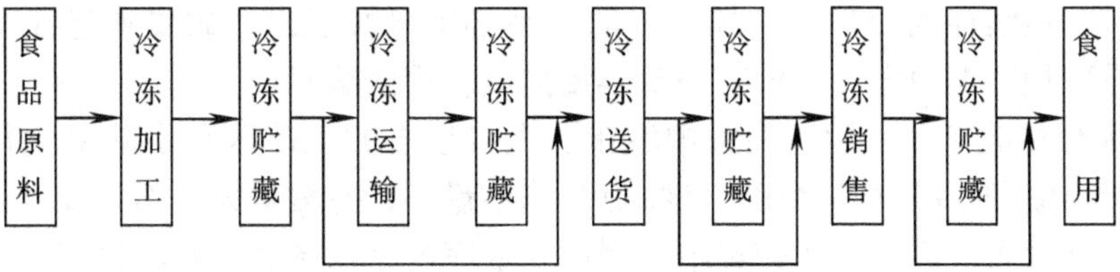

图 10-38　食品冷藏链结构图

食品冷藏链由冷冻加工、冷冻贮藏、冷冻运输和冷冻销售四个方面构成：

（1）冷冻加工　包括肉类、鱼类的冷却与冻结；果蔬的预冷与速冻；各种冷冻食品的加工等。主要涉及冷却和冻结装置。

（2）冷冻贮藏　包括食品的冷藏和冻藏，也包括果蔬的气调贮藏。主要涉及各类冷藏库、冷藏柜、冻结柜以及家用冰箱等。

（3）冷藏运输　包括食品的中、长途运输及短途送货等。主要涉及铁路冷藏车、冷藏汽车、冷藏船、冷藏集装箱等低温运输工具。在冷藏运输过程中，温度的波动是引起食品质量下降的主要原因之一，因此，运输工具必须具有良好的性能，不但要保持规定的低温，更切忌大的温度波动。

（4）冷冻销售　包括冷冻食品的批发及零售等，由生产厂家、批发商和零售商共同完成。早期冷冻食品的销售主要由零售商的零售车以及零售商店承担，近年来，城市中超级市场的大量涌现，已使其成为冷冻食品的主要销售渠道。超市中的冷藏陈列柜，兼有冷藏和销售的功能，是食品冷藏链的主要组成部分。

二、食品冷藏库

食品冷藏库是用人工的方法对易腐食品进行加工和贮藏的设施，是食品冷藏链中的重要一环。随着人们消费水平的提高，冷藏库在食品的加工和贮藏、调节市场供求等方面发挥着越来越重要的作用。

1. 冷藏库的分类

冷藏库可按容量、温度以及使用性质等进行分类。目前我国商业系统冷藏库按容量可分为四类，见表10-4；按冷藏库设计温度分为高温冷藏库（-2°C以上）、低温库（-15°C以下）。对于室内装配式冷藏库，按我国的ZBX99003—1986专业标准分为L、D、J三级，其对应的库内温度为：-5~5°C、-18~-10°C、-23°C。其使用性质如下：

表10-4 食品冷藏库的容量分类

规模分类	容量/t	冻结能力/(t/天)	
		生产性冷藏库	分配性冷藏库
大型冷藏库	>10 000	120~160	40~80
大中型冷藏库	5000~1000	80~120	40~60
中小型冷藏库	1000~5000	40~80	20~40
小型冷藏库	<1000	20~40	<20

（1）生产性冷藏库　主要建在食品产地附近、货源较集中的地区，作为肉、禽、蛋、鱼、果蔬加工的冷冻车间使用，是生产企业加工过程中的重要组成部分。由于它的生产方式是从事大批量、连续性的冷加工，加工后的食品必须尽快运出，故要求建在交通便利的地方。其特点是冷加工能力大，并设有一定容量的周转用冷藏库。

（2）分配性冷藏车　一般建在大中城市、人口较多的工矿区和水陆交通枢纽，作为市场供应、中转运输和贮藏食品之用。其特点是冻结量小，冷藏量大，而且要考虑多种食品的贮藏。由于冷藏量大，进出货比较集中，因此要求库内运输畅通，吞吐迅速。

（3）零售性冷藏库　一般建在城市的大型副食品商店内，供临时贮藏零售食品之用。特点是库容量小，贮藏期短，库温随使用要求不同而异。在库体结构上，大多采用装配式组合冷库。

2. 冷藏库的组成与布置

（1）冷藏库的组成　冷藏库主要由主体建筑和辅助建筑两大部分组成。按照构成建筑物的用途不同，主要分为冷加工间及冷藏间、生产辅助用房和生活辅助用房等。

1）冷加工间及冷藏间：冷加工间及冷藏间包括冷却间、冻结间、冷却物冷藏间、冻结物冷藏间和冰库等。冷却间用于对进库冷藏或需要先预冷后冻结的常温食品进行预冷，冷却间内装有吹风式冷却设备，一般采用的冷却温度为-2°C，相对湿度为90%，将产品由室温冷却到4°C左右。某些冷藏库的冷却间温度采用-10°C快速冷却方法来提高冷却效果。对于果蔬、鲜蛋的冷却间，常采用冷风机和风道两侧送风，使冷却间气流均匀，以防食品发生冻结。

冻结间是将食品由常温或冷却后快速降至-15°C或-18°C，冻结间配备有足够的冷却设备，广泛采用强制冷空气循环方式，以便缩短冻结时间。国际上对冻结间的工艺要求趋向低温快速，冻结间温度采用-40~-35°C，空气流速采用2~4m/s。

冷却物冷藏间主要是贮藏新鲜的果蔬和禽蛋等。由于冷却物冷藏间贮存的食品品种多，要求库内的温湿度条件也不尽相同，因此，冷却物冷藏间的温湿度应根据大宗食品的贮藏条件来确定，而且要求库内各区域温差应尽可能小于±5°C，以免食品发生冻坏。

冻结物冷藏间又称低温冷藏间，主要贮藏冻结食品，贮藏温度不高于-18°C，相对湿度维持在95%左右。冰库用于储存人造冰，解决需冰旺季的供应。贮存盐水制冰的冰库温度为-4°C，贮存快速制冰机制得的冰的库温为-10°C。冰库一般采用光滑顶管降温，以防堆码的冰块滑落损坏降温管。

2）生产辅助用房：包括供装卸货物用的装卸站台、穿堂、楼梯电梯间和过磅间等。公路装卸站台应与进出最多汽车的高度相一致，长度按每1000t冷藏容量约7~10m的规格设置。铁路站台高出钢轨面1.1m。穿堂是运输作业和库房间联系的通道，一般分低温和常温穿堂两种，分属高、低温库房使用。多层冷库均设有楼梯、电梯间，其大小数量及设置位置视吞吐量和工艺要求而定，一般按每千吨冷藏量配0.9~1.2t电梯容量设置，同时应考虑检修。过磅间是专供货物进出库时司磅记数用的房间。另外还有制冷机房、变配电间、水泵房等。

（2）冷库的布置　冷藏库的布置是根据冷库的性质、允许占用土地的面积、生产规模、食品冷加工和冷藏的工艺流程、库内装卸运输方式、设备和管道的布置要求等，来决定冷库的建筑形式；确定冷藏库各组成部分的建筑面积和冷库的外形；并对冷库的各冷间、生产和生活辅助用房的具体布置进行合理设计。

1）冷藏库库房的平面布置：为便于冻结间的维修、扩建和定型配套，以及延长主库的寿命，通常将冻结间移出主库而单独建造，同低温冷藏间分开，中间用穿堂连接。多层冷藏间把同一温度的库房布置在同一层上，冻结物冷藏间布置在一层或一层以上的库房内。单层冷藏库要合理布置不同温度的冷藏间，使冷区与热区的界限分明。

2）冷藏库的垂直布置：小型冷库一般采用单层建筑，大、中型冷库则采用多层建筑。库房的层高应根据使用要求和堆货方法确定。目前国内冷库堆货高度在3.5~4m，单层冷藏库的净高一般为4.8~5m，采用巷道或吊车码垛的自动化单层冷库不受此限。多层冷藏库的冷藏间层高应大于4.8m，当多层冷藏库设有地下室时，地下室的净高不小于2.8m。冻结间的层高根据冻结设备和气流组织的需要确定。为了减少冷藏库的热渗透量，无论是多层冷藏库还是单层冷藏库，都应建成立方体式，尽量减少维护结构的外表面积，其长宽比通常取3:2左右。

3. 装配式冷藏库

装配式冷藏库是由预制的夹心隔热板拼装而成的冷藏库，又称为组合式冷藏库。由于装配式冷藏库具有重量轻，结构紧凑，安装快，美观卫生等优点，近年来发展很快。

（1）装配式冷藏库的结构形式与特点　根据安装场地，装配式冷藏库可分为室内型和室外型两种。室内型冷库容量较小，一般为2~20t，这种冷库大多采用可拆装结构，顶、底墙板之间用偏心钩连接或直接粘结装配。室外型冷库容量一般大于20t，为一独立建筑结构，具有基础、地坪、站台、机房等设施，库内净高在3.5m以上。多采用外承重结构，即在冷库的外侧或内侧设钢柱、钢梁，利用库内或库外的钢框架支撑隔热板、安装制冷设备和支撑库顶防雨棚。装配式冷藏库由重量轻，弹性、抗压和抗弯强度高，保温防潮性能好的复合隔热板拼装而成，因而，具有抗震性能好，组合灵活方便，可拆装搬迁，成套批量生产等特点。

（2）装配式冷藏库的安装　图10-39和图10-40为装配式冷藏库的外形和板块关系，其安装方法如下：

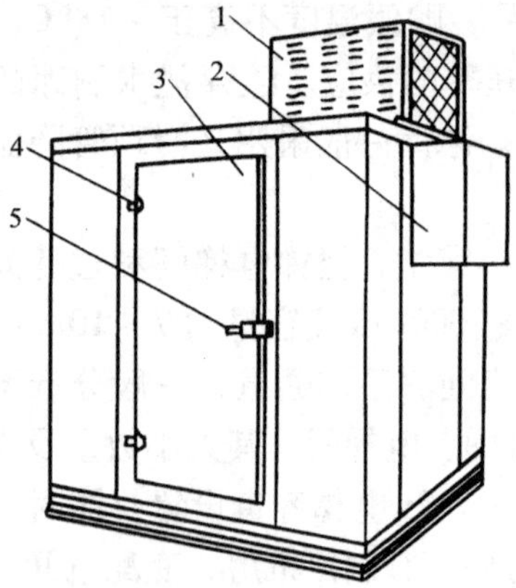

图10-39　小型装配式冷藏库外形
1—制冷机组　2—控制箱　3—门
4—门铰链　5—把手

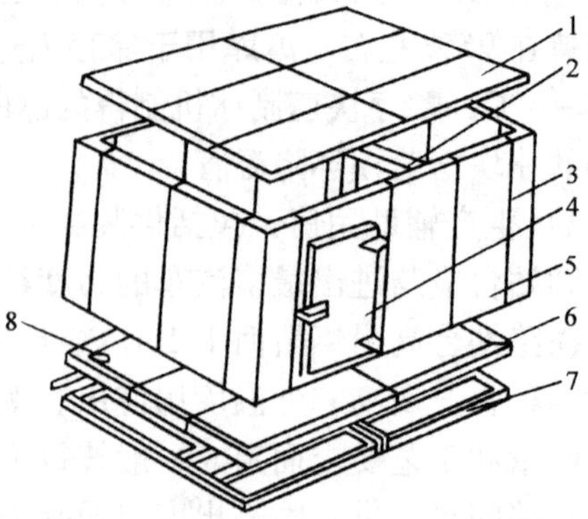

图10-40　小型装配式冷藏库板块关系
1—顶板　2—过梁　3—角板　4—门及门框组合
5—立板　6—底板　7—底托　8—地漏组件

1）位置选择：安装地点应无阳光直射，远离热源；应避免振动较大、粉尘较多或有腐蚀性气体的环境；应能就近供电及排放化霜水。房顶要高于机组0.5m以上，冷库四周距离墙大于0.5m。

2）底架及排水系统安装：底架应按对应容积的底架装配示意图，在选择好的位置上将底架用螺栓连接牢固，并使之保持水平。排水系统装配时首先把地漏装入地板的预留孔内，用螺母锁紧，把下水道套在地漏接口上，用卡子紧固。

3）地板及墙板的组装：地板的安装应注意安装位置和方向。第一块地板应是带水管的地板，把排水管从底架方孔中伸出，其他地板依次安装；每块地板之间要对正、贴紧、平整、连接牢固。第一块组装墙板是角板，使角板下部凸槽对正地板凹槽，然后锁紧挂钩，接着安装其他墙板，最后一块应是角板。墙板安装完毕后，在确定安装机组位置的墙板上方，按机组尺寸要求，用手锯锯开两个凹形豁口，以备安装机组用。

4）过梁及顶板安装：过梁是用来支撑顶板的，安装时将支架插入墙板上部的聚氨酯中，对好预留孔位置，用螺钉紧固，然后装配过梁，把过梁水平放置在两对应的支架上，用螺栓连接，待顶板装配调整后紧固。顶板的安装顺序与墙板相同，若顶板安装好后与过梁有间隙，可用垫片进行调整，使两者贴紧为宜。

5）安装制冷机组及附件：制冷机组是由冷凝器、压缩机、蒸发器等整体连接的钢结构，安装时需要将机组整体水平托起，使机组机架进入墙板预开好的凹槽豁口内，然后将顶板安装时预留的板插入机组底部装好，使之固定平稳。附件部分的感温测头一般安装在库内中部上方，库灯安装在门框上部，制冷系统控制装置安装在预定位置上，在蒸发器下部排水管上安装好化霜水管。

装配式冷藏库各部件安装好后，还应将库内墙板支架接触部位的间隙用橡胶条或快干密封胶密封，减少冷量损失。最后用干净软布擦一遍库壁。

4. 自然冷资源冷藏库

自然冷资源果蔬冷藏库是一种新型的果蔬保鲜贮藏设施。由于其节能效果显著而受到人们关注。利用自然冷资源的冷藏库主要由贮藏室、贮冰（水）室、预冷室、风机以及管道等组成。

（1）自然冷资源冷库的工作过程　自然冷资源冷库是利用水发生固液相变时可以释放或吸收大量潜热的特点，以水为基质，将冬季的自然冷资源以冰的形式贮存起来，并利用水在冻结时释放出的潜热来维持库内温度，使果蔬免受冻害；在暖季再以这些冰为冷源，维持果蔬贮藏保鲜所需要的低温高湿条件。图 10-41 所示为利用自然冷资源果蔬冷藏系统，其工作过程如下：

1）冬季蓄冷贮藏过程：冬季当外界气温降到 0°C 以下时，打开进气孔 D1，起动风机 F3，外界的冷空气便进入贮冰室，经热交换使贮冰室内的水逐渐冻结成冰，水在冻结发生相变的同时放出潜热，使进入的寒冷空气温度升高。通过调节风机进风量可保持库内的温度为 0°C 左右，若需要加快制冰速度，可将制冰风机 F2 打开，以增加进入贮冰室的冷空气量，当制冰结束或外界气温高于 0°C 时，可关闭风机 F2 和风门 D2、D1，以隔断外界空气的流入。

2）暖季果蔬贮藏过程：果蔬在贮藏期间不断进行呼吸代谢放出呼吸热。为维持库内低温延长果蔬保存期，需要降低库温。此时，起动风机 F1，贮冰室内冷空气经风门 D4 流入贮藏室经与果蔬换热后，使果蔬温度下降。空气从风门 D5 又流回到贮冰室，与贮冰室内的冰进行热交换，冰融化成水，同时吸收相变潜热，空气温度降低后再次被风机 F1 吸入到贮藏室。如此循环，直到贮藏室温度达到要求，通过调节风门 D4，能够维持库内温度在 1 ~ 2°C 范围内，十分稳定。相对湿度可保持在 90% 以上。电能的消耗是机械制冷库的十分之一。在我国北方大部分地区冬季寒冷漫长，具有丰富的自然冷资源，利用自然冷资源冷库保鲜果蔬是一种节能的新方法。

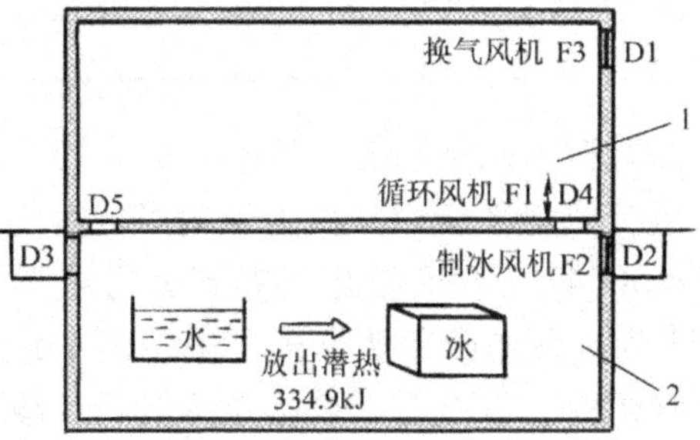

a）

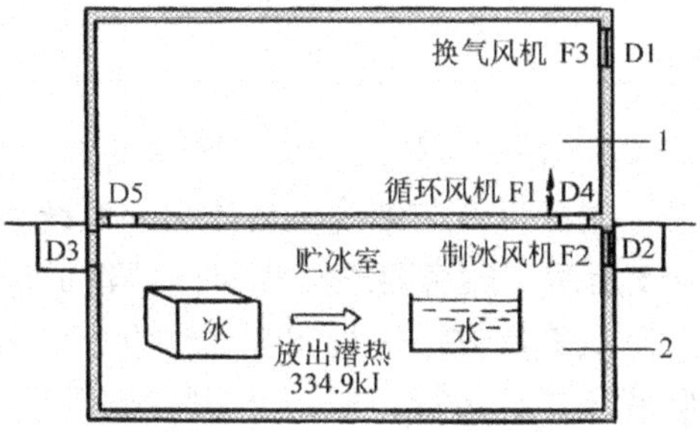

b）

图 10-41　利用自然冷资源冷藏系统

a）冬季蓄冷贮藏过程　b）暖季果蔬贮藏过程

1—贮藏室　2—贮冰室　D1、D2、D3、D4、D5—风门　F1、F2、F3—风机

（2）自然冷资源冷库的特点　自然冷资源冷库投资成本低，仅用几台风机就可实现果蔬的贮藏保鲜。节能效果显著，维修管理费用少，而且不会造成环境污染；库内冷源来自冰水，低温稳定，湿度高，保鲜品质好，保鲜期长；自动化程度高，管理方便。

5. 气调式冷库

气调储藏（Controlled Atmosphere Storage，CA）是通过控制和改变冷库内的气体成分及温度，实现有效抑制果蔬呼吸和产生乙烯气体，达到果蔬的储藏保鲜目的。

（1）气调式冷库的特点 气调式冷库与一般冷库在建筑方面的主要区别是，气调冷库的库体要有很好的气密性；能降低冷库内的氧气含量，抑制果蔬的呼吸作用、减少乙烯的产生、推迟后熟，一般氧气体积分数为2%～5%；库内相对湿度比普通冷库略高，减少果蔬的干耗，气调库内的相对湿度保持在90%～93%；控制乙烯的体积分数小于0.3%，果蔬在储藏过程中，由于呼吸作用会产生大量的乙烯气体，乙烯具有催熟作用，所以在气调库中，要及时排除乙烯，控制乙烯含量。

表10-5为一些果蔬气调储藏的工艺参数。

表10-5 一些果蔬气调储藏的工艺参数

品名	气体成分（体积分数）		温度/℃	品名	气体成分（体积分数）		温度/℃
	氧气	二氧化碳			氧气	二氧化碳	
苹果	3	2～8	0～8	菠菜	10	10	0
洋葱	2～3	0～2	0	葱	3	10	0
香蕉	5～10	5～10	12～14	黄瓜	3～16	5	13
柿子	2～3	5～10	0	莴苣	3～5	2～3	0～1
草莓	3～5	5～10	0	甘蓝菜	2～3	4～5	0～1
桃子	2	4～5	0	蘑菇	3～5	3～10	0～1
葡萄	0.5～1	1～2	0	花菜	15	5	0～1
柠檬	5～10	5～10	12～14	圆辣椒	3～5	0	8
橘子	3～5	2～4	4～6	大蒜	2～4	5～8	0
龙须菜	2～5	3～10	0～1	板栗	2～4	5～7	0
胡萝卜	2～5	5～10	0	梨	4～5	3～4	0
番茄	3～10	5～10	6～9	马铃薯	3～5	2～5	3
青豌豆	0～10	0～10	8				

（2）气调式冷库的组成 气调式冷库主要由库房、制冷系统、气体发生系统、气体净化系统、温湿度调节系统、气体循环系统、气体成分测量系统以及压力平衡系统等组成，如图10-42所示。库房要求高气密性，建成后按GB 50247—1998要求进行气密性实验；冷库内通过降氧充氮方法进行调节气体成分，图10-43为碳分子筛制氮原理，采用两个或多个碳分子吸附床交替运行，当一个吸附床充满吸附的气体时，系统自动切换该床为再生模式，另一吸附床开始运行。在碳分子吸附床中，氧气、二氧化碳以及乙烯气体的扩散速度比氮气快，因而易先被吸附，氮气则首先通过得到分离；气体净化系统主要对气调储藏过程中，过多的二氧化碳、乙烯等成分进行清除。二氧化碳的去除主要采用活性炭、硝石灰等吸附剂去除，或采用K_2CO_3溶液与二氧化碳的可逆反应原理去除；乙烯的净化系统是利用饱和高锰酸钾溶液吸附在多孔材料上，乙烯被高锰酸钾氧化吸收去除。

三、食品冷藏运输设备

食品冷藏运输是冷藏链中必不可少的重要一环，由冷藏运输设备来完成。冷藏运输设备是指本身能造成并维持一定的温度环境，以运输冷冻食品的设施与装置，包括冷藏汽车、铁路冷藏车、冷藏船和冷藏集装箱等。从某种意义上讲，冷藏运输设备是可以移动的小型冷库。

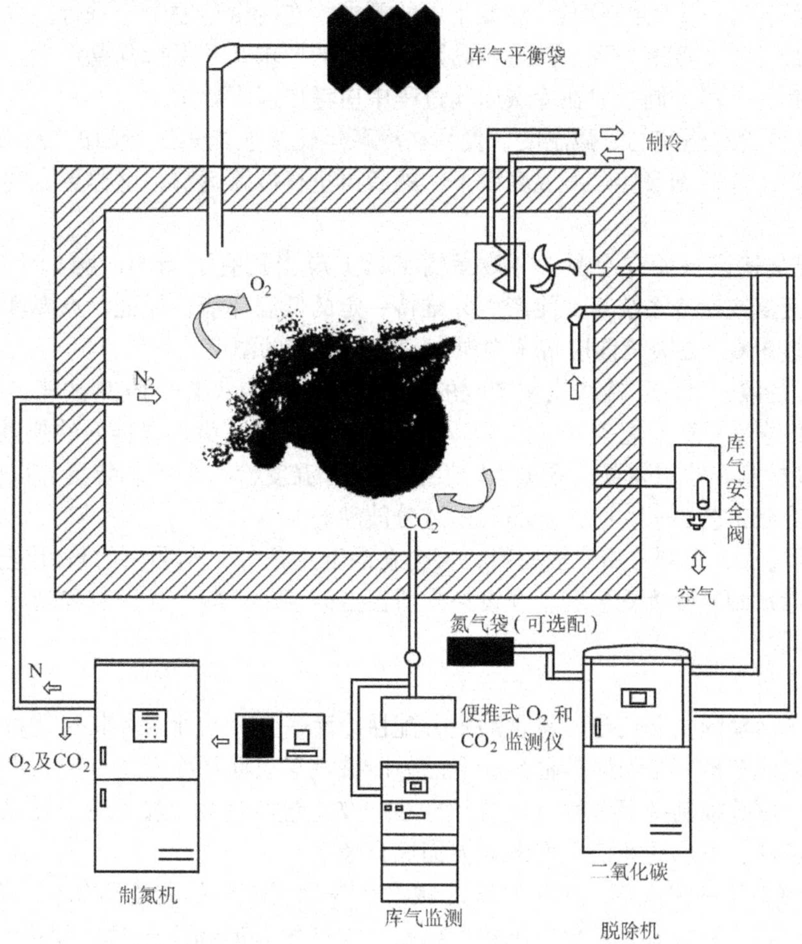

图 10-42　气调冷藏库示意图

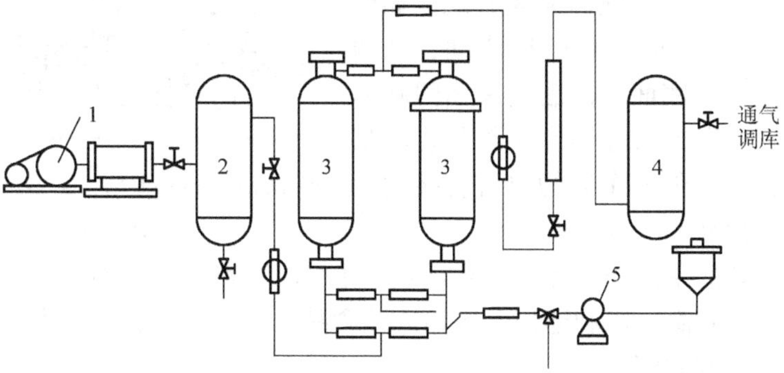

图 10-43　碳分子筛式制氮装置示意图

1—空气压缩机　2—油气分离器　3—吸附器　4—储气罐　5—真空泵

1. 对冷藏运输设备的要求

每种食品都有一定的贮藏温、湿度条件的要求，在冷藏运输中应进行控温运输，保持与所运食品的最佳贮藏温度一致，满足食品贮藏条件的要求，并保持其稳定性。虽然冷藏运输设备的使用条件不尽相同，但在冷藏运输过程中应考虑以下要求。

1）食品预冷和适宜的贮藏温度、食品在冷藏运输前应当采用专门的冷却设备和冻结设备，将食品温度降低到最佳贮藏温度以下，然后再进行冷藏运输，这样更有利于保持贮运食品的质量和节能。

2）冷藏运输设备要有冷源：冷藏运输工具上应当具有适当的冷源如干冰、冰盐混合物、碎冰、液氮或制冷系统等，能产生并维持一定的低温环境，保证各点温度均匀稳定，最大温差不超过3°C。在装货前应将车内温度预冷至所需的温度。

3）良好的隔热性能：冷藏运输装置的货物间应当具有良好的隔热性能，总的传热系数要小于0.4W/(m²·K)，甚至小于0.2W/(m²·K)，尽量减少外界传入的热量。

4）温度检测和控制装置：冷藏运输设备应具有温度检测和控制装置，以满足食品在运输过程中的冷藏工艺要求，防止食品温度过分波动。

5）其他要求：车厢采用安全材料，符合食品卫生条件，车厢内的设计应光滑防腐，便于清洁和消毒；制冷装置重量轻，在设备内所占空间要尽可能小，安装稳定不易出故障；冷藏运输成本低。

2. 冷藏汽车

冷藏汽车运输的主要任务是将食品由分配性冷库送到食品商店和其他消费场所。当没有铁路时，冷藏汽车被用于长途运输冷冻食品。冷藏汽车根据制冷方式可分为机械制冷、液氮或干冰制冷、蓄冷板制冷等多种。这些制冷系统彼此差别较大，选择使用方案时应从食品种类、运行经济性、可靠性和使用寿命等方面综合考虑。

（1）机械制冷冷藏汽车　机械制冷冷藏汽车是采用适当的制冷机组使车体内降温的冷藏运输工具。制冷机组通常安装在车厢的前端，大型货车的制冷压缩机配备专门的发动机，通常以汽油作燃料，布置在车厢下面；小型货车的压缩机与汽车共用一台发动机，为了防止汽车出现机械故障，或在冷藏汽车停驶时仍能驱动制冷机组，有的汽车还装备一台能利用外部电源的备用电动机。机械制冷冷藏汽车的蒸发器通常安装在车厢的前端，采用强制通风方式，如图10-44所示。冷风贴着车厢顶部向后流动，从两侧及车厢后部下到车厢底面，然后沿底面间隙返回车厢前端。这种通风方式能使整个食品货堆都被冷空气所包围，外界传入车厢的热流直接被冷风吸收，能够保持食品的冷藏温度。

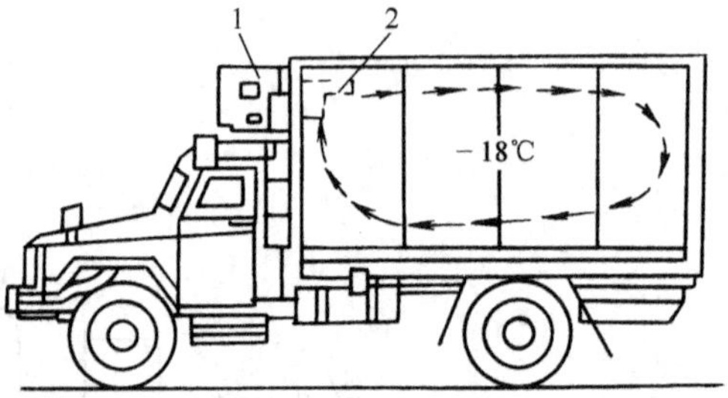

图10-44　机械制冷汽车车内气流组织示意图
1—冷凝器　2—蒸发器

在冷藏运输新鲜的果蔬类食品时，将产生大量的呼吸热，为了能及时排除这些热量，在货堆内外均留出一些间隙，以利通风。运输冻结食品时，没有呼吸热放出，货堆内部不必留间隙，只要冷风在货堆周围循环即可。

机械制冷冷藏汽车的优点：车内温度可调、均匀稳定，运输成本较低。缺点：结构较复杂，易出故障，维修费用和初投资高，噪声较大；大型车的冷却速度慢，时间长，需要融霜。

（2）液氮或干冰制冷冷藏汽车　液氮制冷冷藏车如图 10-45 所示，主要由液氮罐、喷嘴及温度控制器组成。冷藏车装好货物后，通过控制器设定车厢内要保持的温度，而感温器则把测得的实际温度传回温度控制器，当实际温度高于设定温度时，则自动打开液氮管道上的电磁阀，液氮从喷嘴喷出降温，当实际温度降到设定温度后，电磁阀自动关闭。液氮由喷嘴喷出后，立即吸热汽化，体积膨胀高达 600 倍，即使货堆密实，没有通风设施，氮气也能进入货堆内。冷的氮气下沉时，在车厢内形成自然对流，使温度更加均匀。为了防止液氮汽化时引起车厢内压力过高，车厢上部装有安全排气阀或安全排气门。

液氮冷藏汽车的优点：装置简单，初投资少；降温速度快，而且液氮制冷时，车厢内的空气被氮气置换，长途运输果蔬类时，能够减缓其呼吸作用，防止氧化，保持食品的质量；与机械制冷装置比较，重量轻，无噪声；缺点：液氮成本较高；运输途中液氮补给困难，长途运输时必须装备大的液氮容器，减小了有效载货量。

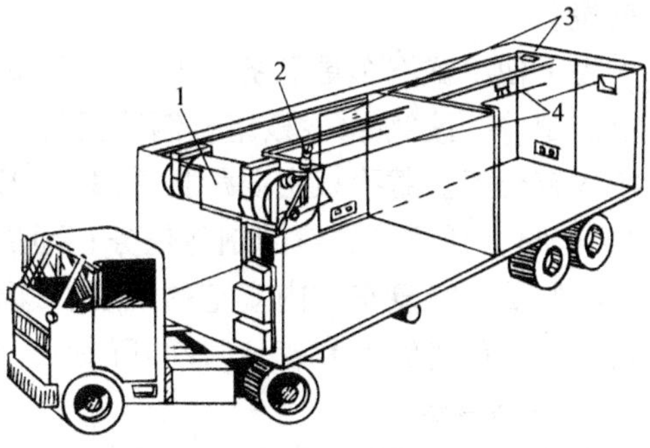

图 10-45　液氮制冷冷藏汽车
1—液氮贮藏罐　2—喷嘴　3—门开关　4—安全开关

用干冰制冷时，先使空气与干冰换热，然后借助通风使冷却后的空气在车厢内循环。吸热升华后的二氧化碳由排气管排出车外。有的干冰冷藏汽车在车厢中装置隔热的干冰容器，干冰容器中装有氟利昂盘管，车厢内装备氟利昂换热器，在车厢内吸热汽化的氟利昂蒸气进入干冰容器中的盘管，被盘管外的干冰冷却，从新凝结为氟利昂液体后，再进入车厢内的蒸发器，使车厢内保持规定的温度。

干冰制冷冷藏汽车的优点：设备简单，投资费用低；故障率低，维修费用少，无噪声。由于干冰在 $-78°C$ 时就可以升华吸热而使车厢降温，车厢内温度可降到 $-18°C$ 以下，因而常用于运输冻结货物。缺点：车厢内温度不够均匀，冷却速度慢，时间长；干冰的成本较高。

（3）蓄冷板冷藏汽车　蓄冷板冷藏汽车是利用蓄冷板进行降温。蓄冷板中充注有低温共晶溶液，使蓄冷板内共晶溶液冻结的过程就是蓄冷过程。将蓄冷板安装在车厢内，外界传入车厢的热量被共晶溶液吸收，共晶溶液由固态转变为液态。常用的共晶溶液有乙二醇、丙二醇的水溶液及氯化钙、氯化钠的水溶液。不同的共晶溶液有不同的共晶点，要根据冷藏车的需要选择合适的共晶溶液。一般来讲，共晶点应比车厢规定的温度低 2 ~ 3°C。蓄冷板可装在车厢的顶部，也可安装在车厢的侧壁上，如图 10-46 所示。蓄冷板距车厢顶部或侧壁 4 ~ 5cm，以利于车厢内的空气自然对流。为了使车厢内温度均匀，有的汽车还装有风扇。

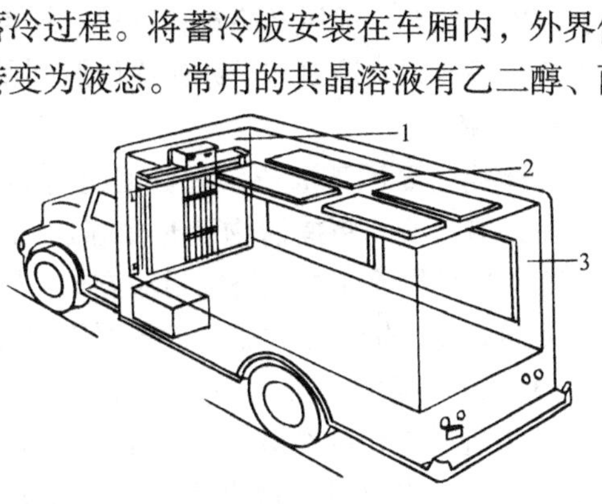

图 10-46　蓄冷板冷藏汽车
1—前壁　2—厢顶　3—侧壁

蓄冷板蓄冷方法通常有两种：一是利用集中式制冷装置，即当地现有的供冷藏库用的或具有类似用途的制冷装置。拥有蓄冷板冷藏车较多的地区，可设立专门的蓄冷站，利用停车或夜间使蓄冷板蓄冷。另一种蓄冷方法是借助于装在冷藏车内部的制冷机组，停车时借助外部电源驱动制冷机组使蓄冷板蓄冷。蓄冷板冷藏汽车的蓄冷时间一般为8～12h（环境温度35°C，车厢内温度－20°C），特殊的冷藏汽车可达2～3天。保冷时间除取决于蓄冷板内共晶溶液的量外，还与车厢的隔热性能有关，因此应选择隔热性能较好的材料做厢体。

蓄冷板冷藏汽车的优点：设备费用比机械制冷式的少；可以利用夜间廉价的电力为蓄冷板蓄冷，降低运输费用；无噪声；故障少。缺点：蓄冷板的数量不能太多，蓄冷能力有限，不适于超长距离运输冻结食品；蓄冷板减少了汽车的有效容积和载货量；冷却速度较慢。

为了使冷藏汽车更经济、方便，可采用上述几种制冷方式的组合，通常有液氮-风扇盘管组合制冷、液氮-蓄冷板组合制冷两种。在液氮-蓄冷板组合制冷设备上液氮制冷和蓄冷板制冷各有分工。蓄冷板主要承担通过车厢壁或缝隙的传热量，以及环境温度大于38°C或小于16°C时，开门换热量的制冷任务；而液氮系统主要承担环境温度大于16°C时的开门换热量，以便尽快恢复车厢内规定的温度。这种组合式制冷的特点是：环境温度低时，用蓄冷板较经济，而环境温度高或长时间开门后，用液氮制冷更有效。

3. 铁路冷藏车

陆路远距离运输大批量冷冻食品时，采用铁路冷藏车运输比较经济，因为它的运量大、速度快。铁路冷藏车根据降温方式的不同，可分为冰制冷、液氮或干冰制冷，机械制冷、蓄冷板制冷等几种类型。

（1）加冰冷藏车　加冰冷藏车是利用水冰、冰盐混合物等作为冷源进行冷却的。1851年，美国将冰用于黄油的铁路冷藏运输，至今冰仍是铁路冷藏运输的常用制冷介质。

（2）机械冷藏机车　加冰冷藏车由于使用冰盐混合物降温，一般只能在车内保持－8°C以上的温度，而冻结食品的贮运温度一般必须在－18°C以下，同时加冰冷藏车在装运未经预冷的货物时，车内温度降低很缓慢，造成货物质量下降；而且途中需要加冰，影响运行速度。而机械制冷能克服上述不足，正逐步取代加冰冷藏车，成为铁路冷藏车的发展方向。

机械制冷铁路冷藏车的特点：温度低，温度调节范围大；车厢内温度分布均匀；运输速度快；制冷、加热、通风及除霜自动化。缺点：造价高，维修复杂；使用技术要求高。另外，铁路冷藏车还有采用液氮和干冰制冷以及利用蓄冷板制冷，其原理和结构与冷藏汽车相同。

4. 冷藏船

冷藏船主要用于渔业，尤其是远洋渔业。远洋渔业的作业时间很长，有时长达半年以上，必须有冷藏船将捕捞物及时冷冻加工和冷藏。此外，由海路运输易腐食品也必须用冷藏船。冷藏运输船是非常经济的运输方式，随着冷藏船技术性能的提高，船速加快，运输批量加大，装卸集装箱化，冷藏船运输量逐年增加，成为国际易腐食品贸易中主要的运输工具。

（1）冷藏船的分类　冷藏船可分为渔业冷藏船和运输冷藏船两种。渔业冷藏船用于接收捕获的鱼货进行冻结和运送到港口冷库。渔业冷藏船上配备有低温装置，可进行冷冻前的预处理加工，也可进行鱼类的冻结加工及贮藏；运输冷藏船包括集装箱船，主要用于运输易腐食品和货物，它的隔热保温要求很严格，温度波动不超过±5°C。

（2）冷藏船用制冷装置　冷藏船上一般都装有制冷装置，船舱隔热保温，多采用氨或氟利昂制冷系统，冷却方式主要是冷风冷却，也可向循环空气系统中不断注入少量液氮。制冷机房设置在隔仓间或在主机间，冷藏系统根据冷藏船的用途来选择，运输果蔬和冷却肉类多采用空气冷却装置；运输冻结食品时多采用盐水系统。船上的机房较狭小，所以制冷装置要尽可能地紧凑，但又要为修理留下空间。考虑到生产的经济性和在船上安装的快速性问题，为适应船上快速安装的要求，已越来越多地采用系列化组装部件，其中包括若干特殊结构。

渔业冷藏船上使用隧道式冻结装置和其他速冻设备，如平板冻结装置、带式冻结装置流态化冻结装置等。图 10-47 为船用制冷装置布局示意图。随着冷藏集装箱的普及与发展，目前水上运输大部分已采用冷藏集装箱代替运输船冷藏货舱，冷藏集装箱运输船将成为水上运输的主要工具。

5. 冷藏集装箱

所谓冷藏集装箱，就是具有一定隔热性能，能保持一定低温，适用于各类食品冷藏运输而进行特殊设计的集装箱。冷藏集装箱出现于 20 世纪 60 年代后期，冷藏集装箱具有钢质轻型骨架，内外贴有钢板或金属板，两板之间充填隔热材料。常用的隔热材料有玻璃棉、聚苯乙烯、发泡聚氨酯等。

（1）冷藏集装箱的分类　冷藏集装箱根据制冷方式大体可分为：保温集装箱和制冷集装箱两类。

1）保温集装箱：集装箱无制冷装置，箱壁具有良好的隔热性能。有的保温集装箱上配有软管连接器，可与船上或陆上供冷站的制冷装置连接，使冷气在集装箱内循环，达到制冷效果，一般能保持 -25°C 的冷藏温度。该集装箱集中供冷，箱容利用率高，自重轻，使用时机械故障少。但必须由设有专门的制冷装置的船舶装运，使用时箱内的温度不能单独调节。

2）制冷集装箱：这种集装箱配有制冷装置，如图 10-48 所示。制冷机组安装在箱体的一端，冷风由风机从一端送入箱内，如果箱体过长，则采用两端同时送风，以保证箱内温度均匀。为了强化换热，可采用下送风上回风的冷风循环方式。也有利用液氮或干冰制冷，以维持箱体内低温的冷藏集装箱。

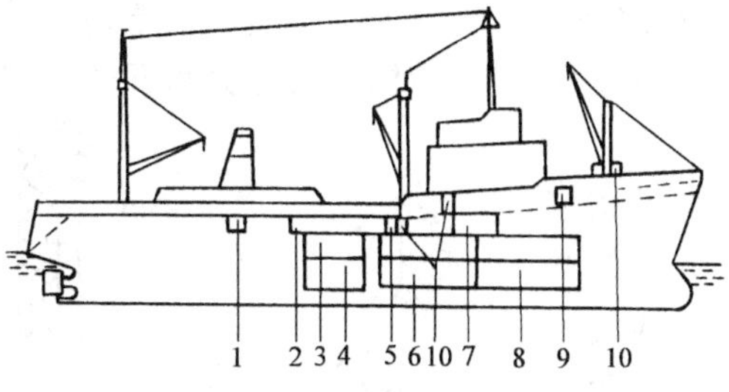

图 10-47　船用制冷装置示意图

1—平板冻结装置　2—带式冻结装置　3—中心控制室　4—机房　5—大鱼冻结装置　6—货舱 1　7—空气冷却器室　8—货舱 2　9—供食品用的制冷装置　10—空调中心

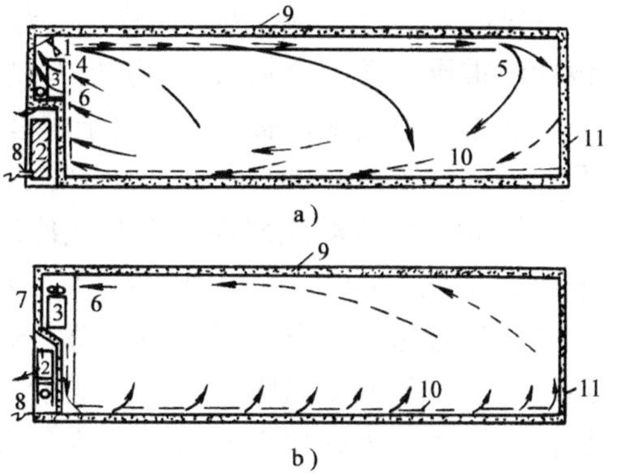

图 10-48　冷藏集装箱结构及冷风循环示意图

1—风机　2—制冷机组　3—蒸发器　4—端部送风机　5—软风管　6—回风口　7—新风入口　8—外接电源　9—箱体　10—通风轨离水隔栅　11—箱门

（2）冷藏集装箱的型号与标准　冷藏集装箱可在世界范围内流通使用，具有冷藏运输的通用性，其尺寸和性能要求均已标准化。冷藏集装箱的规格，国际通用型其尺寸必须符合 ISO1996/11 和 GB/T 7392—1998 的有关规定，其箱体结构和制冷设备应符合 GB/T 7392—1998 的有关规定。

（3）冷藏集装箱的制冷装置　冷藏集装箱相当于小型冷藏库的一个单间或组装式冷藏库，多为风冷冷凝机组，采用直接吹风冷却，箱内温度调节范围较大，一般可保持箱内温度范围为 -18 ~ -12°C。冷藏集装箱必须十分坚固，能经受恶劣的运输条件，其制冷装置必须满足以下要求：

1）冷装置即可独立驱动，又可接外部电源：能够实现加热、冷却和除霜的全自动。

2）根据装载食品的要求，可以在一定的范围内调整温度，温度偏差小；蒸发器出口处的空气温度，不得比恒温器调定值低 3°C 以上。

3）换气系统可为每平方米冷藏集装箱容积提供 $50m^3/h$ 左右的新鲜空气；空气相对湿度为 85% ~95%，以防干燥。

（4）冷藏集装箱的特点　冷藏集装箱可广泛应用于铁路、公路、水路和空中运输，是一种比较经济合理的运输方式。采用冷藏集装箱运输有如下优点：

1）装卸效率高，人工费用低，减少运输成本。

2）调度灵便，周转速度快，运输能力大。

3）冷藏集装箱运输在更换运输工具时，不需要重新装卸食品，简化理货手续，可减少和避免运输货损和货差。

4）冷藏集装箱内温度可在一定的范围内调节，箱体上设有换气孔，因此能适应各种易腐食品的冷藏运输要求，保证易腐食品的冷藏链不中断，而且温差可控制在 ±1°C 之内，避免温度波动对食品质量的影响，提高货物质量。

四、冷藏柜与冰箱

1. 冷藏陈列柜

冷藏陈列柜是菜场、副食品商场、超级市场等销售环节的冷藏设施，目前已成为冷藏链建设中的重要一环。冷藏陈列柜装配有制冷装置，有隔热层，能保证冷冻食品处于适宜的温度下；能很好地展示食品外观，便于顾客选购。冷藏陈列柜按其结构形式分为敞开式和封闭式两种。

（1）敞开式冷藏陈列柜　敞开式冷藏陈列柜有卧式和立式两种如图 10-49、图 10-50 所示。卧式陈列柜上部敞开，开口处有循环冷空气形成空气幕，通过维护结构侵入的热量也被循环的冷风吸收，不影响食品的质量。对食品质量影响较大是由开口部侵入的热空气及辐射热，特别是对于冻结食品用的陈列柜，辐射热流较大。当外界湿空气侵入陈列柜时，遇到蒸发器就会结霜，随着霜层的增大，冷却能力降低，因此必须在 24h 内至少进行一次除霜。

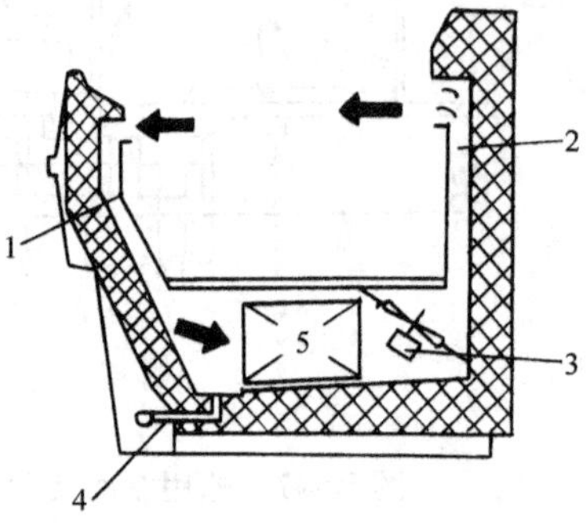

图 10-49　敞开卧式冷藏陈列柜示意图

1—吸入风道　2—吹出风道　3—通风机组　4—排水口　5—蒸发器

立式陈列柜一般为多层结构，与卧式的相比，立式陈列柜单位占地面积的容积大，商品放置高度与人体相近，展示效果好，便于顾客选购。但这种结构的陈列柜，其内部的冷空气更易逸出柜外，从而外界侵入的空气量也多，为了防止冷空气与外界空气的混合，在冷风幕的外侧，再设置一层或两层非冷空气幕，同时，配备较大的制冷能力和冷风量。由于立式陈列柜的风幕是垂直的，外界空气侵入柜内的数量受空气流速的影响较大，从节能考虑，要求控制柜外风速小于0.15m/s，温度小于25°C，湿度小于55%。

（2）封闭式陈列柜　封闭式陈列柜也有卧式和立式两种，卧式封闭冷藏陈列柜如图10-51所示。卧式封闭冷藏陈列柜的结构与敞开式相似，在开口处设有二到三层玻璃构成的滑动盖，玻璃夹层中的空气起隔热作用。另外，冷空气也由埋在柜壁上的冷却排管代替，通过外壁面传入的热量被冷却排管吸收。为了提高保冷性能，可在陈列柜后部的上方装置冷却器，让冷空气像水平盖子那样强制循环，但缺点是商品载量减少。

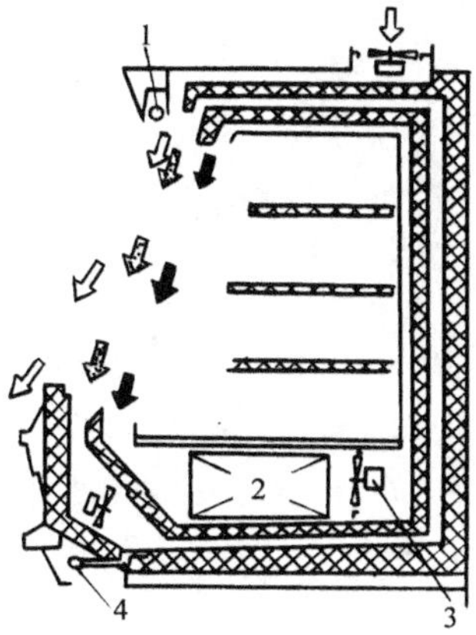

图10-50　敞开立式多层冷藏陈列柜
1—荧光灯　2—蒸发器　3—通风机组　4—排水口

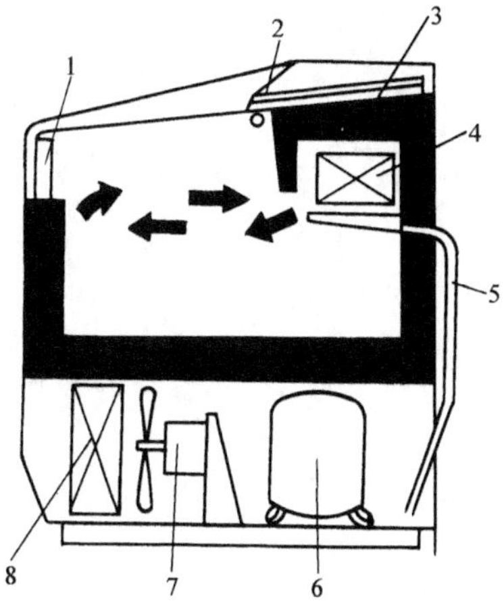

图10-51　卧式封闭冷藏陈列柜
1—前窗　2—荧光灯　3—夜用盖子　4—上部冷却器　5—排水管　6—压缩机　7—风扇　8—冷凝器

立式封闭式冷藏陈列柜，在其柜体后壁上有冷空气循环通道，冷空气在风机作用下强制地在柜内循环。柜门为二或三层玻璃，玻璃夹层中的空气具有隔热作用，由于玻璃对红外线的透过率低，虽然柜门很大，传入的辐射热并不多。

2. 电冰箱

在冷藏链中，家用冰箱是最小的冷藏单位，也是冷藏链的终端。随着经济发展和人民生活水平的提高，家用冰箱已大量进入普通百姓家庭，对冷藏链的建设起了很好的促进作用。普通冰箱通常有两个贮藏室：冷冻室和冷藏室。冷冻室用于食品的冷冻贮藏，贮藏时间较长，根据冻结食品的种类或者贮藏期限，冷冻室温度可以为-18°C（三星级）、-12°C（二星级）或-6°C（一星级）。冷藏室用于冷却食品的贮藏，温度约为0～10°C。在一些新型的冰箱中，还有冰温室或微冻室（-5～0°C）、解冻室等。

家用冰箱的种类很多，按照制冷系统可分为压缩式、吸收式和半导体式等；按箱体外形可分为立式、卧式、台式、壁式、茶几式和炊具组合式等；按照箱门形式可分为单门、双门、三门、四门和多门等。

第十一章

包装机械与设备

11

食品为了贮存、流通和消费的需要，必须进行适当的包装。食品包装机械主要分为内包装机械和外包装机械两类：内包装机械一般完成分装和封罐（袋）等操作：外包装机械是在完成内包装后再进行的贴标、装箱、封箱、捆扎等操作。外包装机械主要有贴标机、装箱机、捆扎机等。本章主要介绍内包装机械与设备。

第一节 分装机械

将加工后的食品保质保量地分装到玻璃瓶、铁罐、塑料瓶、塑料袋等容器中，是食品工业化生产过程中的一项重要操作。虽然产品的品种、形状、特性各不相同，但在分装的过程中，其本要求都一样：既要保证装到瓶、罐、袋中的物料重量一致，又要保证食品的卫生。

根据食品的形态，分装机械可以分为液体装料机、酱体装料机和固体装料机三种形式。

一、液体装料机

液体装料机，也称为液体灌装机，适用于定量灌装靠重力作用能在管道内按一定速度自由流动的液体。通常液体的粘度在 $10 \sim 10^{-1}$Pa · s，如果汁、牛奶、酒等。

1. 液体装料机装料方法

对牛奶、果汁等不含气的液体物料的灌装，常采用常压法灌装和真空法灌装。

常压法灌装是在常压下，直接依靠灌装液料的自重流进包装容器内。采用这种方法的灌装机主要用于灌装低粘度的不含气的液料。

真空法灌装是在低于大气压的条件下进行灌装。该法有两种方式：一种是差压真空式，即贮液箱处于常压，只对包装容器抽气使之形成一定真空，液料依靠贮液箱与待灌装容器间的压差作用而流入容器中；另一种是真空重力式，即贮液箱处于一定的负压状态，包装容器首先抽气使之压力与贮液箱中压力相等，随后料液依靠自重流进包装容器中。由于牛奶等乳饮料易发泡，真空重力灌装的灌装速度较缓，且真空灌装减少了牛奶与空气的接触，所以真空重力灌装常用于牛奶等具有发泡性饮料的灌装。真空灌装由于减少了液体中的氧气含量，这对于提高富含营养的饮品保质期也是有帮助的。

2. 液体装料机的基本结构

液体装料机的基本结构包括：送瓶机构（包括进瓶、出瓶机构）、瓶子升降机构、定量灌装机构及传动机构等。

（1）送瓶机构　液体装料机的送瓶机构对保证灌装的正常工作起着十分重要的作用，只有送瓶机构准确地将瓶子送进和排出自动的瓶托升降机构，装料机才能有效地工作。送瓶机构应既能保证瓶子的连续输送，又能保证瓶子的定时供给。

常用的连续送瓶装置有带式输送器和链板输送器。为了使瓶子之间保持适当间距进入灌装机，目前多采用爪式拨轮或螺旋分隔器等。

1）圆盘输送机构：图 11-1 所示为圆盘输送机构示意图。空瓶 1 存放在回转的圆盘 2 上，借惯性与离心力的作用，移向圆盘边缘，在边缘设有挡板 3，挡住瓶子以免掉落。圆盘一侧装有弧形导板 4 构成的导槽。空瓶沿导槽依次成单行前移，经螺旋分隔器 5 整理成等距离排列，再由拨轮 6 拨进灌装机工作台 7 进行装料。

2）链板、拨轮输送机构：如图 11-2 所示，经过清洗机洗净消毒并检验合格的瓶罐，由链板式输送机 1 送入，经四爪拨轮 2 分隔整理排列，沿定位板 3 进入装料机构 4，灌装后经由四爪拨轮 5 拨出，再由链板式输送机 1 带走。完成输送瓶工作。

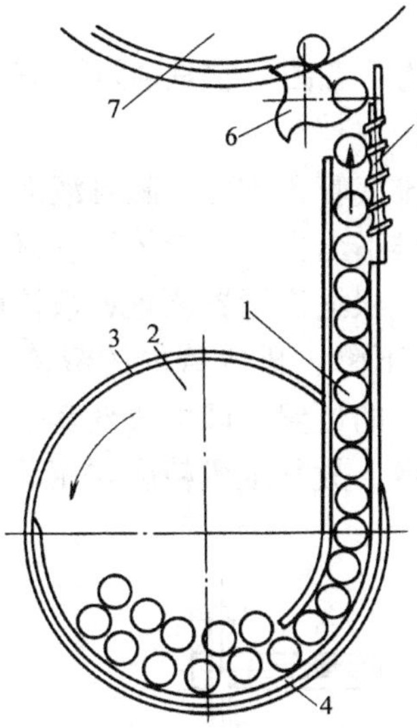

图 11-1 圆盘输送机构示意图
1—空瓶 2—圆盘 3—挡板 4—导板
5—螺旋分隔器 6—拨轮
7—装料工作台

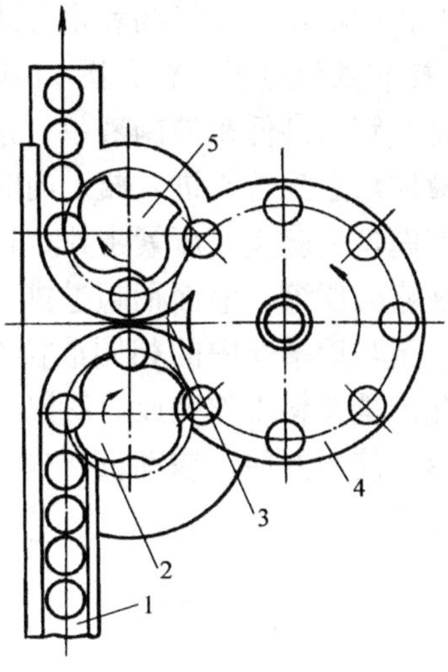

图 11-2 链板、拨轮输送机构示意图
1—链板式输送机 2、5—四爪拨轮
3—定位板 4—装料机构

（2）瓶子升降机构 在灌装工作过程中，需要瓶子升到规定的位置进行装料，装满后，要把瓶子降到规定的位置，这一动作由瓶子的升降机构来完成。常用的升降机构为滑道式瓶子升降机构。

滑道式瓶子升降机构是由圆柱形凸轮机构构成。瓶子行程的最高点，必须保证待灌瓶嘴紧压在灌装头上，其最低点应使瓶嘴离开灌装头，并便于退出升降机构。结构如图 11-3 所示。

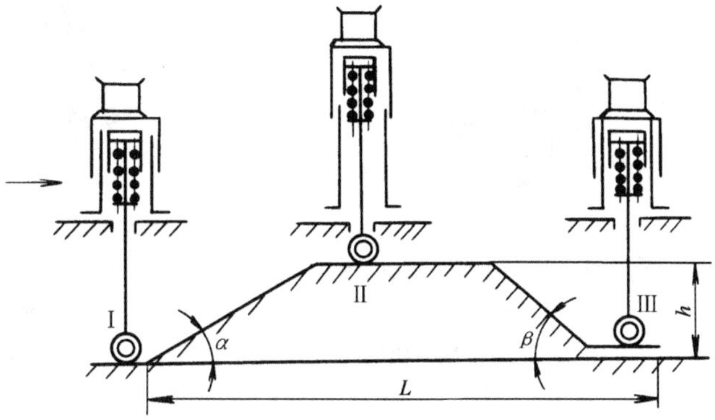

图 11-3 旋转型装料机滑道展开示意图
位置Ⅰ：罐输送入滑道 位置Ⅱ：罐升到最高位置进行装料
位置Ⅲ：罐装满后下降到最低位置待送走

根据经验，对于瓶托上升的凸轮升角 α，最大许用［α］推荐值：［α］$\leqslant 30°$，这样可避免凸轮机构中的作用力过大，又能使凸轮的尺寸在许可的范围内。对于凸轮机构的空行程（瓶托下降时），由于从动件所受的载荷很小，凸轮的回程运动角 β 可取大些，可使从动件得到较大的速度，以节省时间，通常取 $\beta \leqslant 70°$。长度 L 根据装料所需时间确定其长短。

滑道式瓶子升降机构，结构比较简单，它要求瓶、罐被推上瓶托时要准确，否则，瓶、罐沿滑道强行上升，很容易将瓶子和灌装头压坏。

（3）液体定量机构　液体定量机构是保证容器中都能装进等量的液体。常见的液体定量机构有控制液位定量机构和量杯式计量机构。

1）控制液位定量机构：图 11-4 为控制液位定量机构示意图。它是通过调节插入被装容器内的排气管的高低来控制液位，达到定量装料的目的。

当液体从进液管 4 进入瓶 1 内时，瓶内的空气则由排气管 3 排出，随着液面上升至排气管时，因瓶口被碗头 2 压紧密封，这时瓶子上部的气体排不出去，当液体继续流入时，这部分空气被略微压缩，液面稍超过排气管口就不再升高了，根据连通器原理，液体可从排气管中上升，至与液槽 5 中的相同液位为止。瓶子随托盘 6 下降，排气管内的液体立即流入瓶内，至此定量装料工作完成。所以，改变排气管插入瓶内的位置，即可改变其装料量，它的结构简单，使用方便，辅助设备少，由于以瓶的容积定量，故其定量精度与瓶子容积的精度有直接关系。

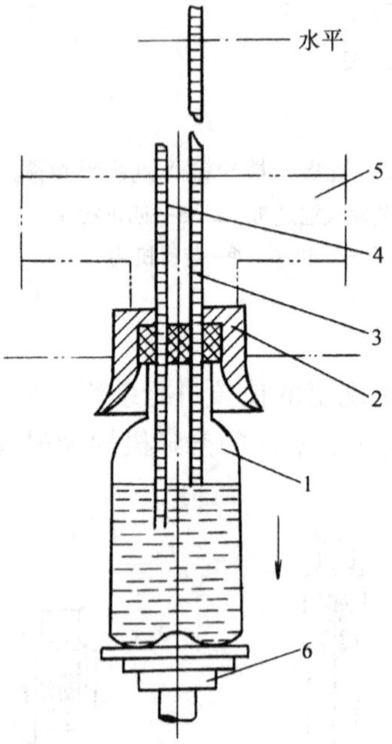

图 11-4　控制液位定量示意图

1—瓶　2—碗头　3—排气管

4—进液管　5—液槽

6—托盘

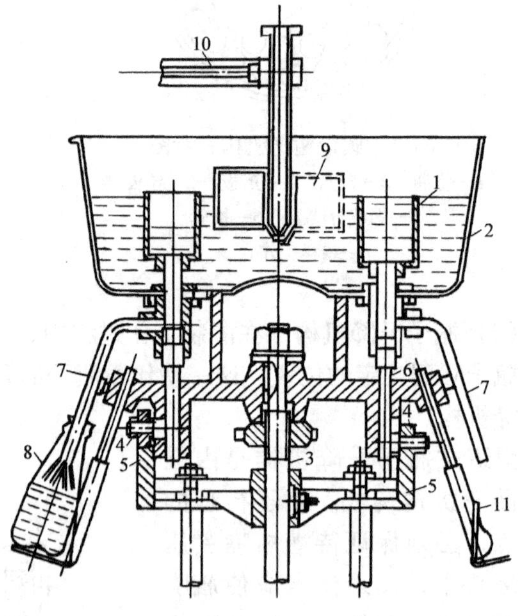

图 11-5　具有量杯的装料机

1—量杯　2—液槽　3—轴　4—滚轮　5—凸轮

6—升高推进轴　7—灌装管　8—瓶　9—浮标

10—进液管　11—支座

2）量杯式定量机构：量杯式定量机构用于粘度低的液体灌装，其结构如图 11-5 所示。液槽中的料液从进料管输入，其液面高度用浮球阀来控制。当浮标的位置升到最高时，如图左边位置，浮子底部堵住出液口，液体便不能由进料管流入槽内。当浮标降至最低位置时，如图右边虚线位置，浮子底部离开出液口，液体即由进料管流入槽中，以维持一定的液位。液槽内装有 8 个量杯，它与推进轴成为一体，在液槽的滑道中升降。推进轴下部装有滚轮轴和滚轮，在主轴带动液槽旋转时，滚轮在凸轮上滚动使推进轴和量杯上下升降。当旋转的滚轮转到凸轮的最低位置时，量杯沉没在液槽内装满液体，如图右边位置，此时，量杯的出液孔与输液管不连通，液体不能流出。当旋转的滚轮转到凸轮的最高位置时，如图左边位置，量杯升高使其边缘超过液面15~20mm处，此时量杯的出液孔与输液管相通，液体沿输液管流入瓶中。

（4）液体装料机构 弹簧阀门装料机构为常见的液体装料机构。如图11-6所示，当瓶在瓶托作用下上升，瓶嘴压紧橡胶环4，并将弹簧2压缩，使套筒3一起上升，这时套筒3与蝶阀5之间形成环形间隙，从而液体由贮液箱流入瓶中，瓶内的空气则顺着排气管1排入贮液箱的液面上空间，当瓶内液面升至排气管1下端时，就停止进液。此时瓶托也开始下降，瓶嘴即离开橡胶环4，在弹簧力作用下，套筒3压紧蝶阀5，这样就完成一个装料周期。

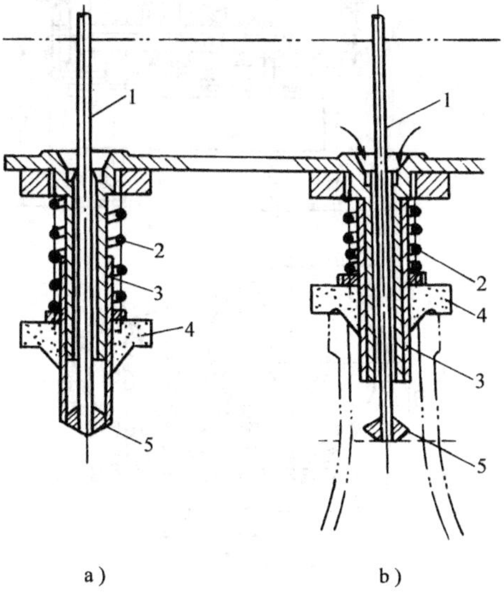

图11-6 弹簧阀门装料机构示意图
1—排气管 2—弹簧 3—套筒
4—橡胶环 5—蝶阀

3. 真空式自动灌装机

图11-7为旋转型真空式自动灌装机。它以瓶的容积定量，通过弹簧阀门装料机构将牛奶及其他料液在真空状态下连续灌到玻璃或塑料制成的瓶内，并附有自动打盖装置。

灌装机主要由送瓶系统、灌装系统、打盖系统及传动系统等部分组成。送瓶系统主要由链板式输送机、螺旋分隔器、拨轮等组成。灌装部分采用真空装液，主要由瓶子升降机构、贮液槽、弹簧、阀门装料机构、真空装置等组成。

图11-7a为真空式自动装料机的灌装部分示意图。贮液槽1为一圆形不锈钢贮槽，底部装有若干灌装头，灌装头为弹簧阀门装料机构，如图11-7b所示。贮液槽底部中央部分与旋转主轴7相联，并由主轴带动旋转。在主轴上还装有圆盘6，若干对应于灌装头的瓶托安装在圆盘上。瓶托侧面装有滚轮5，滚轮与圆柱凸轮相接触，构成瓶子自动升降机构，当主轴带动圆盘和瓶托旋转时，圆柱凸轮的形状将使瓶托按要求升高或降低。装液过程采用真空灌装，首先通过贮液槽中央的抽气管，由真空装置将贮液槽内的气压减到大气压以下。灌装时，瓶托4升高将瓶子瓶口与灌装头2接触并压紧，瓶内空气经灌装头中央抽气管抽出，同时瓶口压缩弹簧使阀门打开，由于瓶内压力与贮液槽内压力相等，液体在重力作用下流入瓶内。当瓶托带着瓶子下降时，瓶嘴离开灌装头，在弹簧的作用下阀门关闭，这样完成装液操作。灌装头的中央抽气管下端的液体，由于真空管8的抽吸作用，沿管壁上升，排回到贮液槽内，液体不会滴下来弄脏瓶身和机台。装液时，贮液槽中的真空度不要超过46.7kPa（350mmHg）。如果真空度太高，瓶口会吸紧在灌装头的橡胶垫上，不易分开，真空度过低时，灌装头中央抽气管没有吸回管中液体的能力，造成液体流失。这种装液机对于瓶口破损的瓶子无法达到气密，所以液体不会灌到瓶内，这样有利于检出破损瓶子。

真空式自动装料机采用真空灌装，减少了液体与空气的接触，适合不含气，易发泡，低粘度液体的灌装。国产ZH-30型自动装瓶打盖机有30个灌装头，灌装能力达10800瓶/h。

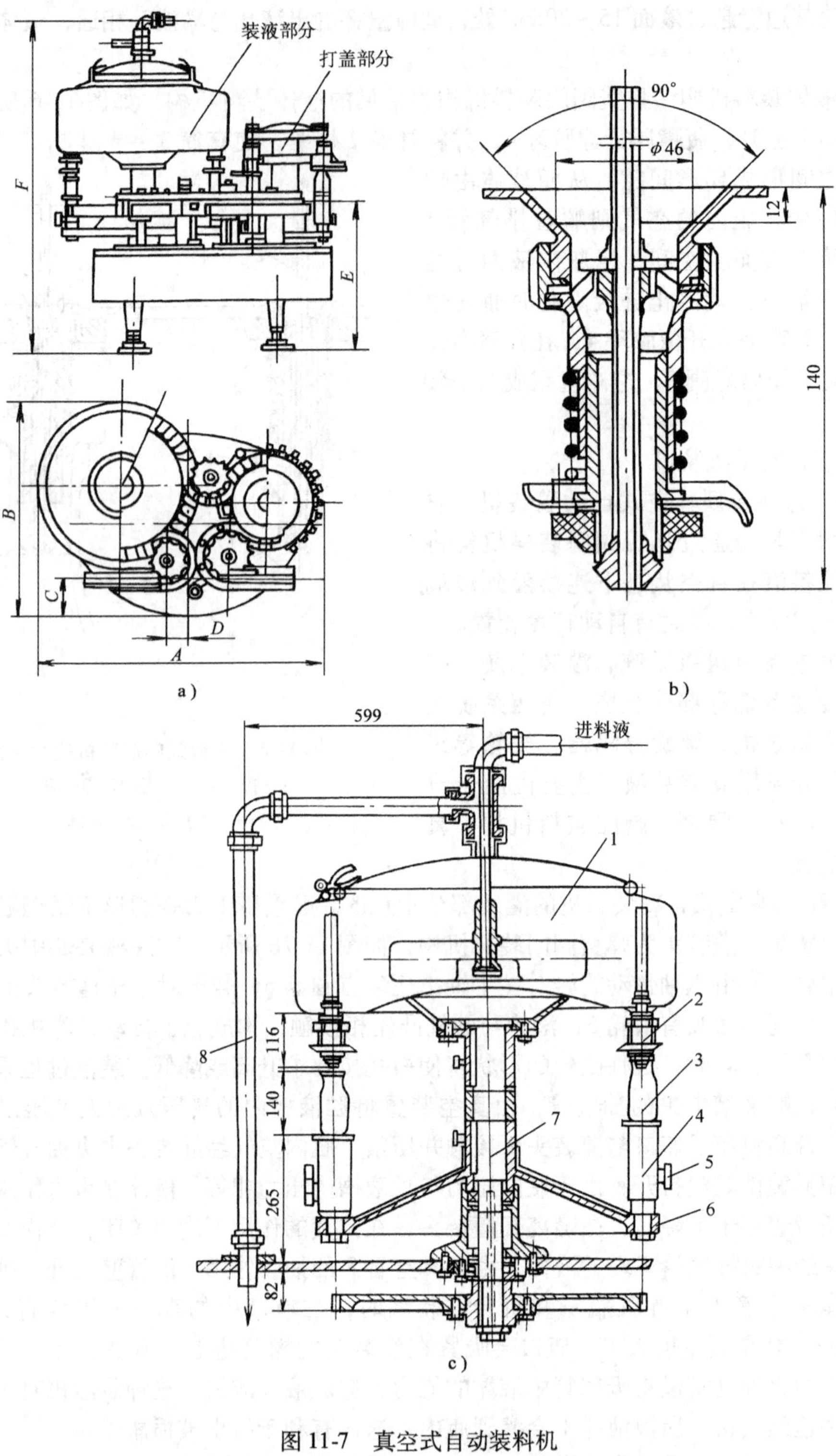

图 11-7　真空式自动装料机

a）自动装料机　b）灌装头剖面图　c）自动装料机剖面图

1—贮液槽　2—灌装头　3—容器　4—瓶托　5—滚轮　6—圆盘　7—旋转主轴　8—真空管

4. 典型无菌灌装设备

典型的无菌灌装设备有瑞典利乐公司制造的砖体型包装设备。物料经超高温杀菌后，在无菌条件下用已消过毒的多层复合材料（聚乙烯纸、铝箔等复合而成）包装成砖形，无需冷藏，可在常温下保存或流通。该设备适用于牛乳、果汁等饮料的包装，在乳品工业上应用较多。国内也有类似灌装机生产。

无菌灌装设备主要包括4个基本部分，即食品原料的超高温灭菌装置、包装材料（或容器）的灭菌装置、包装环境的灭菌装置，以及食品的灌装、封合装置。图11-8为无菌灌装装置的工艺流程。成卷筒的包装材料，通过光电管2监视卷筒纸是否已用完。辊筒3使包装材料产生折痕，使盒子易于成形。4为打印装置，5为转弯辊筒。当前后两卷筒包装材料连接部分通过6时，即有信号储存。在此接缝前后制成的两个纸盒为不合格品，将在检验20处自动剔除。7为封条敷贴装置，可在包装材料的一边利用热封贴上宽约10~15mm的塑料（聚乙烯）带，将在成形时与另一边接合，以加强纵接缝的强度。8为消毒剂H_2O_2浴槽，当包装材料通过该处时被体积分数为35%的H_2O_2所浸润而灭菌。9为挤压滚筒，以挤除包装材料表面上沾留的H_2O_2。10为顶盖，11为顶部转向辊筒。杀菌冷却后的物料由套管口进入，中心走物料，夹套内走热空气，一起向下流动。气流通过圆筒内的电热蛇管15的底部后转向朝上流动，以维持液面上为无菌区域，并使包装材料表面沾附的H_2O_2分解和蒸发。在13处对纵接缝进行加热，通过环套14热压封口，形成纵接缝。浮球17控制进入物料的液面，并保持进料口18始终在液面下。19为纸盒的最后封边，保证盒内充满物料，并使前后两盒在此割开。不合格产品在检验20处被剔除，正品由输送带送出。

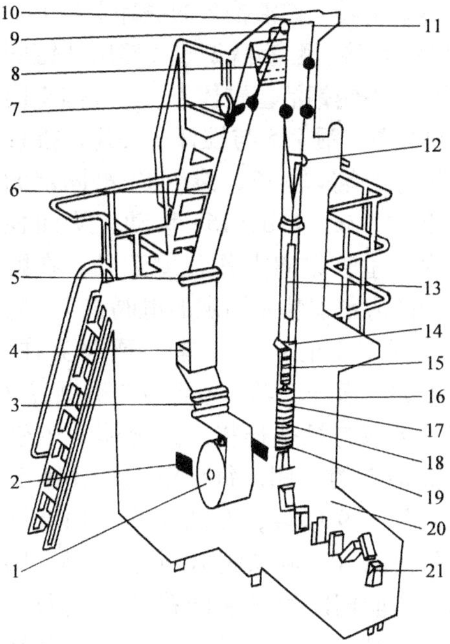

图11-8 砖体型纸塑包装工艺流程

1—卷筒纸 2—光电管 3、5、11—辊筒 4—打印装置 6—信号储存 7—封条敷贴 8—H_2O_2浴槽 9—挤压滚筒 10—顶盖 12—进料套管 13—纵接缝热封 14—环套 15—电热蛇管 16—液位 17—浮球 18—进料口 19—封边 20—检验处 21—成品

为保证灌装部分为无菌操作，设备内部的空气需进行高温灭菌处理，设备内无菌气流的循环示意图如图11-9所示。

当灌装容器在500~1000mL时，该机的生产能力可达3650~3750盒/h；当灌装容量在500mL以下时，灌装能力可达4550~4650盒/h。

二、酱体装料机

酱体装料机适用于灌装靠重力不能流动或很难自由流动，必须加上外力才能流动的酱体食品物料，如番茄酱、炼乳、肉糜等。酱体装料机目前多采用活塞定量，然后由活塞装入罐体中，完成定量装料的操作。

1. 浓酱灌装机

浓酱灌装机是一种立式活塞装料机，又称为回转式酱体装料机。活塞安装在回转运动的酱体贮桶底部，通过垂直往复运动，把酱体定量吸入，然后装进容器中。罐容积可在0～500mL之间调节。该机具有液位自控，无罐不开阀等装置。

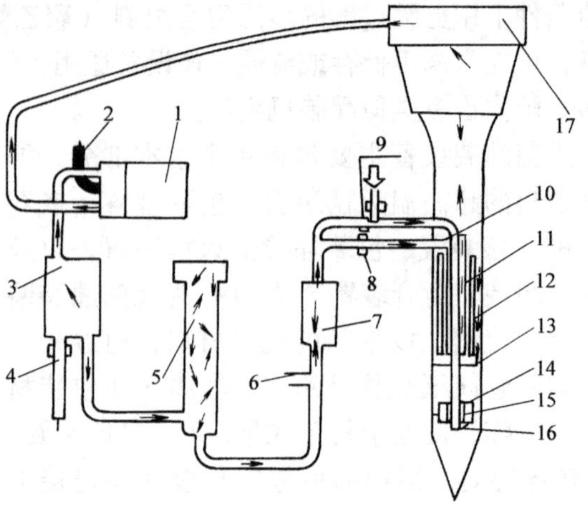

图11-9 无菌乳灌装设备内无菌气流的循环示意图
1—水环式抽气压缩机 2—压缩机冷却水进口（每小时需水8L） 3—气水分离器 4—开车时排水管 5—加热器，将空气加热到约350°C 6—部分热空气由此口导出，主要用于纵接缝接口处 7—冷却器 8—热空气由此导入，在筒内形成无菌区 9—旁通管，开车时用于管路和设备的灭菌 10—进料管 11—加热空气由夹套管导入 12—电热蛇管散发辐射热 13—消毒无菌空气由此折流向上 14—液位控制装置 15—浮球控制阀 16—节流阀 17—空气收集罩

图11-10中，主轴1使不锈钢制成的贮液槽2旋转，贮液槽2的底部3与主轴1作刚性联接。贮液槽2的底部用螺钉固定着6个不锈钢活塞缸体4，在缸体4内装有活塞5，活塞5与推杆6相连，推杆6的下端装有滚轮17，滚轮17沿固定的模板凸轮15a，15b，15c移动，从而控制活塞在垂直方向上作往复运动。在贮液槽2的底部安装一固定的滑阀盖7，它将六个活塞中的4个缸体的顶部盖住。主轴1的外面套空轴8，下端与滑阀盖7联接，上端与机架连接。圆筒体9安装在贮液槽2的外侧，每个活塞缸体4和每个圆筒体9联接，在圆筒体9内有圆柱形的滑阀10，在滑阀10上有凹槽，凹槽的大小能同时覆盖住液槽2下侧及活塞缸体上侧的孔道，使活塞缸体4和液槽2互相沟通。当滑阀10a上升时，液槽2下侧的孔被封住，这时活塞缸体4上侧的孔与圆筒下端的孔相通。

在圆柱形滑阀10的上端安装有滚轮11，当贮液槽2旋转时，每个滑阀10的滚轮11沿着固定的定位板12及12a轨道上滑动，如果在机台13上有空罐14时，滑阀10的滚轮11便沿着搭接定位板12及12a的转辙器16向上升，并沿着12a滚转；当机台上沿有空罐时，滑阀10的滚轮11只沿着定位板12滚转，这时在活塞缸体内的酱体便被活塞5压回贮液槽内。

在正常操作时，活塞5的运动过程如图11-10所示，活塞5的滚轮17沿底部的凸轮15a、15b、15c移动，杆和活塞作垂直方向运动。滚轮17沿凸轮15a段运动时，活塞5下降，物料被吸进活塞缸体4内；当滚轮17沿着凸轮15b段运动时，活塞停止上下移动；当滚轮17沿着凸轮15c段运动时，活塞5把缸体4内的物料压送到空罐中或者回流到贮液槽2中，这由圆柱形滑阀10的位置所决定。

定位板12a处于定位板12的上方，并借转辙器16使两段相搭接。当转辙器16处于图11-10所示的实线位置时，则与贮液槽2一起旋转的滚轮11可由定位板12进入定位板12a上。如果转辙器16处在图11-10的虚线所示位置上，则滚轮11只沿着定位板12滑动，这时候滑阀10不升高。当空罐14在进罐轨道上碰动作用杠杆系统，杠杆系统将使转辙器16发生移动。

当活塞 5 下降时，活塞缸体 4 顶部转到滑阀盖 7 的缺口处，这时缸体 4 和贮液液槽 2 连通，酱液进入到活塞缸体内，当活塞 5 向上移动时，活塞缸体 4 与贮液槽 2 一起运转，滑盖 7 便盖住缸体 4 的顶部，这时在缸体 4 内的酱液不能从顶部回到液槽 2 中，而必须通过滑阀 10。推杆 6 底部的滚轮 17 在凸轮 15 上滚动，在凸轮 15 的 0°~15°的圆周上，活塞不上下移动，过渡阶段 5°~12°时，活塞逐步下降，缸体吸入酱体，在 120°~165°时活塞不移动，处于最低位置，保证缸体装足酱体，从 165°开始，活塞 5 向上移动，对酱体进行压缩，这时缸体 4 和滑阀 10 相配合排出酱体，至 350°完全排净，从 350°~360°活塞不移动，处于过渡阶段，这样完成一个装料周期。当活塞杆的下端滚轮 17 旋转到 152.5°时，刚好有空罐在滑阀 10 的下面，转辙器 16 受杠杆作用，搭接 12 与 12a，这时滑阀 10 上端的滚轮 11 沿着转辙器 16 升高并沿着 12a 段滚动，转辙器 16 的升高占凸轮 12、12a 的圆周中的 33°。

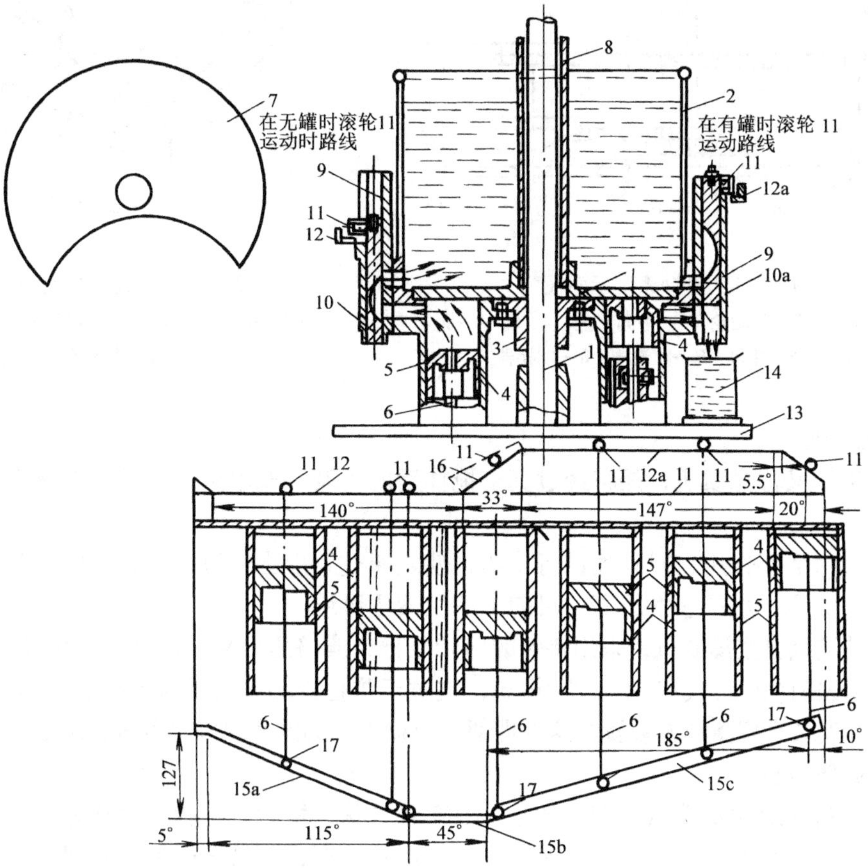

图 11-10 炼乳装罐机运动简图

1—主轴 2—贮液槽 3—槽底 4—缸体 5—活塞 6—推杆 7—滑阀盖
8—空轴 9—圆筒体 10a、10—滑阀 11、17—滚轮 12、12a—定位板
13—机台 14—空罐 15a、15b、15c—凸轮 16—转辙器

灌装机传动系统如图 11-11 所示，从图中可看出，它由装配在离合器上的传动轮 2 来传动的，转动轮可由联动轴或电动机直接带动，传动轮 2 通过水平轴 1，锥齿轮及圆柱形齿轮和中间齿轮 3 带动三个操作台 4、5、9 及主轴 6，贮液槽 7，搅拌器 8 运动，从而使整台机

器动作。

灌装机的进出罐机构如图 11-12 所示，进到接纳台 5 的空罐，被三爪拨轮 4 沿定位板 3 送到装料台 6 上，空罐在支撑器 7 的作用下，在装料台上逐个排列，并随装料台作圆周运动，物料由活塞缸体压入罐体内，再由推杆 2 将装好物料的罐体拨进离罐台 1 上，传送至下道工序。

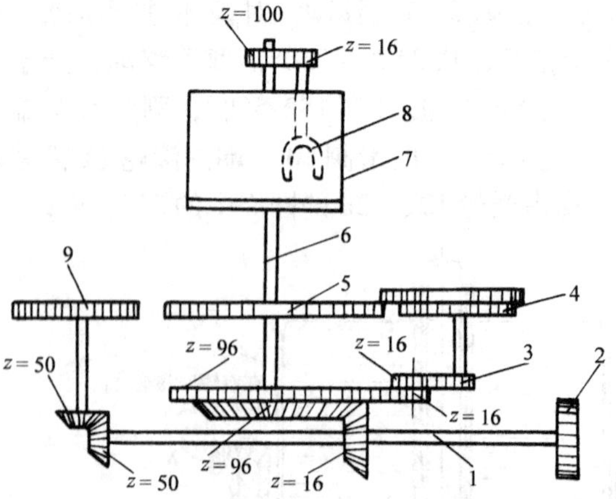

图 11-11 传动系统示意图

1—水平轴 2—传动轮 3—中间齿轮 4、5、9—操作台 6—主轴 7—贮液槽 8—搅拌器

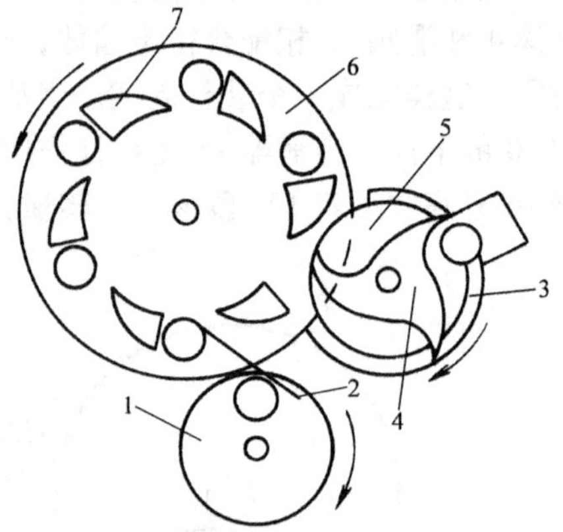

图 11-12 罐体的运动简图

1—离罐台 2—推杆 3—定位板 4—三爪拨轮 5—接纳台 6—装料台 7—支撑器

2. 灌肠机

灌肠机，又称充填机，是将经过真空搅拌后的肉糜，充填到人造或天然肠衣中，制成各种肉肠。

灌肠机由活塞作用，对肉糜进行挤压，使之通过管形出料口，驱动活塞移动的动力有手动、电动、液压、水压、气压等，目前多采用液压系统。

先进的连续真空灌肠机，采用特殊的回转泵把肉糜挤压出来。这种充填机装有真空装置，可以一边除去肉馅中的气泡一边进行填充，这对于防止压缩火腿肠和香肠的气泡有明显效果。在主机内部安装有容量填充装置，这样即便是压缩火腿肠的大块肉也可进行定量填充。

三、固体装料机

固体物料的形状及性质比较复杂，一般有颗粒状、块状、粉状、片状等。其几何形状也多种多样，所以它的装料机多属于专用设备，形式较多，不易普遍推广使用。

现有固体装料机的定量方法，大多采用容积定量法和称量定量法。

1. 容积定量装置

对于粉状物料如奶粉、乳精粉、饮料粉等进行定量装罐，设备设计难度比较大，这是因为粉状物料的密度不稳定，易粘结，易吸潮，不易流动。其定量装罐方法一般采用容积法和称量法。

对于定量装罐机构的要求，应有较高的定量精度和速度，结构简单，并能根据定量要求进行调节。粉状物料的容积定量法与称量法相比，设备结构要简单些，定量速度较快，造价低，较适用于重量轻和密度比较稳定的粉料进行装罐，但精度较低。

容积定量形式有容杯式、转鼓式、柱塞式、螺杆挤出式等。

（1）容杯式定量装罐装置 容杯式定量装罐装置常用于流动性较好的粉状或粒状物料装罐。它的基本结构如图11-13。它是由料斗1、圆盘6等组成。圆盘6上装有4个圆筒状计量杯8，计量杯出口处装有活门底盖3。圆盘底部与转轴4联接，传动机构带动转轴4和圆盘回转。圆盘平面上装有粉罩（有机玻璃罩）2及刮板5，粉料从料斗进入圆盘中，并靠自重装入计量杯8内，圆盘旋转时，刮板刮去杯口多余的粉料。装好粉料的计量杯，随转盘回转到卸料工位时，顶杆推开容量杯底部的活门3，粉料自定量杯出口落入漏斗，装入瓶罐内。

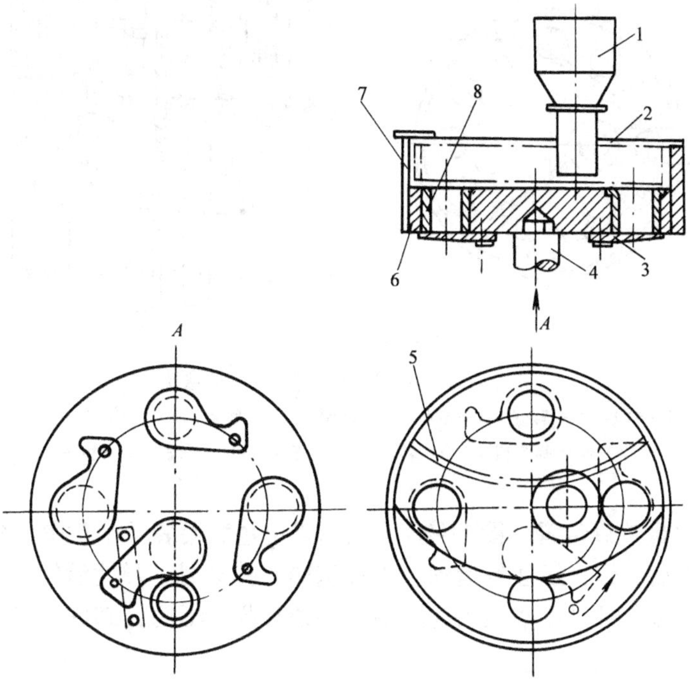

图11-13 容杯式定量装罐装置示意图

1—料斗 2—有机玻璃罩 3—活门底盖 4—转轴 5—刮板
6—圆盘 7—护圈 8—计量杯

上述的容杯式定量装置，只有一种固定容积的定量杯，不能作任何调整。图11-14是一种可调整容量的结构。

可调容杯由上容杯和下容杯两部分组成。通过调整下容杯的位置，可以改变容杯的容积。调节方法有手动和自动两种。手动机构调整方法是根据检测罐中所装物料重量的波动情况，用人工转动手轮，调节下容杯的位置来改变容杯的容积。

自动控制调节比较复杂，在粉料进给系统中，加电子检测装置，以测得各瞬时物料容量变化的电信号，经过放大装置放大后，驱动电动机，带动容杯调节机构，自动调节下容杯的位置。

（2）转鼓式定量装罐装置 转鼓形状有圆柱形、菱柱形等。定量容腔在转鼓外缘，容腔形状有槽形、扇形和轮叶形，容腔容积有固定的和可调的两种。图11-15为槽形截面可调容腔的圆柱形转鼓定量装罐装置示意图。它是通过转动调节螺钉改变定量容腔中柱塞板的位置来调节容积。

转鼓由传动轮带动回转，粉料靠自重在上料口装入定量容积，随转鼓转到卸料口而落入瓶罐中，转鼓的速度视粉料及定量腔结构的不同，可在 0.25 ~ 1m/s 范围内运转，过快时定量不准确。

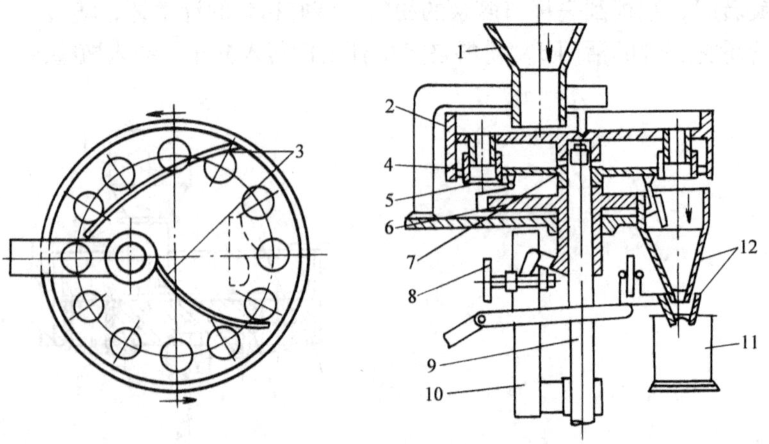

图 11-14 可调容杯定量机构示意图

1—料斗 2—转盘 3—刮板 4—计量杯 5—底盖 6—导轨 7—托盘 8—容杯调节机构 9—转轴 10—支柱 11—瓶罐 12—漏斗

（3）柱塞式定量装罐装置 图 11-16 为柱塞式定量装罐装置示意图，柱塞 4 由曲柄（或曲轴）经连杆 6 传动，作直线往复运动。当柱塞向左移动时，弹性活门 2 关上，物料进入缸体中，当柱塞向右移动时，柱塞推压气缸中物料顶开弹性活门，卸进装料斗 3。

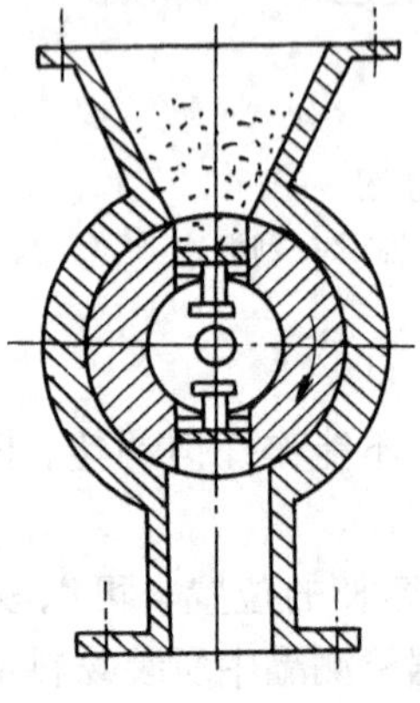

图 11-15 转鼓式定量装罐装置示意图

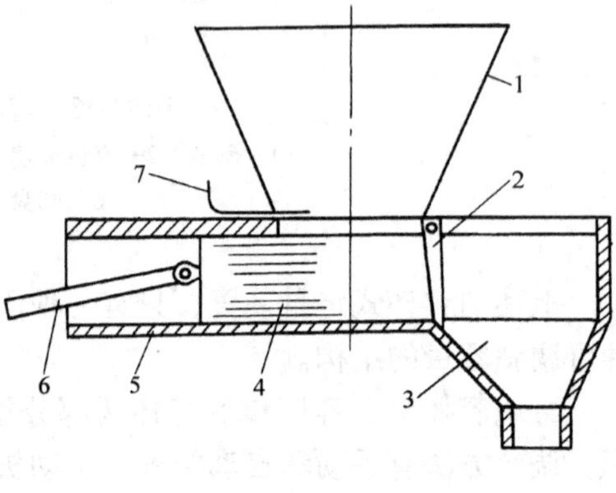

图 11-16 柱塞式定量装罐装置示意图

1—料斗 2—弹性活门 3—装料斗 4—柱塞 5—缸体 6—连杆 7—料斗门

（4）螺杆式定量装罐装置 图 11-17 所示为螺杆式定量装罐装置示意图。料斗 5 的锥形底部有一圆筒，内装一个送料计量螺杆 8，同时料斗内还装有搅拌器 6，当送料螺杆旋转时，搅拌器使成品进入螺杆的旋转区，螺杆将物料垂直向下输送，每转一圈就输出一定量的物料，旋转的圈数可由电磁离合器3控制。定量装置的传动机构由电动机2通过带轮带动。

作为定量用的螺杆螺旋，要求其理论容积应准确一致，所以螺杆必须经过精确加工。螺杆螺旋常采用单头矩形截面螺旋。螺杆式定量装罐装置可获得较高的充填精度，适用于粉状、粒状物料。

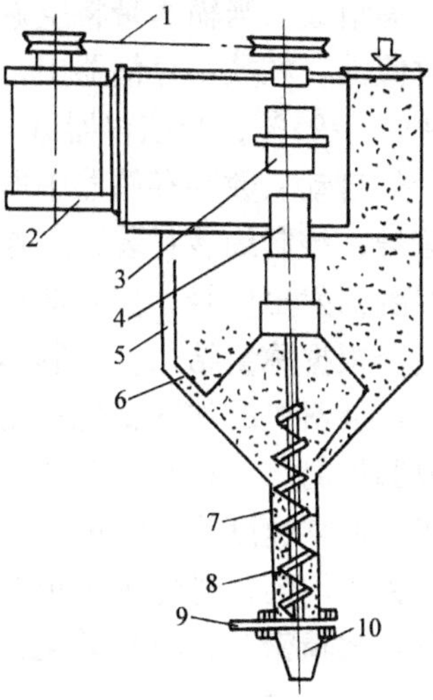

图 11-17 螺杆式定量装罐装置示意图
1—传动带 2—电动机 3—电磁离合器
4—支撑 5—料斗 6—搅拌器
7—导管 8—计量螺杆
9—阀门 10—漏斗

2. 称重定量装置

称重定量装置是利用电子秤对物料充填进行称重定量。常用的有净重充填装置和毛重充填装置。

（1）净重充填装置　如图11-18所示，净重充填装置的充填过程是用一个进料器把物料从贮料斗运送到计量斗中，由秤称量，当计量斗中物料达到规定重量时，物料即通过其下方的落料斗排出，进入包装容器。进料器由螺旋送料器或带式输送机等构成，用电子秤或机械秤控制称量。

净重充填装置是先将物料过秤称量后再充入包装容器中，因而称量结果不受容器重量的影响，是比较精确的称量装置。为了达到较高的充填精度，可采用分级进料的方法，即大部分物料快速进入计量斗，剩余的小部分物料通过微量进料装置缓慢进入计量斗。细节可参阅下面的“螺杆式精密装料机”。

（2）毛重充填装置　如图11-19所示，毛重充填装置与净重充填装置的区别在于：没有计量料斗，将包装容器放在秤上进行充填，达到规定重量时即停止进料，称得的重量是毛重。毛重称量通常由于产品在称重料斗中发生粘连现象，而严重影响称量系统准确度的场合。为了得到精确的净重，容器的重量必须相同，或者先把空容器称量，再对应于空容器重量确定毛重。

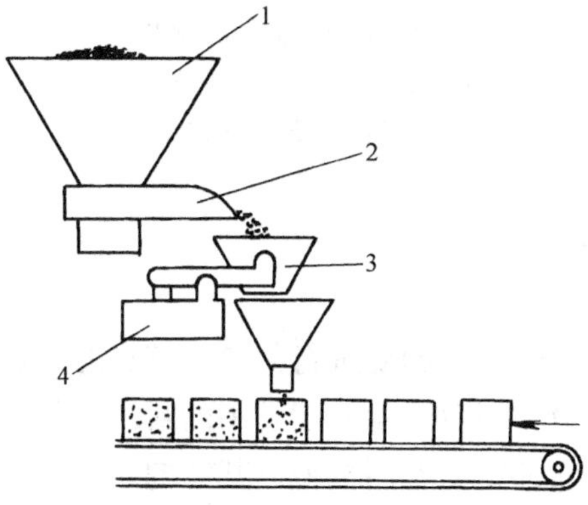

图 11-18 净重称重充填机
1—贮料斗 2—进料器
3—计量料斗 4—秤

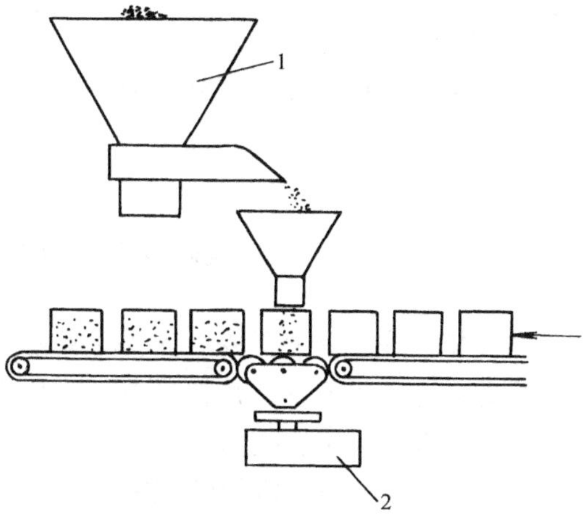

图 11-19 毛重称重充填机
1—贮料斗 2—秤

3. 螺杆式精密装料机

螺杆式精密装料机采用螺杆式定量装料装置和称量定量装料装置相结合，适用于装填各种粉状或小颗粒的物料，也可以装半流体胶状物料。

图 11-20 为螺杆式精密装料机的示意图，它由两台电子秤、输送带和粗装料、细装料、装料斗等组成。当输送带将空罐输送到第一台电子秤工作台时，电子秤自动记下其皮重，并将此数值储存在数字存储器中，当该容器进入粗装料工作台时，装料头快速充填入所需充填量的90% ~95%，当该容器进入细装料工作台时，细装料斗下部装有第二台电子秤，秤出其重量并自动从数字存储器中取出该容器的皮重，并在称出的计量数中减去其皮重的值作为检点信号，控制细装料装置工作。若发现粗加料量超过或远低于容器内的标定重量时，电子秤向控制器发出信号，控制器自动调节定时器，从而改变粗加料螺旋的工作时间。第二台电子秤也会根据称量结果，控制不合格产品排除机构，将装填量不合格的产品剔出。

这种装料机的加料仓也采用特殊的结构，以保证送料的精确度，如图 11-21 所示，料仓设计成圆锥筒体，在料仓 1 内装有相应的搅拌系统，搅拌系统由压料器 2、搅拌器 3、刮刀 4 等组成，搅拌速度为 20r/min，其旋转方向与螺旋输送器 5 的旋转方向相反。搅拌系统可保证物料密度均匀，避免搭桥现象。

螺杆式精密装料机自动化控制水平高，装料精度高，其精度可达 ±2. 5/1000。

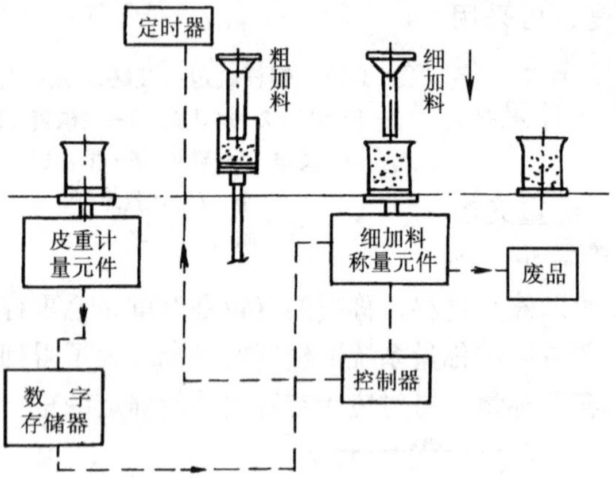

图 11-20 螺杆式装料机示意图

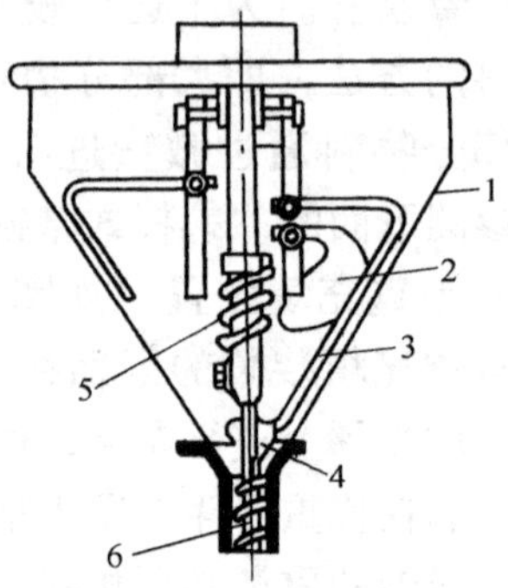

图 11-21 料仓示意图
1—料仓 2—压料器 3—搅拌器 4—刮刀
5—螺旋输送器 6—定量螺杆

第二节 封罐、封袋机械

食品分装以后，属于瓶装、罐装的要进行封盖，属于袋装的要进行封口，其目的是保护产品不再受到污染和损坏，并有利于食品的贮存、流通和消费。食品工厂中的封罐、封袋工作量非常大，必须采用机械作业。封罐、封袋机械一般都属于专用机械，其结构形式应满足食品的种类、性质和包装容器的工艺要求。

一、封罐机械

1. 金属罐二重卷边封罐

(1) 二重卷边形成原理及封罐工艺过程 金属罐普遍采用二重卷边法将罐体和罐盖进

行卷合密封。图 11-22 所示为常用的圆形罐卷边封罐机的主要机构。卷边工艺过程为：分盖器 13 从罐盖贮存槽 12 中分离出一只罐盖，并由推盖板 14 推出后落入由输罐机构及推头 15 推送过来的实罐罐口上，推头继续将带盖罐头送入六槽转盘 11，内转盘将罐送至卷封工位；托罐盘 10 将罐上推（或同时旋转），罐盖被上压头紧压在罐口上，同时两个具有不同形状的卷边滚轮 8 在封盘 7 旋转带动下，沿罐口先后两次加压滚动，使罐口翻边并和罐盖圆边相咬合，进而卷曲，最后压紧，完成二重卷边封罐。封后的罐头由转盘带离卷封工位并由输罐机构输出。

两滚轮分别滚压卷封的过程如图 11-23 所示，其中 1 是头道滚轮与底盖钩边接触；2、3、4 是表示头道滚轮逐渐向罐体中心移动时卷边的弯曲情况；5 表示头道滚轮完成卷边作业；6 表示二道滚轮与卷边接触的位置；7、8、9 表示二道滚轮向罐盖中心逐渐移动时卷边形成的情况；10 表示二道滚轮完成卷边作业。

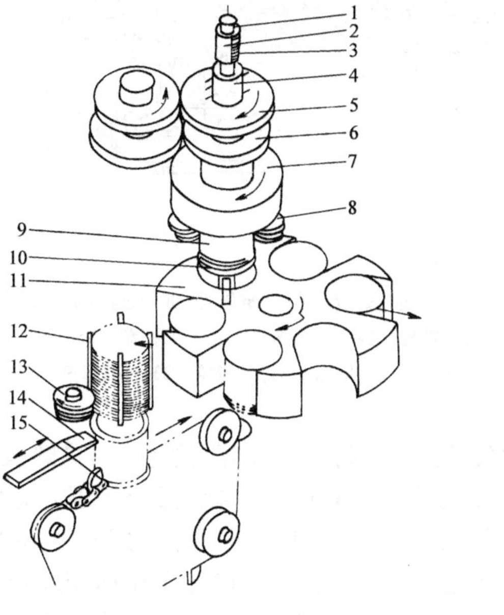

图 11-22 圆形罐封罐机工艺过程图

1—压盖杆 2—套筒 3—弹簧 4—上压头固定支座 5、6—齿轮 7—封盘 8—卷边滚轮 9—罐体 10—托罐盘 11—六槽转盘 12—罐盖贮存槽 13—分盖器 14—推盖板 15—推头

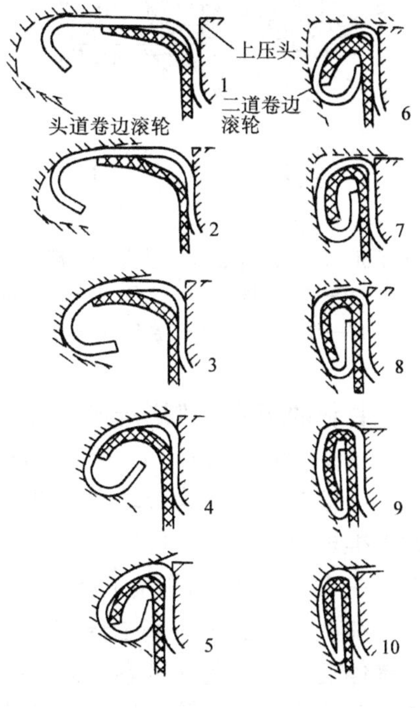

图 11-23 二重卷边的形成过程

二重卷边有两种作业方式：第一种是罐体旋转，卷边滚轮对罐体中心仅作径向移动，完成二重卷边；第二种是罐体固定不动，卷边滚轮一方面绕罐体周围旋转，另一方面向罐体中心作径向移动，完成卷边作业，该方式常见于自动封罐机，特别适合于含汤汁类罐头的封口。

（2）主要封罐机械

1）预封机：预封机的作用是将罐盖预卷合在已装好物料的罐体上。卷合的松紧程度，应以不能用手启开，但又能从罐头内排出气体为合适。预封机一般与热力排气机或高速真空封罐机联用。

整台设备如图 11-24 所示，由上下机座所构成的预封机头，送盖机构、罐盖打字机构及电气、真空系统、传动系统等组成。

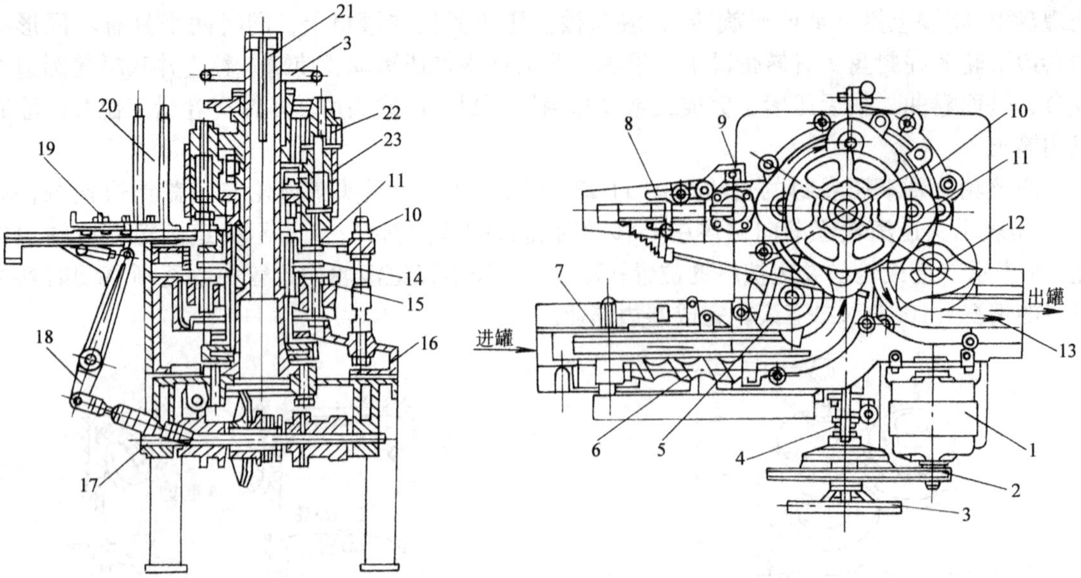

图 11-24 预封机

1—电动机 2—带及带轮 3—手轮 4—离合器 5—进罐拨盘 6—分罐螺旋 7—进罐链带 8—送盖机构 9—打字机构 10—卷边弧板 11—上压头 12—出罐拨盘 13—出罐链带 14—星形拨轮 15—下托盘 16—下机座 17—水平转轴 18—连杆 19—送盖杆 20—盖膛 21—中心立轴 22—行星齿轮 23—上机座

装好物料的罐体由进罐链带 7 进入，经分罐螺旋 6 后保持一定间距输送。由进罐拨盘 5 与中心立轴 21 的星形拨轮 14 配合，罐体被放置在下托盘 15 上。罐体经过分罐螺旋时碰压一压板，压板与连杆机构带动送盖机构 8，在连杆 18、送盖杆 19 的作用下，把盖膛 20 内落下的罐盖推送出，经打字机构 9 打字，然后与星形拨轮 14 与下托盘 15 上的罐体相配合。这时，上压头 11 在凸轮的作用下下降，上压头 11 中心连接真空系统，先将盖吸住并保持一定位置。向前旋转的上压头 11 把盖压在罐体上，继续转至具有凹槽的卷边弧板 10 处，盖沟边缘连同罐体的卷边一起伸进卷边弧板凹槽内。卷边弧板使罐盖在卷边出口处直径缩小 2mm，罐体绕本身的中心线旋转，使罐与盖卷合。当罐体离开卷边弧板时，上压头升起，罐头在出罐拨盘 12 的作用下，由出罐链带 13 送出，进入下一台机械。

2）GT_4B_2 型真空自动封罐体：该机为具有单封头、两对卷边滚轮的全自动真空封罐机，是国家罐头机械定型产品，目前广泛应用于我国各罐头厂的实罐车间，对各种圆形实罐进行真空封罐。

该机主要由自动送罐机构、自动分罐机构、自动配盖机构、卷边机头、卸罐装置、传动系统、真空系统、电气控制系统等组成，如图 11-25 所示。

进入机体的实罐被分罐螺杆定距隔开，送入间歇旋转具有六罐位的转座内。同时，配盖机构也将罐盖送入转座每一罐位的盖槽内，然后转座将配盖后的罐身转入密闭的封罐部位，在密闭腔内抽去气体，达到一定的真空，被卷边封口后经转盘带出并拨出机外。卷边封罐时，罐身固定不动，滚轮对罐口作业偏心回转切入，进行二重卷边封口。

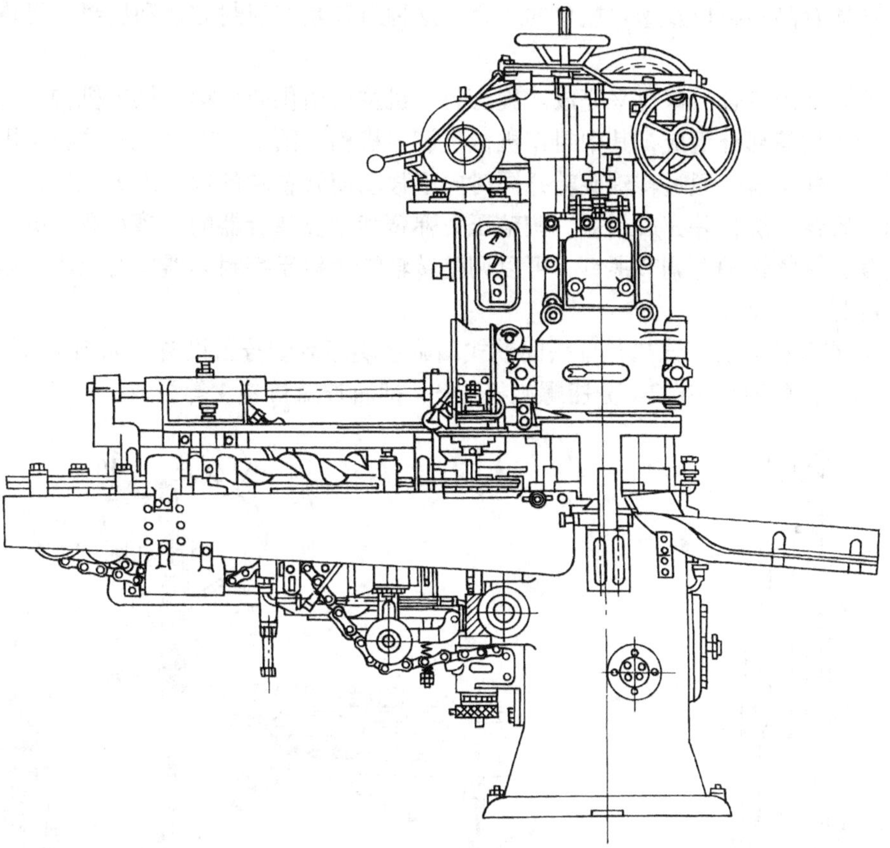

图 11-25 GT_4B_2 型真空自动封罐机外形简图

密闭腔内的真空度，由图 11-26 所示的真空系统维持。真空系统主要通过在封罐机外的一台水环式真空泵 5，真空稳定器 3 和管道 6 与机头密封腔 1 连通组成。真空稳定器作用是使封罐过程保持真空度稳定，并使罐头在抽真空时，对可能抽出的液物进行分离，使真空泵不致受污染。

该机还有各种安全控制装置，做到无罐体通过时不落盖，罐体无盖时也能顺利无损地通过卷边机构。机器发生故障时自动停止。该机通过改变卷边机头形式。可以适应多种规格的圆罐密封。

图 11-26 GT_4B_2 真空封罐机真空系统简图

1—机头密封腔 2—真空表 3—真空稳定器 4—汽水分离器 5—真空泵 6—管道

2. 旋合式封盖

(1) 旋合式封盖的工艺过程

旋合式封盖是对螺纹口或卡口容器用预制好的带螺纹或带突牙的盖经专用机械旋合而完成容器口密封的一种封口形式。它广泛用于玻璃瓶罐食品的封口及塑料瓶口的封合。这种封口具有启封方便和启封后可再盖封的优点。

旋合式封盖用旋合封口机来完成。旋合封口机主要由供瓶机构、供盖机构、旋盖机头及定位和控制机构等部分组成，其中封口机械是旋盖机构。图 11-27 为三爪式旋盖机头，它用压紧的三爪夹住一盖，通过转轴旋转并同时向下移动使转轴端的橡胶皮头压住盖，带动盖旋转，从而与容器口旋合并完成封盖。调整压力弹簧和摩擦离合器的摩擦片数，可以调整旋盖头旋盖紧度；调整转轴上调节螺钉，可以调整转轴端相对于待封容器口的距离，以适应不同高度瓶子的封口需要。

（2）四旋盖拧紧机　该机是单头间歇式四旋玻璃瓶启动拧盖设备，如图 11-28 所示。该机由机架 1、输送瓶链头带 2、分瓶螺旋机构 3、抱瓶拧盖机构 4 等组成。

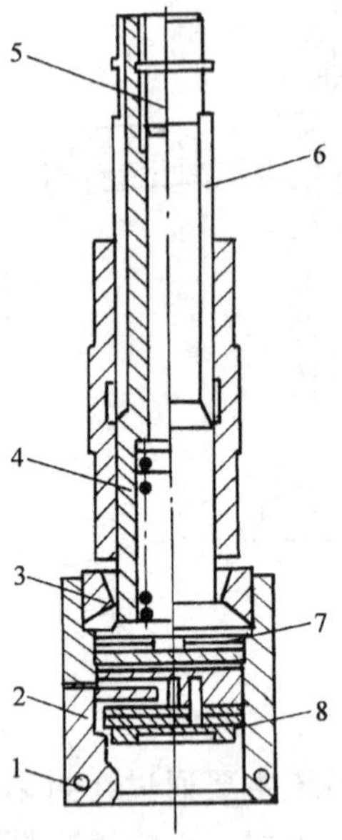

图 11-27　旋盖机头的结构

1—旋爪弹簧　2—旋盖爪　3—球铰　4—压力弹簧　5—调节螺钉　6—传动轴　7—摩擦离合器　8—橡胶

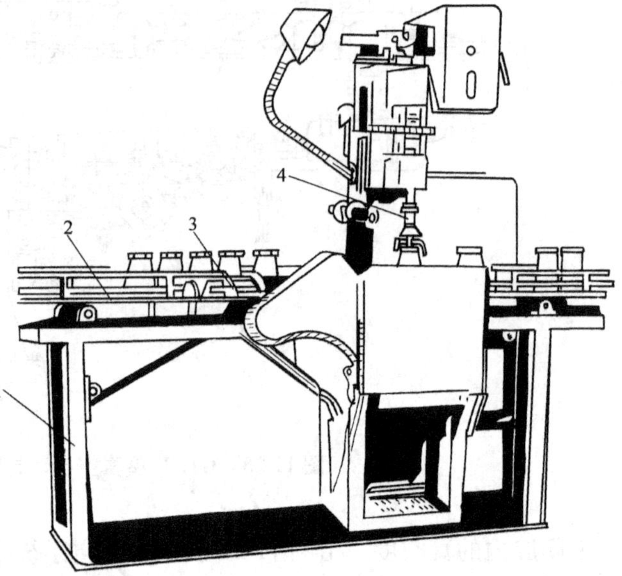

图 11-28　四旋盖拧紧机外形图

1—机架　2—输送瓶链头带　3—分瓶螺旋机构　4—抱瓶拧盖机构

传动部分如图 11-29 所示，电动机通过带轮带动蜗杆 20 和蜗轮 19，使立轴 17 旋转，手工加盖的四旋瓶，由分瓶螺旋及钩子链等距送到拧盖机构及立轴 10 的工作台上，抱手机构 3 将瓶罐抱住，同时，拧盖机构立轴 10 上的两瓣扇形拧手 5，受套在立轴上的锥形压头套筒 8 的作用，而与四旋盖接触，立轴 10 下端的上压头 6 在杠杆机构 12 作用下，压住瓶盖，立轴 10 在链轮 16、11 带动下使拧手 5 及上压头配合，顺时针转动，从而使四旋盖拧紧，然后由输瓶链条送出，完成拧盖任务。

（3）直线型箱式旋开盖真空封口机　该机适用于各种形状的旋开盖玻璃罐的真空封口，其外形如图 11-30 所示。由供盖系统、预紧机构、封罐机构、传动和抱罐机构、蒸汽管路系统、机架升降装置及电气系统等七个部分组成。

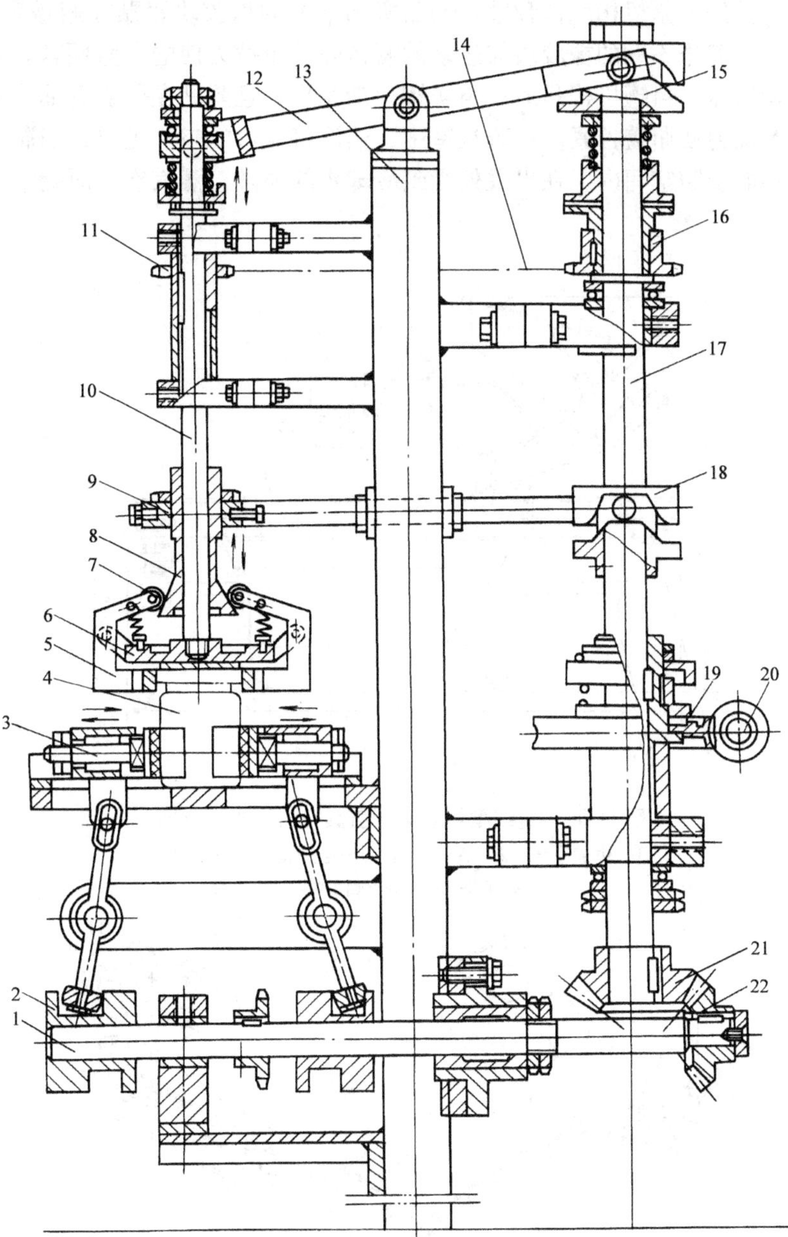

图 11-29 四旋盖拧紧机传动示意图

1—水平轴 2—凸轮 3—抱手机构 4—玻璃瓶 5—拧手 6—上压头 7—拧手滚子 8—压头套筒 9—拨叉环 10、17—立轴 11、16—链轮 12—杠杆机构 13—机身 14—链条 15—升降凸轮 18—拧紧凸轮 19—蜗轮 20—蜗杆 21、22—锥齿轮

该机传动部分如图 11-31 所示，工作时先将瓶盖放到料斗中，经回转着的转盘上的磁铁，将瓶盖送入理盖机构后顺滑道滑下并保持倾斜悬置状态。当已装有物料的实罐由送罐链送至蒸汽室内时，与送罐链同步向前运动的 2 条抱罐带将罐身夹持住，同时实罐将悬置的瓶

盖盖在瓶口上，并经预紧机构就位预紧。预紧机构下方的橡胶块紧贴在瓶盖表面的右部分，当罐向前运动时，静止不动的橡胶块与运动的瓶盖间的摩擦力使的瓶盖预紧。实罐然后再通过封罐机构拧紧瓶盖。封罐机构是通过与实罐运动相反，且紧贴在瓶盖右部分表面的胶带与瓶盖间较大的摩擦力使瓶盖拧紧。在蒸汽室中，蒸汽将瓶口的空气赶出，当瓶盖旋紧后，蒸汽被闭锁在容器的顶隙空间内，在出罐处受到冷却水的喷淋，蒸汽冷却而凝结，灌顶部空间并形成了真空。

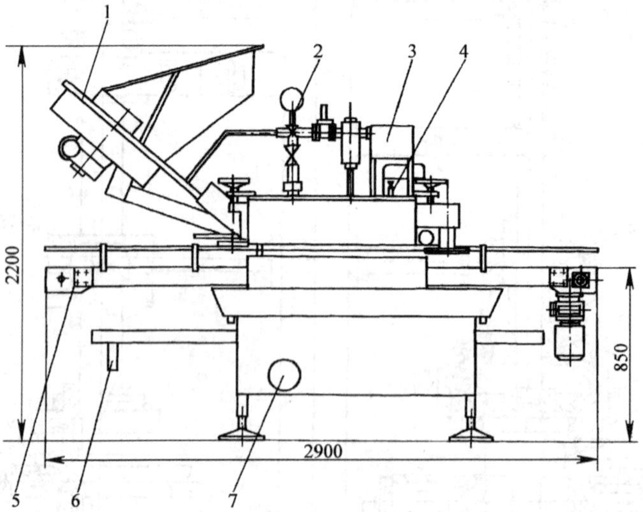

图 11-30 直线型箱式旋开盖真空封口机外形图

1—供盖系统 2—蒸汽管路 3—电控箱 4—进水口

5—进罐输送带 6—出水口 7—升降手轮

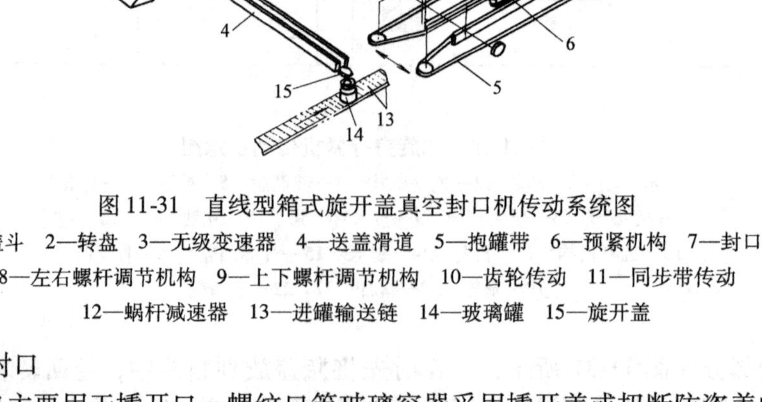

图 11-31 直线型箱式旋开盖真空封口机传动系统图

1—存盖斗 2—转盘 3—无级变速器 4—送盖滑道 5—抱罐带 6—预紧机构 7—封口机构

8—左右螺杆调节机构 9—上下螺杆调节机构 10—齿轮传动 11—同步带传动

12—蜗杆减速器 13—进罐输送链 14—玻璃罐 15—旋开盖

3. 滚压式封口

滚压式封口主要用于撬开口、螺纹口等玻璃容器采用撬开盖或扭断防盗盖的封口。它是通过滚压封口机的加工，使金属盖盖缘滚压后与容器口相应结构嵌合而实现封口密封。

滚压式封口机也称为玻璃罐封罐机，结构上主要由滚压机头、供瓶机构、托瓶机构、调节机构和传动机构等部分组成，其中封口执行机构是滚压机构。滚压机头中的滚轮绕罐盖和瓶口滚压一周，并完成容器口封合。不同结构形状的瓶口的封盖，滚压封合时应选用有相应的结构和尺寸的压口滚轮。

滚压口最常见的是瓶用撬开盖的封盖。撬开盖用镀锡板压制成形，盖侧壁装有橡胶密封圈，将盖垂直安置在瓶口上，滚压轮将盖侧壁挤压紧扣瓶口的突缘，使瓶口密封，其封口结构如图 11-32 所示。这种封口密封性好，但罐盖开启较为困难，易拉开式撬开盖可克服上述缺点。

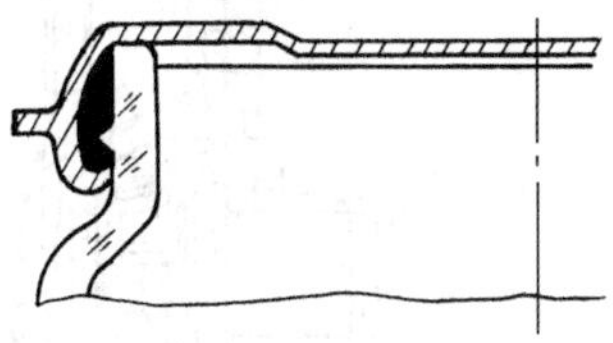

图 11-32　撬开盖封口剖面图

4. 压盖封口

压盖封口是目前玻璃瓶最常见的封口形式，因为它密封性能好，制作简单，成本低。

压盖封口的瓶盖一般称为皇冠盖，它是用镀锡板预压成的冠状金属圆盖，边缘有折皱周边，盖内浇注有密封环料。压盖机使皇冠盖的折皱边压入瓶口凹槽内，并使盖内密封材料产生适当的压缩变形，从而达到对瓶口的密封。

图 11-33 所示为皇冠盖压力封口机结构简图。它主要由变速传动系统、瓶子供送系统、供盖机构、压盖机头等部分组成。图 11-34 所示的压盖机头是压力封口的主要执行机构，其工作过程如下：瓶盖由供盖装置送到压盖机头的导槽定位，当瓶子输送到瓶托转盘上的封口位时，随着压盖机头的下降，瓶子进入导向环内，使瓶体与机头的中心对中，这时瓶口被套上一个盖子，随后压杆 7 在小弹簧 3 的作用下将盖子压向瓶口；由于压盖机头继续下降，紧压在瓶口上的瓶盖逐渐进入压盖模 9 的圆锥形空腔内，此时大弹簧 2 通过压盖模向瓶盖的四周施加压力，迫使皇冠盖的周边产生变形，并逐渐向瓶口收缩，最后扣在瓶口下部的凸缘处，使瓶盖和瓶口牢固地连接在一起而形成密封封口。接着压盖机头上升，在弹簧 3 的作用下，压杆 7 将压盖后的瓶子从压盖模中推出，从而完成压盖封口工作。图中调节杆 1 与压杆 7 之间的距离对封口质量有重要影响，可通过调节上部的蜗轮蜗杆机构进行调整。

二、封袋机械

1. 封袋方法

袋装包装容器主要是指用各种塑料薄膜、复合薄膜及塑料片材制成的袋、盒、筒状容器，这类容器的封合方法主要有热压封合和铝丝结扎封合两大类。

（1）热压封合方法　热压封合是用某种方式加热容器开口部分的材料，使其达到粘流状态后加压使之粘封，一般用热压封口机完成。热封头是热压封合的执行机构，通过控制调节装置可调整热封头的温度和压力以满足不同的材料容器的封合要求。根据热封头的结构形式及加热方法不同，热压封口方法可分为如下几种：

1）普通热压封合法：普通热压封合法包括平板热封、圆盘热封、带封和滑动夹封等多种形式，具有封口强度高，结构和操作简单的特点。热封头的结构及热压封合工艺如图 11-35所示。

平板热封是以平板为加热板，将薄膜加热到一定温度后加压封合，其结构简单，热压封合速度快，应用广泛。缺点是不能进行连续封合，且不宜用于受热易收缩的薄容器封口，如图 11-35a 所示。

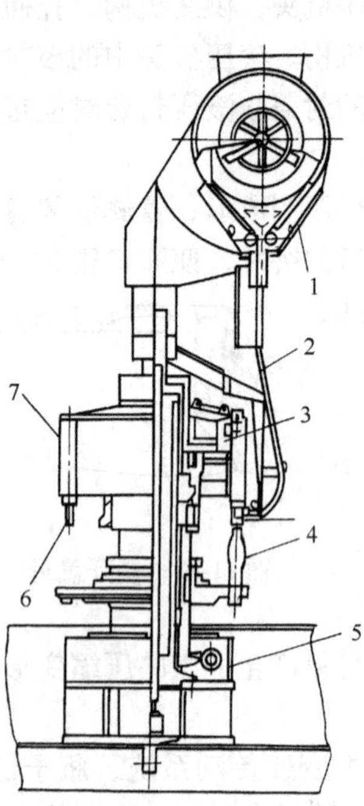

图 11-33 皇冠盖封盖机

1—皇冠盖挑选器 2—皇冠盖滑道 3—凸轮 4—瓶 5—驱动装置 6—盖环 7—摇臂

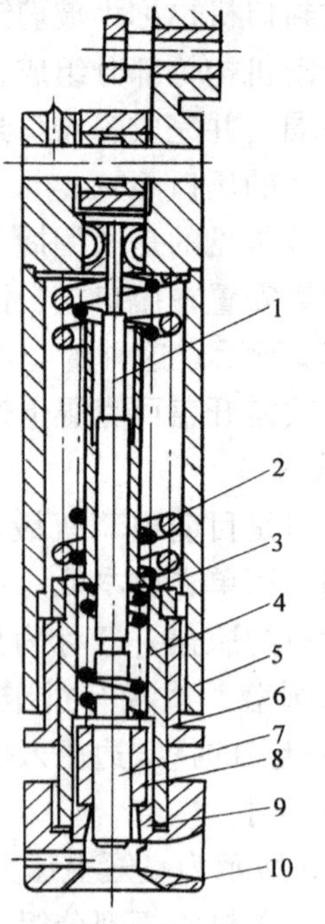

图 11-34 压盖头

1—调节杆 2—大弹簧 3—小弹簧 4—导套 5—导筒 6—外螺套 7—压杆 8—内螺套 9—压盖模 10—导向环

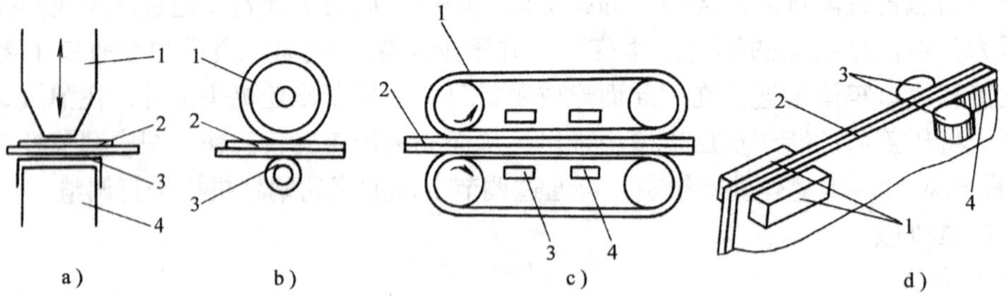

图 11-35 普通热压封合法

a）平板热封 1—热平板 2—薄膜 3—绝热层 4—橡胶缓冲层

b）圆盘热封 1—热圆盘 2—薄膜 3—耐热橡胶圆盘

c）带封 1—加压带 2—薄膜 3、4—加热平板

d）滑动夹封 1—加热平板 2—薄膜 3—加压滚轮 4—压花

圆盘热封所用加热加压的热封头为圆盘形，可实现连续热封操作，适用于不易热变形薄膜材料的封合，特别适用于复合塑料袋的封口，如图 11-35b 所示。

带封法是采用钢带带动薄膜袋在移动中经加热板加热和钢带加压而完成热封。这种热封可进行连续封合，适用于易热变形薄膜的封接，如图 11-35c 所示。

滑动夹封是用平板加热器对薄膜加热，随后压辊压合完成热压封合。该热封法可进行连续封合，且适合易热变形及热变形较大的薄膜热封，如图 11-35d 所示。

2）熔断封合法：这种热封法是用加热刀将薄膜加热到熔融状态后加压封合，同时将已封合的容器与其余材料部分切断分离，如图 11-36a 所示。熔断封口占用包装材料少，但封口强度低。

3）脉冲封合法：图 11-36b 所示，镍铬合金丝压住待封薄膜后，瞬间通过大电流，使镍铬合金丝发热，从而使薄膜受热封合，冷却后放开加热加压合金丝。这种封合方法获得的封口质量好，封接强度高，适用于易变形薄膜的封接，但热封机结构较复杂、封合速度较慢。

4）超声波封合法：这是用振荡器发生超声波，经振动头传递到待封薄膜上，使之振动摩擦放热而熔接。如图 11-36c 所示。这种热封方法是使薄膜从内部向外发热，因而适用于易变形薄膜的连续封合。对于被水、油、糖浸渍的薄膜，也能良好地粘接。

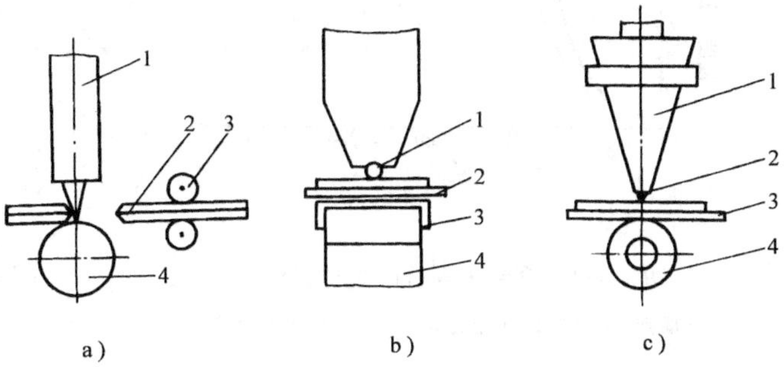

图 11-36 其他几种热压封合法

a）熔断封合 1—加热刀 2—薄膜 3—薄膜引出轮 4—橡胶辊

b）脉冲封合 1—镍铬合金丝 2—薄膜 3—绝热层 4—橡胶缓冲层

c）超声波封合 1—振动头 2—尖端触头 3—薄膜 4—橡胶辊

5）高频热封法：这种热封方法是通过高频电流的电极板压住待封薄膜，同时使薄膜由内向外升温达到热熔状态后加压封合。高频热封不易使薄膜过热，适合于温度范围较窄的薄膜及易变形的薄膜的封口封合。

（2）热压封合工艺参数　软塑包装容器的热压封合加工的主要工艺参数是封接温度、封接时间和封接压力。这些工艺参数的确定取决于被封接薄膜材料的熔点、热稳定性、流动性、薄膜厚度等特性。

薄膜的热封温度应高于材料的熔点，在一定温度范围内，随加热温度的升高，薄膜袋口呈现良好的粘流状态，在加压下获得封口的封合强度相应升高。但是，热封温度达到一定值，封合强度就不再增加，如图 11-37 所示。过高的加热温度易使薄膜软化变形，影响封口的美观，甚至袋口局部烧穿。对热封后需高温杀菌的包装食品更应注意确定合适的热封温度，以保证封口强度。

图 11-38 表示同一种材料达到同一封口强度时，热封温度、时间、压力的关系。显然，达到同一热封强度，提高热封压力，可以降低热封温度或热封时间。但应注意，热封压力太大会使封口变形而影响热封质量。

2. 铝丝结扎封口

各种灌肠类塑料膜或复合薄膜筒装食品的端口常采用铝丝结扎封口。铝丝作为辅助封合材料，具有一定的直径和硬度要求，并应表面光滑无毛刺，以免结扎时刺破薄膜。铝丝的选用是根据被结扎薄膜材料的特性、厚度及筒装食品的直径等因素确定。结扎时铝丝环紧扣薄膜筒端口，结扎应有适当的紧度，过松不能保证端口密封，过紧则可能使薄膜破损，这是因为常用的薄膜有不同的收缩率，结扎过紧时，易造成破裂。

铝丝结扎封口通常与香肠自动定量充填结扎机联为一体，完成香肠定量充填后，随即进行结扎。

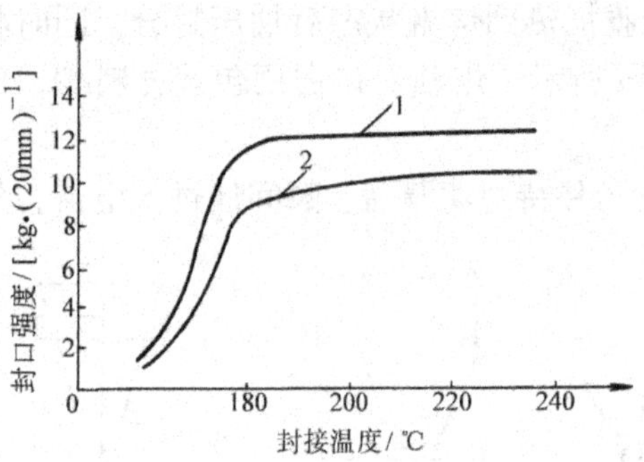

图 11-37 含铝箔复合膜袋热封性

1—横封 2—纵封（压力 $3kg/cm^2$，时间 0.5s）

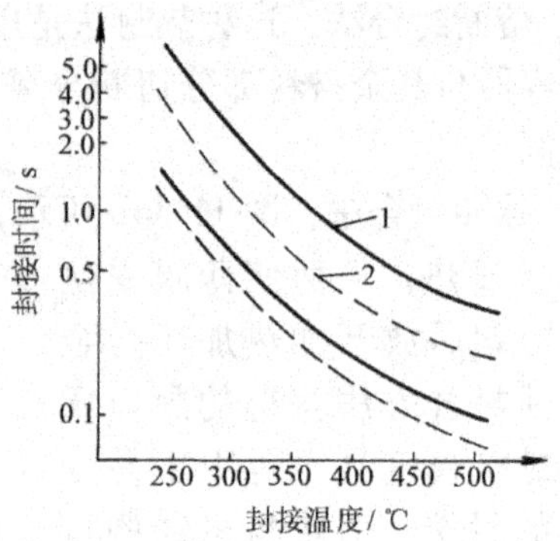

图 11-38 热封温度、时间、压力的关系

1—热封压力 $2.8kg/cm^2$ 2—热封压力 $16kg/cm^2$

3. 封袋机械

封袋机械主要有两种主要形式：一种是制袋充填包装机，这类机械是对可以封接的包装材料（如聚乙烯薄膜、复合塑料薄膜等）先在包装机上制成袋，粉状、颗粒状或液体物料被自动计量后充填到制成的袋内，随后可按需要进行排气（包括再充气）作业，最后封口并切断。另一种是封口机，这类机械只完成袋装食品的排气（可再充气）、封口或只完成封口操作。

（1）制袋充填包装机 制袋充填包装机根据制袋与充填物料的方向不同，一般可分为立式与卧式两种形式。

1）立式制袋充填包装机：立式制袋充填包装机的特点是被包装物料的供应筒设置在制袋器内侧，适用于松散体及液体、酱体的包装。图11-39是一台立式塑料袋粉末充填包装机的工作原理图。粉料由料仓经计量机构送入包装机上方的料斗内。成卷的塑料薄膜 3 经过多道导辊以后，进入翻领成型器 4，先由纵封加热器 5 搭接或者对接封合成圆筒状，这时由计量装置计量后的一份物料从料斗 1 通过加料管 2 落入袋内，横封加热器 6 在封住袋底的同时向下拉袋，既对前一个装满物料的袋进行封口，又对后一个袋子进行封底，并使两者切断，使装满物料的成品袋 7 与设备分离。

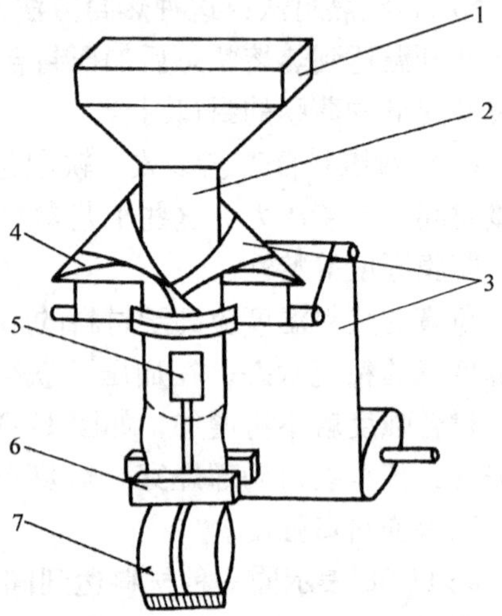

图 11-39 立式塑料袋粉末充填包装机原理图

1—料斗 2—加料管 3—塑料薄膜 4—翻领成型器 5—纵封加热器 6—横封加热器 7—成品袋

2）卧式制袋充填包装机：这种包装机有多种类型，其中应用最广的是扁平袋的卧式制袋充填包装机，如图 11-40 所示。包装机结构包括卷筒材料支撑装置、导辊装置、制袋成形器、光电检控装置、热封装置、牵引送进装置、切断装置、袋的钳持输送装置、开袋装置、计量装填装置、袋整形装置、袋封口装置等。

卧式制袋充填包装机的包装工艺过程如下：从卷筒 1 拉下的包装材料由导辊 2 导引，经三角形成型折合器 3 和 U 形保持杆 4 而折合成 U 形带；光电检测控制器 5 对包装材料上装璜图文的位置进行检测和送进控制，保证热封和切断装置在规定的部位进行。制袋热封装置6随后对U形折合带进行热封完成制袋。牵引送进装置7作往复直线运动，将袋和包装材料作间歇牵引送进，每次送进一个袋宽的距离，电切断装置8裁切成单个包装袋，然后由袋钳送进装置钳持送进；在开袋口工位由开袋口装置将袋口吸开，并往袋内喷送压力空气，使袋口扩开。当袋子送到计量装填工位时，物料通过漏斗装入包装袋中。在整形工位由整形装置对袋中松散物料实施整形处理，使其袋形便于封口操作，且钳袋的钳手往内运动，让袋口达到平直闭合状态，在封口工位完成热封，得到的包装件从机器中排出。与立式制袋充填包装机相比较，卧式包装机在成型制袋时，物料充填管不伸入袋管筒中，袋口的运动方向与充填物流动方向不是平行而呈垂直状态，因而在包装加工工艺艺程序和执行机构方面，均比立式包装机要复杂。

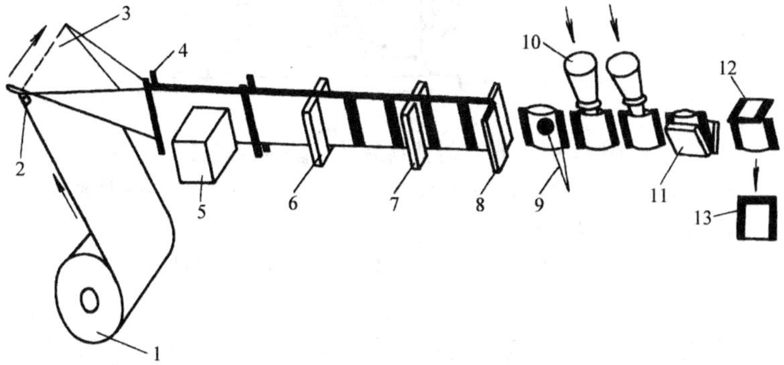

图 11-40　卧式制袋充填包装机

1—卷筒　2—导辊　3—成型折合器　4—保持杆　5—光电检测控制器　6—制袋热封装置　7—牵引送进装置　8—切断装置　9—袋开口装置　10—计量装填装置　11—整形装置　12—封口装置　13—成品排出装置

（2）封口机　塑料袋封口机用于对装填好产品的塑料袋进行封口，而塑料袋由专业彩印厂生产。常见的封口机械有真空包装机、真空充气包装机和单纯封口的普通封口机。由于普通封口机主要由热封口装置组成，结构较简单，这里不再作介绍。

1）真空包装机：所谓真空包装机就是将物料装于气密性的塑料袋中，在容器密封之前抽去袋中空气，使薄膜材料紧贴物料。真空包装的主要优点是可以防止食品的氧化，抑制细菌繁殖从而延长产品的保质期。对于需加热杀菌的软罐头，真空包装可防止在加热杀菌时的胀袋现象。

图 11-41 为一种小型真空包装机的主要结构、工作原理图。真空压盖平常呈敞开状态。装填好产品的复合塑料袋，放入包装机的盛物盘2内，袋口置于热封头上，扣上压盖1并压紧，压盖底部的一圈O形密封圈8与工作台面9贴合并密封，此时真空泵10经电磁阀11、管道12和电磁阀14，对工作室抽真空，同时经三通阀15对压紧头5上的橡胶膜片的小气室也抽真空。当真空表3指示达到真空度要求时，三通阀15切换小气室经管7与大气接通，膜片6在大、小气室压差的作用下带着压紧头5向下，对放在夹紧头与热封头4之间的塑料袋进行热封。然后电磁阀14关闭，二通电磁阀13打开，使主气室破真空，膜片带着压紧头向上运动完成热封。打开压盖，取出包装品。

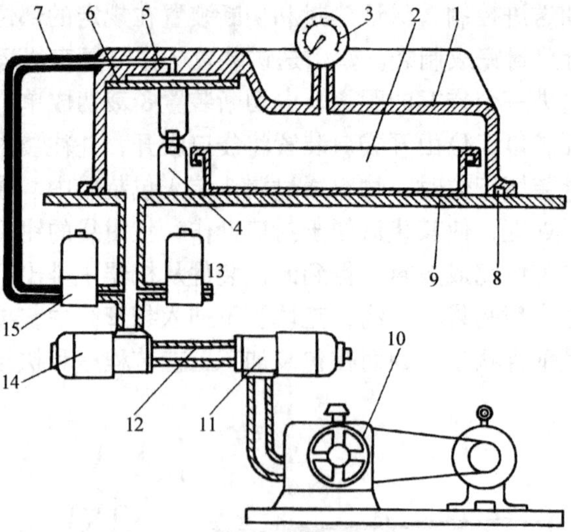

图 11-41 真空封塑料袋式包装机原理图

1—压盖 2—盛物盘 3—真空表 4—热封头 5—压紧头 6—橡胶膜片 7、12—管道 8—密封圈 9—工作台面 10—真空泵 11、14—电磁阀 13—二通电磁阀 15—三通阀

2）真空充气包装机：真空充气包装是将包装物内的空气排除后，立即充入“惰性”气体（如氮、二氧化碳），然后再进行封口。采用真空充气包装既能有效地保全包装食品的质量，又能使包装袋内压力平衡以保持其包装形体美观。

图 11-42 为真空充气包装机的工作原理图。装填了食品的包装袋被置于真空室内，关上压盖使真空室封闭，包装袋封口部位处于热熔封口装置 4 之间，真空泵抽出真空腔室和包装袋中的空气，充气时，电磁控制阀 7 转换到充气系统，伸入到袋口一定深度的喷嘴向袋中充所需要的气体，然后热合封口，冷却放气，打开机盖，取出包装物。

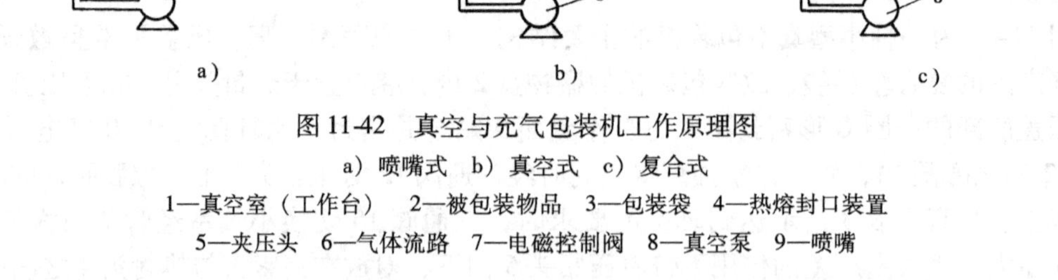

图 11-42 真空与充气包装机工作原理图

a）喷嘴式 b）真空式 c）复合式

1—真空室（工作台） 2—被包装物品 3—包装袋 4—热熔封口装置 5—夹压头 6—气体流路 7—电磁控制阀 8—真空泵 9—喷嘴

第十二章

其他机械与设备

12

第一节 生物反应器

生物技术作为21世纪高新技术的核心，对人类解决面临的食物、资源、健康、环境等重大问题发挥着越来越大的作用。轻工、食品行业历来是生物技术应用的重要领域，发酵设备是生物技术应用环节中的重要设备。发酵设备必须具有适宜微生物生长和形成产物的各种条件，促进微生物的新陈代谢，使之能在低消耗下获得较高产量。因此发酵设备必须具备微生物生长的基本条件。一个理想的发酵罐应满足下列要求：①结构简单、严密、耐蚀性好、经得起蒸汽的灭菌消毒；②有良好的气、液接触和液、固混合性能；③在保证正常发酵的前提下，尽量减小搅拌及通气所消耗的动力；④有良好的热交换性能，以适应灭菌操作和使发酵在最适宜温度下进行；⑤尽量减少泡沫的产生，以提高装料系数，增加发酵罐体积；⑥有必要可靠的检测及控制仪表。

生物反应器的设计因反应的目的不同而有所区别。生物反应器的目的可归纳为几种：一是生产细胞；二是收集细胞的代谢产物；三是直接用酶催化得到所需产物。最初的生物反应器主要用于微生物的培养或发酵，随着生物技术的不断深入和发展，它已广泛用于动植物细胞培养、组织培养、酶反应等场合。因此，实际应用的生物反应器根据细胞或组织生长代谢要求、生物反应的目的等不同可以有很多变化，总的来说可归纳为以下几种。

（1）厌气生物反应器　发酵过程不需要通入氧气或空气，有时可能通入二氧化碳或氮气等惰性气体以保持罐内正压，防止染菌，以及提高厌氧控制水平。此类反应器有酒精发酵罐、啤酒发酵罐、沼气发酵罐、双歧杆菌染氧反应器等。

（2）通气生物反应器　又可分为搅拌式、气升式、自吸式等；前两者需要在反应过程中通入氧气或空气，后者则可自行吸入空气满足反应要求。搅拌式反应器靠搅拌器提供动力使物料循环、混合，气升式则以通入的空气上升动力，自吸式反应器是利用特殊搅拌叶轮在搅拌过程中产生真空而将空气吸入反应器内，毋须另外供气。

（3）光照生物反应器　反应器壳体部分或全部采用透明材料，以便光可照射到反应物料，进行光合作用反应。一般配有照射光源，白天可直接利用太阳光。

（4）膜生物反应器、反应器内安装适当的部件作为生物膜的附着体，或者用超滤膜将细胞控制在某一区域内进行的反应器；另外，根据反应器的结构形式不同又可分为罐式、管式、塔式、池式生物反应器等；根据物料混合方式可分为非循环式、内循环式和外循环式生物反应器等。

由于微生物分需氧和厌氧两大类，故发酵设备也分为两大类。谷氨酸、柠檬酸、酶制剂和抗菌素等属需氧发酵产品，在发酵过程中需不断通入无菌空气；酒精、啤酒和丙酮丁醇溶剂等属厌氧发酵产品。通风发酵反应器包括酵母发酵罐、单细胞蛋白发酵罐、氨基酸发酵罐、酶制剂发酵罐、抗生素发酵罐等等。发酵反应器是生物工程重要的组成部分，高效反应器的特点是设备简单，不易染菌，体积小，电耗少，单位时间单位体积的生产能力高，代谢放出热量易于移去，操作控制维修方便，生产安全，易于放大。对于需氧性发酵罐，则以溶氧系数（$K_L ah^{-1}$）的高低及传递1kg氧所耗的功率大小作为衡量发酵罐是否优良的基本指标。

通风发酵罐有鼓泡式、气升式、机械搅拌式、自吸式、喷射自吸式、溢流喷射自吸式等多种类型发酵罐，可用于生产药用酵母、饲料酵母、活性干酵母、液体曲、谷氨酸、柠檬酸、抗生素、维生素、酶制剂，食用醋、赖氨酸等。通气发酵要将空气不断通入发酵液中，供给微生物所需的氧，气泡愈小，气液接触面积愈大，氧的溶解速率也愈快，氧的利用率也愈高，电耗也越少，产品的生产率也越大。

一、机械搅拌发酵罐

1. 发酵罐的基本条件

机械搅拌发酵罐在工厂被广泛采用。它是利用机械搅拌器的作用，使空气和发酵液充分混合，提高发酵液的溶解氧，供给微生物生长繁殖代谢过程所需的氧。发酵罐的基本条件如下：

1）发酵罐应具有适宜的高径比　发酵罐的高度与直径比约为2.5～4。

2）发酵罐能承受一定压力　由于发酵罐在消毒及正常工作时，罐内有一定的压力（气压与液压）和温度，因此罐体各部件要有一定的强度，能承受一定的压力。罐加工制造后，必须进行水压试验，水压试验压力为工作压力的1.5倍。

3）发酵罐的搅拌通风装置要能使气泡分散细碎，气液充分混合，保证发酵液必须的溶解氧，提高氧的利用率。

4）发酵罐应具有足够的冷却面积，微生物生长代谢过程放出大量的热量，不同产品的发酵放出热量也不同。为了控制发酵过程不同阶段所需的温度，应装有足够的冷却面积。

5）发酵罐内应抛光，尽量减少死角，避免藏垢积污，使灭菌彻底，避免染菌。

6）搅拌器的轴封应严密，尽量减少泄漏。

2. 发酵罐罐体的尺寸比例

罐体各部分的尺寸有一定比例，高径比约为2.5～4。高位罐的高径比达10以上，虽然空气利用率较高，但压缩空气的压力需要较高，顶料与底料不易混合均匀，厂房较高。发酵罐通常装有两组搅拌器，两组搅拌器的间距S约为搅拌器直径的3倍。对于大型发酵罐以及液体深度H_L较高的，可安装三组或三组以上的搅拌桨叶。最下面一组搅拌器与风管出口较接近为好，与罐底的距离C一般等于搅拌器直径D_i，不宜小于$0.80D_i$，否则会影响液体的循环。常用的发酵罐各部分的比例尺寸如图12-1所示。

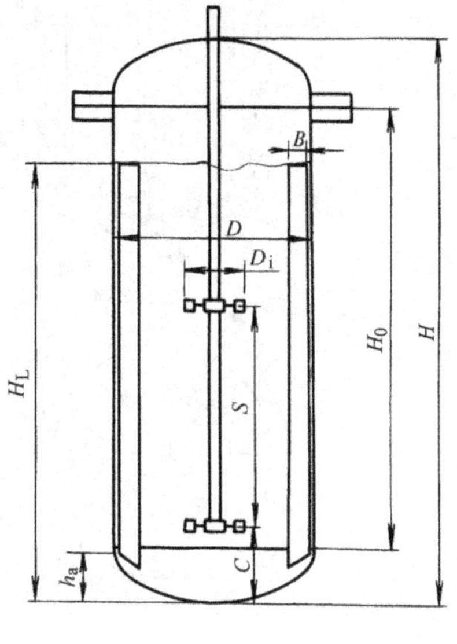

图12-1　通用发酵罐的比例尺寸

$D_i=1/3D$　$H_0=2D$　$B=0.1D$

$S=3D_i$　$h_a=0.25D$

3. 发酵罐的结构

设备主要部件包括罐身、搅拌器、轴封、打泡器、联轴器、中间轴承、空气吹泡管（或空气喷射器）、挡板、冷却装置、人孔以及视镜等，如图12-2和图12-3所示。

（1）罐体　罐体由圆柱体及椭圆形或碟形封头焊接而成，材料为碳钢或不锈钢，对于大型发酵罐可用衬不锈钢或复合不锈钢制成，衬里用的不锈钢板厚为2～3mm。为了满足工艺要求，罐需承受一定压力，通常灭菌的压力为0.25MPa（绝对大气压）。生产用的发酵罐容积有$20m^3$，$30m^3$、$50\sim60m^3$、$75m^3$、$150m^3$以至$500m^3$。罐壁厚度决定于罐径及罐压的大小。

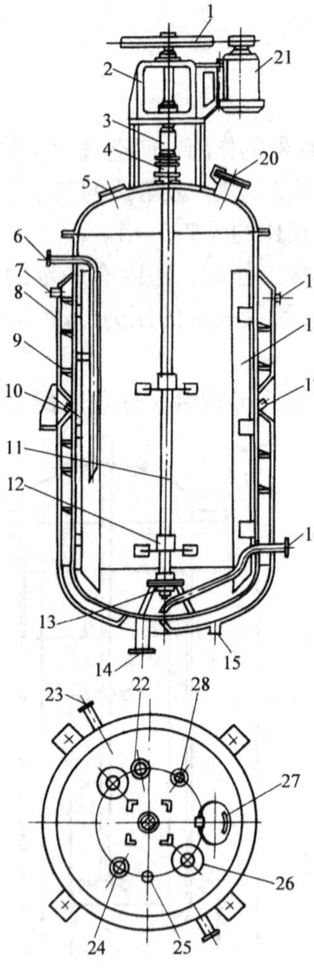

图 12-2 小型发酵罐结构图

1—V 带转轴 2—轴承支柱 3—联轴器 4—轴封
5、26—窥镜 6—取样口 7—冷却水出口 8—夹套
9—螺旋片 10—温度计 11—轴 12—搅拌器
13—底轴承 14—放料口 15—冷水进口
16—通风管 17—热电偶接口 18—挡板
19—接压力表 20—手孔 21—电动机
22—排气口 23—取样口 24—进料口
25—压力表接口 27—手孔 28—补料口

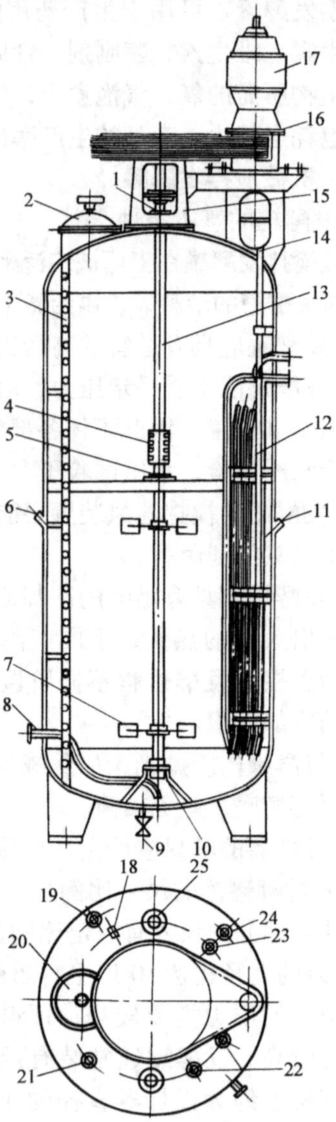

图 12-3 大型发酵罐结构图

1—轴封 2、20—人孔 3—梯子 4—联轴器
5—中间轴承 6—热电偶接口 7—搅拌器
8—通风管 9—放料口 10—底轴承
11—温度计 12—冷却管 13—轴
14—接种管 15—轴承柱 16—V 带传动
17—电动机 18—压力表 19—取样口
21—进料口 22—补料口 23—排气口
24—回流口 25—窥镜

小型发酵罐罐顶和罐身用法兰连接，为了便于清洗，小型发酵罐顶设有清洗用的手孔。中大型发酵罐则装设有快开人孔。罐顶装有视镜及灯镜、进料管、排气管、接种管和压力表

接管，排气管应尽可能靠近罐顶中心位置。在罐身上有冷却水进出管、进空气管、温度计管和检测仪表接口。取样管可装在罐侧或罐顶，视操作方便而定。在罐体上的管路越少越好，进料口、补料口和接种口可合为一个接管口。放料可利用通风管压出。

（2）搅拌器和挡板　搅拌器的主要作用是混合和传质，即使通入的空气分散成气泡并与发酵液充分混合，使气泡细碎以增大气-液界面，以获得所需要的溶氧速率，并使生物细胞悬浮分散于发酵体系中，以维持适当的气—液—固（细胞）三相的混合与质量传递，同时强化传热过程。为实现这些目的，搅拌器的设计应使发酵液有足够的径向流动和适当的轴向运动。

搅拌式叶轮大多采用蜗轮式，涡轮式搅拌器的叶片有平叶式、弯叶式、箭叶式三种，其作用主要是打碎气泡，加速和提高溶氧。平叶式功率消耗较大，弯叶式较小，箭叶式又次之。为了拆装方便、大型搅拌器可做成两半型，用螺栓联成整体。搅拌器宜用不锈钢板制成。

挡板的作用是防止液面中央产生漩涡，促使液体激烈翻动，提高溶解氧。挡板宽度约为（0.1～0.12）D，装设6～4块挡板。

竖立的蛇管、列管和排管也可以起挡板作用，挡板的长度自液面起至罐底为止。挡板与罐壁之间的距离为（1/5～1/8）D。

（3）消泡器　发酵液中含有蛋白质等发泡物质，故在通气搅拌条件下会产生泡沫，发泡严重时会使发酵液随排气而外溢，且增加杂菌感染机会。在通气发酵生产中有两种消泡方法，一是加入化学消泡剂，二是使用机械消泡装置。常用的消泡器有锯齿式、梳式、孔板式、旋桨梳式等种，孔板式的孔径约10～20mm。消泡器的长度约为0.65D。

（4）联轴器及轴承　搅拌轴较长时，常分为二至三段，用联轴器连接。联轴器有鼓形及夹壳形两种。功率小的发酵罐搅拌轴可用法兰连接，轴的连接应垂直，中心线对正。为了减少振动应装有可调节的中间轴承，材料采用石棉酚醛塑料、聚四氟乙烯，轴瓦与轴之间的间隙取轴径的0.4%～0.7%。在轴上增加轴套可防止轴颈被磨损。

（5）变速装置　试验罐采用无级变速装置。发酵罐常用的变速装置有V带传动，圆柱齿轮或弧齿锥齿轮减速装置，其中以V带变速传动较为简单，噪声较小。

（6）空气分布装置　分布装置有单管及环形管等。常用单管式，管口对正罐底中央，与罐底距离约40mm，这样空气分散效果较好，若距离过大，空气分散效果就较差。要求气泡上升时能被搅拌器打碎成小气泡，与醪液充分混合，增加气液传质效果。环形管直径为搅拌器直径的0.8倍较好，喷孔直径为ϕ5～ϕ8mm，喷孔向下，喷孔的总截面积约等于通风管的截面积，由于喷孔易堵，已很少采用。风管内空气流速取20m/s，在罐底中央衬上不锈钢圆板，防止空气冲击，以延长罐底寿命。

（7）轴封　轴封的作用是防止泄漏和染菌。常用轴封有填料函和端面轴封两种，填料函由填料箱体、底衬套，压盖和压紧螺栓等零件构成，使旋转轴达到密封的效果。

填料函轴封的优点是结构简单，缺点是：

1）死角多，很难彻底灭菌，容易渗漏及染菌。

2）轴的磨损情况严重。

3）填料压紧后摩擦功率消耗大。

4）寿命短，维修工时多。

端面轴封的作用是靠弹性元件（弹簧、波纹管等）的压力使垂直于轴线的动环和静环光滑表面紧密地相互贴合，并作相对转动而达到密封，其优点如下：

1）清洁。

2）密封可靠，使用时间较长，不会泄漏。

3）无死角，可防止杂菌污染。

4）寿命长，质量好的2~5年不需修理。

5）摩擦功率耗损小，一般为填料密封的10%~50%。

6）轴或轴套不受磨损。

7）对轴的振动敏感性小。

端面轴封结构比较复杂，装拆不便，对动环及静环的表面粗糙度及平直度要求高。两端面接触的密封构件之一为硬质合金（也有用青铜或不锈钢的，但较易磨损），如高硅铸铁、金属碳化钨等；另一种为软质耐磨材料，如不透性石墨，用作静环。两接触面的密封需要有一定的压力，完全由弹簧来保证这种压力的叫做不平衡型，利用罐内压力来抵消本身压力而仅由弹簧产生密封压力的叫做平衡型。平衡型端面轴封使用的压力比不平衡型大，因为发酵罐的操作压力一般小于0.25MPa，所以一般采用不平衡型。

4. 发酵罐的换热装置

生物反应过程有生物合成热产生，而机械搅拌通风发酵罐除了有生物合成热外，还有机械搅拌热，若不从系统中除去这两种热量，发酵液的温度就会上升，无法维持工艺所规定的最佳温度。

发酵罐换热装置形式有如下几种：

1）夹套式换热装置：这种换热装置应用于小罐，夹套高度比静止液面稍高。优点为结构简单，加工容易，罐内死角少，容易清洗灭菌。其缺点是传热壁较厚，冷却水流速低，降温效果差，传热系数约为174.417~290.694W/(m^2·K)。

2）竖式蛇管换热装置：这种装置的蛇管分组安装于发酵罐内，有四组、六组或八组不等。装置的优点是：冷却水在管内的流速大，传热系数高，约为348.833~523.25W/(m^2·K)，若管壁较薄，流速较大时，传热系数可达930.222~1162.778W/(m^2·K)。这种冷却装置所用的冷却水温应较低。若冷却水温较高，则降温困难。此外，弯曲位置较容易被蚀穿。

3）竖式列管（排管）换热装置：这种装置是以列管形式分组对称装于发酵罐内的。其优点是加工方便，适用于气温较高，水源充足的地区，当流速较快时，降温速度快。这种装置的缺点是传热系数较蛇管式低，用水量较大。

为了提高传热系数，可采用安装在罐外的板式或螺旋板式热交换器，采用无菌空气使发酵液进行循环冷却。

5. 发酵罐的管路与死角的消除

染菌主要原因是空气过滤系统效率低，操作不严密，管路安装不合理，死角多，设备渗漏。分以下几方面进行讨论：

（1）尽量减少管路　与发酵罐连接的管路有空气管、进料管、出料管、蒸汽管、水管、取样管、排气管等，其中有些管应尽可能合并后与发酵罐连接。有的工厂将空气管、进料管、出料管合为一条管与发酵罐连接，有的工厂将接种管、尿素管、消泡油管、压料空气管合为一条管，做到一管多用。但有互相干扰的弊病，如将排气管道串通，一个罐染菌往往会影响其他罐，所以排气管单独设置较为有利。减少罐内的管路，可以减少染菌机会。小型发酵罐多采用夹套冷却，大型发酵罐多采用蛇管、排管冷却；有的在发酵罐外用盘管、喷淋、薄板或螺旋板冷却。

（2）消灭死角　死角是微生物隐藏而蒸汽难于消毒的位置，死角最容易染菌，必须彻底消灭。常见的死角有管路死角有螺纹间隙死角、法兰盘死角、种子罐放料管道死角等。如果采用螺纹联接，则绞牙配合不严密、麻根填料无法消灭缝隙；如采用法兰联接时，橡胶垫圈比管径过大或过小也会产生死角；焊缝有凹凸现象也会产生死角。采用焊接法将焊缝磨光的连接法较好，转弯处应有一定的弧度，采用弯管法，可以减少污染，减少管路阻力，延长弯管处的寿命。

（3）消灭渗漏　渗漏是染菌主要的原因之一。渗漏现象有罐体穿孔渗漏，冷却蛇管的渗漏，垫圈渗漏，轴封渗漏，绞牙填料渗漏，管路焊接渗漏，法兰阀盘与阀座缝隙渗漏等。

冷却蛇管如果选用无缝钢管，则由于腐蚀而造成针孔，造成连续染菌，很难被检出，应定期更换。最好选用不锈钢管。

法兰的垫圈必须上紧。轴封有填料轴封及端面轴封两种，后者较好，但还会渗入空气。为了避免微生物渗入，罐内应保持正压，或在轴封处装一个小型的蒸汽室，连续喷入蒸汽，以防止微生物渗入。

螺纹的填料容易渗漏，特别是经常振动的管路更容易渗漏，故管路联接用电焊法较好。

阀杆是经常转动的，填料容易被旋松而造成渗漏，所以应经常检查，更换填料。罐体与大气相连的阀门，阀杆一侧的阀腔不应与罐相通，阀对罐为顺装，可避免阀杆的渗漏与罐相通。或选用不锈钢阀、橡胶隔膜阀较好。

二、气升式发酵罐

气升式发酵罐是近20年发展起来的发酵罐，其特点是结构简单效率高，能耗低，安装维修方便。较适合于单细胞蛋白等的生产。

初期的气升式罐是空气通过底部的多孔板分散成小气泡与培养基混合，向上移动，最后以二氧化碳等释出，培养液处于湍流状态。随着罐的发展，罐内分为上升管和下降管，含气率多的培养基密度小，向上升。含气率少的培养基密度较大，由于在管内外的液体密度不同，而产生压力差，推动培养液在罐内循环。上升管和下降管的布置可以装在罐外，称为外循环，也可以装在罐内，称为内循环。

1. 带升式发酵罐

带升式发酵罐的特点：结构简单，冷却面积较小；不需搅拌设备，节省动力约50%；装料系数达80%～90%；维修、操作及清洗简便，减少杂菌感染。但对于粘度较大的发酵液溶氧系数较低。其工作机理是在罐外装设上升管，上升管两端与罐底及罐上部相连接，构成一个循环系统。在上升管的下部装设空气喷嘴，空气以250～300m/s的高速度喷入上升管，使空气分割细碎，与上升管的发酵液密切接触。由于上升管内的发酵液密度较小，加上压缩空气的动能，使液体上升，罐内液体下降进入上升管，形成反复的循环，有内循环及外循环两种，如图12-4所示。

2. 气升及外循环发酵罐

如图12-5所示，空气从罐底内进入，利用气体分布器3使空气分散与液体充分混合上升，经回流管8返回罐的底部，下部的发酵液经循环泵10，热交换器15送至罐顶的喷淋器

7，喷淋液起消泡作用。

这种罐适用于石蜡为原料的发酵。罐的压力可维持500kPa。氧的传递系数较高，可用于高浓度培养，菌体的质量分数可达6%以上。

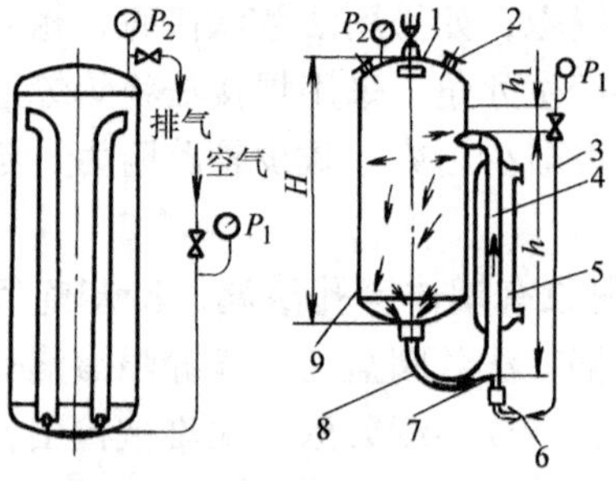

图12-4 带升式发酵罐

1—人孔 2—视镜 3—空气管 4—上升管 5—冷却器 6—单向阀门 7—空气喷嘴 8—带升管 9—罐体

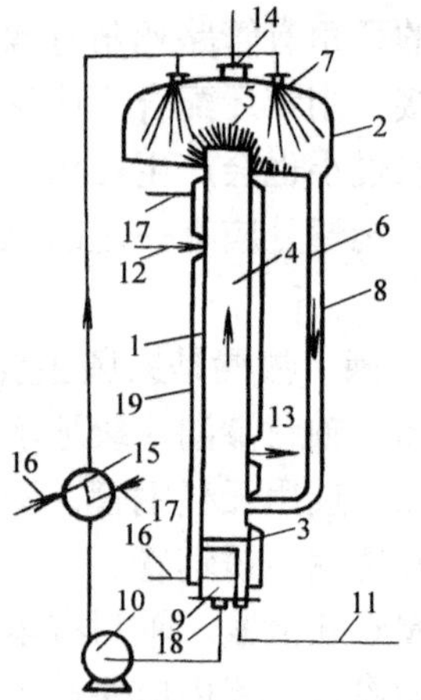

图12-5 气升及外循环发酵罐

1—发酵罐 2—消泡室 3—气体分布器 4—培养液 5—泡沫层 6—下降管 7—喷淋器 8—回流管 9—气液分离器 10—循环泵 11—供气管 12—培养液入口 13—培养液出口 14—废气出口 15—热交换器 16—冷却水入口 17—冷却水出口 18—发酵液出口 19—冷却夹套

3. 气升环流发酵罐

气升环流发酵罐的形式较多，常用的有高位、低位及压力发酵罐几种。

图12-6是德国Hoechst公司的石蜡培养酵母用的发酵罐，罐的高度增大可以提高氧的传递能力，增加对液流的驱动力。驱动力的调节通过气体流量控制。罐的结构简单，易于放大。

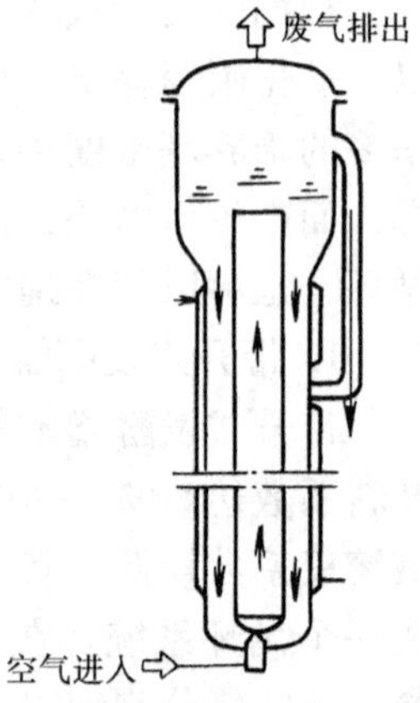

图12-6 Hoechst公司气升环流发酵罐

对于培养植物或动物细胞，要求没有高度的切割力，防止对细胞的伤害。设备对培养基应能充分搅动均匀又能使气体均匀分散。细胞培养多采用气升环流式，如图12-7所示。气体从转轴通入，由底部的环形吹泡管喷出，向上与培养液均匀接触后由上部排出。气流的气泡与培养基充分混合，由旋转的推进口排出，向下流动至下部，被旋转的推进器吸入后排出，形成环流。设备对供气、氧、氮、二氧化碳均能控制。设备的特点为低转速高溶氧。

4. 磁力搅拌反应罐

磁力搅拌反应罐一般用于实验室的小型发酵，采取底部搅拌，是一种间接搅拌，结构如图12-8所示。磁力搅拌以静密封取代动密封，使发酵罐处于完全密封状态，彻底解决了发酵罐的机械密封无法避免的跑、冒、漏之问题，不易染菌。其传动方式采取磁力偶合驱动，噪声低，运行可靠，使用维修方便，可广泛运用于食品、制药、化工等行业。

5. 固体发酵罐

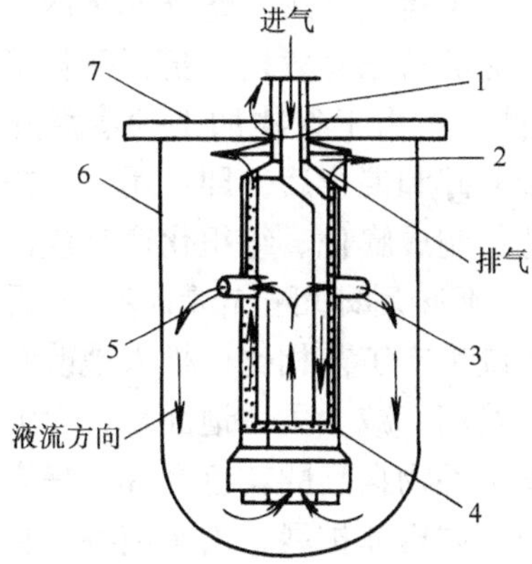

图 12-7 细胞培养气升环流反应器示意图
1—转轴 2—消泡室 3、5—推进口
4—吹泡管 6—器体 7—盖

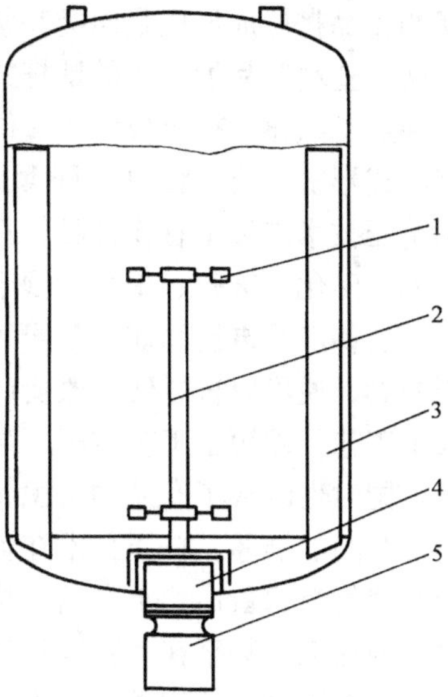

图 12-8 磁力搅拌反应罐
1—搅拌器 2—轴 3—挡板
4—磁转子 5—电动机

固体发酵有悠久的历史，早在2500年前，就有中药神曲的固体发酵生产。我国是农业大国，经过多年的努力，已基本上解决了粮食与农产品的数量问题，使人民能过着温饱的生活。但从另一方面看，我国的粮食和农副产品、禽畜产品，在品质上尚存在不少问题，特别是化肥、农药的大量使用，不仅污染环境，同时也污染了农副产品。在饲料中大量添加抗生素、激素，虽然增加了禽畜产品的产量，但却降低了质量，而且抗生素、激素的残留量大大超过卫生标准，直接影响人体。固态发酵具有培养料来源广泛的优点，利用农作物废弃物通过固体发酵生产生物饲料的研究已取得了突破。因此，固体发酵受到国内外人士的广泛关注，将会成为发酵行业中广泛应用的工艺类型之一。目前，国内外用于固体物料发酵的设备大致有浅盘、大池、转盘、箱式、转筒式几种类型。但是这些发酵系统大都是将物料的灭菌、接种、装盘、发酵等工艺过程分开，采用手工操作，劳动生产率低，用工量大，难以控制染菌污染，不能适应大规模工业化生产。而且它们都以静态方式进行固体发酵，发酵过程中热质传递受到一定的限制，会产生温度梯度，且气体分布不均匀，从而导致发酵产品不稳定。目前国内进行固态发酵罐的研究一般都还处在试验研究阶段，进行规模产业化生产还需有待研究。因而，开发适用于大规模工业化生产的固态物料发酵系统已成为我国农业生物技术产业化迫切需要解决的问题。很多生物制品发酵的厂家进行固体发酵还处在落后的状态，即使已有采用固体发酵进行乙醇、酶制剂、大曲生产的研究，但是规模还是较小（仅为15～20L）。为了进一步实现固体发酵产品的工厂化生产，今后人们必定会花费大量的精力去深入研究固体发酵系统。

第二节 挤压成形机械与设备

一、挤压成形原理

1. 挤压成形机在食品加工中的应用

早期的食品挤压成形机是肉类和肠制品加工中使用的活塞式或柱塞式挤压机。随着食品工业的发展，塑料制品加工中的螺杆式挤压机在食品加工中得以运用。螺杆式挤压成形机是集混合、混炼、熟化、挤出成型于一体的加工设备。常见的挤压蒸煮机、挤压膨化机均属于螺杆式挤压成形机。第一台单螺杆食品挤压机的出现首先运用于谷物加工的蒸煮并取得成功。采用挤压技术来加工谷物食品，只需将原料经初步粉碎和混合后，即可用一台挤压机一步完成混炼、熟化、破碎、杀菌、预干燥、成形等工艺，制成膨化、组织化产品或制成不膨化的产品，这些产品再经油炸（也可不经油炸）、烘干、调味后即可上市销售，只要简单地更换挤压模具，便可以很方便地改变产品的造型。与传统生产工艺相比，极大地改善了谷物食品的加工工艺，缩短了工艺过程，降低了产品的生产费用，减少了占地面积，大大降低了劳动强度。同时也改善了产品的组织状态和口感，丰富了谷物食品的花色品种，提高了产品质量。随着时间的推移，挤压技术在食品工业中的应用领域迅速扩展，由单纯谷物食品的加工，发展到植物组织蛋白、水产品、仿生制品、调味品、乳品、糖果制品、巧克力制品、方便面等食品的加工，甚至在动物饲料加工中也有广泛的运用。挤压设备也由单螺杆发展到双螺杆挤压机，挤压设备的改进与发展，对于改善产品质量，拓宽挤压技术的应用领域起到了推动作用。尤其是挤压技术在某些需高温高压的生化反应过程中的应用，已引起科技工作者的关注。可以确信，挤压技术会在今后的发展过程中出现一些崭新的领域。

2. 挤压成形原理

美国著名学者 Webster 对挤压成形的定义是："物料经预处理（粉碎、调湿、预热、混合）后，经过机械作用强制通过一个专门设计的孔口（模具），以形成一定形状和组织状态的产品。"即挤压成形是指塑性或软性物料在机械力的作用下，定向地通过模板连续成形。食品挤压成形机，除了上述的挤压成形功能外，同时还具备加热蒸煮等其他功能。大多数的食品挤压成形机是将加热蒸煮与挤压成形两种作用有机地结合起来，使原料经过挤压机之后，成为具有一定形状和质构的熟化或半熟化的产品。

螺杆式挤压成形机是由一个机筒和可在机筒内旋转的螺杆等部件组成。当疏松的食品原料从加料斗进入机筒内时，随着螺杆的转动，物料沿着螺槽方向向前输送，由于螺杆与套筒构成的空腔体积逐渐变小，加之模板的阻力作用，颗粒状物料逐渐受到挤压，同时物料受到螺杆与机筒的强烈搅拌、混合、剪切等作用，造成物料摩擦生热或来自机筒的外部加热，使物料温度迅速上升。物料受到高温高压的作用，固体颗粒熔融呈流态化，熔融态的物料分子相互交联、重组，在成形模头前物料熔融体进一步混合均匀，最后定量、定压地被挤出模孔，物料由高温高压瞬间进入常压，水分急剧汽化而形成多孔的膨化组织结构。不需要过大膨化率的产品，使用冷却的方法控制受挤压物料的温度在模板附近不至于过热（一般不超过 100°C），以达到挤压产品不膨化或少膨化的目的。

3. 挤压加工的特点

（1）生产工艺简单 挤压机能够集原料的粉碎、混合、加热、熟化、成形于一体，原料经预处理后，即可连续地通过挤压设备，生产出成品或半成品，发挥了一机多能的作用，方便了生产管理和产品质量管理，降低了劳动强度，减少了占地面积和生产人员。

（2）生产效率高 使用挤压机进行生产，操作简单，生产能力可在较大范围内调整。小型挤压机的生产能力可达 20～50kg/h，大型设备的生产能力可达 5～10t/h。使用挤压机进行生产，由于避免了多台单功能机种的联用，极大地提高了能源的使用效率。一般情况下，能耗仅是传统生产方法的60%～80%。

（3）应用范围广　食品挤压加工适用于小吃食品，即谷物食品、方便食品、乳制品、肉类制品、水产制品、调味品、糖制品、巧克力制品等许多食品生产领域，并且经过简单地更换模具，即可改变产品形状，生产出不同外形和花样的产品，因而产品范围广、种类多、花色齐，可形成系列化产品。

（4）经济效益高　挤压加工技术与传统生产加工方法相比，其生产流程短，减少了许多单机的使用，投资少、投资回收期短。同时生产费用低，有资料报道，用挤压设备进行生产，其生产费用仅为传统方法生产的40%左右。这在很大程度上降低了产品成本。

（5）产品品质好　挤压膨化属于高温瞬时的加工技术，几乎不破坏食品中的营养成分。挤压膨化后食品的质构呈多孔状，分子之间出现间隙有利于人体消化酶的进入，利于人体的消化吸收。

含有较多的纤维素的食物口感较差，经挤压膨化后，在挤压机中受到高温、高压和剪切、摩擦作用和在挤压机挤出模孔的瞬间膨化作用，使得这些成分彻底地微粒化，并且产生了部分分子的降解和结构变化，使水溶性增强，改善了口感。在挤压过程中的瞬间高温能够钝化酶类，破坏有害物质，提高食品的食用安全性。

含淀粉类食品经挤压加工后，淀粉糊化充分，组织结构化，α－淀粉分子不易重排产生回生现象，产品含水量低，不利于微生物的生产繁殖，保藏性能好。

二、挤压机分类

目前，应用于食品工业的挤压机主要有螺杆挤压机、柱塞式挤压机、活塞式挤压机，其中最常见的是螺杆挤压机。螺杆挤压机主要由套筒和在套筒中旋转的一根或两根阿基米德螺杆组成。螺杆挤压机种类较多，通常根据螺杆挤压机结构特征和工作特性对螺杆挤压机进行分类。

1. 根据挤压机的受热方式不同分类

根据挤压机的受热方式不同可分为内热式挤压机和外热式挤压机。

（1）内热式挤压机　它在挤压过程中所需的工作温度全部来自于物料与螺杆、机筒之间的摩擦产生的热量。挤压温度受生产能力、水分含量、物料粘度、环境温度、螺杆转速等多方面因素的影响，不易进行人为的温度控制。该设备一般转速较高，产生较大的剪切力，但产品质量稳定性差，操作控制不灵活。内热式挤压机一般用于膨化食品的生产。

（2）外热式挤压机　它在挤压过程中所需的工作温度主要来源于外部加热器，通过加热器提高挤压机机筒和物料的温度。加热方式有采用蒸汽加热、电磁加热、电热丝加热、油加热等。根据挤压过程各阶段对温度参数要求的不同，可设计成等温式挤压机和变温式挤压机。等温式挤压机的筒体温度全部一致，变温式挤压机的筒体分为几段，分别进行加热或冷却，分别进行温度控制。

内热式挤压机一般是高剪切力挤压机，外热式挤压机可以是高剪切力的，也可以是低剪切力的。外热式挤压机生产适应性强、设备灵活性大，操作控制简单方便，产品质量稳定。内热式挤压机和外热式挤压机的主要区别见表12-1。

2. 根据挤压过程的剪切力的大小进行分类

根据挤压机在挤压过程中产生的剪切力的大小不同，挤压机可分为高剪切力挤压机和低剪切力挤压机。

表 12-1 内热式挤压机和外热式挤压机的主要区别

项　目	内 热 式	外 热 式	项　目	内 热 式	外 热 式
进料含水量（%）	13~18	13~35	剪切力	高	可调
成品水分（%）	8~10	8~25	适合产品	小吃食品	适应范围广
筒体温度/°C	180~200	120~350（可调）	条件控制	难	易
转速/（r/min）	500~800	可调			

（1）高剪切力挤压机　它是指在挤压过程中能够产生较高剪切力的挤压机。这类设备在结构上采取一定的措施来提高挤压过程中的压力和剪切力。高剪切力挤压机的压缩比较大，长径比较小，一般多为内热式挤压机。这类设备具有较高的转速和较高的挤压温度。比较适合于生产简单形状的产品，复杂形状的产品成形较困难，大多为膨化产品。

（2）低剪切力挤压机　它是指在挤压过程中能够产生剪切力较小的挤压机。在生产过程中它的主要作用在于混合、蒸煮、成形。低剪切力挤压机的压缩比较小，长径比较大，一般多为外热式挤压机。低剪切力挤压机加工的物料的水分含量一般较高，挤压过程物料粘度较低，故操作中，引起的机械能粘滞耗散较少。该类设备较适合于湿软的动物、鱼类饲料或高水分食品的生产。该设备产品成形率较高，生产形状复杂的产品较为理想。

高剪切力挤压机和低剪切力挤压机的主要区别见表 12-2。

表 12-2 高剪切力挤压机和低剪切力挤压机的主要区别

项　目	低 剪 切 力	高 剪 切 力
进料水分(%)	20~35	13~20
成品水分(%)	15~13	4~10
挤压温度/°C	150 左右	200 左右
转速/(r/min)	较低(60~200)	较高(250~500)
螺杆剪切率/s^{-1}	20~100	120~180
输入机械能/(kW·h/kg)	0.02~0.05	0.14
适合产品类型	湿软产品	植物组织蛋白、膨化小吃食品
产品形状	可生产形状较复杂产品	可生产形状较简单产品
成形率	高	低

3. 根据螺杆的数目不同进行分类

根据挤压机的螺杆数目不同，挤压机可分为单螺杆挤压机、双螺杆挤压机。

（1）单螺杆挤压机　它在套筒内只有一根螺杆，它是靠螺杆和机筒对物料的摩擦来输送物料和形成一定压力的。一般情况下物料与机筒之间的摩擦因数大于物料与螺杆之间的摩擦因数。否则，物料将包裹在螺杆上一起转动而起不到向前推进的作用。单螺杆挤压机结构简单，制造方便，但输送效率差，混合剪切不均匀。

（2）双螺杆挤压机　它在套筒中并排安放两根螺杆，套筒横截面是∞形，双螺杆挤压机的工作原理与单螺杆挤压机有所不同，双螺杆挤压机按两根螺杆的相对位置，可以分为啮合型与非啮合型。非啮合型的双螺杆挤压机，其工作原理基本与单螺杆挤压机相似，实际使用少。啮合型双螺杆挤压机的两根螺杆有不同程度的啮合，在螺杆啮合处，螺杆的连续的螺槽被分成相互间隔的C形小室如图12-9所示。螺杆旋转时，随着啮合部位的轴向移动，C形小室同时作轴向移动。螺杆每转一圈，C形小室向前移动一个导程的距离。C形小室中的物料，由于啮合螺纹的推力作用而向前移动。双螺杆挤压机输送效率高，混合均匀，剪切力大，具有自清洁能力，但结构较复杂，价格较昂贵，配合精度要求高。双螺杆机与单螺杆机的主要区别见表12-3。

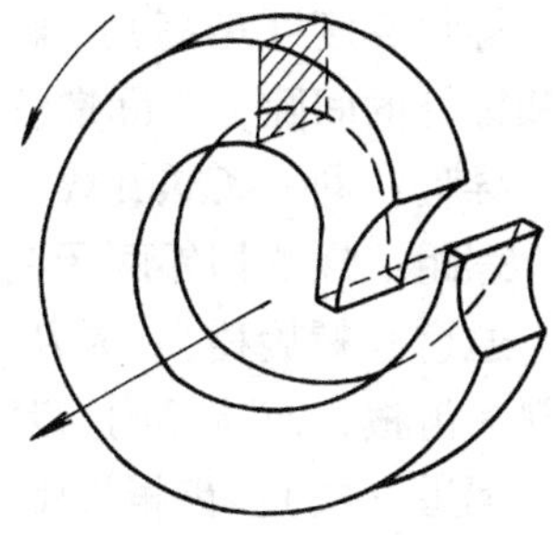

图12-9　C形小室

表12-3　双螺杆机与单螺杆机的主要区别

项　目	单螺杆挤压机	双螺杆挤压机	项　目	单螺杆挤压机	双螺杆挤压机
输送原理	摩擦	滑移	混合作用	小	大
加工能力	受物料水分，油脂等限制	在一定范围内不受限制	自洁作用	无	有
物料允许水分（%）	10～30	5～95	压延作用	小	大
物料内热分布	不均匀	均匀	制造成本	小	大
剪切力	强	弱	磨损情况	不易磨损	较易磨损
逆流产生程度	高	低	排气	难	易

三、挤压机的主要工作构件

每个挤压机生产厂家对自己生产的部件有各种不同的名称和术语，因而有些术语相互混淆，在介绍挤压机的主要工作构件之前，了解挤压机及挤压工艺中的常用术语非常必要。

常用来描述螺杆挤压机的术语、参数及它们之间的相互关系如下：

进料器：挤压机中待加工物料或混合料的储存仓。

预调质装置：调理物料的水分和温度的装置，使物料进入挤压机前部分或全部蒸煮熟化。

螺杆：输送物料通过挤压机的部件。由螺纹和齿根组成。

螺杆直径：螺杆名义直径是指螺杆在其中转动的套筒的外径，用D表示。为了在一定程度上防止和减少螺杆与套筒间的碰撞与摩擦，螺杆与套筒之间有一定的间隙δ，故螺杆的实际直径$D_s = D - 2\delta$。

中空螺杆：螺杆轴或螺杆的固定部分钻孔，可用于循环热或冷的液体，从而调节螺杆表面的温度。

切口螺杆：具有切口螺纹的螺杆（螺栓穿过机筒壁嵌入到螺纹断开部位，从而对物料产生剪切：蒸汽亦可穿过螺栓孔注入到物料上）。

螺纹：围绕在螺杆表面的螺旋卷金属带，它将机械力施加在物料上，使物料沿螺杆向卸料方向移动，同时产生挤压、剪切、混合、摩擦作用，与套筒配合完成挤压的全过程。大多数螺杆的螺纹是连续的。若螺纹是断开的，则称为切口螺纹。切口螺纹可以起到增大剪切、混合作用的效果。

螺旋角：螺纹和垂直于螺纹轴线的平面之间所形成的夹角，即称螺旋角。

齿型：即螺纹的外部形状，通常为矩形或梯形。梯形螺纹使通道的上部宽度大于齿根部宽度，可以减少物料滞留在螺纹和齿根间的转角处。

螺纹高度（齿高）：螺纹名义高度是指套筒内表面与齿根之间的距离（H）。考虑到套筒和螺杆的间隙，实际螺纹高度为 $H_s = H - \delta$。

导程：同一条螺旋线上的相邻两牙在中径线上对应两点间的轴向距离。

螺距：螺纹相邻两牙在中径线上相应两点之间的轴向距离。

通道（螺旋槽）：是从螺杆的喂料段延伸到计量段的螺旋形空间。通道的两侧为螺纹，底部为齿根，而顶部则为套筒的内表面所封闭。

螺道（槽）：齿根被螺纹分割形成的螺旋形中空，选择适宜的螺道部件，可装配成具有不同轮廓和作用的螺杆。

齿根：螺杆除去螺纹后，余下的连续的中心轴，它可以是圆柱形或圆锥形。

齿根直径：螺杆齿根处的直径 $D_r = D - 2H = D_s - 2H_s$。

套筒（机筒）：管状筒体，挤压机螺杆在其内部转动。套筒内径 D 是螺杆挤压机的公称尺寸，即螺杆的名义直径。

冷却/加热夹套——包住机筒的空套管，用来循环冷水、蒸汽或其他加热介质，如热油。

高径比（H/D）：螺纹齿高与螺杆直径之比，通常根据螺杆的计量段来计算。

长径比（L/D）：机筒内腔后缘到机筒卸料末端的距离与机筒内径之比（食品挤压机一般的长径比范围为 2∶1 ~25∶1）。

压缩比（C. R.）：喂料螺杆通道的展开容积与排料段螺杆的最后一周螺纹的展开容积之比（压缩比范围一般为 1∶1 ~5∶1）。

模板（模头）：产品脱离挤压机时，使产品成型的最后装置。模孔可直接在模板上钻孔形成单纯板式模板，或被机械加工成具有复杂的模芯的组合形成复合模板，模板一般由耐磨材料制成。

模孔通道：具有恒定模孔厚度的通道，挤压时物料从中穿过。模孔通道的形状及长度对物料产生的反向压力不同，产生的压缩强度不同，挤出物形态有所不同。

切割装置：把挤出物切割成适当长度的装置。

排气孔：挤压机模板前机筒上的开口，以便泄压或排出蒸汽。

螺杆式挤压成形机主要由套筒、螺杆、模板、切割器以及传动系统等组成。

1. 套筒

挤压机的套筒与螺杆及模板共同组成了挤压机的挤压系统，完成对物料的输送、加压、剪切、混合等功能。是挤压系统的最重要部件之一。挤压机的套筒是与旋转着的挤压螺杆紧密配合的圆筒形构件。套筒的结构形式关系到热量传递的特性和稳定性，影响到物料的输送效率、压力的形成和压力的稳定性。套筒是挤压机中最易磨损的构件，因此套筒应选择机械强度高、加工性能好、耐腐蚀与耐磨蚀性能好的材料。由于套筒不易加工和更换，要求套筒比螺杆有较高的硬度。一般情况下，螺杆的表面硬度为 60 ~65HRC，套筒内表面硬度大于 65HRC。螺杆与套筒的配合间隙十分重要。在制造时达到较高的机械制造精度得到可靠保证的前提之下，选用较小的间隙值，有利于提高挤压机的工作性能。根据设备的性能和生产能力的不同，不同的挤压设备具有不同的套筒内径（D）和长径比（L/D）。食品挤压机的套筒内径一般在 45 ~300mm，长径比一般为 1∶1 ~20∶1。

根据套筒的结构形式不同，套筒分成整体式套筒、分段式套筒、双金属套筒、开槽套筒带及排气孔的套筒等。

（1）整体式套筒　整体式套筒的结构如图 12-10 所示。其特点是装配简单；加工精度和装配精度高；螺杆与套筒易达到较高的同心度，在一定程度上会减少螺杆与螺杆之间、螺杆与套筒之间的摩擦。另外，在套筒上设置外热器不易受到限制，套筒受热容易均匀。但是，套筒的加工设备要求较高，加工技术和精度要求也较高，套筒内表面一旦出现磨损，整个套筒必须更换。

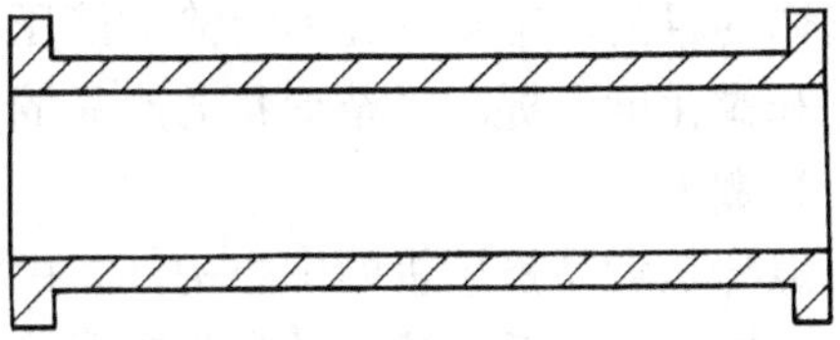

图 12-10　整体式套筒

（2）分段式套筒　分段式套筒的结构如图 12-11 所示。该套筒是将整个套筒分成几段加工，然后用一定的联接方式将各段连接起来，形成一个完整套筒。这种形式的套筒比整体式套筒容易加工，在实际生产时，可根据生产的不同需要，拆换几段套筒和几段螺杆，从而比较方便地改善机器的长径比。因此，实验室用挤压机多采用分段式套筒。但是，这种形式的套筒在联接时较难保证各段有较高的同心度。一旦各段套筒的同心度有偏差，螺杆与套筒之间产生摩擦造成较大磨损。套筒加热的均匀性较差。

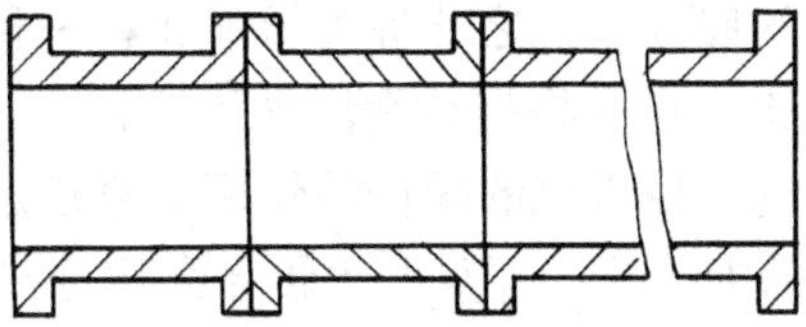

图 12-11　分段式套筒

（3）双金属套筒　双金属套筒是由两种不同的金属所组成。套筒工作表面层采用耐腐蚀、硬度高、耐磨损的优质金属。它主要有两种结构形式：一种是衬套式，一种是浇铸式。

1）衬套式套筒：其内表面是可更换的合金钢衬套，外表面是一般的碳素钢或铸钢材料。它可以做成分段式，也可以是整体式。这种结构形式的套筒在满足抗磨损、抗腐蚀的要求下，节省了贵重金属材料，衬套磨损后可更换，提高了整个套筒的使用寿命，但其制造较复杂。

2）浇铸式套筒：其内表面经离心浇铸法浇铸了一层大约 2mm 厚的合金层，然后将此层研磨到所需要的套筒内径尺寸和表面粗糙度。这种套筒的特点是合金层与套筒基体的结合较好，沿套筒轴向上的结合较均匀，既没有剥落的倾向，也不会开裂，还有极好的滑动性能。由于合金层耐磨性好，该套筒的使用寿命较长。

以上几种形式的套筒，其内表面都是光滑的圆筒面，容易制造，目前绝大多数的套筒都采用此种形式。但挤压机理论与实践表明，此形式套筒的输送效率较低，一般只有 20% ~ 40%。为了进一步提高生产能力和压力，经常使用一些结构有所变化的套筒。

（4）开槽套筒　开槽套筒是在套筒的内表面上开有小凹槽，以防止物料在套筒内壁上滑动。小凹槽一般开在套筒的进料段位置。该套筒有利于提高物料输送效率，使物料在套筒内较早地形成稳定压力，缩短输送段的距离，以利产品质量的稳定和提高。

（5）带排气孔的套筒　带排气孔的套筒是在套筒的某一位置开设了泄气的阀门或孔口。普通挤压机在高温高压物料挤出模板的瞬间，压力突然变化，物料所含水分急剧汽化释放，完成挤压膨化的全过程。此类挤压机在高剪切、高压、高温的条件，难以控制产品的膨化度和糊化度，复杂形状的产品的成形率较低。带排气孔的套筒与特殊设计的螺杆相配合，套筒排气孔处的螺杆特征与输送段螺杆基本相同。此时，螺杆对物料不再起加压作用，只起输送作用，防止了物料从排气孔排出，同时让汽化的水分和空气从排气孔排掉，达到预先排除部分气体的目的。带排气孔的套筒的挤压机在高剪切、高压、高温的条件，能够控制产品的膨化度和糊化度，提高复杂形状的产品的成形率。

2. 螺杆

螺杆是食品挤压机的中心构件，由螺纹和齿根组成。螺纹是指绕在螺杆周围的螺旋卷金属带，螺纹的外部形状，通常为矩形或梯形。梯形螺纹使通道的上部宽度大于齿根部宽度，可以减少物料滞留在螺纹和齿根间的转角处。齿根是指螺杆除去螺纹后，余下的连续的中心轴，它可以是圆柱形或圆锥形，螺杆齿根处的直径称齿根直径。螺杆名义直径是指螺杆在其中转动的套筒的内径，用 D 表示。螺杆的进料段通道的展开容积与排料段螺杆的最后一周螺纹的展开容积之比称为压缩比，一般为1∶1～5∶1。螺杆的螺纹齿高与螺杆直径之比称为高径比（通常根据计量段来计算）。

食品挤压机的螺杆的作用是输送原料，施加挤压、剪切和混合作用于物料，然后把融熔状的物料从模孔中挤出。按其功能的不同沿螺杆长度可以分为进料段、压缩段、计量段，如图12-12所示。

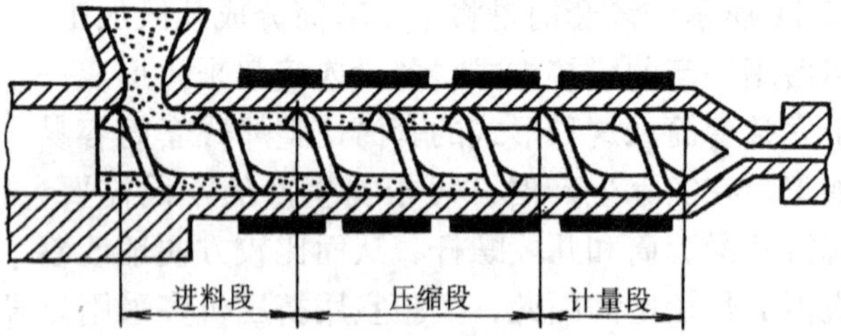

图 12-12 螺杆的功能分段图

进料段也称喂料段或输送段。螺杆在进料口喉道处接收原料的部分统称进料段；它一般占螺杆总长度的10%～25%。进料段一般采用深螺纹，以便物料能较易落入螺槽，并很快被输送到压缩段。它的作用是保证充足的物料沿着螺杆向前均匀而稳定地移动和输送，使后面的螺杆完全充满。

压缩段也称挤压段。一般占螺杆总长度的50%左右。挤压是螺杆的核心功能。在压缩段，物料被压缩并受到摩擦和剪切的作用。其压缩的过程可用螺杆的压缩比表示。使物料受压缩的方式一般有改变螺纹深度、改变螺纹螺距，改变套筒结构或在螺杆上加阻流环等方式。物料在压缩段被挤压成连续的面团状物质，即从原来颗粒或粉末状态变为一种无定形的塑性面团。

计量段也称限流段、排料段或控温段。它是最靠近挤压机出料口的螺杆部分，它的特征在于具有很浅螺槽或很小螺距的螺纹。它的作用是使物料再进一步受到高剪切的作用，使温度急剧上升。在该段，剪切速率达到最高值。机械能的大量耗散和外部的加热作用使物料温度上升很快。由于高剪切的作用，加剧了物料的内部混合，使物料温度趋于均匀。在该段，物料基本上呈熔融状态。有时为了增大剪切力和压力，还在该段加设反向螺杆，也可采用柱销或切口螺纹，以利提高混合效果和加强机械能耗散。

（1）螺杆的结构形式

1）等距变径螺杆：等距变径螺杆从进料段的第一个螺槽开始至计量段的最后一个螺槽，其螺距恒定不变，而螺纹齿根直径逐渐增大，即螺槽深度逐渐变浅。该种螺杆由于进料段螺槽较深，有利于进料，计量段螺槽较浅，有利于加强物料的剪切混合。但是，由于进料段齿根直径较小，因而在同等条件下，与等径变距螺杆相比，螺杆能承受的转矩较小，不能用于压缩比大的小直径螺杆结构上，否则螺杆的强度受到影响。等距变径螺杆相对于其他形式的螺杆来说，加工容易，制造成本低。

2）等径变距螺杆：等径变距螺杆的螺纹齿根直径恒定不变，而螺距则从螺杆的第一个螺槽开始至计量段末端为止逐渐变小。该种螺杆由于螺槽深度不变，进料段的齿根直径与计量段齿根直径相同，有利于提高转矩和螺杆转速。由于螺距变化，有利于设计大压缩比的设备。但由于计量段的螺槽深度也较大，在同等压缩比的条件下，熔料的倒流量较大。计量段螺槽深，对物料进一步的剪切、混合、均化作用较差。等径变距螺杆加工较困难，需要采用数控机床加工，因此较少采用。

3）变径变距螺杆：变径变距螺杆从加料段至计量段，其螺纹齿根直径逐渐变大而螺距逐渐变小。这种螺杆具有上述两种螺杆共有的优点，可以得到较大的压缩比。与等径变距螺杆相比，对物料的混合与剪切作用也有所改善，但其机械加工更加复杂。

以上三种形式的螺杆结构是挤压机最常见的螺杆形式。在实际使用过程中这类螺杆存在输送效率不稳定，挤压机内压力的形成不均匀且易波动，难以完全满足固体颗粒熔融和物料均匀混合的要求，进而影响产品质量。目前出现了一些结构特别的螺杆，这些螺杆为了提高挤压机的混合效果，稳定挤压过程，以便生产出质地匀均、组织化程度高、质量好的产品，有的以剪切作用为主，混合作用为辅；有的以混合作用为主，剪切作用为辅。这些螺杆形式有带反向螺纹的螺杆、分离型螺杆、屏障型螺杆等。

4）带反向螺纹的螺杆：它是在压缩段或计量段加设了反向螺纹，使物料产生倒流的趋势，这样可进一步提高压力和剪切力，提高混合效果。

分离型螺杆的基本结构是进料段与普通螺杆的结构相似，在进料段末端设置一条起屏障作用的附加螺纹，螺纹的外径小于主螺纹，其始端与主螺纹相交，但其导程与主螺纹不同。该种螺纹有利于加强物料进入压缩段后的剪切作用，因副螺纹与套筒间隙只允许熔融料通过，便于物料进入压缩段后熔融成为可塑性面团，并且提高熔融的均匀性，从而可以改善挤出物质地的均匀性，提高生产能力，降低单耗。

屏障型螺杆在普通螺杆的某一位置上设置屏障段，以达到提高剪力和摩擦力，使物料经压缩段后，尚存的固体物料彻底地熔融和均化。在大多数情况下，屏障段都设置在螺杆的头部，因此也称为屏障头。使物料在进出屏障段中呈涡状环流运动的状态，这样有利于物料进一步的混合和均匀化。

分流型螺杆是在普通型螺杆上设置分流机构的一种新型螺杆，它与分离型和屏障型螺杆的工作原理有所不同。它是利用设置在螺杆上的销钉或利用螺杆上所开的通孔将含有固体颗粒的熔融物料流分成许多小流股，然后又混合在一起，经过如此反复的过程，提高剪应力的作用。在挤压剪切作用下，使大的未熔颗料变小，最后达到彻底熔融和均质，从而得到质地均一的挤出物。

（2）双螺杆挤压机的螺杆　双螺杆挤压机的螺杆结构与单螺杆挤压机基本相似，双螺杆挤压机的螺杆是分段设置螺纹并在适当的位置上增设捏合盘，增加剪切混合作用。双螺杆挤压机按两根螺杆的相对位置，可以分为啮合型与非啮合型（图 12-13），非啮合型的双螺杆挤压机，其工作原理基本与单螺杆挤压机相似，实际使用少，按两根螺杆的旋转方向，可分为同向旋转与反向旋转两大类（图 12-14），反向旋转又有向内反向旋转和向外反向旋转两种形式（图 12-13）。

1）同向旋转：同向旋转式双螺杆啮合部的压力区性质不同，各螺杆进入啮合区为加压，脱离啮合区为减压。当两根螺杆均以顺时针方向旋转时，螺杆1进入啮合区与螺杆2脱离啮合区相邻。反之，螺杆2进入区和螺杆1脱离区相邻。在这种压力分布情况下，螺杆1推送的C形物料将在螺杆1和螺杆2啮合形成的压力差下，由螺杆1向螺杆2螺槽转移，在螺杆2的C形空间内形成新的物料段，接着又在螺杆2推动下，于螺杆2和螺杆1啮合区向螺杆1转移。由于同向旋转双螺杆在啮合处的速度方向相反，一根螺杆把物料拉入啮合间隙，另一根螺杆把物料从间隙中推出，结果使物料从一根螺杆移动到另一根螺杆中，成∞形前进，有助于物料的混合和均化，这种物流在出料端沿圆周横截面上的流量不均匀。同时在挤压过程中产生的蒸汽会从物料的螺旋槽地方回流。在同向旋转双螺杆中，啮合处的速度方向相反，相对速度大，其清除粘附在螺杆上的物料能力较大。

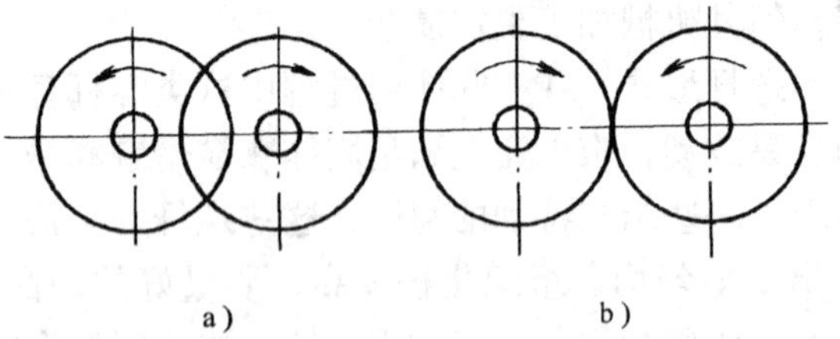

图 12-13 螺杆的啮合
a）啮合型 b）非啮合型

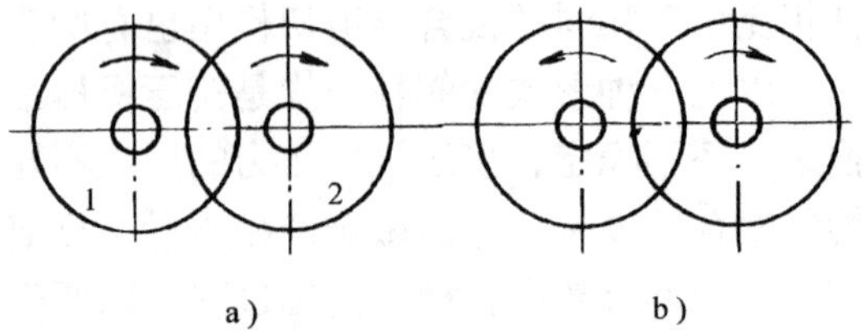

图 12-14 螺杆的旋转
a）同向旋转 b）反向旋转

2）反向旋转：反向旋转式双螺杆挤压机一般采用两根尺寸完全相同，但螺纹方向相反的螺杆。根据推送物料的方向又有向内反向旋转和向外反向旋转两种形式，向内反向旋转和向外反向旋转两种形式的主要区别在于压力区位置的不同。向内反向旋转式双螺杆在上部进入啮合，建立高压区，在下部双螺杆脱离啮合，产生低压区。物料在通过双螺杆时，受到类似于碾轮产生的挤压作用。但螺杆啮合紧密，势必形成极高的入口压力，造成进料困难。因此，目前这种向内反向旋转式很少采用，仅用于非啮合双螺杆挤压机上。向外反向旋转建立的高压区在下部，低压区在上部，这种旋转方式有利于喂入物料。挤压中，物料受到类似碾轮产生的挤压啮合作用。和同向旋转不同，物料在螺杆内形成的C形小室，由于两根螺杆旋向相反，不可能从一根螺杆移向另一根螺杆，而只能在一根螺杆内向排料口作轴向平移，直至从排料口挤出。牵引产生的正流和反压产生的逆流只能在C形小室内进行，被阻挡在啮合区的物料经受一根螺杆螺纹顶面和另一根螺杆螺纹根部及啮合螺纹侧面的碾压和捏合。显而易见，反向旋转式双螺杆挤压机其物料产生的混合程度比同向旋转所产生的混合程度要小。在反向旋转式双螺杆中，齿顶与另一根螺旋的齿根存在着速度差，在转动过程中能相互清除粘附在螺杆上的物料，这个速度差较小，自清洁性能相对较小。

反向旋转式双螺杆上下部产生的压力差，造成螺杆向两侧偏移的分离力，螺杆在分离力作用下压向机筒，增加了机筒和螺杆的磨损。螺杆转速越高，分离力越大，磨损则越大。因而反向旋转式双螺杆的转速受到限制。而同向旋转的双螺杆挤压机在两螺杆之间没有碾压作用，不存在分离两螺杆的压力，故磨损较小，所以同向旋转式双螺杆挤压机可以以很高速度旋转，并能得到很高的产量。

双螺杆挤压机由于螺杆的螺纹啮合安装，双螺杆挤压机在工作过程中具有强制输送物料、螺杆自清洁、剪切力大和混合均匀等特性。

3. 模板

挤压机的模板是物料从挤压机挤出之前最后经过的通道。该通道的横截面积远远小于挤压机套筒中螺杆与套筒之间孔隙的横截面积，使物料在套筒中产生一定背压。物料经过模具时便由原来在挤压腔中的螺旋运动变为直线运动，有利于物料的组织化作用。同时，在模板中物料经受挤压过程的最后一道剪切作用，进一步提高了物料的混合和混炼效果。模板的模口具有一定的形状，使产品达到了造型的目的。

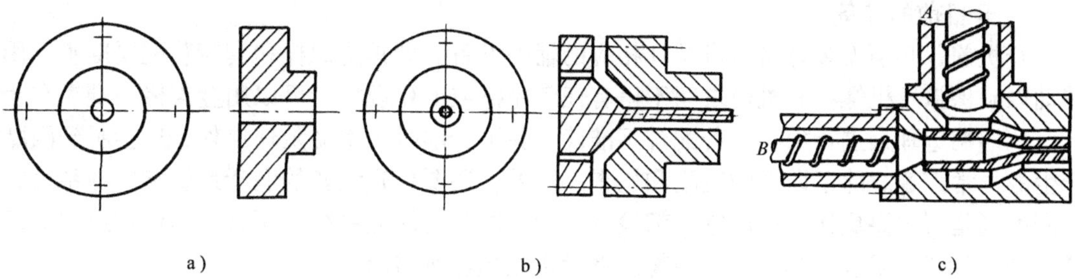

图 12-15　模板

a）单纯板式模板　b）复合式模板　c）共挤出模板

挤压机的模板通常分成单纯板式模板和复合式模板以及生产夹心产品的共挤出模板（图 12-15）。单纯板式模板用于生产形状简单、多为实心的产品；复合式模板具有成形模芯，常用于生产形状复杂，多为空心的产品：共挤出模板用于生产夹有馅心的产品。

4. 切割器

切割器的作用是将产品切割成一定的长度，它与模具相配合，给予产品以一定的外形。

切割器直接安装在机头对挤出物料进行切割成形。通常采用旋转刀片完成切割操作，刀片旋转平面与模板端面平行，切割长度通过调节刀片的旋转速度和物料的挤出线速度进行控制。切割器由电动机和刀片组成。切割刀片形状如图 12-16 所示，切割刀片应较锋利，在保证强度的前提下尽可能薄一些，以减少切割阻力，提高产品成形率。

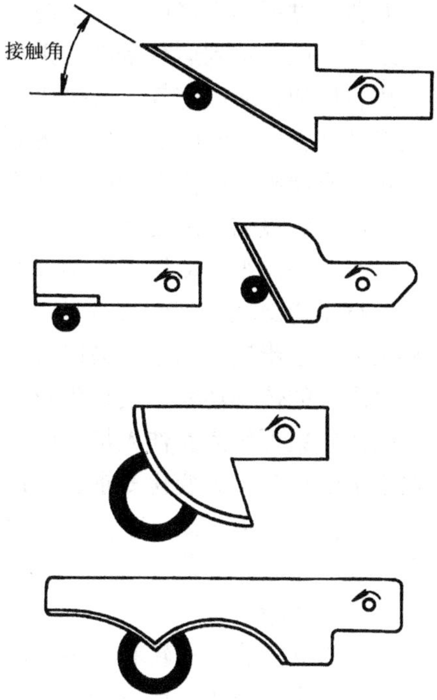

图 12-16　切割刀片形状

切割器有中心切割器、飞速切割器和剪切式切割器等。中心切割器是指切割器的旋转轴线与模板的中心轴线重合，该切割器的刀片长度较短。飞速切割器是指切割器的旋转轴线在模板的中心轴线外侧，该切割器的刀片长度较长旋转速度快。剪切式切割器是指切割器的刀片类似与剪刀运动将挤出物切断，调节切割器刀片的摆动速度控制产品长度。

四、挤压机的操作

食品挤压熟化设备是一种连续、高速处理物料的装置，它在短时间的高温、高剪切、高压下使食品组分发生重大的变化，对其操作基本要求是运行平稳、使用寿命长和维修迅速。对于不同型号的挤压机有着不同的自身特点，这就需要操作者要切实了解和掌握操作规程。

挤压过程是高温高压过程。过程中任何一步操作的失误或任何一个参数的异常变化都会给生产带来不利的影响，造成焦料、堵机、螺杆套筒磨损、传动系统损伤等现象。这些现象的产生，轻则造成原料浪费，缩短机器寿命，增加生产成本；重则损坏设备，影响正常生产，造成巨大损失。

1. 开机前的准备

开机前，必须安装好挤压机及其相应的辅助设备。尤其是螺杆和套筒装配要准确，用手转动以确保挤压机螺杆和机筒之间不得有任何摩擦或卡死现象。可以用金属棒一端靠在套筒上，一端贴近耳朵进行探听。若配合不准确，除了转动时产生受阻现象外，还会听到因摩擦产生的异常声音。除了以上的装配和检查工作外，还要检查设备的润滑系统和冷却系统，以及润滑剂是否需要更换和添加等。都检查完毕，即开启加热系统，所有的蒸汽管道的阀门都要打开，放掉冷凝水，排除所有杂物。将设备预热至所需温度。

开机前，检查加料器和调节装置，确定其能否正常工作，有时加料器还需要校准到正常运行的标准状态。在原料加料器上应装有磁选器以除去金属物，防止飞流金属进入机内。最后，所有报警器和安全设施也应处于完好等待状态。

2. 开机

开机的过程由于挤压机尚未进入稳定运转状态，最易产生堵机、堵模现象。开机后尽可能快地使挤压机达到运行条件和正常状态，如果起动过程持续很长，则起动过程中所需的原料费用就增加，所以完善食品挤压机正常操作细节很重要，这有利于尽快进入正常运行，最大限度地减少生产时间的损失、废品的数量和避免设备损坏。

预调质器和挤压机电动机起动后，物料才直接进入挤压机。

挤压机的最初作用是喂料作用，螺杆把物料推向前进，直到物料完全充满挤压室的空腔。操作者要监视电动机的动力负荷和挤出物的情况，一旦出现螺杆充满物料情况（模孔中有湿挤压物出现），喂料量就以每隔 1 ~ 2min 的间隙少量、缓慢地增加，同时相应调节好进料水分，逐步使产品达到最终所需的含水量。

挤压机的传动功率、模板温度、模板处的挤出压力以及被挤压产品的状态都是关键参数，这些参数可作为操作人员在设备起动期间进行操作的依据。所有这些参数将由操作人员依据正常运行时参数变化要求，迅速朝着平衡状态进行调节。通常一个熟练的操作人员，可在物料入机后用 10 ~ 20min 时间，就能使较大型的挤压机投入正常运行，生产出令人满意的产品。

3. 正常运转

挤压机处于稳定运转状态后，应保证进料系统的连续性和稳定性，确保维持操作过程主要参数的恒定。操作人员密切观察挤压机的运转状态，根据挤压机的传动功率、模板温度、模板处的挤出压力以及被挤压产品的状态等关键参数的变化，及时调整挤压机的进料量、螺杆转速等。除此之外，进料人员和配料人员的工作应细心认真，要严格防止石块、铁钉、螺钉等杂物混入原料中，否则会磨损螺杆、套筒，损坏设备。运转中避免突然停电，防止机内物料焦化、炭化，造成堵机。

4. 停机

停机的过程与开机的过程正好相反。停机时，首先将挤压机套筒的加热系统关闭，并对套筒进行冷却。同时，缓慢降低螺杆转速和进料量，增大进水量，直到温度下降到100℃以下，方可停止进料。有时为了清洗方便，在温度低于100℃以下停止进料时，一直保持大量进水，直到将套筒中的残余物料基本上全部推送而出。这样可以减少后期的清洗工作量。温度降至100℃以下时，基本上可以停止运转。

停机后常常需要对挤压机的构件进行清理。首先拆下模板，拆模板时需要仔细，因为挤压机内残存压力突然释放会对操作者有潜在的危险，模板拆下后，接着开动螺杆把机内剩余物料旋转出来。最后将螺杆、套筒、模具、切割器完全拆卸，进行认真的清洗，以免在这些部件上粘附有残余物料。这些残余物料在下次开机预热时会产生焦化，影响下一次的正常生产。

5. 故障排除

由于入料成分的变化、挤压机的磨损以及其他难以说明的变化会引起挤压产品性能的变化。一般这些变化常常表现在产品的外观状态、组织及密度等方面。为了改善所期望产品口感和产品膨胀性，可用增加挤压温度或降低挤压物的水分来实现。

挤压机的操作不稳定经常与动力和模头压力的急剧升降相关，许多波动是高温挤压操作过程中所形成的蒸汽通过螺杆向进料斗逸出，由于蒸汽流动干扰了螺旋槽内被压缩的物料，因此造成短时出料减少。这种状况有时称之为“蒸汽反流”。通常在喂料斗发现有蒸汽就可以确认发生了“蒸汽反流”。有时这种波动可以通过冷却喂料段、瞬时冷却挤压机出料端或增加喂料量等方法来解决。此时需要物料能很好地再充满螺杆而恢复正常运行状态。

有时挤压机的加工条件发生了急剧变化，为了避免机械损坏和造成难以清理的局面，要求采取果断而强烈的措施。由于减小喂料量会引起许多混乱，最有效的方法是加水或加大蒸汽量，因为物料太干燥会引起挤压机阻塞或电动机过载。因此，在这种情况下，操作者必须迅速变换物料或恢复加水。生产实践中是宁可加水也不让挤压机产生阻塞现象。

第三节　焙 烤 装 备

一、焙烤食品简介

焙烤食品是指以谷类为原料，采用焙烤加工工艺定型和熟制的一大类食品。虽然肉、蛋、蔬菜也有类似加热工艺，但这里指的主要原料为谷物，主要是小麦粉的焙烤加工食品。因此，焙烤食品与小麦粉有着非常密切的关系，也是我们生活中最重要的食品之一。焙烤食品除了我们常说的面包、蛋糕、饼干外，还包括我国的许多传统食品，如烙饼、点心、馅饼等。

焙烤食品多以小麦粉为主要原料，所以焙烤食品的生产和发展与小麦栽培的发展有着不可分割的关系。按照人文的观点，不仅把人类的饮食文化当成人类进化的一个重要部分，而且人类的饮食文化是从芋文化、米文化，发展到小麦文化这一淀粉文化的最高峰的。焙烤食品可以在国民经济生活中发挥重要作用，例如面包在欧美国家都是人们的主食，其工业化、自动化的发展，对减轻广大人民的家务劳动，使食品方便化、合理化，以及节约能源，解放生产力起了巨大的推动作用。欧美等国18世纪的工业革命和第二次世界大战后的经济发展，都伴随着面包生产工艺的革命性进步。纵观世界各民族的主食，可分为食粥民族和食面包民族，而发展中国家都属前者，发达国家都属后者，日本当年的面包发展战略和学校标准面包供给制，对日本经济的起飞和人民体质，特别是青少年的体质的改善起了重要作用。

焙烤食品已发展成为种类繁多，丰富多彩的食品。例如：仅日本横滨的一个面包工厂生产的面包就有600种之多，因而分类也非常复杂。通常根据原料的配合、制法、制品的特性、产地等各种分类方法，这里介绍两种分类。

1. 按发酵和膨化程度的分类

（1）用培养酵母或野生酵母使之膨化的食品　包括面包、苏打饼干、烧饼等。

（2）用化学方法膨松的制品　包括各种蛋糕、炸面包圈、油条、饼干等。总之是利用化学疏松剂小苏打、碳酸氢铵等生产的二氧化碳使制品膨化。

（3）利用空气进行膨化的制品　天使蛋糕、海绵蛋糕等不用化学疏松剂的食品。

（4）利用水分汽化进行膨化的制品　主要指一些类似膨化食品的小吃，它不用发酵也不用化学疏松剂。

2. 按照生产工艺特点分类

（1）面包类　包括听形面包、硬式面包、软式面包、主食面包、果子面包等。

（2）松饼类　包括牛角可松、丹麦式松饼、派类及我国的千层油饼等。

（3）蛋糕类。

（4）饼干类。

（5）点心类。

二、食品在焙烤中的变化

面包、饼干是焙烤食品中最具代表性的食品，其坯料置于烤炉中后，在加热元件产生的高温作用下，食品坯料发生一系列化学、物理以及生物化学的变化，由生变熟，使制品成为具有多孔性海绵状态结构的成品，具有较深的颜色和令人愉快的香味，并具有易于保藏和便于携带的特性。食品坯料大致都经历着胀发、定型和脱水上色几个阶段，不同制品的各个阶段经历不同。如饼干坯在焙烤中的脱水阶段脱去大部分水，而面包坯在焙烤过程中，保留着较多水分。加热元件的不同，焙烤过程也有差异，现以饼干为例，来阐述食品在焙烤过程中的变化情况。

1. 水分的变化

饼干在焙烤过程中水分的变化大致有：坯料进炉的最初阶段表面出现冷凝水少量蒸发过程；中间的快速脱水过程；后阶段的恒速脱水过程。进烤炉开始阶段，炉膛内的温度与饼坯表面存在温度差，含水分较高的热空气有部分水分在饼坯表面凝聚，造成饼坯表面的水分相对增加，这样有助于饼坯表面的淀粉吸水和附着水。随着焙烤的继续进行，温度逐渐上升，当饼干表面温度超过100℃时，脱水过程从排除游离水和附着水逐渐转为排除结合水，这个阶段排除的水分最多，占焙烤总失水量的50%左右，焙烤时间也最长。进入焙烤最后阶段时，大部分的结合水被排除，水分蒸发速度显著减慢，饼干内部的水处于恒速蒸发阶段，失水量为整个焙烤过程失水量的1/3左右。出炉时，饼干的含水量在10%左右；经冷却后，饼干中的含水量一般在4%左右。

2. 体积的变化

在膨松剂和水蒸气的作用下，饼干的厚度和表面积在焙烤过程中都会有一定程度的增长。目前使用的膨松剂主要是碳酸氢铵或碳酸氢钠。当饼干内部温度上升到35℃时，碳酸氢铵首先分解，产生二氧化碳和氨气，其疏松作用较迅速，主要趋向于使饼干的厚度增加；当温度升到65℃时，碳酸氢钠开始分解，产生二氧化碳和碳酸钠，其疏松作用较温和，主要使饼坯的横向尺寸扩大，增加饼干的表面积；当饼干温度达到100℃时，其内部的水分受热变成水蒸气，体积膨胀，压力上升，使饼坯产生一定的膨胀力，达到胀发效果。烘烤前饼坯的厚度为2.5~3mm，烘烤后饼干成品厚度达5~6mm。

3. 温度的变化

饼坯进入烤炉时，其表面温度约为30℃；进入烤炉后，其表面温度在0.5min内即可以达到100℃左右，很快表面温度达到130℃，烘烤后期饼干的表面温度达140~180℃左右。全过程一般为4~5min。

4. 有机物的变化

在烘烤开始时，面粉中的淀粉酶由于温度上升而变得活泼起来，当饼坯温度达到50~60℃时，淀粉酶的作用加大，产生部分糊精和麦芽糖，蛋白酶的作用亦由于温度升高而比面团发酵时剧烈得多。饼坯中心温度在45~65℃时，蛋白酶水解，蛋白质生成氨基酸，当饼坯温度升到80℃时，蛋白质凝固，失去其胶体的特性，面筋网络发生变性凝固，弹性消失，形成骨架，使饼坯达到定型要求。当饼坯中心温度升高到80℃时，各种酶的活动因蛋白质变性而停止，酵母死亡。饼坯中的蛋白质在烘烤中，由于温度逐渐上升而脱水，使面团调制时吸收的水分释放出来，被急剧膨胀的淀粉粒吸收。淀粉吸收饼坯中心一部分重新分配的水分后，糊化形成粘稠的胶体，充满在面筋网络中，待冷却后，形成结实的凝胶体。苏打饼干因酵母的发酵作用而产生的有机酸和酒精在烘烤过程中受热挥发，但乳酸挥发量极小。由于饼坯中的碳酸氢钠受热分解生成碳酸钠，故烘烤后饼干的pH值略有升高。

5. 组织结构的变化

在烤炉中，由于高温的作用，使具有含水胶体的生饼坯变成良好的具有稳定的多孔性海绵状态结构的成品。同时烘烤使饼坯失去水分，达到干燥要求，从而使柔软且有可塑性的饼坯变成有稳定形态的饼干，使之能耐较长时间的保存并具有携带方便的特点。

6. 色泽的变化

饼坯进入烤炉的后期当表面温度升到140℃时，饼坯表面的颜色逐渐转为浅黄色，这就是饼干的上色阶段。饼干的颜色主要是由以下两种作用形成的。

（1）焦糖化作用 糖的焦化仅包括最初水解的单糖和在热的影响下聚合后的多糖。这些糖在热的影响下，会变成一种有色的物质，当加热温度超过糖的熔点时，糖即焦化成为带黑褐色焦糖素等复杂物质的混合物并分布在饼坯表面，因此饼坯表面层温度最高可以达到180℃左右。饼坯表面焦糖化作用的程度，除温度外，还和饼坯的含糖量、pH值等多种因素有关。饼干中含糖量越多，越有利于上色；pH越高，越有利于上色，所以饼干中要添加碱性化学膨松剂。

（2）美拉德反应 饼干含有大量的糖和蛋白质，其中的还原糖与蛋白质进行铵反应形成类黑色素。当温度达到150℃时，反应速度最快。在饼坯烘烤后期表面温度可达140~180℃，有利于美拉德反应的进行。同时饼坯的水分下降到13%~15%，也是美拉德反应的最佳水分条件。另外，膨松剂使饼干偏碱性，也能加快美拉德反应的速率。

7. 风味的变化

饼干在烘烤后期，能产生一种特有的香味。这种香味主要是由氨基酸和糖之间发生反应时所形成的，饼干在发酵后期产生的醛、酸等物质，在烘烤中可生成酯等芳香物质。另外，乳制品、油脂分解物、蛋制品等在烘烤中也能生成不同类型的各种风味物质，这些风味形成了饼干的香、脆、酥、松的特点。

三、焙烤中的热传递

温度较低的食品坯进入烤炉内的高温空间后，它们之间存在温度梯度，势必进行热交换，热量从高温物体传往低温物体。烤炉内通过传导、对流、辐射三种形式来传递热量，完成从生坯到成品的焙烤工艺过程。

1. 热传导

热传导是指物质较热部分的分子，因受热振动，而与相邻的分子相互碰撞，将其动能的一部分传给邻近的分子，从而使热量从物体的一部分传给另一部分，这种传热过程总是在物体每个微元不改变空间位置时进行的，即物体是在静止状态中相互进行热交换的。

在食品焙烤过程中，存在热传导，例如面坯部与盛装食品的载体间的热传递过程，又如面坯表面所接受的辐射和对流换热向面坯内部的热传递过程，都属于热传导。

2. 热对流

热对流是流体与跟它相接触的固体表面之间的传热，即物体通过相对运动进行相互传热的。在食品焙烤过程中，对流传热主要依靠烤炉内的热空气、水蒸气等在炉膛内循环流动传递热量。

对流传热可以分为自然对流传热和强制对流传热两种。

自然对流传热是指当物体与其周围流体间有温度差异而使流体流动时，流体与物体之间的热交换为自然对流传热。

强制对流传热是指当流体由外来的原因而沿物体表面流动时，流体与物体之间的热交换为强制对流换热，即流体的流动是靠外力强制实现的。

3. 热辐射

热辐射是指不同物体间通过载能电磁波的传热过程。这种传热方式不需要物体的接触，也不需要任何媒介，即使在高度真空、相距很远的物体之间也能进行。

辐射是一切物体的固有特性。一般认为，温度高于热力学零度的物体都能向外辐射电磁波。物体的温度越高，辐射出去的能量也就越多。吸收辐射也是一切物体所有的属性，物体之间任一方的辐射均能被另一方所吸收。辐射能量交换的最终结果，总是温度高的物体把热量传给温度低的物体。即使两个温度相同的物体，每个物体也都在不断地吸收和辐射能量。

不同波长的电磁波所运载的辐射能量差别很大，绝大部分辐射能在波长 $\lambda = 0.1 \sim 1000\mu m$ 范围内，这一范围的电磁波被物体吸收时，可显著地转变为热能，因此也称高范围内的电磁波为热射线。红外线是热射线中的一种。目前面类食品的焙烤中，主要是采用红外线加热技术。

四、烤炉的形成与发展

1. 烤炉的形成与发展

人类在烧热的石头上烤面包到在砖砌的平板式烤炉里烤面包经过了数千年漫长的岁月。直到几十年前，人们仍用这种固定炉床来烤面包，不过形式上作了改进，如图 12-17 所示，先是抽屉式烤炉，装料时，放面包坯的烧床像抽屉一样拉出来，摆好面包坯后再同烧床一起推入炉膛中。后来出现了一种称为回转炉的烤炉，这种炉的烧床水平转动，操作者可从炉口按转动次序填料，这种炉一度相当流行。再近代就是风火转炉，数个托盘分别吊在一个轴与地面平行的大轮子的周围。风火转炉一边烤一边转动，它既有回转式炉的优点，又有占地面积小，烘烤对流大的长处。只是炉膛太大，温度不易均匀。托盘在15个以下的较小型风火转炉，其面包坯转几周才能烤好，故称为多转纺车式炉。对于大型（15个托盘以上）风火转炉，面包坯装进后转一周即可出炉，故称为单转炉。后来人们又经过改进把水车轮改为两个，转动是以链连接，同时增加了托盘数量，称为托盘式炉。这种炉刚开始时是一个口，但后来转炉机械化、自动化后，与隧道式炉的效果就很接近了。经过改进，又把双轮改为四轮，使托盘由椭圆形变为圆形，使烤炉占用面积更小，烘烤规模更大。我们把最初的简单轨迹炉称为单烤炉，复杂轨迹的炉称为复烤炉，后者托盘都在30个以上，直到1913年发明了隧道式烤炉，这种新型的烤炉才逐渐成为烤炉的主流。隧道式平炉结构简单，机械寿命长，炉膛可以分为几个温度区域，以控制烘烤过程，另外，面火和底火也便于控制，占地面积小，工作效率高。

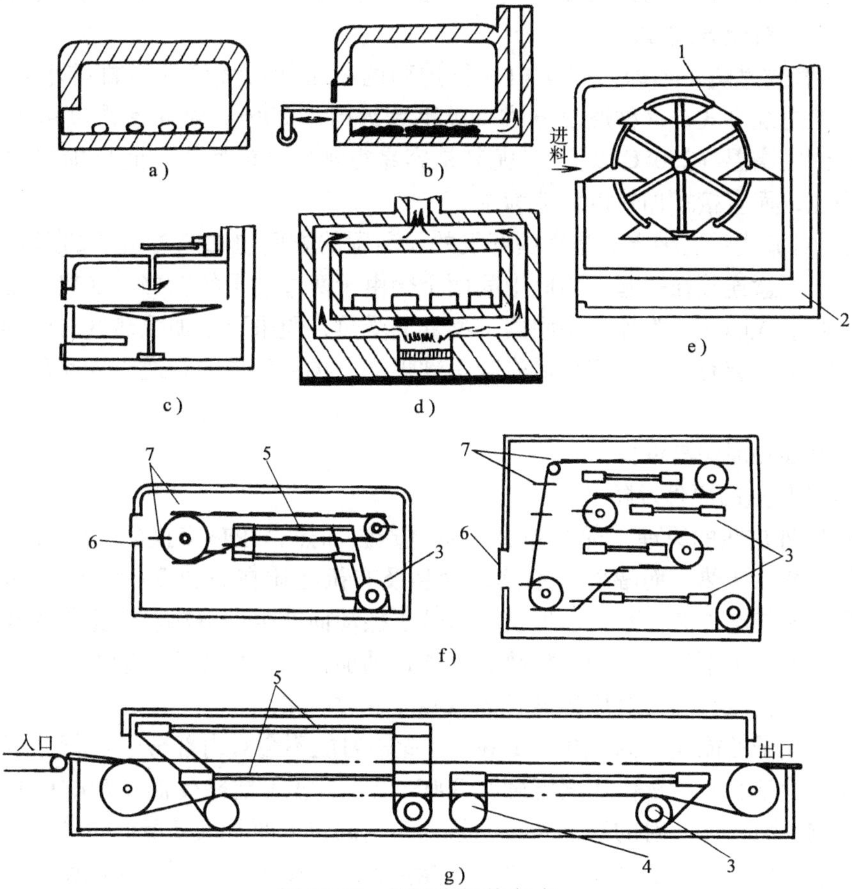

图12-17 炉基本加热方式

a）平板式炉 b）抽屉式炉 c）回转式炉 d）外焚式炉 e）风车式转动烤炉

f）托盘式烤炉 g）隧道式烤炉

1—烤盘 2—燃烧炉 3—加热器 4—风机

5—放热管 6—炉门 7—托盘

2. 加热源与加热方法

（1）加热源 烤炉的加热，过去人们曾用过柴火、煤、木炭、焦炭、重油，其中除了木柴、木炭和焦炭外，其余都采用外焚式。另外还有采取蒸汽管式，即利用过热蒸汽或甘油，加热到300°C以上，通过密闭管道通入烤炉内作为加热源，但目前较新式而且普遍采用的是电加热或工业煤气燃烧加热方式，这两种方式有使用方便，温度调节容易的优点。

（2）加热方式 最先使用的是间接加热，即在燃烧室内，把轻油或煤油完全燃烧后得到的高温气体用管道通入烤炉内加热面包的方式，这种方法使用的加热炉称为间接加热炉。后来随着工业煤气的发展，将煤气和空气混合后用管道通入烧炉内的一排排有孔的燃烧管道中，直接燃烧，成为直接加热式炉。直加热式炉又可分为以下三种方式。

1）燃烧气体循环式：这种方式是在烤炉外另设有燃烧室，把燃烧室燃烧得到的高温气体，通过一排排通道通入烤炉冲孔中直接喷入炉内，然后从炉内再由回气管把热空气送入燃烧室。这种方式与间接式相似，都是烤腔外燃烧。但不同的是，间接式的燃烧热气只是在管内循环，所以要求燃烧气体温度较高（高于炉温100°C），从热管道向炉内的热主要以辐射方式传播。而循环方式，则不需要燃气温度很高（略高于炉内温度），燃气直接喷入炉膛，面包基本上是以对流方式被加热的。

2）带状管式燃烧炉：即由烤炉内平行排列的横笛状燃烧管的一排排小孔发生火苗燃烧。比起间接燃烧方式，这种燃烧方式热效率大约高出20%，烘烤室温度可容易地达到间接式难以达到的高温（250°C以上），尤其是容易得到较强的底火。间接加热式炉的传热方式以辐射为主，而直接式加热以对流为主。

3）强制对流式：这种方式是美国开发的。美国的方面包加热时听子的形式以连接式居多，往往四个型盒连接在一起，因此中间两个会由于两边盒子的遮挡，受热不足，使得面包四角胀发不好形成圆角。为加强中间两个型盒的受热，便采取了加强热气对流的方式。这种方法一般是在炉顶装有风扇，将热风先吸引到顶部，再由四周的管道吹入底部的喷气管，使热气循环。

五、红外加热原理与设备

1. 远红外加热的原理及特点

（1）远红外加热的原理 远红外加热属电磁波加热，在热交换的三种形式中，传导与对流需要靠媒介来传热，而辐射则不然，食品及有机物质在波长3~5μm间具有最大吸收波，当此吸收波与电磁波一致时，促使物质分子振动而产生摩擦热。静止物体在有限的温度下内部的原子及分子不规则运动，加热后分子运动加剧，与物体所接触的空气分子激烈地互相碰撞，其结果会以与温度对应的波长的电磁波释放出来。

远红外线光子的能量约为0.02~1.6eV，此辐射能不会对内部分子进行分解。因此用其加热时，物质稳定性高。物体表面温度在800K以下，辐射能除受温度影响以外，也受物体表面性质影响，由物体发射的远红外线，是由于内部带电原子振动所产生的，而吸收体，也是由于电磁波造成物体原子振动，使电磁波能量因摩擦则由于原子振动加剧而增加能量，因而温度上升。

（2）远红外加热的特点

1）热辐射率高。在食品加工的加热温度范围内，黑体和近似黑体热辐射密度最大的波长正是在5~20μm远红外线的波长范围内，因此使用远红外线加热食品有着较高的热辐射率。食品吸收后，温度升高，热辐射传递的深度受食品种类大小及密度、比热、传热系数、屈折率、反射率、吸收系数、吸收波长等物理性质的影响。

2）热损失小。辐射加热不存在传热界面，传热损失小。远红外线直接辐射到被加热物体的表面，在空气中传播时的损失很小。

3）操作控制容易。远红外线具有光的性质：直线性、散乱性、反射性。远红外线同其他光波一样，具有直接传播、漫反射和镜反射的性质，因此可以通过光的集散、遮断机构，更合理地控制辐射热，使之在加热器中热的供给、切断很容易控制。加热质量高，热损失小。

4）加热速度快，传热效率高。在食品加工中，要使产品的色、香、味俱佳和尽可能保存食品的营养成分，温度的控制应非常严格。采用一般加热方法时，热源的温度受到限制，热源与被加热食品的温差不可能很大，传热速度慢，为了提高加热效率，就必须增大加热面积，即要加大热设备的尺寸和规模。而运用远红外线加热，热源与物料不直接接触，可以保证物料在不过热的情况下，提高发热体（辐射体也即热源）的温度，远红外加热的速度与热源表面温度和物料温度的4次方之差成正比，因此，远红外加热的速度比传导和对流传热快许多。这样，既可保证食品如烧鸡和烤鸭的表面很快形成皮膜，又可减少内部香味成分的损失，同时又可节约设备投资的费用。

5）有一定的穿透能力。红外线的穿透能力没有微波强，但也具有一定的穿透能力，对物体直接加热尽管深度不大，但对于一些薄的物料，也显著提高了加热的效率。另外远红外被物体吸收的程度与被加热物料（食品）的颜色无关，因此采用远红外加热时，不受食品颜色的影响，受热比较均匀，不会局部过热。

6）产品质量好。远红外线的光子能量比紫外线可见光线都要小，因此一般只会产生热效果，不会起食物成分的化学变化；远红外加热的速度快，加热时间可大大缩短，因此食物成分受热分解的可能性也小。试验证明一些含有叶绿素和维生素等易分解成分的果蔬，采用远红外加热干燥代替传统的干燥方法后这些成分的损失很少。

7）热吸收率高。大部分的食品原料的电磁波吸收峰多集中在25～20μm的远红外线波长范围内，即大部分的食品原料对远红外线都有很高的吸收率。这就是食品加工中普遍应用远红外线加热的原因之一。

2. 远红外元件及设计

在远红外烤炉中影响加热效果和工艺条件的部件就是红外辐射元件，它包括产生能量的热源，红外涂层以及有效利用此能量的反射装置。

远红外辐射元件的结构主要由发热元件（电阻丝或热辐射本体）、热辐射体、紧固体及反射装置等部分组成。随其供热方式与加热要求的不同而有多种形式结构的器件。食品烤炉中常用的辐射元件有管状辐射元件和板状辐射元件两类，下面分别介绍。

（1）管状辐射元件　食品烤炉中管状辐射元件应用较普遍的有远红外金属管、碳化硅管等。

1）金属氧化镁管。金属氧化镁管是以金属管为基体，表面涂以金属氧化镁的远红外电加热器。它在远红外区的辐射率要比无涂料的金属电热管高得多。金属氧化镁远红外辐射元件的结构主要由电热丝、绝缘层、钢管和远红外涂层等组成。

电热丝置于金属管内部，空隙由具有良好的导热性和绝缘性的氧化镁粉末填充，管的两端装有绝缘瓷件与接线装置，其结构如图 12-18 所示。

氧化镁远红外辐射管机械强度高，使用寿命长，密封性好，只需拆下炉侧壁外壳即可抽出更换，因此在食品行业得到了广泛应用。

金属氧化镁管的表面负荷率与表面温度有关，在辐射涂料已选定的情况下，其最大辐量的峰值波长随表面的温度升高而向短波方向移动，而当元件表面温度高于600°C 则发出可见光，因此使远红外部分占辐射强度的比例有所下降。另外，由于以金属为基体的远红外涂层易脱落，而且在炉内温度作用下金属管易产生下垂变形，因此影响烘烤质量。

2）硅碳棒电热元件。硅碳棒是以高纯度的碳化硅（碳化硅的质量分数达 98% 以上）。用有机物作结合剂，经高温挤压成形、预烧，最后再经电阻炉高温硅化再结晶而制得的非直热式电热元件。硅碳棒的最大特点是通电自热，不用电热丝，其单位表面的发热量升温快，比金属管及碳化硅管等具有明显的节电效果，烘烤产品质量好，但成本较高，使用安装技术性较强。

3）SHQ 乳白石英管。SHQ 元件由发热丝、乳白石英玻璃管及引出端组成。发热丝材料为 Ni80Cr20 镍铬丝或 CQSA15 铁铬铝丝。乳白石英玻璃管直径通常为 18 ~ 25mm，其作用是辐射、支承和绝缘。SHQ 元件与反射罩配套使用，反射罩内抛光铝板按抛物线形状压制而成。

SHQ 元件光谱辐射率高，且稳定，波长在 3 ~ 8μm 和 11 ~ 25μm 之间，其 $\varepsilon = 0.92$；热惯性小，从通电到温度平衡所需时间为 2 ~ 4min；电能—辐射能转换率高（$p > 60\% \sim 65\%$）；由于不需要涂覆远红外涂料，所以没有涂层脱落问题，符合食品加工卫生要求。

4）碳化硅管。碳化硅管状远红外辐射元件基体是碳化硅，热源是电阻丝，碳化硅管外面涂覆了远红外涂料。因碳化硅不导电，因此不需充填绝缘介质。碳化硅管状元件结构如图 12-18 所示。碳化硅辐射光谱特性曲线如图 12-19 所示。

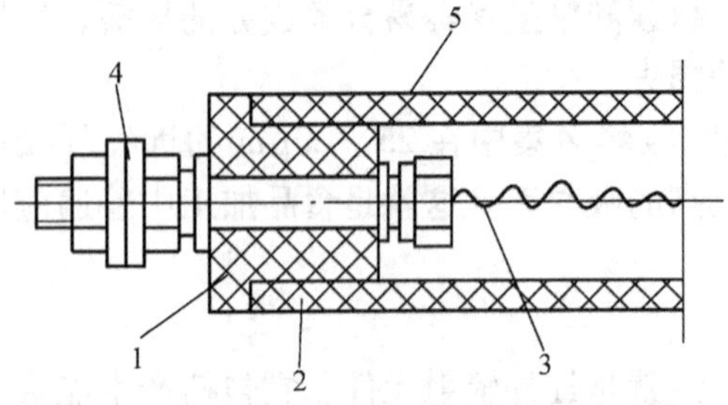

图 12-18 碳化硅远红外辐射元件结构

1—普通陶瓷管 2—碳化硅管 3—电阻丝 4—接线装置 5—辐射涂层

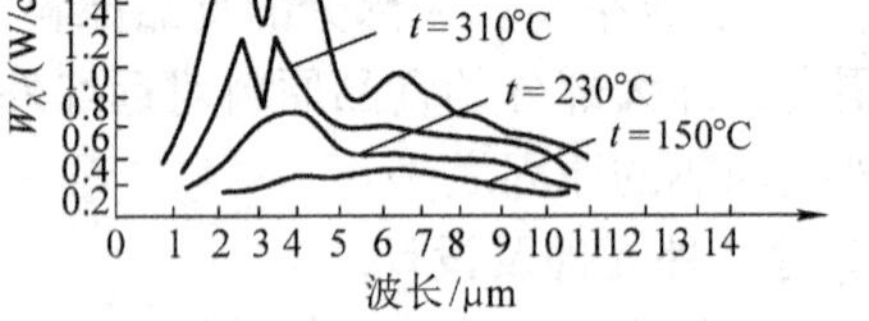

图 12-19 碳化硅辐射光谱特性曲线

经光谱辐射能量测定表明，SiC 是一种良好的远红外辐射材料。在远红外波段及中红外波段，碳化硅具有很高的辐射率。碳化硅的远红外辐射特性和糕点的主要成分（如面粉、糖、食用油、水等）的远红外吸收光谱特性相匹配，加热效果好。与金属电热管相比，碳化硅辐射元件具有辐射效率高，使用寿命长，制造工艺简单，成本低，涂层不易脱落等优点。它的缺点是抗机械振动性能差，热惯性大，升温时间长。

（2）板状辐射元件 板状辐射元件的辐射基体有金属板和陶瓷复合状元件。其基体为碳化硅元件，温度分布均匀，适应性大，制造简单，安装方便，辐射效率高。但抗机械振动性能差，热惯性大，升温时间长。

在消耗同样功率的条件下，以碳化硅为基体的辐射元件，加热效率要比金属元件高得多。虽然碳化硅元件的表面温度低于金属元件，但碳化硅的辐射强度却高于金属元件。

（3）半导体远红外辐射器　半导体远红外辐射器是在红外加热技术迅速发展的基础上产生的一种新型的加热辐射器，国内正推广应用。管式远红外辐射器是以高铝质陶瓷材料为基体，中间层为多晶半导体导电层，表面涂覆具有高辐射频率的远红外涂层，两端绕有银电极，电极用金属接线焊接引出后，绝缘封装在金属电极封闭套内。通电以后，在外电场的作用下，辐射器能形成空穴为多数载流子的半导体发热体，它对有机高分子化合物及含水物质的加热烘烤极为有利，特别适用于300°C以下的低温烘烤，如适用于饼干烤炉的辐射加热器。半导体远红外辐射器的热效率高，热容量小，热响应快，能实现快速升温和降温，抗温度急变性能好，辐射器表面绝缘性能好，远红外涂层采用珐琅绝缘涂料，不易剥落，符合卫生条件。它的主要缺点是机械强度较低，安装要求较高，对使用要求较严。

（4）远红外辐射涂料　远红外射线主要是由红外涂料产生的，针对单一物质往往只能在某一个较窄的主波长范围内有较大的辐射率，为了获得辐射能量较强的红外线和制成能在相当宽的波长范围内都有较大辐射率的涂层，就得采用两种或数种材料混合起来。混合材料的最大辐射率可能有所降低，但却具有较好的热转换率及较平直的辐射强度曲线。涂层只有薄薄的一层，但它可以使元件在消耗同样功率的条件下辐射出比无涂料时的能量强得多的红外线。

在选择远红外涂料时，首先要了解被加热物质的光谱特性。为了能获得最大的辐射效率，选择辐射材料的原则就是使辐射元件的主辐射波长匹配在被加热物的主吸收带区。一般说来，食品烤炉电热元件辐射涂料的选择，可根据吸收匹配（表层吸收匹配与内部吸收匹配）的原则，根据辐射材料的辐射光谱特性来选取。即在表层吸收匹配时，吸收长波的物质选用长波辐射涂料；吸收短波的物质选用短波辐射涂料。在内部吸收时，根据不同情况选用长波涂料。另外，在选择时，还应考虑选择的涂料辐射率要高，热膨胀系数需与元件基体材料大致相符，有良好的热传导性和冷热稳定性，抗老化性能好，工艺简单，原料价格便宜等因素。常用的食品焙烤涂料为：碳化硅、氧化铁、60SiC系列高辐射率涂料等。

（5）辐射元件表面温度选择　在加热装置中，辐射元件升温后，它以辐射、对流、传导三种方式向外放热，传导放热的比例很小，对流和辐射放热的比例取决于辐射元件的表面温度、加热装置内空间平均温度、辐射元件的辐射涂层物质的全辐射率、辐射元件的布置及形状、气流状态与速度等条件。辐射元件的表面温度选择，可根据 $Q_{对}/Q_{辐}$ 的比值和烤炉所需的空间温度来选取合适的值。

实验表明，当辐射元件表面温度在400~600°C之间时，对流体与辐射热的比例较为合适，同时辐射通量也较高。对于在3μm附近有强烈吸收峰的物质来说，元件的表面温度推荐在600~800°C较好。对于5μm以上有大量吸收峰的物质，热元件的表面温度在400~600°C为宜。一般说来，元件的表面温度随表面负荷的增加而上升，但并非线性关系，不同材质和形状的辐射元件，其表面负荷与表面温度的关系也不相同。因此，辐射元件的最佳工作温度应根据其本身材质、形状及工作部位等条件，通过试验决定。

（6）辐射元件的布置　在烤炉的设计中，辐射元件的布置是一个很重要的问题，它对烤炉的热利用率、食品的烘烤质量有直接影响。其布置主要是辐射距离的确定；辐射元件间距离的确定及布局。

1）辐射距离的确定。辐射距离是指管状元件中心或板状元件的辐射涂层到烤盘底部或钢带上表面之间的距离，辐射距离的大小直接影响远红外线的辐射强度，还影响炉膛尺寸的大小。根据照度定律可知，辐射能量的多少与距离的平方成反比。照度定律虽然只适合于点光源，但对于管式和板式元件来说，在制作较好的炉膛中，由于多次反射，其辐射能量与距离的关系约在 1.25～1.5 次方之间。试验表明，辐射强度随着距离的增加而衰减。辐射距离越近，辐射强度越大，加热效率也越高，同时辐射强度分布的不均匀性也越显著，会因加热不均匀而影响焙烤质量，并且当距离小到一定范围时，辐射强度的增加率会显著减缓。管状元件更为明显，距离越大，辐射强度越小，温度也越低，同时也导致炉膛尺寸增大，但是辐射强度分布也趋于均匀，辐射距离的确定原则是，在保证辐射均匀性，不影响产品质量和不妨碍操作的前提下，辐射距离越近越好。

对于隧道式食品烤炉，食品经输送设备在炉道中移动，在烘烤饼干、糕点时，将辐射距离缩短到 50mm，并适当加快传递速度，效果较好。

对于箱式食品烤炉，由于食品在炉内固定不动，必须考虑照射能量分布均匀性问题。

为了提高带式烘烤炉的热效率和产品质量，在炉带的上、下方采用多排电热管加热。对要求热量较多的韧性饼干和苏打饼干，可用离炉带较近的电热管加热；对要求热量较少的酥性饼干和曲奇饼干，可用离炉带较远的电热管加热；对要求热量不同的地方，可采用不同功率的电加热管，但对炉温控制和调整不易掌握。在选择电热管长度时，希望发热最好与炉膛的内壁保持一段距离。通常电热管的有效发热长度要比炉膛宽度小 30～50mm。这样既可减少热量损失，又可避免炉带两侧的饼干上色过度和烧焦现象。

2）隧道炉辐射元件的布局。在隧道炉内，一般是在被烘烤物的上面和下面设置热元件，以形成烘烤食品的面火及底火。考虑到更换元件的方便性，隧道炉只采用管式热元件。其布置方式有三种：均匀排布、分组排布和根据食品的烘烤工艺排布。

（a）均匀排布：均匀排布是指各个元件间的距离均匀相等，以获得均匀的辐射强度。这种排布的应用最为普遍。

（b）分组排布：分组排布是将元件分成小组安装，每组之间有一定距离，使加热温度出现脉冲式分布。这种排布方式适用于隧道式烤炉。在隧道炉内，食品在加热过程中伴有大量水蒸气逸出。由于炉内密封温度均匀，对流传热缓慢，逸出的水蒸气易在制品表面形成蒸汽膜，使食品内水蒸气的逸出受到限制。采用加热元件分组排列就破坏了炉内的温度均匀分布，使制品在隧道内通过时，其总的温度变化曲线上包含着多个“升温—降温”的小脉冲式循环。这种脉冲循环加速了炉内空气流动，使对流传热变快，避免了制品表面蒸汽膜的形成，改善了水分蒸发状况，提高加热效率。另一种实现脉冲加热的方式是：元件等距离排列，加大元件间的距离，当管间距大于 300mm 时，炉内温度分布也会出现脉冲式情况。

（c）根据食品烘烤工艺排布：各种食品的烘烤工艺不同，因此各个烘烤阶段所需的温度也不同，在元件排布时可根据食品的不同烘烤工艺来排布辐射元件。其原则是高温区元件排布稍密些；低温区元件排布要疏些。

对于箱式食品烤炉，由于食品在炉内固定不动，必须考虑照射能量分布均匀性问题。

六、国外烘烤设备简介

1. 带式烧烤系统

哥本士公司的BG型聚四氟乙烯带式烧烤系统，主要满足于低脂方便食品日益增长需求，它能使产品达到家庭烹饪汉堡牛排、鸡片、煎牛排、培根肉、腊肉、吐司等的外观。由于直接与热接触，产品更引人注目并鲜美诱人。

因带式烧烤系统能最佳地分布均匀地放出热量，因此热效率显著。产品放置在两条聚四氟乙烯带的中间，这样使得它们两面同时烧烤并获得一层美味可口的褐色外皮，之后即可进行包装或进行例如冷却或冷冻的进一步加工。哥本士带式烧烤系统标准带宽为600mm或750mm。不同的带长将满足任何产品要求。该设备附有一种连续的洗带系统。用电或通过热油进行加热。可编程控制器（PLC）是一种任选附件。

2. 热风螺旋烘炉

哥本士HLS型热风螺旋烘炉用途广，效率高，由于湿度、风温和带速可精确地调整，因此这种连续烘炉保证了产品质量稳定不变，适用于对肉、禽、马铃薯菜肴、蔬菜和素食食品进行变褐和烹饪。在热风螺旋烘炉中，输送带的通道形成两个螺旋塔，在一个较小的占地面积上提供了相当长的输送带。产品在同一高度进行进料和出料。所有这些因素使该烘炉特别适用于大的生产能力或适用于需要长时间烹好的产品。

一条输送带带着产品通过烘炉，空气在炉内以精确调整的温度和湿度进行循环。蒸汽喷射到罩内并与热风混合。这混合物在产品周围连续循环，产品被完全保湿的隧道分成两个区。为了得到最佳的成品，两个区中的空气温度可以分别调节。以精确的方法均匀一致地烹饪不同的产品。产品在热风螺旋烘炉的烹饪过程中重量损失最少。

参考文献

[1] 无锡轻工业学院，天津轻工业学院．食品工厂机械与设备[M]．北京：中国轻工业出版社，1985.
[2] 张裕中，臧其梅．食品加工技术装备[M]．北京：中国轻工业出版社，2000.
[3] 陆振曦，陆守道．食品机械原理与设计[M]．北京：中国轻工业出版社，1995.
[4] 沈再春．农产品加工机械与设备[M]．北京：农业出版社，1993.
[5] 高福成，等．现代食品工程高新技术[M]．北京：中国轻工业出版社，1997.
[6] 蒋迪清，唐伟强．食品通用机械与设备[M]．广州：华南理工大学出版社，1996.
[7] 肖旭霖．食品加工机械与设备[M]．北京：中国轻工业出版社，2002.
[8] 王鸿生．甜菜糖厂技术装备[M]．北京：中国轻工业出版社，1994.
[9] 高孔荣．发酵设备[M]．北京：中国轻工业出版社，1991.
[10] A. C. 金兹布尔塔．食品干燥原理与技术基础[M]．高奎元，译．北京：中国轻工业出版社，1986.
[11] 方如明，等．计算机图像处理技术及其在农业工程中的应用[M]．北京：清华大学出版社，1999.
[12] 张祉佑，等．制冷原理与制冷设备[M]．北京：机械工业出版社，1999.
[13] 金苏敏，等．制冷技术及其应用[M]．北京：机械工业出版社，1999.
[14] 徐德胜，等．制冷与空调-原理·结构·操作·维修[M]．上海：上海交通大学出版社，1998.
[15] 杨林青，马海乐．果品加工机械与设备[M]．西安：西北工业大学出版社，1993.
[16] 孙君社，等．现代食品加工学[M]．北京：中国农业出版社，2001.
[17] 关于射流破碎"冷杀菌"技术的研究[J/OL]．http//info. food. hc360. com.
[18] 冷杀菌技术在包装与食品加工机械上应用[J/OL]．http://www. cnbrewing. com.
[19] Dossat. R. J. Principle of refrigeration[M]. New Jersy: Prentic-Hall Inc. , 1991.
[20] Thijssen. H. A. C. Freeze concentration of liquid foods. freeze concentration of fruit juices[J]. Food Technol. 1982, 3(5).
[21] 华泽钊，李云飞，刘宝林．食品冷冻冷藏原理与设备[M]．北京：机械工业出版社，1999.
[22] Romeo T Toledo. Fundamentals of Food Process Engineering[M]. Second edition. New York: Van Nostrand Reinhold, 1991.
[23] Andrew C Cleland. Food Refrigeration Processes[M]. England: Elesvier Science Publishers ltd. , 1990.
[24] Clive V J Dellino. Cold and chilled storage technology[M]. New York: Blackie and Son ltd. , 1990.
[25] 赵丽芹，等．园艺产品贮藏加工学[M]．北京：中国轻工业出版社，2001.
[26] 徐怀德，王云阳．食品杀菌新技术[M]．北京：科学技术文献出版社，2005.
[27] 曾新安，陈勇．脉冲电场非热杀菌技术[M]．北京：中国轻工业出版社，2005.
[28] 食品杀菌新技术[J/OL]．http//tag. bokee. com.
[29] 食品冷杀菌技术浅析[J/OL]．http://www. 51foods. com.
[30] 辐照杀菌[J/OL]．http//www. foodmate. net.
[31] 脉冲电场杀菌[J/OL]．http//www. foodmate. net.

《食品加工机械与设备第2版》（陈斌主编）

信息反馈表

尊敬的老师：

您好！感谢您多年来对机械工业出版社的支持和厚爱！为了更好地满足您的需要，欢迎您对我社的教材多提宝贵建议。谢谢！

一、基本信息

姓名：________ 性别：________ 职称：________ 职务：____________

邮编：________ 地址：____

任教课程：______________ 电话：________—________（H）________（O）

电子邮件：____________________________________ 手机：____________

二、您对本书的建议和意见（欢迎您指出本书的疏误之处）

三、您的希望

（1）选择购买一本书的理由：①内在质量_______；②出版社_______；③价格_______

（2）您想要，而又买不到的书____

（3）您想出版的书____

（4）____

（5）____

请与我们联系：

100037　机械工业出版社·高教分社　倪编辑　收

Tel：010—88379724（O），68997455（Fax）

E-mail：nsq@mail.machineinfo.gov.cn